손자병법

손자
병법

군사전략 관점에서 본 손자의 군사사상

손무 지음 | 박창희 해설

플래닛미디어
Planet Media

선전자(善戰者), 손무(孫武)를 기리며

● 서문

『손자병법(孫子兵法)』은 동양을 대표하는 불후의 고전이다. 이 책은 기원 전 500년경 손무(孫武)가 저술한 것으로 고대 중국 최초의 체계화된 병서 (兵書)이다. 손무 이전에도 여상(呂尙), 관중(管仲), 조귀(曹劌) 등에 의해 전 쟁 및 용병에 관한 논의가 적지 않았지만, 체계를 갖춘 완벽한 저서로 전 해 내려오는 것은 없었다. 『무경칠서(武經七書)』와 『무경십서(武經十書)』에 포함된 여러 병서들이 존재하지만 손무의 저서에 비할 바는 되지 못한다. 그래서 조조(曹操)는 『손자서(孫子序)』에 "내가 읽은 병서와 전책(戰策)이 많은데 손무가 저술한 병법이 가장 심오했다"라고 적고 있다.

오늘날 전쟁이나 전략에 관심이 있는 사람이라면 누구나 한두 번 읽어 보았을 법한 책이 바로 『손자병법』이다. 비단 전쟁이 아니더라도 조직경 영, 리더십, 처세술 등과 관련하여 일반인들도 관심을 갖고 들여다보는 책 이 바로 손자(孫子)—손자는 손무를 높여 부르는 칭호—의 병서이다. 심 지어 요즘에는 어린아이들도 만화나 소설을 통해 손자를 접하고 있다. 그 래서 오래전부터 사람들은 이 책이 군사 문제뿐 아니라 우리 삶의 모든 분야에서 적용이 가능하다고 생각하고 한두 구절쯤 외워서 여기저기 인 용하곤 한다.

그렇다면 우리는『손자병법』을 제대로 이해하고 있는가?『손자병법』을 제법 안다고 생각하지만 실제로는 모르고 있는 것은 아닌가? 심지어 잘 모르고 있으면서 모르고 있다는 사실조차 스스로 깨닫지 못하고 있는 것은 아닌가?

필자가 이러한 의문을 갖게 된 것은 국방대학교에서『손자병법』을 강의하면서부터이다. 강의를 시작하기 전까지만 해도 필자는 지금까지 많은 전문가들이『손자병법』에 대한 번역서와 주해서를 넘쳐날 정도로 내놓고 있기 때문에 적절한 교재를 고르는 데 문제가 없으리라 생각했다. 그리고 수업 시간에 해박한 전문가들의 견해를 중심으로 다양한 주제에 대한 심도 있는 논의가 가능할 것으로 생각했다.

그러나 현실은 그렇지 않았다. 대부분의 책들이『손자병법』원문을 '번역'하는 데 치중한 나머지, 만족스러운 '해설'을 내놓지 못하고 있었다. 비교적 충실하다고 평가되는 주해서들도 원문을 풀이하면서 몇 가지 논점을 짚고 있으나 누락된 구절이 많아 손자의 논의를 온전하게 이해하고 넘어가는 데에는 한계가 있었다. 그러다 보니 강의를 진행하면서 원문에 숨어 있는 의미를 찾아내고 '새롭게' 해석(解釋)해야 할 주제가 너무도 많이 발견되었다. 또한 구절별로『손자병법』을 파헤치다 보니 간과하기 어려운 번역상의 오류도 일부 발견할 수 있었다.

결국 필자가 내린 결론은 우리 모두가『손자병법』을 잘 모르고 있다는 것이었다. 시중에 나와 있는 주해서들이 독자들의 궁금증을 속 시원하게 해결해주지 못한다면 과연 우리가 손자의 군사사상을 완벽하게 이해하고 있다고 말할 수 있을까. 비록 우리는『손자병법』을 읽고 '아 그렇구나!' 하고 지나가지만, 정작 거기에 숨은 의미를 정확히 헤아리지 못한 채 넘어가는 경우가 태반이다. 그런데도 스스로는 이를 깨우쳤다고 자신하고 있는 것이다.

그러면, 왜 이러한 현상이 벌어지고 있는가? 기본적으로 손자에게 책임을 돌리지 않을 수 없다. 손자의 병서는 6,100여 자에 불과한 짧은 내용으로 구성되어 있다. 그러다 보니 손자는 자신의 주장을 상세히 설명하고 사례를 들어 입증하기보다는 많은 내용을 압축하여 당대의 사람들에게 가르침을 주는 요약집의 형식으로 글을 전개하고 있다. 따라서 『손자병법』은 비록 나름의 체계를 가지고 구성되어 있지만, 각각의 논의를 전개하는 과정에서 구체적인 논리가 생략되어 다양한 해석을 낳을 수 있다. 가령 손자는 '부전승(不戰勝)'을 주장했는데, 이것이 과연 가능한 것인지, 어떻게 '부전승'을 달성할 수 있는지, 이것이 『손자병법』의 주요 내용을 구성하는 '전승(戰勝)'의 용병과 어떤 관계가 있는지, 그리고 후반부 논의의 하이라이트가 되는 '결전추구(決戰追求)'와 어떻게 연계될 수 있는지에 대한 설명이 없다. 그러다 보니 그의 주장에 대한 제각기 다른 해석과 함께 혼란을 야기할 수밖에 없다. 아마도 손자가 6만 자 혹은 10만 자 정도의 분량으로 『손자병법』을 썼더라면 이러한 혼란을 피할 수 있었을 것이다.

이로 인해 『손자병법』을 이해하기 위해서는 충실한 해설서의 도움을 받지 않을 수 없다. 그러나 아쉽게도 지금까지 나온 해설서들은 비록 원문을 번역하고 풀이하는 데 기여한 것은 사실이지만, 손자의 군사사상을 제대로 간파하고 해석하는 데에는 한계가 있어 보인다. 무엇보다도 기존의 해설서들—『십일가주손자(十一家注孫子)』에 포함된 조조의 해설을 포함하여—은 『손자병법』의 성격과 흐름을 놓치고 있다. 즉, 손자의 병서는 오왕(吳王) 합려(闔閭)에게 헌정한 책으로 '원정(遠征)'을 염두에 두고 기술한 책이다. 또한 그의 병서는 원정을 출발하기 전에 고려해야 할 사항, 원정에 나서 적지로 기동해가는 과정, 그리고 결전의 장소인 적의 수도에 도착하여 승부를 가르는 결정적인 전투를 수행하는 방법 순으로 전개되고 있다. 다시 말해 『손자병법』은 '일반적인 전쟁'이 아닌 '원정작전'을 다루고 있으며, 13개로 구성된 각 편은 시간적으로나 공간적으로 원정작전을 수행해나가는 단계에 입각하여 순차적으로 전개되고 있다. 이러한 점을 고려하지 않으면 각 편에서 제시되고 있는 손자의 논의를 제대로 이해할 수 없다.

그럼에도 불구하고 지난 수천 년 동안 조조를 비롯한 기존의 해설가들은 『손자병법』의 성격과 흐름을 적시하지 않고 있다. 즉, 이들은 『손자병법』의 각 구절이 원정작전의 특정한 단계에서 특정한 상황을 다루고 있음을 간과한 채 각 편의 논의가 일반적인 전쟁과 일반적인 상황에 적용될 수 있는 것처럼 풀이하고 있는 것이다. 그 결과, 기존의 해설서들은 손자가 의도한 주장을 정확하게 파헤치지 못하고 있으며, 일부는 왜곡된 해석을 내놓기도 한다. 한 가지 예를 들어보자. 손자는 〈군쟁(軍爭)〉 편에서 "철수하는 적 군대는 막지 않아야 하고, 적을 포위할 때에는 반드시 퇴로를 열어주어야 하며, 막다른 지경에 빠진 적을 압박하지 말아야 한다(歸師勿遏, 圍師必闕, 窮寇勿迫)"고 했다. 왜 패색이 짙은 적에 대해 결정적 승리를 추구하지 않는가? 이에 대해 많은 전문가들이 궁지에 몰린 적이 죽기 살기로 달려들 것이므로 아군의 피해가 커지는 것을 막기 위해서라고 해석한다. 그러나 이는 옳은 해석이 아니다. 〈군쟁〉 편은 아군이 적의 수도로 '우직지계(迂直之計)'의 기동을 해나가는 과정에서의 용병을 논한 것으로, 이 과정에서는 갑자기 나타난 적에 대해 결전을 추구하기보다는 신속하게 적의 수도로 행군을 재촉해야 한다. 따라서 아군의 기동을 방해하는 적을 쫓아내면 그것으로 족할 뿐, 군이 적을 격멸하기 위해 군사력을 소진할 필요가 없기 때문으로 보아야 한다. 이러한 점은 결전을 추구하는 상황을 논하는 〈구지(九地)〉 편에서 손자가 죽기 살기로 싸워야 한다고 강조하는 것과 연계해서 보아야 한다.

『손자병법』을 읽은 사람들 대부분은 공통적으로 당혹감을 느꼈을 것이다. 어떤 구절은 그럴듯한데 그 구절이 어떠한 문맥에서 나온 것인지 모호하다. 어떤 구절은 명쾌한 것처럼 보이지만 전체적인 흐름과 잘 연결되지 않는 것처럼 보인다. 또 어떤 구절은 여러 편에서 수차례 반복되지만 왜 반복되는지, 반복되는 구절이 조금씩 다른데 왜 다른지, 심지어는 반복되는 각 구절이 모순되는 것처럼 보이는데 왜 그러한지를 이해하기 어렵다. 그 이유는 바로 손자가 원정작전을 염두에 두고 『손자병법』을 썼고 그것을 구성하는 13편을 각각의 특정한 상황을 상정하여 순차적으로 전개했다는 점을 놓치고 있기 때문이다.

필자는 기존의 해설서와 달리 이러한 기본적인 배경에서 출발하여 새로운 시각에서 『손자병법』을 분석하고 해석하고자 했다. 그리고 기존 해설서의 오류를 바로잡고 『손자병법』을 온전하게 풀이하고자 했다. 겉으로 보기에 뻔한 내용으로 보일 수 있는 논의일지라도 그 이면에 손자가 의도하고 있는 바를 유추하여 거의 모든 구절에 대해 해석을 시도했다. 이렇게 해야만 손자의 사상을 가장 잘 곱씹어볼 수 있고 가장 잘 이해할 수 있는 방법이라고 생각했기 때문이다. 여기에서 필자는 다음과 같은 측면에 주안을 두고 『손자병법』을 해석했음을 밝힌다.

첫째, 인문학이 아닌 군사전략학의 관점에서 접근했다. 『손자병법』은 병서이다. 그것도 '원정'을 위한 전쟁과 용병을 다룬 병서이다. 따라서 『손자병법』을 한학을 전공하거나 고대 중국의 역사를 연구하는 학자들의 시각으로만 접근하면 그것을 해석하는 데 한계가 있을 수밖에 없다. 전쟁과 전략에 대한 논의의 흐름을 놓쳐 전후 문맥을 제대로 파악하지 못하는 결과를 낳을 수 있기 때문이다. 가령, 〈구지(九地)〉 편에서 논하는 '산지즉무전(散地則無戰)'이라는 구절에 대한 번역이 대표적인 사례이다. 여기에서 '산지(散地)'는 자국의 영토를 의미한다. 이 구절을 놓고 대부분의 학자들은 "산지에서는 불리하기 때문에 싸워서는 안 된다" 또는 "야지에서 싸우지 말고 성 안으로 들어가 싸워야 한다" 등으로 해석하고 있으나 이는 원정이라는 상황적 맥락을 고려하지 않은 것으로 생뚱맞은 해석이라 하지 않을 수 없다. 군대가 원정에 나서는 시점에서 손자가 적이 본국으로 쳐들어오는 상황을 가정했을 리는 없기 때문이다. 따라서 '산지즉무전'은 군대가 원정을 떠나는 시점임을 고려하여 "산지에서는 싸움이 없다"고 해석하는 것이 맞다. 이처럼 '원정'이라는 특수한 상황과 전문성을 요하는 '용병'의 영역에 대한 논의를 정확하게 살피기 위해서는 군사전략적 접근이 필요하다고 본다.

둘째, 손자가 상정하고 있는 전쟁 양상을 식별하여 그에 부합하는 해석을 시도했다. 손자의 전쟁은 적어도 세 가지 유형으로 구분해볼 수 있다. 하나는 적국을 원정하여 합병하기 위한 전면전쟁이다. 다음으로는 적 영토를 침략하여 적의 수도로 진격한 뒤 결전을 벌이는 공격전쟁이다. 그리고 마지막으로는 같은 민족으로 구성된 제후국들 간에 벌어지는 일종의 내전으로서의 성격을 갖는다. 이러한 전쟁 양상을 염두에 두지 않으면 손자의 군사사상을 해석하고 적용하는 데 많은 왜곡을 낳을 수 있다. 가령 손자가 말한 전쟁은 국지대사(國之大事)라는 주장이나 장기전에 따른 군수보급의 부담과 폐해에 대한 주장은 어디까지나 대규모 원정작전에 따른 것으로 오늘날 제한전쟁과는 거리가 멀다. 또한 적 병사를 선도하여 자국의 군대로 편입시켜야 한다는 주장도 내전의 상황에서나 가능한 것으로 국가들 간의 국제전에는 적용될 수 없다. 물론,『손자병법』의 각 구절들은 다른 유형의 전쟁에서도 통용될 가치가 있는 것은 사실이지만, 이를 보다 정확하게 이해하고 올바르게 적용하기 위해서는 손자가 어떠한 전쟁을 상정하여 병법을 논하고 있는지를 명확하게 인식해야 한다.

셋째,『손자병법』의 구성과 전개를 염두에 두고 해석을 시도했다. 앞에서 지적한 대로『손자병법』의 13편은 시간적으로나 공간적으로 원정을 수행해나가는 단계에 입각하여 순차적으로 전개되고 있다. 전체적으로 볼 때 '전쟁 일반-전쟁술-부대기동-결전 추구'의 순서로 구성되어 논의가 이루어지고 있다. 처음 세 편인 〈시계(始計)〉 편, 〈작전(作戰)〉 편, 그리고 〈모공(謀攻)〉 편은 전쟁을 논하는 것으로 원정작전을 결심하고 시작하는 단계에서 군주 및 장수가 고려해야 할 요소를 담고 있다. 즉, 전쟁론에 해당하는 부분이다. 다음으로 〈군형(軍形)〉 편, 〈병세(兵勢)〉 편, 그리고 〈허실(虛實)〉 편은 원정작전에서 결정적인 승리를 거두기 위한 방법을 논하는 것으로 용병에 관한 이론을 다루고 있다. 즉, 전쟁술에 해당하는 부분이다. 다음으로 〈군쟁(軍爭)〉 편, 〈구변(九變)〉 편, 그리고 〈행군(行軍)〉 편은 원정군이 결전을 치르기 위해 적의 수도로 진격하는 '우직지계'의 기동 과정을 다루고 있다. 즉, 원정군의 부대기동에 관한 것이다. 다음으로 〈지형(地形)〉 편, 〈구지(九地)〉 편, 그리고 〈화공(火攻)〉 편은 원정군이 결전의 장소에 도착하여 적의 주력과 결전을 치르는 용병에 대해 논하고 있다. 즉, 결전 추구의 용병술이다. 그리고 마지막으로 〈용간(用間)〉 편은 원정의 결정부터 승리를 쟁취하기에 이르기까지 요구되는 정보 획득의 중요성에 대해 언급하고 있다.

이러한 구성과 전개를 고려하지 않을 경우 손자의 논의를 크게 왜곡할 수 있다. 예를 들어보자. 손자는 장수의 지휘통솔 방법 가운데 '인(仁)'과 '엄(嚴)'에 대해 적어도 세 편에서 각각 유사해 보이면서도 분명히 다르게 말하고 있다. 즉, 그는 〈행군〉 편에서는 '인'을 우선으로, 〈지형〉 편에서는 '인'과 '엄'의 병행을, 그리고 〈구지〉 편에서는 극단적인 '엄'을 발휘할 것을 요구하고 있다. 왜 손자는 각 편에서 서로 다르게 지휘통솔을 얘기하고 있는가? 그것은 〈군쟁〉 편이 원정을 막 출발한 상황이므로 병사에 대한 사랑을 강조한 반면, 〈지형〉 편은 결전의 장소에 도착한 상황에서 '인'과 '엄'의 병행을, 그리고 〈구지〉 편은 결전을 수행하는 단계이므로 절대적으로 '엄'을 부각시킨 것으로 보아야 한다. 이처럼 원정군이 당면한 상황을 염두에 두지 않으면 손자의 군사사상을 제대로 이해할 수 없을 뿐 아니라 엉뚱하게 해석할 소지가 있다.

넷째, 손자의 군사사상을 근현대 군사사상과 비교함으로써 이해를 넓히고자 했다. 우리는 시장에서 사과를 살 때 하나만 보고는 그것이 좋은 것인지 나쁜 것인지 알 수 없기 때문에 다른 사과와 비교한다. 마찬가지로 손자의 군사사상을 제대로 평가하기 위해서는 다른 군사사상과 비교해보지 않을 수 없다. 『손자병법』 원문에만 충실하여 그 자체로 손자의 군사사상을 이해하려 할 경우 편협한 사고를 가질 수 있다. 손자의 병서는 이미 2500년 전에 나온 것이고, 원정작전을 다룬 것이다. 춘추시대 중국의 시대적 상황도 근현대의 서구와 너무도 다르다. 따라서 손자가 말하는 전쟁과 용병술이 다른 시대에 다른 유형의 전쟁에 통용될 것이라고 생각한다면 오산이다. 『손자병법』은 손자의 시대에 손자의 전쟁에 맞도록 재단된 병서로서 거기에 담긴 구구절절이 지금까지 유효하다고 볼 수는 없기 때문이다. 따라서 오늘날 전쟁에도 유용하게 적용될 수 있는 주장이 무엇인지를 알기 위해서는 이를 거르는 작업이 필요하다. 이러한 측면에서 우리는 손자의 군사사상을 다른 전략가들의 그것과 반드시 비교해보아야 한다. 그래서 이들의 주장에서 나타나는 공통점과 차이점이 무엇인지, 왜 그러한 차이가 있는 것인지, 그래서 손자의 군사사상이 갖는 연속성과 변화가 무엇인지를 파악해야 한다. 가령 손자는 군주의 '도(道)'를 제시하여 전쟁에 대한 백성들의 지지와 참여가 중요하다는 점을 강조했는데 이는 근대 전쟁에서 '국민'의 역할을 처음으로 제시한 클라우제비츠(Carl von Clausewitz)의 견해와 같은 것인지, 또한 손자는 전쟁에 따른 국가경제의 부담을 최소화하기 위해 약탈의 필요성을 역설했는데 이는 나폴레옹(Napoléon Bonaparte)의 현지조달과 같은 것인지를 따져보아야 한다. 그럼으로써 손자의 군사사상이 모든 상황에 적용될 수 있는 만병통치약이 아니라 특정 상황에서 어떻게 처방되어야 하는지, 혹은 왜 처방해서는 안 되는지를 식별할 수 있어야 한다.

　『손자병법』은 분량이 매우 짧은 책이다. 따라서 원문만 읽는다면 누구나 쉽게 독파할 수 있다. 그러나 생각 없이 읽으면 그 안에 담겨진 전쟁과 전략에 관한 손자의 통찰력을 제대로 깨우칠 수 없다. 이것이 『손자병법』에 숨어 있는 함정이다. 자고로 고전을 깨우치기 위한 가장 좋은 방법은 스승과 함께 읽어나가면서 구절구절에 숨어 있는 의미를 터득하는 것이다. 그러나 그러한 시간과 기회를 갖는 것은 바쁜 일상생활 속에서 매우 어려운 일이 아닐 수 없다. 따라서 다음으로 고려할 수 있는 좋은 방법은 양질의 해설서를 골라 읽는 것이다. 비록 이 책이 그러한 해설서로서의 역할을 충분히 할 수 있는지에 대해서는 독자들이 판단할 몫이겠지만, 필자는 『손자병법』에 관심이 있고 전쟁과 전략에 관심이 있는 모든 사람들에게 일독을 권하고 싶다. 이 책을 읽는다면 지금으로부터 2500년 전으로 돌아가 손자와 함께 원정을 떠나 적국을 굴복시키고 합병하는 과정을 생생하게 경험할 수 있을 것이며, 전쟁과 전략에 관한 식견을 몇 단계 높일 수 있을 것이라고 자신한다.

2017년 10월
국방대학교 연구실에서

• 『손자병법』의 구성 •

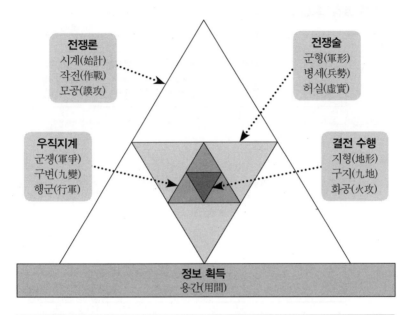

편명	구성	상황
시계(始計)		전쟁 시작 전 전쟁 여부 결정
작전(作戰)	전쟁론	전쟁 돌입 시 고려 사항
모공(謨攻)		공격 도모 시 고려 사항
군형(軍形)		결전 장소 도착 가정 하 군형 편성
병세(兵勢)	전쟁술 (결전의 용병)	결전 장소 도착 가정 하 세 발휘 모습
허실(虛實)		결전 장소 도착 가정 하 세 발휘 방법
군쟁(軍爭)		원정군 본국 출발, 적지 우직지계 기동
구변(九變)	우직지계 (부대기동)	원정군 적지 우직지계 기동
행군(行軍)		원정군 적지 우직지계 기동
지형(地形)		원정군 결전장 도착, 결전 준비
구지(九地)	결전 수행	원정군 결전 수행
화공(火攻)		원정군 화공으로 결전 보조
용간(用間)	정보 획득	광범위한 첩자 운용

• 『손자병법』 흐름도 •

편명	제1편 시계 (始計)	제2편 작전 (作戰)	제3편 모공 (謀攻)	제4편 군형 (軍形)	제5편 병세 (兵勢)	제6편 허실 (虛實)

시계 / 군형

전쟁론 / 전쟁술 (결전의 용병)

작전 모공 / 병세 허실

전개	전쟁 및 용병 관련 이론적 논의					

구성	전쟁론		전쟁술 (결전의 용병)			

상황 및 주요 개념	전쟁 결심	전쟁 돌입	공격 도모	결전의 용병	결전의 용병	결전의 용병
	전쟁 전 준비와 비교를 통한 승산 판단	전쟁에 돌입할 때 군수 문제 고려 속승 추구	최소한의 피해에 의한 승리 추구	선승이후구전이 가능한 진영 편성	결정적 전투에서 세와 절 발휘	적의 허점을 조성하고 공략

편별 핵심 어구	國之大事	日費千金	不戰勝	全勝	以正合 以奇勝	避實擊虛
	五事	拙速		攻守論		致人而不 致於人
	計	取用於國	知勝有五	先勝而 後求戰	虛實	
	因利而制權	因糧於敵	知彼知己 百戰不殆	度量數稱勝	任勢	形人而 我無形
	兵者詭道也	勝敵而益强				

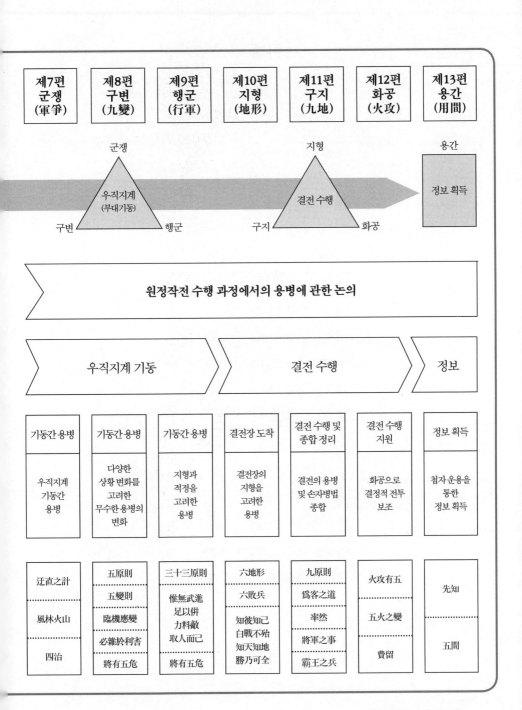

제7편 군쟁 (軍爭)	제8편 구변 (九變)	제9편 행군 (行軍)	제10편 지형 (地形)	제11편 구지 (九地)	제12편 화공 (火攻)	제13편 용간 (用間)

원정작전 수행 과정에서의 용병에 관한 논의

우직지계 기동 / 결전 수행 / 정보

기동간 용병	기동간 용병	기동간 용병	결전장 도착	결전 수행 및 종합 정리	결전 수행 지원	정보 획득
우직지계 기동간 용병	다양한 상황 변화를 고려한 무수한 용병의 변화	지형과 적정을 고려한 용병	결전장의 지형을 고려한 용병	결전의 용병 및 손자병법 종합	화공으로 결정적 전투 보조	첩자 운용을 통한 정보 획득
迂直之計 風林火山 四治	五原則 五變則 臨機應變 必雜於利害 將有五危	三十三原則 惟無武進 足以併 力料敵 取人而已 將有五危	六地形 六敗兵 知彼知己 白戰不殆 知天知地 勝乃可全	九原則 爲客之道 率然 將軍之事 霸王之兵	火攻有五 五火之變 費留	先知 五間

차례

제1편

시계(始計)

始計

〈시계(始計)〉 편은 손자가 전쟁을 논하는 첫 번째 편이다. 여기에서 '시계'는 '계산을 해보다'는 의미이다. '시계'를 '최초의 근본적인 계획'으로 해석하거나 '계책을 시작한다', '계략을 짠다', 혹은 '전쟁에 대한 대국적인 고려와 계획' 등으로 해석하는 것은 적절치 않다. 여기에서 핵심 단어는 '계(計)'이다. '계'는 '계획, 계책, 계산' 등을 뜻하는데, 이 편의 내용을 볼 때 '계'는 '계산'으로 해석하는 것이 맞다.

〈시계〉 편에서 손자가 말하는 요지는 첫째로 전쟁이란 국가의 중대한 문제라는 것, 둘째로 전쟁을 결정하기 전에 유리함과 불리함을 따져보아야 한다는 것, 셋째로 유리하다면 이를 '세(勢)'로 승화시켜야 승리할 수 있다는 것, 넷째로 세를 발휘하는 용병의 과정에서 적을 속이는 궤도(詭道)는 반드시 필요하다는 것, 다섯째로 전쟁은 종합적으로 승산을 따져 결정해야 한다는 것이다.

이러한 내용 가운데 만일 손자가 세의 발휘와 궤도를 포함한 전반적인 용병의 방법과 계책의 수립에 대해 심도 있게 논의했다면 '계'는 '계책'을 의미하는 것으로 볼 수 있다. 그런데 세와 궤도에 대한 손자의 언급은 피아 비교를 통해 얻어진 유리함을 어떻게 승리로 연결할 수 있는지에 대한 원리를 부연해서 설명하는 개괄적인 논의에 그치고 있다. 어디에도 전쟁에서 승리하기 위한 계책을 수립하는 내용에 대한 언급은 없다. 특히, '세'와 '궤도'에 관한 논의는 전쟁이라는 문제를 다루기 위한 국가전략 차원이 아닌 전장에서 적과 싸우기 위한 용병술 차원에서 이루어지고 있음에 주목할 필요가 있다. 즉, 손자는 피아 비교를 통해 확인된 유리함을 이용하여 '세'를 발휘하고 승리해야 하며, 이 과정에서 불가피하게 적을 속이는 용병을 해야 한다고 했지만, 이는 단지 용병 차원의 논의일 뿐 국가 차원에서 대국적 원정계획을 마련하거나 전쟁 전반의 계책을 수립하는 것과 관련이 없다. 이렇게 볼 때, '시계'란 '계책을 시작한다'는 의미가 아니라 '전쟁에 앞서 먼저 승산을 계산해보는 것'으로 해석하는 것이 타당하다.

1. 전쟁은 국가의 중대한 문제

孫子曰: 兵者, 國之大事.	손자왈: 병자, 국지대사.
死生之地, 存亡之道, 不可不察也.	사생지지, 존망지도, 불가불찰야.

손자가 말하기를, 전쟁은 국가의 중대한 문제이다.
이는 국가의 생사와 존망이 걸린 것이니 신중하게 살피지 않을 수 없다.

＊孫子曰, 兵者, 國之大事(손자왈, 병자, 국지대사): 왈(曰)은 '말한다', 병자(兵者)에서 '병(兵)'은 '전쟁, 장수, 용병'을 뜻하는 것으로, 여기에서는 전쟁을 의미한다. 지(之)는 관형격 조사로 '~의'라는 뜻이고, 국지대사(國之大事)는 국가의 큰일, 즉 중대한 문제라는 뜻이다. 전체를 해석하면 '손자가 말하기를, 전쟁은 국가의 중대한 문제이다'라는 뜻이다.

＊死生之地, 存亡之道, 不可不察也(사생지지, 존망지도, 불가불찰야): 사생지지(死生之地)는 '국가의 생사가 달린 영역', 존망지도(存亡之道)는 '국가의 존속 혹은 멸망을 결정하는 길', '찰(察)'은 '살피다, 숙고하다', 불가불찰야(不可不察也)는 '신중하게 살피지 않을 수 없다'는 뜻이다. 전체를 해석하면 '이는 국가의 생사와 존망이 걸린 것이니 신중하게 살피지 않을 수 없다'는 뜻이다.

내용 해설

손자는 〈시계〉 편의 첫 문장에서 "전쟁은 국가의 생존과 존망이 걸린 중대한 문제이니만큼 신중하게 살피지 않을 수 없다"고 했다. 당시 손자가 전쟁을 어떻게 인식하고 있었는지를 보여주는 대목이다. 전쟁은 컴퓨터 게임이 아니다. 인류의 역사를 통틀어 전쟁은 때로 승리의 영광을 가져다 주기도 하지만, 패배할 경우에는 감당하기 어려운 비용을 지불해야 할 뿐 아니라 심지어 국가의 멸망을 초래하기도 한다. 따라서 시대를 막론하고 모든 국가는 전쟁을 극도로 신중하게 판단하지 않을 수 없었다.

그런데 왜 손자는 굳이 이 병서의 맨 첫 머리에서 전쟁의 신중함에 대해 언급하고 있는가? 여기에는 아마도 다음과 같은 시대적 배경이 작용했기 때문으로 볼 수 있다. 첫째, 춘추시대에는 군주들이 무분별하게 군사력을 사용하고 있었다. 손자는 〈화공〉 편에서 군주가 노여움으로 전쟁을 일으킬 수 없고 장수가 성냄으로써 전투에 임해서는 안 된다고 지적하고 있는데, 이는 그 시대의 전쟁이 군주와 장수의 깊은 사려 없이 자의적 판단에 의해 이루어지고 있었음을 보여준다. 둘째, 전쟁으로 인한 폐해가 심각했다. 제후국들 간의 빈번한 전쟁으로 국력의 낭비가 정도를 넘어서고 있었으며, 이로 인해 백성들의 삶이 비참할 정도로 황폐해지고 있었다. 이러한 전쟁의 폐해는 전국시대에 맹자(孟子)가 '비전론(非戰論)'을 주장하며 "전쟁에 앞장서는 자들은 극형에 처해야 한다"고 할 정도로 심각한 것이었다. 셋째, 당시 정치사상과 관련하여 전쟁을 혐오하고 가급적 회피하려는 유교주의의 영향을 받은 것으로 보인다. 전쟁이 기본적으로 국익에 도움이 되지 않는다는 손자의 인식과 그가 〈화공〉 편에서 제시한 '비위부전(非危不戰)', 즉 위태롭지 않으면 전쟁을 하지 않아야 한다는 주장은 전쟁을 통해 이득을 취하려는 '주전론' 또는 서구의 현실주의와 거리가 먼 것으로 보인다. 즉, 손자는 당시 전쟁을 가볍게 생각하고 무분별하게 전쟁을 결정했던 잘못된 시대적 풍조에 대해 엄중하게 경고했던 것이다.

손자는 전쟁을 시작하기 전에 '살펴야 한다(察)'고 했는데, 이는 '깊이 생각한다'는 의미이다. 그렇다면 무엇을 주의 깊게 살피고 생각해야 하는가? 국가가 전쟁을 시작하기 전에 심사숙고해야 할 요소와 절차는 무엇인가?

이는 〈시계〉 편을 관통하는 논의의 핵심으로, 이 편 전체의 그림을 이해한다는 의미에서 먼저 설명하겠다. 〈시계〉 편은 다음과 같은 절차를 통해 전쟁 여부를 면밀히 검토해야 한다는 논리로 구성되어 있다. 첫째, 전쟁에 임하는 국가가 스스로 그러한 역량을 갖추고 있는지를 돌아보는 것이다. 이는 도(道), 천(天), 지(地), 장(將), 법(法)이라는 오사(五事), 즉 다섯 가지 요소를 통해 살필 수 있다. 둘째, 적국과의 상대적 역량을 비교하는 것이다. 이때 피아 간의 비교를 해야 할 요소는 '오사'를 기준으로 하여 다양한 요소들을 도출할 수 있겠지만, 손자는 여기에서 일곱 가지 요소를 제시하고 있다. 셋째, 피아 간의 비교를 통해 자국이 전쟁을 수행하는 데 유리하다고 판단되면, 그러한 유리함을 바탕으로 전장에서 압도적 '세(勢)'를 형성하여 전쟁을 승리로 이끌 수 있다. 이 과정에서 '세'를 발휘할 수 있는 여건을 조성하기 위해서는 '궤도(詭道),' 즉 다양한 기만책을 사용하여 적을 물리적으로나 심리적으로 혼란시켜야 한다. 넷째, 최종적으로 승부를 예측하는 것이다. 즉, 앞에서의 계산과 비교를 종합적으로 살펴서 승리 가능성을 판단하는 것이다.

결국, 군주는 전쟁을 시작하기 전에 이와 같은 절차를 거쳐 전쟁 여부를 신중히 결정해야 한다. 이것이 손자가 〈시계〉 편에서 말하고자 하는 논의의 핵심이다. 이를 그림으로 도식하면 다음과 같다.

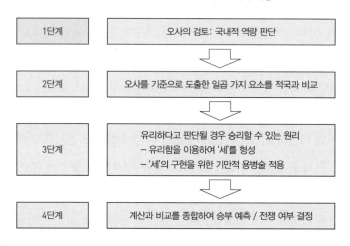

전쟁 여부 결정을 위한 승산 계산의 논리적 과정

1단계	오사의 검토: 국내적 역량 판단
2단계	오사를 기준으로 도출한 일곱 가지 요소를 적국과 비교
3단계	유리하다고 판단될 경우 승리할 수 있는 원리 – 유리함을 이용하여 '세'를 형성 – '세'의 구현을 위한 기만적 용병술 적용
4단계	계산과 비교를 종합하여 승부 예측 / 전쟁 여부 결정

일각에서는 손자의 이러한 신중한 전쟁론이 전쟁 결정 과정의 신중함뿐만 아니라 평시 전쟁 대비의 중요성도 강조하고 있다고 해석하기도 한

다. 그러나 이러한 해석은 〈시계〉 편의 전반적인 내용을 고려할 때 너무 과도한 해석이라 할 수 있다. 왜냐하면, 〈시계〉 편에는 전쟁을 시작하기 전에 철저한 분석과 계산 등을 거쳐 심사숙고하여 전쟁을 결정해야 한다는 내용으로 채워져 있으며, 그 어디에도 국가가 국방을 튼튼히 해야 한다는 주장은 보이지 않기 때문이다. 어느 국가든 평소에 손자가 제시한 '오사'에 관심을 갖고 전쟁에 단단히 대비해야 하는 것은 당연할 것이나, 그렇다고 손자가 굳이 평시의 국방태세를 염두에 두고 〈시계〉 편을 논한 것은 아닐 것이다.

군사사상적 의미

손자의 전쟁관: 유교주의냐, 현실주의냐

손자의 전쟁관은 무엇인가? 손자는 전쟁을 신중한 문제로 인식하고 있으나, 단순히 이를 손자의 전쟁관으로 보기에는 뭔가 아쉬운 점이 있다. 안타깝게도 손자는 그의 병서에서 전쟁관을 구체적으로 밝히지 않고 있다. 『손자병법』은 클라우제비츠의 『전쟁론(Vom Kriege)』과 달리 군사적 수준에서의 용병술 외에 정치, 외교, 경제, 사회, 심리 등 다양한 수준에서 전쟁을 종합적으로 논의하고 있음에도 불구하고, 클라우제비츠와는 다르게 전쟁에 대한 심오한 정의를 내놓지 않고 있다. 이것이 바로 손자의 전쟁관을 파악하기 어려운 이유이다. 따라서 이에 대해서는 『손자병법』 각 편에 흩어져 있는 단서들을 모아 추적할 수밖에 없다.

전쟁을 보는 관점은 크게 두 가지로 대별된다. 하나는 동양의 유교주의적 관점이고, 다른 하나는 근대 서구의 현실주의적 관점이다. 먼저 유교에서는 전쟁을 혐오한다. 공자(孔子)는 백성을 덕(德)과 예(禮)로써 다스리되 정(政)과 형(刑)을 멀리해야 한다고 했다. 이는 군주가 모범을 보이는 가운데 백성들을 어질게 대하고 가르쳐서 올바른 길로 인도해야지, 제도나 법률로써 강제하는 것은 바람직하지 않다는 의미이다. 물론, 공자도 교화되지 않는 사람에 대해서는 정과 형으로 다스려야 할 필요가 있기 때문에 형벌제도를 폐지할 수는 없다고 보았다. 그럼에도 그는 폭력의 사용이 올바른 통치의 수단이 될 수 없으며 오직 예외적인 경우에만 한해 제한적으로 허용될 수 있다고 보았다. 따라서 유교적 관점에서 볼 때 폭력의 사용또는 전쟁은 정상적인 것이 아니고 비정상적이며 일상적이 아닌 예외적인 것으로 어쩔 수 없는 상황에서 최후의 수단으로만 사용될 수 있다.

이에 반해, 근대 서구의 현실주의적 관점은 클라우제비츠가 제기한 전쟁의 정의를 수용하여 전쟁을 혐오하기보다는 엄연한 정치행위로 간주한다. 클라우제비츠는 "전쟁이란 다른 수단에 의한 정치의 연속"이라고 했는데, 이는 전쟁이 정치행위로서 일상적이고 정상적이며, 최후의 수단이아니라 필요하다면 언제든지 사용될 수 있는 정치적 수단임을 의미한다. 유교와 정반대의 관점에서 전쟁을 바라보고 있는 것이다.

그렇다면, 과연 손자는 전쟁을 혐오의 대상으로 보는가, 아니면 정상적인 정치행위로 보는가? 전쟁을 기피하는가, 아니면 전쟁을 수용하는가? 손자는 평화론자인가, 아니면 주전론자인가?

손자는 유교에서처럼 전쟁을 혐오의 대상이자 최후의 수단으로 보지는 않고 있다. 실제로 오왕 합려(闔廬)를 도와 주변국에 대한 원정작전을 수행한 그를 평화주의자 또는 전쟁혐오론자라고 볼 수는 없다. 그렇다고 해서 그가 근대 서구에서와 같이 전쟁을 일상적인 요소로 본 것은 더더욱 아니다. 손자는 전쟁을 국가의 이익이라기보다는 손해라는 인식, 그리고 팽창적이라기보다는 수세적 입장에서 바라보고 있기 때문이다. 결론적으로 말하면 손자의 전쟁은 근대 서구의 현실주의적 전쟁보다는 유교적 전쟁에 가까운 것으로, 이는 다음과 같은 사실로 설명할 수 있다.

우선 손자는 기본적으로 전쟁을 국가이익이라는 관점에서 보지 않았다. 그가 전쟁을 "사생지지, 존망지도(死生之地, 存亡之道)"라고 정의한 것은 전쟁이 국가의 위험을 초래할망정 이익을 가져다주는 것은 아니라는 입장이기 때문이다. 또한 그는 〈작전〉 편에서 상세히 언급하고 있는 바와 같이 전쟁 지연에 따른 군수보급의 폐해가 결국 국가경제의 붕괴와 주변국의 침략을 초래할 것이라고 주장함으로써 전쟁의 이익보다는 위험성을 지적하고 있다.『손자병법』 전체를 놓고 보더라도 전쟁을 통해 경제적 부를 축적하고 영토를 넓히며 국력 신장을 이루어야 한다는 주장은 발견할 수 없다. 즉, 손자의 전쟁은 근대 서구의 제국주의나 팽창주의와는 거리가 있으며, 자국의 안보를 확보하는 데 우선적으로 관심이 있다.

또한, 손자는 전쟁에 대해 기본적으로 방어적이며, 심지어는 비전론적 입장까지도 보임으로써 무력 수단을 최후의 수단으로 간주하는 유교의 입장과 유사하다. 손자는 〈화공〉 편에서 "비리부동(非利不動), 비득불용(非得不用), 비위부전(非危不戰)"을 주장했다. 맨 마지막의 '비위부전'은 국가가 위태롭지 않으면 전쟁을 하지 말아야 한다는 것으로 손자의 전쟁이 방어적인 것임을 명확히 말해준다. 다만 앞의 두 가지 '비리부동'과 '비득불용'에 대해서는 정확한 해석이 필요하다. 만일 '이(利)'와 '득(得)'을 각각 '이익'과 '이득'으로 해석하면 국가이익을 취하기 위해 공세적으로 전쟁을 할 수 있다는 의미가 된다. 그러나 〈화공〉 편에서 이 문장의 앞뒤 문맥을 보면 '이'는 '이익'이 아니라 피아 역량의 계산을 통해 나온 '유리함'을 의미한다. '득'도 마찬가지로 '이득'이 아니라 '계산하여 값을 얻다' 또는 '만족하다'는 뜻으로 보아 '승산이 있다'는 것으로 해석해야 한다. 즉, 피아 역량을 계산한 결과가 '유리하거나(利) 승산이 있으면(得)' 전쟁을 해도 좋다는 의미이다. 즉, 손자의 전쟁은 국가이익을 위해 공세적으로 군사력을 동원하는 것이 아니라 주변국의 위협에 부득이하게 대처해야 할 경우에 한해 승산을 계산해본 후 수행될 수 있는 것이다.

그렇다면, 손자가 오왕 합려를 도와 초(楚)나라 공격을 도모한 것은 어떻게 볼 수 있는가? 이는 원정을 통해 적국을 합병하기 위한 공세적 전쟁임에 분명하다. 그러나 손자의 원정은 이전부터 초나라가 오나라의 안위를 위협하고 있었기 때문에 그러한 위협을 제거하기 위해 이루어진 것으로 보아야 한다. 당시 오나라는 서쪽으로 초나라, 그리고 남쪽으로는 월(越)나라로부터 동시에 압력을 받고 있었던 상황에서 기회를 보아 초나라에 대한 공격을 실시하지 않을 수 없었던 것이다. 즉, 손자는 오나라의 팽창을 위해 혹은 경제적 이득을 얻기 위해 초나라를 공격한 것이 아니라, 초나라의 위협을 제거함으로써 오나라의 안보를 공고히 하려 했던 것으로 볼 수 있다.

결론적으로 손자의 전쟁관은 클라우제비츠 이후 등장한 서구의 근대적 전쟁관과 분명한 차이가 있으며, 비록 완전히 일치하는 것은 아니지만 전통적으로 중국에서 견지해온 유교주의에 입각한 전쟁관에 가까운 것으로 볼 수 있다. 즉, 손자는 전쟁을 '유용한 정치적 수단'이라기보다는 '필요악(必要惡)' 정도로 이해하고 있음을 알 수 있다.

손자의 전쟁과 클라우제비츠의 전쟁 비교

손자의 전쟁은 클라우제비츠의 전쟁과 비교해볼 때 외형적으로 상당한 유사점이 발견된다. 예를 들어, 손자가 전쟁을 심사숙고하여 결정해야 한다고 했듯이, 클라우제비츠도 "전쟁은 신중한 목적에 대한 신중한 수단"으로서 무책임한 군주가 재미삼아 시도해볼 수 있는 것이 아니라고 했다. 그러나 전쟁에 대한 두 사상가의 인식을 구체적으로 들여다보면 겉으로 보는 것과 달리 많은 부분에서 다르다는 사실을 발견할 수 있다. 손자가 바라보는 전쟁을 클라우제비츠가 제시한 전쟁의 정의와 비교해보면 다음과 같다.

우선 클라우제비츠는 전쟁을 무력을 사용하여 적에게 나의 의지를 강요하는 행위로 정의했다. 비록 손자는 전쟁에 대한 구체적인 정의를 내리지는 않았지만, 아마도 클라우제비츠의 정의 가운데 '의지의 강요'라는 부분에는 동의했을 것이다. 다만, 손자는 〈모공〉 편에서 무력을 사용하지 않

손자와 클라우제비츠의 전쟁 정의 비교

구분	클라우제비츠의 전쟁 정의	손자의 견해
무력 사용	전쟁은 적에게 나의 의지를 강요하기 위한 무력 사용 행위	의지의 강요에는 동의. 단, 무력 사용 없는 '부전승'으로 의지 강요가 가능
정치적 성격	전쟁은 정치적 목적 달성을 위한 수단으로 국익 추구 위한 정상적 정치행위	정상적 정치행위는 아님. 국익보다는 국가 생존에 관심
전쟁의 신중함	전쟁은 신중한 목적에 대한 신중한 수단(전쟁의 불확실성에 따른 패배 가능성 고려)	전쟁은 신중한 문제(국가경제적 폐해 고려)
전쟁의 도박성	전쟁은 도박과 같은 것(승리 예측 불가)	전쟁은 도박이 아님(승부 예측 가능)
전쟁의 변화무쌍함	전쟁은 삼위일체 각 요소의 배합에 따라 전쟁마다 색깔을 달리하는 카멜레온	전쟁 자체보다는 용병술이야말로 다양한 지형과 상황에 따라 무수한 변화가 불가피(즉, 전쟁이 아닌 용병술 차원에서 카멜레온이라 할 수 있음)

고 온전하게 적을 굴복시키는 것이 바람직하다고 주장하고 있다는 점에서 '부전승(不戰勝)'에 의한 승리도 가능하다고 보고 있다. 그런데 이러한 손자의 관점은 전쟁을 정의하는 데 혼란을 줄 수 있다. 전쟁이 발발하기 이전에 싸우지 않고 승리한다면 이는 '전쟁'이 아니라 '외교' 또는 '무력시위' 등에 의한 '비전쟁 상황'에서의 승리일 것이기 때문이다. 그럼에도 손자는 그가 말하는 '부전승'이 전쟁 발발 이전에 가능한 것인지 이후에 가능한 것인지에 대해 명확히 밝히지 않고 있다.

둘째로 클라우제비츠는 전쟁을 "정치적 목적 달성을 위한 수단"으로 간주하고 있는데, 이는 전쟁을 일종의 정상적인 정치행위로 보는 것이다. 그리고 그러한 정치적 목적은 영토 탈취, 경제적 착취, 이권 확보, 정복 등 국가이익을 추구하는 것이다. 반면, 손자에게 전쟁은 정상적 정치행위가 아니다. 전쟁은 국익보다는 국가가 위험에 빠질 때에 한해 고려해야 하며,

사전에 승리 가능성을 면밀하게 계산해본 뒤 승산이 높다고 판단될 때에만 치를 수 있다.

셋째로 클라우제비츠는 전쟁을 "신중한 목적에 대한 신중한 수단"으로 정의했다. 손자도 마찬가지로 전쟁을 신중하게 접근하고 있다는 점에서 두 사상가의 입장이 동일한 것으로 보인다. 그러나 자세히 보면 그렇지 않다. 클라우제비츠는 전쟁이 불확실성으로 가득 찬 영역이기 때문에 강한 국가라도 전쟁의 승리를 장담할 수 없으며, 따라서 전쟁을 함부로 해서는 안 된다고 주장한 것이다. 반면, 손자는 〈작전〉 편에서 전쟁의 지연에 따른 국가재정 탕진, 국민생활 피폐, 사회적 혼란, 제3국의 침략 가능성 등의 문제를 지적하고 있는데, 이는 그가 전쟁의 불확실성보다는 전쟁이 가져올 경제사회적 폐해를 고려하여 신중한 입장을 보인 것이다. 즉, 클라우제비츠가 군사적 패배 가능성을 고려한 반면, 손자는 국가의 정치사회적 혼란 및 붕괴 가능성이라는 관점에서 신중해야 한다고 본 것이다.

넷째로 전쟁이 갖는 도박적 성격의 여부이다. 클라우제비츠는 전쟁을 '도박(gamble)'으로 정의했는데, 이는 모든 전쟁에 '우연(chance)'이라는 요소가 작용하기 때문에 승패를 미리 알 수 없다는 의미이다. 그러나 손자는 '오사'와 이를 바탕으로 한 상대국과의 비교를 통해 전쟁의 승부를 미리 예측할 수 있다고 함으로써 전쟁을 도박이나 운으로 보지 않고 과학적 접근이 가능하다는 입장이다.

다섯째로 클라우제비츠에 의하면 모든 전쟁은 정부, 군, 국민이라는 세 요소가 서로 다른 비율로 작용하여 색깔을 달리하는 '카멜레온(chameleon)'과 같다고 했다. 역사적으로 수많은 전쟁들이 있었지만 이 가운데 세 요소가 동일한 비율로 작용하여 치러진 전쟁은 한 번도 없었다는 것이다. 그러나 손자는 이와 같은 전쟁의 변화무쌍함을 전쟁 그 자체가 아닌 용병술 차원에서 논의하고 있다. 손자가 살았던 춘추시대 말기에는 제후국들 간의 원정과 합병이 치열하게 전개되었기 때문에 이 시기의 전쟁은 클라우제비츠의 견해와 달리 다양하지 않고 정복을 추구하는 유사한 형태의 전쟁이 반복되었을 것이다. 따라서 손자는 원정이라는 한 가지 유형의 전쟁만을 상정하여 논의하고 있으며, 다만 원정 간 이루어지는 용병 혹은 작전이 다양한 지형과 상황에 의해 무수하게 변할 수 있음을 논하고 있다. 즉, 클라우제비츠가 전쟁을 카멜레온으로 본 것과 달리 손자는 전쟁 자체보다는 용병술 차원에서 카멜레온과 같은 변화무쌍함에 대해 논하고 있는 것이다.

2. 전쟁 전에 고려해야 할 요건: 오사(五事)

故經之以五事, 校之以計, 而索其情.	고경지이오사, 교지이계, 이색기정.
一曰道, 二曰天, 三曰地, 四曰將, 五曰法.	일왈도, 이왈천, 삼왈지, 사왈장, 오왈법.
道者, 令民與上同意也. 故可與之死, 可與之生, 而民不畏危.	도자, 영민여상동의야. 고가여지사, 가여지생, 이민불외위.
天者, 陰陽, 寒暑, 時制也.	천자, 음양, 한서, 시제야.
地者, 遠近, 險易, 廣狹, 死生也.	지자, 원근, 험이, 광협, 사생야.
將者, 智, 信, 仁, 勇, 嚴也.	장자, 지, 신, 인, 용, 엄야.
法者, 曲制, 官道, 主用也.	법자, 곡제, 관도, 주용야.
凡此五者, 將莫不聞, 知之者勝, 不知者不勝.	범차오자, 장막불문, 지지자승, 부지자불승.

자고로 다섯 가지 근본이 되는 요소를 분석해보고 (일곱 가지 요소를) 계산하고 적과 비교해봄으로써 (누가 유리하고 불리한지에 대한) 정황을 면밀히 살펴야 한다.

(이러한 오사로서) 첫째는 도, 둘째는 천, 셋째는 지, 넷째는 장, 그리고 다섯째는 법이다.

도란 백성들로 하여금 군주와 뜻을 같이 하게 하는 것으로, 그렇게 하면 백성들은 군주와 생사를 같이할 수 있고 위험을 두려워하지 않게 된다.

천이란 음과 양, 더위와 추위, 계절의 변화 등을 말한다.

지란 (거리의) 멀고 가까움, (지세의) 험준하고 평탄함, (지형의) 넓고 좁음, (특정 지역의) 위험함과 안전함 등을 말한다.

장이란 (장수의 자질에 관한 것으로) 지혜, 신의, 인애, 용기, 엄격함을 말한다.

법이란 군사동원, 군사제도 및 조직, 군수물자 관리 등을 말한다.

무릇 이 다섯 가지는 어떤 장수라도 들어보지 않았을 리 없는 것으로, 이를 아는 사람은 승리하고 알지 못하는 사람은 승리하지 못한다.

＊故經之以五事, 校之以計, 而索其情(고경지이오사, 교지이계, 이색기정): 고(故)는 접속사로 '그러므로', 경(經)은 '근본, 진리', 경지(經之)는 '근본으로 삼다'라는 뜻이다. 고경지이오사(故經之以五事)는 '그러므로 다섯 가지 요소를 근본으로 삼아'로 해석한다. 교(校)는 '비교', 교지(校之)는 '비교해보다', 이(以)는 '~로써', 계(計)는 '계산'으로 일곱 가지 요소를 계산한다는 의미이다. 즉, 교지이계(校之以計)는 '(일곱 가지 요소를) 계산하고 비교해봄으로써'라는 뜻이다. 색(索)은 '살피다', 정(情)은 '정황'을 의미한다. 따라서 이색기정(而索其情)은 '그러한 정황을 살핀다'는 뜻이다. 전체를 해석하면 '자고로 다섯 가지 근본이 되는 요소를 분석해보고, (일곱 가지 요소를) 계산하고 적과 비교해봄으로써, (누가 유리하고 불리한지에 대한) 정황을 면밀히 살펴야 한다'는 뜻이다.

＊一曰道, 二曰天, 三曰地, 四曰將, 五曰法(일왈도, 이왈천, 삼왈지, 사왈장, 오왈법): 왈(曰)은 '말하다'라는 의미이다. 일왈(一曰)은 '첫째로 말하면'으로 줄여서 '첫째는'이라는 뜻이다. 전체를 해석하면 '첫째는 도, 둘째는 천, 셋째는 지, 넷째는 장, 그리고 다섯째는 법이다'는 뜻이다.

＊道者, 令民與上同意也. 故可與之死, 可與之生, 而民不畏危(도자, 령민, 영민여상동의야. 고가여지사, 가여지생, 이민불외위): 도(道)란 마땅히 따라야 할 진리 또는 그에 따른 행동을 의미한다. 여기에서는 그 다음의 '영민여상동의야(令民與上同意也)'를 지칭한다. 영민(令民)은 '백성으로 하여금', 여상(與上)은 '위와 함께'라는 뜻인데 '군주와 더불어'의 의미이다. 따라서 '도자, 영민여상동의야(道者, 令民與上同意也)'는 '도란 백성들로 하여금 군주와 뜻을 같이하는 것'이라는 뜻이다. '가여지사, 가여지생(可與之死, 可與之生)'은 '백성들이 군주와 더불어 같이 죽을 수도 있고 살 수도 있다'는 뜻이다. '이민불외위(而民不畏危)'에서 '이(而)'는 접속사로서 '그리고 백성들은 위험에 처해서도 두려워하지 않게 된다'는 의미로 해석한다. 전체를 해석하면 '도란 백성들로 하여금 군주와 뜻을 같이하게 하는 것으로, 그렇게 하면 백성들은 군주와 생사를 같이할 수 있고 위험을 두려워하지 않게 된다'는 뜻이다.

＊天者, 陰陽, 寒暑, 時制也(천자, 음양, 한서, 시제야): 음양(陰陽)은 '음과 양(혹은 어두움과 밝음)', 한서(寒暑)는 '더위와 추위', 시제(時制)는 계절의 변화로 '봄, 여름, 가을, 그리고 겨울'을 의미한다. 전체를 해석하면 '천이란 음과 양, 더위와 추위, 계절의 변화 등을 말한다'는 뜻이다.

＊地者, 遠近, 險易, 廣狹, 死生也(지자, 원근, 험이, 광협, 사생야): 원근(遠近)은 '멀고 가까움', 험이(險易)는 '험준함과 평탄함', 광협(廣狹)은 '넓고 좁음', 사생(死生)은 지리와 관련하여 '사지와 생지'의 준말로서 '위험지역과 안전지대'를 의미한다. 전체를 해석하면 '지란 (거리의) 멀고 가까움, (지세의) 험준하고 평탄함, (지형의) 넓고 좁음, (특정 지역의) 위험함과 안전함 등을 말한다'는 뜻이다.

＊將者, 智, 信, 仁, 勇, 嚴也(장자, 지, 신, 인, 용, 엄야): 지(智)는 지혜, 신(信)은 신의, 인(仁)은 인애, 용(勇)은 용감성, 엄(嚴)은 엄격함을 의미한다. 전체를 해석하면 '장이란 (장수의 자질에 관한 것으로) 지혜, 신의, 인애, 용기, 엄격함을 말한다'는 뜻이다.

＊法者, 曲制, 官道, 主用也(법자, 곡제, 관도, 주용야): 곡제(曲制)는 고대 중국의 행정단위로 전시 동원의 단위이기도 하다. 관도(官道)는 '군사조직 및 제도의 운영'을 뜻하고, 주용(主用)은 '국가의 기물과 재산'을 총칭한다. 여기에서는 군사에 한정하여 군대의 편제와 운용, 장수와 군관의 관리, 군수물자의 조달과 공급 등으로 해석한다. 전체를 해석하면 '법이란 군사동원, 군사제도 및 조직, 군수물자 관리 등을 말한다'는 뜻이다.

＊凡此五者, 將莫不聞, 知之者勝, 不知者不勝(범차오자, 장막불문, 지지자승, 부지자불승): 범(凡)은 '무릇', 차(此)는 지시대명사로서 '이것'이라는 뜻이다. 범차오자(凡此五者)는 '무릇 이 다섯 가지'라는 의미이다. 막(莫)은 '없다', 장막불문(將莫不聞)은 '장수가 들어보지 않았을 리 없다'는 뜻이다. 지(之)는 지시대명사로 '이것', 지지자승(知之者勝)은 '이것을 아는 장수는 승리한다'는 뜻이다. 부지자불승(不知者不勝)은 '이것을 알지 못하는 장수는 승리하지 못한다'는 뜻이다. 전체를 해석하면 '무릇 이 다섯 가지는 어떤 장수라도 들어보지 않았을 리 없는 것으로, 이를 아는 사람은 승리하고 알지 못하는 사람은 승리하지 못한다'는 뜻이다.

내용 해설

이 부분에서 손자는 전쟁을 결정하기 전에 다섯 가지 요소들을 분석해보고, 이를 적과 비교하여 우열 및 승리 가능성을 진단해봄으로써 정황을 면밀히 살펴야 한다고 주장하고 있다. 이는 전쟁을 시작하기 전에 반드시 거쳐야 할 정책 결정 과정인 것이다. 이때 손자가 들고 있는 다섯 가지 요소, 즉 오사(五事)는 적과 비교하는 것이 아니라 전쟁에 임하는 데 있어서 요구되는 국내적 역량이 갖춰졌는지를 판단하기 위한 요소로 볼 수 있다.

첫째, "도란 백성들로 하여금 군주와 한마음 한뜻이 되게 하는 것"이다. 그렇게 하면 백성들은 "군주와 생사를 같이할 수 있고 전쟁에 임해서도 위험을 두려워하지 않게 된다." 이는 군주가 민심(民心), 즉 백성들의 마음을 얻어야 한다는 것으로, 비록 손자는 군주의 도가 무엇인지 구체적으로 설명하지 않고 있지만 그것은 다음 두 가지로 볼 수 있다. 하나는 군주의 바른 정치이다. 군주가 인의를 행하고 덕을 베푸는 왕도(王道)의 정치를 실현한다면 백성들은 군주를 믿고 따를 수 있다. 다른 하나는 전쟁의 명분을 세우는 것이다. 군주의 사사로운 이익을 위해 백성들의 고혈을 짜는 전쟁이 아니라 국가의 생존과 백성들의 안전을 도모하기 위해 전쟁을 해야 한다는 것이다. 이 두 가지 요소, 즉 군주의 왕도가 실현되고 전쟁의 명분이 서게 되면 백성들은 전쟁으로 인해 당할 수 있는 온갖 어려움에도 불구하고 기꺼이 희생할 각오를 다질 것이며, 군주가 요구하는 병력 및 물자 동원에 적극적으로 호응할 수 있다. 즉, 여기에서 말하는 도란 민심이 이반되지 않고 군주의 편에 서도록 하는 것으로, 군주의 왕도정치와 전쟁의 정당한 명분이 전제되어야 성립한다고 할 수 있다.

둘째, "천이란 음과 양, 더위와 추위, 계절의 변화 등을 말한다." 음양(陰陽)은 '음과 양', 한서(寒暑)는 '더위와 추위', 시제(時制)는 계절의 변화로 '봄, 여름, 가을, 그리고 겨울'을 의미한다. 아마도 춘추시대에는 전쟁을 하는 데 자연현상과 기후의 영향을 많이 받았을 것이다. 백성들이 경작에 바쁜 시기에 전쟁을 하는 것은 군주나 농민들에게 모두 큰 부담이었을 것이며, 한겨울에 전쟁을 할 경우 병사들이 야지에서 추위를 극복하고 작전을 수행하는 데에도 한계가 있었을 것이다. 즉, 자연현상과 기후는 백성들의 편의와 전쟁수행의 어려움, 그리고 전장에서의 용병에 영향을 주는 만큼 전쟁을 결정하는 데 반드시 고려해야 할 요소였음에 분명하다.

그런데 여기에서 손자가 언급하고 있는 '음양'이 무엇인지 분명하지 않다. 일부 학자들은 음양이 '어두움과 밝음'을 의미하기 때문에 밤과 낮이라고 해석하기도 한다. 그러나 여기에서 손자는 진투가 아닌 전쟁의 문세를 논하고 있음을 고려할 때, 음양을 밤과 낮으로 해석하는 것은 어색하다. 또한 어떤 학자들은 음양을 '하늘의 징조'로 보고 천운(天運)과 길흉화복(吉凶禍福)을 판단하여 용병을 해야 한다는 운명론적 전쟁관으로 보기도 한다. 이 역시 철저한 분석과 계산을 바탕으로 전쟁을 결정해야 한다고 주장하는 손자가 뜬금없이 운명론적 세계관을 염두에 두고 '음양'을 언급했다고 보기에는 무리가 있다. 손자는 〈구지〉 편에서 병사들에게 미신을 금하도록 해야 함을, 그리고 〈용간〉 편에서는 귀신을 불러 적정을 파악할 수 없음을 분명하게 언급하고 있다.

따라서 음양이란 보다 철학적인 관점에서 보아야 하며 반드시 군사의 문제와 연계하여 이해해야 한다. 여기에서 음양이란 만물의 생성 및 변화의 원리로서 기(氣)의 작용을 의미한다. 원래 음양은 '어두움과 밝음'을 뜻하는 것이었으나, 이후 '암과 수'의 관념과 결합하여 만물을 생성하는 원리로 인식하게 되었다. 즉, 음양은 서로 대립하는 기의 두 측면, 가령 낮과 밤, 암과 수, 더위와 추위, 사계절 등이 상호작용하여 사물을 만들고 유지하는 생성과 존립의 원리를 의미한다. 즉, 음양이란 끊임없이 나타나는 두 가지 상반된 기의 변화와 반복에 의한 상호작용으로 이해할 수 있다.

이렇게 본다면, 손자가 말한 음양이란 군주와 장수가 만물의 이치에 따라 시간이 지나면서 나타나는 자연적인 변화를 미리 예상하고 판단하는 것이라 할 수 있다. 예를 들어, 전쟁에 대한 국내 여론은 시간이 흐르면서 점차 부정적으로 변화하게 되어 있다. 국가재정도 전쟁이 지연됨에 따라 고갈되기 마련이다. 병력들의 사기에도 변화가 불가피하다. 이러한 이치는 상대국가에도 적용할 수 있다. 상대가 지금은 융성한 국가일 수 있지만 시간이 지나면서 쇠퇴일로에 접어들 수 있으며, 반대로 약한 국가가 새로운 강국으로 부상할 수도 있다. 손자가 〈군쟁〉 편에서 언급하고 있듯이 적군은 "처음에 기세가 등등하다가도 시간이 지남에 따라 서서히 약화되고 나중에는 꺾일 수 있다(朝氣銳, 晝氣惰, 暮氣歸)." 따라서 '천'을 구성하는 '음양'이란 자연의 이치에 따라 움직이는 대내적 요소와 대외적 요소의 변화를 감지하고 대비하는 것을 의미한다. 즉, 군주와 장수는 전쟁을 시작하기 전에 미리 여론의 변화, 경제적 여건의 변화, 용병술 차원에서의 다양한 변화, 심지어 국제정치적 여건의 변화 등을 내다보고 대비해야 한다는 것이다.

사마천(司馬遷)의 『사기(史記)』에는 '천'을 '하늘이 주는 기회'로 보는 장면이 등장한다. 와신상담(臥薪嘗膽) 끝에 월(越)나라를 재건한 구천(句踐)은 기원전 478년 원수였던 부차(夫差)가 왕으로 있던 오나라를 공격했다. 기원전 473년 부차는 성에서 도망하여 고소산(姑蘇山)에 은거했으나 곧 포위되었다. 궁지에 몰린 부차는 구천에게 사신을 보내 화의를 요청했고, 구천의 책사인 범려(范蠡)는 이에 반대하며 다음과 같이 말했다.

지난날 회계에서 하늘은 우리 월나라를 오나라에 넘겨주려 했습니다. 그럼에도 오나라는 이를 받지 않았습니다. 이번에는 하늘이 오나라를 월나라에 주려 합니다. 그런데 우리가 하늘의 뜻을 거슬러서야 되겠습니까? 오늘날까지 노력해온 이유는 오나라를 치지 위해서가 아니었습니까? 22년에 걸친 노력을 단 하루 만에 버리는 것은 옳지 않습니다.

여기에서 범려는 오나라를 멸망시켜야 한다는 주장을 '하늘의 뜻'으로 해석했지만, 이는 그가 하늘을 믿는 자연숭배사상에 젖어 있었음을 의미하는 것이 아니다. 비록 그는 하늘을 언급했지만, 이는 음양의 이치, 즉 이번에 오나라를 멸하지 않으면 시간이 지나 언젠가는 원한을 가진 오나라가 자국인 월나라를 멸하려 할 것이라는 예상에 따른 것이었다. 이와 마찬가지로, 손자가 제기한 '음양'은 '천운(天運)'이나 '천명(天命)'을 얘기한 것이 아니라 자연의 이치에 따라 예상되는 정세(情勢)의 변화 가능성을 헤아려야 한다는 것으로 이해할 수 있다.

셋째, "지란 멀고 가까움, 험준하고 평탄함, 넓고 좁음, 위험함과 안전함 등을 말한다." 이는 다양한 지형 및 지리적 환경에 관한 것으로 지형의 원근, 험이, 광협, 사생 등이 전략과 전술에 어떠한 영향을 줄 것인지를 파악하는 것이다. 손자는 〈지형〉 편의 마지막 부분에서는 "하늘과 땅의 변화를 알고 용병하면 승리한다"고 하여 '지천지지(知天知地)'의 중요성을 강조하고 있다. 다만, 『손자병법』 전반에서 '지(地)'는 전략 및 전술에만 한정되지 않는다는 점에 주목해야 한다. 손자는 '지(地)'라는 요소를 국제정치적 상황으로부터 외교, 그리고 전략·전술에 이르기까지 다양한 영역에서 고려하고 있기 때문이다. 가령, 〈군쟁〉 편, 〈구변〉 편, 그리고 〈구지(九地)〉 편에서 손자는 '구지(衢地)'를 언급하고 있는데, 이는 인접 제후국과 국경이 교차하는 지역으로 이러한 지역에서는 그 제후국과 외교관계를 맺어 안전을 도모하도록 하고 있다. 그럼에도 불구하고 『손자병법』에서 '지(地)'는 대체적으로 외교적 차원보다는 용병의 차원에서 논의되고 있음을 염두에 둘 필요가 있다.

넷째, "장(將)은 장수가 갖추어야 할 자질로서 지(智), 신(信), 인(仁), 용(勇), 엄(嚴)을 말한다." 우선 '지(智)'는 지혜를 뜻하는데, 사전적으로는 '도리나 이치를 잘 분별하는 능력'을 말한다. 손자가 장수의 자질 가운데 가장 먼저 지혜를 꼽았다는 것은 지혜가 가장 중요하다는 것을 의미한다. 지혜는 평소에 부대를 지휘하고 관리하는 데에도 발휘해야 할 장수의 덕목이지만, 여기에서는 특히 전장에서의 '지략(智略)' 또는 '지모(智謀)'를 염두에 둔 것으로 적과 싸워 승리할 수 있는 용병 방법 또는 용병술을 구사할 수 있는 능력을 말한다. '신(信)'이란 신의를 뜻한다. 장수에게 신의

란 군주로부터의 신망과 부하들로부터의 믿음을 동시에 의미하지만, 『손자병법』 전반을 놓고 볼 때 전장에서 부하들로부터 신뢰를 얻는 것에 초점이 맞춰져 있다. '인(仁)'은 인애를 뜻한다. 원정을 출발하면서 처음 보는 병사들을 어질고 자애롭고 따뜻하게 대하는 것이다. '용(勇)'은 용기를 뜻한다. 전장에서 단호하게 결정을 내리고 용감하게 행동하는 것을 의미한다. 마지막으로 '엄(嚴)'은 엄격을 뜻한다. 이는 대체로 위엄을 갖추고 빈틈없이 일을 처리하는 것을 의미하지만, 〈구지〉 편에서 볼 수 있듯이 결전의 순간에 병사들을 막다른 곳에 몰아넣어 죽기를 각오하고 싸우도록 하는 것이다.

다섯째, '법(法)'은 법제(法制)를 뜻한다. 군대의 편제와 운용, 장수와 군관의 관리, 군수물자의 조달과 공급 등을 말한다. 군대에서 군정과 군령이 효율적으로 작동할 수 있는 체제와 제도를 구비하는 것이다. 보다 구체적으로 본다면 지휘통제, 군사조직, 통신, 무기, 병력동원, 물자동원, 보급수송, 인사관리, 상훈처리 등이 여기에 포함된다고 하겠다.

여기에서 한 가지 의문을 제기할 수 있다. 손자는 다음의 〈작전〉 편에서 전쟁에서 반드시 고려해야 할 요소로 군수의 중요성을 강조하고 있다. 그럼에도 불구하고 그는 군수보급을 오사에 포함시키지 않았다. 물론, 오사 가운데 맨 마지막 요소인 법에 군수물자 조달과 공급이라는 항목이 들어가 있지만, 〈작전〉 편에서 군수보급의 문제를 매우 중요하게 다루고 있음을 볼 때 이를 오사에 포함시키지 않은 것은 납득이 가지 않는다. 손자가 왜 그랬는지에 대해서는 〈작전〉 편에서 자세히 설명할 것이다.

군사사상적 의미

손자의 백성과 클라우제비츠의 국민

여기에서 읽을 수 있는 손자의 군사사상은 백성들의 민심에 대한 고려이다. 손자는 전쟁을 하기 전에 살펴야 할 다섯 가지 요소 가운데 '도'를 가장 먼저 제시했다. 이는 전쟁이 가져올 백성들에 대한 폐해를 고려한 것으로, 전쟁을 시작하기 위해서는 백성들이 그러한 희생과 피해를 감수하고 군주와 뜻을 같이할 수 있어야 한다고 본 것이다. 이는 손자가 학식과 덕망을 갖춘 지배층의 인물로서 유가(儒家)에서 맹자가 그랬던 것처럼 백성을 나라의 근간으로 보는 '귀민론(貴民論)'적 사고를 갖고 있었으며, 나름 전쟁에서 차지하는 백성들의 존재와 역할을 인식했기 때문이다.

이는 나폴레옹 전쟁 이후 국민을 전쟁의 '삼위일체(trinity)'에 포함시킨 클라우제비츠의 사상에 버금가는 혁신적 사고가 아닐 수 없다. 클라우제비츠는 이전까지 '군주'와 '군'이 중심이 되어 수행했던 전쟁에 '국민'이라는 요소를 포함시켜 전쟁을 '삼위일체'로 이해했던 최초의 군사사상가였다. 그는 근대의 전쟁이 민족주의와 결합하여 국민개병제(國民皆兵制)를 바탕으로 그 규모가 커지게 되는 상황을 목격하고, 국민들의 '열정(passion)'이 당시 총력전이나 인민전쟁과 같이 새로운 양상의 전쟁을 낳고 궁극적으로 전쟁의 승리를 결정할 수 있는 주요한 요소임을 깨달았다. 이는 손자와 마찬가지로 대규모 전쟁에서 국민들의 열정과 지지, 그리고 참여가 없으면 전쟁수행이 어렵다는 인식을 반영한 것이다.

그러나 손자의 백성에 대한 고려와 클라우제비츠의 국민에 대한 인식은 겉으로 보기에 유사한 것처럼 보이지만, 근본적인 차이가 있다. 비록 손자는 백성의 존재와 역할을 인정하고 민심을 중시했지만 백성을 전쟁의 주체가 아닌 객체 혹은 방관자로 보고 있다. 따라서 그가 백성을 배려한 것은 어디까지나 군주의 전쟁을 용이하게 하기 위한 것으로 어떻게든 이들을 군주의 전쟁에 끌어들이도록 하기 위한 것이었다. 이에 반해, 클라우제비츠의 국민은 민족주의로 무장하여 전쟁에 대한 열정을 가진 공화국 구성원의 일원이다. 이들은 스스로가 전쟁의 주체로서 전쟁을 결정하고 자발적으로 전쟁에 참여하려는 시민들이다.

이렇게 볼 때 손자의 백성은 군주에 대한 충성심을 가지고 전쟁에 참여하도록 독려되어야 하는 피동적인 객체인 반면, 클라우제비츠의 국민은 국가의 주인으로서 열정을 가지고 전쟁에 참여하는 주체가 된다. 즉, 손자의 백성은 전쟁에 참여하도록 구슬려야 하는 대상인 반면, 클라우제비츠의 국민은 그 참여가 이미 전제되어 있는 것이다.

전쟁의 명분: 정당성과 국가이익

손자의 군사사상에서 나타나는 또 하나의 쟁점은 전쟁의 명분에 관한 것이다. 군주와 백성이 한마음 한뜻이 되어 전쟁을 수행하기 위해서는 그에 대한 합당한 명분이 서야 가능하다. 그러한 명분이 정치적으로 도덕적이지 않거나 정당성을 확보할 수 없다면 민심은 이반될 수밖에 없기 때문이다. 가령, 적국을 원정하여 공격하려 한다면 국가 안위에 심각한 위협을 느낀다거나 국경을 침범하여 백성들을 빈번히 약탈하는 적을 단호하게 응징할 필요가 있다는 등의 이유를 제시해야 할 것이다.

여기에서 전쟁의 명분은 대내적으로 백성들의 지지를 이끌어내는 것 외에도 대외적으로 전쟁의 정당성을 부여하는 데 중요하다. 이와 관련하여 『관자(管子)』 '7법(七法)'에는 다음과 같이 언급하고 있다.

> 백성을 제대로 다스리지 못하면서 능히 군사를 강하게 한 경우는 일찍이 없었다. 백성을 능히 다스리면서도 용병의 책략에 밝지 못하면 역시 그리할 수 없다. 용병에 밝지 못하면서 적국을 이긴 경우는 없었다. 용병의 책략에 밝을지라도 적국을 이기는 책략에 밝지 못하면 역시 적국을 이길 수 없다. 군사력으로 적국을 제압하지 못하면서 능히 천하를 바로잡은 경우는 없었다. 군사력을 적국을 제압할 수 있을지라도 천하를 바로잡는 명분을 분명히 하지 않으면 역시 그리할 수 없다.

이러한 언급은 전쟁을 통해 추구하고자 하는 정치적 목적에 '도덕성' 내지는 '정당성'을 부여해야 한다는 것으로 읽을 수 있다. 즉, 적국을 정벌한다면 그러한 명분에 대해 대내적으로는 물론, 대외적으로도 공감을 얻어야 한다는 것이다.

그러나 클라우제비츠의 견해는 다르다. 클라우제비츠의 경우 전쟁은 무력을 사용하여 우리의 의지를 적에게 강요하는 행위로서 정치적 목적을 달성하는 데 그 목적이 있다. 이때 전쟁의 명분은 대내외적 도덕성보다는 국가이익이 우선이다. 외교적 노력을 통해 그러한 이익을 나누거나 자국의 이익을 합리화시킬 수 있다면 도덕성은 무시할 수도 있다. 즉, 근대 서구세계에서 전쟁의 명분은 영토 획득, 이권 탈취, 식민지 건설, 정권 교체, 합병 등 국가가 추구하는 이익에 의해 갖춰지는 것으로 도덕적 정당성은 별 문제가 되지 않는다. 이렇게 볼 때, 손자의 전쟁이 정치적·도덕적 명분과 정당성에 의해 제약을 받는다면, 클라우제비츠의 전쟁은 국가가 추구하는 이익에 따라 합리화될 수 있는 것으로 그러한 제약 없이 무력이 사용될 수 있다.

전쟁의 명분에 대한 손자와 클라우제비츠의 견해에 차이가 있는 것은 두 사상가가 상정하고 있는 전쟁이 다르기 때문이다. 클라우제비츠의 전쟁이 서구 국가들 간의 국제전이라면, 손자의 전쟁은 다 같이 주(周)의 왕실을 섬기는 중원의 제후국들 간의 전쟁이었다. 즉, 손자가 염두에 둔 전쟁은 중국 내 같은 민족들 간의 전쟁으로 일종의 내전이었기 때문에 도덕적 명분이 중요했던 것이다.

장수의 자질: 지혜와 혜안

손자가 장수의 자질 가운데 가장 먼저 제시한 '지(智)'의 요소, 즉 '지혜'는 클라우제비츠의 '혜안(coup d'oeil)'과 유사하다. 혜안이란 지적 영역에서 파악하지 못하는 것을 '직관(intuition)'을 통해 본능적으로 간파하는 능력이다. 클라우제비츠는 전쟁이 정보의 부족과 우연적 요소의 개입 등으로 인해 계획대로 진행될 수 없으며, 그 결과 전쟁의 중단이나 교착, 적의 역습, 그리고 제3국의 개입 등과 같은 예기치 못한 상황에 직면한다고 보았다. 따라서 그는 지휘관이 가진 혜안을 통해 전장의 불확실성을 극복해야 하며, 그러한 혜안을 가진 지휘관을 '군사적 천재(military genius)'라고 했다. 손자도 전쟁은 기본적으로 피아 우열을 계산하여 사전에 승패를 예측해보아야 한다고 했지만, 실제 전쟁을 수행하는 과정에서 예기치 않은 상황에 대한 능숙한 대처 및 기만책의 활용 등 장수의 독창적 용병술에 의존하지 않을 수 없음을 인정하고 있다. 그가 자주 언급하는 '선전자(善戰者)' 또는 '선용병자(善用兵者)', 즉 용병을 잘하는 장수란 곧 클라우제비츠의 '군사적 천재'와 유사한 개념으로 볼 수 있다.

그럼에도 불구하고 손자와 클라우제비츠가 말하는 장수의 자질에는 다음과 같은 측면에서 근본적인 차이가 있다. 클라우제비츠의 '혜안'은 지휘관의 '직관'과 함께 '용기'를 필요로 한다. 앞이 보이지 않는 안개로 둘러싸인 전장에서 희미한 빛을 발견하고 그것이 옳은 방향이라고 판단할 수 있는 '직관'과 함께 주위 사람들의 반대를 무릅쓰고 뚫고 나갈 수 있는 '용기'를 겸비해야 한다. 반면, 손자의 '지혜'는 사리를 분별하는 능력에 주안을 둔 것으로 반드시 '직관'과 같은 천부적인 감각을 필요로 하지 않는다. 전장에서 획득한 정보를 토대로 적정을 파악하고 사리를 분별하는 능력이 있으면 그 자체로 '지혜'를 충족하는 것이다. 또한 손자의 '지혜'에는 '용기'라는 덕목도 포함되지 않는다. 손자가 장수의 자질로 '지(智)' 외에 '용(勇)'이란 요소를 추가로 언급한 것은 장수의 '지혜'와 '용기'라는 덕목이 별개임을 보여준다.

이에 반해, 조미니(Antoine-Henri Jomini)는 그의 저서 『전쟁술(Précis de l'art de la guerre)』에서 군사지도자가 가져야 할 가장 중요한 자질로서 지적인 능력보다는 도덕적 용기와 육체적 용감성을 더 높게 평가하고 있다.

장군이 갖추어야 할 가장 필수적인 성품은 대개 다음과 같은 것들을 들 수 있다. 첫째, 큰 결단을 내릴 수 있는 고도의 도덕적 용기이고, 둘째는 위험을 불사하는 육체적 용기이다. 장군이 갖추어야 할 과학적이고 군사적인 지식은 매우 가치 있는 요소임에 분명하지만, 이러한 요소에 비한다면 부차적인 것일 수밖에 없다. 장수가 다방면에서 박식한 자가 되어야 할 필요는 없다. 장군의 지식은 제한적일 수 있지만, 그는 철두철미해야 하고 전쟁술에 입각한 원칙에 따라 완벽하게 행동해야 한다.

조미니의 이러한 주장은 그가 전쟁을 지휘하기보다는 일선에서 전투를 수행하는 지휘관의 자질을 논하고 있는 것으로 보인다. 그는 손자와 클라우제비츠가 언급한 '지(智)' 또는 '통찰력'보다는 장군의 '용기'에 주목하고 있는데, 이는 전투가 이루어지고 있는 위험한 상황에서 장수는 침착하고 강인해야 하며, 병력의 사기를 북돋울 수 있는 능력이 필요하다고 본 것이다.

3. 적과 우열을 비교

故校之以計, 而索其情.	고교지이계, 이색기정.
曰, 主孰有道, 將孰有能, 天地得, 法令孰行, 兵衆孰强, 士卒孰練, 賞罰孰明.	왈, 주숙유도, 장숙유능, 천지숙득, 법령숙행, 병중숙강, 사졸숙련, 상벌숙명.
吾以此知勝負矣.	오이차지승부의.
將聽吾計用之, 必勝, 留之. 將不聽吾計用之, 必敗, 去之.	장청오계용지, 필승, 류지. 장불청오계용지, 필패, 거지.

자고로 (일곱 가지 요소를) 계산하고 적과 비교해봄으로써, (누가 유리하고 불리한지에 대한) 정황을 면밀히 살펴야 한다.

(적과 비교할 요소를) 말하자면, 군주는 누가 더 도를 행하고 있으며, 장수는 누가 더 유능하며, 천시와 지리는 어느 편이 더 유리하며, 법과 명령은 어느 편이 더 잘 시행되고 있으며, 군대는 어느 편이 더 강하며, 장병은 어느 편이 더 잘 훈련되어 있으며, 상벌은 어느 편이 더 공정하게 시행되고 있는가 등이다.

나는 이러한 요소들을 비교해봄으로써 승부를 알 수 있다.

장수가 내 방식대로 계산을 따른다면 반드시 승리할 것이니 그러한 장수는 중용될 것이나, 장수가 내 방식을 따르지 않는다면 반드시 패배할 것이니 그러한 장수는 물러나게 될 것이다.

* 故校之以計, 而索其情(고교지이계, 이색기정): 고(故)는 '그러므로', 이(以)는 '~로써', 교지이계(校之以計)는 '(일곱 가지 요소를) 계산하고 비교한다'는 뜻이다. 이(而)는 말을 잇는 접속사로서 '그리하여' 정도로 해석한다. 색(索)은 '찾다, 가리다', 기(其)는 지시대명사로 '그'라는 뜻이다. 이색기정(而索其情)은 '그리하여 그 정황을 살핀다'는 의미이다. 전체를 해석하면 '자고로 (일곱 가지 요소를) 계산하고 적과 비교해봄으로써, (누가 유리하고 불리한지에 대한) 정황을 면밀히 살펴야 한다'는 뜻이다.

* 曰, 主孰有道, 將孰有能(왈, 주숙유도, 장숙유능): 주(主)는 '군주', 숙(孰)은 '누구', 주숙유도(主孰有道)는 '군주는 누가 더 도가 있는가'라는 뜻이다. 장숙유능(將孰有能)은 '장수는 누가 더 능력이 있는가'라는 의미이다.

* 天地孰得, 法令孰行, 兵衆孰强(천지숙득, 법령숙행, 병중숙강): 득(得)은 '이익 혹은 이득'을 의미하나 여기에서 '득'을 '이익'으로 해석하면 안 된다. 『손자병법』 전편에 걸쳐 '득'은 국가가 추구하는 '이익'이 아닌 분석 및 계산의 결과 나타난 '유리함' 또는 '이로움'으로 해석하는 것이 맞다. 즉, 천지숙득(天地孰得)은 '천과 지는 어느 편이 더 유리한가'로 해석해야 한다. 법령숙행(法令孰行)은 '법령은 어느 편이 더 잘 시행되고 있는가', 병중(兵衆)은 병사들의 무리라는 것으로 '군대'를 의미한다. 병중숙강(兵衆孰强)은 '군대는 누가 더 강한가'라는 뜻이다.

* 士卒孰練, 賞罰孰明(사졸숙련, 상벌숙명): 사졸(士卒)은 장교와 병사로 '장병'을 의미한다. 사졸숙련(士卒孰練)은 '장병은 누가 더 잘 훈련되었는가'라는 뜻이다. 명(明)은 '밝다'는 뜻이나 여기에서는 '공정하다'는 것으로 해석한다. 따라서 상벌숙명(賞罰孰明)은 '상벌은 어느 편이 더 공정하게 시행되고 있는가'라는 뜻이다.

* 吾以此知勝負矣(오이차지승부의): 오(吾)는 '나', 이(以)는 '~로써', 차(此)는 지시대명사로 '이것', 의(矣)는 어조사로서 강조의 의미이다. 오이차지승부의(吾以此知勝負矣)는 '나는 이것으로써 승패 여부를 알 수 있다'는 의미로, 좀 더 풀어서 해석하면 '나는 이러한 요소들을 비교해봄으로써 승부를 알 수 있다'는 뜻이다.

* 將聽吾計用之, 必勝, 留之. 將不聽吾計用之, 必敗, 去之(장청오계용지, 필승, 류지. 장불청오계용지, 필패, 거지): 장(將)은 '장차' 또는 '장수'를 뜻하나 여기에서는 문맥을 고려하여 '장수'로 해석한다. 청(聽)은 '듣다, 따르다', 장청오계용지(將聽吾計用之)는 '장수가 나의 방식대로 계산을 따른다면'이라는 의미이다. '필승, 유지(必勝, 留之)'는 '반드시 승리할 것이니 그러한 장수는 중용될 것이다'라는 뜻이다. 장부청오계용지(將不聽吾計用之)는 '장수가 나의 방식을 따르지 않는다면', '필패, 거지(必敗, 去之)'는 '반드시 패할 것이니 그러한 장수는 물러나게 될 것이다'라는 의미이다. 전체를 해석하면 '장수가 내 방식대로 계산을 따른다면 반드시 승리할 것이니 그러한 장수는 중용될 것이나, 장수가 내 방식을 따르지 않는다면 반드시 패배할 것이니 그러한 장수는 물러나게 될 것이다'라는 뜻이다.

내용 해설

일부 학자들은 손자가 기술하고 있는 일곱 가지의 비교 요소에 대해 '칠계(七計)'라는 용어를 사용하고 있으나 이는 부적절하다. 왜냐하면 피아계산을 하고 비교해야 할 요소가 일곱 가지로 고정된 것이 아니기 때문이다. 여기에서 손자는 대표적으로 일곱 가지 요소를 그러한 비교의 예로 제시했으나, 그 외에도 추가적인 요소는 얼마든지 더 있을 수 있다. 가령, 국제정치 상황이나 동맹국의 협조, 군수보급의 문제 등을 추가로 들 수 있다. 실제로 이 병서에서 손자는 '칠계'라는 용어를 사용한 적이 없다. 비록 『십일가주손자(十一家注孫子)』에서 조조(曹操)와 왕석(王晳)은 '칠계'라는 용어를 사용하고 있으나, 이는 편의상 손자가 열거한 요소를 지칭하기 위한 것일 뿐 반드시 '칠계'로만 칭해야 하는 절대적인 용어가 아니다. 즉, 손자의 '칠계'는 '팔계(八計)'가 될 수도 있고 '십계(十計)'가 될 수도 있음을 염두에 두어야 한다. 따라서 필자는 '칠계'라는 용어를 쓰지 않고 '일곱 가지 요소'라고 할 것이다.

그렇다면 앞의 오사(五事)와 여기에서 제시된 일곱 가지 요소 간의 관계는 무엇인가? 오사는 국가가 전쟁에 임하면서 기본적으로 갖추고 있어야 할 요소이며, 여기에서 제시하는 일곱 가지는 오사를 바탕으로 하여 상대 국가와 우열을 계산하고 비교하기 위해 보다 구체화한 요소들이다. 즉, 오사가 국가전략 차원에서 자국의 전쟁을 수행할 수 있는 역량을 돌아보는 것이라면, 일곱 가지 요소는 군사전략 차원에서 피아 우열을 가늠하기 위한 비교 요소이다.

여기에서 손자는 왜 이러한 요소들을 적과 비교하고 있는가? 그것은 그가 언급하고 있듯이 "철저하게 계산하고 비교해서 그 정세를 탐색"하기 위함이다. 그렇다면 정세를 탐색하는 것은 무엇을 의미하는가? 여기에서 핵심 단어는 '탐색'을 의미하는 '색(索)'으로, 여기에서 '색'이란 '유리함과 불리함, 그리고 그에 따른 승리 가능성'을 판단하는 것을 의미한다. 즉, 일곱 가지 요소를 통해 우리의 역량을 계산하고 적과 비교하여 우리가 유리한가, 적이 유리한가, 그리고 누가 승리할 것인가를 따져보는 과정이다. 그럼으로써 군주와 장수는 전쟁의 승부를 예상하고 전쟁의 여부를 결정할 수 있다는 것이다.

손자는 피아 간의 정세를 탐색하기 위한 요소로 군주(主), 장수(將), 천지(天地), 법령(法令), 병중(兵衆), 사졸(士卒), 그리고 상벌(賞罰)이라는 일곱 가지를 제시했다. 이 요소들은 모두 오사에서 비롯된 것이다. 군주의 요소는 오사의 '도(道)'에 해당하며, 천지는 오사의 '천(天)'과 '지(地)'에서, 그리고 장수는 '장(將)'에서 나온 것이다. 또한 병중은 군대로서 '장(將)'과 '법(法)'과 관련이 있다. 그리고 법령과 상벌은 '도(道)', '장(將)', '법(法)'에 모두 해당하는 것으로 볼 수 있다.

손자의 오사(五事)와 일곱 가지 비교 요소

오사(五事)	일곱 가지 비교 요소
도(道)	군주(主), 법령(法令), 상벌(賞罰)
천(天)	천지(天地)
지(地)	
장(將)	장수(將), 병중(兵衆), 사졸(士卒), 법령(法令), 상벌(賞罰)
법(法)	법령(法令), 상벌(賞罰), 병중(兵衆)

일곱 가지 비교 요소 가운데 첫째는 도(道)를 행하는 군주의 자질이다. '도'에 대해서는 앞에서 설명했으므로 다시 부연할 필요가 없다. 다만, 여기에서 '도'는 백성의 마음을 움직여 군주와 생사를 함께할 수 있도록 선정을 베푸는 것 외에 국제정치나 동맹 등의 문제를 포함할 수도 있다. 사실 유교에서 '도'란 군자의 덕행을 의미한다. 그리고 군자의 덕행은 '수신제가치국(修身齊家治國)'에 멈추지 않고 '평천하(平天下)'로 연장된다. 즉, 이러한 논리에 의하면, '도'는 국내정치에 한정되지 않고 '평천하', 즉 국제

관계로까지 확대하여 적용이 가능한 것이다. 따라서 만일 군주가 '왕도(王道)'를 실행하면 이는 일반 백성뿐 아니라 주변국 군주와 이웃 나라의 백성들까지도 감동·감화시켜 유리한 국제정치적 환경을 조성할 수 있게 된다. 동맹국을 얻을 수 있고 적국 백성의 민심을 이반시킬 수도 있는 것이다. 즉, '도'란 넓은 의미에서 국내외적으로 모두 적용 가능한 요소라 할수 있다. 다만, 손자가 여기에서 제시한 '도'의 의미는 앞의 오사에서 명확히 설명한 바와 같이 국제정치적 차원보다는 국내정치에 한정된 것으로보는 것이 타당할 것이다. 즉, 도란 '영민여상동의야(令民與上同意也)' 정도로 볼 수 있을 것이다.

둘째는 장수의 유능함을 비교하는 것이다. 손자가 장수의 자질로 가장먼저 꼽고 있는 '지(智)'는 '지혜'를 의미하는 것으로, 여기에는 전쟁에서승리할 수 있는 '지략' 또는 '지모' 등도 포함된다. 물론, 이러한 장수의 자질은 그 밖의 요소인 신의, 인애, 용기, 엄격함 등의 자질로 보완되어야 한다. 춘추시대에 우수한 장수를 획득하는 것은 매우 중요했다. 오왕 합려가손자의 지휘통솔 능력을 시험한 후 그를 장군으로 기용한 것은 이러한 이유에서였다. 오왕 합려는 손자가 미리 보내준 『손자병법』을 읽어보고 손자가 자신의 궁녀들을 일사불란하게 훈련시키는 모습을 본 뒤 그에게 군사를 맡겨 초나라를 정벌했던 것이다. 그러나 앞으로 읽어나가면서 보겠지만 이 병서에서 강조하는 장수의 자질은 주로 세 가지로, 첫째는 용병차원의 지혜, 둘째는 부하통솔에서의 인애, 셋째는 전장 지휘에서의 엄격함이다.

셋째는 천지(天地)의 이용, 즉, 누가 천시(天時)와 지리(地理)를 잘 이용하는가를 비교하는 것이다. 이는 천(天)과 지(地)의 요소를 전략·전술에 적용하는 것으로 용병술에 관한 것으로 볼 수 있다. 다만, 앞에서 천과 지의요소를 설명한 바와 같이 천지의 개념을 좀 더 확대한다면 비단 용병술뿐아니라 주변국의 국제정치적 상황과 동맹관계, 피아 국내정치적 상황, 그리고 군수보급에 미치는 영향 등도 고려하여 어느 편이 더 유리한지에 대한 계산과 판단이 이루어질 수 있다. 다만, 『손자병법』에서 '천지'는 일부 날씨와 음양이 거론되지만 대부분 지형의 문제를 논의하는 데 집중되어 있다.

넷째는 법과 명령의 시행이다. 법은 군대의 편제와 운용, 장수와 군관의 관리, 군수물자의 조달과 공급을 의미하며, 명령은 이와 관련하여 일사불란하게 군사를 움직이는 것을 말한다. 군주의 '도'가 백성 및 군졸의 전투의지를 고양시켜 얻을 수 있는 자발적 요소라면, 법과 명령은 개개인을 통제하고 구속하는 강압적 요소라고 할 수 있다.

다섯째는 어느 편의 군대가 더 강한지를 비교하는 것이다. 손자는 여기에서 구체적으로 어떠한 요소를 가지고 군대를 비교해야 하는지 말하지 않고 있으나, 『손자병법』의 전반적인 내용을 놓고 볼 때 대략 두 가지로 나누어볼 수 있다. 하나는 군사력 그 자체로서 병력의 수, 무기와 장비, 보급 및 동원체제 등을 고려할 수 있다. 〈작전〉 편에서 '승적이익강(勝敵而益强)'이라는 표현이 등장하는데, 이는 전투를 치르면서 적의 병력과 장비를 흡수하여 전쟁이 지속될수록 군대가 더욱 강해지는 것을 의미하는 것으로, 물리적 차원에서 군대를 비교하는 것이다. 다른 하나는 최상의 전투력을 발휘하기 위해 요구되는 부대의 일치단결된 상태를 고려할 수 있다. 이는 〈지형〉 편에서 제시된 패하는 군대의 유형 여섯 가지와 연계하여 볼 수 있는 것으로 장수의 용병 능력, 상하 간의 단합 정도, 그리고 장수의 지휘통솔 등을 의미한다. 즉, 비물리적 차원에서 군대를 비교하는 것이다.

여섯째는 어느 편의 군대가 더 잘 훈련되어 있는가를 비교하는 것이다. 10만 대군을 이끌고 원정에 나서 적과 전투를 수행하기 위해서는 장수의 자질도 중요하지만 실제 싸우는 병사들이 엄격한 훈련을 받아야만 전투력을 발휘할 수 있다. 훈련이 잘 된 군대는 장수가 지휘하는 바에 따라 일사불란하게 움직이는 반면, 그렇지 않은 군대는 오합지졸(烏合之卒)이 되어 규율이 없고 무질서하게 행동할 것이기 때문이다. 춘추시대 중국에서는 평소 농업에 종사하던 농민들을 전쟁에 동원했기 때문에 틈틈이 이들을 훈련시켜 정예화하는 일은 매우 중요한 과업이었을 것이다.

일곱째는 어느 편이 상벌을 공정하게 시행하고 있는가이다. 이는 앞에서 언급한 비교 요소들, 즉 장수의 공평무사함, 합당한 법령의 집행, 병사들의 정신무장 및 훈련 수준과도 깊게 연계되어 있다. 손자가 상벌의 문제를 언급한 것은 강제로 동원된 병력들의 전투의지를 고양하기 어려운 상황에서 신상필벌(信賞必罰)이 엄격히 이행되어야 군기 및 사기를 유지할 수 있었음을 고려한 것이다.

이와 같이 피아 간에 일곱 가지 요소를 비교한 결과 얻고자 하는 것은 무엇인가? 그것은 누가 더 우세한지를 판단하고 전쟁의 승부를 미리 예측하기 위한 것이다. 만일 일곱 가지 비교 요소들이 모두 우리에게 유리하다고 판단되면 전쟁은 우리가 이길 가능성이 높다. 따라서 손자는 이러한 방식대로 비교하고 계산을 한 결과 유리한 경우 전쟁을 한다면 반드시 승리할 것이라고 자신하고 있다. 그리고 이러한 방식을 따르는 장수는 승리할 것이니 중용해야 하지만, 이러한 방식을 무시하고 무리하게 전쟁에 임하는 장수는 패배하여 자리에서 물러나게 될 것이라고 했다.

군사사상적 의미

전쟁 승리의 요건: 손자의 오사(五事)와 클라우제비츠의 삼위일체

손자는 전쟁 이전에 군주가 승부를 예측하기 위해 판단해야 할 요소로 '도, 천, 지, 장, 법'이라는 오사를 제시하고, 이를 바탕으로 전쟁 승리의 요건이라 할 수 있는 일곱 가지 요소를 도출했다. 그런데 클라우제비츠는 이를 삼위일체라는 개념으로 접근하고 있다. 정부가 제시하는 정치적 목적의 합리성, 이를 지지하는 국민들의 열정, 그리고 우연과 마찰로 가득 찬 불확실성을 극복하고 승리를 통해 정치적 목적을 달성할 수 있는 군의 역량이 바로 그것이다. 비록 오사와 삼위일체는 서로 등가성을 갖는 것은 아니지만, 클라우제비츠의 삼위일체를 기준으로 하여 손자의 일곱 가지 요소를 비교해보면 다음과 같다.

클라우제비츠의 삼위일체와 손자의 일곱 가지 비교 요소

클라우제비츠의 삼위일체	손자의 일곱 가지 비교 요소
정부: 정치적 목적의 합당성	군주, (천지), 법령
군: 우연적 요소 극복	장수, 천지, 군대, 훈련, 상벌
국민: 전쟁에 대한 지지와 열정	(군주)

우선 삼위일체 가운데 정부 요소는 정부가 군의 능력과 국민의 참여를 전제로 합리적인 정치적 목적을 설정하는 것이 핵심이다. 이는 손자의 전쟁에서 군주의 역할과 관계가 깊은 것으로 군주의 도와 법령 등의 요소와 연계하여 볼 수 있다. '천'의 '음양'이라는 요소를 정치외교적 차원에서 이해한다면 '천지'의 요소가 일부 연계될 수 있다. 다음으로 군은 불확실한 전장에서 우연적 요소를 극복하고 전쟁에서 승리할 수 있는 군대의 능력을 의미한다. 손자의 입장에서는 장수, 천지, 군대, 훈련, 상벌이 이에 해당하는 것으로 볼 수 있다. 마지막으로 국민이라는 요소는 전쟁에 대한 지지와 열정을 의미한다. 그러나 이는 손자의 전쟁에서는 찾아볼 수 없는 요소이다. 다만, 손자의 입장에서 백성들의 전쟁 참여는 국민의 요소라기보다는 군주가 이들의 참여를 독려한다는 측면에서 군주의 역할과 연계하여 볼 수 있다.

이렇게 볼 때, 손자의 전쟁에서는 백성의 역할이 미약하다. 군주가 베푸는 왕도정치가 백성들의 전쟁에 대한 열정을 자극할 수는 있겠지만, 이것이 반드시 백성들이 주체가 되어 자발적으로 전쟁에 참여하는 것을 의미하지는 않는다. 이는 손자의 전쟁이 오늘날과 같은 근대적 개념의 전쟁과는 달랐음을 보여주는 것으로 당시 시대적 상황을 고려한다면 당연한 것으로 간주할 수 있다. 서구의 역사를 보더라도 마키아벨리(Niccolò Machiavelli)의 '시민군 사상'이 태동하고 프랑스 혁명 이후 민족주의가 확산되어 국민개병제가 보편적으로 채택되기 전까지 전쟁은 손자의 시대와 마찬가지로 국민이라는 요소가 배제된 군주의 전쟁이었다. 18세기 이전에는 군주가 곧 국가이고 전쟁의 주체는 일반 시민이 아닌 군주였던 것이다. 전쟁은 군주가 결정하고 시민은 군주를 위해 동원되어 전쟁을 수행하는 입장에서 전쟁에 대한 일반 시민들의 열정은 기대할 수 없었다.

클라우제비츠의 전쟁에서는 삼위일체를 구성하는 세 요소가 어느 정도 균형을 이룬다면, 손자의 전쟁에서는 군의 역할이 월등하게 부각되고 있음을 알 수 있다. 앞으로 살펴보겠지만, 손자의 전쟁에서 중심은 단연 장수이다. 〈작전〉 편에서 거론하고 있는 군수 문제를 책임지고 해결하는 것부터 〈군쟁〉 편에서 우직지계의 기동, 그리고 〈구지〉 편에서 최종적으로 승리를 거두는 것까지 전쟁수행의 핵심 주체는 다름 아닌 장수이다. 즉, 『손자병법』의 주인공은 군주도 백성도 아닌 장수인 것이다.

4. 유리함을 이용하여 세를 형성

計利以聽, 乃爲之勢, 以佐其外.   계리이청, 내위지세, 이좌기외.

勢者, 因利而制權也.   세자, 인리이제권야.

(앞의 일곱 가지 비교 요소에 대한) 계산의 결과가 유리하다고 판단되면 (이를 취하고), 곧 그 유리함을 이용하여 세를 형성해야 하며, (그러한 세를 형성함으로써) 그 밖에 미처 고려하지 못한 (일곱 가지 이외의) 요소들까지도 유리하게끔 상황을 이끌어야 한다.

세란 (계산의 결과 판단된) 유리함을 이용하여 승기를 잡는 것을 말한다.

   * 計利以聽, 乃爲之勢, 以佐其外(계리이청, 내위지세, 이좌기외): 계리(計利)는 '계산해보니 유리하다', 계리이청(計利以聽)은 '계산한 결과가 유리하면 이를 받아들인다'는 뜻이다. 내(乃)는 접속사로 '곧바로', 위(爲)는 '만든다'는 뜻이고, 지(之)는 '그것'으로 앞의 유리함을 지칭한다. 내위지세(乃爲之勢)는 '그래서 그러한 유리함을 이용하여 세를 형성한다'는 뜻이다. 이좌기외(以佐其外)에 대해서는 해석이 분분할 수 있다. 좌(佐)는 '돕다', '기외(其外)'는 통상 '뜻밖의 상황' 혹은 '그 계책 밖에서, 즉 전장에서의 실제 용병'을 의미하는 것으로 해석하고 있으나, 이러한 해석은 어색하다. '기외'는 '그 밖의 것'이라는 의미에서 앞에서 손자가 피아 계산을 하고 비교해야 한다고 제시한 일곱 가지 요소 외에 다른 요소들을 지칭하고 있는 것으로 보아야 한다. 즉, '세'를 형성함으로써 미처 계산하지 않았던 다른 요소들, 가령 국제정치 상황이라든가, 보급의 문제라든가, 동맹 형성의 문제 등을 유리하게 이끌어갈 수 있다는 것이다. 즉, 이좌기외는 '그럼으로써 그 밖의 다른 요소들까지도 유리하게 이끌어갈 수 있다'는 의미이다. 전체를 해석하면 '(앞의 일곱 가지 비교 요소에 대한) 계산의 결과가 유리하다고 판단되면 (이를 취하고), 곧 그 유리함을 이용하여 세를 형성해야 하며, (그러한 세를 형성함으로써) 그 밖에 미처 고려하지 못한 (일곱 가지 이외의) 요소들까지도 유리하게끔 상황을 이끌어야 한다'는 뜻이다.

   * 勢者, 因利而制權也(세자, 인리이제권야): 세자(勢者)는 '세라는 것은', 인리인

利)는 '유리함을 이용하여', 제(制)는 '만들다', 권(權)은 '권력, 유리한 형세, 임기 응변의'라는 뜻이다. 제권(制權)은 '유리한 형세를 만들다'는 뜻이나 여기에서는 '승기를 잡는다'로 해석한다. 즉, 인리이제권야(因利而制權也)는 '유리함을 이용 하여 승기를 잡는 것'을 의미한다. 여러 학자들이 '권(權)'의 의미를 속임수가 포 함된 특별한 조치로 해석하여 '상황에 따라 임기응변을 통해 승기를 잡는 것'으 로 해석하기도 한다. 다만, 손자는 이후 〈병세〉 편에서 기병(奇兵)을 강조함으 로써 세를 형성하는 데 있어서 속임수가 반드시 작용한다고 주장한다. 그렇기 때문에 여기에서도 '세'를 '속임수' 또는 '임기응변'과 연계하여 해석하는 경향이 있지만 이는 옳지 않다고 본다. 단순히 세라는 것은 계산을 통해 확신을 갖게 된 유리함을 세력화하여 이를 다른 영역에서의 유리함으로 확대해야 하며, 이 를 통해 승기를 잡을 수 있음을 의미한다. 전체를 해석하면 '세란 (계산의 결과 판단된) 유리함을 이용하여 승기를 잡는 것을 말한다'라는 뜻이다.

내용 해설

이 부분은 『손자병법』에서 전쟁을 수행하면서 '어떻게 승리할 수 있는지' 에 대한 이론적 논의를 구성하는 부분으로 뒤의 〈군형〉 편 및 〈병세〉 편과 연결되어 손자의 전쟁수행 개념을 이해하는 데 매우 중요한 부분이다.

손자는 첫 문장에서 "앞의 일곱 가지 요소에 대한 계산 및 비교의 결과 가 유리하다고 판단되면, 곧바로 그 유리함을 이용하여 세를 형성하고, 그 러한 세를 형성함으로써 그 밖에 미처 고려하지 못한 일곱 가지 이외의 요소들까지도 유리하게끔 상황을 이끌어야 한다"고 했다. 여기에서는 손 자의 전쟁이론 가운데 핵심적인 체계인 '계(計) – 이(利) – [형(形)] – 세(勢)' 를 개괄적으로 제시하고 있음을 알 수 있다. 이는 먼저 피아 역량을 계산 하고 비교한 다음(計), 우리가 유리하여 승산이 있다고 판단되면(利), 이를 바탕으로 군형을 갖추고(形), 적을 교란하여 압도적인 병세를 형성하여 몰 아친다(勢)는 것이다. 비록 여기에서 손자는 '형(形)'을 언급하지 않고 있 으나, 뒤의 〈군형〉과 〈병세〉 편의 논의를 고려한다면 이를 연계하여 보는 것이 맞다. 즉, 손자는 큰 틀에서 '계산 – 유리함 이용 – 세의 형성'을 논하고 있으나, 온전하게 손자의 이론을 본다면 '계산 – 유리함 이용 – 군형의 편성 – 세의 형성'으로 보아야 한다.

손자의 전쟁수행 이론

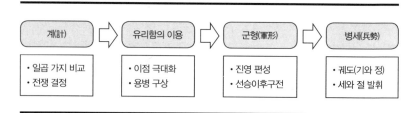

세가 왜 중요한가? 만일 세를 형성하게 되면 사전에 피아 일곱 가지 요소에 대한 계산을 할 때 미처 고려하지 못했던 요소들, 가령 예상치 못했던 추가 병력이 투입된다든가 하는 상황이 전개되더라도 아측에 이미 유리하게 형성된 전쟁의 흐름을 바꾸지 못하기 때문이다. 이좌기외(以佐其外), 즉 사전에 고려하지 못한 우발적 요소가 등장하더라도 이를 제압할수 있는 것이다. 이를 가리켜 손자는 '인리이제권야(因利而制權也)', 즉 "세란 계산의 결과 판단된 유리함을 이용하여 승기를 잡는 것"이라고 했다. 세란 유리한 상황을 이용하여 얻어질 수 있는 것으로 앞에서 언급한 오사와 일곱 가지의 비교 결과 얻어진 유리함에서 비롯된다. 일단 유리함을 이용하여 일단 세를 발휘하게 되면 다른 변수가 발생하더라도 이를 제압하면서 승리를 향해 나아갈 수 있다는 것이다. 세의 발휘는 곧 결정적 승리를 달성하기 위한 필요충분조건인 셈이다.

여기에서 '제권(制權)'의 의미는 '우세를 달성한다', 혹은 '상황을 장악한다'는 것으로, 오늘날 제해권 및 제공권과 유사한 의미를 가진다. 이는 주어진 시간과 공간에서 적의 행동의 자유를 박탈하고 아군의 행동의 자유를 확보함으로써 어떠한 상황 변화에 대해서도 능동적으로 대처할 수 있음을 의미한다. 일부 학자들은 '권(權)'을 '임기응변한다' 등으로 해석하고 있으나 굳이 그럴 필요는 없을 것 같다.

그러면 유리함을 이용하여 어떻게 세를 발휘할 수 있는가? 이에 대해서는 다음의 〈군형〉과 〈병세〉 편, 그리고 〈허실〉 편에서 자세히 살펴볼 것이지만 『손자병법』의 큰 흐름을 미리 이해한다는 측면에서 간략히 제시하면 다음과 같다.

우선 피아 역량을 계산한 결과 우리가 유리한 것으로 판단되면 그러한 유리함을 이용하여 군형을 갖추어야 한다. 군형은 싸우기 위한 유리한 진영을 편성하는 단계로서 압도적으로 이길 수 있는 형국을 만들어놓는 것을 의미한다. 가령, 적의 약한 부분에 압도적인 병력을 집중할 수 있도록 군대를 배치하거나, 적을 유인하여 격멸할 수 있도록 준비를 갖추는 것이다. 손자는 이를 "천 길 위에 둑을 막아 물을 저장한다"고 표현했다. 세를 발휘할 수 있는 여건을 조성하는 것이다. 고려시대 강감찬 장군이 흥화진 전투에서 거란군을 수공(水攻)으로 공격하고자 지형의 유리함을 이용하여 물길을 막고 적을 기다렸던 것과 같다.

▣ 강감찬의 흥화진 전투 ▣

흥화진 전투는 거란의 3차 침입 당시 고려의 강감찬(姜邯贊) 장군이 거란군에 승리한 대첩이다. 거란의 성종은 강동 6주의 반환을 요구하며 1018년 12월 소배압(蕭排押)을 총지휘관으로 하는 10만의 군대를 동원하여 고려를 침략했다. 고려는 강감찬으로 하여금 20만의 군대를 거느리고 영주(寧州)에서 방어하도록 했다. 강감찬은 영주에서 동북쪽에 위치한 흥화진으로 나아가 정예병 1만 2,000명을 뽑아 산골짜기에 매복시키고 큰 줄로 소가죽을 꿰어 흥화진 동쪽의 큰 내를 막은 후 거란군이 마음 놓고 건너가기를 기다렸다가 물을 터뜨리며 앞뒤로 공격하여 거란군을 격파했다.

다음은 이러한 군형을 바탕으로 세를 형성해야 한다. 그런데 '형'에서 '세'를 이루는 과정에서 반드시 기병(奇兵)으로 상대를 교란하여 흔들어야 한다. 속임수나 술수를 포함한 비정상적 방책을 통해 세의 발휘를 극대화하고 승기를 잡기 위한 것이다. 즉, 강감찬 장군은 적이 아무런 의심 없이 강을 건널 수 있도록 철저히 기도비닉을 유지하고 주변에 병사들이 배치되지 않은 것처럼 보이도록 했다. 만일 거란군이 고려군의 군형을 파악하고 다른 곳으로 이동했다면 강감찬 장군의 군형은 세를 발휘할 수 없었을 것이다.

마지막으로 세를 발휘하여 승리를 거두어야 한다. 세는 맹렬한 기세로 몰아쳐 적을 단숨에 치는 것이다. 강감찬 장군은 적이 강을 건너자 막아 놓았던 둑을 터뜨려 적을 혼란에 빠뜨리고 매복했던 군사로 하여금 공격을 가해 전투를 승리로 이끌 수 있었다. 일단 세가 발휘되면 '이좌기외(以佐其外)', 즉 거란군이 추가적으로 어떤 방책을 쓰더라도 그러한 세를 꺾지 못하기 때문에 사전에 고려군이 미처 계산하지 못한 요소들까지도 제압하고 승기를 잡을 수 있게 된다.

군사사상적 의미

손자의 '세'와 서양의 '기세'

세는 서양의 군사사상에서 찾아보기 어려운 개념이다. 서양의 전쟁은 화력과 병력, 기동, 집중 등을 강조하는 경향이 있으며, 전쟁수행 방식은 클라우제비츠와 조미니, 몰트케(Helmuth Karl Bernhard von Moltke), 그리고 슐리펜(Alfred Graf von Schlieffen) 등이 강조하는 바와 같이 주로 결정적인 지점에 병력을 집중하는 데 주안을 두고 있다. 그러나 이러한 전쟁수행은 다분히 기계적이다. 즉, 신속한 기동을 통해 적이 취약한 지점에 병력을 집중하고, 이를 통해 적을 양분하거나 적의 후방으로 치고 들어가 결정적 승리를 달성한다는 것이다. 이러한 기동 과정에서 전투부대는 '기세(momentum)'를 유지함으로써 주도권을 장악하고 승기를 잡는다는 개념이 포함될 수 있지만, '기세'가 곧 손자가 말하는 '세'와 동일한 것으로 볼 수는 없다. 즉, 서양에서의 전쟁수행은 단순히 병력의 우세를 달성하여 유리함을 조성하는 것으로, 피아 비교에서 이미 계산된 다양한 종류의 유리함을 이용하여 세를 형성하는 것은 아니다.

이러한 측면에서 손자의 전쟁수행은 기계적이지 않고 상호 유기적이다. 화력과 병력, 그리고 기동과 집중이 기계처럼 규칙적이고 직접적으로 이루어지는 전쟁이 아니라, 살아 있는 생물체와 같이 전체를 구성하고 있는 각 영역에서의 유리함이 서로 밀접하게 작용하여 시너지 효과를 창출하는 것이다. 즉, 손자의 세는 화력, 병력, 기동, 집중의 요소에 한정되지 않고 국제 상황, 동맹, 군주, 장수, 지형, 심리, 사기, 군기 등 비군사적·비물리적 요소들까지 모두를 망라하는 것이다. 이러한 전쟁은 각각의 유리함을 단순히 합한 것이 아니라 이들이 상호 결합하여 두 배 혹은 세 배의 승수효과를 냄으로써 압도적 대세를 이루도록 하는 것이다.

물론, 서양에서도 나폴레옹과 같은 군사적 천재들은 국제 상황이나 동맹, 그리고 지형과 같은 요소를 충분히 고려하고 있었음이 분명하다. 그러나 그렇다고 하더라도 서양의 기세와 손자의 세에는 다음 두 가지 측면에서 엄연한 차이가 있다. 첫째로 서양에서 추구하는 기세는 전장에서 나타날 수 있는 우연이라는 요소에 의해 꺾일 수가 있다. 그리고 이 경우 기세를 회복하기 위해서는 통상 다시금 병력을 집중하거나 새로운 기동으로 적의 약점을 공략하는 방책을 모색해야 한다. 그러나 손자의 세는 다르다. 우연이라는 요소가 장애물로 등장하더라도 이미 형성된 세는 이를 압도하고 여전히 그 세를 유지할 수 있다. 즉, 손자의 세는 '이좌기외(以佐其外)', 즉 미처 고려하지 못한 우발적 요소들까지도 무마시키고 유리하게 작용케 함으로써 '제권'을 이루는 역할을 한다. 둘째로 서구의 기세는 전적으로 군사적 천재에 의존한다. 기세를 유지하기 위해서는 매순간 나타나는 예상치 못했던 우발상황을 지휘관의 직관으로 헤쳐나가야 한다. 그러나 손자의 세는 그럴 필요가 없다. 일단 발휘되면 장수가 일일이 간여하지 않아도 세는 그 자체로 모든 상황을 압도하며 승리를 향해 나아갈 것이기 때문이다.

5. 용병은 속이는 것

兵者, 詭道也.

故, 能而示之不能, 用而示之不用,
近而示之遠, 遠而示之近, 利而誘之,
亂而取之, 實而備之, 强而避之,
怒而撓之, 卑而驕之, 佚而勞之,
親而離之, 攻其無備, 出其不意.

此兵家之勝, 不可先傳也.

병자, 궤도야.

고, 능이시지불능, 용이시지불용,
근이시지원, 원이시지근, 리이유지,
난이취지, 실이비지, 강이피지,
노이요지, 비이교지, 일이노지,
친이리지, 공기무비, 출기불의.

차병가지승, 불가선전야.

용병은 상대방을 속이는 것이다.

따라서 능력이 있으면서도 능력이 없는 것처럼 보이고, (병력을) 쓰려고 하면서도 쓰지 않을 것처럼 보이며, 가까이 있으면서도 멀리 있는 것처럼 보이고, 멀리 있으면서도 가까이 있는 것처럼 보이며, 적에게 이로움을 보여주어 유인하고, 적을 혼란스럽게 하여 승기를 포착하며, 적이 충실하면 대비를 단단히 갖추고, 적이 강하면 피하며, 적을 격분시켜 교란하고, 나를 비굴하게 보여 적을 교만하게 하며, 적이 편안하면 피로하게 만들고, 적이 뭉쳐 있으면 분리시키며, 적이 대비하지 않은 곳을 공격하고, 적이 예상치 않는 곳으로 나아가야 한다.

이것이 바로 병가에서 말하는 승리의 비결로서 (속임수의 방법은 상황에 따라 무궁무진하고 오묘하므로) 어떤 고정된 이론으로 정형화하여 말할 수 있는 것이 아니다.

* 兵者, 詭道也(병자, 궤도야): 여기에서의 병(兵)은 전쟁이 아닌 '용병'을, 궤도(詭道)는 '속임수'를 의미한다. 이를 해석하면 '용병은 상대를 속이는 것이다'라는 뜻이다.

* 故, 能而示之不能, 用而示之不用, 近而示之遠, 遠而示之近(고, 능이시지불능, 용이시지불용, 근이시지원, 원이시지근): 시지(示之)는 '~처럼 보이게 한다'는 뜻이다. 이를 해석하면 '따라서 능력이 있으면서도 능력이 없는 것처럼 보이고, 쓰고자 하면서도 쓰지 않을 것처럼 보이고, 가까이 있으면서도 멀리 있는 것처럼 보이고, 멀리 있으면서도 가까이 있는 것처럼 보이게 한다'라는 뜻이다.

* 利而誘之, 亂而取之, 實而備之, 强而避之, 怒而撓之, 卑而驕之, 佚而勞之, 親而離之(리이유지, 난이취지, 실이비지, 강이피지, 노이요지, 비이교지, 일이노지, 친이리지): 이(而)는 '~면서'로 해석한다. 비(備)는 '준비하다, 대비하다', 피(避)는 '피하다, 회피하다', 요(撓)는 '어지럽다', 비(卑)는 '낮다', 교(驕)는 '교만하다', 일(佚)은 '편안하다', 노(勞)는 '일하다, 근심하다', 친(親)은 '가깝다', 리(離)는 '떼어놓다, 나누다'라는 뜻이다. 전체를 해석하면 '이로움을 보여주어 적을 유인하고, 적을 혼란에 빠뜨려 승리의 기회를 잡으며, 적이 충실하면 대비를 갖추고, 적이 강하면 피하며, 적을 노하게 하여 교란하고, 나를 비굴하게 보여 적을 교만하게 하며, 적이 편안하면 피로하게 만들고, 적이 뭉쳐 있으면 분리시킨다'라는 뜻이다.

* 攻其無備, 出其不意(공기무비, 출기불의): 공(攻)은 '공격하다, 치다', 기(其)는 지시대명사로 '그', 비(備)는 '갖추다, 대비하다', 의(意)는 '생각하다, 의도하다'라는 뜻이다. 전체를 해석하면 '적이 대비하지 않은 곳을 공격하고, 적이 예상하지 않은 곳으로 나아간다'라는 뜻이다.

* 此兵家之勝, 不可先傳也(차병가지승, 불가선전야): 차(此)는 '이것', 병가(兵家)는 '병학을 연구하는 학자들', 전(傳)은 '전하다, 말하다'라는 뜻이다. 전체를 해석하면 '이는 병가에서 말하는 승리의 비결로서, 어떤 고정된 이론으로 정형화하여 말할 수 있는 것이 아니다'라는 뜻이다.

내용 해설

여기에서 병(兵)은 '전쟁'이 아닌 '용병술'을 의미한다. 일부 학자들은 '병'을 전쟁으로 해석하여 손자는 '전쟁을 속이는 것'으로 정의했다고 보는데, 이는 잘못된 것이다. 이 부분은 방금 앞에서 얘기한 '세'를 형성하기 위한 여건을 조성하기 위해 적을 속여야 한다는 것으로, 전쟁의 속성을 말하는 것이 아니라 전쟁수행 과정에서의 용병을 말하는 것이다. 만일 손자가 "전쟁 자체를 속임수"라고 언급했다면, 이는 앞에서 계산과 비교를 통해 전쟁의 승부를 예측할 수 있다고 보는 그의 과학적 접근과 모순이 된다. 전쟁 자체를 속임수로 본다면 적에 대한 정보를 획득하는 것이 제한되어 애초에 피아 역량을 계산하고 비교하는 것이 불가능할 것이다. 더구나 이 문단에서 다루고 있는 내용을 볼 때 손자가 언급하고 있는 속임수의 다양한 방법은 모두가 원정작전을 수행하는 과정에서 이루어지는 부대의 기동 및 주전장에서의 결전 상황에 적용할 수 있는 것으로 '전쟁'이 아닌 '용병술' 차원에서의 논의임을 알 수 있다.

그런데 손자가 갑자기 "용병술은 적을 속이는 것"이라고 언급한 것은 앞에서 다룬 계산과 비교 등 산술적 내용과 상이한 것으로 다소 생뚱맞다는 느낌을 지울 수 없다. 합리적 계산을 얘기하다가 갑자기 예측이 불가능한 속임수에 대한 것으로 논의의 방향을 튼 것이다. 그러나 이 부분은 계산의 결과 나온 유리함을 이용하여 세를 형성하는 과정에서 반드시 적을 흔들어야 함을 강조하기 위한 것으로 이해할 수 있다. 피아 계산의 결과가 유리하다고 해서 가만히 있어도 승리할 수 있는 것은 아니다. 결정적인 기회를 포착하기 위해서는 적을 기만함으로써 취약점을 노출하도록 하여 세를 발휘할 수 있는 여건을 조성해야 한다. 즉, 속임수는 앞의 '인리(因利)'를 통해 '제권(制權)'을 이루기 위한 과정에서 반드시 필요한 조건인 셈이다. 강감찬 장군이 세를 발휘하기 위해서는 거란군으로 하여금 그 세를 발휘할 수 있는 하천지역을 지나도록 적을 속이고 유인해야 했던 것과 마찬가지이다.

손자가 적을 속이는 예로 14개의 상황을 언급하고 있지만, 이는 몇 가지 유형으로 나누어볼 수 있다. 처음 네 개의 속임수는 '능력이 있으면서도 능력이 없는 것처럼 보이고, 쓰려고 하면서도 쓰지 않을 것처럼 보이며, 가까이 있으면서도 멀리 있는 것처럼 보이고, 멀리 있으면서도 가까이 있는 것처럼 보이도록 하는 것'으로, 적으로 하여금 잘못된 정보를 입수하도록 하여 적의 인식을 왜곡하고 스스로 잘못된 판단을 하도록 유도하는 것이다. 다섯 번째와 여섯 번째 속임수는 '적에게 이로움을 보여주어 적을 유인하고, 적을 혼란스럽게 하여 승기를 포착하는 것'으로, 적을 유인하여 적이 혼란에 빠질 때 기회를 엿보는 것이다. 일곱 번째와 여덟 번째는 '적이 충실하면 대비를 단단히 갖추고, 적이 강하면 피하는 것'으로, 적이 강할 때 대처하는 방법이다. 아홉 번째와 열 번째는 '적을 격분시켜 교란하고, 나를 비굴하게 보여 적을 교만하게 하는 것'으로, 적의 심리를 교란하는 것이다. 열한 번째 속임수는 '적이 편안하면 피로하게 하는 것'으로 적을 물리적으로 교란하는 것이다. 열두 번째는 '적이 친하여 똘똘 뭉쳐 있으면 이간하여 분열시키는 것'이다. 마지막 두 개의 속임수는 '적이 준비하지 않은 곳을 공격하고, 적이 예기치 않는 곳으로 나아가는 것'으로, 적의 준비가 약한 부분으로 기동하는 것이다.

즉, 손자는 적을 속이기 위한 방책으로 상대방 정보의 왜곡, 적의 기동을 유인, 적의 강점 회피, 적의 심리 교란, 적의 태세 교란, 적 내부의 교란, 그리고 적의 약한 부분 공략 등을 언급하고 있음을 알 수 있다. 물론, 이외에도 다른 수많은 방책이 동원될 수 있다.

이러한 속임수들은 결국 적의 주도권을 박탈하고 물리적으로나 심리적으로 적을 수세로 몰아넣음으로써 우리가 원하는 시간과 장소에서 결정적 승리를 달성하기 위한 유리한 여건을 조성하기 위한 것이다. 예를 들어, 우리가 우측에 병력을 집중하여 적을 공격하려 한다면, 적으로 하여금 좌측에 관심을 갖도록 함으로써 우측에 대한 방비를 약화시켜야 한다. 이때 우리는 속임수를 써서 마치 좌측으로 기동할 것처럼 보임으로써 적이 좌측에 대비하도록 해야 한다. 이렇게 하면 우측을 공격할 때 보다 확실한 '세'를 발휘할 수 있게 된다.

이것이 바로 병가에서 말하는 승리의 비결로서 속임수의 방법은 전장의 상황에 따라 무궁무진하고 오묘하다. 따라서 이런 상황에서는 이렇게, 혹은 저런 상황에서는 저렇게 해야 한다고 미리 정형화하여 말할 수 없다. 이는 오직 장수의 능력에 달린 것으로, 장수는 주어진 상황에 따라 기지를 발휘하여 임기응변으로 대처해야 한다. 결국 손자는 국가 차원에서의 전쟁을 논할 때에는 과학적이고 합리적 접근을 취하고 있지만, 여기에서 용병을 논하면서는 술적(術的)인 관점에서 접근하고 있음을 알 수 있다.

군사사상적 의미

기만의 가치에 대한 이견

손자는 용병의 근본을 속임수로 보았는데, 이는 클라우제비츠의 견해와 대비된다. 즉, 클라우제비츠는 그의 저서인 『전쟁론』에서 다음과 같이 전장에서의 기만, 즉 속임수는 효과적으로 사용될 수 없다고 보았다.

> 적에게 타격을 줄 정도로 충분하고 철저하게 기만행동을 준비하는 것은 우선 많은 시간과 노력이 요구되며, 기만의 규모가 클수록 이러한 시간과 노력의 규모는 더욱 증가한다. 일반적으로 이러한 목적에 부합되게 시간과 노력이 이루어지지는 않기 때문에, 이른바 전략적 기만이 의도했던 효과를 달성하는 경우는 거의 없다. 실제로 상당한 규모의 전투력을 오랜 시간 동안 단지 미미한 결과를 얻기 위해 운용하는 것은 위험하다. 왜냐하면, 그러한 기만작전에서 아무것도 얻지 못할 수도 있으며, 뜻밖의 위기상황이 발생할 경우 기만에 사용하고 있는 전투력을 결정적인 장소에 투입할 수 없기 때문이다.

> …적을 속이기 위해 거짓 계획과 명령을 하달하거나, 적을 혼동시키기 위해 허위 보고서 등을 작성하는 행위는 전략적 측면에서 볼 때 대체로 미약한 효과만을 나타낼 뿐이다. 따라서 이러한 계략은 야전지휘관이 임의로 취할 수 있는 중요하고 독자적 행동의 범주로 간주되어서는 안 된다.

조미니도 클라우제비츠와 마찬가지로 속임수로 종종 사용되는 양동작전의 가치를 평가절하하고 있다. 조미니는 다음과 같이 주장한다.

양동작전을 감행하고 싶은 유혹이 아무리 크더라도, 그러한 작전은 중요성 면에서 언제나 부수적이라는 사실을 명심해야 하며, 중요한 것은 결정적인 지점에서 성공을 거두어야 한다는 것임을 명심해야 한다. 그러므로 양동에 파견되는 병력이 증가하지 않도록 해야 한다.

나는 양동작전을 주 작전지역에서 멀리 떨어진 곳에서 이루어지는 보조적인 작전으로 이해하고 있다. 그러한 작전은 작전지역의 끝에서 이루어지는 것으로, 가끔 사람들은 모든 전투가 양동의 성공에 달려 있다는 바보스러운 생각을 하고 있다.

클라우제비츠와 조미니에 의하면, 전투에서 승리하는 방법은 결정적인 지점에서 우세한 전투력을 집중하는 것이다. 이것은 나폴레옹 전쟁이 남긴 가장 중요한 교훈이었다. 양동은 가장 간단하고 가장 평범한 형태의 기만술로서 불가피하게 사용될 수 있으나, 이것마저도 오히려 주력이 투입되어야 할 지점에서 병력의 수를 감소시키게 될 것이므로 바람직하지 않다는 것이 그들의 생각이다. 이는 당시 지휘 및 통신상의 어려움을 고려한 것으로 양동작전은 비록 적의 군대의 일부를 분산시킬 수는 있어도 결정적 승리를 가져올 만큼 적을 확실하게 속일 수 없다고 본 것이다. 최악의 경우 적은 아군의 양동을 알아채지도 못하거나, 그냥 그렇게 내버려둘 수도 있다. 따라서 클라우제비츠와 조미니는 적을 기습하거나 적 군대를 분산시키기가 어렵다고 판단하고 단순히 군대를 집중함으로써 승리를 달성하는 것이 보다 바람직하다고 주장했다.

이에 반해 리델 하트(Basil Henry Liddell Hart)는 손자의 속임수가 매우 유용한 것으로 평가한다. 그는 『전략론(Strategy)』에서 전략의 목표는 최소한의 전투를 통해 전쟁에서 승리하는 것이며, 이를 위해서는 적을 심리적으로나 물리적으로 교란시켜 저항을 최소화해야 한다고 주장했다. 그리고 이러한 방안으로 기동 방향과 목표 등을 속여야 한다고 했다. 즉, 적이 예상하지 않은 지역과 적의 저항이 약한 지역으로 기동하여 적을 교란시켜야 하며, 그러한 기동은 명확히 예측 가능한 하나의 목표가 아닌 두 개 이상의 목표를 동시에 지향하도록 함으로써 적으로 하여금 어디를 방어해야 할지 알 수 없도록 해야 한다고 주장했다.

그런데 역사적으로 전쟁을 보면 기만과 기습이 군사적 성공에 많은 기여를 하고 있음을 알 수 있다. 심지어 클라우제비츠와 조미니가 분석의 대상으로 삼았던 나폴레옹 전쟁에서도 기만술은 매우 유용하게 활용되었다. 1805년에 있었던 아우스터리츠 전투(Battle of Austerlitz)의 예를 보면 나폴레옹이 러시아군을 맞아 의도적으로 우익을 약하게 한 후 러시아군 주력이 그쪽으로 기동할 때 프랑스군 주력을 러시아군 중앙으로 진격시켜 적을 양분한 후 각개격파를 했는데, 여기에서도 기만방책이 사용된 것을 볼 수 있다. 이러한 기만책은 오늘날 걸프전에서도 찾아볼 수 있다. 당시 미군은 해병대로 하여금 쿠웨이트 영토에 배치된 이라크군을 상대로 우측에서 양동작전을 실시하면서 적을 현혹시킨 다음, 정작 주공은 우측이 아닌 좌측에서 대규모 부대의 우회를 통한 포위공격을 실시했다.

기만의 가치에 대한 손자와 리델 하트의 견해는 타당한 것으로 평가할 수 있다. 역사상 모든 전투는 비록 규모와 형태는 다르더라도 적에 대한 기습, 기만, 양동 등의 속임수를 동원했기 때문이다. 다만, 클라우제비츠와 조미니가 기만에 대해 조심스러운 입장을 보인 것은 기만의 효과를 아예 부정한 것이라기보다는 이러한 속임수가 하나의 보조 수단이지 그 자체로 결정적 성과를 기대할 수 있는 주요 수단으로 간주되어서는 안 된다는 것을 경고하기 위한 것으로 이해할 수 있을 것이다.

6. 종합적으로 승산을 판단하여 전쟁 여부를 결정

夫, 未戰而廟算勝者, 得算多也.	부, 미전이묘산승자, 득산다야.
未戰而廟算不勝者, 得算少也.	미전이묘산불승자, 득산소야.
多算勝, 少算不勝, 而況於無算乎.	다산승, 소산불승, 이황어무산호.
吾以此觀之, 勝負見矣.	오이차관지, 승부견의.

대개 전쟁을 시작하기 전에 이루어지는 조정에서의 평가에서 승리를 예측하는 것은 (앞에서 언급한 오사와 일곱 가지 요소의 비교 결과) 승산이 많기 때문이다.

전쟁을 시작하기 전에 조정에서의 평가에서 패배를 예측하는 것은 승산이 적기 때문이다.

승산이 많으면 승리하고 승산이 적으면 승리하지 못하는데, 하물며 승산이 전혀 없으면 어찌해야 하겠는가.

나는 이러한 방법으로 전쟁의 승부를 미리 내다볼 수 있다.

* 夫, 未戰而廟算勝者, 得算多也(부, 미전이묘산승자, 득산다야): 부(夫)는 '무릇, 대개'라는 의미이다. 미전(未戰)은 '전쟁을 아직 하지 않은 상태', 묘산(廟算)의 묘(廟)는 '사당', 산(算)은 '계산'을 의미한다. 즉, 묘산은 '조정에서 실시하는 일종의 전략평가회의'를 말한다. 득산(得算)은 '계산을 통해 얻은 점수 또는 결과'로 '승산'을 의미한다. 전체를 해석하면 '대개 전쟁을 시작하기 전에 이루어지는 전략평가회의에서 승리를 예측하는 것은 승산이 많기 때문이다'라는 뜻이다.

* 未戰而廟算不勝者, 得算少也(미전이묘산불승자, 득산소야): 이를 해석하면 '전쟁을 시작하기 전에 실시하는 전략평가회의에서 승리하지 못할 것으로 예측하는 것은 승산이 적기 때문이다'라는 뜻이다.

* 多算勝, 少算不勝, 而況於無算乎(다산승, 소산불승, 이황어무산호): 이(而)는 접속사로 '그런데'로 해석한다. 황(況)은 '하물며, 더구나', 어(於)는 '~에 있어서'라는 뜻이다. 전체를 해석하면 '승산이 많으면 승리하고, 승산이 적으면 승리하

지 못하는데, 하물며 승산이 전혀 없다면 어찌해야 하겠는가'라는 뜻이다.

　＊ 吾以此觀之, 勝負見矣(오이차관지, 승부견의): 부(負)는 '지다, 패하다'라는 뜻
이고, 의(矣)는 단정하는 의미의 어조사이다. 전체를 해석하면 '나는 이러한 방
법으로 전쟁의 승부를 미리 내다볼 수 있다'는 뜻이다.

내용 해설

이 절은 〈시계〉 편에서 논의한 내용을 정리하는 부분으로, 손자는 전쟁에
앞서 승산을 계산하는 것이 중요함을 재차 언급하고 있다. 전쟁을 시작하
기 전에 조정(朝廷)에서 최종적으로 전쟁의 판세를 평가하고 승리 가능성
을 판단해야 하며, 그러한 가능성이 크다고 자신할 때에만 전쟁을 할 수
있다는 것이다. 이때 승리 가능성은 앞에서 제시한 오사와 일곱 가지 비
교 요소를 통해 종합적으로 평가될 수 있다.

　손자는 마지막 구절에서 "나는 이러한 방법으로 전쟁의 승부를 미리 내
다볼 수 있다"고 했다. 역사적으로 전쟁은 누구도 그 결과를 예측하지 못
하는 것으로 알려져 있다. 그런데 손자는 너무도 자신 있게 전쟁의 승부
를 알 수 있다는 것이다. 과연 손자의 자신감은 어디에서 나오는 것인가?
그것은 '인리이제권(因利而制權)', 즉 어느 국가든 적국과 비교하여 도출된
유리함을 바탕으로 세를 형성할 수 있다면 반드시 승리할 수 있다는 것으
로, 도발적일 정도로 자신감을 드러내고 있다.

　그러나 이는 어쩌면 예부터 오늘날까지 변하지 않는 고금(古今)의 진리
일 수 있다. 다만, 문제는 그렇게 해오지 않았던 데 있다. 역사적으로 군
주 혹은 정치지도자들은 사전에 면밀한 계산과 비교 없이 승리에 대한 근
거 없는 기대감으로 전쟁을 해왔기 때문에 승리할 수 없었다. 도(道), 천
(天), 지(地), 장(將), 법(法) 등의 요소를 무시한 채 군사력만 믿고 밀어붙였
던 장제스(蔣介石), 미국의 개입을 예상하지 못했던 히틀러(Adolf Hitler), 상
대국 국민의 의지를 폄훼한 두에(Giulio Douhet) 등이 그러한 사례이다. 그

결과 오늘날 우리는 전쟁의 결과는 도저히 예측할 수 없는 난해한 것이라는 잘못된 인식에 빠진 것은 아닐까? 이러한 측면에서 전쟁의 승부를 미리 알 수 있다는 손자의 주장은 오늘날에도 정치지도자들 및 군지휘관들에게 주는 의미가 대단히 크다고 할 수 있다.

군사사상적 의미

전쟁의 속성: 과학인가 술인가?

전쟁은 과학의 영역인가, 아니면 술(術)의 영역인가? 이에 대해 손자와 클라우제비츠의 견해는 엇갈린다. 비록 두 사상가는 전쟁이 과학의 영역이라는 관점과 술의 영역이라는 관점을 모두 인정하지만, 손자는 과학의 영역에, 클라우제비츠는 술의 영역에 더 큰 비중을 두고 있다.

클라우제비츠는 비록 전쟁이란 '과학과 술'의 성격을 동시에 갖는 것이라 했지만, 사실상 전쟁을 '술'에 가까운 것으로 보고 있다. 먼저 그는 장교들이 평소에 전쟁사 연구를 통해 전쟁술을 이론화하고 발전시켜야 한다고 함으로써 전쟁의 과학적 속성을 인정하고 있다. 이론이나 교리는 이들로 하여금 전장에서 올바른 행동을 취하는 데 일종의 지침이 될 수 있다는 것이다. 그러나 그는 불확실성이 지배하는 전장에서 전쟁은 이론대로 수행되지 않는다고 강조한다. 전쟁이 시작되는 순간부터 작전계획은 전투를 수행하는 과정에서 발생하는 마찰과 우발 요소로 인해 계획대로 실행될 수 없다. 결국 지휘관은 시시각각 변화하는 상황에 대처하기 위해 이론이나 교리, 계획을 무시하고 독단과 독창성을 발휘해야 하는데, 이것이 바로 클라우제비츠가 전쟁을 술의 영역으로 보는 이유이다.

반면, 손자는 〈시계〉 편의 전반부에서 오사와 일곱 가지 요소에 대한 계산과 비교를 통해 승부 예측이 가능하다고 함으로써 기본적으로 전쟁을 과학의 영역으로 보고 있다. 다만, 손자는 이 구절에서 '용병은 속임수'라고 함으로써 전쟁의 술적인 성격에 주목하고 있다. 또한 〈병세〉 편에서 적을 흔들기 위한 다양한 기병(奇兵)의 필요성과 〈허실〉 편 및 〈지형〉 편에서 변화무쌍한 용병을 강조함으로써 임기응변적 방책의 필요성을 언급하고 있다. 즉, 손자는 전쟁의 하위 수준에서 이루어지는 용병술에 있어서는 미리 예측하기 어려운 불확실성의 영역이 존재함을 인정함으로써 전쟁의 과학적 속성 외에 술적인 성격도 동시에 고려하고 있는 것이다. 그럼에도 불구하고 손자는 클라우제비츠와 달리 전쟁을 '술'보다는 '과학'에 가까운 것으로 보고 있다. 그것은 그가 여기에서 단호하게 "승부를 미리 예측할 수 있다"고 주장한 것처럼 기본적으로 전쟁을 불확실한 것이 아니라 예측이 가능한 것으로 보고 있기 때문이다. 이러한 손자의 입장은 〈모공〉 편에서 장수가 다섯 가지를 알면 반드시 승리할 수 있다고 하는 '지승유오(知勝有五)', 〈군형〉 편에서 병법의 다섯 단계와 '선승이후구전(先勝以後求戰)' 개념, 그리고 '이(利)와 해(害)'의 변증법적 적용과 같은 많은 원칙들을 제시하는 데에서 확실하게 알 수 있다.

예측 불가 영역과 승부의 예측

만일 손자가 계산과 비교에 의해 전쟁 승리 가능성을 미리 예견할 수 있다고 했다면, 그러한 계산과 비교가 불가능한 영역은 어떻게 되는가? 전쟁이란 사전에 계산하고 비교하는 요소들만 가지고 수행되는 것이 아니다. 가령 전장에서의 용병술로서 속임수와 같은 방책은 손자가 제시한 일곱 가지 비교 대상에 포함되지 않았고 또 포함될 수도 없다. 이는 전쟁수행 과정에서 발휘되는 임기응변으로서 미리 예측하거나 계산할 수 없기 때문이다. 그런데 이러한 요소는 전쟁의 승패에 결정적인 영향을 미칠 수도 있다. 그렇다면 손자는 미리 계산될 수 없는 술적인 영역을 무시해도 전쟁 승리가 가능하다고 본 것인가?

이 문제는 비록 손자가 언급하고 있지는 않지만, 다음 두 가지로 설명할 수 있다. 첫째, 전쟁에서 술적인 문제는 용병과 관련된 것으로 이미 계산과 비교의 대상이 되는 장수의 자질에 포함된 것으로 보아야 한다. 즉, 유능한 장수는 당연히 지혜, 지략, 지모를 갖추고 있기 때문에 실제로 용병을 하는 과정에서 뛰어난 용병술로 적을 기만하고 제압할 수 있으리라는 것을 가정한 것으로 보아야 한다. 전장에서 발생하는 수많은 우연적 요소들, 가령 급작스런 기후의 변화, 예상치 못했던 곳에서 적의 기습, 전염성 질병의 확산 등 난관에 봉착한 상황에서도 순간적인 기지와 적시적인 대응을 통해 이를 극복할 수 있는 것으로 보아야 한다. 그렇다면 장수가 용병의 과정에서 실수를 하면 어떻게 되는가? 장수도 사람인 이상 실수를 저지르지 않는다는 보장은 없다. 다만 이에 대해서도 손자는 비록 장수가 실수는 할 수 있겠지만 전쟁을 그르치는 결정적 실수는 하지 않으리라 예상했을 것이다.

둘째, '세'를 발휘함으로써 예측이 불가능한 영역에서 드러날 수 있는 문제들을 해소할 수 있다. '이좌기외(以佐其外)'와 같이 일단 '세'가 형성되면 미처 고려하지 못했던 요소들도 유리하게 이끌 수 있고 예상하지 못했던 문제들이 불쑥 나타나더라도 이를 무마할 수 있다. 승리를 향한 압도적인 흐름을 돌릴 수 없는 것이다.

이렇게 볼 때, 손자는 계산이 불가능한 영역의 문제들이 승리를 저해할 수 있는 요소로 작용할 수 있지만, 승부를 아예 바꿀 수는 없다고 본다. 미처 고려할 수 없었던 우연적 요소들이 등장하더라도 장수의 지혜를 통해, 그리고 세의 발휘를 통해 이를 극복할 수 있다는 것이다.

쉬운 전쟁과 어려운 전쟁

클라우제비츠는 "전쟁은 간단하다. 그러나 그렇게 간단한 것이 가장 어려운 것"이라고 적고 있다. 클라우제비츠가 보는 전쟁은 사실 지극히 간단하다. 정부가 명확한 정치적 목적을 설정하고, 국민이 열정을 가지고 전쟁을 지지하며, 군이 우연으로 가득한 전장 상황을 극복하고 승리를 거두는 것이다. 그럼으로써 적에게 나의 의지를 강요하고 원하는 정치적 목적을 달성할 수 있다. 그러나 종이 위에서의 전쟁과 실제 전쟁은 다르다. 전쟁을 어떻게 해야 한다고 말하는 것은 쉬워도 실제로 전쟁을 수행하는 것은 어려운 것이다. 모든 전쟁은 매순간 엄청난 마찰이 작용하여 우리가 생각하고 계획한 대로 순조롭게 진행되지 않기 때문이다. 그래서 클라우제비츠는 전쟁을 간단하지만 '어려운 것'으로 본 것이다.

손자도 클라우제비츠와 마찬가지로 기본적으로 전쟁을 간단하게 보고 있다. 군주의 도, 장수의 능력, 천과 지를 활용한 전략·전술, 군사력과 훈련 정도, 군령과 상벌 등은 곧 정부와 백성, 그리고 군이 갖추어야 할 요소로 적과 비교하여 우세하다면 전쟁에서 승리할 수 있기 때문이다. 다만, 손자는 클라우제비츠와 달리 이러한 승리 가능성을 예측한 이후에 직면할 수 있는 '전쟁수행의 어려움'에 대해 진지하게 언급하지 않고 있다. 대신 전쟁을 수행하는 과정에서 직면할 수 있는 모든 문제들은 충분히 해결이 가능하다는 입장이다. 가령 뒤에서 차차 살펴보겠지만, 고대 중국에서 대규모 전쟁을 수행하는 데 따르는 군수보급의 문제는 현지조달이나 속전속결로 해결이 가능하고, 적과의 싸움에서는 '지승유오(知勝有五)'로 승리를 장담할 수 있으며, 전장의 불확실성은 정보의 획득을 통해 극복하고, 궁지에 몰려서는 속임수로 이를 모면할 수 있다는 것이다.

이러한 손자의 견해는 클라우제비츠에 비해 순진할 정도로 전쟁을 쉽게 보고 있다는 느낌을 준다. 아마도 이는 손자가 자신의 입신양명을 위해 그의 병서를 오왕 합려에게 바쳐야 했던 상황을 고려할 때 당연히 전쟁의 불확실성이나 어려움보다는 전쟁의 예측 가능성과 난관 극복 가능성에 주안을 두었던 것으로 볼 수 있지 않을까 생각된다. 한마디로 클라우제비츠의 전쟁은 어려운 반면, 손자의 전쟁은 쉬워 보인다.

作戰

〈작전(作戰)〉 편은 손자가 전쟁을 논하는 두 번째 편이다. '작전'이란 '전쟁에 돌입하다' 또는 '전쟁에 착수하다'는 의미이다. 이를 두고 '전쟁을 일으키고 수행하다'는 해석도 존재하나, 이 편에서의 내용으로 볼 때 전쟁을 '수행'하는 것으로 볼 수 없다.

〈작전〉 편에서 손자는 첫째로 대규모 원정에는 막대한 전쟁비용이 발생한다는 것, 둘째로 그로 인해 장기전은 바람직하지 않다는 것, 셋째로 재보급보다는 현지조달이 유리하다는 것, 넷째로 속전속결로써 백성의 생명과 국가안위를 보장하는 것이 장수의 임무라는 것을 중심으로 논의를 전개하고 있다.

이 가운데 논의의 핵심은 어마어마한 군수보급의 부담을 덜기 위해 가급적 현지에서 조달하고 속전속결하라는 것이다. 따라서 여기에서 '작전'이란 통상적으로 우리가 생각하는 '작전적' 차원에서 '전쟁을 수행하는 것'이 아니라 '국가적' 차원에서 전쟁에 돌입할 때 반드시 염두에 두어야 할 사항을 제시한 것으로 볼 수 있다. 즉, 〈작전〉 편은 '어떻게 전쟁을 수행할 것인가'의 문제가 아니라 '어떤 전쟁을 해야 하는가'를 다루는 것으로, 이러한 전쟁은 대규모 원정 형태의 전면전이지만 막대한 전쟁비용을 감안하여 현지조달을 중심으로 한 단기전 및 속승전이어야 한다는 것이다.

1. 대규모 원정에는 막대한 전쟁비용이 발생

孫子曰, 凡用兵之法, 馳車千駟,   손자왈, 범용병지법, 치차천사,
革車千乘, 帶甲十萬, 千里饋糧,   혁차천승, 대갑십만, 천리궤량,
則內外之費, 賓客之用, 膠漆之材,   즉내외지비, 빈객지용, 교칠지재,
車甲之奉, 日費千金.   차갑지봉, 일비천금.

然後十萬之師擧矣.   연후십만지사거의.

손자가 말하기를, 대체로 전쟁에서 군대를 운용하는 데에는 전차 1,000대,
수송차량 1,000대, 무장한 병사 10만 명을 동원하고, 천리 밖까지 군량을
실어 보내야 하며, 안팎으로 드는 비용과 외교사절의 접대를 위한 비용,
아교와 옻칠 등 무기와 장비를 정비하는 데 필요한 비용, 차량과 갑옷을
조달하는 데 필요한 비용 등 매일 천금의 비용이 소요된다.

이러한 준비를 갖춘 후에야 비로소 10만의 군대를 일으킬 수 있다.

  ＊凡用兵之法(범용병지법): 범(凡)은 '무릇 또는 대체로', 용병지법(用兵之法)은
'용병의 방법'을 의미하나, 여기에서는 '전쟁에서 군대를 운용하는 것'으로 해석
한다.
  ＊馳車千駟(치차천사): 치(馳)는 '달리다', 치차(馳車)는 '네 마리의 말이 끄는 전
투용 전차', 사(駟)는 '네 마리의 말'이라는 뜻으로 전차를 세는 단위이다. 치차
천사(馳車千駟)는 '전차 1,000대'를 의미한다.
  ＊革車千乘(혁차천승): 혁(革)은 '가죽', 혁차(革車)는 '주변에 가죽을 두른 보급
용 수레'를 의미하며, 승(乘)은 수레를 세는 단위이다. 혁차천승(革車千乘)은 '수
송차량 1,000대'를 의미한다.
  ＊帶甲十萬(대갑십만): 대(帶)는 '두르다', 갑(甲)은 '갑옷', 대갑(帶甲)은 '갑옷을
입은 병사'로 '전쟁에 나서는 병사'를 의미한다. 대갑십만(帶甲十萬)은 '전쟁에
나서는 10만 명의 병사'라는 의미이다.
  ＊千里饋糧(천리궤량): 궤(饋)는 '먹이다', 양(糧)은 '양식', 천리궤량(千里饋糧)은
'천리 밖까지 군량을 보내다'라는 뜻이다.
  ＊則內外之費(즉내외지비): 즉(則)은 '곧', 내외지비(內外之費)는 '국가 안팎으로

비용이 소요된다'는 의미이다.

＊賓客之用(빈객지용): 빈(賓)은 '손님', 빈객(賓客)은 '해외사절', 빈객지용(賓客之用)은 '해외사절을 접대하는 데 드는 비용'을 의미한다.

＊膠漆之材(교칠지재): 교(膠)는 '아교', 칠(漆)은 '옻', 교칠지재(膠漆之材)는 '아교와 옻 등의 재료'를 의미한다. 여기에서는 '아교와 옻칠 등 무기와 장비를 정비하는 데 소요되는 비용'으로 해석한다.

＊車甲之奉(차갑치봉): 봉(奉)은 '받들다, 돕다', 차갑지봉(車甲之奉)은 '차량과 갑옷을 만들어 제공하는 것'을 의미한다.

＊日費千金(일비천금): '매일같이 천금이라는 막대한 비용이 소요된다'는 의미이다.

＊然後十萬之師擧矣(연후십만지사거의): 연후(然後)는 '이러한 준비를 갖춘 후에야', 사(師)는 '군대', 거(擧)는 '일으키다'라는 뜻이고, 의(矣)는 단정을 의미하는 어조사이다. 십만지사거의(十萬之師擧矣)는 '10만의 군대를 일으킬 수 있다'로 해석한다.

내용 해설

전쟁을 시작함에 있어서 군주가 가장 먼저 고려해야 할 요소는 전쟁을 치르는 데 소요되는 막대한 재정적 문제를 인식하고 이에 대한 준비를 갖추는 것이다. 손자는 전쟁에 임할 경우 전차 1,000대와 보급마차 1,000대, 그리고 무장한 병력 10만을 동원해야 하고 천 리 떨어진 먼 곳에 식량을 실어 날라야 하는데, 이를 위해서는 엄청난 군비와 함께 수송에 따르는 인력이 동원되어야 함을 지적하고 있다. 이외에도 외교적으로 주변국 제후들을 회유하고 사신들을 접대하는 데 필요한 비용, 무기와 장비를 정비하는 데 소요되는 비용, 그리고 부서진 수레를 수리하고 병력을 유지하는 데 소요되는 비용 등을 감안하면 매일 천금이라는 어마어마한 재정이 소모될 것임을 경고하고 있다.

『주례(周禮)』에 의하면, 고대 중국에서는 치차(馳車), 즉 전투용 전차 1대당 100명의 병력을 묶어 한 제대로 편성했다. 여기에서 100명의 병력은 전차병 3명, 보병 72명, 전차를 지원하는 보급병 25명으로 편성되었다. 『사마법(司馬法)』에 의하면 보급병은 취사병 10명, 장비엄호병 5명, 말 관리병 5명, 연료준비병 5명, 합계 25명으로 구성되며, 이들은 보급용 수레 1대를 운용했다. 이렇게 하여 편성된 제대를 졸(卒)이라 하는데, 1졸은 전투전차 1대와 보급용 수레 1대, 그리고 100명의 병사로 구성된다. 따라서 전차 1,000대를 동원했다는 것은 보급용 수레 1,000대와 병력 10만 명이 동원된 것을 의미한다.

손자는 여기에서 왜 10만이라는 대규모 군대를 언급하고 있는가? 이는 손자가 당시 처했던 오나라의 상황과 연계하여 보아야 한다. 당시 오나라는 서쪽으로 초나라, 남쪽으로 월나라의 위협에 직면하여 이 위협들을 제거해야 안보를 담보할 수 있었다. 즉, 손자는 오왕 합려의 책사로서 주변의 위협이 되는 제후국들을 상대로 대규모 원정을 염두에 두고 있었으며, 여기에서 10만의 규모는 국가의 명운을 건 전쟁에서 제후국이 동원할 수 있는 최대 규모였던 것으로 미루어 짐작할 수 있다.

군사사상적 의미

군수적 차원의 문제에 대한 인식

손자는 전쟁에서 군수의 중요성을 지적한 최초의 군사사상가로 보아도 무방하다. 그는 군수보급의 문제를 전쟁수행의 차원을 넘어 국가생존의 영역으로까지 결부시키고 있다. 역사를 통해 볼 때 많은 전쟁이 군수지원 능력에 의해 승패가 갈렸음에도 불구하고 군사전문가들은 이 문제를 심각하게 다루지 않았다. 그래서 마르틴 반 크레벨트(Martin van Creveld)는 100명의 군사연구자들이 있다면 그 가운데 99명은 군수적 요소의 중요성을 알고 있으면서도 이를 무시하거나 의도적으로 간과했으며, 그 결과 우리가 알고 있는 전쟁의 역사는 왜곡되거나 그릇된 교훈을 주고 있음을 지적한 바 있다. 또한 전쟁을 수행하는 대다수의 군 지도자들도 마찬가지로 작전 또는 용병술에만 관심을 두면서 정작 군수의 문제에 대해서는 말로만 그 중요성을 언급할 뿐 심각하게 다루지 않고 있다. 이러한 측면에서 손자가 이 병서의 두 번째 편인 〈작전〉 편에서 군수의 문제에 주목한 것은 그의 사상이 갖는 심오함을 입증한다 하겠다.

　그러나 손자가 군수의 중요성에 주목한 것은 지극히 타당함에도 불구하고, 그것이 곧 모든 전쟁에서 군수의 문제가 항상 중요하다는 것을 의미하지는 않는다. 클라우제비츠는 전쟁을 정부, 군, 그리고 국민으로 구성된 '삼위일체(trinity)'에 따라 색깔을 바꾸는 '카멜레온(chameleon)'에 비유했다. 전쟁은 정치적 목적, 군의 역량, 그리고 국민의 열정이 갖는 수준과 정도에 따라 무수한 종류의 전쟁이 가능하다는 것이다. 즉, 전쟁에는 전면전쟁만 있는 것이 아니라 제한전쟁과 혁명전쟁도 있다. 전면전쟁도 전쟁에 참여하는 국가의 수와 전쟁의 동기에 따라 수많은 유형이 있을 수 있다. 제한전쟁과 혁명전쟁도 마찬가지이다. 그리고 이와 같이 무수한 전쟁의 유형에 따라 군수보급의 중요성은 그 정도를 달리할 수 있다.

　가령, 미국의 남북전쟁이나 두 차례의 세계대전과 같은 전면전쟁의 경우, 그리고 보불전쟁과 같은 대규모 전쟁의 경우 전쟁의 기간이 길고 전장이 광범위했기 때문에 군수보급 능력은 전쟁의 승패에 결정적인 역할을 했던 것이 사실이다. 그러나 이스라엘의 6일전쟁(제3차 중동전쟁)과 같은 제한전쟁과 중국 및 베트남이 수행했던 혁명전쟁의 경우에는 체계적인 군수보급 능력이 그다지 중요하지 않았다. 짧은 기간 동안 제한적인 전쟁을 치르면서 대규모 군수동원에 의지할 필요는 없었을 것이며, 마오쩌둥(毛澤東)이 전장이 고정되지 않은 유격전을 수행하면서 막대한 군수물자를 비축하고 싸운 것은 아니었기 때문이다. 따라서 손자가 군수의 중요성을 강조한 것은 그가 상정하고 있던 대규모 원정을 통한 전면적인 전쟁을 염두에 두었기 때문으로, 이를 오늘날 보편화된 제한전쟁이나 21세기 두드러진 제4세대 전쟁 혹은 분란전의 상황에 그대로 적용하기에는 한계가 있다.

　그렇지만 전쟁의 과정은 누구도 예측할 수 없다. 비록 제한적 목적을 추구하더라도 전쟁은 의도와 달리 장기전으로 확대될 수 있다. 김일성은 단기전을 예상하고 한국전쟁을 일으켰지만 결국 전쟁은 미국과 중국의 개입으로 인해 3년 동안의 장기전으로 이어졌다. 제3차 중동전쟁 당시 이스라엘은 초전에 이집트, 요르단, 시리아의 항공력을 섬멸적으로 타격함으로써 6일이라는 단기간 내에 전쟁을 끝낼 수 있었지만, 그러한 성과가 제대로 이루어지지 않았다면 전쟁은 장기전으로 치달았을 수도 있다. 따라서 비록 단기전을 예상하여 전쟁을 야기하는 국가라도 자칫 전쟁이 장기화되어 따를 군수보급의 부담을 각오하지 않으면 안 될 것이다.

손자 시대 전쟁의 목적

손자가 전쟁을 통해 추구했던 정치적 목적은 무엇인가? 그러한 목적은 적극적인 것인가, 소극적인 것인가? 적국을 완전히 굴복시키고 합병을 추구하는 것인가, 상대국과의 화의를 통해 양보를 얻어내고 제한적 이익을 얻기 위한 것인가? 손자는 10만이라는 대군을 동원하여 전쟁을 준비하고 있는데, 도대체 그의 전쟁은 어떠한 전쟁인가?

　춘추시대라는 시대적 상황에 비추어 당시 제후국들이 전쟁에서 추구했던 정치적 목적은 대략 네 가지로 나눠볼 수 있다. 첫째는 원정을 통해 전면적 공격을 가하고 적국을 합병하는 것이다. 이는 적의 영토를 완전히 점령하기 위해 공세적인 전면전쟁을 수행하는 것으로 춘추전국시대에 보편적인 전쟁 양상이었다. 둘째는 인접국의 제후가 왕도(王道)를 실행하지 않고 패도(霸道)의 길을 걸어 백성들의 원망을 사 혼란에 빠질 경우 개입하여 제후를 교체하는 것이다. 맹자(孟子)가 탕왕의 사례를 언급한 것과 같은 것으로 오늘날 실패한 국가에 대한 인도주의적 개입에 해당한다. 맹자는 주변국 백성이 포악한 군주에 의해 고통을 받고 있다면 정벌하여 이웃 백성들을 압제에서 해방시켜야 한다고 주장했다. 그는 다음과 같이 말했다.

> 천하가 모두 그(탕왕)를 믿었으므로 동쪽으로 향해 정벌하자 서쪽의 오랑캐가 원망하고 남쪽을 향해 정벌하자 북쪽의 오랑캐가 원망하여 "어째서 우리나라의 정벌을 뒤로 미루시는가?"라고 했습니다. 백성들이 그를 바라보기를 마치 큰 가뭄에 구름과 무지개를 바라보는 것같이 했습니다.…그들 나라의 포악한 군주를 죽이고 백성들을 위로하는 것이 마치 때맞춘 비가 내리는 것 같았기에 백성들이 기뻐했습니다. 그러므로 『서경(書經)』에서 말하기를 "우리 왕께서 오시기를 기다린다네. 왕께서 오시면 우리는 살아나리라"고 했습니다.

셋째는 적국의 일부 영토나 이권 등 국가이익을 확보하기 위한 것이다. 이는 오늘날의 제한전쟁과 같은 것으로 전쟁을 통해 상대국과 화의를 맺는 것으로 종결된다. 넷째는 응징이다. 과거 선대의 원한을 갚기 위해, 혹은 적국의 부당한 요구나 잘못된 행동을 바로잡기 위해 군사력을 사용하는 것이다.

이 네 가지 유형의 정치적 목적 가운데 손자의 전쟁은 기본적으로 원정을 통해 주변국을 합병하는 것이었다. 물론, 손자도 실패한 국가에 대한 군사개입이라는 관점에서 전쟁을 보지 않은 것은 아니다. 가령, 그는 이 편의 다음 구절에서 "전쟁으로 인한 폐해가 극심하여 백성들의 삶이 피폐해지면 주변국이 침략할 수 있다"고 언급하고 있는데, 이는 위의 두 번째 정치적 목적인 주변국 개입의 경우에 가까워 보인다. 그러나 손자가 염두에 두고 있는 전쟁은 적국을 공격하여 합병하거나, 역으로 적으로부터 대규모 침략을 당해 국가생존이 위협을 받는 상황에서 벌어지는 전면적인 전쟁이다. 무엇보다도 『손자병법』은 주변국에 대한 원정에 나서 적국을 굴복시키고 합병을 추구하는 전쟁을 상정하여 씌어진 것임을 염두에 두어야 한다.

『사기(史記)』를 보면 실제로 오나라는 기원전 506년 손자의 지휘 하에 초나라를 공격하여 소왕(昭王)을 수도에서 쫓아내고 초나라를 장악했으며, 손자와 함께 전쟁을 이끌었던 오자서(伍子胥)는 초나라 평왕(平王)의 무덤을 파헤쳐 시신을 꺼낸 후 채찍질하여 부모의 원수를 갚았다는 기록이 있다. 오자서 개인의 입장에서는 선대의 원한을 갚는 전쟁이었겠지만, 오나라의 원정은 자국의 안보를 위협하는 초나라를 평정하려 한 것으로 보아야 한다. 또한, 『사기』에는 월나라의 오나라 공격 일화도 기록되어 있다. 기원전 473년 월왕 구천(句踐)은 오나라를 공격한 후 과거에 원수였지만 전쟁에서 패한 오왕 부차(夫差)를 가엾게 여겨 처형하는 대신 용동(勇東) 지역에서 100호를 다스리도록 기회를 주었다. 그러나 부차는 자신이 이미 늙었을 뿐 아니라 구천을 왕으로 섬길 수 없다는 이유로 이러한 제안을 거절하고 자결했다. 이는 당시 전쟁에서 패한 국가의 제후는 승리한 국가의 제후를 왕으로 섬겨야 했음을 보여준다. 결국, 춘추시대 초기에 140여 개 이상이었던 제후국들은 전쟁을 통한 합병 과정을 거쳐 중기에는 40여 개에 불과했으며 말기에는 10여 개 정도에 지나지 않았는데, 이는 당시의 전쟁이 보편적으로 정복과 합병을 추구했음을 입증하고 있다.

이와 같이 춘추시대 말기 전쟁의 모습은 근대 초기에 이르러 마키아벨리가 제시했던 서구의 팽창주의적 전쟁관을 연상케 한다. 마키아벨리는 국가가 좁은 경계 안에 갇혀 있으면 자유를 누릴 수 없다고 보고 영토의 확장을 주장했다. 좁은 영토에 안주한 작은 나라는 남을 괴롭히지 않아도 주변의 강한 나라에 괴롭힘을 당할 수밖에 없다는 것이다. 따라서 그는 군주가 대외적으로 팽창을 추구함으로써 국가를 강하게 만들고 대제국을 건설하려는 욕구를 가져야 한다고 주장했다. 그리고 군주는 인구의 증가, 동맹국 형성, 식민지 건설, 국가재정 확충, 그리고 애국심과 열정에 바탕을 둔 군사훈련에 관심을 가져야 하며, 대외적으로 인접 국가를 정복하는 사업을 활발하게 추진해야 한다고 주장했다. 이는 마키아벨리가 몇 개의 소국으로 분열되어 있던 이탈리아의 통일을 염두에 두고 한 주장이지만 근대에 서구에서 본격적으로 확산되었던 제국주의적 전쟁관의 기원이 된 것으로 볼 수 있다.

그렇다면, 과연 손자의 원정은 이웃 국가를 공격하여 합병하는 근대 서구의 팽창주의 혹은 제국주의적 성격을 띤 것인가? 그것은 결코 아니다. 비록 손자는 대규모 원정을 염두에 두었지만, 이것이 팽창주의 혹은 제국주의적 성격을 갖는 것으로 볼 수 없다. 제국주의적 전쟁이라면 적국을 식민지화하고 적 백성을 노예화하며 적국에 대한 지속적인 경제적 수탈이 이루어져야 하지만 손자의 전쟁에서는 이러한 모습을 발견할 수 없다. 춘추시대의 전쟁은 같은 민족으로 구성된 제후국들 간의 전쟁으로 합병 후에 적국의 백성은 자국에 흡수되어 통치의 대상이자 '도(道)'를 베풀어야 할 대상이었던 것이다. 한반도에 전쟁이 발발할 경우 한국이 이를 기회로 북한을 통일하는 것을 팽창주의나 제국주의로 볼 수 없는 것과 마찬가지이다.

요약하면 손자의 전쟁이 추구하는 정치적 목적은 상대국가를 합병하는 것이다. 다만, 이러한 합병은 약육강식의 시대에서 자국의 안보를 공고히 하기 위해 이루어진 것으로 상대국의 식민지화와 경제적 수탈을 동반하는 것은 아니었다. 즉, 손자의 전쟁은 원정이지만 근대 서구에서와 같은 '국가의 팽창'이라기보다는 '민족의 통일'이라는 관점에서 이해할 수 있다.

2. 장기전에 따른 폐해

其用戰也勝, 久則鈍兵挫銳, 攻城則力屈, 久暴師則國用不足.	기용전야승, 구즉둔병좌예, 공성즉력굴, 구폭사즉국용부족.
夫鈍兵挫銳, 屈力殫貨, 則諸侯乘其弊而起.	부둔병좌예, 굴력탄화, 즉제후 승기폐이기.
雖有智者, 不能善其後矣.	수유지자, 불능선기후의.
故兵聞拙速, 未覩巧之久也.	고병문졸속, 미도교지구야.
夫兵久而國利者, 未之有也.	부병구이국리자, 미지유야.

전쟁을 수행하면 (당연히) 승리해야 하지만, 전쟁을 오래 끌게 되면 곧 군대가 무뎌지고 병사들의 기세가 꺾인다. 적의 성을 공격하면 전투력이 고갈되고, 장기간에 걸쳐 군대를 무리하게 운용하면 국가의 재정이 부족해진다.

무릇 군대가 무뎌지고 병사들의 기세가 꺾이고 군사력이 소진되고 재정이 고갈되면, 주변국 군주가 이러한 폐단을 이용하여 전쟁을 일으킬 것이다.

(그렇게 되면) 제아무리 지혜로운 사람이라도 뒷감당을 잘 해낼 수 없다.

따라서 전쟁은 다소 미흡하더라도 신속히 종결(拙速)해야 한다는 말은 있어도, 사려 깊고 교묘하게 하여 오래 끌라는 말은 없다.

무릇 전쟁을 오래 끌어 국가에 이로운 예는 없었다.

* 其用戰也勝(기용전야승): 기(基)는 '그', 용전(用戰)은 '전쟁을 수행하는 것'을 뜻한다. 해석하면 "전쟁을 수행하면 승리해야 한다."

* 久則鈍兵挫銳(구즉둔병좌예): 구(久)는 '오래 끄는 것', 즉(則)은 '곧', 둔(鈍)은 '무디다', 좌(挫)는 '꺾다', 예(銳)는 '날카롭다'라는 뜻이다. 해석하면 "전쟁을 오래 끌게 되면 곧 군대가 무뎌지고 병사들의 기세가 꺾인다."

* 攻城則力屈(공성즉력굴): 공성(攻城)은 '성을 공격하는 것', 굴(屈)은 '굽히다, 물러나다'라는 뜻이다. 해석하면 "성을 공격하면 전투력이 고갈된다."

* 久暴師則國用不足(구폭사즉국용부족): 폭(暴)은 '사납다, 해치다', 구폭사(久暴師)는 '군대를 장기간 무리하게 부린다'는 의미이다. 국용(國用)은 '국가가 쓰는 것'으로 '국가의 재정'을 의미한다. 해석하면 "군대를 무리하게 장기간 전장에 내보내면 국가의 재정이 부족해진다."

* 夫鈍兵挫銳, 屈力殫貨(부둔병좌예, 굴력탄화): 부(夫)는 '무릇', 둔병좌예(鈍兵挫銳)는 '군대가 무뎌지고 병사들의 기세가 꺾인다', 탄(殫)은 '다하다', 화(貨)는 '재화', 굴력탄화(屈力殫貨)는 '군사력을 소진하고 재정을 탕진한다'는 뜻이다. 해석하면 "무릇 군대가 무뎌지고 병사들의 기세가 꺾이게 되며, 군사력이 소진되고 재정이 고갈된다."

* 則諸侯乘其弊而起(즉제후승기폐이기): 제후(諸侯)는 주변국의 군주를 지칭한다. 승(乘)은 '타다, 오르다', 폐(弊)는 '폐단', 기(起)는 '일어나다'라는 뜻이다. 해석하면 "주변국 군주가 이러한 폐단을 이용하여 전쟁을 일으킨다."

* 雖有智者, 不能善其後矣(수유지자, 불능선기후의): 수(雖)는 '비록, 그러나', 수유지자(雖有智者)는 '아무리 지혜로운 사람이라도', 선(善)은 '잘 한다'는 의미이다. 기후(其後)는 '그 뒤의'라는 뜻으로 '뒷감당'이라는 뜻이다. 해석하면 "제아무리 지혜로운 사람이라도 뒷감당을 잘 해낼 수 없다."

* 故兵聞拙速, 未覩巧之久也(고병문졸속, 미도교지구야): 병(兵)은 여기에서 '전쟁'을 의미한다. 졸(拙)은 '졸하다, 서투르다', 속(速)은 '빠르다', 졸속은 '미흡한 것 같으나 빠른 것'이라는 의미이다. 도(覩)는 '보다, 가리다, 분별하다', 교(巧)는 '공교하다, 교묘하다'라는 뜻이다. 해석하면 "따라서 전쟁은 다소 미흡하더라도 신속히 종결해야 한다는 말은 있어도, 사려 깊고 교묘하게 하여 오래 끌라는 말은 없다."

* 夫兵久而國利者, 未之有也(부병구이국리자, 미지유야): 병구(兵久)는 '전쟁을 오래 끌다', 국리(國利)는 '국가에 이롭다', 병구이국리자(兵久而國利者)는 '전쟁을 오래 끌어서 국가에 이롭게 되다'라는 뜻이다. 미지유야(未之有也)는 '아직까지 그 예가 없었다'는 의미이다. 해석하면 "무릇 전쟁을 오래 끌어 국가에 이로운 예는 없었다."

내용 해설

여기에서 손자는 전쟁의 장기화에 따른 폐해를 심각하게 경고하고 있다. 비록 승리하더라도 전쟁이 장기간 지속된다면 군사적으로나 경제사회적으로 큰 혼란이 발생하여 국란(國亂)을 자초할 수 있다는 것이다. 손자는 그러한 폐해로 다음 네 가지를 들고 있다.

첫째로 군대의 공격력이 약화되고 병사들의 사기가 저하될 수 있다. 전쟁에서 시간은 공격하는 측보다 방어하는 측에 더 유리하게 작용한다. 손자는 "전쟁을 오래 끌면 곧 군대가 무뎌지고 병사들의 기세가 꺾인다"고 했는데, 이는 클라우제비츠의 '공격의 정점(culminating point of attack)'이라는 개념과 유사하다. 전쟁을 시작하면 공격하는 측은 주도권을 가지고서 주공이 공격할 지점을 선정하고 병력을 집중시켜 상대보다 우세한 기세(momentum)를 유지할 수 있다. 그러나 그러한 공격 기세는 점차 시간이 지나면서 둔화될 수밖에 없다. 전방에서의 공격이 성공적으로 이루어지더라도 상대국가의 영토로 진격해 들어가면서 점령한 도시를 방어해야 하고 길어지는 병참선을 보호하기 위해 병력을 배치하는 등 점차 방어의 소요가 늘어나기 때문이다. 그리고 이는 점차 전방 전투력의 약화로 이어져 언젠가는 공격하는 측의 전투력이 방어하는 측의 전투력보다 약화되는 시점이 도래하는데, 클라우제비츠는 이것을 '공격의 정점'이라고 했다. 만일 공격하는 측이 '공격의 정점'에 도달하기 전에 결정적 승리를 거둔다면 전쟁에서 승리할 수 있지만, '공격의 정점'이 지나게 되면 승리를 기대하기 어렵게 된다. 즉, 시간은 공자(攻者)가 아닌 방자(防者)의 편에 서 있는 것이다.

둘째로 적의 성(城)과 같은 강력한 방어진지를 공격할 경우에는 전투력이 소진될 수 있다. 본질적으로 방어는 공격보다 더 강한 형태의 싸움 방식이다. 손자는 적의 성을 공격하면 전투력이 고갈된다고 했는데, 이는 '방어의 강함'을 주장한 클라우제비츠의 입장과 다를 바 없다. 여기에서

성을 공격한다는 것은 당시 적의 수도를 공략하기 위한 '공성전'을 의미하는 것으로, 오늘날로 보자면 적의 강력한 방어진지를 공격하는 것으로 볼 수 있다. 클라우제비츠는 그의 『전쟁론』에서 "방어는 공격보다 강한 형태의 전쟁"이라고 수십 번 반복하여 강조하고 있는데, 이는 방어하는 측이 자신들의 부모형제와 재산을 지켜야 한다는 강한 정신력으로 무장하고 있고, 군수보급 지원이 용이하며, 익숙한 지형을 활용하여 보다 유리한 진지에서 방어를 편성할 수 있고, 국제적으로도 우호적인 동정여론을 조성할 수 있기 때문이다. 비록 손자는 '공성전'의 어려움을 들어 공격의 어려움을 지적했지만, 이는 곧 '방어의 강함'을 말한 것으로 결정력을 갖지 못한 지리멸렬한 공격이 자칫 전투력의 고갈로 이어질 수 있음을 경고한 것이다.

셋째로 지속되는 전쟁비용으로 국가재정이 고갈될 수 있다. 전쟁이 지연되면 막대한 군수보급이 지속적으로 이루어져야 하기 때문에 국가재정이 고갈되고 국내 경제 상황은 악화될 수밖에 없다. 그러면 백성들은 재산을 탕진하게 되고 삶이 궁핍해져 조정에 불만을 품게 된다. 그럼에도 불구하고 군주가 어떻게든 전쟁을 지속하기 위해 강압적으로 백성들을 동원하고 물자를 징발한다면 백성들의 원성은 더욱 커질 수밖에 없게 된다. 전쟁을 시작하기 전에 군주가 백성에게 행한 '왕도(王道)'의 정치는 물 건너가고 '패도(覇道)'의 정치가 이를 대체하는 것이다. 이렇게 되면 백성들은 도망가거나 난을 일으킴으로써 국내정치 상황은 더욱 악화된다.

넷째로 주변 제후국의 침략을 자초할 수 있다. 전쟁을 시작할 때 우호적일 것으로 믿었던 주변 제후국들은 전쟁이 지연되어 아국(我國)이 곤경에 빠지게 되면 태도를 바꾸어 침공해올 수 있다. 주변의 제후들은 과거의 원한을 갚거나 합병할 목적으로, 혹은 혼란에 빠진 백성들을 구제하고 '왕도'를 실현한다는 그럴듯한 명분을 내세워 군사적 개입을 시도할 수 있다. 손자의 이러한 언급은 당시에도 제후국들이 '약육강식(弱肉強食)'의 논리를 따르고 있었음을 방증하는 것으로 국제정치의 비정함을 말해준다. 비록 손자의 시대에 동맹관계 혹은 국제관계는 형식적이나마 예를 중시한 것으로 알려지고 있으나, 궁극적으로 국가들 간의 관계는 클라우제비츠가 언급한 대로 일종의 '거래(business)'에 불과했던 것이다.

손자의 이러한 언급은 곧 전쟁을 결정하기 이전에 매우 신중해야 한다는 〈시계〉 편의 주장과 일맥상통한다. 그는 〈시계〉 편에서 전쟁이 국가의 생사와 존망을 결정할 수 있다고 했는데, 여기에서 구체적으로 어떻게 국력이 쇠퇴하고 어떻게 국가가 망할 수 있는지를 제시한 것이다. 흥미로운 것은 국가멸망의 원인이 전쟁의 패배에서 기인하는 것이 아니라 전쟁의 지연으로 인한 경제사회적 폐해에서 비롯될 것으로 보고 있다는 점이다. 손자는 이미 〈시계〉 편에서 승리 가능성을 확신하고 전쟁을 시작한 만큼, 전쟁의 패배로 인한 국가붕괴는 생각하지 않았을 것이다. 대신 그는 전쟁을 지속하는 데 따른 군수보급의 막대한 부담으로 인해 국가가 위험에 처할 수 있음을 지적하고 있다.

그래서 손자는 전쟁을 오래 끌어서는 안 된다고 강조한다. '속전속결' 또는 단기전 주장은 뒤에서 더 살펴보겠지만 〈작전〉 편에서 손자가 강조하는 핵심적 주장이다. 전쟁은 '교지구(巧之久)', 즉 사려 깊고 교묘하게 하여 장기간에 걸쳐 전쟁을 수행해서는 안 되며, '졸속(拙速)', 즉 미흡하더라도 신속히 종결하는 것이 바람직하다는 것이다. 전쟁에서 결정적 성과를 거두지 못하고 지연될 가능성이 있다고 판단되면 애초에 추구하고자 했던 정치적 목적을 달성하지 못하더라도 이에 미련을 두지 말고 적과 화의를 체결하여 전쟁을 마무리해야 한다는 것이다. 예나 지금이나 역사적으로 전쟁을 오래 끌어서 국가에 이로운 예는 없었음을 고려한다면 지극히 타당한 주장이 아닐 수 없다.

군사사상적 의미

'졸속'과 정치적 목적의 포기

여기에서 손자가 강조한 '속전속결(速戰速決)'과 '졸속(拙速)', 그리고 '정치적 목적 달성'과의 관계를 살펴볼 필요가 있다. 국가가 전쟁을 통해 추구하고자 하는 것은 정치적 목적을 달성하는 것이다. 만일 전투에서 승리하더라도 정치적 목적을 달성하지 못한다면 그 전쟁은 실패한 전쟁일 수밖에 없다. 이를 두고 "전투에서 이기고 전쟁에서 졌다"고 주장하기도 하지만 이는 결국 패한 전쟁에 대한 변명에 불과하다.

그런데 손자는 전쟁을 종결하는 방식으로 속전속결과 졸속을 제시하고 있다. 이 가운데 '속전속결'은 가장 이상적이다. 많은 비용과 피해를 감수하지 않고서 목적 달성이 가능하기 때문이다. 군주와 장수의 입장에서 당연히 추구해야 할 바람직한 전쟁수행 방식이라 아니할 수 없다.

다만 문제는 '졸속'이다. 손자는 "좀 모자라더라도 전쟁을 신속하게 종결해야 한다"고 주장했는데, 이는 전쟁에서 추구하고자 하는 정치적 목적을 달성하지 못하더라도 지연될 경우에는 협상을 통해 전쟁을 빨리 끝내야 한다는 의미이다. 이 경우 애초에 설정했던 정치적 목적을 포기하고 적과 적당한 수준에서 타협하는 결과로 이어지게 될 것이다.

과연 이것이 바람직한가? 군주나 정치지도자들은 이를 수용할 수 있는가? 아마도 어려울 것이다. 이 경우 군주는 적과의 협상 과정에서 자신의 체면과 협상의 명분을 살려 국내정치적 충격을 최소화 할 수 있는 외교적 방안을 강구하려 하겠지만, 대규모 동원에도 불구하고 원정의 성과를 내지 못함으로써 통치의 정당성이 크게 훼손될 수 있기 때문이다. 그럼에도 불구하고 손자는 전쟁의 지연으로 인한 국가의 폐해를 고려하여 전쟁을 오래 끌지 말고 적국과 협상을 통해 화의를 맺고 전쟁을 마무리하라는 것이 낫다고 보았다. 비록 전쟁 목적 달성에 실패하여 내부적 비판과 반발에 직면할 수 있겠지만, 그로 인한 혼란을 감수하는 것이 국가의 붕괴라는 최악의 상황을 맞이하는 것보다 올바른 선택이라는 것이다.

이와 관련하여 클라우제비츠는 손자와 정반대 입장에 서 있는 것으로 보인다. 즉, 손자가 정치적 목적 달성을 전쟁수행에 종속된 것으로 이해하고 있는 반면, 클라우제비츠는 전쟁수행이 정치적 목적에 종속된 것으로 본다. 전쟁이란 곧 정치적 목적을 달성하기 위한 수단에 불과하다고 보기 때문이다. 따라서 클라우제비츠는 '졸속'이라는 개념을 제시하지도 않았을 뿐더러, 그러한 필요성을 묻는다면 결코 수용하지 않을 것이다. 오히려 클라우제비츠는 손자와 달리 다소 지연되더라도 정교하고 신중하게 작전을 수행함으로써 결정적 승리를 거두고 정치적 목적을 달성하는 전쟁을 원할 것이다. 그는 방어를 공격보다 더 강한 형태의 전쟁으로 간주하고 있으며, 실제로 전쟁에서는 전투가 벌어지는 기간보다 서로 대치하는 기간이 더 길다고 주장한 것으로 보아, 아마도 전쟁이 속전속결로만 치러지지는 않는다는 인식을 가졌을 수 있다.

전쟁 지연과 정치적 목적 포기 여부

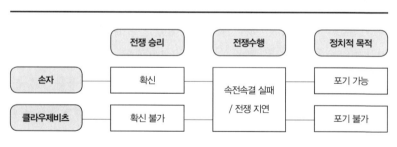

이렇게 볼 때 손자가 정치적 목적을 완벽히 달성하는 것보다 전쟁의 장기화를 방지하는 데 주안을 두고 있다면, 클라우제비츠는 전쟁이 장기화되더라도 정치적 목적을 포기할 수 없다는 입장이다. 손자의 경우 사전에 승리를 예측하고 전쟁을 시작했음에도 불구하고 정치적 목적을 양보할 수 있는 반면, 클라우제비츠는 전쟁의 승리를 예견하지 못한 상황에서 끝

까지 정치적 목적을 달성하려 한다는 측면에서 두 사상가의 입장은 상반된다.

그렇다면 이에 대한 두 사상가의 입장이 왜 다른가? 그것은 아마도 이들이 상정하고 있는 전쟁의 양상이 서로 다르기 때문으로 볼 수 있다. 클라우제비츠의 경우 현실에서의 전쟁은 대부분 제한적인 정치적 목적을 달성하기 위한 제한적인 전쟁이다. 즉, 전쟁의 궁극적인 목적은 상대국 정권을 붕괴시키고 합병하기보다는 우리가 원하는 바를 상대국이 받아들이도록 강요하는 것으로, 궁극적으로 우리의 의지가 반영된 평화협상을 체결하는 데 있다. 다시 말해, 정치적 목적이 제한적인 것이라면 이는 전쟁 기간이 다소 길어지더라도 그에 따른 비용은 충분히 감내할 수 있는 것이며, 따라서 '졸속'은 고려할 필요가 없게 된다. 반면, 손자가 상정하고 있는 전쟁은 상대국가를 멸하고 합병을 추구하는 전면전쟁으로 일종의 절대적 형태의 전쟁에 해당한다. 이러한 전쟁은 막대한 전쟁비용이 소요될 뿐 아니라 예상과 달리 쉽게 끝나지 않을 수 있는 만큼, 속전속결을 추구하되 이것이 여의치 않을 경우에는 전쟁을 무한정 지연시켜 출혈을 감내하기보다 적당한 수준에서 화의를 맺고 끝내는 것이 바람직하다고 본 것이다.

장기전의 폐해에 대한 손자의 경고는 오늘날에도 좋은 교훈을 주고 있다. 1965년 미국은 동남아 지역에서 공산주의의 팽창을 저지하기 위해 '베트남전의 미국화'를 내걸고 베트남전에 개입했으나 베트콩의 게릴라식 저항으로 전쟁이 지연되면서 고전을 면치 못했다. 1969년 대통령으로 취임한 닉슨은 전쟁에서 벗어나기 위해 '베트남전의 베트남화'를 주장하며 북베트남과 평화협상을 체결하고 1973년 인도차이나에서 철수했지만, 이미 미국은 8년에 걸친 오랜 전쟁으로 인해 외교적으로나 경제적으로 엄청난 타격을 받았다. 이라크의 사담 후세인(Saddam Hussein)도 장기전의 피해자였다. 그가 무리하게 쿠웨이트를 공격하여 걸프전을 자초하고 이후 이라크전에서 패하여 쫓겨난 것은 1980년부터 이란과 8년에 걸친 장기전에서 경제적으로 큰 출혈을 입었기 때문이다. 후세인이 1990년 8월 쿠웨이트를 침공하여 부당한 합병을 시도했는데, 이는 8년간에 걸친 이란과의 전쟁으로 인해 국내적으로 직면한 경제적 어려움과 국민들의 불만을 극복하기 위해 무리하게 군사행동을 강행한 결과였다. 결국 손자의 경고대로 이란과의 장기전이 후세인 정권의 몰락을 낳았던 것이다.

3. 이로운 용병: 현지조달

故不盡知用兵之害者, 則不能盡知用兵之利也.	고부진지용병지해자, 즉불능진지용병지리야.
善用兵者, 役不再籍, 糧不三載.	선용병자, 역불재적, 량불삼재.
取用於國, 因糧於敵.	취용어국, 인량어적.
故軍食可足也.	고군식가족야.

자고로 해로움을 가져오는 용병을 잘 알지 못하면 곧 이로움을 가져오는 용병을 잘 알 수 없다.

용병을 잘하는 장수는 병력을 두 번 동원하지 않으며 군량을 세 번 실어 나르지 않는다.

보급품은 자국에서 가져온 것을 사용하되, 양식은 적으로부터 탈취하여 사용한다.

그렇게 하면 군대의 식량이 부족하지 않고 충분하게 된다.

* 故不盡知用兵之害者(고부진지용병지해자): 진(盡)은 '다하다', 부진지(不盡知)는 '다 알지 못한다'는 뜻이고, 용병지해자(用兵之害者)는 '용병의 해로운 점'이라는 뜻이나 여기에서는 '해로움을 가져오는 용병'으로 풀이한다. 해석하면 '해로움을 가져오는 용병을 잘 알지 못하면'이라는 뜻이다.

* 則不能盡知用兵之利也(즉불능진지용병지리야): 여기에서 이(利)는 '이롭다'는 의미이다. 해석하면 '곧 이로움을 가져오는 용병을 잘 알 수 없다'라는 뜻이다.

* 善用兵者, 役不再籍, 糧不三載(선용병자, 역불재적, 량불삼재): 선용병자(善用兵者)는 '용병을 잘하는 사람'을 의미한다. 역(役)은 '부리다', 적(籍)은 '장부', 재적(再籍)은 장부를 두 번 적다는 것으로 병력을 두 번 동원하는 것을 의미한다. 재(載)는 '싣다, 운반하다', 삼재(三載)는 세 번 적재한다는 것으로 보급수송을 여러 차례 한다는 의미이다. 전체를 해석하면 '용병을 잘하는 장수는 병력을 두 번 동원하지 않으며 군량을 세 번 실어 나르지 않는다'는 뜻이다.

* 取用於國, 因糧於敵(취용어국, 인량어적): 취(取)는 '취하다', 용-(用)은 '보급품'을 의미한다. 해석하면 '보급품은 자국에서 가져다 사용하되, 양식은 적국에서 탈취하여 사용한다'는 뜻이다.

* 故軍食可足也(고군식가족야): '그렇게 하면 군대의 식량이 충분할 수 있다'는 뜻이다.

내용 해설

손자는 먼저 "해로움을 가져오는 용병을 잘 알지 못하면 곧 이로움을 가져오는 용병을 잘 알 수 없다"라고 언급하면서, 용병에 의해 야기되는 해로움과 이로움을 대비시키고 있다. 해로움을 가져오는 용병이란 이미 앞에서 자세히 설명한 바와 같이 장수가 용병을 잘못하여 전쟁을 신속히 종결하지 못하고 지연시킴으로써 국가적으로 경제·사회적 폐해를 가져오는 것이다. 따라서 장수는 이러한 잘못된 용병을 피하고 국가와 군에 이로움을 가져다줄 수 있는 용병을 해야 한다.

그렇다면 이로움을 가져오는 용병이란 어떠한 것인가? 이에 대해서 손자는 병력보충, 양식조달, 그리고 보급품 보급이라는 세 가지를 언급하고 있다. 첫째로 병력보충은 두 번 다시 이루어져서는 안 된다. 처음 출정한 병력으로 전쟁을 치러야 한다는 것이다. 둘째로 양식은 현지에서 조달해야 한다. 적지에서 양식을 약탈하면 병사들에게 충분히 먹일 수 있다는 것이다. 이 두 가지는 전쟁을 치르는 동안에 병력동원 및 군수보급 소요에 따른 본국의 백성들의 삶과 국가경제적 부담을 최소화하기 위한 조치로 해석할 수 있다.

그런데 손자에 의하면 식량은 현지에서 조달하지만 보급품은 자국으로부터 가져온 것을 사용해야 한다. 그러면 각종 무기와 장비 등은 현지조달을 해서는 안 되는 것인가? 그렇지 않다. 뒤에서 언급하고 있는 바와 같이 손자는 적으로부터 전차와 같은 장비를 탈취하여 활용해야 함을 언급하고 있다. 따라서 손자가 자국으로부터 가져다 사용해야 할 보급품이란 재활용이 불가능한 필수 보급품을 의미하는 것으로 보아야 한다. 가령, 갑옷이나 전투복장과 같은 보급품은 전장에서 피아 식별을 해야 하므로 빼앗더라도 사용할 수 없다. 따라서 손자가 말한 보급품은 전장에서 대체하여 사용할 수 없는 품목을 언급한 것이지, 탈취하여 사용이 가능한 무기 및 장비를 지칭한 것은 아니다.

군사사상적 의미

손자와 나폴레옹의 현지조달

손자의 전쟁에서 현지 약탈은 어떠한 의미를 갖는가? 이는 서구의 전쟁역사에서 현지조달을 강조했던 나폴레옹과 같은 입장에 서 있는 것으로 볼 수 있는가? 그렇지 않다. 손자와 나폴레옹은 모두 전쟁에 따르는 군수보급의 문제를 현지조달로 해결하려 했으나 다음과 같은 분명한 차이가 있다.

첫째, 현지조달의 목적이 상이하다. 손자의 경우 현지조달은 막대한 군수 소요를 줄여 국가재정의 악화를 방지하기 위한 방편인 반면, 나폴레옹의 경우는 전장에서의 기동력을 높여 결정적 성과를 달성하기 위한 조치였다. 즉, 손자가 이 문제를 경제적·군수적 차원에서 보고 있다면, 나폴레옹은 작전적 차원에서 접근하고 있는 것이다. 물론, 손자도 〈군쟁〉 편에서 군대의 기동력을 높이기 위해서는 치중부대와 분리하여 기동해야 함을 언급함으로써 군수보급이 기동력을 제약하는 요소임을 인식하고 있었다. 그러나 지금까지의 논의에서 볼 수 있듯이 손자가 현지조달을 언급한 것은 부대의 기동력을 높이기 위한 것이 아니라 궁극적으로 자급자족을 통해 본국으로부터의 군수보급 부담을 줄이기 위한 것으로 이해할 수 있다.

둘째, 현지조달을 위한 약탈의 성격이 다르다. 손자의 약탈은 어느 정도 군량보급에 필요한 소요를 충족하는 정도의 비교적 합리적 수준에서 이루어지는 것으로 짐작할 수 있다. 손자는 비록 군수보급의 어려움과 국내

경제적 폐해를 고려하여 현지조달을 권장했지만, 약탈의 대상인 상대국 백성들은 전쟁이 끝난 후 합병되어 자국의 백성이 될 사람들이었다. 따라서 손자는 식량을 약탈하더라도 이들의 민생을 고려하고 이들에게 인정을 베풀어 민심을 확보하지 않을 수 없었을 것이다. 특히, 손자는 뒤에서 "포로로 잡은 적 병사를 선도하여 우리의 병사로 만든다"고 했는데, 이는 상대국 병사들의 적개심이 그렇게 크지 않을 수 있음을 의미한다. 이러한 모습은 국가 간의 전쟁에서는 상상할 수 없는 일이지만, 같은 민족 간에 싸우는 전쟁에서는 충분히 가능하다. 오늘날 사례를 보더라도 중국의 국공내전이나 베트남전쟁과 같이 동일한 민족 간에 이루어지는 전쟁에서는 국민이나 병사들의 성향이 수시로 바뀌는 경우를 볼 수 있다. 만일 손자의 시대에 적국 백성에 대한 약탈이 가혹하게 이루어졌다면 적 포로를 선도하여 전향시키는 조치는 상상도 할 수 없었을 것이다. 반면 나폴레옹의 약탈은 군대에 필요한 식량은 물론, 상대국의 자원을 수탈하는 수준에서 가혹하게 이루어졌다. 즉, 나폴레옹 군대는 상대국 국민들을 무자비하게 탄압하고 재산을 빼앗았으며 문화유적과 같은 국가적 자산을 강탈함으로써 점령국 국민들의 원성을 샀다. 그 결과, 나폴레옹 군대는 스페인 원정에서 범국민적 저항에 직면하여 고전하다가 결국 원정의 패배를 맛보아야 했다.

이처럼 손자와 나폴레옹의 현지조달 개념에는 분명한 차이가 있음을 알 수 있다. 손자의 현지조달은 국가의 재정부담을 완화하려는 목적에서 필요한 만큼의 식량을 획득하는 차원에서 온건하게 이루어졌다면, 나폴레옹의 현지조달은 부대의 기동력을 높이는 데 목적을 둔 것으로 적국의 재산을 강탈하는 수준에서 가혹하게 이루어진 것이었다.

4. 군수 소요에 따른 국가재정 궁핍

國之貧於師者, 遠輸.	국지빈어사자, 원수.
遠輸, 則百姓貧.	원수, 즉백성빈.
近於師者貴賣, 貴賣則百姓財竭.	근어사자귀매, 귀매즉백성재갈.
財竭, 則急於丘役, 力屈財殫, 中原內虛於家.	재갈, 즉급어구역, 역굴재탄, 중원내허어가.
百姓之費, 十去其七.	백성지비, 십거기칠.
公家之費, 破車罷馬, 甲冑弓矢, 戟楯矛櫓, 丘牛大車, 十去其六.	공가지비, 파차파마, 갑주궁시, 극순모로, 구우대차, 십거기륙.

국가가 군대로 인해 빈곤해지는 것은 바로 군수품을 멀리 수송하기 때문이다.

군수품을 멀리 수송하면 곧 백성들이 가난해진다.

군대가 주둔하는 인근 지역의 물가는 오르고, 물가가 오르면 곧 백성들의 재산이 바닥난다.

백성의 재산이 바닥나면 국가는 세금을 걷을 수 없게 되어 (강제로) 노역을 동원하는 데 급급해지며, 국력이 다하고 재물이 고갈되어 나라 안의 민가들이 텅 비게 된다.

백성들의 재산은 10분의 7이 사라진다.

조정에서 지출하는 재정은 부서진 전차를 수리하고 병든 말을 교체하는 데 드는 비용, 갑옷과 투구, 활과 화살, 창과 방패, 우마차를 보충하는 데 드는 비용 등으로 인해 10분의 6이 사라진다.

* 國之貧於師者, 遠輸(국지빈어사자, 원수): 빈(貧)은 '가난하다'라는 뜻이고, 어(於)는 '~에서'라는 의미의 어조사이다. 사(師)는 '군대', 자(者)는 '놈, 것', 수(輸)는 '나르다'라는 의미로, 국지빈어사자(國之貧於師者)는 '국가가 군대로 인해 빈곤해지는 것'이라는 뜻이다. 원수(遠輸)는 '원거리 수송'를 뜻한다. 전체를 해석

하면 '국가가 군대로 인해 빈곤해지는 것은 바로 군수품을 멀리 수송하기 때문이다'라는 뜻이다.

* 遠輸, 則百姓貧(원수, 즉백성빈): '군수품을 멀리 수송하면 곧 백성들이 가난해진다'는 뜻이다.

* 近於師者貴賣(근어사자귀매): 근(近)은 '가깝다'는 뜻으로 근어사자(近於師者)는 '군대가 주둔하는 인근 지역'을 뜻하고, 귀매(貴賣)는 사는 것이 귀하다는 뜻으로 '물가가 오른다'는 의미이다. 이를 해석하면 '군대가 주둔하는 인근 지역의 물가가 오른다'는 뜻이다.

* 貴賣則百姓財竭(귀매즉백성재갈): 갈(竭)은 '다하다, 마르다'는 뜻으로 재갈(財竭)은 '재산이 바닥난다'는 의미이다. 전체를 해석하면 '물가가 오르면 곧 백성들의 재산이 바닥난다'는 뜻이다.

* 財竭, 則急於丘役(재갈, 즉급어구역): 급(急)은 '급하다', 구(丘)는 '모으다'는 뜻이고, 역(役)은 '부리다'는 뜻으로 노역 또는 부역을 의미한다. 전체를 해석하면 '백성의 재산이 바닥나면 세금을 걷을 수 없게 되어 국가는 노역을 모으는 데 급급해진다'는 뜻이다.

* 力屈財殫, 中原內虛於家(역굴재탄, 중원내허어가): 굴(屈)은 '굽히다, 물러나다', 탄(殫)은 '다하다'는 뜻으로, 역굴재탄(力屈財殫)은 '국력이 다하고 재물이 고갈됨'을 의미한다. 중원(中原)은 국토의 중심부, 허(虛)는 '텅 비다'라는 뜻이고, '허어가(虛於家)'는 '각 가정이 텅 빈다'는 의미로 중원내허어가(中原內虛於家)는 '나라 안의 민가들이 텅 비게 된다'는 뜻이다. 전체를 해석하면 '국력이 다하고 재물이 고갈되어 나라 안의 민가들이 텅 비게 된다'는 뜻이다.

* 百姓之費, 十去其七(백성지비, 십거기칠): 비(費)는 '비용, 재화'라는 뜻으로 여기에서는 '재산'을 의미한다. 즉, '백성들의 재산'이라는 뜻이다. 십거기칠(十去其七)은 '열 중에 일곱이 없어진다'는 것으로, 전체를 해석하면 '백성들의 재산은 10분의 7이 사라진다'는 뜻이다.

* 公家之費(공가지비): 공가(公家)는 '조정(朝廷)'을 의미한다. 전체를 해석하면 '조정이 지불하는 비용'이라는 뜻이다.

* 破車罷馬, 甲冑弓矢(파차파마, 갑주궁시): 파(破)는 '깨뜨리다', 파차(破車)는 '부서진 전차', 파(罷)는 '병들다', 파마(罷馬)는 '병든 말', 갑주(甲冑)는 '갑옷과 투구', 궁시(弓矢)는 '활과 화살'을 의미한다.

* 戟楯矛櫓(극순모로): 극(戟)은 '끝이 두 갈래로 갈라진 창', 순(楯)은 '방패', 모(矛)는 '자루가 긴 창', 노(櫓)는 '방패'를 의미한다.

* 丘牛大車(구우대차): 구우(丘牛)는 '경작을 위한 소', 대차(大車)는 '큰 수레'를 의미한다.

* 十去其六(십거기륙): 열 가운데 육이 나간다는 뜻으로 '조정의 재정 가운데 10분의 6이 이러한 비용에 지출된다'는 의미이다.

내용 해설

여기에서 손자는 전쟁에 소요되는 군수보급의 문제가 어떻게 국가경제 및 사회에 폐해를 미치는지에 대해 상세하게 언급하고 있다. 두 가지가 원인으로 작용한다. 첫째는 군수품의 원거리 수송에 따른 경제적 부담이다. 오왕이 손자와 함께 초나라를 공격할 때 원정 거리는 직선거리로 약 750km로 실제 이동거리는 900km에 달했을 것으로 추산된다. 군수보급은 비단 10만 명의 병사와 군대에 대한 보급품을 준비하는 것뿐 아니라, 이를 수송하기 위해 많은 백성을 동원해야 했기 때문에 국가적으로 생산인력이 감소하는 데 따른 추가적인 경제적 손실이 불가피했을 것이다. 둘째는 전쟁 지역의 물가 폭등에 따른 부담이 가중된다는 것이다. 적국 영토에서 싸우는 원정작전인데도 손자가 왜 전쟁 지역 물가를 언급하고 있는지 알 수 없다. 다만 당시 중국에서는 전쟁 중이라도 교역활동이 이루어지고 있었으며, 따라서 부대가 이동하는 과정에서 필요한 물품은 현지에서 구매가 가능했던 것으로 추정할 수 있다. 이때 상인들은 당연히 군대가 주둔하는 지역에서 비싼 값을 매겼을 것이고, 그 부담은 고스란히 본국의 백성들이 떠안아야 할 세금으로 돌아갔을 것이다.

손자는 군수품의 장거리 수송과 전쟁 지역의 물가 앙등에 따라 국가경제에 미치는 폐단을 세 가지로 들고 있다. 첫째는 백성들의 삶이 피폐해진다는 것이다. 막대한 군수보급 물자를 마련하는 데 따르는 엄청난 비용을 대기 위해 백성들은 많은 세금을 납부해야 한다. 남아 있는 사람들 가운데 군수품 수송에 징발되면 농사일도 제대로 할 수 없게 된다. 이러한 가운데 백성들의 재산은 점차 바닥나게 된다. 둘째는 국가재정이 고갈된다는 것이다. 백성들로부터 세금을 징수할 수 없게 되면 국고가 텅 비게 되고 국가의 재정적 기반이 무너진다. 그렇게 되면 정상적인 국가 운영은 물론, 전쟁을 지속하기도 버거워진다. 셋째는 민심의 이반 가능성이다. 국가재정이 고갈되면 군주는 전쟁에 필요한 물자와 노역을 강제로 동원하지 않을 수 없고, 이에 불만을 가진 백성들은 군주를 원망하게 된다. 상황이 악화되면 백성들은 봉기를 일으키거나 나라를 떠남으로써 민가들은 텅 비게 된다.

전쟁이 국가재정을 압박하는 것은 이것뿐만이 아니다. 전쟁을 수행하는 과정에서 지속적으로 군수물자의 수리 및 보급에 많은 예산이 들어가는 것도 감안해야 한다. 부서진 전차를 수리하고 병든 말을 교체해야 하며 장병들이 사용하는 갑옷과 투구, 활과 화살, 창과 방패, 우마차 등을 보충해야 하는데, 손자는 여기에 드는 비용이 대략 국가재정의 10분의 6이 소요될 것으로 추산한다. 백성들의 재산이 바닥나 국가를 떠나는 상황에서 이러한 재정지출은 사실상 국가경제의 붕괴를 의미하는 것이다.

이러한 논의는 결국 손자가 다음에서 제기하는 식량 및 군수물자의 현지조달 필요성, 그리고 보다 근본적으로는 속전속결의 필요성을 강조하기 위한 것으로 볼 수 있다. 원거리에서 수송되는 군수품을 기다리고 이에 의존하여 전쟁을 수행하는 방식은 국가에 해로움을 야기하는 만큼 이를 피하고, 대신 국가에 이로움을 가져오는 현지조달과 속전속결을 추구해야 한다는 것이다.

군사사상적 의미

손자의 군수 문제 인식: '오사' 및 '일곱 가지 요소'에서의 배제

손자는 전쟁에서 군수의 문제를 이토록 강조하고 있음에도 불구하고 왜 〈시계〉 편에 오사(五事) 및 일곱 가지 비교 요소에 군수의 문제를 포함시키지 않았는가? 이쯤에서 〈작전〉 편에서 제시된 손자의 군사사상을 〈시계〉 편과 연계하여 생각해볼 필요가 있다. 비록 손자는 오사 가운데 '법(法)'이라는 요소를 통해 군사동원과 보급물자 등을 적시하고는 있으나, 이를 진지하게 다루지는 않았다. 심지어 그는 적국과 비교해야 할 일곱 가지 요소에서 '피아 군수보급의 문제'를 아예 거론하지 않았다. 이는 〈작전〉 편에서 군수의 문제를 그토록 심각하게 다루고 있음을 고려할 때 납득하기 어렵다.

이에 대한 답을 얻으려면 먼저 손자가 군수의 문제를 어떻게 인식하고 있었는가를 살펴보아야 한다. 아마도 손자는 전쟁에서 군수보급의 심각성을 깨닫고 있었지만 국가가 막대한 군수보급을 이행할 능력에는 분명한 한계가 있음을 인식했던 것 같다. 당시의 시대적 상황에서 체계적인 군수보급은 거의 불가능한 것으로 본 것이다. 손자가 〈작전〉 편의 마지막 부분에서 속전속결을 강조한 것은 이러한 인식이 반영된 결과다. 즉, 손자는 막대한 군수보급의 문제를 끄집어낸 후 현지조달의 필요성을 제시하고 최종 결론으로 속전속결의 당위성을 얘기하고 있는데, 이는 오늘날과 같이 체계적인 군수보급 지원이 불가능하기 때문에 그 대안을 제시한 것으로 보아야 한다.

이와 같이 볼 때 손자에게 군수의 문제는 통제할 수 있는 변수가 아닌 이미 주어진 상수와 같다. 그래서 손자는 군수의 문제를 제기하면서도 그 처방으로 군수보급을 잘할 수 있는 근본적 해법을 제시하기보다는 군수보급에는 원천적으로 한계가 있으니 아예 전쟁을 짧게 해야 한다고 주장한 것이다. 즉, 손자는 군수의 문제를 제시했지만 이에 대한 문제 해결 방안을 찾을 수 없었기 때문에 이 문제를 외면하고, 대신 현지조달과 신속 결전을 주장한 것이다.

이러한 손자의 입장은 군수 문제를 군수적 차원에서 해결하기보다는 작전적 문제로 돌려버린 것이라 할 수 있다. 그렇기 때문에 손자는 〈시계〉 편에서 군수를 오사 및 일곱 가지 비교 요소에 포함시켜 신중하게 고려 하기보다는 '장수의 역량'에 의존하여 현지조달과 신속한 전쟁을 추구함 으로써 이 문제를 해결하고자 한 것이다. 즉, 〈시계〉 편에서 '장숙유능(將 孰有能)'에 포함되는 장수의 자질로 '지혜'와 '지모' 등을 거론하고 있지만, 여기에서 본 바와 같이 이로운 용병, 즉 현지조달과 속전속결을 통해 군 수보급의 문제를 해결할 수 있는 능력까지 포함하고 있음을 알 수 있다.

군사적 과도신장과 강대국의 몰락

과도한 전쟁으로 인해 국가재정이 고갈되고 국력이 쇠퇴한다는 손자의 교훈은 근현대 역사에서도 찾아볼 수 있다. 폴 케네디(Paul Kennedy)는 『강 대국의 흥망(The Rise and Fall of the Great Powers)』에서 이러한 점을 잘 지적 하고 있다. 그에 의하면, 세계사에서 강대국이 누리는 상대적 우위는 결코 불변하는 것이 아니라 시간이 흐르면서 부침을 거듭하게 된다. 그것은 국 가마다 성장 속도가 다르고 기술과 조직의 혁신에서 얻는 혜택이 서로 다 르기 때문이다. 일단 여러 분야의 혁신으로 인해 생산력이 향상된 국가는 평화 시에 대규모 군사력을 유지하면서 전쟁 시에는 막대한 병력과 군대 를 공급할 재원을 확보할 수 있다. 그리고 이 과정에서 군사력과 부는 상 호작용을 하여 서로를 강화하는 순기능적인 역할을 한다. 즉, 강한 군사력 을 유지하는 데에는 막대한 부가 필요하고, 식민지 팽창을 통해 더 많은 부를 획득하고 지탱하는 데에는 더 강한 군사력이 필요하게 된다.

그러나 이러한 군사력과 국가재정 간의 순기능적 상호작용에는 그 한 계가 노정되는 정점이 존재한다. 즉, 국가자원의 너무 많은 부분이 부의 생산에서 빼돌려져 군사 목적에 사용되면 장기적으로 국력이 약화되고 강대국의 쇠퇴 또는 패망으로 이어지게 된다. 제아무리 경제대국이라 하더라도 과중한 군사비를 무한정 감당해낼 수는 없기 때문에 경제력과 군사력 간의 균형상태가 깨지면서 역기능적 상호작용으로 돌아서게 된다. 그러면 국가재정이 약화되어 이미 신장된 군사력을 뒷받침하지 못하게 되고, 군사적 팽창도 실익을 거두지 못하여 재정의 악화를 야기하는 것이다. 폴 케네디는 이러한 주장을 역사적으로 중국의 명(明)나라, 오스만(Osman) 제국, 인도의 무굴(Mughul) 제국, 그리고 소련의 사례를 들어 입증하고 있다. 즉, 강대국은 새로운 기술적·상업적 진보를 통해 부를 축적하게 되고, 이러한 부를 이용하여 군사력을 강화하며, 다음으로 강한 군사력을 바탕으로 대외팽창을 추구하게 되지만, 이 과정에서 지나친 영토확장과 값비싼 전쟁개입 등 무리한 대외팽창을 멈추지 않을 경우 잠재적 이득보다 군사적 비용이 지나치게 되어 결국 쇠락의 길로 접어들게 된다는 것이다.

　손자가 장기전에 따른 폐해를 지적한 것은 이처럼 군사적 과도신장이 가져올 수 있는 국력의 쇠퇴를 경고한 것으로 볼 수 있다. 단 한 차례의 장기간 원정으로 제후국이 바로 붕괴하지는 않겠지만, 춘추시대와 같은 약육강식의 시대에 국력의 쇠퇴는 이웃 제후국의 원정을 자초하여 언제든 멸망에 이를 수 있었다.

5. 현지조달의 중요성 (1): 식량

故智將, 務食於敵.

食敵一鐘, 當吾二十鐘.

芑稈一石, 當吾二十石.

고지장, 무식어적.

식적일종, 당오이십종.

기간일석, 당오이십석.

따라서 지혜로운 장수는 적지에서 식량을 획득하는 데 힘쓴다.

적지에서 식량 1종을 획득하면 아국에서 가져오는 식량 20종을 수송한 것과 같다.

적지에서 말에게 먹일 콩깍지와 볏짚 1석을 획득하면 아국에서 가져오는 콩깍지와 볏짚 20석을 수송한 것과 같다.

* 故智將, 務食於敵(고지장, 무식어적): 고지장(故智將)은 '그러므로 지혜로운 장수는'이라는 뜻이고, 무(務)는 '힘쓰다', 식(食)은 '식량', 어(於)는 '~에서'를 의미한다. 이를 해석하면 '따라서 지혜로운 장수는 적지에서 식량을 획득하는 데 힘쓴다'는 뜻이다.

* 食敵一鐘, 當吾二十鐘(식적일종, 당오이십종): 종(鐘)은 곡식을 셈하는 단위로 1종은 '6곡(斛) 4두(斗)', '10두', 또는 '5두' 등으로 여러 설이 있으나 통상 10두로 간주한다. 1두는 1말 또는 10승(升)이며, 1승은 1리터를 의미한다. 따라서 1종은 1,000리터를 의미한다. 당(當)은 '당하다, 대하다'라는 뜻이다. 전체를 해석하면 '적지에서 식량 1종을 획득하면 아국에서 가져오는 식량 20종에 해당한다'는 뜻이다.

* 芑稈一石, 當吾二十石(기간일석, 당오이십석): 기(芑)는 '콩깍지', 간(稈)은 '볏짚'을 뜻하는 것으로, 기간(芑稈)은 말에게 먹이는 사료를 의미한다. 석(石)은 양곡을 세는 단위이다. 전체를 해석하면 '적지에서 말에게 먹일 콩깍지와 볏짚 1석을 획득하면 아국에서 가져오는 콩깍지와 볏짚 20석에 해당한다'는 뜻이다.

내용 해설

여기에서 손자는 적어도 식량만큼은 현지조달을 해야 함을 강조하고 있다. 지혜로운 장수는 국가경제의 부담과 원거리 수송의 어려움을 고려하여 본국으로부터 보급이 이루어지기를 기다리지 말고 가능한 현지에서 군량을 확보하는 데 힘쓰라는 것이다.

장수가 현지조달해야 하는 이유는 간단하다. 천 리가 떨어진 본국에서 식량을 수송할 경우 온전하게 전장에까지 도달할 가능성은 매우 적기 때문이다. 손자가 적의 식량을 1종 약탈할 경우 아국(我國)의 식량 20종에 해당한다고 한 것은 본국에서 수송되는 식량의 20분의 1만이 전장에 도착한다는 것을 의미한다. 천 리에 이르는 보급로를 철저하게 방어하기 힘든 상황에서 수송되는 양곡은 도적이나 유민들에게 탈취당할 수도 있고, 부패한 관료들에 의해 다른 곳으로 빼돌려질 수도 있으며, 적군의 습격을 받을 수도 있고, 수송하는 말이 병들거나 수레의 고장으로 중간에 버려질 수도 있다. 이로 인해 전장에 도착하는 식량은 본국에서 출발한 양의 5%에 지나지 않게 된다. 이는 사료나 기타 보급품의 경우에도 동일하게 적용될 수 있다.

따라서 현지에서 약탈한 식량은 비록 양이 적더라도 그 가치는 매우 크다. 본국에서 수송하는 식량의 20배에 해당하기 때문이다. 또한 그러한 식량을 마련하고 수송하는 데 필요한 백성들의 수고를 덜 수 있기 때문이다. 결국 적국 내에서의 약탈은 국가경제의 부담을 완화하는 데 크게 기여할 수 있다.

군사사상적 의미

춘추시대 현지조달의 가능성과 한계

앞에서 지적한 대로 손자는 군수 문제를 도저히 해결할 수 없는 문제로 보고 있음을 알 수 있다. 본국에서 출발한 20종의 식량이 전장에 도착해서는 1종밖에 남지 않는다는 손자의 언급은 당시 군수보급이 거의 마비 상태였음을 보여준다. 10만의 병력을 먹이려면 200만 명 분량의 식량을 보급해야 하는데, 이를 수송하기란 거의 불가능에 가까웠을 것이다. 그래서 손자는 지혜로운 장수라면 식량을 적지에서 획득하는 데 힘쓴다고 한 것이다.

그러나 현지조달이 과연 효과적이었을까? 이에 대해서는 의문의 여지가 있다. 만일 현지조달이 충분히 가능하다면 나폴레옹 전쟁에서와 같이 장기간에 걸쳐 다수의 전장에서 지속적인 작전이 가능했을 것이다. 만일 현지조달을 통해 적지에서 충분한 식량과 물자의 획득이 가능했다면 전쟁이 국가경제에 해가 되기보다는 오히려 이득이 될 수 있었을 것이다. 그랬다면 손자는 전쟁을 시작하면서 설정했던 정치적 목적을 제한하면서까지 '졸속'을 해야 한다고 하지 않았을 것이며, 굳이 장기전에 따른 폐해를 강조하지도 않았을 것이다.

아마도 춘추시대의 전쟁에서 군대가 현지조달을 하기에는 많은 제약이 따랐을 것이다. 춘추시대에는 제후국들이 대규모 전쟁을 빈번하게 치름으로써 경제 상황이 열악하고 백성들조차 먹을 것이 없었음을 감안한다면, 현지조달은 비록 일부 군수보급의 소요를 줄일 수는 있어도 10만 대군의 군량을 조달하는 데에는 근본적으로 한계가 있었을 것이다. 이는 임진왜란기 일본의 식량수급 상황과 유사할 수 있다. 일본은 조선을 침략하기 전에 군량을 현지조달한다는 계획을 가지고 있었다. 그러나 막상 한반도에 상륙하고 보니 조선의 경제가 너무 어려워 먹을 것을 구할 수가 없어 부득이하게 식량을 본국으로부터 수송하지 않을 수 없었다. 이 과정에서 일본은 이순신 장군에게 제해권을 빼앗겨 해로(海路) 수송 대신 육로(陸路) 수송에 의존했고, 험준한 지형과 의병의 기습으로 병참선이 위협을 받았기 때문에 한양 이북으로 진군하는 데 제약을 받게 되었다.

이와 같이 현지조달에 의한 식량 수급의 한계로 인해 손자는 결국 〈작전〉 편의 마지막 부분에서 속전속결을 보다 근본적인 방안으로 제시하지 않을 수 없었을 것이다. 만일 춘추시대의 전쟁이 나폴레옹 전쟁과 마찬가지로 약탈을 통한 지속적인 군수지원이 가능했다면 손자도 역시 '졸속'이 아닌 '교지구(巧之久)', 즉, 전쟁이 지연되더라도 애초의 정치적 목적을 끝까지 달성해야 한다고 주장했을 것이다.

6. 현지조달의 중요성 (2): 적의 자원 및 병력 활용

故殺敵者, 怒也. 取敵之利者, 貨也. · 고살적자, 노야. 취적지리자, 화야.

故車戰, 得車十乘以上, 賞其先得者, · 고차전, 득차십승이상, 상기선득자,

而更其旌旗, 車雜而乘之, · 이경기정기, 차잡이승지,
卒善而養之. · 졸선이양지.

是謂, 勝敵而益强. · 시위, 승적이익강.

자고로 적을 죽이는 것은 아측 병사들이 적개심을 갖기 때문이지만, 적으로부터 무기와 장비를 빼앗는 것은 그에 따른 보상이 주어지기 때문이다.

따라서 전차전에서 적의 전차 10대를 획득한 경우 그것을 획득한 병사에게 포상을 해야 한다.

획득한 적 전차는 깃발을 우리의 것으로 바꾸고, 우리의 전차와 혼합 편성하여 사용해야 하며, 포로로 잡힌 적 병사는 선도하여 우리의 병사로 삼아야 한다.

이것이야말로 적에게 승리할 때마다 (아군이) 더욱 강해지는 것이라 할 수 있다.

---

*故殺敵者, 怒也(고살적자, 노야): 살(殺)은 '죽이다', 자(者)는 여기에서 '~하는 것', 노(怒)는 '성내다'라는 의미이다. 이를 해석하면 '자고로 적을 죽이는 것은 아측 병사들이 적개심을 갖기 때문이다'라는 뜻이다.

*取敵之利者, 貨也(취적지리자, 화야): 취(取)는 '취하다', 이(利)는 여기에서 재물로 적이 가진 장비와 무기를 의미한다. 화(貨)는 '재화'로 여기에서는 '포상'을 의미한다. 이를 해석하면 '적으로부터 무기와 장비를 빼앗는 것은 그에 따른 보상이 주어지기 때문이다'라는 뜻이다.

*故車戰, 得車十乘以上, 賞其先得者(고차전, 득차십승이상, 상기선득자): 차전(車戰)은 '전차를 동원한 전쟁'을 말한다. 전체를 해석하면 '따라서 전차전에서 적의 전차 10대를 획득했다면 그것을 획득한 병사에게 포상을 해야 한다'는 뜻이다.

* 而更其旌旗, 車雜而乘之(이경기정기, 차잡이승지): 경(更)은 '고치다', 정(旌)은 사기를 고무시키기 위해 사용하던 기(旗)를 뜻한다. 기(旗)는 '깃발', 정기(旌旗)는 '군기(軍旗)'를 의미한다. 잡(雜)은 '섞다'라는 뜻이다. 전체를 해석하면 '적 전차의 깃발을 우리의 것으로 바꾸고, 우리의 전차와 혼합 편성하여 사용해야 한다'는 뜻이다.

* 卒善而養之(졸선이양지): 졸(卒)은 포로로 잡힌 적 병사, 선(善)은 '선도'의 의미이다. 양(養)은 '기르다'로 훈련시키는 것을 뜻한다. 이를 해석하면 '포로로 잡힌 적 병사는 선도하여 우리의 병사로 삼는다'는 뜻이다.

* 是謂, 勝敵而益强(시위, 승적이익강): 시(是)는 '이것', 위(謂)는 '이르다', 승적(勝敵)은 '적을 이긴다', 익(益)은 '더하다'라는 의미이다. 이를 해석하면 '이것이야말로 적에게 승리할 때마다 더욱 강해지는 것이다'라는 뜻이다.

내용 해설

여기에서 손자가 말하는 현지조달은 비단 식량에 한정되지 않고 적의 무기 및 장비도 대상이 될 수 있음을 알 수 있다. 그는 "적으로부터 무기와 장비를 빼앗는 것은 그에 따른 보상이 주어지기 때문"이라고 하여 병사들로 하여금 적의 전차나 수레 등 활용 가능한 물자를 적극적으로 탈취하도록 고무하기 위해 다양한 포상 방안을 마련할 것을 요구하고 있다. 그리고 탈취한 적의 전차는 아군의 깃발을 달아 사용하도록 하고 있다. 적의 전차를 빼앗아 사용할 경우 이는 단순히 아군의 전차 수를 늘릴 뿐 아니라 적의 전차 수를 감소시킨다는 점에서 그 효과는 두 배가 될 것이다.

다음으로 손자는 아군에게 사로잡힌 적의 포로들을 전향시켜 싸우도록 해야 한다고 주장한다. 식량이나 전리품 외에 심지어는 적의 병사를 선도하여 아군 병사로 싸우도록 해야 한다는 것이다. 이것이 가능한가? 포로로 하여금 방금 전까지 전우였던 적 병사들에게 화살을 쏘고 칼을 들이대도록 할 수 있는가? 오늘날과 같은 국가 간의 전쟁에서는 생각도 할 수 없는 일이다. 그러나 손자의 전쟁은 같은 민족으로 이루어진 제후국들 간의 전쟁으로 백성들의 충성 대상은 제후국들의 합병에 따라 언제든 바뀔 수 있었다. 병사들은 강제로 동원되어 전의(戰意)는 높지 않았으며, 군주와 장수가 무능할 경우에는 이들에게 불만을 가질 수 있었다. 오왕 합려가 초나라를 공격하려 할 때 손자는 처음에 만류하다가 나중에 초나라 장군인 자상(子常)이 탐욕스러운 점을 언급하며 원정에 찬성했음을 상기할 필요가 있다. 즉, 적의 포로들을 전향시켜 싸우도록 해야 한다는 손자의 주장은 상황에 따라 포로들이 적의 군주나 장수에 대해 원망을 갖고 있다는 것을 전제로 한 것이다. 이 경우도 마찬가지로 적의 병력이 줄면서 아군의 병력이 증가한다는 측면에서 그 효과는 배가 된다.

이를 통해 손자는 '승적이익강(勝敵而益强)', 즉 적에게 승리함으로써 더욱 강해질 수 있다고 주장하고 있다. 전쟁을 수행하는 과정에서 아군의 전차가 파손되고 병사들 가운데 많은 사상자가 발생하겠지만, 탈취한 전차와 적 포로들로 손실을 보충함으로써 적보다 더 강해질 수 있다는 것이다. 적과의 전투를 거듭할수록, 그리고 승리를 거듭할수록 적은 약해지고 아군은 강해지는 셈이다.

그렇다면 여기에서 손자가 적 무기와 장비를 탈취하도록 한 것은 궁극적으로 보급의 부담을 해소하기 위한 것인가, 아니면 적을 약화시키고 아군을 강화시키는 '승적이익강'을 위한 것인가? 아마도 전자가 우선일 것이다. 손자가 〈작전〉 편에서 논하는 주요 주제는 전쟁을 시작하면서 맞닥뜨리는 군수의 문제로, 적 무기와 장비의 탈취는 이러한 부담을 경감시켜 줄 것이기 때문이다.

군사사상적 의미

승적이익강 : 적군 병사의 선도

손자가 적군 병사를 선도하여 아군 병사로 편입해야 한다고 주장한 것은 당시 전쟁의 성격을 잘 보여준다. 손자의 전쟁은 적을 합병하기 위한 정복전쟁이지만, 기본적으로 군주의 '도(道)'를 내세운 전쟁으로서 적어도 근대 서구에서의 침략전쟁 혹은 제국주의 전쟁과는 근본적으로 다르다. 만일 손자가 전쟁을 통해 서구와 같이 적국을 식민지화하여 경제적 착취나 수탈을 추구했다면 상대국 병사들을 자국의 군대로 편입할 생각은 하지 못했을 것이다. 이 경우 적국의 병력은 클라우제비츠가 주장한 것처럼 '섬멸'의 대상이지 손자가 말하는 '교화'의 대상은 될 수 없기 때문이다. 그러나 당시 춘추시대의 전쟁은 같은 민족에 대한 전쟁이었기 때문에 '도'를 내세운 '정당성'을 추구했을 것이고, 그러한 정당성은 상대국의 군주가 왕도를 버리고 패도를 추구함으로써 백성들의 원성이 높은 상황에서 성립될 수 있었음을 고려할 때 병사들을 설득하여 자국의 군대로 편입하는 것이 가능했을 것이다. 결국, 손자의 전쟁은 비록 전면전의 성격을 갖지만 제국주의적 침략전쟁과는 거리가 먼 것이었다.

손자는 과연 전쟁이 국가에 이익이 되는 것으로 보았는가? 방금 살펴본 것처럼 손자의 전쟁은 자원 수탈이나 이권을 빼앗기 위한 전쟁이 아니기 때문에 결코 이익이라고 볼 수 없다. 비록 이 부분에서 손자가 적 무기와 장비의 탈취를 종용했다 하더라도 이는 군수보급의 부담을 경감하기 위한 용병술 차원에서의 군사적 조치이지 궁극적으로 국가적 차원에서 경제적 이득을 취하기 위한 것이 아니었다.

이와 관련하여 맹자의 일화를 보자. 맹자는 이웃 국가가 혼란한 상황에 빠져 백성들이 고통받고 있을 경우 군사적으로 개입할 수 있으며 심지어 합병도 가능하다고 보았다. 앞에서 제시했듯이 『시경(詩經)』에는 제(齊)나라 탕왕(湯王)이 정벌을 시작할 때 사방의 백성들이 포악한 군주들의 압제로부터 벗어나기 위해 서로 자신들을 먼저 정벌해주기를 희망했음이 기록되어 있다. 백성들이 원한다면 이웃 제후국에 대한 군사개입이 정당하다고 인정한 것이다. 또 다른 사례로 제나라 선왕(宣王)이 연(燕)나라를 공격해 승리한 후 맹자에게 연나라를 합병해야 하는지에 대해 물었다. 맹자는 연나라 백성들의 대그릇에 밥을 담고 병에 마실 것을 담아서 왕의 군대를 환영하는 것을 보고 그들이 고통에서 벗어나려는 소망이 크다고 판단하여 합병을 권유했다. 그러나 합병 이후 맹자는 제나라 군인들이 연나라의 종묘를 허물고, 부형들을 죽이고 자제를 포박하며, 귀중한 기물들을 빼앗는 것을 보고 개탄했다. 그리고 다른 제후국들이 연합하여 제나라에 대응할 움직임을 보이자 왕으로 하여금 연나라 백성들과 의논하여 새 군주를 세워준 후 연나라에서 떠나도록 했다.

비록 맹자는 전국시대의 인물이었지만 그 이전에 춘추시대의 분위기도 이와 크게 다르지 않았을 것이다. 즉, 손자의 전쟁과 같이 합병을 추구하는 전쟁은 도덕적으로 우위에 있는 제후가 패악한 군주를 갈아치우고 폭정에 시달린 백성들을 구제하는 것을 명분으로 삼는다는 점에서 적국의 재물을 빼앗고 백성을 노예로 삼는 전쟁이 아니었기에 포로로 잡은 적의 병력을 전향시켜 아군 병력으로 삼는 것이 가능했을 것이다.

승적이익강에 대한 클라우제비츠의 입장

손자가 주장한 '승적이익강'은 클라우제비츠의 군사사상에는 부합하지 않는다. 앞에서 설명했듯이 클라우제비츠에 의하면 기본적으로 방어가 더 강하기 때문이다. 공격하는 부대는 적에 대해 승리를 거두더라도 적 영토 내로 진격해갈수록 공격력이 약화되고, 언젠가는 상대방의 방어력과 역전현상이 일어나는 '공격의 정점'에 도달하기 때문에 공격하는 측의 군사력은 시간이 지날수록 방어하는 측의 군사력보다 더 강화될 수 없다.

물론, 클라우제비츠의 전쟁도 적에 대해 승리를 거두고 적의 자원을 약탈하며 적의 무기를 재활용함으로써 군사력을 강화하는 조치를 취할 것임은 당연하다. 그럼에도 불구하고 클라우제비츠는 승리하면서 이루어지는 그러한 군사력 보강이 공격이 진행되면서 요구되는 추가 병력 및 보급 소요를 따라가지 못한다고 할 것이다. 왜냐하면, 적의 영토 내부로 진격하면서 이미 점령한 적 도시와 중요한 지역은 물론, 갈수록 길어지는 병참선을 방어해야 하므로 전방에서의 공격력은 점차 둔화될 수밖에 없기 때문이다. 최악의 경우 적이 러시아가 그랬던 것처럼 초토화전략으로 임할 경우 그러한 병참선은 끝없이 길어져 나폴레옹의 군대처럼 군수보급의 한계에 직면할 수 있다. 즉, 클라우제비츠에 의하면 전쟁이 진행되면서 상대방의 장비와 병력을 흡수하더라고 병참선 신장에 따라 군수보급 소요가 증가하고 방어 소요가 증가하기 때문에 '승적이익강'은 불가능하다.

이처럼 두 사상가의 견해가 다른 것은 이들이 상정하고 있는 전쟁의 유형이 다르기 때문이다. 손자의 전쟁은 일종의 내전과 같은 상황으로 승적이익강이 가능하다. 이를 보여주는 사례가 바로 마오쩌둥의 국공내전이다. 마오쩌둥은 1947년 예하 부대에 보낸 "서북전장의 작전방침에 관하여(關于西北戰場的作戰方針)"라는 제목의 전보문에서 다음과 같이 강조했다.

적에게 노획한 무기 전부와 포로들 가운데 대부분의 병력(10분의 8~10분의 9의 병사와 소수의 하급 군관)으로 아군을 보충해야 한다. 이러한 보충은 주로 적군과 국민당 지역으로부터 보충하고 일부분은 노해방구로부터 보충해야 한다. 남부전선의 각 부대는 더욱 이렇게 해야 한다.

실제로 마오쩌둥은 국민당 군대와 내전을 치르면서 열세에 있던 공산당 군대를 수많은 국민당 병력과 무기를 흡수하여 몸집을 불릴 수 있었는데, 이는 인민들의 민심이 장제스로부터 이반되었고 국민당 소속 병사들이 원래부터 싸워야 할 동기를 갖지 못했기 때문에 가능한 것이었다. 이와 같이 내전의 경우에는 백성이나 국민들이 충성해야 하는 대상이 군주의 '도(道)'나 정부의 정당성에 따라 변화할 수 있기 때문에 승적이익강이 가능하다. 이에 반해 클라우제비츠는 국가 간의 전쟁, 즉 내전이 아닌 국제전을 상정하고 있기 때문에 상대국 병사를 흡수하는 것은 상상도 할 수 없으며 적의 무기와 장비를 탈취하더라도 이를 활용하여 추가적인 보급 소요를 충족하기에는 무리가 있었다. 특히 근대 이후로 거의 모든 군대는 전투에 패하여 무기를 가지고 후퇴할 수 없을 경우 적이 그 무기를 사용하지 못하도록 망가뜨리는 조치를 취하고 있음을 상기할 필요가 있다.

이렇게 볼 때 '승적이익강'은 내전이라는 특수한 전쟁 상황에서 적용될 수 있는 것으로 오늘날 제4세대 전쟁이나 분란전에서도 나타나는 유용한 개념으로 볼 수 있다. 다만, 이는 클라우제비츠의 전쟁과 같이 국가 간의 전쟁에서는 기대하기 어려울 것이다.

7. 속전속결로써 백성의 생명과 국가안위를 보장

故兵貴勝, 不貴久.

故知兵之將, 民之司命,
國家安危之主也.

고병귀승, 불귀구.

고지병지장, 민지사명,
국가안위지주야.

자고로 전쟁은 승리를 귀하게 여기되, 지연전을 귀하게 여기지 않는다.

따라서 전쟁의 속성을 아는 장수는 백성의 생명을 보호하고 국가의 안위를 책임질 수 있는 사람이다.

* 故兵貴勝, 不貴久(고병귀승, 불귀구): 병(兵)은 '전쟁', 귀(貴)는 '귀하다'라는 뜻이고, 구(久)는 '오래다'라는 뜻으로 '전쟁이 장기화되는 것'을 의미한다. 이를 해석하면 '자고로 전쟁은 승리하는 것을 귀하게 여기되, 지연전을 귀하게 여기지 않는다'는 뜻이다.

* 故知兵之將, 民之司命(고지병지장, 민지사명): 사(司)는 '맡다', 명(命)은 '목숨'을 의미한다. 이를 해석하면 '따라서 전쟁의 속성을 아는 장수는 백성의 생명을 보호하는 사람이다'라는 뜻이다.

* 國家安危之主也(국가안위지주야): 안위(安危)는 '안전함과 위태함', 주(主)는 '주인'으로, 여기서는 '책임진다'는 뜻이다. 이를 해석하면 '국가의 안위를 책임진다'는 뜻이다.

내용 해설

여기에서 손자가 "자고로 전쟁은 승리를 귀하게 여기되, 지연전을 귀하게 여기지 않는다"라고 한 것은 〈작전〉 편의 최종 결론이다. 지금까지의 논의는 전쟁에 엄청난 군수 소요가 따르기 때문에 그러한 부담을 줄이기 위해서는 단기전을 추구해야 한다는 것과 추가적인 동원 및 보급 소요를 줄이기 위해 가급적 식량이나 재물을 현지에서 획득해야 한다는 것이었다. 그러나 손자는 결론적으로 현지조달도 좋지만 전쟁은 오래 끌지 않아야 한다는 것을 강조하고 있다. 즉, 전쟁 승리는 현지조달을 통해 보급 소요를 줄이는 가운데 달성해야 하지만, 그보다 최단기간 내에 달성하는 것이 최선이라는 주장이다.

그리고 손자는 '전쟁의 이러한 속성을 아는 장수'가 국민의 생명과 국가의 안위를 책임질 수 있다고 언급했다. 그렇다면 그러한 장수는 어떠한 장수인가? 손자는 이에 대해 설명하지 않고 있지만, 아마도 그러한 장수는 이 편의 앞부분에서 언급한 '해로움을 가져오는 용병'이 어떠한 용병인지를 아는 장수일 것이다. 즉, '전쟁의 속성을 아는 장수'란 그러한 용병의 폐해를 잘 인식하여 이로움을 가져오는 용병을 추구하는 장수로서, 첫째로 지연전이 아닌 속승을 달성하는 장수, 둘째로 만일 속승이 불가하다면 가급적 군수 소요를 줄이기 위해 현지조달을 활용하는 장수, 셋째로 적의 장비와 병력을 이용하여 '승적이익강'을 실현하는 장수를 말한다.

이렇게 볼 때 손자는 〈작전〉 편에서 군수보급의 문제를 제기했지만 그 처방으로 효율적인 보급체제와 같은 시스템적 방안을 내놓기보다는 전쟁을 이끄는 장수의 역량에 주목하고 있다. 막대한 군수보급의 문제가 장수의 속전속결 및 현지조달 능력으로 귀결되는 것이다. 앞으로 반복되겠지만 손자의 전쟁에서 주인공은 바로 장수이다. 피아 유불리함을 이용하여 승리할 수 있는 군형을 편성하고, 적의 허실을 이용하여 여건을 조성하며, 결정적인 순간에 압도적 세를 발휘하여 승리를 이루기까지 모든 것은 장수의 역량에 달려 있다. 이 과정에서 병사들의 마음을 움직이고 결전의 장소에 병사들을 몰아넣어 죽음을 각오하고 싸우도록 하는 것도 장수의 지휘통솔 능력에 달려 있다. 손자가 〈시계〉 편에서 장수를 국가의 보루라고 표현한 것은 바로 이러한 이유에서이다. 그리고 여기에서는 군수보급의 문제를 해결해야 하는 책임까지 지우면서 장수를 국가의 안위를 책임지는 사람으로 규정하고 있다.

군사사상적 의미

군수보급의 문제에 대한 세 가지 처방

〈작전〉 편에서 손자가 다룬 군수보급에 대한 논의는 다소 모순적이다. 그는 군수보급의 문제를 해결하기 위한 세 가지 방안으로 본국으로부터의 군수보급, 장수의 현지조달, 그리고 속전속결을 내놓았는데, 이러한 처방은 서로 상충하는 것처럼 보인다. 우선 군수보급과 현지조달 간의 충돌이다. 전쟁에 필요한 군수물자를 완벽하게 갖추어 본국으로부터 체계적인 보급지원이 가능하다면 현지조달은 불필요하게 된다. 전장에서 전투에 전념해야 할 장수들이 식량을 찾아 굳이 적 마을을 헤집고 다닐 필요가 없을 것이기 때문이다. 다음으로 현지조달과 속전속결의 충돌이다. 현지조달이 가능하다면 단기전을 고집하지 않아도 된다. 현지에서 식량과 물자를 자급자족할 수 있다면 굳이 무리하여 '졸속'을 해가면서까지 단기간 내에 전쟁을 끝내도록 요구할 필요가 없을 것이다. 어차피 원정을 목적으로 하는 전쟁에서 적 영토 깊숙이 진격하여 적 군주의 항복을 받아내는 것은 짧은 시간 내에 쉽게 이루어질 수 있는 것도 아닐 것이다.

그러나 군수보급의 문제에 대한 손자의 세 가지 처방은 서로 상호보완적인 것으로 이해할 수 있다. 첫째, 손자가 매일 천금이 소요되는 막대한 규모의 군수보급 준비를 갖춘 후에야 전쟁을 일으킬 수 있다고 한 것은 기본적으로 전쟁에 필요한 충분한 물량을 갖추고 이를 지속적으로 지원할 수 있는 지원체계를 구비해야 함을 의미한다. 비록 손자는 본국으로부터의 군수보급이 갖는 한계를 지적했지만, 그러한 보급은 적어도 원정군이 적진 깊숙이 들어가기 전까지는 효율적으로 작동할 수 있다. 특히 10만 명의 군대가 보급지원을 받지 않고 적의 민가를 약탈하여 식량을 충족하기가 거의 불가능한 만큼 기본적인 군수지원은 가능한 범위 내에서 지속적으로 이루어져야 한다.

둘째, 손자가 요구한 현지조달은 본국으로부터의 체계적인 군수보급 지원이 어렵다는 현실을 감안한 조치이다. 본국으로부터의 식량 및 물자 지원이 지속적으로 이루어진다면 더할 나위가 없겠지만, 원정군이 적진 깊이 기동해 들어가면서 군수보급의 문제는 점차 가중될 수밖에 없다. 특히 원정군은 〈군쟁〉 편에서 논의하겠지만 '우직지계'의 기동, 즉 적의 강한 방어진지를 멀리 우회하여 적의 수도를 향해 기동하고 있다. 이러한 기동은 평지에 잘 발달된 도로를 따라 이동하는 것이 아니라 적이 예상하지 못하는 험준한 산악지역이나 늪지대를 극복하며 이루어진다. 이러한 이유로 인해 본국에서 수레 20대가 출발한다면 겨우 1대만이 무사히 도착할 정도로 수송력은 열악하다. 따라서 약탈은 원정군이 적의 영토에 깊이 들어가면서 본국으로부터 이루어지는 군수보급의 한계를 극복하기 위해 취할 수밖에 없는 불가피한 선택이 된다. 그래서 손자는 〈구지〉 편 맨 첫 문단에서 아홉 가지 지형을 언급하면서 '중지즉략(重地則掠)', 즉 적 영토 깊숙이 들어간 지역에서는 약탈해야 한다고 언급하고 있다.

셋째, 손자가 강조한 속전속결은 군수보급의 문제를 보다 근본적으로 해소하고자 내놓은 처방이다. 적지 내의 마을이 넉넉하여 현지조달이 수지맞을 정도로 풍족하게 이루어진다면 모르지만 그렇게 낙관적으로 전쟁을 수행할 가능성은 거의 없다. 10만에 달하는 대규모 군대가 약탈에 나선다면 이들은 전쟁을 치르기보다는 민가를 찾는 데 혈안이 되어야 할 것이고, 군사작전을 수행하기보다는 양식을 찾는 데 주력해야 할 것이다. 이 과정에서 적이 파놓은 함정에 빠짐으로써 원정 자체를 망치게 될 수 있다. 현지조달은 보급의 문제를 해결하기 위한 궁극적인 처방이 될 수 없는 것이다. 따라서 손자는 단기전을 강조한다. 그것은 적의 강력한 방어진지를 회피하는 '우직지계'의 기동을 통해 적의 수도로 진격하여 결정적인 전투로서 신속히 승부를 결정짓는 것이다. 그리고 만일 전쟁이 지연될 것 같으면 원정을 완수하지 못하더라도 '졸속', 즉 적국과 화의를 맺고 전쟁을 마무리해야 한다. 원정에 성공하든 성공하지 못하든 전쟁 기간을 단축

함으로써 군수보급의 부담을 최소화할 수 있는 것이다.

이렇게 볼 때 손자의 군수보급, 현지조달, 그리고 속전속결 주장은 나름대로의 논리가 있다. 본국으로부터의 군수보급 지원은 전쟁 초기 단계에서, 현지조달은 원정군이 적진 깊숙이 들어간 단계에서, 그리고 속전속결은 이 두 가지의 방안이 갖는 내재적 한계를 해결하기 위한 보다 근본적인 처방으로 볼 수 있다.

최선의 용병 : 속전속결

이 편에서 손자가 강조하는 것은 무엇인가? 군수인가 작전인가? 비록 손자는 군수보급의 문제에 대해 장황하게 설명하고 있으나, 그러한 논의의 귀결은 작전의 문제로 돌아서고 있음을 알 수 있다. 앞에서 살펴본 대로 손자는 군수보급의 문제를 해결될 수 있는 것으로 보지 않았기 때문에 해결 방안을 '효율적인 군수지원체제'를 구비하는 것이 아니라 '속전속결'에서 찾고 있다. 즉, 손자는 군수를 결코 작전보다 우선시하지 않았던 것이다.

그가 제시한 해로움을 야기하는 용병과 이로움을 가져오는 용병을 도표로 제시하면 다음과 같다. 여기에서 볼 수 있듯이 손자는 최선의 용병을 군수보급 소요를 최소화할 수 있는 속전속결로 보았다. 비록 이것이 다소 지연된다면 현지조달을 통해 '승적이익강'을 추구하는 가운데 승리를 달성해야 한다. 그리고 최악의 경우 가장 해로운 용병은 지연전에 의한 승리이지만 이는 바람직하지 못하며, 그 이전에 졸속, 즉 서둘러 전쟁을 끝내야 한다고 보았다.

여기에서 놓쳐서는 안 될 것은 손자의 전쟁이 군수의 문제에서 시작했으나 결국은 용병의 문제로 돌아선다는 것이다. 군수보급의 제약을 고려하여 속전속결을 추구해야 한다면 이제부터는 전쟁의 모든 것을 장수의 역할에 의존해야 함을 의미한다. 즉, 어떻게 신속한 승리를 거둘 수 있느냐의 문제가 이제 본격적으로 논의의 핵심이 된 것이다. 따라서 손자는

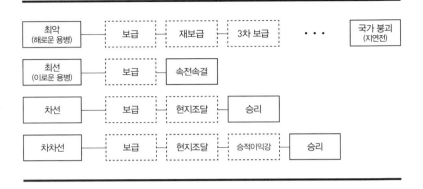

자연스럽게 다음 편에서부터 장수가 어떻게 싸워야 할 것인가에 대한 논의를 시작하게 된다.

한편으로, 손자의 속전속결 주장은 역으로 적이 취하는 '기다림의 전략'에 말려들지 말라는 것으로 볼 수 있다. 아마도 가장 경계해야 할 최악의 상황은 근대 이전에 동서양을 막론하고 약한 국가가 취했던 '청야입보(淸野入堡)' 전략에 끌려가는 것이다. '청야입보'란 강한 적이 침략할 경우 식량과 물자 등 적이 활용할 수 있는 모든 것을 가지고 산속이나 성안에 들어가 응전하면서 적이 식량이 떨어져 전쟁을 포기하고 돌아갈 때까지 기다리는 전략이다. 이 경우 공격하는 측은 결정적인 성과를 내지 못하고 전쟁이 지연되어 전투력이 고갈되고 국력이 소진될 것이다. 참고로 한민족의 역사를 보면 삼국시대로부터 조선시대에 이르기까지 청야입보 전략은 이민족의 침략을 방어하기 위한 보편적 전략으로 채택되어왔음을 알 수 있다.

謀攻

〈모공(謀攻)〉 편은 손자가 전쟁을 논하는 마지막 편이다. 이해하기가 가장 까다로운 편이기도 하다. '모공'이란 '공격을 도모한다'는 의미이다. 이를 '교묘한 전략으로 적을 공격하다'로 해석하기도 하지만, 이 편에서의 주요 내용을 보면 실제로 '공격하는 모습'이나 '교묘한 전략은 보이지 않는다.

여기에서 손자는 첫째로 싸우지 않고 온전한 채로 적을 굴복시키는 부전승(不戰勝)이 최상의 용병이라는 것, 둘째로 적을 굴복시키는 방법에는 네 가지가 있으나 가급적 전승(全勝)을 추구해야 한다는 것, 셋째로 피아 병력 규모에 따라 용병을 달리해야 한다는 것, 넷째로 용병에 있어서 핵심은 장수이니 군주는 이에 간섭해서는 안 된다는 것, 다섯째로 '지승유오(知勝有五)', 즉 승리할 수 있는 다섯 가지 조건을 숙지하고 '지피지기(知彼知己)'를 해야 한다는 것을 말하고 있다. 그 어디에도 적을 공격하기 위해 교묘한 계책을 수립해야 한다는 언급은 찾을 수 없다.

따라서 '모(謀)'를 '계책, 전략보다는 '꾀하다, 도모하다'로 해석하여 '모공'을 '공격을 도모함에 있어서 유념해야 할 요소' 정도로 이해하는 것이 맞다. 즉, 〈모공〉 편은 '어떻게 공격할 것인가' 혹은 '어떤 계책으로 공격할 것인가'를 다루는 것이 아니라 '어떠한 공격이 되어야 하는가'에 대한 문제를 다루고 있는 것이다. 이와 관련하여 여기에서 손자가 비록 '부전승'을 하나의 이상적인 전쟁 방식으로 제시했지만, 실제로는 '싸우는 방법'에 대한 논의에 주안을 두고 있음을 놓쳐서는 안 될 것이다.

1. 최상의 용병은 부전승

孫子曰, 凡用兵之法, 全國爲上,　　손자왈, 범용병지법, 전국위상,
破國次之. 全軍爲上, 破軍次之.　　파국차지. 전군위상, 파군차지.
全旅爲上, 破旅次之. 全卒爲上,　　전려위상, 파려차지. 전졸위상,
破卒次之. 全伍爲上, 破伍次之.　　파졸차지. 전오위상, 파오차지.

是故, 百戰百勝, 非善之善者也,　　시고, 백전백승, 비선지선자야,
不戰而屈人之兵, 善之善者也.　　부전이굴인지병, 선지선자야.

손자가 말하기를 무릇 용병의 방법에는 적의 국토를 온전하게 둔 채로 이기는 것이 상책이고, 적의 국토를 파괴하면서 이기는 것은 차선책이다. 적의 군대를 온전하게 하면서 이기는 것이 상책이고, 적 군대를 파괴하면서 이기는 것은 차선책이다. 적의 려를 온전히 하면서 이기는 것이 상책이고, 적의 려를 파괴하면서 이기는 것은 차선책이다. 적의 졸을 온전히 하면서 이기는 것이 상책이고, 적의 졸을 파괴하면서 이기는 것은 차선책이다. 적의 오를 온전히 하면서 이기는 것이 상책이고, 적의 오를 파괴하면서 이기는 것은 차선책이다.

자고로 백 번 싸워 백 번 이기는 것은 가장 좋은 용병법이 아니다. 싸우지 않고 적을 굴복시키는 것이 가장 좋은 용병법이다.

* 孫子曰, 凡用兵之法(손자왈, 범용병지법): 용병지법(凡用兵之法)은 '용병의 방법'을 뜻한다. 이를 해석하면 '손자가 말하기를, 무릇 용병의 방법은'이라는 의미이다.

* 全國爲上, 破國次之(전국위상, 파국차지): 전(全)은 '온전하다, 온전하게 하다'라는 뜻이고, 국(國)은 '나라, 국가'이나 여기에서는 '국토'를 의미한다. 전국(全國)은 '국토를 온전하게 하다'는 의미이다. 위(爲)는 '간주하다, 이루다', 위상(爲上)이란 '상책으로 간주되다'라는 뜻이고, 파(破)는 '깨뜨리다', 파국(破國)은 '국토를 파괴하다'라는 뜻이다. 차지(次之)는 '그 다음'이라는 뜻이다. 이를 해석하면 '적의 국가를 온전하게 둔 채로 이기는 것은 상책으로, 적의 국가를 파괴하면서 이기는 것은 차선책으로 간주할 수 있다'는 뜻이다.

* 全軍爲上, 破軍次之(전군위상, 파군차지): 군(軍)은 1만 2,500명으로 이루어

진 군의 편제를 말하고, 전군(全軍)은 '적의 군을 온전하게 하다', 파군(破軍)은 '적의 군을 깨뜨리다'라는 의미이다. 이를 해석하면 '적의 군을 온전하게 하면서 이기는 것은 상책으로, 적의 군을 파괴하면서 이기는 것은 차선책으로 간주할 수 있다'라는 뜻이다.

＊ 全旅爲上, 破旅次之. 全卒爲上, 破卒次之. 全伍爲上, 破伍次之(전려위상, 파려차지. 전졸위상, 파졸차지. 전오위상, 파오차지): 여(旅)는 500명으로 구성된 군의 편제, 졸(卒)은 100명, 오(伍)는 5명으로 구성된 군의 편제를 말한다. 이를 해석하면 '적의 려를 온전히 하면서 이기는 것은 상책이고, 적의 려를 파괴하면서 이기는 것은 차선책이다. 적의 졸을 온전히 하면서 이기는 것은 상책이고, 적의 졸을 파괴하면서 이기는 것은 차선책이다. 적의 오를 온전히 하면서 이기는 것은 상책이고, 적의 오를 파괴하면서 이기는 것은 차선책이다'라는 뜻이다.

＊ 是故, 百戰百勝, 非善之善者也(시고, 백전백승, 비선지선자야): 시고(是故)는 '그러므로', 선지선(善之善)은 '가장 좋은 것'이라는 뜻이다. 이를 해석하면 '자고로 백 번 싸워 백 번 이기는 것은 가장 좋은 것이 아니다'라는 뜻이다.

＊ 不戰而屈人之兵, 善之善者也(부전이굴인지병, 선지선자야): 굴(屈)은 '굽다, 굽히다'로 '적을 굴복시키는 것'을 의미한다. 이를 해석하면 '싸우지 않고 적을 굴복시키는 것이 가장 좋은 것이다'라는 뜻이다.

내용 해설

여기에서 손자는 '부전승(不戰勝)' 사상을 제시하고 있다. 이는 '싸우지 않고 적을 굴복시킨다'는 것으로 손자의 대표적인 사상으로 알려져 있다. 부전승은 다른 말로 '전승(全勝)' 사상으로도 알려져 있다. 여기에서 언급하고 있는 것처럼 적의 국토와 적의 군대를 파괴하지 않고 '온전히 둔 채로 승리를 거두는 것'이다. 그런데 엄밀히 말하면 '부전승'과 '전승(全勝)'은 엄연히 다르다. '부전승'은 싸움의 여부를 기준으로 하지만 '전승(全勝)'은 파괴의 여부를 기준으로 하고 있기 때문이다. 다만, 싸우지 않고 이겨야 적을 파괴하지 않고 승리할 수 있다는 측면에서 이 두 가지는 분리될 수 없다. 이 편의 논의를 보면 손자는 '부전승'과 '전승(全勝)'을 사실상 동일한 것으로 간주하고 있음을 알 수 있다.

손자의 '부전승'과 '전승(全勝)' 주장은 다분히 이상적이다. 그는 적의 국가, 적의 군대, 적의 려, 적의 졸을 온전히 하면서 이기는 것이 상책이고, 적의 국가, 적의 군대, 적의 려, 적의 졸을 파괴하면서 이기는 것은 차선책이라고 했다. 그리고 백 번 싸워 백 번 이기는 것은 가장 좋은 용병법이 아니며, 싸우지 않고 적을 굴복시키는 것이 최선의 용병법이라고 했다. 이는 '모공', 즉 전쟁에 돌입하여 적에 대한 공격을 꾀하면서 가장 먼저 고려하고 추구해야 할 이상적인 용병이 아닐 수 없다. 전쟁이 가져올 막대한 인명손실과 국가재정의 피해를 감안할 때 피아 간에 유혈과 파괴가 동반되는 치열한 전투를 회피하면서 승리할 수 있다면 누구든 그러한 용병의 방법을 취하는 것은 지극히 당연하다.

그렇다면 부전승은 과연 가능한가? 과연 손자는 부전승을 실제로 구현할 수 있다고 믿고 있는가? 그렇지 않은 것 같다. 비록 손자는 전쟁을 시작하면서 전승과 부전승을 하나의 이상형으로 제시했지만, 그것이 반드시 가능한 것으로 보지는 않고 있다. 그것은 첫째로 손자가 부전승을 추구할 수 있는 방법을 개략적으로라도 제시하지 않고 있다는 점, 둘째로 〈모공〉 편에서의 주요 논지는 부전승이 아니라 오히려 싸워 승리하는 '벌병(伐兵)'에 있다는 점, 셋째로 『손자병법』 전체를 놓고 보더라도—특히 〈병세(兵勢)〉 편에서 압도적 세를 발휘하여 결정적 승리를 거두는 것을 포함하여—손자가 다루는 바는 '부전승'에 관한 것이 아니라 싸워 이기는 '전승(戰勝)'의 방법을 다루고 있기 때문이다. 비록 손자는 부전승이 아예 불가능하지는 않지만 현실적으로는 어렵다고 본 것이다. 다만 그는 부전승을 위한 외교적·정치적·전략적 노력을 경주하되, 이를 반드시 '전승(全勝)'으로 연결시키기보다는 '전승(戰勝)'을 위한 유리한 여건을 조성하는 데 관심을 두고 있는 것으로 보인다.

실제로 손자는 오왕 합려를 도와 초나라를 공격하기 이전에 초나라를 교란하고 초나라의 동맹국을 치는 조치를 취했다. 본격적인 전쟁에 앞서 손자는 6년 동안 초나라 변경을 치고 빠지는 작전을 반복하여 초나라 군의 전력과 사기를 약화시켰다. 또한 초나라의 동맹국이었던 채(蔡)나라와 당(唐)나라를 설득하여 오나라의 동맹으로 돌려세우는 데 성공했다. 그런데 이러한 그의 정치외교적 노력과 군사적 행동은 처음부터 부전승을 노린 것이 아니라 초나라를 외교적으로 고립시키고 군사적으로 지치게 함으로써 차후 전쟁에서 유리한 여건을 조성하기 위한 정략적 조치로 볼 수 있다. 실제로 오나라가 초나라에 대한 원정을 실시하여 거둔 승리는 '부전승'이나 '전승(全勝)'과는 거리가 먼 것으로 적 군대의 파괴를 통해 이루어진 것이었다. 사전에 취한 정치외교적 활동과 군사행동은 원정에서의 군사적 승리를 용이하게 하는 데 기여했을 뿐, 그 자체로 '부전승'을 가져온 것은 아니었던 것이다. 즉, 손자의 부전승 주장은 전쟁에서 지향해야 할 하나의 이상을 제시한 것으로, 실제에 있어서는 부전승을 달성하기보다는 그러한 노력을 통해 보다 유리한 여건을 조성하고 전쟁을 보다 적은 전투와 보다 적은 피해로 승리할 수 있도록 해야 한다는 것으로 이해할 수 있다.

그렇다면 손자는 왜 부전승을 주장하고 있는가? 이는 손자가 인식하고 있던 당시의 전쟁 양상에서 그 이유를 찾을 수 있다. 먼저 손자는 〈작전〉편에서 군수보급의 폐해를 지적하고 있듯이 전쟁이 지연되어 국가경제에 타격을 주지 않도록 서로 파괴적인 전쟁을 지양하고자 했을 것이다. 또한 춘추시대의 전쟁은 같은 민족으로 이루어진 제후국들의 통합을 위한 일종의 내전으로, 전쟁 이후 백성들에 대한 통치력을 확보하기 위해서라도 이들의 원성을 사지 않도록 신중해야 했을 것이다.

군사사상적 의미

부전승의 의미 : 이상과 현실

'싸우지 않고 적을 굴복시킨다'는 것은 무슨 의미인가? 손자의 부전승 주장은 단지 이상에 불과한 것인가, 아니면 실제로 현실에서 실현 가능한 것인가? 클라우제비츠가 전쟁에서 승리하기 위해 불가피하다고 여겼던 '유혈 전투'는 정말로 피할 수 있는 것인가? 과연 전쟁에서 이러한 이상적인 승리가 가능한가? 결론부터 말하자면 손자의 부전승 주장은 '전쟁에 관한 한' 실현될 수 없는 허구에 가까운 것으로 보인다.

우선 손자의 부전승이 전쟁 발발 이전에 달성되는 것인지, 아니면 전쟁 발발 이후에 이루어지는 것인지를 구분해볼 필요가 있다. 즉, 전쟁을 결심하기 이전에 추구하는 것인지, 아니면 선전포고를 하거나 원정을 출발한 이후의 시점에서 이루어지는 것인지를 나누어보아야 한다. 만일 손자의 부전승이 전쟁 시작 이전에 취할 수 있는 계책이나 외교적 조치를 의미한다면 이는 전쟁과 관련이 없다. 비록 적국이 아국의 요구에 굴복하더라도 이는 '외교적 승리'이지 '전쟁 승리'라고 할 수 없다. 즉, '부전승'이 성립되지 않는 것이다.

그렇다면 앞에서 살펴본 대로 전쟁이 발발하기 이전 단계에서 적 동맹을 와해시키고 아국 동맹으로 끌어들인 외교적 노력은 어떻게 보아야 하는가? 부전승을 위한 노력으로 볼 수 있지 않겠는가? 그렇지 않다. 전쟁을 예상한 상황에서 손자가 초나라에 대해 취한 계책과 외교적 노력은 그 자체로 '부전승'을 추구한 것이라기보다는 전쟁이 발발할 경우 '유리한 여건을 조성'하기 위한 것으로 이해할 수 있기 때문이다.

다음으로 손자의 부전승을 전쟁이 시작된 이후의 시점에서 생각해볼 수 있다. 실제로 〈모공〉 편은 앞에서 전쟁을 결심하고 난 후에 '공격을 꾀하는' 상황을 상정하고 있는 만큼, 손자의 부전승 주장은 전쟁이 발발한 이후를 가정하여 고려하는 것이 타당해 보인다. 그러나 여기에서 문제는 과연 부전승이 가능할 것인가에 있다. 10만 대군을 이끌고 원정에 나선다면 이는 이미 적이 도저히 수용할 수 없는 정치적 목적을 추구하고 있음을 의미한다. 가령 적국의 군주를 갈아치우거나 적국을 합병하기 위해 전쟁에 나선 것이다. 그렇다면 적이 아무리 어려운 처지에 놓여 있다 하더라도 적 군주는 아국의 요구를 순순히 받아들이지 않을 것이다. 적 군주는 패할 가능성이 농후하더라도 모든 군사력을 동원하여 최후의 저항에 나설 가능성이 크며, 전쟁은 부전승보다는 치열한 전투를 통해 승부가 결정될 수밖에 없다. 결국 적국에 대한 대규모 원정을 가정하는 전쟁에서 손자의 부전승 주장은 애초에 기대할 수 없는 하나의 이상에 지나지 않는 것으로 보인다.

물론, 싸우지 않고 승리할 수 있는 가능성이 전혀 없는 것은 아니다. 예를 들어, 아국이 전쟁을 결심하여 대군을 이끌고 적국에 도달했을 때 적의 군주가 대군의 위세에 눌려 화의를 요청하는 경우이다. 그러나 이는 아국이 적에 요구하는 바가 제한적일 경우에만 가능하다. 예를 들어, 일부 영토를 할양한다든가, 동맹관계를 바꾸도록 한다든가, 아니면 조공을 요구하는 등 적 군주의 입장에서 체면은 좀 깎이더라도 최대한 양보하여 수용할 수 있을 때 가능한 것이다. 그러나 이 경우에도 부전승으로 보기 어렵다. 싸움을 시작하기도 전에 적이 체념하여 굴복한다면 이는 '부전승'이라기보다는 '강압외교' 또는 '무력시위'의 성공으로 보는 것이 타당할 것이기 때문이다. 이래저래 손자의 부전승은 상상하기 어렵다.

그러면 적과 싸우더라도 적의 국가와 군대를 온전히 한 채 이기는 것이 가능한가의 문제를 살펴볼 필요가 있다. 비록 손자는 '전승(全勝)'을 하나의 이상으로 제시했지만, 전쟁에서 이를 보편적으로 달성할 수 있다고 보지는 않았던 것 같다. 또한 '전승(全勝)'이 어렵다면 적의 국가와 군대를 파괴하는 것이 불가피할 수도 있음을 인정하고 있는 것 같다. 왜냐하면 그는 적의 국가와 군대를 파괴하는 것을 '최악(最惡)'이라 하지 않고 '차선

(次善)'으로 보고 있기 때문이다. 즉, 손자는 적을 파괴하지 않으면서 이기는 것을 하나의 이상으로서 최상의 용병법이라고 제시하면서, 현실에서는 적을 파괴하는 것을 염두에 두고 그 다음 차선책으로 보고 있는 것이다. 특히, 그가 다음에서 병력 규모에 따른 구체적인 용병법을 제시하고 〈군형〉 편에서부터는 구체적으로 적 군대를 공략하기 위한 용병술을 언급하고 있는데, 이는 현실적으로 적 국가와 군대의 파괴가 불가피하다는 인식을 반영한 것으로 볼 수 있다.

결론적으로, 손자는 이 절에서 왜 부전승과 전승(全勝)을 언급하고 있는가? 과연 그는 전승(全勝)과 부전승이 가능한 것이며, 반드시 그러한 승리를 추구해야 한다고 했는가? 손자는 듣기에 그럴듯한 '부전승'과 '전승(全勝)'이 현실에서 실현 가능한지에 대해 얘기한 적이 없다. 다만 그러한 승리를 추구하는 것이 바람직하다는 당위성을 제시하고 있을 뿐이다. 여기에서 한 가지 분명한 것은 손자도 역시 그러한 승리가 쉽지 않다는 사실을 명확히 인식하고 있다는 것이다. 그것은 다음 문단에서부터 손자가 '전승(全勝)'이 아닌 '전승(戰勝)'을 위한 구체적인 용병술을 논하고 있는 데서 알 수 있다. 즉, 손자의 병서는 부전승과 전승(全勝)을 어떻게 이룰 수 있는지에 대한 구체적 방안을 제시하지 않고 있으며 오히려 적과 싸워 승리하는 방안을 논의하는데 주안을 두고 있다. 이는 손자의 부전승 사상이 우리가 추구해야 할 하나의 이상이지 반드시 실현할 수 있고 또 실현되어야 할 현실이 아님을 말해주고 있다.

그렇다면 손자의 부전승과 전승(全勝) 주장이 마치 현실에서 쉽게 가능한 것처럼 받아들이는 풍조는 옳지 않다. 손자의 부전승은 드물게 가능할지는 몰라도 보편적인 것이 아니며, 또 손자가 반드시 실현되어야 한다고 주장하는 것도 아니다. 결국, 손자의 부전승 사상을 막연하게 추종하거나 이를 앞세워 전쟁을 논하는 태도는 위험한 것으로 반드시 금기시되어야 할 것이다.

손자의 '부전승'과 클라우제비츠의 '유혈의 전투'

손자의 부전승 사상은 클라우제비츠의 '유혈의 전투' 혹은 '적 부대 섬멸' 주장과 대립되는 것으로 간주되고 있다. 그러나 잘 알려지지 않았지만 클라우제비츠는 그의 저서 『전쟁론』에서 '부전승'의 가능성에 대해 언급하고 있다. 이는 우리가 통상적으로 알고 있는 것과 다르게 클라우제비츠도 '무혈의 전투'가 가능하다는 점을 인식하고 있었음을 보여준다. 그는 다음과 같이 말하고 있다.

> 적의 군대를 패배시키지 않고서도 승리의 가능성을 높일 수 있는 방법도 있다. 나는 직접적으로 정치적 영향력을 행사하는 작전을 말하는 것이다. 그것은 먼저 적의 동맹을 와해시키거나 무력화시키고, 우리가 새로운 동맹국을 형성함으로써 국제정치적으로 유리한 국면을 조성하도록 하는 것이다. 만일 그러한 조치가 가능하다면 우리가 성공할 수 있는 확률은 크게 높아질 것이고, 우리의 정치적 목적을 달성하는 데 있어서 적의 군대를 파괴시키는 것보다 훨씬 더 수월한 방법이 될 것이다.

이러한 언급은 클라우제비츠의 견해가 놀라울 정도로 손자의 주장과 일치하고 있음을 보여준다. '유혈의 전투'를 강조했던 그도 외교나 계략을 통한 승리 가능성을 배제하지 않았던 것이다.

그러나 클라우제비츠가 "싸우지 않고 적을 굴복시키는 것"이 가능하다고 한 것은 전쟁 상황을 염두에 둔 것이 아니다. 즉, 그는 그러한 승리를 전쟁에서의 승리로 간주하지 않고 전쟁 이전에 취하는 조치들, 즉 억제(deterrence), 강압외교(coercive diplomacy), 공갈(blackmail), 그리고 기만(deception) 등에 의한 외교적 승리로 간주하고 있다. 그에 의하면, "전쟁은 유혈에 의해서만 해결될 수 있는 중대한 이익들 간의 충돌"이다. 따라서 피를 흘리지 않고 다른 수단을 통해 성공을 거두는 것은 가장 위대한 승

리임에는 틀림이 없지만, 그것은 '전쟁'이 아니라는 것이 클라우제비츠의
주장이다.

따라서 클라우제비츠의 입장에서 볼 때 '부전승'은 전쟁 발발 이전에만
가능한 것으로 손자의 주장과 배치된다. 물론, 전쟁이 발발한 이후 당사국
들은 외교적 교섭을 통해 전쟁을 종결하기 위한 노력을 지속하겠지만, 이
러한 외교적 교섭의 타결을 가능케 하는 것은 바로 '유혈의 전투'로 인해
초래된 전쟁 상황의 유리함 혹은 불리함일 것이다. 다만, 클라우제비츠의
주장을 반드시 손자의 주장과 대치(對峙)되는 것으로 볼 필요는 없을 것
같다. 손자도 부전승을 하나의 이상으로 제시했지만 병서에서 적 주력과
의 결전을 전제로 한 용병술에 주안을 둔 점은 클라우제비츠와 마찬가지
로 '유혈의 전투'가 불가피함을 명확하게 인식하고 있었다는 것을 보여주
기 때문이다.

전승(全勝)과 파승(破勝): 온전한 승리와 파괴에 의한 승리

손자가 '온전한 승리(全勝)'를 최상의 용병으로 제시한 반면, 클라우제비
츠는 적의 군대를 파괴해야만 승리를 달성할 수 있다고 보았다. 클라우제
비츠는 다음과 같이 적 군대의 파괴가 중요함을 강조하고 있다.

전투는 전쟁의 목적을 달성하기 위한 유일하고도 효과적인 수단이다. 전
투의 목적은 차후의 목적을 달성하기 위한 수단으로서 대치하고 있는 적
의 군사력을 파괴하는 데 있다. 비록 전투가 실제로 이루어지지 않는 경
우라도 전투력을 유지하는 것은 변함없이 중요하다. 왜냐하면, 전쟁의
결과는 만일 전투가 발생할 경우 적의 군사력이 파괴되어야 한다는 가정
을 전제로 하기 때문이다. 적 군사력을 파괴한다는 것은 모든 군사적 행
동의 기초가 되는 것이며, 또한 마치 교각의 아치를 지탱하는 초석과 같
이 모든 군사적 계획의 근간이 된다. 결국, 모든 행동은 적과의 군사적 충

돌이 불가피할 경우 그 결과가 유리할 것이라는 믿음 하에 이루어지는 것이다.(*On War*, p. 97)

따뜻한 마음을 가진 사람들은 너무 많은 피를 흘리지 않고서 적을 무장해 제하거나 패배시킬 수 있는 탁월한 방법이 있다고 생각하고 이것이야말 로 용병술의 진정한 목표라고 간주할지도 모른다. 이는 듣기에 좋을지라 도 반드시 밝혀져야 할 오류이다. 전쟁이란 매우 위험스러운 것으로 그 러한 친절함에 의해 실수를 저지를 경우 최악의 결과를 가져올 수 있다.

이에 따라, 클라우제비츠는 나폴레옹이 결전을 치르지 않고 단순한 기 동으로써 5만 명의 오스트리아군을 포위하여 결정적인 승리를 거둔 울름 전투(Battle of Ulm)를 극히 예외적인 사례로 간주한다. 적의 중심인 주력을 직접 격멸하지 않고서는 궁극적으로 승리를 달성하기 어렵다고 본 것이다.
물론, 클라우제비츠도 손자와 마찬가지로 비폭력적 방법으로 유혈의 전 투를 치르지 않고 승리할 수 있다면 그러한 방법을 택할 것이다. 그러나 그는 비폭력적 수단은 오직 적도 그러한 비폭력적 전략을 선택할 때에만 성공할 수 있다고 본다. 따라서 적이 비폭력적 수단을 거부한다면 비록 막대한 인명과 자원의 손실이 예상되더라도 이를 감수하고 전투를 치를 준비가 되어 있는 측이 유리한 고지를 점하게 될 것이라고 보았다. 적이 전투를 각오하고 있음에도 불구하고 피를 흘리지 않은 채 승리를 얻겠다 고 한다면 이는 오직 적에게 더 큰 용기를 북돋아주는 결과를 가져올 뿐 이라는 것이다. 따라서 그는 적 군대를 가장 중요한 '중심(center of gravity)' 으로 간주하고 전쟁에서 승리하기 위해서는 적 군대를 반드시 섬멸해야 한다고 주장했다.
그러나 손자가 전승(全勝)의 당위성을 제시했다고 해서 적 군대의 파괴 를 강조하는 클라우제비츠의 사상과 반드시 대치되는 것은 아니다. 손자가 비록 전승을 최상의 용병법이라고 했지만, 그 역시 전승의 어려움을 잘 인식하고 있고 병서에서 주로 적의 군대를 어떻게 와해시켜 결정적으로 승리할 것인지에 대해 논의하고 있기 때문이다. 다만, 손자는 같은 민족으로 구성된 제후국들 간의 전쟁으로써 합병 또는 통일을 추구하는 만큼, 이후 통치의 대상이 되는 백성들을 고려하여 가급적 온전한 승리를 권유했던 것으로 이해할 수 있다.

2. 적 공략 방법과 전승(全勝) 추구

故上兵伐謀, 其次伐交, 其次伐兵, 其下攻城.

攻城之法, 爲不得已, 修櫓轒轀, 具器械, 三月而後成. 距闉, 又三月而後已.

將不勝其忿而蟻附之, 殺士卒三分之一, 而城不拔者, 此攻之災也.

故善用兵者, 屈人之兵而非戰也, 拔人之城, 而非攻也, 毀人之國, 而非久也, 必以全爭於天下.

故兵不鈍而利可全. 此謀攻之法也.

고상병벌모, 기차벌교, 기차벌병, 기하공성.

공성지법, 위부득이, 수로분온, 구기계, 삼월이후성. 거인, 우삼월이후이.

장불승기분이의부지, 살사졸삼분지일, 이성불발자, 차공지재야.

고선용병자, 굴인지병이비전야, 발인지성, 이비공야, 훼인지국, 이비구야, 필이전쟁어천하.

고병부둔이리가전. 차모공지법야.

자고로 최상의 용병은 적의 계략을 치는 것이고, 다음의 용병은 적의 동맹국을 치는 것이며, 그 다음의 용병은 적의 군대를 치는 것이고, 그 다음의 하수는 적의 성을 치는 것이다.

성을 공격하는 것은 부득이할 경우에만 해야 한다. 이동식 망루와 공성용 병거를 준비하고 각종 공성장비를 갖추는 데에는 적어도 3개월이 소요된다. 공성용 토산을 쌓는 데에도 또다시 3개월이 소요된다.

장수가 이러한 준비를 참지 못하고 분에 못 이겨 병사들로 하여금 성벽을 기어오르게 하면 병사 3분의 1이 죽게 된다. 그러고서도 성을 함락시키지 못한다면 그러한 공격은 재앙이 아닐 수 없다.

그래서 용병을 잘하는 장수는 적의 군대를 굴복시키되 싸우지 않고, 적의 성을 함락하되 이를 직접 공격하지 않으며, 적의 국가를 패하게 하되 오래 끌지 않고, 반드시 자국의 군대를 온전하게 하면서 천하의 승부를 겨룬다.

그리하면 군대가 무뎌지지 않으면서 이로움을 온전히 유지할 수 있으니, 이것이 바로 공격을 꾀하는 방법이다.

＊故上兵伐謀, 其次伐交, 其次伐兵, 其下攻城(고상병벌모, 기차벌교, 기차벌병, 기하공성): 상병(上兵)은 '최상의 용병', 벌(伐)은 '치다, 베다', 벌모(伐謀)는 '적의 계략을 치는 것', 기(其)는 지시대명사로 '그것', 즉 '용병'을 의미한다. 기차(其次)는 '차선의 용병', 교(交)는 '사귀다'라는 뜻으로 '적의 동맹관계'를 의미한다. 벌교(伐交)는 '적의 동맹국을 치는 것'으로 '적의 동맹관계를 끊는 것'을 의미한다. 다음의 기차(其次)는 '차차선'을 의미하고, 벌병(伐兵)은 '적 군대를 치는 것', 기하(其下)는 '그 다음의 하수', 공성(攻城)은 '적의 성을 치는 것'으로 '적의 강한 부분을 공격하는 것'을 의미한다. 전체를 해석하면 '자고로 최상의 용병은 적의 계략을 치는 것이고, 다음의 용병은 적의 동맹국을 치는 것이며, 그 다음의 용병은 적의 군대를 치는 것이고, 그 다음의 하수는 적의 성을 치는 것이다'라는 뜻이다.

＊攻城之法, 爲不得已(공성지법, 위부득이): 공성지법(攻城之法)은 '성을 공격하는 방법', 위(爲)는 '하다', 부득이(不得已)는 '부득이할 경우'라는 의미이다. 이를 해석하면 '성을 공격하는 것은 부득이할 경우에만 한다'는 뜻이다.

＊修櫓轒轀, 具器械, 三月而後成(수로분온, 구기계, 삼월이후성): 수(修)는 '고치다'는 뜻이나 여기에서는 '준비하다'로 해석한다. 로(櫓)는 적의 성을 들여다보기 위해 높이 세운 이동식 망루이다. 분(轒)은 '수레', 온(轀)은 '기둥'을 의미하며, 분온(轒轀)은 수레에 기둥을 장착하여 적의 성문을 공격하는 공성용 병거이다. 구(具)는 '갖추다', 기계(器械)는 각종 공성용 장비를 뜻한다. 삼월이후성(三月而後成)은 '삼개월이 지나야 가능하다'는 의미이다. 전체를 해석하면 '이동식 망루와 공성용 병거를 준비하고 각종 공성장비를 갖추는 데에는 적어도 3개월이 소요된다'는 뜻이다.

＊距闉, 又三月而後已(거인, 우삼월이후이): 거인(距闉)은 흙으로 쌓은 산으로 공성용 토산(土山)을 의미한다. 우(又)는 '또', 이(已)는 '그치다, 끝난다'라는 의미이다. 이를 해석하면 '공성용 토산을 쌓는 데에도 또다시 3개월이 지나야 완료된다'는 뜻이다.

＊將不勝其忿而蟻附之, 殺士卒三分之一, 而城不拔者, 此攻之災也(장불승기분이의부지, 살사졸삼분지일, 이성불발자, 차공지재야): 장(將)은 '장수', 분(忿)은 '성내다'라는 뜻이고, 의(蟻)는 '개미', 부(附)는 '붙다, 보내다', '의부(蟻附)'는 '기어오른다'는 뜻이다. 장불승기분이의부지(將不勝其忿而蟻附之)는 '장수가 (이러한 준비를 참지 못하고) 분에 못 이겨 병사들로 하여금 성벽을 기어오르게 하다'라는 뜻

이고, 살사졸삼분지일(殺士卒三分之一)은 '병사의 3분의 1을 죽게 하다', 이(而) 는 접속사로 '그러고서도'로 해석한다. 발(拔)은 '쳐서 빼앗다', 이성불발자(而城 不拔者)는 '그러고서도 성을 함락시키지 못하는 것', 차공(此攻)은 '그러한 공격' 으로 성을 공격하는 것을 의미하며, 재(災)는 '재앙'을 뜻한다. 전체를 해석하면 '장수가 이러한 준비를 참지 못하고 분에 못 이겨 병사들로 하여금 성벽을 기어 오르게 하면 병사 3분의 1이 죽게 된다. 그러고서도 성을 함락시키지 못한다면 그러한 공격은 재앙이 아닐 수 없다'는 뜻이다.

* 故善用兵者, 屈人之兵而非戰也(고선용병자, 굴인지병이비전야): 선용병자(善 用兵者)는 '용병을 잘하는 자', 인(人)은 '적', 인지병(人之兵)은 '적의 군대'를 의미 한다. 굴인지병(屈人之兵)은 '적의 군대를 굴복시킨다', 비전(非戰)은 '싸우지 않 고'라는 의미이다. 전체를 해석하면 '그래서 용병을 잘하는 장수는 적의 군대를 굴복시키되 싸우지 않는다'는 뜻이다.

* 拔人之城, 而非攻也(발인지성, 이비공야): 발(拔)은 '쳐서 빼앗다'라는 의미이 다. 전체를 해석하면 '적의 성을 함락하되 이를 직접 공격하지 않는다'는 뜻이다.

* 毁人之國, 而非久也(훼인지국, 이비구야): 훼(毁)는 '패하게 하다'라는 의미이 다. 이를 해석하면 '적의 국가를 패하게 하되 오래 끌지 않는다'는 뜻이다.

* 必以全爭於天下(필이전쟁어천하): 전(全)은 '온전하다', 쟁(爭)은 '다투다', 어 (於)는 어조사로 여기에서는 '~를'로 해석한다. 이를 해석하면 '반드시 자국의 군대를 온전하게 하면서 천하를 다툰다'는 뜻이다.

* 故兵不鈍而利可全. 此謀攻之法也(고병부둔이리가전. 차모공지법야): 둔(鈍)은 '무디다', 병부전이이가전(兵不鈍而利可全)은 '군대가 무뎌지지 않으면서 유리함 을 그대로 유지할 수 있다'라는 의미이고, 모공지법(謀攻之法)은 '공격을 꾀하는 방법'을 의미한다. 이를 해석하면 '그리하면 군대가 무뎌지지 않으면서 유리함 을 그대로 유지할 수 있으니, 이것이 바로 공격을 꾀하는 방법이다'라는 뜻이다.

내용 해설

이 부분은 본격적으로 전쟁을 개시하면서 적을 공략할 수 있는 방책 가운 데 최상책과 차선책, 차차선책, 그리고 하책을 언급하고 있다. 손자가 생 각하는 최상의 용병은 적의 계략을 치는 것이고, 다음은 적의 동맹국을 치는 것이며, 그 다음은 적의 군대를 치는 것이고, 그 다음으로 하수는 적의 성을 치는 것이다. 여기에서 적의 계략과 적의 동맹국을 치는 것은 주로 정치외교적 차원에서 앞에서 말한 '부전승'과 '전승'을 달성하기 위한 최선 및 차선의 방책으로 볼 수 있다. 적의 군대를 치는 '벌병(伐兵)'은 '벌모(伐謀)'와 '벌교(伐交)'를 통해 적을 굴복시키지 못했을 때 취할 수 있는 차차선의 방책이다. 그리고 마지막으로 손자는 적의 방어가 견고한 성을 치는 것을 최악의 방책으로 간주하고 있다.

그렇다면 손자가 가장 높이 평가하는 '벌모'란 무엇인가? 비록 손자는 '벌모'를 최상의 방책으로 제시했지만, 이에 대한 설명이나 예시를 하지 않고 있기 때문에 이것이 무엇을 의미하는지 이해하기가 무척 어렵다. 따라서 잠시 이를 짚고 넘어가고자 한다.

'벌모'란 적의 계책을 먼저 간파하여 이를 무산시키거나 역으로 이용하는 것이다. 그런데 '벌모'를 어떠한 차원에서 보아야 하는가에 대한 문제가 제기될 수 있다. 즉, '적의 계책'과 '아군의 계책'이라는 것이 결국은 정치외교적 차원의 술수인가, 아니면 용병 차원의 술수를 말하는 것인가? 전장에서 아군의 장수가 적 장수의 용병술을 역이용하여 병력을 운용하는 것도 '벌모'에 해당하는가? 결론을 말하자면 '벌모'는 다분히 정치외교적 차원에서 적을 공략하기 위해 취하는 조치이며, 적군의 허를 찌르는 아군 장수의 용병술은 '벌모'가 아닌 '벌병'으로 보아야 한다. 즉, 이를 구분하는 기준은 '용병과의 연관성'으로 병력의 운용과 관계가 없는 계책은 '벌모'로, 병력들 간의 싸움을 전제로 한 계책은 '벌병'으로 구분할 수 있다.

이전(李筌)은 『십일가주손자(十日家注孫子)』에서 후한(後漢) 초 광무제(光武帝)가 반란을 일으킨 고준(高峻)을 토벌하기 위해 관원이었던 구순(寇恂)을 파견한 사례를 들고 있다. 구순이 고준을 포위하자 고준은 자신의 책사인 황보문(皇甫文)을 보내 협상에 임하도록 했다. 그런데 구순은 황보문이 예의를 갖추지 않았다는 이유로 그 자리에서 참수한 뒤, 이를 고준에게 알리고 항복할 것인지 싸울 것인지 선택하도록 강요했다. 이에 고준은 즉각 성문을 열고 항복했다. 왜 고준은 자신의 책사가 억울하게 참수를 당했음에도 싸움을 포기한 채 항복하지 않을 수 없었는가? 그것은 황보문이 책사로서 모든 계책을 갖고 있었으므로 구순이 그를 제거하자 고준의 계책은 이미 와해된 것이나 다름없었기 때문이다. 만일 황보문을 살려두었다면 고준은 그의 계책을 이용하여 어떻게든 항복하지 않고 끝까지 저항했을 것이다. 이 사례는 '벌모'인가 '벌병'인가? 이는 전장에서 적과 대치한 상황에서 이루어진 사례이지만 용병과 관련이 없으므로 '벌병'이 아닌 '벌모'로 간주할 수 있다. '벌병'에 대해서는 바로 다음에서 살펴보기로 하자.

여기에서 손자는 그의 부전승 주장을 뒷받침할 수 있는 '벌모'나 '벌교'에 대한 설명은 생략한 채 곧바로 최악의 방책인 적의 성을 공격하는 데 따르는 어려움을 자세히 언급하고 있다. 성을 공격할 경우 공성장비를 건조하는 데 3개월이 소요되고, 또 적의 성에 다가가 공성용 토산을 쌓는 데 추가로 3개월이 소요된다. 이 과정에서 장수는 조급한 마음에 모든 준비가 채 끝나기도 전에 적의 성을 공격하도록 명령할 수 있다. 이 경우 준비가 부족하여 적의 성을 공략하는 과정에서 병사 3분의 1이 죽어나가는 막대한 손실을 입을 수 있으며, 그러한 손실에도 불구하고 성을 함락하지도 못한다면 재앙적인 결과가 초래될 것임을 경고하고 있다. 이는 비단 성에 대한 공격만을 의미하지 않는다. 적의 견고한 진지, 혹은 적의 강력한 진지에도 같은 논리를 적용해볼 수 있다. 즉, 적이 강력하게 포진하고 있는 방어지역을 철저한 준비 없이 섣불리 공격하면 아측의 피해만 커지고 작전도 성공할 수 없게 될 것이다.

그래서 손자는 다시금 '온전한 승리(全勝)'를 추구해야 한다고 강조한다. 그는 "용병을 잘하는 장수는 적의 군대를 굴복시키되 싸우지 않고, 적의 성을 함락하되 이를 직접 공격하지 않으며, 적의 국가를 패하게 하되 오래 끌지 않는다"고 했다. 그리고 아군 전력을 온전히 보존하는 가운데 천하의 승부를 겨루는 것이 '모공지법(謀攻之法)', 즉 공격을 꾀하는 방법이라고 했다.

여기에서 또 다른 문제를 제기할 수 있다. 과연 이러한 전승(全勝)은 '벌모'로 가능한 것인가, 아니면 '벌병'을 통해 이루어야 하는 것인가? 아마도 둘 다 가능할 것이다. '벌모'에 의한 승리는 그야말로 '부전승'에 의한 이상적인 승리가 될 것이며, '벌병'의 경우에는 다소의 파괴를 동반하지만 최소한의 전투에 의한 승리가 될 것이다.

다만, 여기에서 손자가 말하는 '전승(全勝)'은 '벌모'가 아닌 '벌병'에 의한 승리를 염두에 둔 것으로 보아야 한다. 왜냐하면 손자는 이 병서에서 '벌모'―또한 '벌교'에 대해서도 마찬가지로―에 의한 승리를 어떻게 이룰 수 있는지에 대해 좀처럼 언급하지 않고 있는 반면, '벌병'의 방법에 대해서는 상세하게 설명하고 있기 때문이다. 즉, 손자가 말하는 '온전한 승리'는 '전승(全勝)' 그 자체라기보다는 그에 가까운 것으로 '최소한의 전투에 의한 승리'로 보아야 한다. 또한, 그가 말하고자 하는 '온전한 승리'는 싸우지 않고서 얻을 수 있는 산물이 아니라 원정군이 적 수도로 진격하여 결정적 승리를 달성함으로써 얻어지는 것이다. 그리고 이 과정에서 손자가 강조하는 장수의 계책은 정치외교적 차원에서 적의 의도를 꺾기 위한 '벌모'가 아니라 용병술 차원에서 적을 속이고 적 군대를 와해시키기 위한 것으로 '벌병'에 해당한다.

그렇다면 어떻게 해야 '전승(全勝)'에 가까운 승리를 거둘 수 있는가? 온전한 승리를 거둘 수 있는 한 예를 들어보자. 만일 원정을 실시하여 적국으로 공격해 나간다면 적의 도성을 점령하여 적 군주를 포획하는 것이 가장 쉽게 승리할 수 있는 방법이 될 것이다. 이 경우 원정에 나선 장수는 적 도성을 겹겹이 방어하고 있는 많은 성과 군대를 일일이 격파하기보다는 방어가 약한 지역으로 우회하여 적의 도성으로 직접 공격해 들어가는 것이 효과적일 것이다. 이때 장수는 적의 도성 내부에 첩자를 심어놓고 내통자를 포섭하여 이들로 하여금 성문을 열어놓도록 할 수 있다. 적 조정

▣ 손자가 말하는 '전승(全勝)'의 의미 ▣

손자의 '전승(全勝)' 주장을 액면 그대로 받아들일 수 있는가? 아닐 것이다. 원정을 수행하는 전쟁에서 적과의 전투는 불가피하다. 적 수도로 기동하는 주요 길목에서 적은 필사적으로 저항할 것이고 적의 마을을 약탈하는 과정에서 피아 간에 사상자가 발생하는 것은 불가피하다. 아무리 적의 방어가 취약한 지역으로 돌아감으로써 가급적 싸움을 회피한다 하더라도 결정적인 지역에서 격렬한 전투는 각오해야 한다. 손자가 이 병서의 후반부에서 병사들을 막다른 곳에 투입하여 죽기 살기로 싸우도록 해야 한다고 수차례 강조하는 것은 바로 이러한 이유에서이다. 즉, 손자의 '온전한 승리(全勝)' 주장은 가급적 그렇게 해야 한다는 것이지 반드시 그러해야 한다는 것은 아니다. 가능한 한 최소한의 피해를 내면서 승리해야 한다는 것이지, 아무런 피해도 없이 승리하라는 것은 아님을 이해할 필요가 있다.

에 반란 음모를 꾀하고 있는 관료가 있다면 이들과 내통할 수 있다. 그렇게 하면 칼에 피를 많이 묻히지 않은 채 도성을 점령하고 적의 군주를 잡아 천하에 압승을 선포할 수 있다.

이 문단을 전체적으로 볼 때 손자는 그의 부전승 주장에 가장 중요한 '벌모'와 '벌교'에 대해 아무런 언급을 하지 않은 채 '공성(攻城)'의 어려움을 설명한 다음 바로 '벌병'으로 논의를 옮겼다. 이는 왜일까? 아마도 손자는 '벌모'와 '벌교'에 의한 방책으로는 궁극적으로 적의 굴복을 곧바로 이끌어내지 못할 수 있음을 인식했기 때문으로 보인다. 즉, 앞에서 본 고준의 사례와 달리 적은 항복하지 않고 끝까지 저항할 가능성이 크다고 본 것이다. 그래서 손자는 최선과 차선, 그리고 최악의 방책을 제외시키고 곧바로 차차선의 방책인 '벌병'으로 논의를 전환한 것이다. 논의의 수준을 정치외교적 수준에서 작전적 수준으로 끌어내린 것이다. 그리고 손자는 여기에서부터 이 병서의 마지막 부분에 이르기까지 '벌모'나 '벌교'가 아닌 '벌병,' 즉 어떻게 병력을 운용하여 적을 칠 것인가의 문제에 대해 본격적으로 논의를 전개하고 있다.

군사사상적 의미

클라우제비츠의 '중심'과 손자의 입장

손자는 전쟁을 시작함에 있어서 취할 수 있는 방책으로 벌모, 벌교, 벌병, 공성이라는 네 가지를 제시했다. 이는 오늘날 클라우제비츠가 언급한 '중심(center of gravity)'이라는 개념과 유사하다. 클라우제비츠에 의하면 중심이란 모든 힘과 운동의 구심점으로 타격을 받으면 균형을 잃고 전투력 발휘가 어려워지는 지점이다. 따라서 중심은 모든 노력이 집중되어야 할 지점으로, 한 번 타격에 그치지 않고 적이 균형을 회복하지 못하도록 지속적으로 타격해야 승리할 수 있다.

클라우제비츠는 그러한 중심으로 적의 군대, 적 수도, 적 동맹, 적 지도자, 적의 여론 등을 제시했다. 그리고 이 가운데 가장 중요한 중심으로 적의 군대를 들었다. 그는 알렉산드로스 대왕(Alexandros the Great), 구스타브 아돌프(Gustav Adolf), 프리드리히 2세(Friedrich II)가 역사상 위대한 군사적 천재로 인정받고 있는 이유는 이들이 전장에서 승리를 거두었기 때문이며, 그러한 승리의 원동력은 그들이 보유한 군대였다고 본다. 만일 이들의 군대가 파괴되었다면 이들 모두 역사에 이름을 남기지 못했을 것이므로 군대가 가장 중요한 중심이라는 것이다. 그는 중요한 지역을 점령하는 것보다도 적 군대를 파괴하는 데 우선순위를 두었다. 중요한 지역은 빼앗기더라도 나중에 되찾을 수 있지만, 군대를 구성하는 병사들은 한 번 죽으면 되살릴 수 없기 때문이다.

클라우제비츠는 적의 수도를 점령하는 것을 두 번째로 중요한 중심으로 보았다. 특히, 내부적으로 혼란하여 분규에 휩싸인 국가는 대개 행정의 중심일 뿐 아니라 정치적·사회적·경제적 활동의 구심점을 이루는 수도를 포위하고 공략함으로써 결정적 승리를 얻을 수 있다고 본다. 이에 대해서는 조미니도 같은 입장이다. 그는 모든 수도는 통신의 중심지일 뿐 아니라 권력과 정부의 소재지이기 때문에 가장 중요한 전략적 지점이라고 했다.

　클라우제비츠가 세 번째로 제시한 중심은 적의 동맹이다. 그는 강대국에 의지하는 약소국의 경우 중심은 대개 약소국을 보호해주는 강대국의 군대라고 보았다. 즉, 중심이 약소국의 군대에서 강대국의 군대로 전환되는 것이다. 만일, 다국으로 구성된 동맹체제가 형성되어 있다면 그 핵심을 이루는 국가가 중심이 된다. 즉, 핵심 국가의 군대를 패배시킴으로써 전체의 동맹체제를 와해시킬 수 있다. 기본적으로 클라우제비츠는 국가 간의 동맹을 일종의 거래에 불과한 것으로 보았다. 그는 국가 간의 동맹이 취약하며, 특히 연합으로 작전할 수 있는 능력이 약하다는 사실을 인식하고 있었다. 따라서 그는 동맹국들을 정치적으로 또는 군사적으로 쉽게 갈라놓는 것은 그다지 어렵지 않다고 보았다.

　클라우제비츠는 이외에도 적 지도자와 여론을 또 다른 중심으로 제시하고 있다. 적의 지도자는 혁명전쟁이나 독재국가와 같이 특정 인물이 전쟁에서 구심적인 역할을 할 때 중심으로 간주될 수 있다. 예를 들어, 나폴레옹 전쟁의 경우 유럽 국가들은 프랑스의 지도자인 나폴레옹을 제거함으로써 프랑스 혁명 전쟁을 종식시킬 수 있었다. 제2차 세계대전은 독일의 패배가 명백해진 이후에도 히틀러가 권력을 쥐고 있는 한 오랜 기간에 걸쳐 종식될 수 없었다. 여론의 경우는 나폴레옹 전쟁에서 있었던 스페인의 게릴라전 사례와 같이 지연되고 소모적인 전쟁에서 보다 중요한 중심으로 부상하게 되었다.

　이러한 클라우제비츠의 중심 개념은 손자의 논의와 비교할 때 많은 차이가 있다. 우선 손자는 가장 중요한 중심을 '벌모,' 즉 적의 계략으로 보고 이를 쳐야 한다고 주장했다. 이는 클라우제비츠가 나열한 중심에 포함되지 않은 요소이다. 이를 굳이 적 지도자의 의도와 연계해볼 수도 있지만 왠지 궁색해 보인다. 적의 계략을 치는 것으로 앞에서 언급한 후한의 관순이 고준의 성을 포위한 사례를 들 수 있다. 이에 부가하여 손자는 〈용간(用間)〉 편의 말미에서 은(殷)나라의 이윤(伊尹)이라는 가신이 하(夏)나라에 들어가 3년 동안 머무르며 하나라의 통치집단 내부의 분열을 책동한 사례를 언급하고 있다. 이와 같이, 적국 내 군주와 백성, 군주와 장수, 장수와 부하 간에 불신과 반목을 조장하고 분열시켜 세력을 규합할 수 없도록 하여 아예 싸울 수 없는 상황을 조성한 뒤, 적에게 전쟁 위협을 가하여 즉각 굴복하도록 만들 수 있다.

손자가 두 번째로 제시하는 중심은 적의 동맹을 끊고 아국의 동맹으로 만드는 것이다. 이는 클라우제비츠도 주목한 중심이다. 다만 클라우제비츠는 동맹의 중요성을 그다지 높게 평가하지 않았고, 동맹을 끊는 방법도 손자와 같이 외교적 노력에 의한 것이 아니라 동맹국의 군대를 파괴함으로써 가능한 것으로 보았다는 점에서 차이가 있다. '벌교'와 관련된 사례로 '원교근공(遠交近攻)'과 '합종연횡(合縱連橫)' 등의 고사(故事)를 들 수 있다. 먼저 원교근공으로는 전국시대 말기 일곱 나라가 패권을 다투고 있을 때 진(秦)나라가 멀리 있는 제(齊)나라 및 초(楚)나라와 수교하여 가까이 있는 한(韓)나라와 위(魏)나라를 제압한 후 조(趙)나라와 연(燕)나라를 정복하여 북방을 통일했으며, 이후 남쪽의 초나라와 동쪽의 제나라를 공격하여 중원(中原)을 통일한 적이 있다. 합종연횡으로는 먼저 전국시대에 소진(蘇秦)이 진나라에 대항하기 위해 나머지 여섯 나라를 연합했는데 이를 '합종'이라 하고, 반대로 장의(張儀)가 여섯 나라를 와해시켜 진나라를 섬기게 했는데 이를 '연횡'이라 한다.

손자의 세 번째 중심은 적 군대이다. 클라우제비츠도 적 군대를 중심으로 간주하고 있으나, 그 우선순위에서 손자와 차이를 보이고 있다. 즉, 클라우제비츠가 군대를 가장 중요한 중심으로 본 반면, 손자는 이를 세 번째 순위로 자리매김하고 있다. 또한 적 군대를 치는 데 있어서도 클라우제비츠는 '유혈의 전투'가 불가피하다고 한 반면, 손자는 가급적 적 군대를 온전히 두면서 승리하는 방책을 모색하고 있다.

손자가 제시한 네 번째 중심은 적의 성으로, 오늘날로 말하면 적의 수도 이다. 클라우제비츠는 상황에 따라서 적국 내부에 혼란이 발생한 경우 적 수도를 중요한 중심으로 간주했지만, 손자는 공성전의 어려움을 들어 가급적 적의 수도를 공략하는 데에는 신중해야 한다고 보았다.

손자와 클라우제비츠의 중심 비교

순위	손자	클라우제비츠
1	벌모(伐謀): 전쟁 발발 이전, 또는 군사력 사용 이전에 적의 계책을 무력화	군사력: 적 군사력 섬멸
2	벌교(伐交): 전쟁 발발 이전에 적의 동맹 와해	지역: 적 중요 지역 확보 혹은 적 수도 함락
3	벌병(伐兵): 적 군대에 대한 공격	동맹국: 적의 동맹국 군사력 섬멸
4	공성(攻城): 적의 강력한 방어진지에 대한 공격	기타: 적의 지도자, 적국 여론

중심에 대한 손자와 클라우제비츠의 논의에는 공통점이 있다. 두 사상가 모두 적의 중심을 식별함으로써 노력을 집중할 수 있고 이를 효과적으로 공략함으로써 보다 용이하게 군사적 승리를 달성할 수 있다고 보았기 때문이다. 다만, 손자는 정치외교적 수준에서부터 군사적 수준에서까지 광범위하게 전쟁을 바라보았기 때문에 적의 계략과 적의 동맹관계에 우선순위를 부여했지만, 클라우제비츠는 전쟁수행에 주안을 두었기 때문에 적의 군대를 가장 우선적인 중심으로 보았다는 데 차이가 있다. 이러한 측면에서 손자의 전쟁에서도 정치외교적 방책을 제외하고 순수한 전쟁수행을 논한다면 클라우제비츠와 마찬가지로 '벌병', 즉 적의 군대를 섬멸하는 것이 가장 중요한 중심이라는 데 동의할 수 있을 것이다.

3. 병력 규모에 따른 용병법

故用兵之法, 十則圍之, 五則攻之,　고용병지법, 십즉위지, 오즉공지,
倍則分之, 敵則能戰之,　　　　　　배즉분지, 적즉능전지,
少則能逃之, 不若則能避之.　　　　소즉능도지, 불약즉능피지.

故少敵之堅, 大敵之擒也.　　　　　고소적지견, 대적지금야.

자고로 용병의 방법은 적보다 열 배가 되면 포위하고, 다섯 배가 되면 공격하며, 두 배가 되면 적의 병력을 분할하여 싸우고, 적과 대등하면 능숙하게 싸우며, 적보다 약간 열세하면 적과의 충돌을 피해야 하고, 적보다 크게 열세하면 과감히 퇴각해야 한다.

그럼에도 열세한 병력으로 (우세한 적에) 피하지 않고 굳게 맞서면 우세한 적에게 사로잡히게 된다.

* 故用兵之法, 十則圍之, 五則攻之(고용병지법, 십즉위지, 오즉공지): 위(圍)는 '둘러싸다'라는 의미이다. 전체를 해석하면 '자고로 용병의 방법은 적보다 열 배가 되면 포위하고, 다섯 배가 되면 공격한다'는 뜻이다.

* 倍則分之, 敵則能戰之(배즉분지, 적즉능전지): 배(倍)는 '갑절', 능(能)은 '능하다, 잘하다'라는 뜻이다. 전체를 해석하면 '두 배가 되면 적의 병력을 분할하여 싸우고, 적과 대등하면 능숙하게 싸운다'는 뜻이다.

* 少則能逃之, 不若則能避之(소즉능도지, 불약즉능피지): 능(能)은 '~해야 한다'로 풀이한다. 도(逃)는 '달아나다, 숨다', 약(若)은 '만일', 불약(不若)은 불급(不及)의 의미로 '크게 열세하다'는 뜻이다. 피(避)는 '피하다'라는 의미이다. 이를 해석하면 '적보다 약간 열세하면 적과의 충돌을 피해야 하고, 적보다 크게 열세하면 과감히 퇴각해야 한다'는 뜻이다.

* 故少敵之堅, 大敵之擒也(고소적지견, 대적지금야): 적(敵)은 '맞서다' 혹은 '적'을 의미하고, 견(堅)은 '굳게', 금(擒)은 '사로잡다'라는 의미이다. 이를 해석하면 '그럼에도 열세한 병력으로 피하지 않고 굳게 맞서면 강한 적에게 사로잡히게 된다'는 뜻이다.

내용 해설

여기에서 손자는 '벌병'에 대한 논의를 본격적으로 시작하면서 먼저 피아 병력의 우열에 따른 용병의 방법을 제시하고 있다. 그는 "적보다 열 배가 되면 포위하고, 다섯 배가 되면 공격하며, 두 배가 되면 적의 병력을 분할 하여 싸우고, 적과 대등하면 능숙하게 싸우며, 적보다 약간 열세하면 적과 의 충돌을 피해야 하고, 적보다 크게 열세하면 과감히 퇴각해야 한다"고 했다. '전승(全勝)'이 가능한 상황뿐 아니라 '파승(破勝)'을 추구해야 할 상 황, 그리고 최악의 경우 패배를 모면하기 위해 퇴각해야 하는 상황을 다 같이 고려하고 있음을 알 수 있다. 공격을 도모함에 있어서 적군과 아군 모두를 온전히 한 채로 승리하는 것이 바람직하지만 그렇지 않을 경우에 도 대비한 것이다.

이때 적보다 열 배 혹은 다섯 배 우세하다는 것은 총 병력 수가 적보다 절대적으로 많다는 것을 말하는 것이 아니라 뛰어난 용병술을 발휘하여 결정적인 시간과 장소에서 적보다 상대적으로 우세한 상황을 조성한 것 을 의미한다. 즉, 전체 병력 면에서는 비록 피아가 대등하거나 아군이 다 소 열세에 있다 하더라도 장수가 은밀한 기동을 통해, 혹은 속임수를 써 서 적 수도로 기동한 뒤 그곳을 방어하고 있는 적보다 상대적으로 많은 병력을 집중해 우세한 상황을 만들어내는 것을 말한다. 그것이 때로는 열 배 우세할 수도 있고, 때로는 다섯 배 우세할 수도 있으며, 때로는 적의 계 략에 말려 열세한 상황에 처할 수도 있다.

그렇다면 여기에서 손자가 말하고자 하는 핵심은 무엇인가? 여기에서 손자는 적 군대를 공격하면서 두 가지의 주제, 즉 적을 온전하게 두고 승 리하는 '전승'과 적을 깨뜨리면서 승리하는 '파승'을 다 같이 염두에 두고 있다. 우선 열 배 우세하여 포위한다는 것은 적을 온전히 두고 승리할 수 있다는 것으로, 가장 이상적인 용병의 방법을 제시한 것이다. 적보다 다 섯 배 혹은 두 배가 많을 경우 '전승'은 불가능하더라도 적을 크게 파괴하지 않으면서 승리를 거두는 '파승'이 가능할 것이다. 다섯 배가 되면 공격할 수 있다는 것은 수적 압도에 의해 어떠한 형태로든 쉽게 적을 제압할 수 있다는 것이며, 두 배가 될 경우에는 적을 둘로 나누어 각개격파함으로써 마찬가지로 다소의 피해를 감수하더라도 승리할 수 있다는 것을 의미한다.

피아가 대등할 경우에는 서로 상당한 손실이 불가피한 '파승'이 될 것이다. 손자는 "적과 대등할 경우에 능숙하게 싸워야 한다"고 했는데, 이는 비록 결전장에서 피아 병력 수가 비슷하다 하더라도 장수가 뛰어난 용병술을 발휘하여 적의 약한 부분에 상대적으로 많은 병력을 집중하여 적의 군형을 허물고 승리를 달성할 수 있다는 것이다. 손자가 〈시계〉 편에서 기만의 용병술을 제시하면서 "적이 뭉쳐 있으면 분리시켜라(親而離之)"라고 한 것은 이러한 상황과 일맥상통한다.

용병이 잘못되어 적보다 상대적으로 열세에 놓일 경우 싸워서는 안 된다. 손자는 "적보다 약간 열세하면 불리하므로 가급적 적과의 충돌을 피해야 하며, 적보다 크게 열세하면 싸우지 말고 과감하게 퇴각할 것"을 권한다. 이는 적의 계략에 말려 그러한 형국이 조성된 것이기 때문에 가급적 싸우지 말아야 한다는 뜻이다. 이때 "열세할 경우 충돌을 피한다(少則能逃之)"는 부분이 『죽간손자병법(竹簡孫子兵法)』이나 『송본십일가주손자(宋本十一家注孫子)』 등 초기의 『손자병법』에는 '少則能逃之(소즉능도지)'였으나 명·청대에 와서 '少則能守之(소즉능수지)'로 바뀌었다. 손자가 병법을 저술할 당시 공격 위주의 원정작전을 염두에 두었기 때문에 적지에서 방어를 취하는 '수(守)'보다는 대치하거나 물러선다는 의미에서 '도(逃)'를 썼던 것이 명·청대에 이르러 대외 원정보다는 일반적인 전쟁을 염두에 두면서 '수(守)'로 바뀐 것으로 추정된다.

손자가 피아 병력의 수를 기준으로 용병의 방법을 제시한 것을 어떻게 보아야 하는가? 과연 손자는 병사들의 사기와 군기, 용기와 심리 등 정신적 요소를 도외시한 채 단순히 병력의 수만을 가지고 용병을 논하고 있는가? 그것은 결코 아닐 것이다. 손자는 〈행군〉 편에서 군대라는 것이 병력이 많다고만 좋은 것이 아니며 군사력만 믿고 무작정 진격해서는 안 된다고 경고하고 있다. 그렇다면 손자는 왜 단순히 병력의 수를 가지고 용병의 방법은 논하고 있는가? 그것은 결정적 순간의 상황을 묘사한 것이기 때문이다. 즉, 앞에서 손자는 온전한 승리냐, 적의 군대를 깨뜨리는 승리냐를 언급했는데, 여기에서는 그 연장선상에서 승부를 결정짓는 결전의 상황을 전제로 수적 우세를 달성하는 것이 중요함을 거론한 것이다.

군사사상적 의미

클라우제비츠와 수적 우세

실제로 클라우제비츠나 조미니 등 다른 많은 사상가들도 마찬가지로 기본적으로 수적 우세를 달성하는 것이 중요함을 강조하고 있다. 특히, 클라우제비츠는 수적 우세(superiority of numbers)가 전투의 결과에 영향을 미치는 가장 중요한 요소로서 결정적인 지점에 가능한 한 많은 병력을 집중하는 것이 전략의 첫 번째 원칙이라고 강조하고 있다.

그에 의하면, 전략이란 교전이 이루어지는 시점(time), 장소(place), 병력(forces)을 결정하는 것이고, 이 세 가지 요소는 전투의 결과에 지대한 영향을 미친다. 그런데 만일 전투와 관련된 환경적 요소, 예를 들어 피아 군대가 대적하는 상황, 시점, 지형, 병력의 질 등의 요소를 제외하고—즉, 피아에 미치는 영향이 동일한 것으로 간주하여— 단순히 교전 그 자체만을 고려한다면 '수적 우세'가 승부를 결정짓는 유일한 요소가 될 것이다. 이를 다른 말로 바꾸면, 다른 요소들이 아군에 불리하게 작용하지 않도록 상쇄할 수 있다면 병력의 우세를 달성하는 것이 전투의 결과에 가장 중요한 요소로 작용한다는 의미이다.

클라우제비츠는 근대 전쟁 사례를 들면서 총 병력 면에서 어느 국가도 적국보다 두 배 많은 병력을 동원하기 어렵게 되었음을 지적한다. 그는 프리드리히 2세(Friedrich II)가 로이텐 전투(Battle of Leuthen)에서 약 3만의 병력으로 오스트리아군 8만의 병력을 격파하고, 로스바흐(Rossbach)에서 2만 5,000명으로 적의 동맹국 5만 명을 대적한 사례를 유일하게 두 배 이상의 병력 차를 보인 사례로 간주한다. 이와 달리 대부분의 전투는 총 병력 비율이 두 배를 넘지 않았다. 나폴레옹은 드레스덴(Dresden)에서 12만의 병력으로 22만의 적 병력을 상대했으며, 라이프치히(Leipzig)에서는 16만의 병력으로 28만의 적 병력과 싸웠다. 아우스터리츠 전투에서 프랑스군과 러시아군의 병력은 거의 대등했다.

따라서 여기에서 말하는 '수적 우세'는 절대적 우세가 아닌 상대적 우세를 의미한다. 그리고 수적 우세란 임의의 장소가 아닌 결정적 지점에서 우세를 달성하는 것을 말한다. 비록 총 병력 수에서는 열세하거나 동등하더라도 결정적 지점에 적보다 많은 병력을 집중함으로써 적의 전투대형을 와해시키고 승리할 수 있다는 것이다. 그래서 클라우제비츠는 수적 우세를 전략의 근본으로 간주하고, 반드시 모든 상황에서 달성해야 할 뿐 아니라 가능한 한 최대한으로 달성해야 한다고 주장했다.

그러면 어떻게 수적 우세를 달성할 수 있는가? 이를 위해서는 장소와 시점을 계산하는 것이 중요하다. 언제 어디에 병력을 집중해야 하는지를 판단해야 하는 것이다. 여기에서 다시 '장소'와 '시점'의 문제가 제기된다. 전략에서 장소와 시간이라는 요소는 병력을 운용하는 데 있어서 걸리지 않는 것이 없을 정도로 매우 밀접한 관계가 있다. 클라우제비츠는 결정적 지점에서 우세한 병력을 집중함으로써 상대적 우세를 달성하기 위해 필요한 세 가지를 들고 있다. 결정적 지점에 대한 올바른 판단(correct appraisal), 적절한 병력의 배치를 가능케 할 적합한 계획(suitable planning), 주력을 하나로 유지하기 위해 일부를 과감하게 희생시킬 수 있는 단호함(resolution)이 그것이다.

그렇다고 해서 클라우제비츠가 병력의 우세만을 전쟁 승리의 유일한 조건으로 보고 있는 것은 아니다. 그는 군사력을 고려할 때 물리적 수단 외에 지휘관의 능력이나 구성원들의 의지도 포함시켜야 하며, 전쟁술을 단순히 수적 우세를 달성하는 것으로만 보는 것은 위험할 수 있다고 지적하고 있다. 그러면서 역사적으로 전쟁의 승리는 적 지휘관에 대한 정확한 판단, 열세한 병력으로 적을 대적하겠다는 의지, 신속한 기동을 가능케 할 수 있는 정력, 신속한 공격을 감행할 수 있는 대담함, 위험에 빠졌을 때 분출되는 과감한 행동 등에 의해 결정되었다고 역설하고 있다. 다만 여기에서 손자나 클라우제비츠가 수적 우세를 강조하는 것은 결정적인 시간과 장소에서 승부를 결정짓는 결전의 상황을 상정하고 있기 때문임을 염두에 두어야 한다.

4. 군주와 장수의 관계 설정

夫將者, 國之輔也. 輔周則國必强, 輔隙則國必弱.	부장자, 국지보야. 보주즉국필강, 보극즉국필약.
故君之所以患於軍者三.	고군지소이환어군자삼.
不知軍之不可以進, 而謂之進, 不知軍之不可以退, 而謂之退, 是謂縻軍.	부지군지불가이진, 이위지진, 부지군지불가이퇴, 이위지퇴, 시위미군.
不知三軍之事而同三軍之政, 則軍士惑矣.	부지삼군지사이동삼군지정, 즉군사혹의.
不知三軍之權而同三軍之任, 則軍士疑矣.	부지삼군지권이동삼군지임, 즉군사의의.
三軍既惑且疑, 則諸侯之難至矣, 是謂, 亂軍引勝.	삼군기혹차의, 즉제후지난지의, 시위, 난군인승.

무릇 장수는 국가의 보루이다. 국가의 보루인 장수가 자신의 역할을 주도 면밀하게 수행하면 국가는 반드시 강해지고, 보루로서 장수의 역할에 허점이 있으면 국가는 반드시 약해질 수밖에 없다.

자고로 군주가 군에 환란을 가져다주는 세 가지의 경우가 있다.

(첫째는 군주가) 군이 진격해서는 안 될 상황을 모르고 진격하라고 명하고, 군이 퇴각해서는 안 될 상황임을 모르고 퇴각하라고 명하는 것으로, 이는 군을 구속하는 것이다.

(둘째로 군주가) 군대의 사정을 모르면서 군의 행정에 간여하면, 장병들이 (장수에 대해) 의혹을 갖게 된다.

(셋째는 군주가) 군대의 지휘권을 모르면서 군대의 임무에 간여하면, 장병들은 (장수를) 의심하게 된다.

군대가 (장수에 대해) 의혹을 가지고 또 의심하게 되면 (군대가 엉망이 되어) 다른 국가의 침략을 받는 지경에 이르게 되는 바, 이를 가리켜 (자국) 군대를 혼란케 하여 적에게 승리를 안기는 행위라 한다.

* 夫將者, 國之輔也(부장자, 국지보야): 부(夫)는 '무릇'이라는 뜻이고, 보(輔)는 '돕다, 보좌하다'는 뜻이나, 여기에서는 문맥을 고려하여 '보루(堡壘)'로 해석한다. 전체를 해석하면 '무릇 장수는 국가의 보루이다'라는 뜻이다.

* 輔周則國必强, 輔隙則國必弱(보주즉국필강, 보극즉국필약): 주(周)는 '주도면밀하다, 세밀하다', 극(隙)은 '틈, 구멍, 흠'을 뜻한다. 전체를 해석하면 국가의 보루인 장수가 자신의 역할을 주도면밀하게 수행하면 국가는 반드시 강해지고, 보루로서 장수의 역할에 허점이 있으면 국가는 반드시 약해진다'는 뜻이다.

* 故君之所以患於軍者三(고군지소이환어군자삼): 소이(所以)는 '~한 이유, ~한 까닭', 환(患)은 '근심, 환란'을 뜻하고, 어(於)는 '~에'로 풀이한다. 전체를 해석하면 '자고로 군주가 군에 환란을 가져다주는 세 가지의 경우가 있다'라는 뜻이다.

* 不知軍之不可以進, 而謂之進(부지군지불가이진, 이위지진): 진(進)은 '나아가다', 위(謂)는 '이르다, 일컫다'라는 뜻이다. 전체를 해석하면 '군이 진격해서는 안 될 상황을 모르고 진격하라고 명한다'라는 뜻이다.

* 不知軍之不可以退, 而謂之退, 是謂縻軍(부지군지불가이퇴, 이위지퇴, 시위미군): 미(縻)는 '고삐, 얽어매다', 미군(縻軍)은 '군을 구속하다'라는 뜻이다. 전체를 해석하면 '군이 퇴각해서는 안 될 상황임을 모르고 퇴각하라고 명하는 것으로, 이는 군을 구속하는 것이다'라는 뜻이다.

* 不知三軍之事而同三軍之政, 則軍士惑矣(부지삼군지사이동삼군지정, 즉군사혹의): 삼군(三軍)은 군 전체를 의미하는 것으로, 원래는 주(周)나라의 제도에서 대제후가 거느리는 군대로 상군, 중군, 하군의 총칭이다. 동(同)은 '간여하다', 혹(惑)은 '미혹하다, 의심하다'를 뜻하며, 의(矣)는 단정을 나타내는 어조사이다. 전체를 해석하면 '군대의 사정을 모르면서 군의 행정에 간여하면, 장병들이 의혹을 갖게 된다'는 뜻이다.

* 不知三軍之權而同三軍之任, 則軍士疑矣(부지삼군지권이동삼군지임, 즉군사의의): 권(權)은 지휘권을, 임(任)은 '맡은 일'로 '임무'를 의미한다. 의(疑)는 '의심하다, 의혹하다'라는 뜻이다. 전체를 해석하면 '군대의 지휘권을 모르면서 군대의 임무에 간여하면, 장병들이 의심하게 된다'는 뜻이다.

* 三軍旣惑且疑, 則諸侯之難至矣(삼군기혹차의, 즉제후지난지의): 기(旣)는 '이미', 차(且)는 '또'로 해석하고, 난(難)은 '어렵다, 재앙'을 뜻하나 여기에서는 이웃 제후국이 침략해온다는 의미로 해석한다. 전체를 해석하면 '군대가 의혹을 가

지고 또 의심하게 되면 다른 국가의 침략을 받게 될 것이다'라는 뜻이다.

＊是謂, 亂軍引勝(시위, 난군인승): 위(謂)는 '일컫다, 이르다', 난군(亂軍)은 '혼란스런 군대'를 의미한다. 전체를 해석하면 '이를 가리켜 군대를 혼란케 하여 적에게 승리를 안기는 행위라 한다'는 뜻이다.

내용 해설

여기에서 손자는 논의의 중점을 '장수'로 전환하고 있다. 왜 장수인가? 〈모공〉 편은 공격을 도모하는 장(章)으로 '벌병'을 논의하고 있는 만큼 그 주체는 군주가 아니라 바로 장수일 수밖에 없다. 그래서 그는 "무릇 장수는 국가의 보루이니, 국가의 보루인 장수가 자신의 역할을 주도면밀하게 수행하면 국가는 반드시 강해지고, 보루로서 장수의 역할에 허점이 있으면 국가는 반드시 약해진다"고 했다. 장수의 역할이 전쟁의 승리뿐 아니라 국가의 흥망성쇠에 영향을 미치는 매우 중요한 요소임을 역설한 것이다. 이는 '벌병'에서 장수의 능력을 최대한 발휘할 수 있도록 민군관계 차원에서 그러한 여건을 마련해주어야 함을 제시한 것이다.

손자가 말하는 '국가의 보루로서 장수의 역할'은 무엇을 말하는가? 무엇이 국가의 흥망성쇠와 관련이 있는가? 이는 바로 다음에 언급하고 있는 세 가지의 경우에서 유추해볼 수 있다. 그것은 첫째로 '군의 진격과 퇴각'에 관한 것으로 전장에서의 승리를 달성하는 것, 둘째로 군의 행정을 공평무사하게 유지하는 것, 셋째로 군의 지휘권을 엄정하게 유지하는 것이다. 즉, 장수는 군의 작전을 주도면밀하게 지휘하고, 군정·군령을 주도면밀하게 행사함으로써 강한 군대를 유지하고 환란을 방지할 수 있으며 전쟁이 발발할 경우 승리함으로써 국가를 더욱 강하게 할 수 있다는 것이다. 그런데 손자는 국가의 보루로서 중요한 임무를 수행하는 장수의 역할을 가로막는 장애물로 군주의 불필요한 간섭을 들고 있다.

손자에 의하면, 군주가 군대의 일에 간섭할 경우 세 가지 위험이 따른다. 첫째로 그것은 군을 속박할 수 있다. 전장에서 작전을 하는 군대에게 상황을 제대로 파악하지도 않고 진격해라, 퇴각해라 하면 군의 작전을 망칠뿐더러, 장수로 하여금 군주의 눈치를 보게 만들어 장수의 판단을 흐리는 결과를 가져온다. 둘째로 군정이 문란해진다. 군주가 군대의 사정도 모르면서 군의 인사와 상훈 등 행정에 간여하면 장병들은 장수의 공정성에 대해 의혹을 갖게 된다. 셋째로 군령이 제대로 서지 않게 된다. 군주가 군대의 지휘권에 대해 제대로 이해하지도 못하면서 군대의 임무에 간여하면 장병들은 장수의 지휘 능력에 의문을 품게 된다. 그렇게 되면 군대는 작전, 군정, 군령이 무너져 엉망이 될 것이고, 그 폐해는 막심하다. 춘추시대의 중국과 같이 약육강식의 세계에서 군대가 엉망이 되면 필경 다른 국가의 침략을 초래하게 될 것이 뻔하기 때문이다. 결국 군주의 쓸데없는 간섭은 전장에서 장수의 역할을 제한할 뿐 아니라 급기야 타국의 침략을 자초하여 국가적 환란을 불러일으킬 수 있다.

여기에서 손자는 군주의 간섭으로부터 장수의 지휘권은 반드시 보장되어야 함을 강조하고 있다. 장수가 전장에서 작전을 지휘하든, 평소에 군령권과 군정권을 행사하든 군주는 장수가 역량을 최대한 발휘할 수 있도록 섣불리 간섭해서는 안 된다는 것이다. 비록 손자는 자신이 오나라의 군사를 지휘할 경우 오왕 합려의 간섭을 배제하기 위해 이 부분을 강조한 것으로 보이지만, 그럼에도 불구하고 이는 오늘날 바람직한 민군관계의 기본을 제시한 것으로 볼 수 있다.

군사사상적 의미

손자와 클라우제비츠의 민군관계 비교

장수의 역할을 중시하고 군주의 간섭을 배제한 손자의 군사사상은 '군에 대한 정치의 우위'를 주장한 클라우제비츠의 사상과 대비되는 것처럼 보인다. 과연 그러한가?

클라우제비츠는 전쟁을 수행하는 데 있어서 정치의 우위를 강조한 것으로 잘 알려져 있다. 그는 전쟁을 정치적 목적 달성을 위한 수단이라고 정의했다. 즉, 전쟁은 정상적인 정치적 행위일 뿐 아니라 진정한 정치적 수단이며, 다른 수단에 의해 이행되는 정치의 연속이라고 본 것이다. 따라서 전쟁은 반드시 정치적 목적을 달성하는 데 기여해야 하며, 이러한 측면에서 군은 정치에 복종해야 한다는 결론에 도달하게 된 것이다.

그러나 클라우제비츠의 이러한 주장은 정치지도자가 전쟁을 지휘하는 군 지휘관의 세부적인 작전에까지 간여해야 한다는 것을 의미하지는 않는다. 그는 다음과 같이 언급했다.

만일 정치가가 제대로 알지 못한 상황에서 군대의 이동과 특정한 군사행동에 관심을 갖고 군 지휘관에게 엉뚱한 결과를 요구한다면, 정치적 결정은 군사작전을 악화시키게 된다. 이 경우 정치가는 외국어를 완전히 통달하지 못한 사람이 자신의 의사를 정확히 표현하지 못하는 것처럼 오히려 군사작전에 방해가 되는 요구를 남발함으로써 군의 작전목표 달성을 그르치게 된다. 현실적으로 정치가들에 의한 군사작전 방해 행위는 반복적으로 이루어지고 있는데, 이는 정치가들이 군사의 문제에 대해 보다 정확하게 이해하는 것이 매우 중요하다는 점을 잘 보여주고 있다.

이처럼 클라우제비츠도 손자와 마찬가지로 세부적인 영역에서의 군에 대한 정치지도자의 간섭은 옳지 않다고 보았다. 비록 정치지도자는 정치적 목적 달성을 위해 전쟁의 규모와 성격, 전쟁수행의 방향을 제시할 수는 있어도, 전쟁을 수행하는 과정에서의 군사행동은 군 지휘관에게 일임하는 것이 옳다고 본 것이다.

다만, 손자의 시대에는 클라우제비츠의 시대보다 장수의 독단적 역할이 더욱 중요했을 것이다. 춘추시대에는 상대적으로 통신시설이 열악하여 군주와 장수 간의 연락이 긴밀하게 이루어질 수 없었기 때문에 장수는 스스로 판단하여 전쟁을 이끌어가야 했을 것이다. 이는 오늘날 위성통신을 활용한 정보화된 전쟁과는 다른 모습이다. 예를 들어, 미국은 정부에서도 실시간으로 전장 상황을 모니터링하면서 현지의 군 지휘관과 작전수행 방안까지도 협의할 수 있다. 그럼에도 불구하고 오늘날에도 군사작전만큼은 전장을 지휘하는 군 지휘관에게 일임하는 것을 원칙으로 하고 있다.

그렇다면 민군관계는 어떻게 형성되는 것이 바람직한가? 절충적 입장에서 본다면 군 지휘관은 상위의 수준에서 정치지도자에게 복종하고, 정치지도자는 전장에서 이루어지는 군의 작전에 일일이 간섭해서는 안 된다고 할 것이다. 그러나 이러한 주장은 누구나 할 수 있는 뻔한 것으로 만족스럽지 못하다. 필자가 보기에 민군관계는 전쟁을 통해 추구하는 정치적 목적에 따라 결정되는 것이 합리적이라고 생각한다. 예를 들어, 제한적인 목적을 추구하는 제한전쟁의 경우 군은 정치지도자로부터 비교적 많은 간섭을 받을 수밖에 없다. 제한전쟁은 아국의 의지를 강요하는 것으로 맹목적으로 적을 파괴하기보다는 평화협상을 체결하는 것이 목적이다. 따라서 전쟁은 그 범위와 전투력 사용, 승리의 수준 등에 있어서 좀 더 구체적으로 정치의 통제를 받지 않을 수 없다. 반면, 제1차 세계대전 및 제2차 세계대전과 같이 상대방에 무조건적 항복을 요구하는 전면전쟁의 경우에는 정치적 목적과 군사 목표가 모두 적을 무장해제시키고 완전한 군사적 승리를 거두는 것으로 사실상 동일하기 때문에 군에 대한 정치의 간섭은 거의 배제될 수 있다. 적이 무조건 항복을 수용하지 않는 이상 협상은 불가능하고 군사작전은 정치적 제한 없이 지속될 수 있을 것이다. 결국 전쟁에서 민군관계는 그 전쟁이 추구하는 정치적 목적의 성격과 범위에 의해 결정될 수 있다고 하겠다.

헌팅턴의 민군관계: 정치적 요구와 군의 복종 범위

새뮤얼 헌팅턴(Samuel P. Huntington)은 그의 저서 『군인과 국가: 민군관계 이론과 정치(The Soldier and the State: The Theory and Politics of Civil-Military Relations)』에서 클라우제비츠가 제기한 전쟁의 자율성과 종속성에 대해 논의하고 있다. 전쟁은 그 자체로 방식과 목표를 가진 독립된 과학임과 동시에 그 목적이 외부에서 주어지는 종속적인 과학이다. 전쟁이 독립된 과학이라 함은 전쟁이 그 자체의 법칙을 가지고 있기 때문에 군은 외부의 간섭을 받지 않고 그 법칙에 따라 전쟁을 수행할 수 있다는 것을 말한다. 군대의 가치는 '싸우는 것'으로, 변호사의 재능이 그의 의뢰인에 의해 판단되지 않는 것과 마찬가지로 군은 독자적으로 전쟁을 수행할 수 있다. 이 경우 군은 정치에 간여할 수 있으며, 현실을 무시하고 이루어진 잘못된 정치적 결정을 거부할 수 있다. 반대로 전쟁이 종속적인 과학이라 함은 군이 정치의 통제를 받아야 함을 의미한다. 전쟁은 무력 사용 그 자체가 목적이 아니므로 독립된 행위로 볼 수 없으며, 정치적 목적을 달성하는 데 요구되는 바에 따라 제어되어야 한다는 것이다. 이 경우 군은 정치에 간여할 수 없으며, 전쟁수행은 정치적 요구에 의해 제약을 받는다.

이에 대해 클라우제비츠의 견해는 분명하다. 정치가 군에 우선되어야 한다는 것이다. 그는 정치적 결정을 내릴 때 정치가들은 군을 이해하고 군이 가진 한계에 대해 신중히 배려하도록 요구하고 있다. 그러나 정치는 실제로 잘못된 방향을 선택할 수 있다. 때로는 지도자의 야심이나 허영심이 반영될 수도 있기 때문이다. 그러나 클라우제비츠에 의하면 이러한 결정은 군과 관계가 없다고 한다. 그는 정치적 결정이 어떤 것이든 군은 기본적으로 그것이 사회 전체의 모든 이익을 대표하는 것으로 생각해야 하며, 그렇기 때문에 잘못된 결정이라도 정치에 복종해야 한다고 본다. 정치를 군에 종속시킬 수 없는 이상, 군이 정치에 종속되어야 맞다는 것이다.

상식적으로 군의 전략은 정치적 목적에 부합해야 한다. 군의 전략적 판단은 정치적 고려에 양보하지 않으면 안 된다. 이는 우리가 잘 알고 있는 교훈이다. 그러나 현실에서 군의 전략과 정치가 조화롭게 양립하기는 쉽지 않을 수 있다. 이와 관련하여 헌팅턴은 군에 대한 정치의 개입과 정치에 대한 군의 복종이라는 문제를 다음과 같이 제기하고 있다.

첫째는 정치지도자가 국가이익에 반하는 정치적 우를 범한다고 생각되는 결정을 내릴 경우 군이 이에 복종해야 하는가의 여부이다. 어떠한 경우이든 군인의 정치적 판단이 정치가의 그것보다 낫다는 것을 보장할 수 없다. 따라서 군은 정치적 결정에 따라야 한다. 국가의 파멸을 초래할 수 있는 전쟁을 시작하기로 정치가가 결정한다면, 군인은 자신의 의견을 제시할 수 있겠지만 최종적으로는 그러한 결정에 따라야 한다. 1930년대 후반 히틀러의 파멸적 대외정책에 반해 저항에 가담한 독일군 장교들이나 한국전쟁을 수행하는 미 행정부의 방법에 대해 반대했던 맥아더(Douglas MacArthur)는 전쟁과 평화의 문제를 결정하는 것이 군인의 역할이 아님을 잊었던 것으로 볼 수 있다.

둘째는 정치적 영역과 전혀 관계가 없는 군사작전에 정치지도자가 개입할 때 군은 이에 복종해야 하는가의 문제이다. 이 경우 결론은 복종할 필요가 없다는 것이다. 비록 정치지도자가 통수권자로서 군사문제에 관한 최고의 권한을 갖고 있더라도 군인 본래의 전문 영역에 대한 침해는 허용되지 않는다. 군이 정치의 전문 영역에 개입하지 않는 것처럼 군의 독자성을 보장해야 하는 것이다. 정치가가 문제가 다분히 있는 명령을 부여할 권한을 가질 수는 있어도, 그 명령을 수행하는 데 전문성을 요구하는 군사 문제에 개입할 권한이 있는 것은 아니다. 제2차 세계대전 후반에 히틀러는 작전 중에 대부대를 전진시킬 것인가 후퇴시킬 것인가에 대해 간여했는데, 이는 정치가의 임무도 아니며 군이 따라야 할 바도 아니다.

셋째는 정치지도자가 합법적이지 않은 지시를 할 경우 군이 복종해야 하는가의 문제이다. 군인은 국가공무원으로서 합법적인 명령과 지시에만 따르도록 되어 있다. 만일 정치지도자 스스로가 합법적이지 않은 행동을 하고 있다고 인정한다면, 군은 그 명령에 불복종하는 것이 정당화될 수 있다. 그러나 그러한 지시가 합법적인 것인지 불법적인 것인지를 구분하기 애매할 수 있다. 이 경우에는 법무관이라는 전문가 집단을 활용하여 그의 판정에 따를 수 있다. 다만 시간이 촉박하거나 법무관의 공정성이 의심된다면 스스로 법률을 확인하고 결정을 내려야 할 것이다.

넷째는 도덕적이지 않은 명령에 대한 복종 여부이다. 만일 군이 민족의 말살에 가담하고 점령지역의 국민을 절멸시키도록 명령을 받았다면 어떻게 해야 하는가? 정치가들이 자국의 이익을 위해 국제적으로 공인된 도덕을 무시하는 일은 종종 발생한다. 내부적으로 양심의 목소리를 거부하기도 한다. 이 경우 군은 직업윤리와 도덕적 양심 사이에서 고민할 수밖에 없다. 극단적인 경우를 제외하고 보편적으로 본다면 군은 직업윤리를 고집하여 명령에 복종하는 것이 합리적일 것이다. 국가이익과 복종이라는 두 개의 요구에 반하여 도덕적 양심에 따르는 것이 정당화되기는 극히 드물 것이기 때문이다.

이렇게 볼 때 손자가 제시한 민군관계는 위의 두 번째에 해당한다. 즉, 최고통수권을 가진 군주라도 장수의 영역인 작전에 간여해서는 안 된다는 것이다. 헌팅턴이 명확히 정리하고 있듯이 군의 전문 영역에 대한 외부의 간섭은 배제되어야 하며, 이 점에서 헌팅턴과 손자의 주장은 일치하는 것으로 볼 수 있다.

5. 승리를 위한 장수의 용병법

故知勝有五.	고지승유오.
知可以與戰不可以與戰者勝.	지가이여전불가이여전자승.
識衆寡之用者勝.	식중과지용자승.
上下同欲者勝.	상하동욕자승.
以虞待不虞者勝.	이우대불우자승.
將能而君不御者勝.	장능이군불어자승.
此五者, 知勝之道也.	차오자, 지승지도야.

자고로 승리를 알 수 있는 다섯 가지 방법이 있다.

(첫째,) 싸워야 할 때와 싸우지 않아야 할 때를 아는 측이 승리한다.

(둘째,) 적과 비교해 전력이 우세한지 열세한지를 알고 용병을 하는 측이 승리한다.

(셋째,) 상하 간에 마음이 일치하는 측이 승리한다.

(넷째,) 사려 깊게 준비하여 대비하지 않은 적을 상대하는 측이 승리한다.

(다섯째,) 장수가 유능하고 군주가 간섭하지 않는 측이 승리한다.

이 다섯 가지는 승리를 미리 알 수 있는 방법이다.

* 故知勝有五(고지승유오): '자고로 승리를 알 수 있는 다섯 가지 방법이 있다'는 뜻이다.

* 知可以與戰不可以與戰者勝(지가이여전불가이여전자승): 가이(可以)는 여기에서 '~해도 좋다, ~할 가치가 있다'는 뜻이다. 여(與)는 '~와'라는 뜻이다. 전체를 해석하면 '싸워야 할 때와 싸우지 않아야 할 때를 아는 측이 승리한다'는 뜻이다.

＊識衆寡之用者勝(식중과지용자승): 중과(衆寡)는 '수의 많고 적음'을 뜻한다. 전체를 해석하면 '적과 비교해 전력이 우세한지 열세한지를 알고 용병을 하는 측이 승리한다'는 뜻이다.

＊上下同欲者勝(상하동욕자승): 욕(欲)은 '하고자 하는 마음'을 의미한다. 전체를 해석하면 '상하 간에 마음이 일치하는 측이 승리한다'는 뜻이다.

＊以虞待不虞者勝(이우대불우자승): 우(虞)는 '헤아리다'는 뜻으로 '사려깊다'는 의미이다. 대(待)는 '기다리다, 대비하다'라는 뜻이다. 전체를 해석하면 '사려깊게 준비하여 대비하지 않은 적을 상대하는 측이 승리한다'는 뜻이다.

＊將能而君不御者勝(장능이군불어자승): 어(御)는 '다스리다'는 뜻으로 여기에서는 '간섭하다'라는 의미로 쓰였다. 전체를 해석하면 '장수가 유능하고 군주가 간섭하지 않는 측이 승리한다'는 뜻이다.

＊此五者, 知勝之道也(차오자, 지승지도야): '이 다섯 가지는 승리를 미리 알 수 있는 방법이다'라는 뜻이다.

내용 해설

여기에서 손자는 지승유오(知勝有五), 즉 승리를 미리 알기 위해 판단해보아야 할 다섯 가지를 제시하고 있다. 앞에서 '벌병'에 요구되는 장수의 역할을 보장하기 위해 바람직한 민군관계를 제시했다면, 이 부분에서는 원정을 떠남에 있어서 '벌병'의 결과를 미리 예측하기 위해 적과 아군 간의 제반 상황을 판단하고 각오를 다진다는 의미가 있다.

첫째는 싸워야 할 때와 싸우지 않아야 할 때를 구분하는 것이다. 적이 있다고 무조건 싸워야 하는 것은 아니다. 가령 원정군이 출발하여 적지 깊은 곳으로 우회하여 기동하는 과정에서는 가급적 적과 싸워서는 안 된다. 적의 추격을 물리치고 신속히 결전의 장소로 이동해 가야 하기 때문이다. 결전의 장소에 도착했는데 적이 강력한 진영을 갖추고 방어하고 있을 경우에도 공격해서는 안 된다. 〈군형〉 편에서 논의하겠지만 섣부른 공격은 화를 부를 수 있는 만큼 적의 허점이 조성될 때까지 기다리거나 유리한 여건을 조성해야 한다. 반대로 싸워야 할 때에는 반드시 싸워야 한다. 계곡을 통과하기 전에 적이 높은 고지를 점령하고 있으면 이들을 물리치기 위해 싸워야 한다. 적이 지형적으로 불리한 위치에 놓이거나 아군이 유인하는 대로 적이 움직였을 때에는 결정적 성과를 거두기 위해 싸워야 한다.

둘째는 적과 비교해 전력이 우세한지 열세한지를 알고 용병을 하는 것이다. 이는 장수의 용병 능력을 의미하는 것으로, 아군이 우세할 경우에는 적을 포위함으로써 적을 온전히 하면서 승리할 수 있는 용병을, 적과 대등할 경우에는 능숙한 계략을 통해 승리할 수 있는 용병을, 그리고 적보다 전력이 불리할 경우에는 적과의 군사적 대결을 피하거나 심지어 퇴각하는 용병을 추구해야 한다. 전력의 차이가 큼에도 불구하고 무리하게 용병을 하다가는 역으로 포위를 당할 수 있다. 앞에서 손자가 제시한 병력수에 의한 용병과 연계해본다면 병력이 열 배 우세할 경우 적을 포위하여 전승(全勝), 즉 온전한 승리를 달성하는 용병을, 두 배 우세할 경우 파승(破勝), 즉 적 부대를 깨뜨리고 승리하는 용병을, 그리고 열세할 경우에는 적을 회피하는 용병을 구사해야 할 것이다.

셋째는 상하 간에 일심동체가 된 측이 승리한다. 장수가 아무리 뛰어난 용병술을 구사하여 병력의 우세를 달성하더라도 병사들이 싸우려 하지 않으면 승리할 수 없다. 적보다 열 배 많은 병력으로 적을 포위하는 데 성공하더라도 병사들에게 싸울 의지가 없다면 패할 수밖에 없다. 따라서 장수는 군주가 백성들의 민심을 얻는 것처럼 병사들의 마음을 사고 신뢰를 얻어야 하며, 이를 통해 병사들로 하여금 죽기 살기를 각오하고 전투에 임하도록 해야 한다. 지휘통솔에 대해서는 앞으로 〈군쟁(軍爭)〉 편, 〈지형(地形)〉 편, 그리고 〈구지(九地)〉 편에서 자세히 살펴보겠지만, 장수는 병사들에게 한편으로 아들을 대하듯 사랑을 베풀면서 다른 한편으로 엄격함을 유지함으로써 사기와 군기를 진작시켜야 한다.

넷째는 사려 깊게 준비하여 대비하지 않은 적을 상대하는 측이 승리한다. 손자는 결전에서의 용병을 논하는 〈허실(虛實)〉 편에서 '피실격허(避實擊虛)', 즉 적의 강한 부분을 피하고 약한 부분을 치는 것이 용병의 기본 원리임을 강조하고 있다. 그것은 〈병세(兵勢)〉 편에서 논하고 있는 바와 같이 '숫돌을 계란에 던지듯' 강함으로 약함을 치는 것이다. 그러기 위해서는 어떻게 해야 하는가? 사전에 많은 준비를 갖추어야 한다. 사전에 준비한 측은 허점이 적은 반면 준비하지 못한 측은 허점이 많이 노출될 수밖에 없다. 그럼으로써 손자가 〈군형(軍形)〉 편에서 다루듯이 승리할 수 있는 진영을 편성하고, 〈병세〉 편에서와 같이 세를 발휘할 수 있는 여건을 조성해야 하며, 〈허실〉 편에서와 같이 '피실격허'를 통해 결정적 성과를 거둘 수 있도록 해야 한다.

다섯째 장수가 유능하고 군주가 간섭하지 않는 측이 승리한다. 전장 상황은 수시로 변화하기 마련이다. 그리고 장수는 그러한 상황 변화가 자신이 구상한 용병술에 어떠한 영향을 미칠 것인지를 판단하고 병력 운용에 변화를 꾀해야 한다. 공격이 방어로 바뀔 수 있으며, 방어에서 반격으로 전환될 수도 있다. 이 과정에서 군주가 전장 상황을 제대로 파악하지 못한 채 공격을 하라던가, 어디로 기동하라던가, 혹은 특정 지역을 점령하라고 한다면 장수의 용병을 방해하고 전쟁을 망치는 결과를 가져올 수밖에 없다. 군주가 군대의 인사와 상훈, 그리고 장수의 지휘권에까지 간섭하면 군정과 군령을 와해시키는 결과를 가져올 수밖에 없다. 그렇다면 만일 군주가 잘 모르고 간섭할 경우 장수는 어떻게 해야 하는가? 단호하게 거부해야 한다. 손자가 〈구변(九變)〉 편에서 "군주의 명령이라도 듣지 말아야 할 명령이 있다"고 한 것처럼 전쟁의 승패와 군대의 생존에 지장을 주는 명령이라면 장수는 목을 걸고라도 독단적으로 판단하여 군대를 이끌어야 할 것이다.

이렇게 볼 때 '지승유오'는 모두 장수와 관련되어 있음을 알 수 있다. 마지막 요소인 '군주의 불간섭'은 비록 군주와 관련된 것으로 보이지만, 이는 역으로 본다면 군주가 간섭하더라도 이것이 부적합한 명령이라고 생각한다면 장수는 과감하게 이를 뿌리치고 독자적인 결정을 내려야 한다는 점에서 결국 장수의 문제로 귀결된다고 할 수 있다. 즉, 전쟁에서의 승패는 전적으로 장수에게 달린 문제인 셈이다.

군사사상적 의미

손자의 장수와 몰트케의 장군: 집권형 지휘와 임무형 지휘

손자는 장수가 전적으로 용병에 대한 책임을 져야 한다고 본다. 물론, 〈병세〉 편에서와 같이 원정군이 '분수(分數)', 즉 부대를 나누어 편성하고 예하 장수에게 부대 지휘의 책임을 지우는 것은 당연하다. 그러나 전체적인 용병의 방법을 구상하고 전투를 수행하는 주체는 장수이다. 뒤에서 보겠지만 원정군을 이끌고 본국을 떠나 머나먼 길을 행군하여 전장에 도착하기까지, 그리고 전장에서 군형을 편성하고 적의 정세를 살피고 허실을 파악하며 최후의 순간에 세를 발휘하기 위해 병사들을 막다른 곳에 몰아넣기까지 장수는 모든 과정에 깊숙이 개입하고 있음을 발견할 수 있다. 손자의 장수는 부대와 병력을 철저하게 중앙에서 집권통제하는 중심에 서 있는 것이다.

나폴레옹 전쟁 시기 유럽에서도 중앙집권적 지휘 방식이 보편적으로 채택되었다. 당시의 전쟁은 나폴레옹이 그러했듯이 천재적 능력을 가진 지휘관이 모든 것을 이끌었다. 이러한 상황에서 클라우제비츠를 비롯한 대부분의 군사사상가들은 지휘관이 가져야 할 중요한 능력 또는 덕목이 후천적인 것이 아니라 선천적인 것으로 보았다. 즉, 지휘관의 자질은 전문적인 교육과 훈련으로 길러지는 것이 아니라 태생적으로 주어지는 것으로 본 것이다. 그래서 사람들은 나폴레옹과 같은 장군들이 남다른 군사적 재능을 갖고 있다는 측면에서 이들을 '군사적 천재(military genius)'라고 불렀다. 더욱이 전쟁을 불확실성과 우연으로 가득 찬 영역으로 인식했기 때문에 전쟁은 반드시 이러한 천재성을 가진 지휘관에 의해 수행되어야 한다고 믿었다. 그 결과 나폴레옹 전쟁 시기에 예하 지휘관들의 군사작전은 자율성을 갖지 못하고 천부적 능력을 가진 지휘관들의 명령과 지시에 따라 이루어졌다. 손자의 전쟁과 마찬가지로 중앙집권적 통제가 보편화되어 있었던 것이다.

그러나 나폴레옹 전쟁 이후 부대 지휘는 분권화되기 시작했다. 프로이센의 총참모장이었던 몰트케는 '임무형 지휘(mission command)'라는 제도를 도입하여 과감하게 기존의 중앙집권적 지휘 방식과 결별했다. 그는 당시 전쟁 규모가 확대되고 무기 기술이 발전하여 전장의 유동성과 불확실성이 증가하는 상황에서 지휘관의 지침이 더 이상 유효하지 않을 수 있다고 인식했다. 넓은 전장에서 멀리 떨어져 있는 예하 지휘관들이 시시각각 변화하는 상황 속에서 일일이 상급지휘관의 지침을 받아가면서 전투를 수행할 수 없다고 본 것이다. 따라서 그는 전쟁을 주도하고 전장을 유리하게 이끌어나가기 위해서는 예하 지휘관들이 독자적인 판단력을 가져야 한다고 보고 분권화된 지휘제도를 도입한 것이다.

몰트케가 고안한 임무형 지휘란 전장에서 전투를 수행하는 예하 지휘관에게 과감하게 권한과 책임을 위임하는 제도이다. 상급지휘관은 단지 목표를 제시하는 등 가장 중요하고 필수적이라고 생각되는 몇 가지 지시를 제외하고는 일체 간섭하지 않음으로써 예하 지휘관들이 독자적으로 주어진 임무를 달성할 수 있도록 자율성을 보장해주는 것이다. 몰트케는 "명령은 예하 지휘관이 독자적으로 해서는 안 되는 것을 제외하고 그 어떤 것도 담아서는 안 된다"고 했으며, 심지어 예하 지휘관이 중대한 전술적 승리를 얻을 수 있다면 이미 수립된 전쟁계획은 무시해도 좋다는 입장을 견지했다. 상급지휘관의 간섭을 철저히 배제한 것이다.

다만 여기에는 문제가 있었다. 예하 지휘관이 무능했던 것이다. 당시 프로이센의 군대는 최고사령관인 황제 아래 귀족들이 주요 지휘관직을 차지하고 있었기 때문에 대다수의 지휘관들이 독자적 판단을 내릴 수 있는 군사적 역량과 전문지식을 갖추지 못하고 있었다. 따라서 몰트케는 이를 보완하기 위해 지휘관을 보좌할 수 있도록 군사전문지식을 갖춘 참모조직, 즉 '장군참모(general staff)' 제도를 도입하여 전쟁지도체제를 획기적으로 개선했다. 그리고 프로이센-오스트리아 전쟁과 프로이센-프랑스 전쟁에서 승리하고 독일 통일을 달성할 수 있었다.

이렇게 볼 때 손자는 용병에 관한 모든 것을 장수가 장악하여 집권적으로 싸움을 이끌어간 것으로 보이는 반면, 몰트케는 많은 권한을 예하 지휘관에게 위임하여 분권적으로 작전을 수행하도록 했다는 점에서 차이가 있다. 다만, 손자가 예하 장수에게 어느 정도의 지휘 권한을 부여했는지에 대해서는 당시의 용병 방식과 관련하여 더 많은 연구가 필요하다.

6. 지피지기와 전쟁의 승부

故曰, 知彼知己, 百戰不殆.	고왈, 지피지기, 백전불태.
不知彼而知己, 一勝一負.	부지피이지기, 일승일부.
不知彼不知己, 每戰必殆.	부지피부지기, 매전필태.

자고로 적을 알고 나를 알면 백 번 싸워도 위태롭지 않다.

적을 모르고 나를 알면 승부는 반반이다.

적을 모르고 나를 모르면 싸울 때마다 위태롭다.

* 故曰, 知彼知己, 百戰不殆(고왈, 지피지기, 백전불태): 태(殆)는 '위태롭다'라는 의미이다. 전체를 해석하면 '자고로 적을 알고 나를 알면 백 번 싸워도 위태롭지 않다'는 뜻이다.

* 不知彼而知己, 一勝一負(부지피이지기, 일승일부): 부(負)는 '지다'라는 의미이다. 전체를 해석하면 '적을 모르고 나를 알면 승부는 반반이다'라는 뜻이다.

* 不知彼不知己, 每戰必殆(부지피부지기, 매전필태): '적을 모르고 나를 모르면 싸울 때마다 위태롭다'라는 뜻이다.

내용 해설

여기에서 손자는 '지피지기(知彼知己)'의 중요성을 제시하고 있다. 이 부분은 앞에서 '지승유오(知勝有五)'를 위해 필요한 적의 정보를 획득해야 한다는 것을 강조한 것으로 볼 수 있다. 여기에서 요구되는 정보로는 적군의 상황, 적 장수의 용병술, 적의 단합 정도, 적의 군사적 대비, 그리고 적의 군주와 장수 간의 관계 등을 들 수 있을 것이다.

다만 손자는 "적을 알고 나를 알면 백 번 싸워도 위태롭지 않다"고 함으로써 '지피지기'를 하더라도 반드시 승리할 것으로 보지는 않았다. 즉, '지피지기'면 '백전백승(百戰百勝)'이 아니라 '백전불태(百戰不殆)'라고 한 것이다. 그런데 바로 앞에서 손자는 '지승유오'를 통해 승리를 미리 예상할 수 있다고 하지 않았는가? 그렇다면 손자는 승리 여부를 가늠하기 위한 지승유오를 판단하는데 있어서 '지피지기' 외에 또 다른 요소가 작용한다는 것인가?

그렇다. '지피지기' 외에 '지천지지(知天知地)'라는 요소가 추가로 고려되어야 한다. 즉, 지승유오를 판단하기 위해서는 '지피지기'와 '지천지지'가 동시에 이루어져야 한다. 지승유오 가운데 첫 번째 요소인 적과 싸울 때를 아는 것과 두 번째 요소인 적과 싸우기 위한 용병의 방법을 구상하기 위해서는 적정을 파악하는 것만으로는 부족하며, 반드시 천시(天時)라는 요소를 고려하고 지형이 주는 이점을 활용해야 가능하다. 그래서 손자는 〈지형〉 편에서 "지피지기, 승내불태, 지천지지, 승내가전(知彼知己, 勝乃不殆, 知天知地, 勝乃可全)", 즉 "적을 알고 나를 알면 승리는 곧 위태롭지 않으며, 천시를 알고 지형을 알면 승리는 곧 확실하다고 할 수 있다"고 했다. 결국, 지피지기만으로는 승리를 확실히 할 수 없으며, 추가로 지천지지가 충족되어야 지승유오가 가능한 것이다. 이에 대해서는 〈지형〉 편에서 다시 살펴볼 것이다.

다음으로 손자는 '지피(知彼)'와 '지기(知己)'의 여부에 따른 승부의 결과에 대해 언급하고 있다. 그는 먼저 "적을 모르고 나를 알면 승부는 반반"이라고 했다. 나만 알고 적을 모를 경우 지승유오는 온전한 것이 될 수 없다. 아군에 대한 판단은 정확할 수 있으나 적에 대한 판단은 안개에 가려져 있기 때문에 승률은 반반이 될 수밖에 없다. 다음으로 손자는 "적을 모르고 나를 모르면 싸울 때마다 위태롭다"고 했다. 이러한 경우는 최악의 상황으로 '나도 모르는' 경우는 흔하지 않을 것이다. 다만 이는 유능하지 못한 장수가 부임하자마자 아무것도 모른 채 군대를 지휘하여 싸움에 나서는 상황을 상정해볼 수 있다. 이 경우 군대는 작전마다 혼선이 빚어지고 혼란이 발생하기 때문에 위태로울 수밖에 없을 것이다.

손자는 왜 '지피지기'에 대해 거침없이 말하고 있는가? '지기'는 그렇다 치더라도 '지피', 즉 적 상황을 파악하는 것이 그렇게 쉬운 것인가? 적에 대한 정보를 획득하는 것이 말처럼 쉽게 가능한 것인가? 아마도 춘추시대 중국의 상황은 오늘날 민족국가 시대와 크게 달랐을 것이다. 제후국들 간의 전쟁으로 얼룩진 시대에 국가체제는 허술하여 여기저기에서 민심 이반 현상이 나타나고 배신자가 속출했을 수 있으며, 따라서 첩자를 운용하여 적정을 파악하는 것이 상대적으로 용이했을 것이다. 손자나 오자(吳子), 공자(孔子) 등 주요 사상가들이 본국을 떠나 다른 제후국에서 활동한 사실은 이러한 사회상을 잘 보여주고 있다. 한마디로 손자의 시대에는 오늘날 국가들 간의 전쟁에 비해 첩자를 활용하여 정보를 획득하는 것이 비교적 용이했던 것이다.

군사사상적 의미

정보에 대한 손자와 클라우제비츠의 견해

『손자병법』을 관통하는 핵심적인 군사사상은 바로 '정보의 활용'이다. 이 병서에서 첩자를 운용하는 '용간(用間)'은 비록 맨 마지막 편에서 다루고 있지만, 적에 대한 정보를 획득하는 일은 『손자병법』 전반에 걸쳐 요구되는 매우 중요한 업무이다. 가령, 손자는 〈시계〉 편에서 오사의 계산과 일곱 가지 요소의 비교, 〈모공〉 편에서 '지승유오'와 '지피지기'의 필요성, 〈군형〉 편에서 승리할 수 있는 군형을 편성하는 다섯 단계의 절차, 〈허실〉 편에서 적이 예상치 못한 곳으로 나아가는 것, 〈군쟁〉 편에서 향도의 사용, 〈행군〉 편에서 자연현상 및 적정의 관찰을 통한 징후 파악, 〈지형〉 편에서 '지피지기'와 '지천지지', 〈구지〉 편에서 주변국 제후의 의도 파악 및 외교관계 체결, 그리고 〈용간〉 편에서 간첩의 운용 등을 제시하고 있는데, 이는 기본적으로 적에 대한 비밀정보 입수가 가능하고 또 입수된 정보를 토대로 전쟁을 성공적으로 수행할 수 있음을 전제로 한다.

그러나 클라우제비츠는 손자와 달리 정보를 신뢰하지 않는다. 그는 다음과 같이 언급했다.

전쟁 중에 획득하는 많은 정보 보고들은 모순된 것이고, 심지어는 거짓 정보도 있으며, 대부분이 불확실한 것들이다. … 이것은 모든 정보에 해당되는 일반적인 사항이지만 특히 전투가 치열할 때는 더욱 그러하다. … 요약하면, 대부분의 정보는 잘못된 것이며, 두려움으로 인해 거짓말과 부정확성이 배로 증가되어 있다.

그에 의하면, 치열한 전투가 벌어지는 상황에서 지휘관은 적에 관한 정보는 고사하고 그 자신의 병력에 대한 정보나 제대로 얻을 수 있을지 의심하지 않을 수 없다고 한다. 손자가 말하는 '지피'는 고사하고 '지기'도 어렵다는 것이다. 심지어 대부분의 정보는 잘못된 것이기 때문에 군 지휘관의 판단을 돕는 요소라기보다는 또 다른 잡음이나 마찰을 야기하는 원인에 불과하다는 것이 그의 견해이다.

정보를 신뢰할 수 없다면 전쟁에서 합리적 계산과 판단이 불가능하다. 손자가 〈시계〉 편에서 주장한 것처럼 전쟁 이전에 피아 역량을 비교하여 승리의 가능성을 사전에 판단할 수도 없으며, 불완전한 정보로 인해 효과적인 계획을 수립할 수도 없다. 전쟁계획을 아무리 잘 만들고 작전계획을 그럴싸하게 수립하더라도 막상 전쟁에 돌입하면 별 쓸모가 없게 된다. 결국, 정보에 대한 손자와 클라우제비츠의 견해에는 분명한 차이가 있다. 손자는 정보를 전쟁의 불확실성을 제거할 수 있는 유용한 기제로 간주한 반면, 클라우제비츠는 정보를 믿을 수 없기 때문에 전쟁의 불확실성은 여전히 극복될 수 없다고 본다.

그렇다면, 왜 정보에 대한 손자와 클라우제비츠의 견해가 다른가? 이에 대해서는 다음과 같이 두 가지 요인으로 설명할 수 있다. 첫째로 두 사상가가 상정하고 있는 전쟁의 양상이 다르다. 앞에서 설명한 바와 같이 손자의 전쟁은 제후국들 간의 내전으로 국가체제가 허술하고 백성들마다 충성의 대상이 바뀔 수 있었기 때문에 첩자의 운용이나 정보의 획득이 용이했다. 반면 클라우제비츠는 내전이 아닌 국제전을 대상으로 전쟁을 논하고 있으며, 당시 유럽에서는 민족주의가 확산되고 국민들 사이에 애국심이 형성됨으로써 아무래도 상대 국가로부터 정보를 획득하기에 제한이 있었을 것이다. 즉, 내전과 국제전의 차이가 정보에 대한 손자와 클라우제비츠의 인식 차이를 낳은 것으로 볼 수 있다.

둘째로 두 사상가의 차이는 분석 수준의 차이로 볼 수 있다. 손자는 외교·정치·전략·작전·전술 등 모든 수준에서의 정보에 관심을 기울였던 반면, 클라우제비츠는 오직 하위 수준에서의 작전적·전술적 정보에 초점을 맞추고 있다. 상위 수준에서의 전략 정보와 하위 수준에서의 전투 정보라는 차이가 있는 것이다. 그런데 상위의 전략 정보는 시간을 다투지 않는 것으로 하위의 전투 정보에 비해 획득이 용이하고 유용하게 활용될 수 있다. 적 군주의 의도나 적 군사력의 수준 등은 첩자나 전향인물, 그리고 다른 군주를 통해 입수할 수 있으며, 장기간 변화하지 않으므로 전쟁을 계획하고 준비하는 데 충분히 활용할 만한 가치가 있다. 반면 전장에서의 전투 정보는 그렇지 않다. 손자의 시대나 클라우제비츠의 시대 모두 전장에 관한 정보는 신뢰하기 어려울 뿐 아니라 실시간 통신이 발달하지 않았으므로 그것이 활용되기도 전에 이미 무용지물이 되기 일쑤였을 것이다. 즉, 손자는 전쟁이라는 상위 수준에서 정보를 다루었기 때문에 정보에 대한 긍정적인 견해를 가졌던 반면, 클라우제비츠는 하위 수준의 전장 정보를 중심으로 정보의 가치를 따졌기 때문에 부정적인 견해를 보인 것으로 정리할 수 있다.

이에 따라, 두 사상가는 전쟁을 수행해나가는 방식에서 서로 다른 모습을 보인다. 손자는 어떻게든 정보를 획득하고 이를 바탕으로 전쟁을 합리적으로 이끌어가려 한다. 클라우제비츠의 주장처럼 비록 전장 정보는 불확실할 수도 있지만, 손자는 그마저도 불확실성을 줄여나가고자 한다. 즉, 〈행군〉 편에서 다루고 있듯이 전장에서 자연현상, 동물들의 움직임, 적진 내의 동향 등을 면밀하게 관찰함으로써 정보를 획득하기 위한 노력을 지속한다. 그리고 이렇게 얻어진 정보는 장수의 용병술을 구상하는 데 소중한 자산으로 활용된다. 반면, 클라우제비츠는 정보를 신뢰할 수 없기 때문에 이를 획득하기 위해 노력하거나 지휘관의 계획에 반영하려는 모습을 보이지 않는다. 다만, 그는 전장의 불확실성을 극복하기 위해 정보가 아닌 지휘관의 천재성에 의존하고 있다.

軍形

〈군형(軍形)〉 편은 손자가 전쟁술을 논하는 첫 번째 편이다. 이 편과 다음의 〈병세〉 편 및 〈허실〉 편은 원정군이 결전의 장소인 적의 수도 인근 지역에 도착한 상황으로 적의 주력과 어떻게 결전을 준비하고 치러야 하는지에 대한 전쟁술을 다루고 있다. 즉, 여기에서부터 세 편의 전쟁술은 결전의 용병에 대한 논의임을 염두에 두어야 한다.

'군형'이란 '군대의 대형'으로 '진영 혹은 전투대형을 갖추다'는 의미이다. 두 국가의 군대가 서로 대치하는 가운데 본격적으로 싸우기 위해 진영을 갖추고 전투태세에 돌입하는 것을 말한다. 여기에서 '진영 혹은 전투대형' 은 크게 공격, 방어, 혹은 방어 후 공격 등 장수의 용병 구상에 따라 다양하게 편성될 수 있을 것이다.

〈군형〉 편에서 손자는 첫째로 군형의 기본 형태인 방어태세와 공격태세의 본질, 둘째로 용병을 잘하는 장수가 편성하는 군형의 모습, 셋째로 승리할 수 있는 군형을 편성하기 위한 다섯 단계의 병법에 대해 논하고 있다. 여기에서 손자가 말하는 핵심은 적을 압도할 수 있는 군형을 편성함으로써 '선승이후구전(先勝而後求戰)', 즉 미리 이겨놓고 싸우는 전쟁을 수행해야 한다는 것이다.

1. 군형의 기본 : 방어태세와 공격태세

孫子曰, 昔之善戰者, 先爲不可勝, 以待敵之可勝.	손자왈, 석지선전자, 선위불가승, 이대적지가승.
不可勝在己, 可勝在敵. 故善戰者, 能爲不可勝, 不能使敵之必可勝.	불가승재기, 가승재적. 고선전자, 능위불가승, 불능사적지필가승.
故曰, 勝可知而不可爲, 不可勝者守也, 可勝者攻也.	고왈, 승가지이불가위, 불가승자수야, 가승자공야.
守則不足, 攻則有餘.	수즉부족, 공즉유여.
善守者藏於九地之下, 善攻者動於九天之上.	선수자장어구지지하, 선공자동어 구천지상.
故能自保而全勝也.	고능자보이전승야.

손자가 말하기를, 옛날에 용병을 잘하는 장수는 적이 이기지 못할 태세를 갖추고 적의 허점이 나타나기를 기다렸다가 기회를 포착하여 승리를 얻었다.

적이 승리하지 못하도록 하는 것은 나에게 달려 있고, 내가 승리할 수 있는 것은 적에게 달려 있다. 따라서 용병을 잘하는 장수는 적이 승리할 수 없도록 할 수는 있어도, 적으로 하여금 내가 반드시 승리하도록 할 수는 없다.

자고로 승리 가능성을 미리 예측할 수는 있어도 무조건 승리를 달성할 수 있는 것은 아니다. 적이 승리하지 못하도록 하는 것은 (아군이) 방어하기 때문이며 적을 상대로 승리할 수 있는 것은 (아군이) 공격하기 때문이다.

(따라서) 방어를 하는 것은 (아군이) 열세하기 때문이고, 공격을 하는 것은 (아군이) 우세하기 때문이다.

방어를 잘하는 장수는 깊은 땅 속에 숨은 것같이 한다. (그래서 적으로 하여금 어디를 방어하고 있는지 모르게 한다) 공격을 잘하는 장수는 높은 하늘 위에서 움직이듯이 한다. (그래서 적으로 하여금 어디를 칠지 모르도록 한다)

이렇게 하면 스스로를 안전하게 하면서 온전한 승리를 거둘 수 있다.

＊孫子曰, 昔之善戰者, 先爲不可勝, 以待敵之可勝(손자왈, 석지선전자, 선위불가승, 이대적지가승): 석(昔)은 '옛날'이라는 뜻으로, 석지선전자(昔之善戰者)는 '옛날에 용병을 잘하는 장수는'이라는 뜻이다. 선위(先爲)는 '먼저 ~하도록 하다'라는 뜻으로, 선위불가승(先爲不可勝)은 '먼저 적이 이기지 못하도록 한다'는 뜻이다. 대(待)는 '기다리다, 대비하다'라는 뜻으로, 이대적(以待敵)은 '적을 기다림으로써'라는 뜻이나, 여기에서는 '적의 허점이 나타나기를 기다린다'는 의미로 해석한다. 따라서 이대적지가승(以待敵之可勝)은 '적의 허점이 나타나기를 기다렸다가 승리한다'는 의미이다. 전체를 해석하면, '손자가 말하기를 옛날에 용병을 잘하는 장수는 적이 이기지 못할 태세를 갖추고 적의 허점이 나타나기를 기다렸다가 기회를 포착하여 승리한다'는 뜻이다.

＊不可勝在己, 可勝在敵(불가승재기, 가승재적): 재(在)는 '있다'는 뜻으로, 불가승재기(不可勝在己)는 '적이 승리하지 못하도록 하는 것은 나에게 달려 있다'는 뜻이다. 가승재적(可勝在敵)은 '내가 승리할 수 있는 것은 적에게 달려 있다'라는 뜻이다. 전체를 해석하면 '적이 승리하지 못하도록 하는 것은 나에게 달려 있고, 내가 승리할 수 있는 것은 적에게 달려 있다'는 뜻이다.

＊故善戰者, 能爲不可勝, 不能使敵之必可勝(고선전자, 능위불가승, 불능사적지필가승): 능위(能爲)는 '~할 수 있다'는 뜻으로, 능위불가승(能爲不可勝)은 '적이 승리하도록 할 수 있다'는 의미이다. 불가승(不可勝)은 '적으로 하여금 승리하지 못하게 하다', 사(使)는 '~로 하여금', 필가승(必可勝)은 '내가 반드시 승리한다'는 의미로, 불능사적지필가승(不能使敵之必可勝)은 '적으로 하여금 내가 반드시 승리하도록 할 수는 없다'는 뜻이다. 전체를 해석하면 '따라서 용병을 잘하는 장수는 적이 승리할 수 없도록 할 수는 있어도, 적으로 하여금 내가 반드시 승리하도록 할 수는 없다'는 뜻이다.

＊故曰, 勝可知而不可爲(고왈, 승가지이불가위): 승가지(勝可知)는 '승리는 알 수 있다'는 뜻이고, 이(而)는 순 또는 역의 접속사이다. 불가위(不可爲)는 '만들 수는 없다'는 뜻이다. 전체를 해석하면 '자고로 승리 가능성을 미리 예측할 수는 있어도 무조건 승리를 달성할 수 있는 것은 아니다'라는 뜻이다.

＊不可勝者守也, 可勝者攻也(불가승자수야, 가승자공야): 불가승자(不可勝者)는 '적이 승리하지 못하도록 하는 것', 수야(守也)는 '방어하기 때문이다'라는 뜻이다. 전체 해석하면 '적이 승리하지 못하도록 하는 것은 방어하기 때문이며 적

을 상대로 승리할 수 있는 것은 공격하기 때문이다'라는 뜻이다.

  * 守則不足, 攻則有餘(수즉부족, 공즉유여): 여(餘)는 '남다, 여유가 있다'는 뜻이다. 전체를 해석하면 '방어를 하는 것은 열세하기 때문이고, 공격을 하는 것은 우세하기 때문이다'라는 뜻이다.

  * 善守者藏於九地之下(선수자장어구지지하): 장(藏)은 '감추다'를 의미하고, 구지(九地)는 '깊은 땅'이라는 뜻으로 여기에서 구(九)는 '끝'을 의미한다. 전체를 해석하면 '방어를 잘하는 장수는 깊은 땅 속에 숨은 것같이 한다.' 그래서 적으로 하여금 어디를 방어하고 있는지 모르게 한다는 의미이다.

  * 善攻者動於九天之上(선공자동어구천지상): 구천(九天)은 '끝없이 높은 하늘'을 뜻한다. 전체를 해석하면 '공격을 잘하는 장수는 높은 하늘 위에서 움직이듯이 한다.' 그래서 적으로 하여금 어디를 칠지 모르도록 한다는 의미이다.

  * 故能自保而全勝也(고능자보이전승야): 보(保)는 '지키다'라는 뜻이다. 전체를 해석하면 '이렇게 하면 스스로를 안전하게 하면서 온전한 승리를 거둘 수 있다'는 뜻이다.

내용 해설

손자의 전쟁술은 〈군형〉 편, 〈병세〉 편, 그리고 〈허실〉 편으로 구성되며, 〈군형〉 편은 이 가운데 가장 첫 번째 부분이다. 〈시계〉 편, 〈작전〉 편, 그리고 〈모공〉 편으로 구성된 전쟁론을 마치고 이제 본격적으로 전쟁술을 논하고 있는 것이다. 〈군형〉 편, 〈병세〉 편, 그리고 〈허실〉 편으로 구성된 손자의 전쟁술은 원정에 나선 군대가 결전의 장소에 도착하여 적의 주력을 상대로 결정적 승리를 거두는 방법에 대한 이론적 논의이다. 즉, 원정부대가 중간에 저항하는 적 부대의 저항을 회피하고 결전의 장소인 적국의 수도 혹은 도성이 위치한 지역에 도착한 상황으로, 장수가 군대의 진영을 갖추고(軍形) 적의 취약한 지점에 대해 압도적인 세를 발휘(兵勢)하기 직전의 단계를 논하고 있는 것이다.

  '군형'이란 적과의 결전을 치르기 위해 '진영 혹은 전투대형을 갖추는 것'이다. 이와 관련하여 손자는 먼저 승리할 수 있는 군형을 언급하고 있다. 그는 선전자(善戰者), 즉 용병을 잘하는 장수는 "적이 이기지 못할 태세를 갖추고 적의 허점이 나타나기를 기다렸다가 기회를 포착하여 승리한다"고 했다. 이것은 무슨 의미인가? 여기에서 손자는 군형의 기본이라 할 수 있는 방어대형과 공격대형에 대해 말하고 있다. '적이 이기지 못할 태세를 갖춘다'는 것은 곧 빈틈없는 방어대형을 갖추는 것을 의미하고, '기회를 포착하여 승리한다'는 것은 적이 막아낼 수 없는 강력한 공격진영을 펼치는 것을 의미한다. 즉, 방어대형을 단단히 갖추어 적이 공격할 틈을 보이지 않는 가운데 기회가 되면 적을 맹렬히 공격하여 승리를 거두어야 한다는 것이다.

이때 결정적 승리를 거두기 위한 공격은 오직 적이 허점을 보일 때에만 가능하다. 여기에서 '허점'이란 적이 원래 가지고 있던 취약성을 발견하는 것일 수도 있고, 원래 없던 취약성이 조성되도록 하는 것일 수도 있다. 적의 허점을 발견하거나 만들어내기 위해서는 〈시계〉 편에서 손자가 언급했던 '궤도(詭道)', 즉 속임수를 동원해야 한다. 즉, 적을 엉뚱한 방향으로 유인하거나, 적으로 하여금 아군이 매복한 지역으로 들어오도록 함으로써 적의 '허점'을 조성하고 승기를 포착해야 한다는 것이다. 이에 대해서는 다음의 〈허실〉 편에서 자세히 논의할 것이다.

손자는 기본적으로 방어가 더 강한 형태의 전쟁임을 인식하고 있다. "적이 승리하지 못하도록 하는 것은 나에게 달려 있고, 내가 승리할 수 있는 것은 적에게 달려 있다"고 한 것은 어느 편이든 방어태세를 충실히 갖추면 상대는 공격을 하더라도 승리할 수 없다는 것이다. 또한 "용병을 잘하는 장수는 적이 승리할 수 없도록 할 수는 있어도, 적으로 하여금 내가 반드시 승리하도록 할 수는 없다"는 구절도 마찬가지이다. 아군의 승리는 내가 원한다고 가능한 것이 아니라 적에게 달려 있다는 것이다. 즉, 적이 허점을 노출해야만 이길 수 있다. 이는 전쟁에서 승리의 가능성을 예견할 수는 있지만 전장에서 무조건 승리할 수 있는 것은 아니므로, 기회를 노려 적이 허점을 노출하게 만들어야한다는 것을 지적한 것이다.

이러한 측면에서 손자가 생각하는 방어와 공격의 목적은 분명히 구별된다. 손자는 적이 승리하지 못하는 것은 우리가 방어태세를 갖추고 있기 때문이라고 했는데, 이는 방어의 목적이 적의 승리를 거부하는 것임을 의미한다. 또한 그는 우리가 승리할 수 있는 것은 공격하기 때문이라고 했는데, 이는 공격의 목적이 승리를 거두기 위한 것임을 의미한다. 그래서 손자는 '수즉부족, 공즉유여(守則不足, 攻則有餘)'를 언급했다. 방어를 하는 것은 우리의 전투력이 열세하기 때문에 적이 승리하지 못하도록 해야 한다는 것이고, 공격을 취하는 것은 우리의 전투력이 충분하기 때문에 적에게 공격을 가하여 승리를 달성할 수 있음을 의미한다.

'수즉부족, 공즉유여(守則不足, 攻則有餘)'는 『십일가주손자』와 『무경칠서(武經七書)』에 표기된 것이나, 1972년 4월 은작산(銀雀山) 한무제(漢武帝) 묘에서 출토된 죽간본(竹簡本) 『손자병법』에는 "수즉유여, 공즉부족(守則有餘, 攻則不足)"으로 되어 있다. 이에 대해 다양한 해석이 있을 수 있으나, 기본적으로 두 표현 모두 동일한 의미로 해석이 가능하다. '수즉유여'는 '방어를 하면 전투력의 여유를 가질 수 있다'는 것이고 '수즉부족'은 '방어를 하는 것은 열세하기 때문'이라는 것으로, 둘 다 방어의 유리함을 이용한다는 측면에서 일맥상통한다. 또한 '공즉부족'은 '압도적인 군사력으로 적을 공격하면 적은 오히려 부족하게 된다'는 것이고 '공즉유여'는 '공격을 하는 것은 아군이 우세하기 때문'이라는 것으로 둘 다 공격에는 적보다 더 많은 군사력이 동원되어야 한다는 측면에서 유사한 것으로 볼 수 있다.

그러면 방어와 공격의 태세를 어떻게 편성해야 하는가? 손자는 방어를 "깊은 땅 속에 숨은 것같이 해야 한다"고 주장했다. 이는 적으로 하여금 아군이 어떠한 규모로 어디를 방어하고 있는지 모르게 하여 섣불리 공격하지 못하도록 하고, 설사 적이 공격을 해오더라도 아군의 방어가 강한 지역이나 아군이 매복한 지역으로 들어오도록 하여 적을 섬멸할 수 있다는 것이다. 즉, 아군의 진영이 어디가 강하고 어디가 허점인지를 드러내지 않음으로써 적의 공격이 쉽게 이루어지지 못하도록 해야 한다는 것이다.

또한 그는 공격을 "높은 하늘 위에서 움직이듯이 한다"고 했다. 이는 적의 진영을 속속들이 들여다봄으로써 적의 배치와 규모, 그리고 허점을 파악하는 것을 의미한다. 적의 허점이 발견되지 않으면 적을 속임으로써 그러한 허점을 만들어낼 수도 있을 것이다. 그렇게 되면 아군은 적의 허점에 대해 병력을 집중하여 공격을 가할 수 있다. 이때 방어하는 적에게는 아군의 주력이 어디를 칠지 모르게 해야 한다. 그러면 적은 모든 곳을 방비해야 하기 때문에 모든 곳이 취약해질 수밖에 없게 된다.

결론적으로, 손자는 "이렇게 하면 스스로를 안전하게 하면서 온전한 승리를 거둘 수 있다"고 마무리하고 있다. 아군은 방어를 통해 스스로를 온전히 보전하는 가운데 적의 허점에 대해 공격을 가함으로써 온전한 승리를 거둘 수 있다는 것이다. 이는 방어와 공격의 개념과 속성을 잘 정리한 한 것으로, 클라우제비츠의 정의와 완벽하게 일치한다. 클라우제비츠는 방어를 '지키는 것(preservation)'이라 하여 아군의 군사력을 보존하는 것으로 보았고, 공격을 '타격을 가하는 것(parrying of a blow)'이라 하여 적 군사력을 섬멸하는 것으로 보았다.

군사사상적 의미

전략의 기본 형태 : 공격과 방어

용병술 혹은 오늘날 군사전략의 기본은 공격이냐 방어냐를 결정하는 것으로부터 출발한다. 전쟁이 보다 상위의 정치적 목적을 달성하는 수단으로서 기능하는 것이라면, 군사전략은 정치적 목적의 성격에 따라 공세적 전략 혹은 방어적 전략으로 나뉜다.

클라우제비츠가 제시한 정치적 목적에는 두 가지가 있다. 하나는 적극적 목적(positive aim)이고, 다른 하나는 소극적 목적(negative aim)이다. 적극적 목적은 적국으로부터 주권이든, 영토든, 이권이든 뭔가를 탈취하는 것이다. 소극적 목적은 역으로 적국이 그러한 뭔가를 우리로부터 탈취하지 못하도록 하는 것이다. 여기에서 군사전략의 유형이 구분된다. 즉, 한 국가가 전쟁에서 추구하는 정치적 목적이 적극적인 것이라면 반드시 공세적 군사전략을 채택해야 하는 반면, 소극적인 것이라면 반드시 방어적 군사전략을 취해야 한다.

따라서, 군사전략은 다음과 같이 정치적 목적의 성격과 군사력의 우열을 고려하여 2×2 모형으로 정리할 수 있다. 군사전략이란 상위의 목적을 달성하기 위해 가용한 군사적 수단을 운용하는 방법에 관한 것으로, 정치적 목적의 성격과 군사력의 우열이라는 두 가지 요소의 함수로 볼 수 있다. 즉, 군사전략은 정치적 목적이 적극적인지 혹은 소극적인지, 그리고 군사력이 우세한지 혹은 열세한지에 따라 결정된다.

군사전략 구상을 위한 기본 모형

구분		수단(군사력)	
		우세	열세
정치적 목적	적극적 (공세적)	유형 ❶: 공격전략 → 전면전쟁/제한전쟁	유형 ❷: 선제기습전략 → 제한전쟁
	소극적 (수세적)	유형 ❸: 방어전략 → no war/제한전쟁	유형 ❹: 방어/동맹/비정규전전략 → 방어적 전쟁, 비정규전

우선 첫 번째 유형으로 공격전략은 두 가지 조건이 충족될 때 선택할 수 있다. 하나는 정부가 적극적 목적을 추구해야 하고, 다른 하나는 군사력이 우세해야 한다는 것이다. 이때 공격전략은 추구하는 정치적 목적에 따라 두 가지의 전쟁을 야기하게 된다. 즉, 정치적 목적이 적에 대해 무조건 항복을 요구하는 것이라면 전면전쟁이 될 것이고, 그렇지 않고 적에게

일부의 양보를 강요하는 것이라면 제한전쟁이 될 것이다.

두 번째 유형으로 정부가 적극적 목적을 갖고 있는 반면 군사적으로 열세에 있다면 선제기습전략을 선택할 수 있다. 이 경우 그 국가는 군사적으로 약하기 때문에 전면전쟁이 아닌 제한전쟁을 추구해야 한다. 군사적으로 우세한 적을 상대로 전면적인 전쟁을 벌인다면 초기 기습에서는 성공할지라도 결국에는 패배할 가능성이 높기 때문이다. 따라서 선제기습전략에서 파괴해야 할 중심은 대부분 적의 군사력에 한정되는 경향이 있다.

셋 번째 유형으로 정부가 소극적인 정치적 목적을 추구하고 우세한 군사력을 갖추고 있을 경우 방어전략을 선택할 수 있다. 강한 국가는 현상변경을 시도할 이유가 없기 때문에 상대적으로 약한 잠재적 적국의 도발을 억제하거나, 강압 및 보장을 통해 이들을 회유함으로써 평화를 유지하려 할 것이다. 이러한 전략은 주변의 약한 국가들을 상대로 한다는 점에서 성공 가능성이 높고 전쟁을 방지할 수 있을 것이다. 그러나 국제정치는 그렇게 단순하지 않다. 약한 국가도 적극적인 정치적 목적을 가지고 강대국을 상대로 도발할 수 있다. 만일 약한 적이 현상에 도전하여 군사적으로 도발해온다면 강한 국가는 즉각 적의 승리를 거부하고 보복에 나서게 될 것이다.

마지막으로 정부가 소극적 목적을 갖고 군사적으로 열세에 있다면 기본적으로 방어전략을 취해야 한다. 이 경우 가능하다면 다른 국가들과 동맹을 체결하여 적의 군사적 위협에 대응해야 한다. 적이 압도적으로 강하여 정규전으로는 가망이 없다고 판단되면 비정규전전략을 선택하여 끈질기게 저항할 수 있다. 방어전략이든, 동맹전략이든, 아니면 비정규전전략이든 이러한 유형의 전략은 적에 대해 전격적인 승리를 추구하기보다는 군사적으로 우세한 적이 승리하지 못하도록 거부하는 데 주안을 두어야 하며, 따라서 적의 군사력을 섬멸하기보다는 격퇴하는 데 주력해야 한다. 냉전기 중국의 위협에 대한 인도나 베트남의 방어전략이 이러한 사례에 해당한다.

그렇다면 손자의 전쟁은 어떠한 유형에 속하는가? 손자가 오나라의 대외원정을 계획하고 참여했음을 볼 때 당연히 유형 ❶에 해당하는 것으로 보아야 한다. 물론, 손자가 전쟁을 신중하게 숙고해야 한다고 강조한 것을 보면 기본적으로는 유형 ❸의 전쟁을 지향했다고 볼 수 있지만, 불가피하게 주변국의 위협을 받고 있는 상황에서 초나라에 대한 원정에 나섰음을 고려한다면 『손자병법』에서 다루고 있는 전쟁은 제한전쟁이 아니라 이웃 제후국을 합병하기 위한 것으로 유형 ❶의 전면전쟁에 해당함을 알 수 있다.

클라우제비츠의 방어우세 사상

손자는 기본적으로 방어가 공격보다 강한 것으로 본다. 손자가 "용병을 잘하는 장수는 적이 승리할 수 없도록 할 수는 있어도, 적으로 하여금 내가 반드시 승리하도록 할 수는 없다"고 주장한 것은 적이 허점을 보이지 않는 이상 공격이 방어를 이길 수 없음을 의미한다. 비록 손자가 왜 방어가 공격보다 강한지에 대해서는 설명을 하지 않았지만, 〈지형〉 편이나 〈행군〉 편에서 언급하고 있는 바와 같이 방어하는 측은 유리한 지형이나 고지를 선점하여 적을 기다리고 있기 때문에 더 많은 이점을 갖는다고 본 것 같다.

이에 대해 클라우제비츠는 그의 저서 『전쟁론』에서 왜 방어가 공격보다 더 강한 형태의 전쟁인지 구체적으로 설명하고 있다. 그것은 첫째로 방어하는 것이 공격하는 것보다 용이하기 때문이다. 공격은 적의 영토를 빼앗고 정복하려는 '적극적 목표'를 갖지만, 방어는 적의 정복을 거부한다는 '소극적 목표'를 갖는다. 그런데 특정 지역을 빼앗는 것은 그것을 지키는 것보다 더 어렵다. 따라서 동일한 여건이라면 공격하는 측은 전쟁을 수행하기 위해 방어하는 측보다 더 많은 준비와 노력을 기울어야 한다.

둘째로 역사적 경험이 이를 증명한다. 모든 국가가 대부분 방어를 취하고 있다는 사실은 방어의 강함을 입증해주는 것이다. 왜냐하면 만일 공격이 강하다면 방어는 무의미하게 될 것이고, 모든 국가는 공격에만 치중하게 될 것이기 때문이다. 그러나 현실적으로 전쟁은 공격만으로 수행되는 경우는 거의 없고 대부분 공격과 방어를 취하며, 심지어 많은 기간이 양측 모두 방어를 취하고 '대치(inaction)'하는 국면으로 전개된다. 특히, 전쟁의 역사를 통해서 볼 때 약한 측이 공격을 하고 강한 측이 방어를 하는 사례가 드물다는 사실은 전략이론가뿐 아니라 야전 지휘관들도 방어가 공격보다 더 강한 형태의 전쟁임을 인정하고 있다는 증거이다.

셋째로 방어하는 측은 진지와 지형의 이점을 활용할 수 있다. 자국의 영토에서 전쟁을 함으로써 유리한 지형을 이용하여 싸울 수 있고, 방어에 유리한 지역에 미리 진지를 마련함으로써 적보다 유리한 조건 하에서 싸울 수 있다. 또한 방자(防者)는 자국 내 영토에서 전쟁을 수행하기 때문에 내선작전의 이점을 활용할 수 있을 뿐 아니라, 자국민의 전폭적인 협조 하에 보급을 원활하게 할 수 있고 장기적인 작전을 펼 수 있다. 반면 공자(攻者)는 적의 영토 안으로 진격할수록 병참선이 신장되고 보급의 문제에 직면하게 됨으로써 오랜 기간 전쟁을 수행하는 데 곤란을 겪을 수 있다. 특히, 방자의 전투원들은 침략자들로부터 자기 영토를 방어하기 위한 전투를 하기 때문에 사기가 매우 높으며, 적보다 적극적으로 전투에 임할 수 있다.

넷째로 시간은 방자의 편이다. 공자의 전투력은 시간이 갈수록, 그리고 적 영토 안으로 진격이 이루어질수록 그 기세가 둔화될 수밖에 없다. 공격이란 공격과 방어가 교대로 이루어지는 전쟁행위이기 때문이다. 비록 적의 영토로 진격하는 중이라 하더라도 적어도 휴식하는 동안에는 공격을 멈춘 채 방어를 하지 않을 수 없다. 공자는 진격할수록 신장되는 병참선을 보호하고 점령한 지역을 통제하기 위해 점차 많은 병력을 후방 지역에 배치하여 방어를 하지 않을 수 없다. 또한 공격이 진행될수록 보급을 지원하고 병력을 증원하는 데 소요되는 시간이 더욱 증가함으로써 전진 속도가 점점 둔화되지 않을 수 없다. 이로 인해 공자의 전투력은 감소하게 되고, 공자는 공격의 정점(culminating point of attack)에 도달하게 된다.

손자 역시 클라우제비츠가 제시한 방어의 이점을 충분히 인식하고 있었기 때문에 적의 공격을 막아낼 수는 있어도 방어하는 적에 대해 쉽게 승리할 수는 없다고 언급한 것으로 보인다. 다만, 손자는 공격이 성공하기 위해서는 반드시 적의 허점이 조성되어야 한다는 점을 강조하고 있다.

유럽에서의 공격우세 사상: 공격의 신화

클라우제비츠의 방어우세 주장과 달리, 방어보다 공격이 강하다고 보는 군사사상가들이 많다. 근대 피렌체(Firenze)의 사상가였던 마키아벨리는 공격이 강하다고 본 대표적인 인물이다. 그는 평화적 노선을 추구하는 국가는 항시 부침을 거듭하며 유동적인 정치세계에서 쉽게 희생물로 전락할 것이라고 경고했다. 따라서 군주는 '공격을 최선의 방어'로 간주하여 침략자들로부터 자국을 방어하고, 자국의 지배력에 도전하는 세력을 격파할 수 있도록 팽창정책을 추구해야 한다고 주장했다. 피렌체와 같은 국가가 좁은 경계 안에 머물러 있을 경우 자유를 누릴 수 없을 뿐 아니라 프랑스나 스페인과 같은 주변 강대국으로부터 침략을 당할 수 있으므로 인구증가, 동맹국 결성, 식민지 건설, 국가재정 확보 군사훈련 강화 등을 통해 대외적 팽창에 나서야 한다고 주장했다.

레닌(Vladimir Lenin)은 클라우제비츠의 추종자로 알려져 있다. 그럼에도 불구하고 그는 "방어가 공격보다 더 강한 형태의 전쟁"이라는 클라우제비츠의 주장에 관심을 기울이지 않았다. 물론, 레닌은 사회주의자들의 혁명전쟁을 일컬어 '방어적 전쟁'이라고 규정한 바 있다. 그러나 그것은 자본주의 국가들의 착취로부터 프롤레타리아 계급의 이익을 수호한다는 의미에서 사용된 것으로 제국주의 국가들의 '침략전쟁'이 갖는 부정적 이미지와 대비시켜 '혁명전쟁'의 정당성을 강변하기 위한 수사에 불과한 것이었다. 반대로 레닌은 공격 일변도의 전쟁수행 원칙을 제시하여 "방어는 모든 무장봉기의 죽음"이라고 규정하고, 일단 봉기가 시작되면 최대한의 결단력을 가지고 반드시 공세를 취해야 한다고 강조했다. 소련의 군대는 제2차 세계대전 이전까지 방어를 편성하고 수행하는 문제에 대한 검토가 이루어지지 않고 있었는데, 이러한 점은 적을 완전하게 격멸하는 것을 목표로 하는 혁명전쟁에서 절대적으로 공격을 선호했던 레닌의 영향을 받았기 때문으로 볼 수 있다.

무엇보다도 유럽에서 공세의 우위를 주장하는 사상은 '공격의 신화(cult of offensive)'가 대표적이다. 19세기 중엽부터 20세기 초에 걸쳐 유럽에서는 공격을 신봉하는 사조, 즉 '공격의 신화'가 유행처럼 번졌다. 공격이 방어보다 강하다는 신념이 군사사상을 지배하기 시작한 것이다. 이 시기 유럽의 전략가들과 군지도자들은 방어의 이점을 무시하고 수세적 전략에 대해 냉소적인 반응을 보였으며, 오직 공격일변도의 전략을 선호했다.

공격의 신화를 주도한 국가는 독일이었다. 독일에서는 19세기 중반 몰트케(Helmuth Karl Bernhard Graf von Moltke)부터 20세기 초반 슐리펜(Alfred von Schlieffen)에 이르기까지 방어가 본질적으로 강하다는 클라우제비츠의 주장을 '의도적으로' 외면했다. 독일의 전략가들은 나폴레옹 전쟁과 프로이센-프랑스 전쟁의 승리를 들어 '공격이 최선의 방어'라는 신념을 견지했으며, 공세적 원칙과 공세적 행동에 입각한 대규모 섬멸전을 추구해야 한다고 주장했다. 독일에서 이와 같이 공격을 신봉하는 사조가 등장한 것은 바로 독일의 지리적 특성 때문이었다. 즉, 전쟁이 발발할 경우 독일은 러시아와 프랑스 양면으로부터 공격을 받을 수 있는 전략적 취약성을 안고 있었기 때문에 전쟁이 발발하기 전에 어느 한쪽을 우선 제압하고 다른 쪽의 위협에 대응하기 위해 공세적 전략을 모색하지 않을 수 없었던 것이다.

몰트케는 이미 프로이센-프랑스 전쟁 이전에 프랑스가 군대를 개혁할 수 있는 시간적 여유를 갖기 전에 즉각 전쟁에 돌입하여 현상을 타파하고 독일 통일을 이루어야 한다는 공세적 사고를 견지했으며, 1880년대에 있었던 프랑스와의 위기 및 러시아와의 위기 시에는 양면전쟁의 가능성을 차단하기 위해 이들 국가들과 예방전쟁을 치러야 한다고 주장하기도 했다. 결국 이러한 전략 개념은 슐리펜 계획(Schlieffen Plan)으로 이어져, 슐리펜은 프랑스와 러시아의 두 전장에서 승리하기 위해 부득이하게 선제적으로 프랑스를 우선적으로 공격하여 무력화한 다음, 러시아와 맞선다는 공세적인 군사전략을 수립하기에 이르렀다.

독일을 따라 '공격의 신화'를 도입한 국가는 프랑스였다. 프로이센-프랑스 전쟁에서 패한 후 프랑스는 독일보다 군사적으로 취약했기 때문에 현실적으로 공격전략을 고려할 수 있는 상황이 아니었다. 그럼에도 불구하고 프랑스는 다음과 같은 이유로 인해 무조건적으로 공세원칙을 추구하는 경향이 두드러졌다.

첫째, 프랑스는 1871년 프로이센-프랑스 전쟁에서 패배한 후 독일을 모델로 하는 군사개혁을 단행했고, 따라서 자연스럽게 공세적인 군사원칙을 수용하지 않을 수 없었다. 자존심이 강한 프랑스가 독일의 군사원칙을 도입할 수 있었던 것은 독일이 클라우제비츠의 전쟁이론을 반영하고 있었다는 사실, 그리고 클라우제비츠가 나폴레옹 전쟁을 모델로 하고 있다는 사실 때문이었다. 즉, 과거 독일의 군사개혁의 전형은 나폴레옹, 즉 프랑스였다는 사실로 인해 프랑스는 독일의 군사원칙과 제도를 거부감 없이 수용할 수 있었던 것이다.

둘째, 심리적으로 독일에 대한 열등감을 갖게 된 프랑스인들이 장차 독일과의 전쟁을 준비하는 데 있어서 수세적인 전략을 구상한다는 것은 자존심이 허락하지 않는 것이었다. 프랑스 군인들 사이에는 독일에 대해 언젠가는 프로이센-프랑스 전쟁의 패배를 되갚아주어야 한다는 인식이 팽배했기 때문에 방어적인 사고는 배제될 수밖에 없었다.

셋째, 프랑스는 그들이 가진 군사적 취약성을 인식함으로써 상대적으로 우세한 독일의 인력과 무기에 대적하기 위해 보다 강한 정신력과 사기를 강조하고 있었으며, 이러한 경향은 당연히 공세의 원칙을 강조하는 결과를 가져왔다. 물론 19세기 말 프랑스에서 포슈(Ferdinand Foch)와 마이에르(Émile Mayer)는 화력의 증가로 인해 기동력이 저하될 것이며, 이는 방어에 유리하게 될 것이라고 주장하기도 했다. 그러나 이러한 주장은 받아들여지지 않았다. 그 이유는 젊은 장교들을 혼돈시킨다는 것과 지휘자와 규정에 대한 불신을 야기한다는 점, 그리고 공세정신이 약화될 것이라는 점 때문이었다. 더구나 러일전쟁에서 적극적으로 공세를 편 일본의 승리는 공격에 대한 신념을 더욱 부추겼다. 그리하여 최초 수세적이었던 작전계획은 점차 공세적인 계획으로 변했고, 제1차 세계대전 직전에는 독일의 공격에 대해 공격으로 맞선다는 '제17계획'이 수립되기에 이르렀다.

이와 같이 유럽의 군사가들이 신봉한 공세적 사고는 방어의 강함을 주장한 손자와 클라우제비츠의 사상에 위배되는 것이었다. 다만, 이들은 공격과 방어의 속성에 대한 근본적인 성찰 없이 각 국가가 당면한 전략적 상황과 정치적 논리에 따라 공세적 군사원칙을 추종했음을 알 수 있다.

2. 장수의 용병술: '선승이후구전'

見勝不過衆人之所知, 非善之善者也.	견승불과중인지소지, 비선지선자야.
戰勝而天下曰善, 非善之善者也. 故擧秋毫, 不爲多力. 見日月, 不爲 明目. 聞雷霆, 不爲聰耳.	전승이천하왈선, 비선지선자야. 고거추호불위다력. 견일월, 불위 명목. 문뢰정, 불위총이.
古之所謂善戰者, 勝於易勝者也.	고지소위선전자, 승어이승자야.
故善戰者之勝也, 無智名, 無勇功. 故其戰勝不忒, 不忒者, 其所措勝, 勝已敗者也. 故善戰者, 立於不敗 之地, 而不失敵之敗也.	고선전자지승야, 무지명, 무용공. 고기전승불특, 불특자, 기소조승, 승이패자야. 고선전자, 입어불패 지지, 이불실적지패야.
是故, 勝兵, 先勝而後求戰. 敗兵, 先戰而後求勝.	시고, 승병, 선승이후구전. 패병, 선전이후구승.
善用兵者, 修道而保法, 故能爲勝 敗之政.	선용병자, 수도이보법, 고능위승 패지정.

승리를 내다보는 수준이 일반 사람들이 알고 있는 수준을 넘지 못하면 아주 뛰어나다고 할 수 없다.

격전 끝에 승리를 거두면 모든 사람들의 칭송을 받을지라도 아주 뛰어나다고 할 수 없다. 자고로 가는 깃털을 들었다고 해서 힘이 강하다고 하지는 않는다. 해와 달을 보았다고 해서 눈이 밝다고 하지는 않는다. 벼락과 천둥소리를 들었다고 해서 귀가 밝다고 하지는 않는다.

옛날에 용병을 잘한다고 일컬어진 장수는 승리하되 이길 수밖에 없는 승리를 이루어내는 사람이었다.

따라서 용병을 잘하는 장수의 승리는 (너무 쉽게 이루어지므로) 어떠한 계략을 썼는지 알 수 없고 용감한 공적도 보이지 않는다. 그리고 그러한 승리는 항상 어긋남이 없는데, 어긋남이 없이 승리하는 것은 그러한 승리가 이미 패한 측을 상대로 하여 승리를 거두기 때문이다. 또한 용병을 잘하는 장수는 패하지 않을 태세를 갖추고 적의 패배를 놓치지 않기 때문이다.

이렇게 볼 때 승리하는 군대는 먼저 이겨놓고 싸움을 시작하며, 패하는 군대는 싸움을 시작하고 난 후에 승리를 구한다.

용병을 잘하는 장수는 병도를 수행하고 병법을 준수하며, 그럼으로써 승패를 마음대로 할 수 있다.

* 見勝不過衆人之所知, 非善之善者也(견승불과중인지소지, 비선지선자야): 견 승(見勝)은 '승리를 내다보다', 과(過)는 '낮다, 초월하다', '불과(不過)'는 '~보다 낮 지 못하다', 중인(衆人)은 '여러 사람, 뭇사람'을 뜻한다. 전체를 해석하면 '승리 를 내다보는 수준이 일반 사람들이 알고 있는 수준을 넘지 못하면 아주 뛰어나 다고 할 수 없다'는 뜻이다.

* 戰勝而天下曰善, 非善之善者也(전승이천하왈선, 비선지선자야): 전승(戰勝) 은 '싸워 이기는 것'을 뜻한다. 전체를 해석하면 '격전 끝에 승리를 거두면 모든 사람들의 칭송을 받을지라도 아주 뛰어나다고 할 수 없다'는 뜻이다.

* 故擧秋毫, 不爲多力(고거추호, 불위다력): 거(擧)는 '들다', 호(毫)는 '가는 털', 추호(秋毫)는 '가을에 가늘어진 짐승의 털', 다력(多力)은 힘이 많다는 것으로 '힘 이 강하다'는 뜻이다. 전체를 해석하면 '자고로 가는 깃털을 들었다고 해서 힘 이 강하다고 하지는 않는다'는 뜻이다.

* 見日月, 不爲明目. 聞雷霆, 不爲聰耳(견일월, 불위명목, 문뢰정, 불위총이): 문 (聞)은 '듣다', 뇌정(雷霆)은 '벼락과 천둥', 총(聰)은 '귀가 밝다'는 의미미다. 전체 를 해석하면 '해와 달을 보았다고 해서 눈이 밝다고 하지는 않는다. 벼락과 천 둥소리를 들었다고 해서 귀가 밝다고 하지는 않는다.'

* 古之所謂善戰者, 勝於易勝者也(고지소위선전자, 승어이승자야): 어(於)는 어 조사로 '~로', 이(易)는 '쉽다'는 뜻이다. 승어이승(勝於易勝)은 '쉬운 승리로 승리 한다'는 뜻이나, 여기에서는 '승리하되 이길 수밖에 없는 승리를 이루다'로 해석 한다. 전체를 해석하면 '옛날에 용병을 잘한다고 일컬어진 장수는 승리하되 이 길 수밖에 없는 승리를 이루어내는 사람이었다'는 뜻이다.

* 故善戰者之勝也, 無智名, 無勇功(고선전자지승야, 무지명, 무용공): 지(智)는 '슬기, 모략', 명(名)은 '외관', 지명(智名)은 '계략의 모습', 용공(勇功)은 '용감한 공 적'을 뜻한다. 전체를 해석하면 '따라서 용병을 잘하는 장수의 승리는 곧 어떠 한 계략을 썼는지 알 수 없고 용감한 공적도 보이지 않는다'는 뜻이다.

* 故其戰勝不忒(고기전승불특): 특(忒)은 '어긋나다, 틀리다'라는 뜻이다. 전체 를 해석하면 '그리고 전쟁에서 그와 같은 승리는 어긋남이 없다'는 뜻이다.

* 不忒者, , 勝已敗者也(불특자, 기소조승, 승이패자야): 불특자(不忒者)는 '어긋 남이 없이 승리하는 것', 조(措)는 '두다', 조승(措勝)은 '승리를 이루는 것', 기소조 승(其所措勝)은 '그러한 승리를 이루는 바', 이(已)는 '이미', 승이패자야(勝已敗者

也)는 '이미 패한 자에 대해 승리를 거두기 때문이다'라는 뜻이다. 전체를 해석하면 '어긋남이 없이 승리하는 것은 그러한 승리를 이루는 바가 이미 패한 자에 대해 승리를 거두기 때문이다'라는 뜻이다.

 * 故善戰者, 立於不敗之地, 而不失敵之敗也(고선전자, 입어불패지지, 이불실적지패야): 어(於)는 어조사로 '~에', 불실(不失)은 '놓치지 않는다'는 의미이다. 전체를 해석하면 '또한 용병을 잘하는 장수는 패하지 않을 태세를 갖추고 적의 패배를 놓치지 않는다'는 뜻이다.

 * 是故, 勝兵, 先勝而後求戰(시고, 승병, 선승이후구전): 승병(勝兵)은 '승리하는 군대', 선승(先勝)은 '먼저 이기다'를 뜻한다. 전체를 해석하면 '이렇게 볼 때 승리하는 군대는 먼저 이겨놓고 싸운다'는 뜻이다.

 * 敗兵, 先戰而後求勝(선전이후구승): '패하는 군대는 싸움을 시작하고 난 후에 승리를 구한다'는 뜻이다.

 * 善用兵者, 修道而保法, 故能爲勝敗之政(선용병자, 수도이보법, 고능위승패지정): 수도(修道)는 '도를 수행하다', 보(保)는 '지킨다', 보법(保法)은 '법을 준수한다', 수도이보법(修道而保法)은 '병도를 수행하고 병법을 준수한다'는 뜻이다. 정(政)은 '다스리다'라는 뜻이고, 승패지정(勝敗之政)은 '승패를 다스린다'는 뜻으로 '승패를 결정한다'로 해석한다. 전체를 해석하면 '용병을 잘하는 장수는 병도를 수행하고 병법을 준수하며, 그럼으로써 승패를 마음대로 할 수 있다'는 뜻이다.

내용 해설

손자는 첫 구절에서 승리하는 장수의 요건을 언급하고 있다. 그는 "승리를 내다보는 수준이 일반 사람들이 알고 있는 수준을 넘지 못하면 아주 뛰어나다고 할 수 없다"고 했다. 여기에서 '승리를 내다 본다'는 의미는 무엇인가? 이는 전투에서의 승리 가능성을 예측하고 예견하는 것이 아니라, 대국적 견지에서 승리할 수 있는 용병술을 구상하는 것을 의미한다. 그런데 그러한 용병술은 보통 사람들이 생각할 수 있는 수준을 뛰어넘어야 한다. 만일 일반인의 수준에서 용병술을 구상한다면 적의 계략을 능가하지 못할 것이고, 싸움이 시작되면 격전이 불가피하여 이기더라도 많은 희생이 따를 것이다. 이러한 용병술은 아슬아슬한 상황에서 극적으로 승리를 거두는 것이기 때문에 사람들로부터 칭송을 받을 수 있지만, 사실은 뛰어난 것이 아니다. 그것은 '가는 깃털을 들어 올린다고 해서 힘이 장사라고 할 수 없는 것'처럼 누구나 할 수 있는 뻔히 드러나는 용병술을 통해 값비싼 승리를 거둔 것이기 때문이다.

따라서 손자는 장수가 아슬아슬한 승리보다는 확실하게 승리할 수 있는 용병술을 구상해야 한다고 주장한다. 그는 옛날에 이름을 날린 장수의 예를 들어 올바른 용병의 모습을 제시한다. 그것은 '이길 수밖에 없는 승리를 이루어내는 것'이다. 즉, 이겨놓고 싸우는 것이다.

손자는 이러한 용병술이 갖는 특징으로 세 가지를 들고 있다. 첫째는 장수가 도대체 "어떠한 계략을 썼는지 알 수 없고 용감한 공적도 보이지 않는다." 뒤에서 살펴볼 울름(Ulm) 전역의 사례와 같이 나폴레옹은 프랑스군 주력을 오스트리아군의 배후로 기동시킴으로써 치열한 전투를 치르지 않고 쉽게 항복을 받아냈다. 부대의 기동만으로 승리한 것이다. 이처럼 뛰어난 용병술은 너무 쉽게 승리를 거두기 때문에 그 과정에서 별다른 계략이나 공적이 드러나지 않는다. 둘째는 이미 패한 측을 상대로 싸우기 때문에 승리가 어긋남이 없다. 장수의 용병술이 적의 예상을 뛰어넘는 것이므로 적은 미처 대비하지도 못한 채 승패가 이미 결정된 것이나 다름없다. 셋째는 "패하지 않을 태세를 갖추고 적의 패배를 놓치지 않는다." 이는 앞에서 살펴본 '이대적지가승(以待敵之可勝)', 즉 "적의 허점이 나타나기를 기다렸다가 기회를 포착하여 승리한다"는 구절과 연계된 것으로, 방어를 갖추어 적의 승리를 거부하는 가운데 적의 허점이 드러나면 기회를 놓치지 않고 승리를 달성하는 것을 의미한다.

이러한 논의를 토대로 손자는 승리하는 장수는 '선승이후구전(先勝而後求戰)', 즉 "미리 이겨놓고 싸운다"는 언급을 하고 있다. 너무나 매혹적인 구절이 아닐 수 없다. 이는 동서고금을 통해 전쟁을 대비하고 수행하는 장수나 군인들이 선망해왔고 또 앞으로 지향해야 할 하나의 이상이 아닐 수 없다. 그러면 어떻게 '선승이후구전'이 가능한가? 이는 두 가지로 볼 수 있다. 하나는 지금까지 논의한 장수의 뛰어난 용병술이다. 적의 예상을 뛰어넘는 방식으로 병력을 운용함으로써 쉽고, 확실하게, 그리고 결정적으로 승리를 거둘 수 있는 것이다. 다른 하나는 다음에 논의할 군형의 편성이다. 승리할 수 있는 용병술을 전장에서 펼치기 위해 빈틈없이 진영을 갖추는 것이다. 마치 바둑을 두면서 방어 혹은 공격을 위한 포석을 잘 깔아놓아야 나중에 세를 형성할 수 있는 것과 마찬가지이다. 군형이 잘 갖추어지면 방어와 공격을 시행함에 있어 유리함을 확보할 수 있고, 나중에 적과 싸움에 돌입했을 때 확실하고 손쉽게 승리할 수 있다. 예를 들어, 압도적인 병력을 적의 취약한 부분에 집중 또는 기동시킬 수 있는 군형을 갖추는 데 성공했다면, 그 전투는 결과가 이미 결정되어 있는 것이나 다름없다. 군형을 어떻게 갖추어야 하는지에 대해서는 다음 문단에서 자세히 살펴볼 것이다.

마지막 구절에서 손자는 "용병을 잘하는 장수는 병도를 수행하고 병법을 준수하며, 그럼으로써 승패를 마음대로 할 수 있다"고 했다. 왜 손자는 오사를 연상케 하는 '도'와 '법'을 언급하고 있는가? 일부 학자들은 '수도이보법(修道而保法)'을 오사로 간주하여 '도(道)'로부터 '법(法)'에 이르기까지 다섯 가지 요소를 언급한 것으로 본다. 그러나 〈시계〉 편에서의 오사는 군주 혹은 국가 차원에서 고려할 요소로 장수가 전장에서 행해야 할 요소로 간주하기에는 무리가 있다. 따라서 여기에서 '도(道)'는 '병도(兵道)'로, '법(法)'은 '병법(兵法)'으로 보아야 한다.

그렇다면 '병도'와 '병법'은 무엇을 의미하는가? 먼저 '병도'는 앞에서 언급한 대로 장수가 '선승이후구전'을 추구하는 것이다. 즉, 용병을 잘하는 장수가 그러하듯이 "미리 이겨놓고 싸운다"는 최고의 선을 지향하는 것이다. 그러면, '병법'이란 무엇인가? 이는 바로 다음 구절에서 제시하고 있는 '도(度), 양(量), 수(數), 칭(稱), 그리고 승(勝)'이라는 다섯 가지 요소를 지칭하는 것으로 볼 수 있다. 즉, '병법'이란 '선승이후구전'이라는 '병도'를 구현하기 위해 장수가 군형을 편성하는 다섯 가지 절차를 의미하는 것으로 볼 수 있다.

군사사상적 의미

손자의 용병술: 용감한 승리보다 교묘한 승리 추구

전략은 대부분 우리의 상식을 초월한다. 상대가 생각하고 대비할 수 있는 전략은 더 이상 전략이 아니다. 진정한 의미에서 전략이란 상대의 수를 능가하는 또 다른 수, 즉 '묘수(妙手)'가 녹아든 것이어야 한다. 그러한 전략은 상대가 예상하지 못했던 시간과 장소에서 예상했던 수준 이상의 병력과 기동을 전개함으로써 달성할 수 있으며, 이러한 전략을 펼칠 수 있는 군형을 갖춤으로써 확실한 승리를 보장할 수 있다. 이러한 측면에서 여기에서 손자가 논하고 있는 바는 다음과 같이 두 가지 측면에서 생각해 볼 수 있다.

첫째로 용병술을 구상하는 데 요구되는 묘수는 〈시계〉 편에서 언급한 '궤도(詭道)'와 성격이 다르다. '궤도'란 속임수 그 자체이다. 우리가 강하면서도 약한 것처럼 보이도록 하여 적의 판단을 흐리게 하는 것으로, 이는 전투를 수행하면서 상황에 따라 취해야 할 임기응변의 성격이 강하다. 그러나 용병술을 구상하면서 고려해야 할 묘수는 단순한 상황대처용 속임수 그 이상의 것이다. 즉, 이길 수밖에 없는 용병술을 고안하기 위해 착안하는 묘수는 결전을 앞두고 큰 그림을 그리는 것으로 전술적 차원에서의 궤도가 아닌 전략적 차원에서 숙고하는 '신의 한 수'인 것이다. 즉, 〈시계〉 편에서의 궤도가 전투수행 과정에서 구사해야 할 속임수라면, 〈군형〉 편에서 요구되는 묘수는 결정적 전투가 시작되기 전에 장수가 구상해야 할 대국 차원에서의 속임수인 것이다.

둘째로 손자의 전략은 용감한 승리보다는 교묘한 승리를 추구한다. 앞의 〈모공〉 편에서 적의 군대를 깨뜨리지 않고 온전하게 둔 채로 승리해야 한다고 했듯이, 손자는 용맹성이 돋보이는 싸움으로 승리하는 것보다 드러나지 않는 계략으로 승리하는 것을 높게 평가한다. 그런데 교묘한 승리를 추구할 수 있는 비결은 바로 용병술을 잘 구상하는 데 있다. '묘수'가 들어가 있는 용병술은 전투가 시작되기도 전에 승리를 확실하게 보장하기 때문이다. 이러한 사례로 프로이센의 군주인 프리드리히 2세의 로이텐 전투를 들 수 있다. 뒤에서 자세히 살펴보겠지만, 그는 오스트리아군을 상대로 주공 방향을 완전히 기만하여 약화된 적 방어진지에 병력을 집중함으로써 적은 피해로 결정적인 승리를 거둘 수 있었다. 즉, 적의 예상을 벗어난 용병술을 통해 교묘한 승리를 거둔 것이다. 반면, 용병술이 일반인의 수준에 머물 경우에는 어쩔 수 없이 용감한 승리에 의존해야 한다.

이렇게 볼 때 손자의 용병술은 용감한 승리보다는 '묘수'에 의한 교묘한 승리를 추구한다. 여기에서 논의되는 '군형'은 그러한 교묘한 용병술을 펼치기 위한 준비 과정이고, 다음 편에서 다루는 '병세'는 실제로 그러한 용병술이 발휘되는 모습에 관한 것이다.

병법의 정형화

전략이란 한 국가가 다른 국가에 대해 일방적으로 구사하는 것이 아니며 일회성을 갖는 것도 아니다. 앙드레 보포르(André Beaufort)에 의하면, 전략은 상충하는 목적과 의지를 가진 국가들 사이에서 무수하게 일어나는 작용과 반작용, 즉 상호작용으로 이루어지는 '변증법적 술(the art of the dialectic)'이다. 모든 전략은 상대방이 어떻게 반응을 할 것이며 그 결과가 어떻게 나타날 것인지를 사전에 고려하지 않으면 안 된다. 왜냐하면 상대방이 예측할 수 있는 전략이란 더 이상 전략으로서의 가치를 가질 수 없기 때문이다. 그 결과 대개 전략은 우리의 상식에 위배되는 패러독스적 성격을 갖는다. 이러한 측면에서 전략은 일반화하기가 매우 어려운 술의 영역에 가깝다.

그럼에도 불구하고 손자는 병법을 정형화하여 특정한 틀로 이해하려는 경향이 강하다. 앞에서 살펴본 오사와 일곱 가지 비교 요소를 통한 전쟁 승리의 예측, 지승유오를 통한 승리 가능성 예측, 그리고 이 편의 다음 문단에서 다룰 승리할 수밖에 없는 군형을 편성하는 데 고려해야 할 다섯 가지 요소 등이 그것이다. 손자는 전쟁, 전략, 그리고 용병의 문제를 다분히 과학적으로 접근하고 있음을 알 수 있다.

그렇다면 '군형'이 어떻게 승리를 보장할 수 있는가? 이는 『손자병법』에서 '전쟁술'을 구성하는 핵심적 내용으로 앞의 〈시계〉 편에서 나온 '인리이제권(因利而制權)'이라는 개념의 연장선상에서 이해할 수 있다. 다음 그림에서 보는 바와 같이, 먼저 전쟁에 앞서 오사와 일곱 가지 비교 요소를 통해 전쟁의 승부를 예측하고 승리를 확신할 수 있다면 전쟁을 시작할 수 있다. 그리고 전쟁에 돌입하여 적과 싸울 때에는 오사와 일곱 가지 비교 요소에서 유리하다고 판단된 요소들을 이용하여 확실하게 이길 수 있는 용병술을 구상하고 그에 부합한 군형을 편성하여 '선승이후구전'의 태세를 갖춘다. 다음으로 이러한 군형을 바탕으로 적이 승리하지 못하도록 하는 가운데, 적의 강점과 약점을 파악하고 적의 약한 부분에 압도적 '세'를 발휘하여 결정적 승리를 달성한다. '세를 발휘한다는 것'은 적의 강점을 피하고 약점을 치는 것으로, 세 발휘 시에는 적의 허실을 이용해야 한다.

| 계(計) 피아 승부 예상 / 유리하면 개전 | 형(形) 유리함 이용 용병 구상 및 군형 편성 | 세(勢) 거센 물살 같은 세의 발휘 | 허실(虛實) 세의 발휘 방법으로 '피실격허' |

3. 적을 압도하는 군형 편성

兵法, 一曰度, 二曰量, 三曰數,
四曰稱, 五曰勝.

地生度, 度生量, 量生數, 數生稱,
稱生勝.

故勝兵, 若以鎰稱銖. 敗兵,
若以銖稱鎰.

勝者之戰, 若決積水於千仞之谿者.
形也.

병법, 일왈도, 이왈량, 삼왈수,
사왈칭, 오왈승.

지생도, 도생량, 량생수, 수생칭,
칭생승.

고승병, 약이일칭수. 패병,
약이수칭일.

승자지전, 약결적수어천인지계자.
형야.

병법에 의하면, (승리할 수 있는 압도적인 군형을 갖추기 위한 방법으로) 첫째로 용병술을 구상하는 '도(度)', 둘째로 가용 병력 규모를 의미하는 '양(量)', 요소요소에 투입할 병력의 수를 의미하는 '수(數)', 넷째로 적과 전투수행 과정을 비교하는 '칭(稱)', 다섯째로 승리할 수 있는 군형을 편성하는 '승(勝)'을 고려해야 한다.

전투를 벌일 전장이 결정되면 그에 따라 용병술을 구상할 수 있다. 용병술이 구상되면 가용 병력 규모가 적정한지의 여부를 판단할 수 있다. 가용 병력의 규모가 적정하다고 판단되면 요소요소에 투입할 병력의 수를 계산할 수 있다. 요소요소에 투입할 병력의 수가 계산되면 적과 전투수행 과정을 비교할 수 있다. 적과 전투수행 과정을 비교하여 확신이 서면 이를 바탕으로 승리할 수 있는 군형을 갖출 수 있다.

자고로 승리하는 군대는 적보다 (480배에 해당하는) 압도적인 병력으로 열세에 놓인 적을 상대하며, 패하는 군대는 적보다 열세인 병력으로 압도적인 적을 상대한다.

승리하는 장수의 싸움은 마치 터놓기 위해 천 길의 계곡 위에 막아놓은 물과 같으니, 이를 형(形)이라 한다.

* 兵法, 一曰度, 二曰量, 三曰數, 四曰稱, 五曰勝(병법, 일왈도, 이왈량, 삼왈수, 사왈칭, 오왈승): 도(度)는 '짐작하다, 헤아리다'로 '용병술을 구상하는 것'으로 해석한다. 양(量)은 전투에 투입할 수 있는 가용 병력, 수(數)는 구체적으로 요소

요소에 배치할 병력의 수이고, 칭(稱)은 '저울'을 뜻하나 여기에서는 피아 병력 및 용병 방법 비교로 해석한다. 승(勝)은 '승리할 수 있는 군형'을 의미한다. 전체를 해석하면 '병법에 의하면, (승리할 수 있는 압도적인 군형을 갖추기 위한 방법으로) 첫째로 용병술을 구상하는 '도(度)', 둘째로 가용 병력 규모를 의미하는 '양(量)', 요소요소에 투입할 병력의 수를 의미하는 '수(數)', 넷째로 적과 전투수행 과정을 비교하는 '칭(稱)', 다섯째로 승리할 수 있는 군형을 편성하는 '승(勝)'을 고려해야 한다'는 뜻이다.

＊地生度, 度生量, 量生數, 數生稱, 稱生勝(지생도, 도생량, 량생수, 수생칭, 칭생승): 지(地)는 '땅'이나 여기에서는 전투를 벌일 지역을 의미한다. 지생도(地生度)는 '전투를 벌일 장소가 결정되면 그에 따라 용병술을 구상할 수 있다'는 의미이고, 도생량(度生量)은 '용병술이 구상되면 가용 병력 규모가 적정한지의 여부를 판단할 수 있다'는 의미이다. 양생수(量生數)는 '가용 병력이 적정한지를 판단하면 요소요소에 투입할 병력 수를 계산할 수 있다'는 의미이고, 수생칭(數生稱)은 '요소요소에 투입할 병력 수가 계산되면 적과 전투수행 과정을 비교할 수 있다'는 의미이며, 칭생승(稱生勝)은 '적과 전투수행 과정을 비교하여 확신이 서면 이를 바탕으로 승리할 수 있는 군형을 갖출 수 있다'는 의미이다. 전체를 해석하면 '전투를 벌일 전장이 결정되면 그에 따라 용병술을 구상할 수 있다. 용병술이 구상되면 가용 병력 규모가 적정한지의 여부를 판단할 수 있다. 가용 병력의 규모가 적정하다고 판단되면 요소요소에 투입할 병력의 수를 계산할 수 있다. 요소요소에 투입할 병력의 수가 계산되면 적과 전투수행 과정을 비교할 수 있다. 적과 전투수행 과정을 비교하여 확신이 서면 이를 바탕으로 승리할 수 있는 군형을 갖출 수 있다'는 뜻이다.

＊故勝兵, 若以鎰稱銖(고승병, 약이일칭수): 약(若)은 '~와 같다'는 뜻이고, 일(鎰)은 무게의 단위로 '20냥'에 해당한다. 수(銖)는 1냥의 24분의 1에 해당한다. 전체를 해석하면 '자고로 승리하는 군대는 적보다 (480배에 해당하는) 압도적인 병력으로 열세에 놓인 적을 상대한다'는 뜻이다.

＊敗兵, 若以銖稱鎰(패병, 약이수칭일): '패하는 군대는 적보다 열세인 병력으로 압도적인 적을 상대한다'는 뜻이다.

＊勝者之戰, 若決積水於千仞之谿者. 形也(승자지전, 약결적수어천인지계자. 형야): 약(若)은 '~와 같다'는 뜻이고, 결(決)은 '터지다'보다는 '결정하다'라는 뜻이

다. 적(積)은 '쌓아놓다'는 뜻이고, 결적수(決積水)는 막아놓은 물을 터뜨리기 위해 결정의 순간을 기다리는 모습이다. 인(仞)은 '길', 계(谿)는 '골짜기'를 뜻한다. 전체를 해석하면 '승리하는 장수의 싸움은 마치 터놓기 위해 천 길의 계곡 위에 막아놓은 물과 같으니, 이를 형이라 한다'는 뜻이다.

내용 해설

여기에서 손자는 앞에서 언급한 '수도이보법(修道而保法)'에 포함된 '병도'와 '병법' 가운데 '병법'을 설명하고 있다. '병도'란 '선승이후구전'을 말하는 것이다. '병법'이란 이를 달성하기 위한 용병의 방법으로, 장수가 본격적인 싸움을 앞두고 어떻게 군형을 편성할 것인가를 대국적 견지에서 판단하는 것이다. 그리고 여기에서 제시한 다섯 가지 요소는 승리를 미리 만들어가기 위한 고려 요소이자 군형을 편성하는 일련의 절차라 할 수 있다.

  그런데 이 부분에 대한 해석에 문제가 있다. 대부분의 해석은 『십일가주손자』의 주석자들의 풀이를 받아들여 도(度)를 거리와 광협, 양(量)을 동원 역량, 수(數)를 동원 가능 전력, 칭(稱)을 피아 전력의 비교, 그리고 승(勝)을 승리 가능성 판단으로 보고 있다. 또한 다른 학자들은 도(度)를 국토의 넓이, 양(量)을 자원의 규모, 수(數)를 인구의 규모, 칭(稱)을 전력 비교, 그리고 승(勝)을 승리 여부로 해석하고 있다. '지생도(地生度)'의 '지(地)'에 대해서도 '국토 면적' 또는 '땅' 등으로 보고 있다. 그러나 이러한 해석은 원정을 출발하기 전에 승리 가능성을 판단하기 위해 고려할 요소로는 받아들일 수 있으나, 여기에서 손자가 논의하고 있는 전장에서의 용병술과 이를 바탕으로 군형을 편성하는 것과는 전혀 문맥이 맞지 않다. 예를 들어, '지(地)'와 '도(度)'를 '국토 면적'으로 해석할 경우 지금까지 〈군형〉 편에서 논하고 있는 '진영을 갖추는 것'과는 맥락을 크게 벗어나게 된다. '양(量)'을 '동원 역량'이나 '자원의 규모'라고 보는 것도 전장에서 방어와 공격을 위한 대형을 편성하는 것과 전혀 관계가 없는 얘기가 된다. 이미 〈시계〉 편에서 승부를 예측하고 원정을 시작했는데 다시 상대국과의 국토, 자원, 병력을 비교한다는 것이 생뚱맞을 수밖에 없다.

따라서 이 부분은 전장에 도착한 장수가 적과의 결전을 앞두고 방어와 공격의 '군형'을 편성하는 상황을 염두에 두고 해석해야 한다. 이렇게 본다면 병법의 다섯 가지 요소 가운데 첫째로 '도(度)'는 용병술의 구상, 둘째로 '양(量)'은 가용 병력의 규모, 셋째로 '수(數)'는 요소요소에 투입할 병력의 수, 넷째로 '칭(稱)'은 적과 전투수행 과정을 비교해보는 것, 다섯째로 '승(勝)'은 승리할 수 있는 군형을 편성하는 것으로 보아야 한다. 이를 자세히 살펴보면 다음과 같다.

우선 지(地)는 전장을 의미한다. 이는 승리할 수 있는 군형을 편성하기 위한 다섯 가지 요소를 고려하기 전에 적과 결전을 벌일 장소를 결정하는 것이다. 손자가 원정작전을 상정하고 있음을 고려할 때 전장은 적의 수도나 적의 도성, 혹은 그 인근에서 적 주력이 포진하고 있는 장소가 될 것이다. 즉, 지(地)는 장수가 피아 상황, 지형, 보급로, 용병술 등을 고려하여 적과 싸울 장소를 결정하는 것을 말한다.

도(度)는 장수가 전장에 도착하여 적과 싸우기 전에 직접 지형을 둘러보면서 용병의 방법을 구상하는 것이다. 여기에서 '도(度)'란 '정도'나 '한도'를 뜻하는 것이 아니라 '헤아린다'는 것으로 '용병을 구상하는 것'으로 보아야 한다. 즉, 전장의 지형을 분석하고 적의 진영을 파악한 후 적을 유인하여 싸울 것인지, 적을 우회하여 측후방을 칠 것인지, 아니면 적의 약한 부분에 압도적 병력을 집중하여 공략할 것인지를 결정하는 것이다.

'양(量)'은 전투에 소요되는 병력 규모의 가용성 여부를 판단하는 것이다. 전투의 규모에 따라 현재 가용한 전력이 충분한지, 부족한지, 그리고 가용한 전력으로 원하는 용병의 방법을 이행할 수 있는지를 가늠하는 것이다. 만일 아군의 가용 전력이 충분하다면 공격 중심의 용병을, 부족하다면 방어 중심의 용병을, 그리고 턱없이 부족하다면 지원군을 기다리거나

'승적이익강'과 같은 용병을 선택해야 할 것이다.

수(數)는 구체적으로 요소요소에 투입할 병력 규모를 결정하는 것이다. 장수가 구상한 용병술에 따라 전체 진영의 전후방 혹은 좌우 지역별로, 방어 및 공격의 태세별로, 그리고 포위와 견제 등 작전수행 단계별로 병력을 할당하는 것이다.

'칭(稱)'은 적과 전투수행 과정을 비교해보는 것이다. 예상되는 적의 병력과 적 장수의 용병 방법을 상정하여 적이 공격해올 때 아군의 방어가 가능한지, 아군이 적을 유인할 때 적이 말려들 것인지, 아군이 병력을 집중하여 적을 공격할 때 결정적 승리를 거둘 수 있는지를 판단해보는 것이다. 실제 전투 상황을 가정하여 일종의 워게임(war game)을 해보는 것이다.

'승(勝)'은 승리할 수 있는 군형을 완성하는 것이다. '칭(稱)'을 통한 피아 비교 결과 병력 배분 및 용병에 확신이 선다면 그러한 군형을 갖춤으로써 승리할 수 있다. 비록 전투는 시작되지 않았지만 '선승이후구전', 즉 이길 수밖에 없는 태세를 갖춤으로써 이미 승리는 결정되어 있는 것이나 다름 없다. 이러한 요소들을 정리하면 다음 표와 같다.

병법의 다섯 단계

구분	핵심	의미
지(地)	전장	피아 상황, 지형, 보급 등을 고려하여 전장 결정
도(度)	용병술	전장에 도착한 후 실지형 및 적정 고려해 용병술 결정
양(量)	가용 병력	용병에 필요한 병력의 충분성 판단
수(數)	투입 병력	지역별, 방어 및 공격 태세별, 단계별 투입 병력 결정
칭(稱)	피아 비교	다양한 상황별로 피아 전투수행 과정 분석
승(勝)	승리의 군형	승리할 수 있는 군형으로 '선승이후구전' 달성

이러한 측면에서 손자는 지(地)와 다섯 가지 요소를 가지고 승리의 군

형을 편성하는 일련의 절차를 다음과 같이 제시하고 있다. 먼저 지생도(地生度)는 장수가 적과 결전을 벌일 장소를 결정하게 되면, 그에 따라 전장의 지형 및 적정을 고려하여 용병술을 구상할 수 있다는 것이다. 도생량(度生量)은 장수가 용병술을 구상하게 되면, 그에 따라 필요한 병력의 가용성 여부를 판단한다는 것이다. 양생수(量生數)는 가용 병력의 가용성 여부가 판단되면, 그에 따라 구체적으로 요소요소에 병력을 어떻게 투입할 것인지를 결정해야 한다는 것이다. 수생칭(數生稱)은 구체적으로 투입할 병력이 결정되면, 그에 따라 다양한 전투 상황을 가정하여 피아 전투수행을 비교하고 분석해보아야 한다는 것이다. 칭생승(稱生勝)은 전투수행 과정을 분석한 결과 승산이 있다고 판단되면, 그러한 군형은 '선승이후구전'이 가능한 군형으로 볼 수 있다는 것이다.

그렇다면 '병법(兵法)'이 지향하는 '선승이후구전'이 가능한 군형은 어떠한 것인가? 의외로 단순하다. 결정적인 지점에 상대적으로 우세한 병력을 집중하는 것이다. 그래서 손자는 "승리하는 군대는 적보다 압도적인 병력으로 열세에 놓인 적을 상대하며, 패하는 군대는 적보다 열세인 병력으로 압도적인 적을 상대한다"고 했다. 물론, 이는 단순히 아군이 적군보다 총병력 수에서 압도적이어야 한다는 것이 아니라 결정적인 순간에 결정적인 지점에서 적을 압도한다는 것을 의미한다. 적보다 열 배의 우세를 달성하여 열로써 하나를 친다면 그보다 더 좋은 용병이 없을 것이다.

손자의 군형은 다음 편에서 다루는 '병세', 즉 '세'를 발휘할 수 있는 진형을 갖추는 것이다. 그는 '형(形)'을 "마치 터놓기 위해 천 길의 계곡 위에 막아놓은 물과 같다"고 했다. 여기에서 '천 길의 계곡 밑'은 결정적 지점이고, '막아놓은 물'은 압도적으로 우세한 병력을 말한다. 즉, 압도적으로 우세한 병력은 결정적 순간에 막아놓은 물이 터지듯 '세'를 발휘하는 원동력이 되는 것으로, 이러한 진영을 갖추는 것을 '형(形)'이라 하는 것이다.

군사사상적 의미

손자의 '군형' 적용: 나폴레옹의 '울름 전투' 사례

손자의 병법 다섯 요소는 승리할 수 있는 군형을 편성하는 과정에서 고려되어야 하는 것으로, 어떠한 사례에서든 적용할 수 있다. 여기에서는 나폴레옹의 울름 전역을 통해 손자가 말한 군형 편성에 대한 이해를 도모하고자 한다.

1804년 5월 18일 황제로 추대된 나폴레옹은 영국과의 경제적 마찰로 이전에 체결했던 '아미앵 조약(Treaty of Amiens)'이 파기되자 영국 원정을 위한 준비에 착수했다. 이를 계기로 영국, 오스트리아, 러시아는 1805년 8월 제3차 대불동맹을 체결하고 전쟁을 준비했다. 이에 나폴레옹은 영국 원정을 중단하고 오스트리아군과 러시아군을 격파하기 위해 동부 국경에 병력을 집결시켰다.

8월 하순 러시아는 프랑스와의 전쟁에 대비하기 위해 9만 5,000명의 병력을 지상으로 이동시켜 오스트리아군에 합류하도록 했고, 5만 명은 2개 부대로 나누어 해로를 통해 북부의 하노버(Hannover)와 지중해의 나폴리(Napoli)에 상륙하도록 했다. 오스트리아는 칼 대공(Archduke Ferdinand Karl Joseph)이 12만 8,000명의 대군을 이끌고 이탈리아 북부지역에서 공세를 취하고 있었고, 마크(Karl Mack von Leiberich) 장군은 5만 명의 병력으로 러시아군이 도착할 때까지 울름 부근에서 수세를 취하고 있었다.

나폴레옹은 러시아군이 합류하기 이전에 먼저 오스트리아의 마크군을 섬멸하고 그 후에 이동 중에 있는 러시아군과 대적하기로 결심했다. 일단 울름 지역이 첫 전장으로 선정된 것이다. 그는 바바리아군 2만 명을 오스트리아 마크군의 서쪽 정면에 배치하고 자신이 이끄는 주력 18만 5,000명은 그 후방인 라인(Rhein) 강 서안에 배치했다. 그리고 그는 부하장수로 하여금 작전이 예상되는 지역을 답사하도록 하여 도나우(Donau) 강 지류와 양안, '슈바르츠발트(Schwarzwald)'('검은 숲'이라는 의미), 주요 요새와 도로 등에 대한 정보를 입수했다. 그리고 5만에 불과한 마크군에 대해 20만의 대병력을 우회시켜 후방지역에 투입하기로 결심했다. 결정적 지점에 압도적으로 우세한 병력을 투입하기로 한 것이다. 그의 작전계획은 구체적으로 뮈라(Joachim Murat)가 이끄는 기병대 5,000명을 마크군 전면에 투입하여 기만함으로써 오스트리아군을 울름 지역에 묶어두는 한편, 20만의 대병력을 북쪽으로 우회하여 기동하도록 함으로써 마크군과 빈(Wien)을 연결하는 병참선을 차단하고 도나우 강 계곡에서 섬멸하고자 했다.

프랑스군은 8월 28일부터 하루 평균 20km를 행군하여 9월 25일 라인 강 서안에 집결을 완료했으며, 이때까지 나폴레옹은 프랑스군의 대규모 기동을 마크군이 눈치채지 못하도록 일부러 불로뉴(Boulogne)에 머물러 있었다. 9월 26일 프랑스군은 라인 강을 건너 10월 6일 도나우 강에 도착했고, 이 과정에서 뮈라의 기병대는 오스트리아군의 전방에서 양동작전을 실시하여 프랑스군 주력의 우회기동을 눈치채지 못하도록 했다.

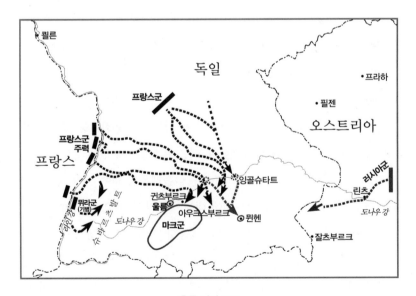

울름 전역 요도

10월 7일 프랑스군은 도나우 강을 건너 마크군의 병참선을 차단하기 위한 기동을 실시했다. 마크는 8일에야 이를 알아채고 프랑스군의 병참선을 역으로 차단하기 위해 북쪽으로 기동했으나 좌절되었다. 이후 프랑스군은 울름 지역의 오스트리아군을 포위하여 총공격에 나섰으며, 마크군은 20일 항복했다.

이렇게 볼 때 나폴레옹의 울름 전역은 대규모 우회기동만으로 승리한 사례로 손자의 '군형' 편성의 중요함을 잘 보여주고 있다. 우선 나폴레옹은 러시아군을 기다리고 있던 오스트리아군을 먼저 섬멸하기로 함으로써 '지(地)'의 요소, 즉 전장을 울름 지역으로 결정했다. 그는 오스트리아군을 공략하기 위해 예하 장수들을 시켜 중요 지형과 지물, 그리고 적의 배치 상태 등을 확인하고, 이러한 정보를 바탕으로 프랑스군 주력을 북쪽 도나우 강으로 우회하여 적의 배후로 진격하는 우회기동을 구상했다. 이는 용병술을 구상하는 '도(度)'의 요소로 볼 수 있다. 이 과정에서 나폴레옹은 20만이라는 압도적인 병력으로 5만에 불과한 마크군을 상대한다면 승산이 높다고 판단했다. 현재 러시아군 9만 5,000명은 아직 이동 중이었기 때문에 그들이 도착하기 이전에 압도적인 병력의 우세를 활용하여 오스트리아군을 격멸할 수 있었다. '양(量)'의 요소를 충족한 것이다. 나폴레옹은 마크군의 주의를 돌리기 위해 오스트리아군 전방에서 양동작전을 전개하는 뮈라의 기병대에 최소한의 병력을 할당하고 우회기동을 하는 주력에 20만이라는 대병력을 할당했다. 이는 요소요소에 구체적 병력을 할당하는 '수(數)'의 요소에 해당한다. 이후 나폴레옹이 피아 간의 작전수행 과정에 대해 위게임을 해보았는지에 대해서는 알 수 없으나, 아마도 그는 프랑스군의 공격에 마크군이 어떻게 대응할 것인지를 예상하고 있었을 것이다. 적은 러시아군의 도착을 기다리고 있기 때문에 공세에 나서지 않을 것이며, 우회기동 간 기도비닉을 유지할 수 있다면 작전이 성공할 것으로 확신했을 것이다. '칭(稱)'의 요소가 반영된 것이다. 마지막으로 나폴

병법의 다섯 단계와 울름 전역

구분	핵심	의미
지(地)	전장	마크군이 위치한 울름 지역으로 전장 결정
도(度)	용병술	압도적 병력으로 적 우회, 후방 차단
양(量)	가용 병력	20만 5,000명의 병력으로 적 5만 명을 상대
수(數)	투입 병력	5,000명의 양동 병력과 20만의 우회 병력 할당
칭(稱)	피아 비교	마크군의 대응 및 러시아군의 상황 고려
승(勝)	승리의 군형	양동과 우회기동의 군형 완성

레옹은 자신의 용병에 대한 확신을 가지고 뮈라의 기병대에 의한 양동작전과 대규모 주력에 의한 우회기동이라는 군형을 갖추었다. 이는 승리를 확신하는 진영을 갖추고 전투에 임하는 '승(勝)'의 요소에 해당한다.

제5편

병세(兵勢)

兵勢

〈병세(兵勢)〉 편은 손자가 논하는 전쟁술의 두 번째 편이다. '병세'란 '군대가 세를 발휘하다'는 의미이다. 〈군형〉 편에서 원정군이 적의 심장부에 도착하여 적 주력과 싸우기 위해 군형을 갖추었다면, 여기에서는 결정적 전투에 임하여 '세'를 발휘하는 모습을 다루고 있다. 그리고 다음 편인 〈허실〉 편은 '세'를 발휘하는 과정을 상세히 다루고 있다.

〈병세〉 편에서 주로 논의되고 있는 것은 첫째로 세를 발휘하기 위한 기본 요건, 둘째는 기병(奇兵)과 정병(正兵)의 배합, 셋째는 세(勢)와 절(節)의 발휘, 넷째는 적의 허점을 조성하는 방법, 그리고 다섯째는 세를 발휘하는 모습을 다루고 있다. '세'란 '천 길 낭떠러지로 바위가 굴러내리듯' 혹은 '거세게 흐르는 물이 암석을 떠내려가게 하듯' 적을 휩쓸어버리는 것이다. 앞에서 다룬 '군형'이 승리할 수 있는 진영을 갖추는 정적인 것이라면, '세'는 압도적 힘을 가지고 움직이는 동적인 것이다.

1. 세 발휘의 기본 요건: 병력의 집중

孫子曰. 凡治衆如治寡, 分數是也.	손자왈. 범치중여치과, 분수시야.
鬪衆如鬪寡, 形名是也.	투중여투과, 형명시야.
三軍之衆, 可使必受敵而無敗者, 奇正是也.	삼군지중, 가사필수적이무패자, 기정시야.
兵之所加, 如以碬投卵者, 虛實是也.	병지소가, 여이하투란자, 허실시야.

손자가 말하기를, 무릇 많은 병력을 지휘하기를 적은 병력을 지휘하듯 할 수 있는 것은 부대를 나누어 편성(分數)하기 때문이다.

많은 병력을 싸우게 하면서도 적은 병력을 싸우게 하듯이 할 수 있는 것은 통제수단(形名)을 사용하기 때문이다.

전군이 적을 맞아 싸우되 패하지 않는 것은 기병과 정병(奇正)을 사용하기 때문이다.

적이 있는 곳에 병력을 투입하는 것이 마치 계란에 숫돌을 던지듯 하는 것은 피아 강약점(虛實)을 이용하기 때문이다.

* 孫子曰. 凡治衆如治寡, 分數是也(손자왈. 범치중여치과, 분수시야): 치(治)는 '다스리다', 중(衆)은 '무리'로 '많은 병력'을 의미한다. 여(如)는 '~와 같다', 과(寡)는 '적다', 범치중여치과(凡治衆如治寡)는 '무릇 많은 병력을 지휘하기를 적은 병력을 지휘하듯 하다'는 뜻이다. 분수(分數)는 '수를 나누다'는 뜻으로 부대를 나누어 편성하는 것을 의미한다. 전체를 해석하면, '손자가 말하기를, 무릇 많은 병력을 지휘하기를 적은 병력을 지휘하듯 할 수 있는 것은 부대를 나누어 편성하기 때문이다'라는 뜻이다.

* 鬪衆如鬪寡, 形名是也(투중여투과, 형명시야): 투(鬪)는 '싸우다, 싸우게 하다', 투중(鬪衆)은 '많은 병력을 싸우게 하다'라는 뜻이다. 형(形)은 사람의 시각으로 명령을 전달하는 도구로 깃발, 연기 등이며, 명(名)은 사람의 청각으로 명령을 전달하는 것으로 북이나 징 등이 있다. 즉, 형명(形名)은 시호(視號)수단과

음향수단으로 장수의 지휘통제수단을 의미한다. 전체를 해석하면 '많은 병력을 싸우게 하면서도 적은 병력을 싸우게 하듯이 할 수 있는 것은 통제수단을 사용하기 때문이다'라는 뜻이다.

  * 三軍之衆, 可使必受敵而無敗者, 奇正是也(삼군지중, 가사필수적이무패자, 기정시야): 삼군(三軍)은 전군을 의미하고, 사(使)는 '~로 하여금', 수적(受敵)은 '적을 맞이하여'라는 뜻이다. 기(奇)는 '기이하다'라는 뜻으로 기병(奇兵), 즉 모략을 쓰는 용병을 의미하고, 정(正)은 '정병(正兵)'으로 모략을 쓰지 않는 용병을 의미한다. 전체를 해석하면 '전군이 적을 맞아 싸우되 패하지 않는 것은 기병과 정병을 사용하기 때문이다'라는 뜻이다.

  * 兵之所加, 如以碬投卵者, 虛實是也(병지소가, 여이하투란자, 허실시야): 병(兵)은 '병력', 소(所)는 '일정한 지역'으로 '적이 있는 장소'를 의미한다. 가(加)는 '더하다'는 뜻이나 여기에서는 '투입하다'는 의미이다. 병지소가(兵之所加)는 '적이 있는 곳에 병력을 투입하다'라는 뜻이다. 하(碬)는 '숫돌'이라는 뜻으로, 여이하투란자(如以碬投卵者)는 '마치 숫돌을 계란에 던지는 것과 같다'는 뜻이다. 허(虛)는 '허점', 실(實)은 '강점'을 의미한다. 전체를 해석하면 '적이 있는 곳에 병력을 투입하는 것이 계란에 숫돌을 던지듯 하는 것은 피아 강약점을 이용하기 때문이다'라는 뜻이다.

내용 해설

손자는 '병세(兵勢)'를 논함에 있어서 먼저 세를 발휘하기 위해 반드시 갖추어야 할 요건을 나열하고 있다. 이러한 요건으로는 부대의 적절한 편성(分數), 효율적인 지휘통제체제의 구비(形名), 기병과 정병의 활용(奇正), 그리고 적의 허점을 찾아 병력을 집중하여 공격하는 것이다(虛實). 이전까지의 논의가 '군형'을 갖추고 적과 싸움을 준비한 것이라면, 이제부터는 본격적으로 결전에 임하여 병력을 어떻게 운용해야 하는지를 논하고 있다.

  첫째로 손자는 부대의 편성에 대해 언급하고 있다. 그는 "무릇 많은 병력을 지휘하기를 적은 병력을 지휘하듯 할 수 있는 것은 부대를 나누어 편성하기 때문"이라고 했다. 장수 한 명이 수많은 병사를 직접 지휘하는 것은 불가능하다. 그래서 군대는 일정한 인원을 기준으로 하여 각 제대를 편성하고, 각 제대를 묶어 상하급 제대를 편성하며, 각 제대별로 장수를 임명한다. 그럼으로써 최고의 장수는 예하 장수들을 통해 각 제대를 지휘하고 통솔할 수 있다. 손자의 전쟁이 대규모 원정작전임을 고려할 때 부대의 편성은 매우 중요하다. 아마도 손자는 이들을 효과적으로 지휘하기 위해 전통적 방식에 따라 오(伍), 양(兩), 졸(卒), 여(旅), 사(師), 군(軍)으로 부대를 구분했을 것이다. 오(伍)는 오장과 4명의 병사로 하여 총 5명으로 구성된다. 양(兩)은 5개의 오로 25명으로 구성된다. 졸(卒)은 4개의 양으로 총 100명으로 구성된다. 〈시계〉 편에서 보았듯이 졸에는 치차(治車), 즉 전투용 전차 1대와 혁차(革車), 즉 보급용 수레 1대가 편성된다. 여(旅)는 5개의 졸로 이루어져 500명, 사(師)는 5개의 여로 편성되어 2,500명, 군(軍)은 5개의 사로 편성되어 1만 2,500명으로 구성된다. 그가 많은 병력을 마치 적은 병력을 지휘하듯 할 수 있다고 한 것은, 장수가 전 병력을 일일이 상대하지 않고 각 제대를 지휘하는 예하 장수들만 통제하면, 이들이 예하 부대를 통제함으로써 전군을 움직일 수 있기 때문이다.

둘째는 지휘통제체제를 구비해야 한다는 것이다. "많은 병력을 싸우게 하면서도 적은 병력을 싸우게 하듯이 할 수 있는 것은 적절한 통제수단을 사용하기 때문이다." 적과 싸우면서 아군의 진격과 퇴각, 군형의 변화, 예비대 투입 등 상황에 맞게 병력을 움직이기 위해서는 효과적인 지휘통제 방안을 강구해야 한다. 손자가 언급한 '형명(形名)'은 깃발, 연기, 북, 징과 같은 것으로 오늘날 눈으로 보는 시호통신과 귀로 듣는 음향통신에 해당한다. 현대와 같이 유선 혹은 무선통신이 가능하지 않았던 춘추시대에 이러한 통제수단은 전장에서 병력을 일사분란하게 움직이도록 하는 데 긴요했을 것이다.

셋째는 기병(奇兵)과 정병(正兵)을 혼합하는 용병술을 구사해야 한다는 것이다. 왜 기병과 정병인가? 세를 발휘할 수 있는 여건을 조성하기 위해서는 정병만으로는 어려우며 반드시 기병이 병행되어야 하기 때문이다. 세란 적의 취약한 지점에 압도적인 병력을 집중하는 것이다. 그런데 만일 피아가 정병 대 정병으로 대치하는 가운데 적이 틈을 보이지 않으면 적을 공략할 수 없다. 앞의 〈군형〉 편에서 손자가 '가승재적(可勝在敵)', 즉 아군의 승리 여부는 적에게 달려 있다고 한 것처럼 적이 허점을 드러내지 않으면 제아무리 완벽한 군형을 편성했다 하더라도 세를 발휘할 기회를 잡지 못한다. 이때에는 정병으로 적과 대치하는 가운데 기병술을 구사하여 적을 흔들고 교란시킴으로써 숨겨 있던 허점을 드러내도록 하거나 없었던 허점을 만들어내야 한다. 즉, 기(奇)와 정(正)을 혼합한 용병술은 세를 발휘하기 위한 필요조건이 된다. 이에 대해서는 바로 다음 문단에서 자세히 살펴볼 것이다.

그런데 손자는 "적을 맞아 싸우되 패하지 않는 것은 기병과 정병을 사용하기 때문"이라고 했다. 이 문장은 선뜻 이해하기 어렵다. 왜 '승리'가 아니고 '무패(無敗)', 즉 '패하지 않는다'고 했는가? 이는 두 가지로 볼 수 있다. 첫째, 앞의 문장과 연계하여 본다면 손자는 '기와 정'이 결국 승리를 확정하는 것이 아니라 그러한 '기회를 조성하는 데 기여'하기 때문에 '패하지 않는다'는 표현을 쓴 것으로 보인다. 즉, 승리를 거두는 것은 그 다음 단계에서 세가 발휘되어야만 가능한 것이다. 둘째, 적도 기병을 사용할 수 있기 때문이다. 만일 피아가 모두 정병으로 대치하고 싸우면 승부를 예측할 수 없다. 만일 적이 기병을 사용하는데 아군이 정병만으로 대응한다면 적에게 승리할 수 있는 기회를 줄 수 있다. 그런데 문제는 양측이 모두가 기병을 동원하여 싸우는 경우이다. 이때에는 한 측이 상대를 속여 유리한 상황을 조성하더라도 상대는 또 다른 기병술을 사용하여 위기를 모면할 수 있을 것이므로 서로 승리할 수 없게 된다. 한 측이 상대를 포위하더라도 상대방은 포위망을 뚫고 달아나는 것이다. 따라서 이 경우에는 양측 모두 '무패'가 될 가능성이 높다. 다시 말해, 기와 정의 사용 그 자체로 반드시 승리를 보장하는 것은 아니다.

넷째는 피아 허실(虛實)을 이용하는 것이다. 즉, 적의 허점(虛)을 아군의 강점(實)으로 공격하는 것이다. '기와 정'의 사용에 의해 결정적 순간이 조성되면 본격적으로 세를 발휘하여 '번뜩이는 복수의 칼날'을 휘둘러야 한다. 그것은 마치 손자가 언급한 대로 '계란에 숫돌을 던지듯' 하는 것으로 적의 약한 부분에 최대한의 병력을 투입하는 것을 의미한다. 세의 발휘는 〈군형〉 편에서 이미 이겨놓은 승리를 확인하는 과정이 될 것이다.

군사사상적 의미

손자의 '세'와 서구의 '기세'

손자의 세와 시구의 기세가 다르다는 것은 이미 〈시계〉 편의 '세자, 인리이제권야(勢者, 因利而制權也)'를 설명하면서 살펴보았다. 손자의 세는 '이좌기외(以佐基外)', 즉 일단 발휘되면 압도적이어서 그 어떤 요소도 그러한 세를 꺾을 수 없다. 적이 상황을 역전시키거나 모면하기 위해 발버둥치며 다른 수를 쓰더라도 아무런 소용이 없는 것이다. 그러나 서구의 기세는 그렇지 못하다. 기세는 전장에서의 '우연'이나 '마찰' 등의 요인에 의해 꺾일 수도 있다. 비록 압도적인 기세를 조성하여 적을 밀어붙이더라도 적이 역공을 가하거나 예비대를 투입하여 저항한다면 결정적 성과를 거두지 못할 수도 있다.

이에 부가하여 손자의 세와 서구의 기세에서 발견되는 또 다른 차이점을 제시할 수 있다. 그것은 세 혹은 기세를 만들어가는 과정이 크게 다르다는 것이다. 즉, 서구에서 기세를 발휘하는 과정이 피동적이라면, 손자의 세를 발휘하는 과정은 다분히 능동적이다. 클라우제비츠나 조미니가 주장하는 기세는 결정적 지점이라고 판단되는 적의 약한 부분을 발견하고 여기에 병력을 집중하는 기동에 주안을 두고 있다. 이는 주어진 상황에서 적의 배치를 보고 나서 주력으로 하여금 약한 중앙을 돌파하거나 약한 측면으로 돌아가 공격하도록 하는 것이다. 그런데 여기에는 적을 흔들어서 여건을 조성한다는 개념이 희박하다. 즉, 적의 허점이 이미 노정된 것으로 간주하고 이를 파악하려 할 뿐, 기만이나 기습, 그리고 양동작전 등에 의해 적의 허점을 만들어가는 노력은 크게 부각되지 않는다. 그것은 〈시계〉 편의 '궤도'를 설명하면서 보았듯이 클라우제비츠나 조미니가 기만과 기습의 가치를 평가절하한 것과 궤를 같이한다.

현대에 와서 리델 하트와 같은 전략사상가는 손자의 '궤도'를 유용한 것으로 평가하고 다양한 기만방책을 써서 적을 심리적으로나 물리적으로 교란시켜야 한다고 주장함으로써 이들과 다른 입장에 서 있는 것으로 보인다. 그러나 자세히 보면 리델 하트의 간접접근전략도 적의 허점을 적극적으로 조성하려는 모습은 찾아볼 수 없다. 그의 간접기동은 적의 최소저항선 혹은 최소예상선을 선택하여 기동하는 것으로 이러한 기동로는 적의 배치에 의해 주어지는 것이지 아군이 만들어가는 것은 아니기 때문이다. 즉, 서구의 기세는 주어진 여건에서 발휘되는 것으로 지극히 정적이고 피동적이라 할 수 있다.

이에 반해 손자의 세는 '기와 정'의 상호작용을 통해 적의 허점 또는 약한 부분을 능동적으로 만들어가는 가운데 발휘된다. 이에 대해서는 뒤의 〈허실〉 편에서 볼 수 있듯이 적에게 이로움을 보여주어 끌어당기고 해로움을 보여주어 오지 못하도록 한다. 적이 편안하면 고단하게 하고, 안정되어 있으면 동요하게 만든다. 적이 높은 성을 쌓고 해자를 깊이 파고 있더라도 어쩔 수 없이 나와서 싸우지 않을 수 없도록 만든다. 주어진 상황에서 세를 발휘할 기회를 포착하는 것이 아니라 세를 발휘할 여건을 적극적으로 조성해나가는 것이다.

물론, 서구에서도 프리드리히 2세나 나폴레옹과 같은 군사적 천재들은 손자와 마찬가지로 기만과 기습을 통해 용병에 유리한 여건을 조성하기 위해 많은 노력을 기울였던 것이 사실이다. 그리고 클라우제비츠와 조미니는 이들의 전쟁과 전략을 연구하면서 유리한 여건 조성의 중요성도 인식했을 것이다. 그럼에도 불구하고 서구의 전략가들은 손자가 제시한 '기와 정' 차원에서의 능동적 여건 조성, 그리고 '기세'를 뛰어넘는 '세'의 개념을 제시하지 못했다. 비록 손자는 이 병서에서 이러한 논리를 구체적으로 설명하지 않고 있지만―그래서 일반인들은 손자의 정확한 의도를 잘 깨닫지 못하고 많은 부분을 놓치고 있지만― 그의 군사사상은 적의 허점을 적극적으로 조성한다는 측면에서 서구의 군사사상보다 훨씬 심오하다고 할 수 있다.

2. 기와 정: 세 발휘의 필요조건

凡戰者, 以正合, 以奇勝.

故善出奇者, 無窮如天地,
不竭如江海.

終而復始, 日月是也. 死而復生,
四時是也.

聲不過五, 五聲之變, 不可勝聽也.
色不過五, 五色之變, 不可勝觀也.
味不過五, 五味之變, 不可勝嘗也.

戰勢, 不過奇正, 奇正之變,
不可勝窮也.

奇正相生, 如循環之無端,
孰能窮之哉.

범전자, 이정합, 이기승.

고선출기자, 무궁여천지,
불갈여 강해.

종이복시, 일월시야. 사이복생,
사시시야.

성불과오, 오성지변, 불가승청야.
색불과오, 오색지변, 불가승관야.
미불과오, 오미지변, 불가승상야.

전세, 불과기정, 기정지변,
불가승궁야.

기정상생, 여순환지무단,
숙능궁지재.

무릇 전쟁을 수행하는 것은 정병으로 맞서고 기병으로 승리하는 것이다.

자고로 기병을 잘 구사하는 것은 천지와 같이 그 끝이 보이지 않고 강이나 바다와 같이 마르는 법이 없다.

끝난 것 같으면서도 다시 시작되니 낮과 밤의 변화와 같다. 죽은 것 같으면서도 다시 살아나니 사계절의 변화와 같다.

소리는 겨우 다섯 가지에 불과하지만 그 오성이 어우러져 만들어내는 소리들은 다 들을 수가 없다. 색은 겨우 다섯 가지에 불과하지만 그 오색이 어우러져 만들어내는 색들은 다 볼 수가 없다. 맛은 겨우 다섯 가지에 불과하지만 그 오미가 어우러져 만들어내는 맛은 다 맛볼 수가 없다.

전쟁에서 세를 결정하는 요소는 기병과 정병에 불과하지만 그 기정이 어우러져 만들어내는 변화는 끝이 보이지 않는다.

기병과 정병이 어우러져 만들어내는 변화는 둥근 고리와 같이 맞물려 그 시작과 끝이 없는 것과 같으니 누구도 능히 헤아릴 수 없다.

* 凡戰者, 以正合, 以奇勝(범전자, 이정합, 이기승): 전(戰)은 '전쟁을 수행한다'는 의미이고, 정(正)은 '정병(正兵)'으로 모략을 쓰지 않는 용병을 의미한다. 합(合)은 '합하다, 만나다', 기(奇)는 '기이하다'는 뜻으로 기병(奇兵), 즉 모략을 쓰는 용병을 의미한다. 전체를 해석하면 '무릇 전쟁을 수행하는 것은 정병으로 맞서고 기병으로 승리하는 것이다'라는 뜻이다.

* 故善出奇者, 無窮如天地, 不竭如江海(고선출기자, 무궁여천지, 불갈여강해): 출기(出奇)는 '기를 내다'로 '기병을 구사하다'는 뜻으로, 선출기자(善出奇者)는 '기병을 잘 구사하는 것'이라는 뜻이다. 궁(窮)은 '다하다, 끝나다', 여(如)는 '~와 같다', 갈(竭)은 '물이 마르다'라는 뜻이다. 전체를 해석하면 '자고로 기병을 잘 구사하는 것은 천지와 같이 그 끝이 보이지 않고 강이나 바다와 같이 마르는 법이 없다'는 뜻이다.

* 終而復始, 日月是也(종이복시, 일월시야): 종(終)은 '끝나다', 복(復)은 '돌아오다'라는 의미이다. 전체를 해석하면 '끝난 것 같으면서도 다시 시작되니 낮과 밤의 변화와 같다'는 뜻이다.

* 死而復生, 四時是也(사이복생, 사시시야): '죽은 것 같으면서도 다시 살아나니 사계절의 변화와 같다'는 뜻이다.

* 聲不過五, 五聲之變, 不可勝聽也(성불과오, 오성지변, 불가승청야): 성(聲)은 '소리', 변(變)은 '변하다', 승(勝)은 '다하다', 청(聽)은 '듣다'라는 뜻이다. 전체를 해석하면 '소리는 겨우 다섯 가지에 불과하지만 그 오성이 어우러져 만들어내는 소리들은 다 들을 수가 없다'는 뜻이다.

* 色不過五, 五色之變, 不可勝觀也(색불과오, 오색지변, 불가승관야): '색은 겨우 다섯 가지에 불과하지만 그 오색이 어우러져 만들어내는 색들은 다 볼 수가 없다'는 뜻이다.

* 味不過五, 五味之變, 不可勝嘗也(미불과오, 오미지변, 불가승상야): 상(嘗)은 '맛보다'라는 뜻이다. 전체를 해석하면 '맛은 겨우 다섯 가지에 불과하지만 그 오미가 어우러져 만들어내는 맛은 다 맛볼 수가 없다'는 뜻이다.

* 戰勢, 不過奇正, 奇正之變, 不可勝窮也(전세, 불과기정, 기정지변, 불가승궁야): 궁(窮)은 '다하다, 막히다'라는 뜻이다. 전체를 해석하면 '전쟁에서의 세를 결정하는 요소는 기병과 정병에 불과하지만 그 기정이 어우러져 만들어내는 변화는 끝이 보이지 않는다'는 뜻이다.

* 奇正相生, 如循環之無端, 孰能窮之哉(기정상생, 여순환지무단, 숙능궁지재): 상생(相生)은 음양오행설에서 유래된 것으로 서로 다른 것이 작용하여 새로운 것을 만들어낸다는 의미이다. 순환(循環)은 '고리', 단(端)은 '사물의 끝, 일의 시작', 숙(孰)은 '누구', 궁(窮)은 '다하다'라는 뜻이고, 재(哉)는 어조사이다. 전체를 해석하면 '기병과 정병이 어우러져 만들어내는 변화는 둥근 고리와 같이 맞물려 그 시작과 끝이 없는 것과 같으니 누구도 능히 헤아릴 수 없다'는 뜻이다.

내용 해설

여기에서 손자는 '정병(正兵)'과 '기병(奇兵)'에 대해 설명하고 있다. '기와 정'은 무엇을 말하는 것인가? 비록 손자는 정병과 기병에 대해 자세한 설명을 하지 않고 있으나, 이 둘은 겉으로 드러나는 용병과 겉으로 드러나지 않은 용병이라는 차이가 있다. 정병은 모략을 쓰지 않는 용병이다. 겉으로 드러나는 것으로 적이 예측할 수 있고 대비할 수 있는 용병이다. 그러나 기병은 모략을 사용하는 용병이다. 겉으로 드러나지 않기 때문에 적이 예측할 수 없고 대비하기 어려운 용병이다. 손자가 "무릇 전쟁을 수행하는 것은 정병으로 맞서고 기병으로 승리하는 것"이라고 한 것은 정병을 보임으로써 적으로 하여금 이에 대비하도록 하는 가운데, 기병을 통해 적이 예측하지 못한 시간과 장소에서 적이 예측하지 못한 용병술로 승리를 거두어야 한다는 의미이다.

손자가 말한 '이기승(以奇勝)'에 대한 오해가 있을 수 있다. '이기승'이란 '기병으로 승리한다'고 해석할 수 있지만, 이는 기병술을 발휘하는 그 자체로 승리할 수 있다는 것은 아니다. 바로 앞의 문단에서 손자는 "적을 맞아 싸우되 패하지 않는 것은 기병과 정병을 사용하기 때문(可使必受敵而無敗者, 奇正是也)"이라고 하여 기와 정이 무패의 요소임을 언급한 바 있다. 즉, 기병은 승리의 여건을 조성하고 세를 발휘하는 데 기여하는 요소이지 그 자체로 승리를 가져오는 것은 아니다. 최종적인 승리는 다음 문단에서 제시하는 바와 같이 압도적인 세(勢)를 발휘하고 상대의 숨통을 끊는 절(節)을 이룸으로써 비로소 가능한 것이다. 다만 손자가 여기에서 "기병으로 승리할 수 있다"고 언급한 것은 세간에 정병을 중시하는 풍조를 경계하면서 사람들이 잘 인식하지 못하는 기병의 중요성을 강조한 것으로 이해할 수 있다.

이는 손자가 앞의 〈군형〉 편에서 용병을 잘하는 장수의 싸움은 일반 사람들의 수준을 뛰어넘어야 한다고 했는데, 여기에서 그러한 용병술이 적으로 하여금 도저히 예상하지 못하는 것이어야 함을 강조한 것이다. 따라서 정병 외에 기병을 잘 구사하는 장수의 용병은 "천지와 같이 그 끝이 보이지 않고 강이나 바다와 같이 마르는 법이 없다." 즉, 일반인이나 장수가 도저히 예측할 수도 없고 대비할 수도 없는 오묘한 용병술을 구사하는 것이다. 하나를 짐작하면 둘이 나오고, 셋인가 싶으면 다시 하나가 나오는 것과 같다. 그래서 손자는 "기병과 정병이 어우러져 만들어내는 변화는 둥근 고리와 같이 맞물려 그 시작과 끝이 없는 것과 같으니 누구도 능히 헤아릴 수 없다"고 했다.

산악지역에서의 전투를 상정하여 기병과 정병을 혼용하는 예를 들어보자. 아군은 정상적인 대형을 갖춘 공격 진영을 편성하면서 적진에 침투할 별도의 부대를 준비할 수 있다. 이에 적은 겉으로 보이는 아군의 공격에만 대비할 뿐 은밀하게 침투할 부대에 대해서는 대비할 수 없다. 아직까지는 '정과 정'의 대치인 것이다. 그러나 전투가 시작되면서 아군의 침투부대는 적 진지 후방으로 몰래 들어가 방어가 약한 보급시설을 타격하여 혼란을 조성할 수 있다. 침투한 병력이 늘어나면서 침투부대는 전방의 적을 뒤에서 공격할 수 있다. '기와 정'의 대치로 전환된 것이다. 그러면 적은 아군의 침투부대를 제압하고 돌파된 지역을 방어하고자 다른 지역에서 병력을 전환시키지 않을 수 없다. 이때 아군은 병력이 전환되어 약화된 적의 방어진지에 대해 최대한의 병력을 집중하여 본격적인 공격을 가할 수 있다. 다시 정병에 의한 공격으로 전환하는 것이다. 이처럼 아군의 공격은 최초의 정병에서 기병으로, 기병이 다시 정병으로 끝없이 전환되고, 적은 전후방에서 모두 혼란에 빠지게 될 것이다. 결국 아군은 기병술을 통해 세를 발휘할 수 있는 여건을 조성하고 결정적인 승리를 거둘 기회를 잡을 수 있다.

정병과 기병은 별개의 것이 아니라 상호작용을 하면서 그 효과를 극대하게 된다. 기병 없이 정병만 구사하는 것은 의미가 없다. 또한 정병 없이 기병만 구사할 경우 신속한 효과를 거둘 수 없다. 정병으로 적을 상대함으로써 기병의 효과를 한껏 끌어올리고, 기병으로 적을 교란시킨 후 정병으로 승부를 낼 수 있기 때문이다. 따라서 장수는 정병과 기병을 서로 번갈아가며 구사함으로써 상대를 교란하고 혼란시킬 수 있다. 그래서 손자는 '기와 정'의 변화를 두고 "끝난 것 같으면서도 다시 시작되니 낮과 밤의 변화와 같고, 죽은 것 같으면서도 다시 살아나니 사계절의 변화와 같다"고 했다. 결국 정병과 기병의 조화는 무궁무진하다. 그것은 마치 "소리가 겨우 다섯 가지에 불과하지만 그 오성이 어우러져 만들어내는 소리는 다 들을 수 없고, 색은 겨우 다섯 가지에 불과하지만 그 오색이 어우러져 만들어내는 색들은 다 볼 수가 없으며, 맛은 겨우 다섯 가지에 불과하지만 그 오미가 어우러져 만들어내는 맛은 다 맛볼 수가 없는 것"과 마찬가지이다.

기와 정의 발휘는 앞에서 언급한 '군형'의 편성과 어떠한 관계가 있는가? 〈군형〉 편에서 이미 승리할 수 있는 진영을 구축했는데 왜 또다시 '기와 정'을 발휘함으로써 그러한 여건을 조성해야 하는가? '군형'이란 이겨놓고 싸우기 위해 승리의 용병술을 구상하고 그러한 진영을 갖추는 것으로, '기와 정'은 이미 장수의 용병술과 진영 편성에 당연히 반영되어 있을 것이다. 즉, 손자는 '기와 정'을 〈군형〉 편이 아닌 〈병세〉 편에서 다루고 있지만 장수가 군형을 편성한다면 이미 이러한 요소를 미리 염두에 두고 있을 것이다. 특히 〈군형〉 편에서 제시된 '일반인의 수준을 뛰어넘는 용병술'이란 표현은 적을 속이는 기병이 전제되지 않으면 불가능할 것이다. 이렇게 볼 때 '기와 정'은 '군형'과 '병세'를 아우르는 것으로, 군형을 편성하면서 장수의 용병술에 녹아 있던 것이 세를 발휘하기 위한 용병의 단계에서 실행되는 것이라 할 수 있다. 즉, 군형 편성에서 언급한 승리와 '기와 정'을 통한 승리는 애초에 장수의 용병 구상에서 비롯된 것으로 계획과 실행의 차이일 뿐 그 원천은 다르지 않다.

군사사상적 의미

손자의 '이정합, 이기승'의 원리

손자가 언급한 '이정합, 이기승(以正合, 以奇勝)'의 원리를 프로이센 군주 프리드리히 2세가 오스트리아군을 상대로 승리를 거두었던 로이텐 전투 사례를 통해 살펴보자. 물론, 여기에서 '이기승(以奇勝)'이란 기병술을 통해 승리를 확정하는 것이 아니라 결정적인 승리의 여건을 조성하는 데 기여하는 것으로 이해해야 한다. 최종적인 승리는 '기병' 그 자체로 가능한 것이 아니라 기병술을 통한 세의 발휘로 완성되는 것이기 때문이다.

7년 전쟁 기간 중인 1757년 11월 5일 프로이센의 군주 프리드리히 2세가 중부 독일에서 프랑스-신성로마제국 연합군을 로스바흐 전투(Battle of Rossbach)에서 격파하는 사이에 오스트리아는 독일 동부의 비옥한 영토인 슐레지엔(Schlesien)을 탈환했다. 프리드리히 2세는 슐레지엔을 다시 확보하기 위해 로스바흐로부터 로이텐(Leuthen)으로 신속히 기동했다.

오스트리아군이 방어진지를 편성한 슐레지엔 지방의 로이텐에 도착한 프리드리히 2세는 병력이 열세함을 인식했다. 방어하고 있는 오스트리아군이 8만 명이었던 반면, 공격을 준비하는 프로이센군은 3만 명에 불과했다. 그런데 프리드리히 2세는 오스트리아군의 방어정면이 6.5km로 북에서 남으로 과도하게 신장되어 있는 것을 발견했다. 이는 프로이센군의 측면 우회 및 포위를 막기 위해 오스트리아군이 의도적으로 넓은 정면에 병력을 배치하고 있었기 때문이다. 프레드리히 2세는 주공 방향이 북쪽인 것처럼 기만한 후 적이 북쪽을 강화하는 사이에 남쪽으로 방향을 틀어 공격하기로 결심했다.

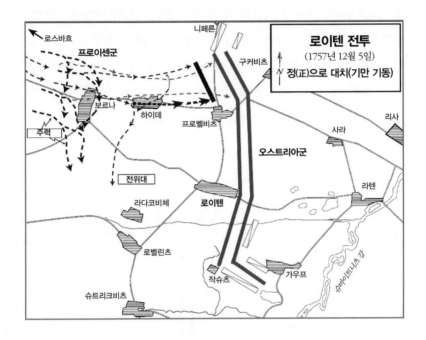

먼저 프리드리히 2세는 정병으로 오스트리아군과 대적했다. 손자의 '이정합(以正合)'에 해당하는 것이다. 즉, 프리드리히 2세는 오스트리아군 방어진지의 북쪽 정면을 향해 병력을 종대로 투입, 최전방의 부대를 오스트리아군의 정면에까지 도달하도록 했다. 이에 오스트리아군은 프로이센군의 주공이 북쪽으로 집중될 것으로 판단하여 남쪽에 배치된 병력을 북쪽 방어진에 재배치하도록 했다. 이로써 오스트리아군의 남쪽에 편성된 방어진지는 텅 비게 되었다.

이어 적 방어진지의 북쪽으로 후속하던 프로이센군의 부대가 갑자기 방향을 선회하여 적의 남쪽으로 기동했다. 이는 '기병(奇兵)'에 해당하는 것으로 프리드리히 2세는 오스트리아군을 교란시키고 혼란을 조성하기 위해 적이 예상치 않은 용병술을 구사한 것이다. 오스트리아군의 전방에까지 도달한 프로이센군 병력은 철수하는 것처럼 행동하면서 뒤로 빠진 후, 언덕 후사면을 이용하여 오스트리아군의 남쪽 방어진지로 이동했다. 오스트리아군을 이끌고 있었던 칼 왕자는 철수한 프로이센군이 갑자기 남쪽 방어진지에서 공격해오자 크게 당황하여 북쪽의 병력을 남쪽으로 이동시킨 후 방어진지를 재편성하도록 했다. 그러나 이미 오스트리아군은 물리적으로나 심리적으로 마비된 상태였다. 다급한 상황에서 편성한 새로운 방어진지는 위력을 발휘할 수 없었고, 병력들은 혼란에 빠져 전의를 다질 수 없었다.

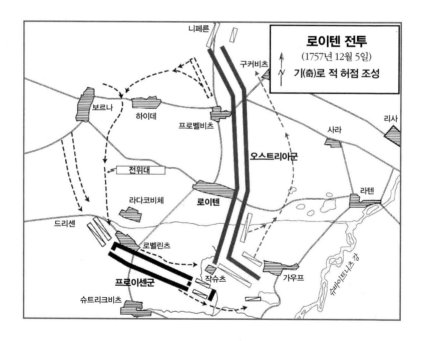

다음으로 프로이센군은 오스트리아군을 상대로 결전에 나섰다. '세'를 발휘하는 단계로 접어든 것이다. 이는 기병(奇兵)으로 조성된 유리한 여건을 이용하여 결정적인 승리를 달성하는 단계이다. 프로이센군은 병력을 집중하여 엉성하게 재편성된 오스트리아군의 방어진지를 격파하고 로이텐을 점령했다. 이 과정에서 오스트리아는 기병대를 투입하여 프로이센군의 좌측면을 공격함으로써 전세의 역전을 노렸다. 그러나 우측의 프로이센 기병대가 이에 아랑곳하지 않고 전과 확대에 나서 로이텐 후방으로까지 진격하자, 오스트리아 기병대는 오히려 후방 차단을 우려하여 철수하지 않을 수 없었다. 이는 〈시계〉 편에서 언급한 '이좌기외(以佐其外)', 즉 일단 세가 발휘되면 그 밖의 우발적 요소는 소용이 없다는 손자의 주장처럼 전세를 돌리기 위한 오스트리아군의 마지막 저항이 무기력하게 좌절되고 만 것이다.

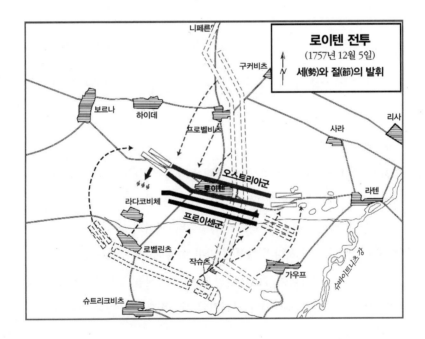

이후로 프로이센군은 적의 숨통을 끊는 절(節)을 완성했다. 오스트리아군은 혼란과 무질서에 빠져 전열이 무너진 채 후퇴하고 말았다. 칼 왕자는 두 배 이상의 수적 우세에도 불구하고 오스트리아군이 완패하는 것을 목격하고 "나는 이 패배를 믿을 수 없다"고 말했다. 이 전투로 오스트리아는 두 배 이상의 유리한 병력으로 전투에 임했지만 전사 3,000명, 부상 7,000명, 포로 1만 2,000명의 피해를 감수하며 보헤미아로 물러났다. 프로이센은 전사 1,100명, 부상 5,100명, 포로 85명의 피해를 입었지만, 수개월 전 빼앗겼던 슐레지엔을 탈환하고 자국 영토로 편입시킬 수 있었다.

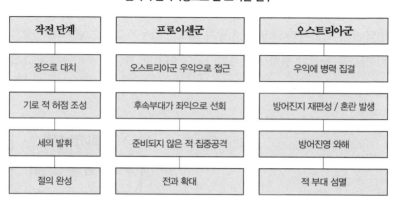

손자의 군사사상으로 본 로이텐 전투

작전 단계	프로이센군	오스트리아군
정으로 대치	오스트리아군 우익으로 접근	우익에 병력 집결
기로 적 허점 조성	후속부대가 좌익으로 선회	방어진지 재편성 / 혼란 발생
세의 발휘	준비되지 않은 적 집중공격	방어진영 와해
절의 완성	전과 확대	적 부대 섬멸

'기와 정'의 상호작용 유형

손자가 말한 정병과 기병의 혼합 유형은 무궁무진하다. 다만, 두 요소의 상호작용을 이해하기 위해 단순화한다면 다음 네 가지 유형으로 나누어 볼 수 있다. 첫째, '정병 대 정병'의 유형이다. 피아가 모두 정병으로 싸우는 경우 전력이 동일하다면 승부는 반반이 될 것이다. 예를 들어, 그리스 시대의 방진을 생각해볼 수 있다. 양측 모두 방진을 구성하여 싸우게 될 경우 결과는 아마도 훈련이나 정신력이 상대적으로 우세한 쪽이 승리하게 될 것이다.

둘째, '정병+기병 대 정병'의 유형이다. 이 경우 '정병+기병'을 사용하는 측이 승리하게 될 것이다. 기원전 371년 그리스의 레우크트라(Leuctra)에서 스파르타와 테베 간에 있었던 전투가 그 예이다. 테베의 장수였던 에파미논다스(Epaminondas)는 병력이 6,000명으로 스파르타군의 1만 1,000

명보다 약 두 배 열세였음에도 불구하고 사선대형을 구사하여 전투를 승리로 이끌었다. 즉, 그는 평소의 방진을 편성하면서 맨 좌측의 밀집대형을 평소보다 다섯 배 강화하고 우측의 나머지 대형은 얇게 편성했다. 그리고 전투가 시작되자 맨 좌측의 강력한 밀집대형부터 순차적으로 출발시켜 사선대형으로 스파르타군에 접근했다. 강화된 맨 좌측의 부대가 정면의 스파르타군을 격파하고 우측으로 방향을 틀어 뒤에 오는 부대와 협력하여 스파르타군을 순차적으로 격파했던 것이다. 테베군은 스파르타군에게 통상적인 방진의 형태인 정병으로 대적했지만, 이와 동시에 강화된 밀집대형을 선두로 한 사선대형이라는 기병을 구사함으로써 우세한 적을 상대로 승리할 수 있었다.

셋째, '기병 대 정병'의 유형이다. 이는 정병을 거의 배제한 상태에서 '기병'만 가지고 싸우는 것으로, 대부분의 경우 기병을 사용하는 측이 승리한다. 이러한 유형의 기병은 피아 전력이 극도로 열세한 상황에서 적과 아예 군사적으로 충돌하는 것을 회피하면서 철저히 게릴라전에 의존하게 된다. 1946년부터 3년 동안 진행된 국공내전이 그러한 사례이다. 마오쩌둥은 군사적으로 열세하다고 판단하고 국민당 군대와 정면으로 맞서지 않았다. 그는 국민당 군대가 전면적인 공격에 나서자 공산당 군대에 퇴각을 명하여 산간지역 및 농촌지역에 재배치했다. 그리고 추격해오는 국민당 군대에 대해 치고 빠지는 게릴라전을 전개하여 적을 끊임없이 타격하고 약화시켰다. 정규전 방식의 공격에 대해 비정규전전략으로 대응한 것이다. 결국 공산당은 내전 2년 만에 군사적 열세를 극복하고 우세한 전력을 보유하게 되었으며, 3년 차에 반격에 나서 내전에서 승리할 수 있었다.

넷째, '기병 대 기병'의 유형이다. 아군이 상대의 주력을 우회하여 후방을 치려고 할 때 상대도 마찬가지로 아군의 주력을 돌아 후방으로 기동하는 상황을 상정할 수 있다. 서로가 원을 그리듯이 돌아서 기동하는 것이다. 이 경우 조건이 동일하다면 승부는 반반일 수 있다. 아군의 장수가 더 유능하여 방어의 허점을 보이지 않음으로써 적으로 하여금 우회할 여지를 주지 않는다면 승리할 수 있겠지만 적의 장수도 유능하다면 승부는 예측할 수 없게 된다.

다른 상황을 가정해볼 수 있다. 아군이 상대방의 주력을 우회하여 후방을 치기 위해 적의 배후로 기동할 때 적이 신장된 아군 기동부대의 측면을 치거나 후방을 차단하는 경우이다. 실제로 나폴레옹의 울름 전역 과정에서도 이러한 사례를 볼 수 있다. 그러나 이러한 상황에서는 아군이 승리할 가능성이 높다. 아군의 기병술이 과감하고 주도적으로 이루어진 반면, 적의 기병술은 대응 차원에서 소극적으로 이루어지기 때문에 아군이 유리한 입장에서 충분히 제압이 가능하다. 실제로 나폴레옹은 오스트리아군의 역습을 제압한 후 결정적 승리를 거둔 바 있다. 이 경우 기병의 비중을 보다 높이 하여 싸우는 측이 승리할 가능성이 높아 보인다.

또 다른 상황도 상정해볼 수 있다. 서로가 정규전을 피하고 비정규전 방식의 싸움을 이어가는 경우이다. 이는 아마도 현대의 분란전 사례에서 찾아볼 수 있다. 베트남전이나 이라크전에서 미군은 처음에 정규전 방식으로 전쟁을 시작했으나 상대가 게릴라전을 전개하자 이에 상응한 비정규전 방식으로 대응하지 않을 수 없었다. 서로 비정규전이라는 '기병'을 사용한 것이다. 이 경우 다 같이 유사한 방식의 '기병'을 사용하기 때문에 사실은 '정병'으로 전환된 것이 아닌가라는 의문이 들 수 있다. 그러나 그렇지 않다. 이러한 전쟁에서 양측은 다 같은 게릴라전이라 하더라도 구체적으로는 주민들의 민심 확보 전략의 차이, 민심의 향배, 노출된 고정진지를 사용하느냐 아니면 은밀한 갱도진지를 사용하느냐의 여부, 상대방에 대한 정보 우세의 달성 여부, 그리고 무엇보다도 전투의지의 강도 등에 따라 게릴라전의 방식은 엄연히 다를 수 있다. 결국, '기병 대 기병'의 유형으로 보이지만 미국의 '기병'은 그 능력과 여건이 취약한 상황에서 사실상 '기병'이라기보다는 '정병'이 왜곡된 형태에 불과한 것이었다. 겉으로는

'기병 대 기병'의 모습이지만 엄밀하게 말하면 '정병 대 기병'으로 볼 수 있는 셈이다. 이러한 경우에는 기병을 보다 효과적이고 적극적으로 사용한 측이 승리할 것으로 보인다.

여기에서 손자가 염두에 둔 '기와 정'의 운용은 두 번째인 '정병+기병'의 용병술을 의미한다. 물론 전장의 상황이 변하여 적이 '기병'으로 대응함에 따라 '기병 대 기병'의 양상으로 전개될 수 있겠지만, 궁극적으로 손자는 정병으로 적과 대치하고 기병을 통해 승리의 여건을 마련해야 한다고 보았다.

3. 세와 절: 결정적 승리의 순간

激水之疾, 至於漂石者, 勢也.	부격수지질, 지어표석자, 세야.
鷙鳥之疾, 至於毁折者, 節也.	지조지질, 지어훼절자, 절야.
是故善戰者, 其勢險, 其節短.	시고선전자, 기세험, 기절단.
勢如彉弩, 節如發機.	세여확노, 절여발기.
紛紛紜紜, 鬪亂而不可亂.	분분운운, 투란이불가란.
渾渾沌沌, 形圓而不可敗.	혼혼돈돈, 형원이불가패.
亂生於治, 怯生於勇, 弱生於强.	난생어치, 겁생어용, 약생어강.
治亂, 數也. 勇怯, 勢也.	치란, 수야. 용겁, 세야.
强弱, 形也.	강약, 형야.

거세게 흐르는 물이 암석을 떠내려가게 하는 것이 바로 세다. 사나운 매가 빠르게 먹이를 덮쳐 숨통을 끊어버리는 것이 바로 절이다.

자고로 용병을 잘하는 장수는 그 세가 맹렬하고 그 절은 짧다. 세는 마치 활시위를 잡아당긴 것과 같고, 절은 마치 활을 쏘는 것과 같다.

(세가 발휘되면) 싸움이 진행되면서 서로 엉키고 어지러운 가운데 혼란스럽게 싸우지만 실제로는 혼란에 빠지지 않는다. (세가 발휘되면) 복잡하게 뒤섞이고 혼전이 이루어져 진영이 원형이 되더라도 실제로는 패하지 않는다.

혼란스러워 보여도 이는 질서를 유지하는 가운데 비롯된 것이며, 겁을 내는 것같이 보여도 이는 용감함에서 비롯된 것이며, 약한 것처럼 보여도 이는 강함에서 비롯된 것이다.

질서 혹은 혼란은 부대 편성의 문제이다. 용감하거나 겁을 내는 것은 세의 문제이다. 강하고 약함은 형의 문제이다.

* 激水之疾, 至於漂石者, 勢也(격수지질, 지어표석자, 세야): 격(激)은 '물결이 부딪혀 흐르다', 질(疾)은 '빠르다', 지(至)는 '이르다, 극에 달하다', 표(漂)는 '물결에 떠서 흐르다'라는 의미이다. 전체를 해석하면 '거세게 흐르는 물이 암석을 떠내

려가게 하는 것이 바로 '세'다'라는 뜻이다.

* 鷙鳥之疾, 至於毁折者, 節也(지조지질, 지어훼절자, 절야): 지(鷙)는 '맹금, 사납다', 지조(鷙鳥)는 '사나운 매', 훼(毁)는 '헐다, 무찌르다', 절(折)은 '꺾다, 자르다', 훼절은 '부딪혀 꺾음'을 의미한다. 전체를 해석하면 '사나운 매가 빠르게 먹이를 덮쳐 숨통을 끊어버리는 것이 바로 절이다'라는 뜻이다.

* 是故善戰者, 其勢險, 其節短, 勢如彍弩, 節如發機(시고선전자, 기세험, 기절단, 세여확노, 절여발기): 험(險)은 '험하다', 확(彍)은 '당기다', 발(發)은 '쏘다, 떠나다', 기(機)는 '기계'로 '활'을 의미한다. 전체를 해석하면 '자고로 용병을 잘하는 장수는 그 세가 맹렬하고 그 절은 짧다. 세는 마치 활시위를 잡아당긴 것과 같고, 절은 마치 활을 쏘는 것과 같다'는 뜻이다.

* 紛紛紜紜, 鬪亂而不可亂(분분운운, 투란이불가란): 분(紛)은 '섞이다, 어지러워지다', 운(紜)은 '사물이 많아 어지러운 모양', 투(鬪)는 '싸움'을 의미한다. 전체를 해석하면 '싸움이 진행되면서 서로 엉키고 어지러운 가운데 혼란스럽게 싸우지만 실제로는 혼란에 빠지지 않는다'는 뜻이다.

* 渾渾沌沌, 形圓而不可敗(혼혼돈돈, 형원이불가패): 혼(渾)은 '섞이다', 돈(沌)은 '혼탁하다', 형원(形圓)은 원래 사각형의 진영이 싸우는 과정에서 붕괴되어 원형이 된 것을 의미한다. 전체를 해석하면 '복잡하게 뒤섞이고 혼전이 이루어져 진영이 원형이 되더라도 실제로는 패하지 않는다'는 뜻이다.

* 亂生於治, 怯生於勇, 弱生於强(난생어치, 겁생어용, 약생어강): 어(於)는 '~에서'를 뜻한다. 전체를 해석하면 '혼란스러워 보여도 이는 질서를 유지하는 가운데 비롯된 것이며, 겁을 내는 것같이 보여도 이는 용감함에서 비롯된 것이며, 약한 것처럼 보여도 이는 강함에서 비롯된 것이다'라는 뜻이다.

* 治亂, 數也. 勇怯, 勢也. 强弱, 形也(치란, 수야. 용겁, 세야. 강약, 형야): '질서 혹은 혼란은 부대 편성의 문제이다. 용감하거나 겁을 내는 것은 세의 문제이다. 강하고 약함은 형의 문제이다'라는 뜻이다.

내용 해설

여기에서 논하는 '세와 절'은 바로 앞에서 언급한 '기와 정'의 작용에 따른 후속 행동이다. 즉, 기와 정이 적을 흔들어 허점을 조성하게 되면 본격적으로 세와 절을 발휘하여 결정적인 승리를 거두는 것이다.

손자의 세는 적으로 하여금 거부할 수 없고 돌이킬 수도 없도록 압도적인 힘을 몰아치는 것이다. 그러한 힘은 마치 "거세게 흐르는 물이 암석을 떠내려가게 하는 것"과 같이 격렬하다. 그리고 절이란 세가 몰아쳐 순간적으로 적을 치는 것이다. 마치 "사나운 매가 빠르게 먹이를 덮쳐 숨통을 끊어버리는 것"과 같다.

따라서 세의 특징은 맹렬하다는 것이고, 절의 특징은 매우 짧다는 것이다. 활시위를 떠나 힘차게 날아가는 화살이 세라면, 그 화살이 사냥감에 명중하는 순간이 바로 절이다. 여기에서 손자는 "세는 마치 활시위를 잡아 당긴 것과 같고, 절은 마치 활을 쏘는 것과 같다"고 했지만, 이는 앞에서 세를 '거세게 흐르는 물'로 묘사했음을 볼 때 표현이 잘못된 것으로 보인다. 바로잡자면 세는 활시위를 놓아 화살이 날아가는 것이고, 절은 날아간 화살이 표적에 명중하는 것을 의미한다.

다음으로 손자는 세가 발휘되는 모습을 잘 묘사하고 있다. 그는 "싸움이 진행되면서 서로 엉키고 어지러운 가운데 혼란스럽게 싸우지만 실제로는 혼란에 빠지지 않는다. 복잡하게 뒤섞이고 혼전이 이루어져 진영이 원형이 되더라도 실제로는 패하지 않는다"고 했다. 세가 발휘되는 과정은 격렬한 전투를 동반하기 때문에 당연히 혼전의 양상을 띠지 않을 수 없다. 결정적인 국면에서 최종적인 승리를 밟아가는 과정이기 때문이다. 다만, 피아가 엉켜 싸우기 때문에 어지러워 보일 수는 있으나 아군이 결코 혼란에 빠지지 않는 것은 바로 세를 타고 있기 때문이다. 일단 세가 발휘되면 적은 아무리 발버둥 쳐도 이를 되돌릴 수 없으며, 적의 격렬한 저항으로 아군의 전투대형이 변형될 수 있으나 이는 일시적인 현상일 뿐 곧 질서를 회복하고 승리를 달성할 수 있다.

이어서 손자는 "혼란스러워 보여도 이는 질서를 유지하는 가운데 비롯된 것이며, 겁을 내는 것같이 보여도 이는 용감함에서 비롯된 것이며, 약한 것처럼 보여도 이는 강함에서 비롯된 것"이라고 했다. 지금까지 『십일가주손자』의 주석자들을 비롯하여 대부분의 학자들은 이 구절과 관련하여 '혼란스럽게 보이는 것', '겁을 내는 것', 그리고 '약함을 보이는 것'이 모두 고의적으로 적에게 보이기 위한 것으로 해석하고 있다. 이는 곧 장수가 적을 현혹시키기 위해 기병술을 발휘하는 차원에서 속임수를 쓰는 것으로 보는 것이다.

그러나 필자는 이러한 해석에 동의하지 않는다. 이미 이 단계는 '기와 정'의 작용을 통해 결정적 국면을 만들어놓은 상태에서 본격적으로 세를 발휘하는 모습을 다루고 있다. 이 단계에서 필요한 것은 앞뒤 생각하지 않고 천 길 위에 막아놓은 물을 터뜨려 적을 휩쓸어버리는 것이다. 굳이 적을 다시 흔들어놓을 필요는 없다. 숫돌로 계란을 치는 것과 같이 아군의 강함으로 적의 허점을 내려쳐야 하는 단계에서 굳이 다른 속임수가 필요하지는 않을 것이다. 물론, 적은 아군의 강한 공격으로 위기에 처해 다른 기병술이나 속임수를 쓸 수 있다. 그러나 아군의 공격은 이미 세를 타고 있기 때문에 적의 그러한 단발마적 기만이나 속임수는 통하지 않는다. 즉, 세가 발휘되는 단계에서의 용병은 굳이 불필요한 기병술을 내세울 필요가 없다. 이러한 상황에서는 우리가 적을 속일 필요도 없고, 적이 우리를 속여도 통하지 않는 것이다. 중요한 것은 오직 계곡의 급류와 같이 과감하게 적을 휩쓰는 것이다.

따라서 '혼란스럽게 보이는 것', '겁을 내는 것', 그리고 '약함을 보이는 것'을 의도적으로 그렇게 한다고 보는 것은 옳지 않다. 아군은 효율적인 지휘통제체제를 구비하고 압도적인 세를 발휘할 수 있는 군형을 편성하고 있기 때문에 비록 결정적인 전투를 치르는 과정에서 일부 혼란, 두려움, 그리고 약함이 드러날 수 있지만 곧 질서를 유지하고 용감성을 견지하며 강함을 발휘할 수 있다는 것으로 보아야 한다. 즉, 전투의 과정에서 혼란스러울 수 있으나 부대 편성이 잘 되어 있기에 곧 질서를 회복할 것이며, 처음에는 병사들이 겁을 내더라도 세가 발휘되면서 용감하게 전투에 임할 수 있으며, 겉으로 보기에 아군의 진영이 약해 보일 수 있지만 이는 원래 그렇게 보이도록 균형을 편성했던 것이므로 곧 강하다는 것이 입증될 것이다.

알렉산드로스가 인도 원정에 나서 치렀던 히다스페스 전투(Battle of the Hydaspes)가 이러한 사례에 해당한다. 기원전 326년 인더스(Indus) 강을 건너 동진을 계속한 알렉산드로스의 군대는 인도 서북부의 히다스페스 강 북안에 이르러 강 건너에 진을 편성한 인도 왕 포루스(Porus)의 군대와 마주하게 되었다. 알렉산드로스는 강 건너의 적에 대해 양동작전을 계속하도록 하는 가운데 기병 5,000명과 보병 6,000명을 이끌고 포루스군 진영에서 약 25km 떨어진 상류지역으로 우회하여 도하하는 데 성공했다. 당황한 포루스는 일부를 남겨둔 채 주력을 이끌고 알렉산드로스가 이끄는 부대와 싸우기 위해 상류지역으로 이동했다. 그러나 이미 포루스의 군대는 알렉산드로스의 우회기동으로 인해 심리적으로 위축된 상태였다. 다만 포루스군이 보유한 코끼리부대는 알렉산드로스군의 말들을 놀라게 했고 다소간의 혼란이 불가피했다. 그러나 알렉산드로스의 기병대는 코끼리부대를 포위하고 투창으로 위협하여 코끼리들을 좁고 활동이 부자유스러운 지형으로 몰아넣은 뒤 살해하기 시작했다. 그러자 코끼리들은 미쳐 날뛰며 오히려 포루스군을 향해 돌진하여 수많은 포루스군을 짓밟아버렸다. 이미 세를 발휘한 상태에서는 코끼리부대와 같은 예상치 못한 부대가 출현하여 비록 대형이 흩어질 수 있지만 이내 질서를 회복하고 전투력을 발휘할 수 있음을 보여주고 있다. 즉, 손자가 말하고 있는 '혼란함'은 의도된 것이 아니라 예기치 않은 적의 강력한 저항으로 인해 일시적으로 조성된 것으로 세가 발휘되면서 다시 질서를 찾아가는 과정으로 보아야 한다.

마지막으로 손자는 '질서 혹은 혼란은 부대 편성(數)의 문제'로, '용감하거나 겁을 내는 것은 세(勢)의 문제'로, 그리고 부대의 '강하고 약함은 형(形)의 문제'라고 본다. 이는 전장에서 부대를 편성하여 운용해야 질서를 유지할 수 있고, 세를 발휘해야 병사들이 겁먹지 않고 용감하게 싸울 수 있으며, 승리할 수 있는 군형을 편성해야 강한 태세로 적을 상대할 수 있다는 의미이다. 여기에서 부대 편성, 즉 수(數)는 두 가지로 볼 수 있다. 하나는 이 편의 맨 앞에서 언급한 '분수(分數)', 즉 제대를 구분하여 편성하는 것이고, 다른 하나는 〈군형〉 편 맨 마지막에서 언급한 '수(數)'로서 '장수의 용병 구상에 따라 구체적으로 전투력을 요소요소에 배치하는 것'이다. 대부분의 학자들이 전자로 해석하나, 필자는 후자도 가능하다고 본다. 〈병세〉 편은 앞의 〈군형〉 편의 연장선상에서 결전을 수행하면서 세를 발휘하는 상황인 만큼 주공과 조공, 전위부대와 후위부대, 견제부대와 포위부대 등의 병력을 정확하게 할당하고 배치해야 치열한 전투를 수행하는 과정에서 혼란에 빠지지 않고 질서를 유지할 수 있다는 의미로 해석할 수 있기 때문이다.

'형-세-절'을 구현한 역사적 사례

나폴레옹의 아우스터리츠 전투

나폴레옹이 러시아군을 상대로 치렀던 아우스터리츠 전투는 손자의 '형-세-절'을 잘 보여주는 사례이다. 울름 전역에서 오스트리아의 마크군을 격파한 나폴레옹은 1805년 11월 말 이동 중에 있던 러시아군을 격파하기 위해 빈(Wien)을 점령한 후 북쪽으로 진격하여 아우스터리츠에서 멈췄다. 그는 병참선이 너무 신장되었음을 우려하여 더 이상 진격하지 않고 적이 공격해오기를 기다리기로 했다.

　우선 그는 전투를 구상하기 위해 주변 지형을 파악한 뒤 프라첸(Pratzen) 고지 일대에서 결전을 추구하기로 결심했다. 프라첸 고지는 그 일대에서 가장 높은 지역으로 전장을 감시할 수 있기 때문에 프랑스군이 먼저 장악하고 러시아군을 기다리면 유리한 곳이었다. 그러나 나폴레옹은 이 고지를 점령하지 않았다. 프라첸 고지를 점령할 경우 적은 불리한 상황에서 섣불리 공격하지 않을 것이므로 적을 유인하여 섬멸할 수 있는 기회를 만들 수 없다고 판단했기 때문이다. 따라서 그는 프라첸 고지를 방치함으로써 러시아군이 점령하여 프랑스군의 진영을 잘 볼 수 있도록 했다. 그리고 의도적으로 프랑스군 진영의 허점을 노출하여 러시아군 주력을 그곳으로 유도한 후 섬멸하는 용병술을 구상했다.

다음 그림에서 보는 것처럼 나폴레옹은 주력을 무명호수 북쪽에 배치하고 호수 남쪽에는 골드바흐 강(Goldbach Brook)을 따라 병력을 드문드문 배치했다. 러시아군으로 하여금 약하게 배치된 프랑스군의 우익에 주공을 집중하도록 유도한 것이다. 만일 러시아군이 나폴레옹의 의도에 말려든다면 러시아군의 정면은 신장되어 중앙 및 우측이 약화될 것이며, 프랑스군이 러시아군의 중앙 및 우측을 돌파하여 측후방을 차단한다면 역으로 러시아군을 사찬 연못(Satschan Pond) 일대로 압축하여 포위섬멸할 수 있는 기회를 얻을 수 있었다.

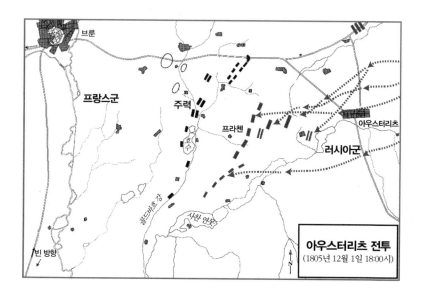

아우스터리츠 전투
(1805년 12월 1일 18:00시)

12월 2일 전투가 시작되었다. 예상대로 러시아군은 프라첸 고지를 점령하고 나폴레옹군의 진영을 들여다본 뒤 주력을 프랑스군 우익에 투입했다. 나폴레옹이 만든 함정 속에 병력을 밀어넣은 것이다. 러시아군이 골드바흐 강을 건너려는 순간 나폴레옹은 중앙을 담당하고 있던 부대를 프라첸 고지로 진격시켜 점령함으로써 순식간에 러시아군을 좌우로 양분시키고 우익 깊숙이 들어온 적 주력을 배후에서 포위했다. 이것으로 전세는 이미 결정되었다. 함정에 빠진 러시아군은 패닉 상태에 빠져 전장을 포기한 채 프랑스군으로부터 토끼몰이를 당했다. 이 전투로 러시아군은 7만 3,000명 가운데 약 2만 7,000명이 살상 및 포로가 되었으며, 프랑스군은 6만 7,000명 가운데 약 9,000명이 피해를 입었다.

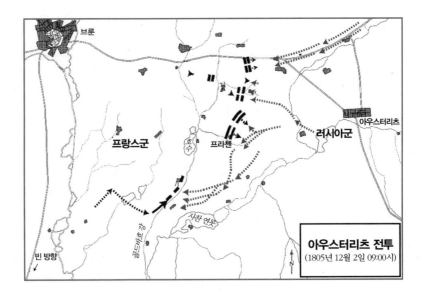

나폴레옹의 아우스터리츠 전투를 손자의 용병술과 비교하면 다음과 같다. 우선 나폴레옹은 '선승이후구전'의 군형을 편성하기 위해 지형을 돌아보고 적을 유인섬멸하기 위해 의도적으로 우익을 약하게 하는 진영을 편성했다. 이 과정에서 군형을 편성하는 데 고려해야 할 다섯 가지 요소인

나폴레옹의 '형-세-절' 발휘

구분	핵심	나폴레옹의 용병
형	승리의 군형	적을 유인섬멸하기 위해 우익을 약하게 진영 편성
기와 정	세의 여건 조성	프라첸 고지를 방치하여 프랑스군 우익 공격 유도
세	병력 집중	적의 약화된 중앙을 집중공격, 적 부대를 양분
절	적 부대 격멸	적의 분리된 부대를 각개격파

도(度), 양(量), 수(數), 칭(稱), 승(勝)을 고려했음이 틀림없다. 군형을 편성한 이후 나폴레옹은 '기와 정'을 발휘했다. 즉, 겉으로 볼 때 정병으로 러시아군과 대치하면서 적의 주력이 엉뚱한 곳으로 몰려가면 약화된 적 중앙을 칠 수 있는 부대를 대기시키는 '기병(奇兵)'을 염두에 두고 있었던 것이다. 전투가 시작되어 러시아군이 나폴레옹의 의도대로 움직이자 프랑스군은 프라첸 고지가 위치한 적의 중앙에 병력을 집중하여 적 부대를 양분하는 데 성공했다. '계란을 숫돌로 치는 것'과 같이 적의 약한 지역에 프랑스군의 강력한 부대를 투입하여 세를 발휘한 것이다. 일단 세가 발휘되면 적의 저항은 무의미해진다. 이후 프랑스군은 양분된 러시아군을 포위하여 각개격파함으로써 적을 섬멸하는 '절'을 완성했다.

4. 적의 허점을 조성

故善動敵者, 形之, 敵必從之.

予之, 敵必取之.

以利動之, 以卒待之.

고선동적자, 형지, 적필종지.

여지, 적필취지.

이리동지, 이졸대지.

자고로 적을 우리 의도대로 움직이는 장수는 우리의 군형이 불리한 것처럼 보여줌으로써 적으로 하여금 반드시 따라 움직이도록 한다.

적에게 유리한 것처럼 보이는 것을 내어줌으로써 적으로 하여금 반드시 취하게 한다.

이로움을 보여주어 적을 움직이게 하고, 미리 준비된 병력으로 적의 허점을 칠 기회를 기다린다.

* 故善動敵者, 形之, 敵必從之(고선동적자, 형지, 적필종지): 지(之)는 '가다, 이르다', 형지(形之)는 '형을 이루다'라는 뜻으로 '적에게 군형이 불리한 것처럼 보인다'는 의미이다. 종(從)은 '좇다'라는 뜻이다. 전체를 해석하면 '자고로 적을 우리 의도대로 움직이는 장수는 우리의 군형이 불리한 것처럼 보여줌으로써 적으로 하여금 반드시 따라 움직이도록 한다'는 뜻이다.

* 予之, 敵必取之(여지, 적필취지): 여(予)는 '주다'로 여지(予之)는 '적에게 유리한 것처럼 보이는 것을 준다'는 의미이다. 취(取)는 '취하다'라는 뜻이다. 전체를 해석하면 '적에게 유리한 것처럼 보이는 것을 내어줌으로써 적으로 하여금 반드시 취하게 한다'는 뜻이다.

* 以利動之, 以卒待之(이리동지, 이졸대지): '이로움을 보여주어 적을 움직이게 하고, 미리 준비된 병력으로 적의 허점을 칠 기회를 기다린다'는 뜻이다.

내용 해설

이 절에서 손자는 세를 발휘하기 직전에 적의 허점을 조성하는 방안을 제시하고 있다. 지금까지 '기-세-절'이 무엇인지를 알아보았다면 이제는

'세와 절'을 발휘할 수 있는 기회를 어떻게 만들 것인가를 보는 것이다. 전투를 앞두고 적은 허점을 드러내지 않을 것이므로 아군은 어떻게든 그러한 허점이 드러나도록 해야 한다.

적의 허점을 포착하기 위해서는 적의 군형을 흔들어야 한다. 그러기 위해서는 우리가 먼저 적으로 하여금 잘못 판단하게 하고 잘못된 방향으로 움직이도록 해야 한다. 즉, 우리의 군형이 불리한 것처럼 보여줌으로써 적을 유인하고 적 진영에 취약점이 노출되도록 해야 한다. 앞에서 살펴본 아우스터리츠 전투에서 나폴레옹이 의도적으로 우익을 약하게 편성함으로써 러시아군으로 하여금 우측에 주력을 투입하도록 했고, 이로 인해 러시아군이 좌우로 신장된 틈을 타 적 중앙을 돌파하여 적 부대를 양분시킨 후 각개격파를 할 수 있었던 것과 마찬가지이다.

이처럼 적으로 하여금 오판을 유도하고 적의 군형을 약화시키기 위해서는 '기와 정(奇正)'을 통해 적을 속여야 한다. 적에게 유리한 것처럼 보이도록 함으로써 적이 반드시 움직이지 않으면 안 되도록 만들어야 한다. 그리고 적이 움직이면 사전에 준비된 병력을 적의 약한 지점에 집중하여 결정적 성과를 만들어낼 기회를 잡아야 한다. 적의 약한 부분(虛)을 아군의 강한 부대(實)로 치는 것이다. 이는 앞의 〈군형〉 편에서 손자가 말한 대로 '승병, 약이일칭수(勝兵, 若以鎰稱銖)', 즉 "승리하는 군대는 적보다 480배의 압도적인 병력으로 열세에 놓인 적을 상대하는 것과 마찬가지"라고 한 것과 일치한다.

군사사상적 의미

기병의 의미와 유형

적의 허점을 조성하기 위해서는 상대를 속이는 기병술이 필요하다. 기병 (奇兵)의 목적은 적을 불리한 상황에 처하도록 하는 데 있다. 대체로 기병은 적이 예상치 못한 행동, 즉 예상외의 노림수를 사용하여 적이 아군의 행동에 대해 적절히 대응하지 못하도록 하거나 적으로 하여금 잘못된 대응을 유도하는 것이다. 한마디로 적을 함정에 빠뜨리는 것이다. 이러한 기병에는 적을 속이는 목적, 수단, 그리고 방법에 따라 수많은 유형이 있을 수 있지만, 여기에서는 기병에 대한 이해를 도모하는 차원에서 단순하게 공격과 방어 상황으로 나누어 살펴보겠다.

먼저, 공격 상황에서의 기병은 주로 병력의 기동을 통해 이루어진다. 즉, 아군이 주공 방향을 기만함으로써 적이 엉뚱한 곳에 병력을 집중하도록 유도하는 것이다. 앞에서 자세히 살펴본 프리드리히 2세의 로이텐 전투가 대표적인 사례이다. 이 경우 아군은 적이 병력을 집중하지 않은 지역에 주력을 전환하여 세를 발휘할 수 있게 된다. 그러나 적의 우익에 투입하고 있는 병력을 재빨리 좌익으로 전환하는 것은 말처럼 쉽지 않다. 따라서 이러한 기병이 성공하기 위해서는 당연히 상대보다 우세한 기동력을 보유해야 한다. 아울러 적으로 하여금 우익에 투입된 아군의 주력이 다른 곳으로 전환되지 않을 것이라는 믿음을 갖도록 다양한 기만책을 병행해야 한다.

다음으로 방어 상황에서의 기병은 주로 병력의 배치를 통해 이루어진다. 즉, 아군이 일부 지역을 허술하게 배치하여 적으로 하여금 취약하다고 판단하도록 함으로써 적의 주력을 유인하는 것이다. 앞에서 살펴본 나폴레옹의 아우스터리츠 전투가 이러한 사례에 해당한다. 이 경우 아군은 적의 약화된 조공 지역에 대해 반격을 가할 수도 있고, 아군 지역으로 유입된 적 주력을 역으로 포위하여 섬멸할 수도 있다. 물론 이러한 기병을 통해 세를 발휘하기 위해서는 순간적으로 병력을 집중할 수 있는 기동력을 필요로 한다. 또한 적절한 타이밍에 아군의 주력 혹은 예비대가 적의 약한 지점을 치고 나갈 수 있도록 일사분란하게 병력을 지휘하는 장수의 판단력이 중요하다.

결국, 기병의 운용, 보다 정확하게 말하자면 '기와 정'의 운용에는 이 편의 맨 앞에서 손자가 지적한 대로 적절한 부대의 편성과 효율적인 지휘통제체제가 필요하다. 프리드리히 2세나 나폴레옹은 '기와 정'을 혼합한 용병을 구사함에 있어서 우선 주공과 조공의 임무와 병력 배분을 염두에 두었을 것이고, 전투를 수행하는 과정에서 적시에 각 부대들이 유기적으로 움직이고 기동하도록 함으로써 기병을 성공적으로 구사했던 것이다. 그래서 손자는 이 편의 맨 앞부분에서 세를 발휘하기 위한 기본 요건으로 '분수(分數)'와 '형명(形名)'에 대해 먼저 언급했던 것이다.

기병과 궤도

〈시계〉편에서 손자는 "용병은 궤도(詭道)"라고 했다. 즉, 용병의 본질은 기본적으로 적을 속이는 데 있다는 것이다. 그는 궤도에 대해 "능력이 있으면서도 능력이 없는 것처럼 보이고, 쓰려고 하면서도 쓰지 않을 것처럼 보이며, 가까이 있으면서도 멀리 있는 것처럼 보이고, 멀리 있으면서도 가까이 있는 것처럼 보이도록 하는 것"이라고 했다. 또한 적을 유인하여 승기를 포착하기 위해 "적에게 이로움을 보여주어 적을 유인하고, 적을 혼란스럽게 하는 것"이라고 했다. 손자의 궤도는 비단 적을 현혹시키는 데 그치지 않는다. 그는 "적이 준비하지 않은 곳을 공격하고, 적이 예기치 않는 곳으로 나아가야 한다"고 하여 결정적인 기동까지도 궤도의 범주에 포함시키고 있다.

그렇다면 기병과 궤도는 다른 것인가? 〈군형〉편에서는 용병술에 녹아 있는 '묘수'와 '궤도'를 비교해보았지만, 여기에서는 기병과 궤도를 비교해보고자 한다. 기병과 궤도라는 두 단어는 모두 적을 속인다는 의미에서 유사한 것처럼 보이지만, 자세히 들여다보면 분명한 차이가 있다. 첫째는 추구하는 목적이 다르다. 궤도의 목적은 포괄적인 반면, 기병의 목적은 구체적이다. 즉, 궤도는 어떠한 상황에서든 일반적으로 사용할 수 있는 속임수인 반면, 기병은 결전을 앞두고 세를 발휘하기 위한 여건을 조성―즉,

적의 허를 찾는 것—하기 위한 속임수이다. 둘째는 드러나는 효과가 다르다. 궤도는 주어진 상황에서 독자적인 효과를 기대할 수 있는 반면, 기병은 반드시 정병과 대비되어 나타나는 효과를 추구한다. 즉, 기병의 효과는 정병의 운용에서 비롯되는 것이며, 기병의 효과는 다시 정병에 의해 배가되는 것으로 연결되어야 한다. 셋째는 사전 계획성의 여부이다. 궤도는 상황에 따라 임기응변의 성격이 강하지만, 기병은 사전에 치밀한 계획 하에 이루어진다.

요약하면, 궤도는 일반적이고 포괄적 의미에서의 속임수인 반면, 기병은 특정한 상황에서 특정한 목적을 추구하기 위한 속임수라고 할 수 있다. 기병은 장수가 전투를 앞두고 구상하는 용병술에서 핵심적 부분을 차지하는 요인으로, 전투 과정에서 정병과 어우러져 적의 허점을 유도하고 세를 발휘할 기회를 제공한다. 참고로 '묘수'가 용병술에 담긴 절묘한 구상이라 한다면, 기병은 정병과 함께 그러한 용병술을 전장에서 실제로 구현하는 것이라 할 수 있다.

5. 세의 발휘

故善戰者, 求之於勢, 不責之於人.	고선전자, 구지어세, 불책지어인.
故能擇人而任勢.	고능택인이임세.
任勢者, 其戰人也, 如轉木石. 木石之性, 安則靜, 危則動, 方則止, 圓則行.	임세자, 기전인야, 여전목석. 목석지성, 안즉정, 위즉동, 방즉지, 원즉행.
故善戰人之勢, 如轉圓石於千仞之 山者, 勢也.	고선전인지세, 여전원석어천인지 산자, 세야.

자고로 용병을 잘하는 장수는 승리를 세에서 구할 뿐 부하에게 책임을 지우지 않는다.

따라서 (장수는) 사람을 골라 적소에 배치하고 (이를 통해 싸움을) 세에 맡긴다.

세에 맡긴다는 것은 싸우는 병사들을 마치 통나무와 돌을 굴리는 것과 같이 하는 것이다. 통나무와 돌은 안정된 곳에 두면 정지하고 위험한 곳에 두면 굴러가며, 모가 나면 정지하고 둥글면 굴러가기 마련이다.

마찬가지로 용병을 잘하는 장수의 세는 마치 둥근 돌이 산 위에서 천 길 아래로 굴러 내리는 것과 같은 것으로, 이것이 바로 세이다.

* 故善戰者, 求之於勢, 不責之於人(고선전자, 구지어세, 불책지어인): 구(求)는 '구하다', 어(於)는 '~에서', 책(責)은 '꾸짖다, 책임', 인(人)은 '부하'나 '병사'를 의미한다. 전체를 해석하면 '자고로 용병을 잘하는 장수는 승리를 세에서 구할 뿐 부하에게 책임을 지우지 않는다'는 뜻이다.

* 故能擇人而任勢(고능택인이임세): 택(擇)은 '고르다', 택인(擇人)은 '사람을 골라 적소에 배치하다', 임(任)은 '맡기다'를 의미한다. 전체를 해석하면 '따라서 사람을 골라 적소에 배치하고 (이를 통해 싸움을) 세에 맡긴다'는 뜻이다.

* 任勢者, 其戰人也, 如轉木石(임세자, 기전인야, 여전목석): 전(轉)은 '구르다, 회전하다'는 의미이다. 전체를 해석하면 '세에 맡긴다는 것은 싸우는 병사들을

마치 통나무와 돌을 굴리는 것과 같이 하는 것이다'라는 뜻이다.

　＊ 木石之性, 安則靜, 危則動, 方則止, 圓則行(목석지성, 안즉정, 위즉동, 방즉지, 원즉행): 정(靜)은 '정지하다', 위(危)는 '위험하다', 원(圓)은 '둥글다', 방(方)은 '모, 각'의 뜻으로 세모 혹은 네모진 형상을 의미한다. 전체를 해석하면 '통나무와 돌의 성질은 안정된 곳에 두면 정지하고 위험한 곳에 두면 굴러가며, 모가 나면 정지하고 둥글면 굴러간다'는 뜻이다.

　＊ 故善戰人之勢, 如轉圓石於千仞之山者, 勢也(고선전인지세, 여전원석어천인 지산자, 세야): 전(轉)은 '구르다'는 뜻이고, 인(仞)은 길이를 재는 단위인 '길'을 뜻 하는데, 1인(仞)은 여덟 자 혹은 열 자, 즉 약 2.4m 또는 3m에 해당한다. 천인(千 仞)은 약 2.4km 혹은 3km를 의미한다. 전체를 해석하면 '그러므로 용병을 잘하 는 장수의 세는 마치 둥근 돌이 산위에서 천 길 아래로 굴러 내리는 것과 같은 것으로, 이것이 바로 세이다'라는 뜻이다.

내용 해설

세는 전쟁 승리의 필요조건이다. 세를 발휘하지 않고서는 최종적인 승리 를 달성할 수 없다. 그리고 그 책임은 장수에게 있다. 손자는 "용병을 잘하 는 장수는 승리를 세에서 구할 뿐 부하에게 책임을 지우지 않는다"고 했 는데, 이는 그 책임이 부하에게 있는 것이 아니라 세를 발휘하지 못한 장 수의 용병에 문제가 있음을 분명히 한 것이다. 그러면 장수는 세를 발휘 하기 위해 어떻게 해야 하는가? 이에 대해 손자는 군형과 지휘통솔을 언 급하고 있다.

　먼저 손자는 "사람을 골라 적소에 배치하고 (이를 통해 싸움을) 세에 맡긴 다"고 했다. 여기에서 사람을 적재적소에 배치하는 것은 승리할 수 있는 '군형'을 편성하기 위한 병법의 다섯 가지 요소 가운데 수(數)에 해당한다. 정병을 담당하는 제대와 기병을 구사하는 제대를 구분하여 병력을 할당 한 후, 명확히 임무를 부여하고 수행해야 할 역할을 알려주어야 한다. 적 을 견제하거나 고착하는 등 치열한 전투가 요구되지 않는 임무와 결정적 순간에 용맹성을 발휘해야 하는 전투임무를 구분하여 그러한 임무에 적합한 예하 장수와 병력을 배치해야 한다. 이와 같이 군형이 적절하게 편성되었을 때 비로소 장수는 전투를 세에 맡기고 승리를 구할 수 있다.

다음으로 손자는 세를 발휘하기 위한 장수의 지휘통솔에 대해 언급하고 있다. 그는 "통나무와 돌은 안정된 곳에 두면 정지하고 위험한 곳에 두면 굴러가며, 모가 나면 정지하고 둥글면 굴러가기 마련"이라고 했는데, 이는 예하 병사들로 하여금 정지하지 않고 굴러갈 수 있도록 용맹스럽게 만들어야 함을 강조한 것이다.

그렇다면 어떻게 해야 병사들로 하여금 천 길 낭떠러지로 굴러가도록 할 수 있는가? 이는 두 가지로 볼 수 있다. 첫째는 위험한 곳에 두어야 한다. 돌은 평탄한 지역에서 움직일 수 없으며 오직 경사진 곳에서만 굴러내릴 수 있다. 따라서 장수는 병사들을 막다른 곳과 같은 사지로 몰아넣어 죽기 살기로 싸우도록 해야 한다. 이에 대해서는 결전의 상황을 다루는 〈구지〉 편에서 자세히 설명할 것이다. 둘째는 병사들을 둥근 돌처럼 만들어야 한다. 아무리 경사가 지더라도 돌이 모나면 굴러가지 않는다. 장수가 병사들을 독려하더라도 이들이 장수를 신뢰하지 않으면 싸우지 않고 도망갈 수 있다. 따라서 장수는 원정 기간 내내 병사들을 인(仁)과 엄(嚴)으로 다스려 언제든 장수를 믿고 따를 수 있도록 만들어야 한다. 손자는 이에 대해 〈행군〉 편, 〈지형〉 편, 그리고 〈구지〉 편에서 구체적으로 다루고 있다.

마지막으로 손자는 용병을 잘하는 장수의 세는 "마치 둥근 돌이 천 길이나 되는 산에서 굴러 내리는 것과 같은 것"이라고 하여 세의 본질을 다시 한 번 강조하고 있다. 이는 다른 곳에서 묘사한 바와 같이 활이 시위를 떠나 날아가는 것처럼 누구도 막을 수 없고, 숫돌로 계란을 치는 것처럼 결정적인 승리를 가져오는 것이다. 그러나 세의 발휘는 궁극적으로 앞의 〈군형〉 편과 연계하여 이루어짐을 이해해야 한다. 천 길 위에 막아놓은 물이 '형'이라면, 이를 터뜨려 세차게 쏟아지는 물은 '세'이다. 그리고 세를 발휘하기 위해서는 그 이전에 적의 허점을 드러내도록 하는 '기와 정'의 작용이 반드시 필요하다. 강감찬 장군이 그랬던 것처럼 적을 급류에 휩쓸리도록 하기 위해서는 둑을 터뜨리기(勢) 이전에 적으로 하여금 반드시 그 물길이 휩쓸게 될 지점을 통과하도록 속여야(奇正) 하기 때문이다.

군사사상적 의미

세를 발휘할 수 있는 장수의 지휘통솔

손자는 〈병세〉 편에서 병사들을 돌처럼 둥글게 만들어 유사시 세를 발휘할 수 있도록 해야 한다고 주장했다. 병사들로 하여금 장수를 믿고 따르도록 함으로써 결정적인 전투가 벌어질 때 죽음을 각오하고 필사적으로 싸우게 해야 한다는 것이다. 다만, 손자는 어떻게 하면 병사들이 세를 발휘할 수 있는지에 대해 언급하지 않고 있다. 이에 대해서는 이 병서의 후반부에 결전을 수행하는 단계에서 다루고 있는데, 이에 대해 먼저 살펴보면 다음과 같다.

먼저 손자는 〈행군〉 편에서 반드시 인을 먼저 행한 후, 나중에 엄을 행하도록 권하고 있다. 즉, "병사들과 친근해지기도 전에 벌을 행하면 병사들이 복종하지 않게 된다(卒未親附以罰之, 則不服)"는 것이다. 〈행군〉 편은 부대가 원정을 막 출발하는 단계로서 장수와 병사들이 아직 잘 모르는 상황인 만큼 장수는 병사들에게 사랑을 베풀어 이들이 장수를 믿고 따르도록 해야 함을 강조한 것이다.

다음으로 손자는 〈지형〉 편에서 인과 엄을 병행하도록 요구하고 있다.

그는 "장수가 병사들을 사랑하는 자식을 대하듯 하면 병사들은 장수와 더불어 죽음을 함께할 수 있다(視卒如愛子, 故可與之俱死)"고 하면서도, "병사들을 대할 때 너무 후하게만 하면 부릴 수 없게 되고 명령을 듣지 않게 된다(厚而不能使, 愛而不能令)"고 지적하고 있다. 〈지형〉 편의 상황은 원정군이 부대 이동을 마치고 결전의 장소에서 전투를 준비하는 상황이다. 따라서 이미 병사들은 지휘관을 충분히 신뢰하고 있는 만큼 이들이 교만해지지 않도록 엄을 병행해야 한다고 본 것이다.

마지막으로 손자는 〈구지〉 편에서 혹독하리만큼 엄한 지휘통솔을 요구하고 있다. 그는 병사들이 "죽음의 장소에 빠져야 오히려 생존할 수 있으며(陷之死地然後生), 매우 위험한 지경에 빠져야 분전한다(夫衆陷於害, 然後能爲勝敗)"고 했다. 〈구지〉 편은 원정군이 전쟁의 승부를 결정짓는 싸움에 임하는 상황이다. 따라서 이러한 상황에서는 어떻게든 병사들이 죽음을 각오하고 싸우도록 이들을 비정하리만큼 사지로 몰아야 한다는 것이다.

이렇게 볼 때 장수의 지휘통솔은 상황에 따라 몇 가지 단계로 이루어짐을 알 수 있다. 그것은 크게 원정을 출발하면서 인을 위주로 하다가, 병사들의 신뢰가 쌓이게 되면 인과 엄을 병행해야 하며, 마지막으로 결전에 임해서는 최대한의 엄을 발휘하는 것이다. 다만, 〈병세〉 편은 마지막으로 승부를 가르는 결정적 전투를 염두에 두고 있는 만큼 〈구지〉 편에서와 같이 최대한 엄을 발휘하는 지휘통솔을 요구하는 것으로 볼 수 있다.

虛實

〈허실(虛實)〉편은 손자가 논하는 전쟁술의 마지막 편이다. 따라서 손자는 앞의 〈군형〉편 및 〈병세〉편의 논의를 바탕으로 〈허실〉편에서 최후의 결정적 승리를 어떻게 달성할 것인가에 대해 논의하고 있다. 여기에서 '허실'이란 '허함과 실함'을 뜻하는 것으로, '적의 군형이 갖는 강점과 약점을 파악하여 강한 곳을 피하고 약한 곳을 쳐야 한다'는 것을 의미한다.

이 편에서는 첫째로 용병의 주도권 장악의 중요성, 둘째로 허실을 이용한 공격과 방어의 용병, 셋째로 적의 허점을 공략하는 방법, 넷째로 적의 허실에 따른 변화무쌍한 용병, 다섯째로 '피실격허(避實擊虛)'의 용병에 대해 논의하고 있다. 논의의 핵심은 '피실격허', 즉 적의 강점을 피하고 약한 곳에 아군의 병력을 집중하여 '열로서 하나를 치는 것'과 같은 '세'를 발휘해야 한다는 것이다. 이와 관련하여 앞에서 언급한 '기와 정'이 적의 허를 드러내도록 하거나 허를 조성하는 전략적 행동이라면, 여기에서의 '허실'은 그렇게 드러난 적의 허를 어떻게 칠 것인지에 대한 용병을 다루는 것으로 '세'를 완성하는 과정을 부연하는 것으로 볼 수 있다. 즉, 앞의 〈병세〉편에서는 '세'가 어떤 것인지를 묘사하는 데 그쳤다면, 여기에서는 '세'를 어떻게 발휘해야 하는지에 대해 자세히 설명하고 있는 것이다.

1. 용병의 주도권: '치인이불치어인(致人而不致於人)'

孫子曰. 凡先處戰地而待敵者, 佚. 後處戰地而趨戰者, 勞.	손자왈. 범선처전지이대적자, 일. 후처전지이추전자, 로.
故善戰者, 致人而不致於人.	고선전자, 치인이불치어인.
能使敵人自至者, 利之也. 能使敵人不得至者, 害之也.	능사적인자지자, 리지야. 능사적인부득지자, 해지야.
故敵佚能勞之, 飽能飢之, 安能動之.	고적일능로지, 포능기지, 안능동지.

손자가 말하기를, 먼저 전장에 도착하여 적을 기다리는 측은 편안하고, 늦게 전장에 도착하여 싸움에 끌려드는 측은 힘이 든다.

따라서 용병을 잘하는 장수는 (원하는 곳으로) 적을 끌어들이되 적에게 끌려가지 않는다.

적으로 하여금 내가 원하는 곳으로 스스로 오도록 하는 것은 이로움을 보여주기 때문이다. 적으로 하여금 내가 원하지 않는 곳에 오지 못하도록 하는 것은 해로움을 보여주기 때문이다.

자고로 (주도권을 장악하기 위해서는) 적이 편안하면 고단하게 하고, 배부르면 굶주리게 만들며, 안정되어 있으면 동요시켜야 한다.

* 孫子曰. 凡先處戰地而待敵者, 佚(손자왈. 범선처전지이대적자, 일): 처(處)는 '거처하다, 자리잡다', 전지(戰地)는 '전장', 일(佚)은 '편안하다'라는 의미이다. 전체를 해석하면 '손자가 말하기를 먼저 전장에 도착하여 적을 기다리는 측은 편안하다'는 뜻이다.

* 後處戰地而趨戰者, 勞(후처전지이추전자, 로): 추(趨)는 '달리다, 빨리 가다', 노(勞)는 '수고롭다'라는 의미이다. 전체를 해석하면 '늦게 전장에 도착하여 싸움에 끌려드는 측은 힘들다'는 뜻이다.

* 故善戰者, 致人而不致於人(고선전자, 치인이불치어인): 치(致)는 '끌어들이다, 부르다'라는 뜻이고, 이(而)는 역접의 접속사이다. 어(於)는 '~에게'라는 뜻이다.

전체를 해석하면 '따라서 용병을 잘하는 장수는 적을 끌어들이되 적에게 끌려가지 않는다'는 뜻이다.

  * 能使敵人自至者, 利之也(능사적인자지자, 리지야): 사(使)는 '~로 하여금, 시키다', 지(至)는 '이르다, 내려앉다', 자지(自至)는 '스스로 오다'는 뜻이다. 리(利)는 '이로움, 이익'을 의미하며, 리지(利之)는 '이로움이 간다'는 뜻이나 '이로움을 보여준다'로 해석한다. 전체를 해석하면 '적으로 하여금 스스로 내가 원하는 곳으로 오도록 하는 것은 이로움을 보여주기 때문이다'라는 뜻이다.

  * 能使敵人不得至者, 害之也(능사적인부득지자, 해지야): 득(得)은 '얻다', 부득(不得)은 '얻지 못하다', 부득지(不得至)는 '도달함을 얻지 못하다'라는 뜻이다. 전체를 해석하면 '적으로 하여금 내가 원하지 않는 곳에 오지 못하도록 하는 것은 해로움을 보여주기 때문이다'라는 뜻이다.

  * 故敵佚能勞之, 飽能飢之, 安能動之(고적일능로지, 포능기지, 안능동지): 일(佚)은 '편안하다', 포(飽)는 '배부르다', 기(飢)는 '굶주리다'라는 의미이다. 전체를 해석하면 '자고로 적이 편안하면 고단하게 하고, 배부르면 굶주리게 만들어야 하며, 안정되어 있으면 동요시켜야 한다'는 뜻이다.

내용 해설

여기에서 손자는 아군이 적을 조종할 수 있을 정도로 주도적 입장에서 싸움을 이끌어가야 한다고 주장한다. 그는 "먼저 전장에 도착하여 적을 기다리는 측은 편안하고, 늦게 전장에 도착하여 싸움에 끌려드는 측은 힘들다"고 했다. 상대적으로 유리한 지역을 선점하여 싸우는 것이 유리함을 강조한 것이다. 그렇다면 유리한 전장은 어떠한 지역을 말하는가? 뒤의 〈구변〉 편과 〈지형〉 편에서 자세히 살펴보겠지만, 이는 대체로 높은 지역, 양지바른 지역, 적을 유인하기 쉬운 지역, 그리고 적의 입장에서 진입이 용이하나 퇴각이 어려운 지역 등을 들 수 있다. 유리한 지역을 먼저 점령하여 사전에 진을 편성한다면 늦게 도착한 적보다 주도적 입장에서 전투를 이끌어나갈 수 있을 것이다.

  다음으로 손자는 싸움의 주도권을 강조한다. 그는 "용병을 잘하는 장수는 적을 끌어들이되 적에게 끌려가지 않는다(致人而不致於人)"고 했다. 이때 '적을 끌어들인다'는 의미는 두 가지로 해석할 수 있다. 하나는 싸우고자 하는 지역으로 적을 끌어들이는 것을 의미한다. 아군이 매복한 지역이나 주력이 대기하는 장소에 적을 유인하여 싸우게 하는 것이다. 다른 하나는 싸움의 방식을 의미한다. 즉, 내가 구상한 용병의 방법에 적이 말려들도록 하는 것이다. 가령 아군이 적과 결전을 해야 하는데 적이 공성전으로 맞서면 어떻게든 적을 성 밖으로 끌어내야 한다. 반대로 적이 결전을 추구하는 상황에서 불리하다고 판단된다면 어떻게든 적의 공격을 지연시키고 회피함으로써 시간을 벌어야 한다.

그러면 적을 어떻게 끌어들이고 지연시킬 수 있는가? 이는 피아가 누릴 수 있는 이로움과 해로움을 적절히 이용함으로써 가능하다. 손자는 "적으로 하여금 내가 원하는 곳으로 스스로 오도록 하는 것은 이로움을 보여주기 때문이다. 적으로 하여금 내가 원하지 않는 곳에 오지 못하도록 하는 것은 해로움을 보여주기 때문"이라고 했다. 우선 적을 끌어내기 위해서는 적으로 하여금 나와서 싸우는 것이 유리하다고 인식하게 만들어야 한다. 그러한 방법으로는 나폴레옹이 아우스터리츠 전투에서 했던 바와 같이 아군의 방어 편성이 취약함을 의도적으로 노출하여 적의 공격을 유도하는 방법과 밀티아데스(Miltiades)의 마라톤 전투(Battle of Marathon)나 한니발(Hannibal)의 칸나에 전투(Battle of Cannae)에서처럼 공격을 가한 후 거짓으로 후퇴하면서 적을 유인하는 방법이 있을 수 있다. 반대로 아군이 취약한 지역에 대해서는 적이 오지 못하도록 하거나 엉뚱한 지역으로 우회하도록 해야 한다. 가령 습지와 같이 적이 공격하기 어려운 지역을 방어하거나 적의 기동로 상에 장애물을 설치할 수 있다. 또한 삼림지역이나 협곡에서 마치 복병이 대기하는 것처럼 위장하여 적의 진격을 다른 곳으로 돌릴 수도 있다.

다음으로 손자는 주도권을 장악하기 위해 적을 교란시키는 몇 가지 방법을 언급하고 있다. 먼저 적이 편안하면 고단하게 만들어야 한다. 소수의 부대로 적 주둔지를 기습적으로 타격하거나 적이 반드시 지키지 않으면 안 될 요충지를 공격하여 적의 방어 소요를 늘림으로써 적을 피곤하게 만들 수 있다. 다음으로 배부르면 굶주리게 만들어야 한다. 후방에 있는 적의 식량보급소를 공격하고 군수보급로를 차단함으로써 전장에 있는 적 병사들의 사기를 약화시키고 적 병사들이 오래 버틸 수 없게 만들 수 있다. 마지막으로 안정되어 있으면 동요하게 만들어야 한다. 적 내부에 거짓 정보를 흘리거나 양동작전을 취함으로써 적의 오판을 유도할 수 있다. 심리전을 통해 적의 내분을 유도할 수도 있다.

그런데 손자는 방금까지 이로움을 보여주어 적을 유인하거나 해로움을 보여주어 적이 접근하지 못하도록 해야 한다고 논의하다가, 갑자기 적을 괴롭히는 방책을 언급하고 있다. 앞의 문맥과 잘 연결되지 않아 선뜻 이해하기 어렵다. 왜 갑자기 적을 고단하게, 굶주리게, 그리고 동요하게 만들어야 하는가? 이렇게 적을 괴롭히는 행동은 적을 끌어들이고 유인하는 것과 무슨 관계가 있는가?

이는 두 가지 측면에서 볼 수 있을 것 같다. 첫째는 적을 물리적으나 심리적으로 약화시켜 전장의 주도권을 장악하지 못하도록 하는 것이다. 즉, 적을 고단하게 하고 굶주리게 하며 마음을 동요시킴으로써 적 병사들의 불안감을 가중시키고 전의를 떨어뜨리는 것이다. 그리고 적 장수의 심리를 교란하여 합리적 판단과 적시적 결심을 흐리게 만든다. 그러면 적은 주도적으로 용병을 하지 못하고 아군의 유인에 쉽게 말려들거나 아군의 기만에 쉽게 속게 될 것이다. 둘째는 적에게 불확실성을 강요하여 아군의 작전 의도를 파악하지 못하도록 하는 것이다. 이는 다음 구절에서 나오는 '출기소불추, 추기소불의(出其所不趨, 趨其所不意)', 즉 "적이 대응할 수 없는 곳으로 나아가고 적이 예상치 않은 곳으로 진격해야 한다"는 손자의 언급과 연결된다. 세를 발휘하기 위한 결정적 공격을 가하기 전에 적진을 흔들어놓음으로써 적으로 하여금 아군의 주력이 언제 어디를 지향할 것인지를 예상치 못하도록 하는 것이다. 이를 통해 적은 피동적 지위에 놓일 것이며, 아군은 주도권을 장악하여 장수의 의도대로 싸움을 이끌어 갈 수 있게 된다.

군사사상적 의미

주도권에 대한 브로디의 견해

합참이 발행한 『합동·연합작전 군사용어사전』에 의하면 주도권이란 "작전의 성공을 위해 아군에 유리한 상황을 조성해나감으로써 아군이 원하는 방향으로 전투를 이끌어가는 능력"으로 정의되어 있다. 이것은 여기에서 "적에게 끌려가지 않고 적을 끌어들여 싸운다"는 손자의 주장과 일맥 상통한다.

그렇다면 어떻게 원하는 방향으로 전투를 이끌어갈 수 있는가? 버나드 브로디(Bernard Brodie)는 『오늘날의 전쟁론(On War of To-Day)』이라는 저서에서 이 문제를 다루고 있다. 그는 클라우제비츠가 제시한 것처럼 신뢰할 수 없는 정보를 얻는 데 노력을 낭비하기보다는 '주도권'을 유지하고 적에게 '불확실성'을 가중시키는 것이 중요하다는 입장에 서 있다. 지휘관은 전장의 주도권을 장악해야 하며, 적의 의도에 끌려다니지 말고 자신의 의도대로 결정하고 행동해야 한다. 뭔가 결정을 내리기 위해 적의 의도를 먼저 파악하려는 지휘관은 자칫 적의 계략에 말려들 가능성이 높다. 따라서 지휘관은 적의 의도를 파악하는 데 너무 관심을 가져서는 안 되며 자신의 계획을 믿고 밀어붙임으로써 적으로 하여금 아군의 의도를 파악하는 데 몰두하도록 만들어야 한다. 이는 정상적인 방어나 공격 상황뿐 아니라 전투에 패하여 퇴각할 때도 마찬가지이다. 따라서 브로디에 의하면 지휘관은 가만히 앉아 적의 행동을 기다려서는 안 된다. 항상 상황을 주도할 수 있어야 하고 뭔가 새로운 것을 착수해야 한다.

이러한 브로디의 언급은 적의 의도와 상관없이 지휘관 자신의 의도를 일방적으로 관철해나감으로써 주도권을 확보하고 유지할 수 있다는 것으로, 적을 고단하게, 굶주리게, 그리고 동요하게 만들어야 한다는 손자의 주장과 유사한 것으로 보인다. 다만, 브로디는 손자와 달리 정보를 신뢰하지 않기 때문에 이렇게 주장하고 있는 것인데, 만일 손자가 얘기하는 것과 달리 전장에서의 정보 획득이 어려운 것이라면 브로디의 주장이 설득력을 가질 수도 있다. 그렇다면 손자와 같이 전장에서의 불확실성을 제거하기 위해 정보 획득에 주력하기보다는 아예 적에게 불확실성을 강요하고 증폭시킴으로써 주도권을 장악할 수도 있을 것이다. 이는 결국 전쟁을 불확실성의 영역으로 보고 정보의 가치를 폄하한 클라우제비츠의 논의에 다시 주목해야 하는 이유이기도 하다.

열세한 측의 주도권

군사력이 열세한 측도 주도권을 장악할 수 있는가? 마오쩌둥은 충분히 가능하다고 본다. 그는 1938년에 쓴 "지구전에 관하여 논함"이라는 논문에서 다음과 같이 말했다.

> 전쟁역량의 우열 자체는 주동과 피동을 결정하는 객관적 기초이지만 그것은 아직 현실적인 주동 또는 피동은 아니며 투쟁을 거치고 주관적 능력의 경쟁을 거쳐야만 사실상의 주동 또는 피동이 나타나게 된다. 적과 투쟁을 해나가는 가운데 주관적 지도의 옳고 그름에 따라 열세가 우세로 피동이 주동으로 전환될 수 있으며, 또한 우세가 열세로 주동이 피동으로 전환될 수도 있다.

> 계획적으로 적에게 착각을 일으키게 하고 불의(不意)의 공격을 가하는 것은 우세를 조성하고 주도권을 빼앗는 중요한 방법이다. … "병법에서는

속임수를 꺼리지 않는다(兵不厭詐)"란 곧 이를 두고 하는 말이다. 불의(不意)란 무엇인가? 그것은 곧 준비되지 않은 상태를 노리는 것이다. 우세하더라도 준비가 되어 있지 않다면 진정한 우세가 아니며 주동성도 없다. 이것을 안다면 준비된 군대는 비록 열세하다 하더라도 적에게 불의의 공격을 가해 우세한 적을 패배시킬 수 있다. … 즉, 적의 착각을 일으키고 불의의 공격을 가하는 것은 적에게 전쟁의 불확실성을 주고 자신에게 최대한의 확실성을 얻음으로써 자신의 우세와 주도권을 확보하고 승리를 쟁취할 수 있다.

실제로 마오쩌둥은 1920년대 말부터 국민당 군대와 싸우면서 비록 전투력은 열세에 있었지만 주도권을 빼앗기지 않기 위해 노력했다. 그의 전략은 '적극적 방어'라는 개념으로 알려져 있다. 적극적 방어란 소극적 방어와 대비되는 개념이다. 소극적 방어는 적을 두려워하여 적에게 어떠한 공격도 가하지 못한 채 퇴각하는 것이며, 심지어는 적의 공격이 없는 경우에도 불필요하게 퇴각하는 것이다. 반면에 적극적 방어는 공세적 방어라고도 할 수 있으며, 전략적으로는 방어를 취하되 전역이나 전투는 공격성을 지니는 것이다. 즉, 퇴각하는 도중에 방어진지를 구축하여 저항하며, 때로는 적의 후방을 공격하기도 하고, 때로는 부분적으로 대담하게 적을 깊이 유인하여 포위·섬멸을 시도하는 방어이다. 마오쩌둥은 국민당 군대의 공격을 방어하면서 군 전체가 자칫 소극적이고 피동적인 위치로 전락하기 쉽다는 점을 인식하고 보다 적극적인 방어를 통해 전장의 주도권을 장악하고자 했던 것이다.

마오쩌둥이 '적극적 방어전략'을 이행하기 위해 채택한 주요한 작전 방식은 잘 알려진 대로 '유격전' 개념으로 '16자 전법'으로 알려져 있다. 이는 "적이 진격하면 아군은 퇴각하고(敵進我退), 적이 피로하면 우리는 공격하고(敵疲我打), 적이 주둔하면 아군은 교란하고(敵駐我擾), 적이 퇴각하면 아군은 추격한다(敵退我追)"는 것이다. 여기에서 '퇴(退)'라는 개념은 매우 중요하다. 강한 적과 대적하면 피동적 지위에 처하게 된다. 이때 군대의 임무는 피동적 지위에서 벗어나는 것으로 가장 좋은 방법은 도주하는 것이다. 즉, 도주는 적에게 주도권을 내주지 않고 다시 주도적 지위를 회복하기 위한 전략적 행동이라 할 수 있다. 비록 중국공산당의 군대는 국민당 군대에 비해 약했지만, 유격대를 이용하여 광활한 지역에서 활동할 수 있었고, 적의 후방에서 신출귀몰하면서 적의 약점을 타격할 수 있었으며, 적을 혼란에 빠뜨려 적의 판단과 조치에 오류를 불러일으킬 수 있었다. 열세한 입장에서도 주도권을 잃지 않고 적을 상대함으로써 적을 끊임없이 약화시키고 종국에는 승리할 수 있었던 것이다.

이렇게 볼 때 마오쩌둥의 전략은 손자가 말한 주도권을 중시한 것으로 약자의 입장에서도 전쟁을 주도적으로 이끌어갈 수 있음을 보여주고 있다. 마오쩌둥은 첫째로 적에게 주도권을 안겨주지 않기 위해 싸우지 않고 도주하는 전략을 채택했으며, 둘째로 도주하는 가운데에서도 적을 끊임없이 타격하여 교란하고 혼란시키는 전략을 추구했다. 이것이 바로 중국혁명전쟁을 성공적으로 이끌었던 유격전 전략이다.

2. 용병의 주도권 발휘: 허실을 이용한 공격과 방어

出其所不趨, 趨其所不意. 行千里而不勞者, 行於無人之地也.	출기소불추, 추기소불의. 행천리이불로자, 행어무인지지야.
攻而必取者, 攻其所不守也. 守而必固者, 守其所不攻也. 故善攻者, 敵不知其所守. 善守者, 敵不知其所攻.	공이필취자, 공기소불수야. 수이필고자, 수기소불공야. 고선공자, 적부지기소수. 선수자, 적부지기소공.
微乎微乎, 至於無形. 神乎神乎, 至於無聲.	미호미호, 지어무형. 신호신호, 지어무성.
故能爲敵之司命. 進而不可禦者, 衝其虛也. 退而不可追者, 速而不可及也.	고능위적지사명. 진이불가어자, 충기허야. 퇴이불가추자, 속이불가급야.
故我欲戰, 敵雖高壘深溝, 不得不與我戰者, 攻其所必救也. 我不欲戰, 雖劃地而守之, 敵不得與我戰者, 乖其所之也.	고아욕전, 적수고루심구, 부득불여아전자, 공기소필구야. 아불욕전, 수획지이수지, 적부득여아전자, 괴기소지야.

적이 빨리 대응할 수 없는 곳으로 나아가고, 적이 예상치 않은 곳으로 신속하게 진격한다. 천 리를 가더라도 피곤하지 않은 것은 적의 배비가 없는 곳으로 나아가기 때문이다.

공격하면 반드시 탈취하는 것은 적이 지키기 어려운 곳을 공격하기 때문이다. 방어하면 반드시 굳게 지키는 것은 적이 공격하기 어려운 곳을 방어하기 때문이다. 따라서 공격을 잘하는 장수는 적이 어디를 방어해야 할지 모르게 한다. 방어를 잘하는 장수는 적이 어디를 공격해야 할지 모르게 한다.

(이러한 용병은) 미묘하고 미묘하여 보이지 않는다. 신비하고 신비하여 들리지도 않는다.

따라서 (이러한 용병은) 적의 운명을 마음대로 할 수 있다. 진격하더라도 적이 막을 수 없는 것은 적의 허를 찌르기 때문이다. 퇴각하더라도 적이 추격할 수 없는 것은 적의 속력이 아군에 미치지 못하기 때문이다.

또한 아군이 싸우고자 하면 적이 비록 높은 성을 쌓고 해자를 깊이 파고 있더라도 어쩔 수 없이 나와서 싸우지 않을 수 없는 것은 적이 반드시 구해야만 하는 곳을 아군이 공격하기 때문이다. 아군이 싸우지 않고자 하면 비록 땅에 금을 긋고 지키기만 해도 적이 싸울 수 없는 것은 적의 판단에 그곳이 불리한 지역이기 때문이다.

＊出其所不趨, 趨其所不意(출기소불추, 추기소불의): 출(出)은 '나아가다', 기(基)는 '그', 소(所)는 '장소, 위치'를 뜻하고, 추(趨)는 '빨리 달리다'라는 뜻으로, 불추(不趨)는 '적이 빨리 나오다'라는 뜻이다. 불의(不意)는 '적이 의도하지 않다'는 뜻이다. 전체를 해석하면 '적이 빨리 대응할 수 없는 곳으로 나아가고, 적이 예상치 않은 곳으로 신속하게 진격한다'는 뜻이다.

＊行千里而不勞者, 行於無人之地也(행천리이불로자, 행어무인지지야): 행(行)은 '가다, 나아가다', 어(於)는 '~에'라는 뜻이다. 전체를 해석하면 '천 리를 가더라도 피곤하지 않은 것은 적이 없는 곳으로 나아가기 때문이다'라는 뜻이다.

＊攻而必取者, 攻其所不守也(공이필취자, 공기소불수야): 공(攻)은 '공격하다', 취(取)는 '취하다, 얻다'라는 의미이다. 전체를 해석하면 '공격하면 반드시 탈취하는 것은 적이 지키기 어려운 곳을 공격하기 때문이다'라는 뜻이다.

＊守而必固者, 守其所不攻也(수이필고자, 수기소불공야): 수(守)는 '지키다, 방어하다', 고(固)는 '굳다, 방비'라는 의미이다. 전체를 해석하면 '방어하면 반드시 굳게 지키는 것은 적이 공격하기 어려운 곳을 방어하기 때문이다'라는 뜻이다.

＊故善攻者, 敵不知其所守(고선공자, 적부지기소수): '따라서 공격을 잘하는 장수는 적이 어디를 방어해야 할지 모르게 한다'는 뜻이다.

＊善守者, 敵不知其所攻(선수자, 적부지기소공): '방어를 잘하는 장수는 적이 어디를 공격해야 할지 모르게 한다'는 뜻이다.

＊微乎微乎, 至於無形(미호미호, 지어무형): 미(微)는 '작다'라는 뜻이고, 호(乎)는 어조사이다. 미호(微乎)는 '미묘하다, 절묘하다, 알 수 없다'는 뜻이고, 지어무형(至於無形)은 '형태가 없음에 도달하다'는 뜻으로 여기에서는 '보이지 않는다'는 의미이다. 전체를 해석하면 '미묘하고 미묘하여 보이지 않는다'는 뜻이다.

＊神乎神乎, 至於無聲(신호신호, 지어무성): 신호(神乎)는 '신비하다'라는 의미이다. 전체를 해석하면 '신비하고 신비하여 들리지도 않는다'는 뜻이다.

＊故能爲敵之司命(고능위적지사명): 위(爲)는 '하다, 이루다', 사(司)는 '맡다', 명(命)은 '목숨', 사명(司命)은 '목숨을 맡다'라는 의미이다. 전체를 해석하면 '따라서 적의 운명을 마음대로 할 수 있다'는 뜻이다.

＊進而不可禦者, 衝其虛也(진이불가어자, 충기허야): 진(進)은 '나아가다'로 '진격하다'라는 뜻이다. 어(禦)는 '막다, 방어하다', 충(衝)은 '찌르다'를 뜻한다. 전체를 해석하면 '진격하더라도 적이 막을 수 없는 것은 적의 허를 찌르기 때문이다'

라는 뜻이다.

＊退而不可追者, 速而不可及也(퇴이불가추자, 속이불가급야): 퇴(退)는 '후퇴하다', 추(追)는 '추격하다', 속(速)은 '빠르다', 급(及)은 '미치다'라는 뜻이다. 전체를 해석하면 '퇴각하더라도 적이 추격할 수 없는 것은 적의 속력이 아군에 미치지 못하기 때문이다'라는 뜻이다.

＊故我欲戰, 敵雖高壘深溝, 不得不與我戰者, 攻其所必救也(고아욕전, 적수고루심구, 부득불여아전자, 공기소필구야): 욕(欲)은 '욕심', 수(雖)는 '비록 ~할지라도', 루(壘)는 '성', 심(深)은 '깊은', 구(溝)는 '해자'를 의미한다. 고아욕전, 적수고루심구(故我欲戰, 敵雖高壘深溝)는 '그러므로 내가 싸우고자 하면 적이 비록 높은 성을 쌓고 해자를 깊게 파더라도'로 해석한다. 부득불은 '~하지 않을 수 없다', 여(與)는 '~와 더불어', 구(求)는 '구하다'라는 뜻이다. 전체를 해석하면 '또한 아군이 싸우고자 하면 적이 비록 높은 성을 쌓고 해자를 깊이 파고 있더라도 어쩔 수 없이 나와서 싸우지 않을 수 없는 것은 적이 반드시 구해야만 하는 곳을 아군이 공격하기 때문이다'라는 뜻이다.

＊我不欲戰, 雖劃地而守之, 敵不得與我者, 乖其所之也(아불욕전, 수획지이수지, 적부득여아전자, 괴기소지야): 획(劃)은 '긋다'라는 의미이고, 괴(乖)는 '어긋나다, 배반하다'는 뜻으로 적이 판단하기에 불리함을 의미한다. 전체를 해석하면 '아군이 싸우지 않고자 하면 비록 땅에 금을 긋고 지키기만 해도 적이 싸울 수 없는 것은 적의 판단에 그곳이 불리한 지역이기 때문이다'라는 뜻이다.

내용 해설

여기에서 손자는 피아 허실을 이용하여 어떻게 공격하고 방어해야 하는지에 대한 용병을 다루고 있다. 앞의 논의가 주도권 장악의 중요성에 대한 것이었다면, 여기에서는 그 연장선상에서 주도권을 어떻게 발휘해야 하는가에 대한 구체적인 방법을 들고 있는 것이다.

먼저 손자는 적의 취약한 지점을 공략할 것을 요구한다. "적이 빨리 대응할 수 없는 곳으로 나아가고, 적이 예상치 않은 곳으로 신속하게 진격해야 한다"는 언급은 곧 적의 방비가 허술한 곳을 치라는 것이다. 왜 적의 병력이 배치되지 않은 지역으로 기동해야 하는가? 지금은 적과 결전에 임하여 세를 발휘해야 하는 단계이다. 앞에서 살펴본 나폴레옹의 울름 전역과 같이 적이 예상하지 못하고 준비되지 않은 지역으로 군을 투입한다면 이러한 기동은 그 자체로 전격적인 승리를 달성하는 데 기여할 수 있다. 즉, 약한 지역으로의 기동은 적의 방어대형을 일순간에 허물고 결정적 성과를 달성할 수 있다.

그런데 손자는 그 다음 구절에서 "천 리를 가더라도 피곤하지 않은 것은 적의 배비가 없는 곳으로 나아가기 때문"이라고 했다. 이것은 무슨 의미인가? 혹시 원정군이 전쟁 시작 단계에서 적지를 가로질러 기동하는 것을 염두에 둔 것인가? 그렇지 않다. 손자가 이 문단에서 논하는 바는 결전을 수행하는 전장에서 이루어지는 공격과 방어에 대한 것으로 원정군의 장거리 이동을 염두에 둔 것으로 볼 수는 없다. 즉, 그가 '천 리의 기동'을 언급한 이유는 적의 저항이 약한 곳을 공략하는 것이 그만큼 용이하다는 것을 강조하기 위한 것으로 보아야 한다. 적의 약한 부분을 쳐야만 '전승(全勝)', 즉 최소한의 희생으로 결정적 성과를 거둘 수 있음을 극적으로 표현한 것이다.

다음으로 손자는 공격과 방어를 성공적으로 수행할 수 있는 비결을 제시하고 있다. 그는 "공격하면 반드시 탈취하는 것은 적이 지키기 어려운 곳을 공격하기 때문"이라고 했다. 그렇다면, 적이 지키기 어려운 곳은 어디를 말하는가? 예를 든다면 적이 모든 방향을 방어해야 하는 지역을 들 수 있다. 만일 측면이나 후방이 강이나 산으로 둘러싸여 있다면 적은 정면만 방어하면 될 것이나, 측면과 후방이 모두 트여 있다면 사방을 방어해야 하므로 모든 곳이 취약해질 수밖에 없다. 중요한 것은 아군이 적으로 하여금 우리가 어디를 공격할 것인지를 모르도록 해야 한다. 적이 불리한 개활지에서 방어를 하더라도 아군이 어디를 칠 것인지 알아차린다면 적은 병력을 집중하여 강력하게 맞설 것이기 때문이다. 따라서 아군은 공격 의도를 노출하지 않음으로써 '적이 어디를 방어해야 할지 모르게 하고', 그래서 모든 곳이 취약해지도록 해야 한다.

또한 손자는 "방어하면 반드시 굳게 지키는 것은 적이 공격하기 어려운 곳을 방어하기 때문"이라고 했다. 아군이 방어에 용이한 지역에서 적을 맞아 싸워야 한다는 것이다. 그렇다면 이러한 지역은 어디를 말하는가? 적이 반드시 올 수밖에 없는 곳에 진지를 구축하고 병력을 집중해 방어한 테르모필레 전투(Battle of Thermopylae)를 예로 들어 설명해보자. 스파르타의 왕 레오니다스(Leonidas)는 페르시아의 크세르크세스(Xerxes) 왕이 100만 대군을 이끌고 그리스를 침공하자 정예병력 300명을 이끌고 적이 반드시 통과해야 하는 길목인 테르모필레 협곡에서 진영을 편성하고 대적했다. 페르시아군은 스파르타 내부의 배신자를 통해 우회로를 알게 되기 전까지 테르모필레 협곡에 맞닥뜨려 어디를 공격해야 할지 모른 채 스파르타군의 협소한 정면만 공격함으로써 실패를 거듭했다.

이러한 용병은 너무 미묘하고 신비하여 볼 수도 들을 수도 없다. 왜 그러한가? 바로 허실에 따른 용병 때문이다. 일반인들은 겉으로 드러난 군형으로만 판단하기 때문에 적 방어의 허점이 무엇이고 아군 방어의 강점이 무엇인지 알아차리지 못한다. 따라서 싸움이 시작되면 일반인들은 기세가 등등한 두 부대 간에 치열한 전투가 벌어질 것으로 예상한다. 그러나 용병을 잘하는 장수는 피아 간에 내재된 허실을 간파할 수 있다. 적의 허점이 보이지 않으면 '기와 정'을 배합한 용병으로 적의 취약성을 만들어낼 수 있다. 그리고 적의 약한 곳에 순간적으로 병력을 집중하여 격렬한 싸움 없이도 쉽게 승리를 이루어낸다. 〈군형〉 편에서 "용병을 잘하는 장수는 승리를 내다보는 수준이 일반인들을 뛰어넘기 때문에 그가 어떻게 승리했는지 알 수 없다"고 한 손자의 주장과 일맥상통한다.

이러한 용병은 누구도 알아차릴 수 없을 정도로 미묘하고 신비하여 적의 운명을 좌지우지할 수 있다. 손자는 그러한 예를 네 가지 제시하고 있다. 첫째로 아군이 적의 허를 찌르기 때문에 아군이 진격하더라도 적은 막을 수 없다. 아군의 공격이 적의 약한 지점으로 향해 이루어지기 때문에 그곳의 적은 상대가 되지 않는다. 적은 부랴부랴 병력을 모아 그곳에 투입하겠지만 이미 전세는 아군의 승리로 기울고 말 것이다. 둘째로 아군이 퇴각하더라도 적은 속력이 미치지 못하기 때문에 아군을 추격할 수 없다. 장수는 이미 아군의 취약점을 파악하고 있으므로 적이 언제 공격해올 것인지를 미리 알고 있다. 따라서 적이 공격해오더라도 사전에 이를 예상하여 신속하게 빠질 것이므로 적은 허탕을 칠 수밖에 없다. 셋째로 아군이 싸우고자 하면 적은 비록 높은 성을 쌓고 해자를 깊이 파고 있더라도 어쩔 수 없이 나와 싸우지 않을 수 없다. 그것은 아군이 반드시 적이 구해야만 하는 곳을 공격하기 때문이다. 적이 아군의 우세를 알아채고 성 안에 들어가 싸우지 않으려 해도 아군은 적의 병참선을 위협하거나 인접한 마을을 공격함으로써 적을 성 밖으로 끌어낼 수 있다. 넷째로 아군이 싸우지 않으려 한다면 적으로 하여금 싸우지 않도록 할 수 있다. 이는 적으로 하여금 싸우는 것이 불리하다고 판단하도록 함으로써 가능하다. 우선 아군이 군형을 감추고 허점을 보이지 않으면 적은 어디를 공격할지 몰라 주저하게 될 것이며, 적이 접근할 유일한 통로를 선점하여 방어할 경우에도 적은 섣불리 공격할 수 없을 것이다. 적이 공격에 나설 때 적 공격부대의 후방을 칠 수 있는 아군 부대의 기동을 보여준다면 적의 공격은 마찬가지로 좌절될 것이다.

여기에서 손자는 피아 허실을 이용한 공격과 방어를 통해 주도권을 가지고 싸움에 임할 수 있으며, 이를 통해 세를 발휘할 수 있는 기회를 포착하고 결정적 성과를 거둘 수 있음을 강조하고 있다.

군사사상적 의미

손자와 클라우제비츠의 결전 추구 가능성

세를 발휘할 수 있는 결전은 언제든 추구할 수 있는가? 그래서 아군이 원할 때마다 결정적 승리를 거둘 수 있는가? 손자는 "내가 싸우고자 하면 적이 비록 높은 성을 쌓고 해자를 깊이 파고 있더라도 어쩔 수 없이 나와 싸우지 않을 수 없다"고 했다. 용병을 잘하는 장수는 언제든 적을 끌어내 결정적인 전투를 강요하고 승리할 수 있다는 것이다. 그러나 결전의 문제는 말처럼 쉽지 않을 수 있다. 아군의 장수가 뛰어나지 못하고 적의 장수와 유사한 능력을 구비할 경우 이러한 결전은 어려울 수 있다. 적의 장수가 더 뛰어나다면 오히려 적에게 끌려가 패할 수 있다.

고대 로마시대에 한니발은 로마를 침공하여 싸움을 걸었지만 로마 집정관 파비우스(Quintus Fabius Maximus)가 이에 응하지 않자 결전은 치러질 수 없었다. 싸움은 나중에 결전을 원했던 바로(Gaius Terentius Varro)가 집정관이 되었을 때에야 비로소 칸나에에서 이루어지게 되었다. 스페인 왕위계승전쟁에서 프랑스군에 대해 결정적인 승리를 획득한 영국의 말버러(John Churchill Marlborough)는 전쟁에서 신속하고 결정적인 승리를 추구했던 장군으로 잘 알려져 있다. 그러나 그는 언제나 프랑스군이 모험을 감행하지 않는 한 큰 전투는 없을 것이라고 했으며, 1708년과 1709년의 결정적 승리는 오직 프랑스군이 전투에 응했기 때문에 가능한 것이었음을 시인한 바 있다. 이렇게 볼 때 적이 응하지 않을 경우 결전은 쉽게 이루어질 수 없음을 알 수 있다.

실제로 전쟁의 역사는 이러한 사례를 보여주고 있다. 고대 동양에서 활용되었던 '청야입보(淸野立保)' 전략은 적과 싸움을 포기한 채 식량과 물자를 가지고 산속이나 성 안으로 들어가 장기간 농성에 돌입하여 적을 지치게 하는 것으로 중국 침략 시 한민족이 종종 사용했던 전략이었다. 또한 나폴레옹의 공격과 히틀러의 전면적 공격에 대해 러시아가 취했던 초토화전략도 마찬가지로 광활한 영토 내로 적을 끌어들이기 위해 무제한적으로 퇴각하는 것으로 보다 강한 적 군대와 결전을 회피하는 전략이다. 이 경우 공격을 취한 국가는 결전을 치르지 못하고 종종 지쳐서 물러났다. 이는 손자가 주장하는 바와 달리 결전을 추구하는 것이 쉽지 않음을 보여준다.

그러나 클라우제비츠는 기본적으로 결전이 가능하다는 입장이다. 그는 이 문제를 기동력의 싸움으로 본다. 공자(攻者)는 얼마든지 결전을 추구할 수 있으며, 만일 적이 전투를 거부하여 결전이 이루어지지 않았다고 한다면 그것은 변명에 불과하다고 했다. 물론, 방자(防者)가 적의 공격에 대해 즉각 진지를 포기하기로 결심하고 적보다 빠른 속도로 철수할 수 있다면 공자가 추구하는 결전을 회피할 수 있다. 그러나 이 경우에도 그는 공자가 빠른 기동으로 적을 포위하여 퇴로를 차단하거나 불의의 기습을 가해 결전을 강요할 수 있다고 보았다. 결국 결전의 추구와 회피 여부는 공자와 방자 간의 기동력 싸움에 달려 있다는 것이다.

클라우제비츠는 아마도 나폴레옹 전쟁을 염두에 두고 이런 주장을 했던 것으로 보인다. 나폴레옹이 결전을 추구할 수 있었던 것은 전적으로 우세한 기동력을 보유했기 때문이다. 그는 대규모 부대를 한꺼번에 이동시키지 않고 사단 단위로 나누어 이동하도록 함으로써 기동의 효율성을 증가시켰으며, 프랑스군의 보속을 다른 국가들의 군대보다 두 배 빠르게 함으로써 적보다 신속하게 이동할 수 있었다. 그리고 그는 이처럼 빠른 기동력을 바탕으로 언제든지 적을 포위하거나 퇴로를 차단하여 결전을 강요하고 결정적인 성과를 얻을 수 있었다.

그러나 나폴레옹 전쟁 이후로 상황은 달라졌다. 유럽 국가들은 프랑스 군대를 롤 모델로 하여 그들의 군사교리와 군 조직을 개선함으로써 나폴레옹이 누렸던 기동의 이점을 상쇄해나갔다. 또한 철도를 비롯한 기동수단이 보편적으로 보급됨에 따라 프랑스군의 강점이었던 도보기동의 상대적인 이점은 점차 사라지게 되었다. 20세기에는 도보기동이 아닌 기계화된 기동, 철도 및 도로수송, 그리고 오늘날에는 항공수송 등에 의해 결전의 가능 여부가 결정될 수 있게 된 것이다. 무엇보다도 현대의 전쟁에서는 파괴력이 강한 장거리 정밀타격 수단이 발달함으로써 상대의 의지와 상관없이 결정적인 타격을 가할 수 있게 되었다.

3. 적의 허점 공략: 아군의 집중과 적군의 분산

故形人而我無形, 則我專而敵分.

我專爲一, 敵分爲十, 是以十攻其
一也. 則, 我衆敵寡. 能以衆擊寡.
則, 吾之所與戰者, 約矣.

吾所與戰之地, 不可知. 不可知,
則敵所備者多. 敵所備者多,
則吾所與戰者寡矣.

故備前, 則後寡. 備後, 則前寡.
備左, 則右寡. 備右, 則左寡.
無所不備, 則無所不寡.

寡者, 備人者也. 衆者, 使人備己者也.

故知戰之地, 知戰之日, 則可千里
而會戰. 不知戰地, 不知戰日,
則左不能救右, 右不能救左.
前不能救後, 後不能救前,
而況遠者數十里, 近者數里乎.

고형인이아무형, 즉아전이적분.

아전위일, 적분위십, 시이십공기
일야. 즉, 아중적과. 능이중격과.
즉, 오지소여전자, 약의.

오소여전지지, 불가지. 불가지,
즉적소비자다. 적소비자다,
즉오소여전자과의.

고비전, 즉후과. 비후, 즉전과.
비좌, 즉우과. 비우, 즉좌과.
무소불비, 즉무소불과.

과자, 비인자야. 중자, 사인비기자야.

고지전지지, 지전지일, 즉가천리
이회전. 부지전지, 부지전일,
즉좌불능구우, 우불능구좌.
전불능구후, 후불능구전,
이황원자수십리, 근자수리호.

자고로 적의 군형을 드러나게 하고 아군의 군형을 알 수 없게 하면, 아군의 군사력은 집중할 수 있고 적의 군사력은 분산된다.

아군의 군사력을 하나로 집중하고 적의 군사력을 열로 분산하게 하면, 이는 열로써 하나를 치는 것이 된다. 즉, 아군의 병력이 많고 적의 병력이 적게 되므로 많은 병력으로 적은 병력을 칠 수 있는 것이다. 따라서 아군이 싸우는 장소에서 적은 약할 수밖에 없다.

아군이 어디에서 싸울 것인지 적이 알 수 없게 하면, 적은 싸울 곳을 알 수 없으니 대비해야 할 곳이 많아진다. 적이 대비할 곳이 많아지면 아군이 맞서 싸울 곳에서 적의 병력은 적어진다.

그래서 (적은) 전방을 대비하면 후방이 약해지고, 후방을 대비하면 전방이 약해진다. 좌측을 대비하면 우측이 약해지고, 우측을 대비하면 좌측이 약해진다. 모든 곳을 대비하면 모든 곳이 약해지게 된다.

병력이 부족하게 되는 것은 상대의 공격에 급급하여 대비하는 데 분주하기 때문이다. 병력이 남게 되는 것은 상대로 하여금 아군의 공격에 대비하지 않을 수 없도록 만들기 때문이다.

이와 같이 미리 싸울 장소를 알고 싸울 시기를 알면 천 리가 떨어진 지역에서도 대규모 전투를 벌일 수 있다. 싸울 장소를 모르고 싸울 시기를 모르면 좌측의 부대가 우측의 부대를 구원할 수 없고 우측의 부대가 좌측의 부대를 구원할 수 없다. 전방의 부대는 후방의 부대를 구원할 수 없고, 후방의 부대는 전방의 부대를 구원할 수 없는데, 하물며 멀게는 수십 리, 가까이는 수 리가 떨어진 지역에서는 어떠하겠는가.

이로 미루어보건대 월나라 군대의 수가 비록 많다고 하나 어찌 승패를 결정하는 데 유리하다고 장담하겠는가. 단언컨대 (월나라와 싸우더라도) 우리가 승리를 만들어낼 수 있으며, 적의 병력이 비록 많다고 하지만 적으로 하여금 싸울 엄두도 내지 못하게 할 수 있다.

＊故形人而我無形, 則我專而敵分(고형인이아무형, 즉아전이적분): 형(形)은 '드러나게 하다', 인(人)은 '적'을 의미한다. 즉, 형인(形人)은 '적을 드러나게 하는 것'으로 '적 군형을 드러나게 하다'는 의미이다. 전(專)은 '오로지'의 뜻으로 '집중'을 의미한다. 분(分)은 '나누다'로 '분산'을 의미한다. 전체를 해석하면 '자고로 적의 군형을 드러나게 하고 아군의 군형을 알 수 없게 하면, 아군의 군사력은 집중할 수 있고 적의 군사력은 분산된다'는 뜻이다.

＊我專爲一, 敵分爲十, 是以十攻其一也(아전위일, 적분위십, 시이십공기일야): 위(爲)는 '만들다, 하다', 시(是)는 '이것, ~이다'라는 뜻이다. 전체를 해석하면 '아군의 군사력을 하나로 집중하고 적의 군사력을 열로 분산하게 하면, 이는 열로써 하나를 치는 것이다'라는 뜻이다.

＊則, 我衆敵寡. 能以衆擊寡(즉, 아중적과. 능이중격과): 중(衆)은 '많다', 과(寡)는 '적다', 격(擊)은 '치다, 부딪히다'를 의미한다. 전체를 해석하면 '즉, 아군의 병력이 많고 적의 병력이 적게 되므로 많은 병력으로 적은 병력을 칠 수 있는 것이다'라는 뜻이다.

＊則, 吾之所與戰者, 約矣(즉, 오지소여전자, 약의): 여전(與戰)은 '맞서 싸우다',

오지소여전자(吾之所與戰者)는 '아군이 싸우는 장소의 적'이라는 뜻이고, 약(約)은 '적다, 유약하다, 곤궁하다'를 뜻한다. 전체를 해석하면 '따라서 아군이 싸우는 장소에서 적은 약할 수밖에 없다'는 뜻이다.

* 吾所與戰之地, 不可知(오소여전지지, 불가지): '아군이 어디에서 싸울 것인지 적은 알 수 없다'는 뜻이다.

* 不可知, 則敵所備者多(불가지, 즉적소비자다): 소(所)는 '지역, 곳', 비(備)는 '대비, 준비'를 뜻한다. 전체를 해석하면 '적은 싸울 곳을 알 수 없으니 대비해야 할 곳이 많아진다'는 뜻이다.

* 敵所備者多, 則吾所與戰者寡矣(적소비자다, 즉오소여전자과의): '적이 대비할 곳이 많아지면 아군이 맞서 싸울 곳에서 적의 병력은 적어진다'는 뜻이다.

* 故備前, 則後寡. 備後, 則前寡(고비전, 즉후과. 비후, 즉전과): '그래서 전방을 대비하면 후방이 약해지고, 후방을 대비하면 전방이 약해진다'는 뜻이다.

* 備左, 則右寡. 備右, 則左寡(비좌, 즉우과. 비우, 즉좌과): '좌측을 대비하면 우측이 약해지고, 우측을 대비하면 좌측이 약해진다'는 뜻이다.

* 無所不備, 則無所不寡(무소불비, 즉무소불과): '모든 곳을 대비하면 모든 곳이 약해지게 된다'는 뜻이다.

* 寡者, 備人者也(과자, 비인자야): 과(寡)는 '적다, 약하다'는 뜻이나 '병력이 부족하다'로 해석한다. 인(人)은 '상대방, 적'으로 해석한다. 전체를 해석하면 '병력이 부족하게 되는 것은 상대의 공격에 급급하여 대비하는 데 분주하기 때문이다'라는 뜻이다.

* 衆者, 使人備己者也(중자, 사인비기자야): 사(使)는 '~로 하여금 ~하게 하다'는 의미의 사역동사이다. 전체를 해석하면 '병력이 남게 되는 것은 상대로 하여금 아군의 공격에 대비하지 않을 수 없도록 하기 때문이다'라는 뜻이다.

* 故知戰之地, 知戰之日, 則可千里而會戰(고지전지지, 지전지일, 즉가천리이회전): 회전(會戰)은 '대규모 병력이 벌이는 전투'를 의미한다. 전체를 해석하면 '이와 같이 미리 싸울 장소를 알고 싸울 시기를 알면 천 리가 떨어진 지역에서도 대규모 전투를 벌일 수 있다'는 뜻이다.

* 不知戰地, 不知戰日, 則左不能救右, 右不能救左(부지전지, 부지전일, 즉좌불능구우, 우불능구좌): 구(求)는 '구하다'라는 뜻이다. 전체를 해석하면 '싸울 장소를 모르고 싸울 시기를 모르면 좌측의 부대가 우측의 부대를 구원할 수 없고 우

측의 부대가 좌측의 부대를 구원할 수 없다'는 뜻이다.

* 前不能救後, 後不能救前, 而況遠者數十里, 近者數里乎(전불능구후, 후불능구전, 이황원자수십리, 근자수리호): 황(況)은 '하물며'라는 뜻이고, 호(乎)는 '~인가'의 뜻으로 앞의 '황(況)'과 함께 '하물며 ~하겠는가'의 의미이다. 전체를 해석하면 '전방의 부대는 후방의 부대를 구원할 수 없고, 후방의 군대는 전방의 부대를 구원할 수 없는데, 하물며 멀게는 수십 리, 가까이는 수 리가 떨어진 지역에서는 어떠하겠는가'라는 뜻이다.

* 以吾度之, 越人之兵雖多, 亦奚益於勝哉. 故曰, 勝可爲也(이오도지, 월인지병수다, 역해익어승재. 고왈, 승가위야): 탁(度)은 '헤아리다', 이오도지(以吾度之)는 '이로써 나는 헤아린다'는 의미이다. 월(越)은 월나라, 수(雖)는 '비록', 월인지병수다(越人之兵雖多)는 '월나라 사람들의 군대가 비록 많다 하더라도'라는 뜻이고, 역(亦)는 '또한', 해(奚)는 '어찌, 어느', 어(於)는 '~에 있어서', 재(哉)는 어조사로 앞의 '해(奚)'와 함께 '어찌 ~하겠는가'라는 의미이다. 역해익어승패재(亦奚益於勝敗哉)는 '또 어찌 승리하는 데 있어서 유리하다고 하겠는가'라는 뜻이다. 위(爲)는 '하다, 만들다', 승가위야(勝可爲也)는 '승리를 이루어낼 수 있다'는 의미이다. 전체를 해석하면 '이로 미루어보건대 월나라 군대의 수가 비록 많다고 하나 어찌 승패를 결정하는 데 유리하다고 장담하겠는가. 단언컨대 우리가 승리를 만들어낼 수 있다'는 뜻이다.

* 敵雖衆, 可使無鬪(적수중, 가사무투): 투(鬪)는 '싸우다'라는 뜻으로, 전체를 해석하면 '적의 병력이 비록 많다고 하지만 적으로 하여금 싸울 엄두도 내지 못하게 할 수 있다'는 뜻이다.

내용 해설

여기에서 손자는 적의 허점을 공략하여 결정적 승리를 거두는 방법을 제시하고 있다. 그것은 적 군형의 배치를 파악하여 취약한 지점을 식별하고, 아군의 배치를 드러내지 않음으로써 적의 분산을 강요하며, 공격할 지점을 노출하지 않음으로써 적의 방어 소요를 늘리고, 그래서 결정적 순간에 적 부대 간 상호지원을 불가능하게 하는 것이다. 논의의 핵심은 적의 약한 지점에서 병력의 우세를 달성하여 세를 발휘하는 것이다.

먼저 손자는 적 군형의 배치를 파악하여 취약한 부분을 식별할 것을 요구한다. 그는 "적의 배치 상태를 드러내도록 해야 한다"고 했는데, 이는 적의 군형을 살펴 적 진영에 내재된 허실, 즉 강점과 약점을 파악해야 한다는 의미이다. 군형은 장수의 용병 의도를 반영하여 병력을 배치한 것이므로 이를 면밀히 관찰하면 적 장수의 용병술을 짐작할 수 있다. 예를 들어, 적의 군형이 넓게 편성되어 있으면 아군의 포위를 허용하지 않겠다는 것이고, 기병이 한쪽에 몰려 있으면 아군의 측후방을 공격하거나 아군의 포위공격을 차단하겠다는 의도를 가진 것으로 볼 수 있다. 적 진영의 전방에 목책이 설치되고 해자가 파여져 있으면 공격보다는 방어에 치중한 것이며, 반대로 그러한 장애물이 설치되지 않으면 조만간 공격에 나설 것으로 예상할 수 있다.

이와 같이 적의 군형을 들여다보고 적 장수의 의도를 파악하면 적의 취약한 지점을 식별할 수 있다. 가령 적의 배치가 좌우로 넓게 신장되어 있다면 중앙부분이 약할 것이며, 적 병력이 전방에 집중적으로 배치되어 있다면 측후방이 취약할 수 있다. 보다 적극적으로 적의 허실을 확인할 수도 있다. 뒤에서 손자가 제시한 바와 같이 아군의 일부 병력을 이동시키는 등 의도적으로 행동을 취해보거나 간첩을 운용해보거나, 혹은 적의 일부를 공격해보아 적의 병력이 많은 곳과 부족한 곳을 파악할 수도 있다. 또한 앞에서 언급한 대로 적을 피곤하게 하고, 굶주리게 하며, 동요케 함으로써 적으로 하여금 병력 배치의 취약성을 드러내도록 하거나 그러한 취약성을 만들어낼 수도 있다.

다음으로 손자는 적의 군형을 파악하는 동시에 "아군의 군형을 드러내지 않아야 한다"고 강조한다. 아군의 배치를 알 수 없도록 하면 적은 아군이 언제 어디를 공격할지 예상할 수 없게 된다. 그러면 적은 모든 곳을 방비해야 하므로 병력을 분산시켜 배치하지 않을 수 없는 반면, 아군은 어디를 공격하든지 병력을 집중하여 공격할 수 있게 된다. 손자가 말한 대로 "아군의 병력은 많고 적의 병력은 적게 되어" 열로써 하나를 치는 효과를 거둘 수 있는 것이다. 그렇게 되면, "아군의 병력이 많고 적의 병력이 적게 되므로 많은 병력으로 적은 병력을 칠 수 있고", 따라서 "아군이 싸우는 장소에서 적은 약할 수밖에 없다."

아군이 군형을 드러내지 않는다는 것은 곧 아군이 공격할 지점, 즉 결정적 지점이 어디인지 노출하지 않는 것을 의미한다. 그러면 "적은 싸울 곳을 알 수 없으니 대비해야 할 곳이 많아진다." 전방을 대비하면 후방이 약해지고, 좌익을 강화하면 우익이 약해진다. 그렇다고 모든 곳을 대비하게 되면 모든 곳이 취약해질 수밖에 없다. 결국 아군은 적의 허점을 파악하여 어디를 칠 것인지 알고 있기 때문에 병력 운용에 여유를 가질 수 있고, 상대는 어디에서 싸워야 할지 모르고 방어에 급급하기 때문에 병력이 부족하게 된다. 아군은 한곳에 병력을 집중할 수 있는 반면, 적의 병력은 분산되어 약화될 수밖에 없다.

그런데 손자는 "미리 싸울 장소를 알고 싸울 시기를 알면 천 리가 떨어진 지역에서도 대규모 전투를 벌일 수 있다"고 했다. 이 구절은 이해하기가 쉽지 않다. 지금까지 손자는 적의 배치에 드러난 허점을 이용하여 어떻게 결전을 치를 것인가에 주안을 두고 얘기하다가 여기에서 갑자기 원정작전 전체로 논의의 범위를 확대한 듯한 느낌을 준다. 즉, 원정군이 적수도 인근에 도착하여 적 주력과 싸우는 상황에서 갑자기 원정을 시작하는 단계로 돌아가 적과 결전을 벌일 장소와 시기를 결정하는 상황으로 전환한 것이다. 그렇다면 이를 어떻게 보아야 하는가? 아마도 이 구절은 지금까지 논의한 결전의 상황과 결부된 것이 아니라 다음에 언급되는 월나라와의 전쟁 가능성을 염두에 둔 것으로 이해할 수 있다. 비록 월나라가 병력이 많다고 하지만 허실에 따른 용병을 펼친다면 적을 분산시키고 능히 제압할 수 있다는 자신감을 내보이기 위해 "천 리가 떨어진 지역에서도 결전을 치를 수 있다"고 한 것이다.

다만 "미리 싸울 장소를 알고 싸울 시기를 알면(知戰之地, 知戰之日)"이라는 구절은 곱씹어볼 만한 가치가 있다. 여기에서 '안다는 것'은 무엇을 말하는가? 우리가 통상적으로 "홍길동이는 씨름을 알아"라고 했을 때 그것은 홍길동이가 씨름이 '무엇인지' 아는 것이 아니라 씨름을 '어떻게 하는지'를 안다는 것을 말한다. 마찬가지로 여기에서 '장소와 시간을 안다'는 것은 단순히 '결전을 추구할 장소와 시간'을 아는 것이 아니라 그 시간과 장소에서 '용병을 어떻게 해야 하는지'를 아는 것을 의미한다. 즉, 손자가 "싸울 장소를 알고 싸울 시기를 알아야 한다"고 한 언급은 궁극적으로 적의 군형에서 취약한 곳을 찾아 그곳에 언제 어떻게 병력을 집중하여 세를 발휘하면 승리할 수 있는지를 아는 것을 의미한다.

다음으로 손자는 "싸울 장소를 모르고 싸울 시기를 모르면 좌측의 부대가 우측의 부대를 구원할 수 없고 우측의 부대가 좌측의 부대를 구원할 수 없다"고 했다. 또한 "전방의 부대는 후방의 부대를 구원할 수 없고, 후방의 부대는 전방의 부대를 구원할 수 없다"고 했다. 이는 적의 입장을 설명한 것으로, 방어하는 적은 원정군이 좌측을 공격할지 우측을 공격할지 아니면 우회하여 측후방을 공격할지 모르기 때문에 병력을 분산하여 배치할 수밖에 없고, 따라서 전투가 벌어지면 멀리 떨어진 부대들 간에 지원이 용이하지 않다는 것을 거론한 것이다. 설사 인접한 부대들이 지원에 나서더라도 결정적인 지점에서 방어하는 병력이 너무 열세하여 쉽게 돌파를 당할 것이기 때문에 별 의미가 없게 될 것이다. 이러한 현상은 대규모 전투를 치르는 경우 군대가 수 리 혹은 수십 리에 걸쳐 분산되어 있을 때 더 심각하게 나타날 수 있다는 것이 손자의 견해이다.

이러한 논의를 통해 손자는 피아 군대의 많고 적음은 승부와 아무런 관계가 없다고 본다. 즉, 중요한 것은 결정적 시간과 장소에서 부딪히게 될 피아 병력의 상대적 비율이지 피아 군대가 동원한 병력의 수가 아니라는 것이다. 그래서 그는 월나라 군대의 수가 오나라 군대보다 많다고 해서 결코 승리할 수 있는 것이 아니며, 오히려 이러한 용병의 방법을 알고 있는 오나라가 승리할 수 있다고 단언한다. 허실의 용병을 통해 월나라의 병력을 분산시키고 상호 지원이 이루어지지 못하도록 한다면 적의 군대가 아무리 많다고 해도 적수가 될 수 없다는 것이다.

여기에서 손자는 오나라와 전쟁을 하더라도 이길 수 있다는 의미의 '승가위(勝可爲)'라는 구절을 넣었다. 앞의 〈군형〉 편에서 말한 '승가지이불가위(勝可知不可爲)', 즉 '불가위(不可爲)'와 대비된다. 왜 〈군형〉 편에서는 "승리를 알 수는 있으나 승리를 이룰 수는 없다"고 했는데 여기에서는 "승리를 이룰 수 있다"고 하는 '승가위'라는 표현을 썼는가? '불가위'는 '군형'을 편성하는 단계에서 언급한 것으로 승리는 적이 기회를 허용해야 가능한 것이기 때문에 이를 유보하는 입장에서 사용한 표현이다. 반면, 여기에서는 적의 허실에 따른 용병이 이루어지고 적의 약한 지점에서 세를 발휘하는 단계이므로 승리를 확실하게 달성할 수 있다고 본 것이다.

지금까지의 논의에서 손자는 마치 방어가 공격보다 불리한 것으로 보는 듯하다. 그러나 사실은 그렇지 않다. 이미 〈군형〉 편에서 살펴본 것처럼 손자도 클라우제비츠와 마찬가지로 방어가 공격보다 더 강한 형태의 전쟁임을 인정하고 있다. 다만 여기에서 언급하고 있는 공격과 방어의 관계는 '주도적인 공격'과 '피동적인 방어'가 격돌하는 특수한 상황에 해당하는 것으로, 공격하는 측은 주도권을 가지고 적의 군형을 파악한 상태에서 어디서 싸울 것인지를 알고 있는 반면, 방어하는 측은 적이 어떻게 공격해올 것인지를 모르고 방어에 급급한 상황을 상정한 것이다. 즉, 여기에서 손자의 논의는 '방어의 강함'을 부정하는 것이 아니라, 주도권을 가진 공격이 갖는 장점에 대해 말하고 있는 것이다.

군사사상적 의미

병력의 집중에 대한 손자와 클라우제비츠의 견해

집중의 원칙은 동서고금을 통해 오늘날까지 가장 중요한 전쟁의 원칙들 가운데 하나로 간주되고 있다. 전투를 치르지 않고 승리한다는 것은 사실상 상상하기 어렵기 때문에 전략가는 일단 유혈 충돌에 대비하여 승리할 수 있는 가장 효과적인 방법을 강구해야 한다. 손자를 비롯한 모든 군사사상가들은 가장 신속하고 가장 결정적인 승리를 추구한다. 그리고 이러한 결정적 승리는 일반적으로 절대적인 수적 우세보다는 결정적 지점에서의 상대적 우세를 통해 이루어진다.

클라우제비츠에 의하면 모든 조건이 동일할 경우 수적 우세는 결정적 승리를 얻을 수 있는 가장 간단한 방법이다. 그에 의하면 수적 우세는 전투의 결과에 영향을 미치는 가장 중요한 요소로, 가능한 한 많은 병력을 결정적 지점에 투입하는 것이 전략의 첫 번째 원칙이며 이보다 더 귀중한 원칙은 없다고 했다. 즉, 클라우제비츠는 손자와 마찬가지로 결정적인 교전 지점에서 상대적인 수적 우세를 달성하는 것이 승리의 열쇠라고 간주하고 있다.

손자와 클라우제비츠는 병력 집중의 중요성에 대해 다 같이 공감하고 있는 것으로 보인다. 그럼에도 불구하고 이들은 병력을 어떻게 집중해야 하는지에 대해서는 다른 견해를 보이고 있다. 먼저 클라우제비츠는 적의 상황에 별다른 관심을 보이지 않으면서 아군의 군사력을 최대한 집중시키는 '적극적(positive)' 접근을 강조한다. 그는 전장에서의 정보에 대해 신뢰하지 않기 때문에 적의 의도나 배치 등을 고려하지 않은 채 일방적으로 병력을 집중해야 한다고 본다. 따라서 그는 적정을 관찰하고 적의 배치에서 드러난 취약한 지점이 있다면 그 방향으로 주력을 투입할 것이다. 그러나 손자는 다르다. 그는 적 군대를 분할하고 흩뜨리는 술책을 통해서 적 군사력이 집중하지 못하도록 하는 '소극적(negative)' 접근에 주로 관심을 갖고 있다. 즉, 클라우제비츠가 아군의 병력을 집중하는 데 주안을 둔 반면, 손자는 적군의 병력을 분산시키는 데 관심을 보이고 있는 것이다. 여기에서 볼 수 있듯이 손자는 아군의 군형을 드러내지 않고 아군의 공격 지점을 노출하지 않음으로써 적을 분산시켜야 한다고 주장한다. 그리고 이를 위해서는 아마도 적에게 아군의 용병을 기만하고 양동작전을 실시함으로써 적을 철저히 속이는 노력이 병행되어야 할 것이다.

이렇게 볼 때 클라우제비츠의 병력 집중은 겉으로 드러난 적의 배치를 보고 산술적으로 이루어지지만, 손자의 병력 집중은 최대한 적의 배치를 분산시켜놓은 뒤 그 가운데 약한 지점을 노린다는 점에서 차이가 있다. 손자의 용병술은 클라우제비츠보다 우리가 원하는 대로 적을 움직이고 유리한 여건을 조성하는 데 보다 많은 노력을 기울이는 것으로 볼 수 있다.

4. 적의 허실에 따른 변화무쌍한 용병

故策之而知得失之計, 作之而知動靜之理, 形之而知死生之地, 角之而知有餘不足之處.	고책지이지득실지계. 작지이지동정지리, 형지이지사생지지, 각지이지유여부족지처.
故形兵之極, 至於無形. 無形, 則深間不能窺, 智者不能謀.	고형병지극, 지어무형. 무형, 즉심간불능규, 지자불능모.
因形而措勝於衆, 衆不能知, 人皆知我所以勝之形, 而莫知吾所以制勝之形.	인형이조승어중, 중불능지, 인개지아소이승지형, 이막지오소이제승지형.
故其戰勝不復, 而應形於無窮.	고기전승불복, 이응형어무궁.

자고로 계책을 구상하여(策之) 얻을 수 있는 이해득실을 살피고, 일부러 (그러한 계책과 관련한) 행동을 취하여(作之) 적의 동정을 살핀다. 적의 군형을 파악하여(形之) 적의 강한 지점과 약한 지점을 살피고, 적의 일부를 공격해보아(角之) 적의 병력이 많은 곳과 부족한 곳을 파악한다.

이렇게 하여 적의 허실에 따른 용병에 있어서 그 형태가 최고조에 달하면 변화무쌍하여 일정한 형태가 없는 것처럼 된다. 그 용병에는 형태가 없으니 깊이 잠입한 간첩도 이를 헤아릴 수 없으며 지혜로운 적 장수도 계책을 세울 수 없게 된다.

(적의 허실에 따른) 변화무쌍한 형태의 용병으로 승리를 거두기 때문에 사람들은 그 오묘한 이치를 깨닫지 못한다. 사람들은 아군이 승리를 거둔 (피상적인) 용병의 형태는 알 수 있으나, (적의 허실에 따라 보이지 않는) 변화무쌍한 형태의 용병으로 승리를 거두었음은 깨닫지 못한다.

따라서 전쟁에서 승리하는 용병의 형태는 반복되지 않으며 적 군형의 허실에 따라 무한한 방식으로 나타날 수 있다.

* 故策之而知得失之計, 作之而知動靜之理(고책지이지득실지계. 작지이지동정지리): 책(策)은 '꾀'로 '계책'을 의미한다. 지(之)는 '가다', 책지(策之)는 '계책을 구상하다', 작(作)은 '하다, 일으키다', 작지(作之)는 그러한 계책과 관련하여 '일부

러 행동을 해보다'라는 뜻이고, 리(理)는 '상대하다, 거들떠보다', 동정지리(動靜之理)는 '적이 움직이고 움직이지 않는 것을 거들떠보다'는 뜻이나 여기에서는 '적의 동정을 떠본다'는 의미이다. 전체를 해석하면 '자고로 계책을 구상하여 얻을 수 있는 이해득실을 살피고, 일부러 (그러한 계책과 관련한) 행동을 취하여 적의 동정을 살핀다'는 뜻이다.

＊形之而知死生之地, 角之而知有餘不足之處(형지이지사생지지, 각지 이지유여부족지처): 형지(形之)는 '군형을 만든다'는 뜻이나 여기에서는 '적의 군형을 파악하다'로 해석한다. 사생지지(死生之地)는 사지와 생지로 적의 허와 실, 즉 적의 약한 지점과 강한 지점을 의미한다. 각(角)은 '뿔, 구석, 모퉁이', 각지(角之)는 '적의 일부를 공격한다', 처(處)는 '거처'를 뜻한다. 전체를 해석하면 '적의 군형을 파악하여 적의 강한 지점과 약한 지점을 살피고, 적의 일부를 공격해보아 적의 병력이 많은 곳과 부족한 곳을 파악한다'는 뜻이다.

＊故形兵之極, 至於無形(고형병지극, 지어무형): 형병(形兵)은 '적의 허실에 따른 용병의 형태', 극(極)은 '극, 한계'로 '최고조'라는 의미이다. 형병지극(形兵之極)은 '적의 허실에 따른 용병의 형태가 최고조에 달하다'는 뜻이고, 지어무형(至於無形)은 '일정한 형태가 없는 경지에 도달하다'는 뜻이다. 전체를 해석하면 '이렇게 하여 적의 허실에 따른 용병의 형태가 최고조에 달하면 변화무쌍하여 일정한 형태가 없는 것처럼 된다'는 뜻이다.

＊無形, 則深間不能窺, 智者不能謀(무형, 즉심간불능규, 지자불능모): 간(間)은 '간첩', 심간(深間)은 '깊이 잠입한 간첩', 규(窺)는 '엿보다', 모(謀)는 '꾀, 계책'을 의미한다. 전체를 해석하면 '그 용병에는 형태가 없으니 깊이 잠입한 간첩도 이를 헤아릴 수 없으며 지혜로운 적 장수도 계책을 세울 수 없게 된다'는 뜻이다.

＊因形而措勝於衆, 衆不能知(인형이조승어중, 중불능지): 인형(因形)은 '변화무쌍한 용병의 형태로 인하여'라는 뜻이다. 조(措)는 '두다', 조승(措勝)은 '승리를 거두다', 어중(於衆)은 '뭇 사람들'을 의미한다. 전체를 해석하면 '(적의 허실에 따른) 변화무쌍한 형태의 용병으로 승리를 거두기 때문에 사람들은 그 오묘한 이치를 깨닫지 못한다'는 뜻이다.

＊人皆知我所以勝之形(인개지아소이승지형): 개(皆)는 '모두', 승지형(勝之形)은 '승리를 거둔 용병의 형태'를 의미한다. 전체를 해석하면 '사람들은 아군이 승리를 거둔 용병의 형태를 알 수 있다'는 뜻이다.

* 而莫知吾所以制勝之形(이막지오소이제승지형): 이(而)는 역접의 접속사이다. 막(莫)은 '아니다, 없다', 제승지형(制勝之形)은 '승리를 만들어간 용병의 형태'를 의미한다. 전체를 해석하면 '그러나 사람들은 내가 승리를 만들어간 과정에서 (적의 허실에 따라 변화무쌍하게 발휘된) 용병의 형태에 대해서는 알 수 없다'는 뜻이다.

* 故其戰勝不復, 而應形於無窮(고기전승불복, 이응형어무궁): 전승(戰勝)은 전쟁에서 승리하는 용병의 형태를 의미한다. 복(復)은 '반복되다', 응(應)은 '응하다', 형(形)은 적의 군형으로 엄밀하게 말하면 '적 군형의 허실'을 의미한다. 무궁(無窮)은 '끝이 없다'는 뜻이다. 전체를 해석하면 '그러므로 전쟁에서 승리하는 용병의 형태는 반복되지 않으며 적 군형의 허실에 따라 무한한 방식으로 나타날 수 있다'는 뜻이다.

내용 해설

손자는 아군의 용병에 따라 예상되는 적의 반응 떠보고 적 군형에 드러난 허점을 파악할 수 있는 방법을 제시하고 있다. 첫째는 책지(策之)로 계책을 구상하여 얻을 수 있는 이해득실을 판단하는 것이다. 장수가 용병술을 구상하고 그것이 효과적인 것인지를 판단하라는 것이다. 둘째는 작지(作之)로 일부러 그러한 계책과 관련한 행동을 취하여 적의 동정을 살피는 것이다. 적이 우리의 계책을 알아차리지 못하고 있는지를 떠보거나 우리의 계획대로 적이 움직일 것인지를 예상해볼 수 있다. 셋째는 형지(形之)로서 적의 군형에 나타난 허실을 파악하는 것이다. 적의 부대 배치를 보고 강한 지점과 약한 지점을 살피는 것이다. 넷째는 각지(角之)로 실제로 적의 강점과 약점을 확인하는 것이다. 즉, 소규모 병력으로 적의 일부를 공격해보아 적의 병력이 많은 곳과 부족한 곳을 파악할 수 있다.

이렇게 볼 때 책지와 작지는 아군 장수의 용병에 관한 것으로, 형지와 각지는 적 배치의 허실을 탐색하는 것으로 볼 수 있다. 다만, '책지, 작지, 형지, 각지'는 손자의 용병을 규정하는 별도의 원칙이나 군사용어가 아니다. 단지 결전을 추구하는 단계에서 적의 허실을 확인하기 위한 일련의 행동 절차를 묘사한 것으로 보아야 한다.

손자에 의하면, 적의 허실을 이용한 용병은 절묘한 것이어서 누구도 알아차릴 수 없다. 그리고 그 수가 최고조에 이르면 미묘하고 신비하여 볼 수도 들을 수도 없고 그 형태가 보이지 않으니 적국의 간첩도 이를 알아챌 수 없고 뛰어난 적 장수라도 대책을 세울 수 없다. 앞에서 언급한 대로 이러한 용병은 아군도 모르고 적군도 모르는, 일반인들이 도저히 눈치챌 수 없는 용병이다. 비록 사람들은 장수가 승리를 거둔 피상적인 용병의 형태는 알 수 있을지 몰라도, 적의 허실에 따라 보이지 않게 이루어진 변화무쌍한 용병은 알아차릴 수 없다. 예를 들어, 누구나 포위 전략에 대해서는 잘 알고 있지만, 실제로 그러한 포위 전략이 성공하기 위해서는 적을 속이고 적의 허점을 공략하는 절묘한 용병이 요구된다. 가령 한국전쟁 당시 펑더화이(彭德懷)의 제2차 전역에 대해 사람들은 중국군이 포위 전략으로 유엔군을 물리쳤다고 알고 있으나, 사실은 그 과정에서 유엔군의 의도와 허점을 파악하고 그러한 허점이 더욱 취약해지도록 여건을 조성하며, 맥아더로 하여금 아군의 공격이 그러한 허점을 칠 것이라는 예상을 하지 못하도록 기만하는 가운데 성공할 수 있었음은 잘 알지 못한다. 이러한 펑더화이의 작전은 맥아더의 자만심과 유엔군의 약한 측후방을 노린 것으로, 심지어 맥아더 스스로도 그러한 허점이 있다는 것을 알지 못하게 하면서 이루어진 것이었다. 즉, 사람들은 포위 전략에 대해서는 알고 있을지 몰라도, 그러한 전략이 어떻게 절묘하게 성공할 수 있는지에 대해서는 알지 못하고 실제로 그렇게 하지도 못한다.

손자는 마지막 부분에서 "전쟁에서 승리하는 용병의 형태는 반복되지 않으며 적 군형의 허실에 따라 무한한 방식으로 나타날 수 있다"고 했다. 용병의 변화무쌍함과 무정형성을 다시 강조한 것이다. 실제로 용병에는 고정된 것이 없으며 상식을 뛰어넘는 경우가 태반이다. 예를 들면, 용병을 잘하는 장수는 일반인들의 예상과 달리 취약하게 보이는 지점을 공격하지 않을 수도 있다. 만일 적 장수가 스스로 취약성을 인식하고 대비한다면 그 지점은 이미 취약한 곳이 아니기 때문이다. 따라서 용병을 잘하는 장수는 적의 강한 지점도 취약한 지점도 아닌 적이 예상하지 못한 제3의 지점으로 공격할 수 있다. 이처럼 용병은 적 군형의 허실에 따라 무한한 형태로 변화하며 나타날 수 있다.

군사사상적 의미

펑더화이의 2차 전역: 책지, 작지, 형지, 각지의 예

손자가 언급한 책지, 작지, 형지, 각지를 적용한 사례를 들어보자. 중국군이 한국전쟁에 개입하여 치렀던 제2차 전역이 이에 해당한다. 펑더화이는 중국군이 개입한 직후 치른 제1차 전역에서 압록강을 향해 북상하고 있던 유엔군을 기습적으로 공격하여 청천강 이남으로 밀어냈다. 그는 유엔군이 중국군의 개입 사실을 모르고 있기 때문에 다시 북진에 나설 것으로 판단하고 두 번째 전역을 구상했다. 그의 작전 복안은 적을 청천강 이북으로 깊숙이 끌어들인 후 청천강 이남의 적 측후방에 2개의 포위망을 구성하고 섬멸한다는 작전 복안을 구상했다. 즉, 중국군은 정면에서 유엔군을 견제하면서 2개 집단군으로 하여금 유엔군 측후방으로 돌아가 각각 청천강 남안과 숙천-순천 일대를 차단하도록 한다는 것이었다. 이는 책지에 해당한다.

이후 펑더화이는 적의 동정을 살폈다. 그리고 그는 유엔군이 중국군의 존재를 무시한 채 곧 공격에 나설 것으로 판단했다. 왜냐하면 유엔군은 청천강 남쪽에 방어진지를 구축하지 않고 있었을 뿐 아니라, 조만간 반격에 나설 것이라는 첩보가 여과되지 않은 채 퍼지고 있었기 때문이다. 펑더화이는 병력을 깊은 산속에 배치하여 중국군의 개입 사실을 철저히 은폐했다. 그리고 300명의 유엔군 포로를 석방하면서 이들에게 중국군이

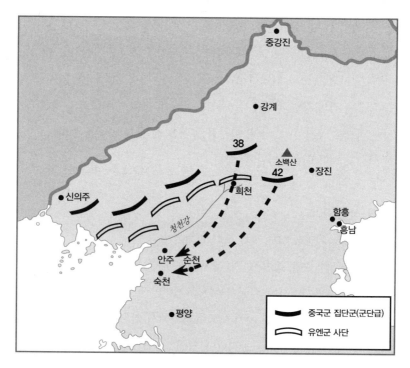

펑더화이의 한국전쟁 2차 전역 요도

몹시 겁을 먹고 있다고 알려주었다. 여기까지는 적의 동정을 살피고 적이 우리의 의도를 알아차리지 못하도록 하는 작지에 해당한다.

처음에 조심스럽게 접근하던 유엔군은 일주일 동안 아무런 저항이 없자 전방의 적이 약하다고 판단하고 본격적으로 북진을 개시했다. 유엔군 병사들은 전쟁을 빨리 끝내고 크리스마스를 고국에서 보낼 수 있다는 희망에 부풀어 앞을 다투어 진격했다. 한반도 지형의 특성상 청천강 이북으로 올라가면 좌우 길이가 늘어나므로 각 부대가 담당해야 할 정면이 넓어질 수밖에 없다. 펑더화이는 유엔군이 북진하면서 각 부대 간에 공간이 발생하고 있다는 허점을 발견했다. 이는 적 군형에 나타난 허실을 판단하는 형지에 해당한다.

이에 따라 펑더화이는 유엔군의 전방에 4개 집단군을 투입하여 이들을 견제하는 한편, 2개 집단군을 유엔군 우측방에 투입하여 돌파를 시도했다. 이는 적의 약한 부분을 찔러본 것으로 각지에 해당한다. 만일 적의 약한 부분이 뚫린다면 본격적으로 병력을 투입하여 약한 부분을 돌파하고 적 주력을 포위하여 섬멸할 수 있게 된다.

평더화이의 예상대로 유엔군 우측방에 배치된 약한 부대가 무너지기 시작하자, 중국군은 본격적으로 두 집단군으로 하여금 청천강 남안과 숙천-순천 일대에 2개 포위망을 형성하고 유엔군을 섬멸하도록 했다. 세를 발휘하는 단계가 된 것이다. 중국군의 포위망이 형성되자 유엔군은 절체절명의 위기에 빠져 청천강 이북으로부터 서울 북방으로까지 후퇴하지 않을 수 없었다. 비록 중국군은 유엔군에 비해 항공력과 지상화력, 그리고 기동력이 부족하여 이중의 포위망을 완성하는 데에는 실패했지만 이러한 작전을 통해 유엔군을 38선 이남으로 밀어붙이고 북한 지역을 확보할 수 있었다. 평더화이는 손자가 언급한 계책 수립과 득실 판단, 적의 동정 확인 및 아군 계책 은폐, 적을 유인한 뒤 적의 허점 조성 및 확인, 그리고 적의 허점에 대한 과감한 공격을 통해 작전을 성공적으로 이끌었던 것이다.

5. '피실격허'와 용병의 무정형성

夫兵形象水. 水之形, 避高而趨下. 兵之形, 避實而擊虛.	부병형상수. 수지형, 피고이추하. 병지형, 피실이격허.
水因地而制流. 兵因敵而制勝. 故兵無常勢, 水無常形.	수인지이제류. 병인적이제승. 고병무상세, 수무상형.
能因敵變化而取勝者, 謂之神.	능인적변화이취승자, 위지신.
故五行無常勝, 四時無常位, 日有短長, 月有死生.	고오행무상승, 사시무상위, 일유단장, 월유사생.

용병의 이치는 물과 같은 것이니, 물의 특징은 높은 곳을 피해 낮은 곳으로 나아가는 것이다. (이처럼) 용병의 이치는 실한 것을 피하고 허한 곳을 치는 것이다.

물은 땅의 형상으로 인해 자연스러운 흐름을 만들어내며, 용병은 적의 (허와 실)을 바탕으로 승리를 만들어낸다. 이와 같이 용병이 일정한 세를 갖지 않는 것은 물이 일정한 모습을 갖지 않는 것과 같다.

적의 허실에 따라 용병을 달리하여 승리를 이룰 수 있는 자를 가리켜 신의 경지에 도달했다고 한다.

자고로 이는 (자연의 변화가 그러하듯이) 오행이 어느 한 요소가 우세함이 없이 서로 조화를 이루고, 사계절이 머무르지 않고 계속 변화하며, 해가 길고 짧음을 반복하고, 달이 차고 기우는 것과 같은 이치이다.

---

* 夫兵形象水. 水之形, 避高而趨下(부병형상수. 수지형, 피고이추하): 병(兵)은 '용병'을 뜻하고, 형(形)은 '형상, 모습, 이치'의 뜻이나 여기에서는 '이치'로 해석한다. 병형(兵形)은 '용병의 이치', 상(象)은 '~의 모습을 띠다', 수지형(水之形)은 '물의 모습', 피(避)는 '피하다', 추(趨)는 '달리다, 빨리 가다'라는 의미이고, 피고이추하(避高而趨下)는 '높은 곳은 피하고 낮은 곳으로 달리다'라는 뜻이다. 전체를 해석하면 '용병의 이치는 물과 같은 것이니, 물의 특징은 높은 곳을 피해 낮은 곳으로 나아가는 것이다'라는 뜻이다.

＊兵之形, 避實而擊虛(병지형, 피실이격허): '용병의 이치는 실한 것을 피하고 허한 곳을 치는 것이다'라는 뜻이다.

＊水因地而制流. 兵因敵而制勝(수인지이제류. 병인적이제승): 인(因)은 '인하다', 제류(制流)는 '흐름을 만들다', 수인지이제류(水因地而制流)는 '물은 땅의 형상으로 인해 자연스러운 흐름을 만들어낸다'는 의미이다. 병인적이제승(兵因敵而制勝)은 '용병은 적의 (허와 실)을 바탕으로 승리를 만든다'는 의미이다. 전체를 해석하면 '물은 땅의 형상으로 인해 자연스러운 흐름을 만들어내며, 용병은 적의 (허와 실)을 바탕으로 승리를 만들어낸다'는 뜻이다.

＊故兵無常勢, 水無常形(고병무상세, 수무상형): 상(常)은 '항상', 상세(常勢)는 '항상 일정한 세', 상형(常形)은 '항상 일정한 모습'을 뜻한다. 전체를 해석하면 '이와 같이 용병이 일정한 세를 갖지 않는 것은 물이 일정한 모습을 갖지 않는 것과 같다'는 뜻이다.

＊能因敵變化而取勝者, 謂之神(능인적변화이취승자, 위지신): 적(敵)은 '적의 허실'을 의미한다. '인적변화(因敵變化)'는 '적의 허실에 따라 용병을 달리하여'로 해석한다. 위(謂)는 '이르다, 일컫다', 위지신(謂之神)은 '신이라 부른다' 또는 '신의 경지에 도달했다고 한다'라는 의미이다. 전체를 해석하면 '적의 허실에 따라 용병을 달리하여 승리를 이룰 수 있는 자를 가리켜 신의 경지에 도달했다고 한다'는 뜻이다.

＊故五行無常勝, 四時無常位, 日有短長, 月有死生(고오행무상승, 사시무상위, 일유단장, 월유사생): 오행(五行)은 우주의 만물을 구성하는 금(金), 수(水), 화(火), 목(木), 토(土)를 지칭한다. 오행무상승(五行無常勝)은 다섯 가지 요소 가운데 어느 한 요소가 항상 우세하지 않다는 의미이다. 사시무상위(四時無常位)는 사계절이 계속 반복됨을 의미한다. 전체를 해석하면 '자고로 이는 (자연의 변화가 그러하듯이) 오행이 어느 한 요소가 우세함이 없이 서로 조화를 이루고, 사계절이 머무르지 않고 계속 변화하며, 해가 길고 짧음을 반복하고, 달이 차고 기우는 것과 같은 이치이다'라는 뜻이다.

내용 해설

여기에서 손자는 이 편에서 다룬 전체 내용을 용병의 기본 원리인 '피실격허(避實擊虛)'로 요약하고 있다. 용병의 이치는 실한 것을 피하고 허한 곳을 치는 것이니, 이는 물이 높은 곳을 돌아서 낮은 곳으로 흘러가는 자연의 이치와 같다. 사실 이러한 자연의 섭리는 누구도 거부할 수 없는 것이다. 물을 위로 흐르게 할 수 없고, 겨울에 꽃을 피울 수 없다. 자연의 섭리를 이해하고 이에 순응해야만 온당한 결과를 기대할 수 있다. 높고 낮음에 따라 물이 흐르는 것처럼 '피실격허'를 따르는 용병은 자연의 이치에 부합한 용병으로 반드시 승리를 거둘 수 있다. 반면, 이를 따르지 않는 용병은 자연의 이치를 거스르는 것으로 승리할 수 없다.

적의 허와 실을 고려한 용병은 변화가 무쌍하다. 그것은 마치 물의 모양이 땅의 형상으로 인해 일정한 형태를 갖지 않는 것처럼, 용병도 적의 허함과 실함을 바탕으로 일정한 형태를 갖지 않고 이루어지기 때문이다. 이러한 용병은 적의 강한 지역에 대해서는 멈추어 서고 적의 약한 지역에 대해서는 압도적인 세를 발휘함으로써 그 허실에 따라 완급을 조절하면서 승리를 향해 나아간다.

손자는 허실에 따라 용병을 달리하여 승리하는 장수를 신의 경지에 오른 것으로 평가한다. 즉, 신이 만물을 창조하고 천지를 주관하는 것처럼 자연의 섭리를 깨닫고 그 이치에 따라 용병을 구현하는 장수는 곧 신의 경지에 이르렀다고 할 수 있다는 것이다. 이 편의 앞에서 "적의 운명을 마음대로 수 있다(能爲敵之司命)"는 표현과도 연계해볼 수 있다.

손자는 이러한 용병을 〈시계〉 편에서 언급한 '음양(陰陽)'이라는 요소와 결부하여 설명한다. 즉, 용병은 금(金), 수(水), 화(火), 목(木), 토(土)의 오행이 서로를 상쇄하며 무한히 반복하는 것처럼 적의 군형과 용병술에서 드러나는 허실의 변화에 따라 다르게 적용되어야 하고, 봄, 여름, 가을, 겨울 사계절의 변화와 마찬가지로 끊임없이 변화해야 한다. 또한, 해와 달이 차고 기우는 것처럼 상황에 따라 세를 달리하여 때에 따라서는 멈추고 때에 따라서는 몰아쳐야 한다.

이렇게 볼 때, 용병의 방법에는 일정한 형태가 없다. 즉, 용병은 무정형성을 갖는 것이다. 이는 손자가 〈시계〉 편에서 '궤도(軌度)', 즉 적을 속이는 것은 승리의 비결로서 이는 고정된 이론으로 정립될 수 없음을 말한 것과 맥을 같이한다.

군사사상적 의미

전장의 불확실성에 대한 처방: '자연의 이치에 순응' 대 '인간의 의지로 극복'

손자의 용병은 '음양'과 같은 자연의 이치에 순응하는 것이다. 그러한 이치에 역행하지 않고 순순히 따르면 어떠한 장애물이 등장하더라도 이를 극복하고 자연스럽게 승리를 만들어갈 수 있다. 〈시계〉 편에서 오사(五事)와 일곱 가지 요소의 비교를 통해 손자는 전쟁을 시작하기도 전에 이미 승리를 예견했다. 〈모공〉 편에서 '지승유오'를 통해 전투의 승부를 예측할 수 있었다. 그리고 〈군형〉 편에서 다섯 가지의 병법을 적용함으로써 승리할 수 있는 군형을 편성할 수 있었다. 이른바 '선승이후구전'의 태세를 갖춘 것이다. 그러면 이후의 싸움은 단지 승리를 확인하는 과정에 불과하다. 승리는 예견되어 있고 예정되어 있는 만큼 장수가 제대로 된 지휘통솔을 발휘한다면 다소 어려움은 있겠지만 이를 물리치고 최종적으로 승리를 달성할 수 있다.

그러나 전쟁은 장수의 계획대로 되지 않을 수도 있다. 손자에게도 전쟁을 수행하는 과정에서 불확실성의 영역이 존재하는 것은 당연하다. 다만 손자는 이러한 불확실성에 직면하여 장수는 자연의 이치에 순응하고 이를 잘 이용해야 한다고 본다. 예상치 못한 강한 적을 만나더라도 적의 등등한 기세는 시간이 지나면 반드시 꺾이게 되어 있으므로 싸우지 말고 때를 기다려야 한다. 적의 방어가 강하다면 약한 부분이 있을 것이므로 이를 찾아 공략해야 한다. 적의 기세가 높을 때 치는 것은 음양의 원리를 무시하는 것이고 적의 강한 곳을 치는 것은 자연의 이치에 역행하는 것이므로 반드시 패할 수밖에 없다. 이러한 논리에 입각하여 손자는 음양의 변화를 잘 이용하면 유리한 입장에서 용병을 이끌어갈 수 있다고 본다.

음양론에 따라 자연의 이치에 순응해야 한다는 손자의 주장은 서구의 전략이론에서 찾아볼 수 없다. 서구의 전략은 자연의 이치에 따르기보다는 자연의 이치를 극복하기 위해 천재성을 가진 인간의 능력에 의존한다. 클라우제비츠는 마찰(friction)의 개념과 같이 뉴턴(Isaac Newton)의 물리학에서 빌려온 개념을 전략과 작전의 영역에 적용하고 있다. 그에 의하면, 전쟁에서 마찰이란 예상치 못한 우연적 요소가 등장하여 전쟁을 계획대로 수행하지 못하도록 방해하는 것으로서 전쟁의 불확실성을 가중시키는 결과를 가져온다. 그 결과, 전쟁의 흐름은 누구도 알 수 없으며 최종적인 승부도 끝까지 예측할 수 없다. 이러한 상황에서는 전쟁의 불확실성을 뚫고 올바른 길로 인도할 수 있는 혜안을 가진 지휘관에게 의존해야 한다. 전쟁의 모든 것을 자연의 이치에 따르는 것이 아니라 오직 군사적 천재의 능력에 맡겨야 하는 것이다.

몰트케의 군사사상도 자연의 섭리보다는 다분히 인간의 의지와 능력에 의존한다. 그도 역시 클라우제비츠와 마찬가지로 군사기술의 급속한 확산으로 인해 전장의 불확실성이 증가하고 있다는 데 주목했다. 그리고 이러한 불확실성을 극복하기 위해 두 가지의 처방을 내놓는다. 하나는 앞에서 살펴본 임무형 지휘를 정착시키는 것이다. 예하 지휘관들로 하여금 알아서 신속하게 상황을 조치하도록 함으로써 그러한 불확실성을 정면으로 돌파하고자 한 것이다. 다른 하나는 전략적 포위이다. 그는 당시 급속히 발전하고 있던 군사기술, 특히 철도와 전신, 신속한 동원 체제, 기동 및 집중의 가능성 등을 고려하여 최단 시간 내에 승리할 수 있는 전략 개념을 내놓음으로써 그러한 불확실성을 가급적 최소화하려 했다. 즉, 몰트케도 전장의 불확실성을 극복하기 위해 자연의 이치를 따르기보다는 인위적인 처방에 의존했던 것이다.

이렇게 볼 때 서구의 군사사상은 손자가 제시한 음양이나 자연의 이치에 대한 고려가 결여되어 있다. 즉, 손자는 전장에서의 불확실성을 하나의 자연적 현상으로 보고 이것이 유리하게 작용할 수 있음을 간파하여 자연의 섭리에 따라 용병을 하고자 했다면, 클라우제비츠나 몰트케는 이러한 불확실성을 중대한 장애물로 간주하여 이를 이용하기보다는 철저히 떨쳐내야 할 요소로 간주했다. 손자가 불확실성을 관조적 입장에서 바라보고 이것이 유리하게 작용하도록 이끌어나가려 한 반면, 서구 사상가들은 이를 부정적 입장에서 보고 어떻게든 극복하려 한 것이다.

제7편

군쟁(軍爭)

軍爭

〈군쟁(軍爭)〉 편은 손자가 우직지계(迂直之計)의 기동을 논하는 첫 번째 편이다. 앞에서 전쟁론과 전쟁술에 관한 이론적 논의를 마치고 지금부터는 원정군이 본국을 출발하여 결전의 장소인 적의 수도로 진격해나가는 과정을 그리고 있다. 여기에서 '군쟁'이란 '진을 치는 것을 다툰다'는 의미로 풀이할 수 있다. '군(軍)'은 '진은 친다'는 뜻으로 결전의 장소로 기동하여 유리한 지역을 선점하는 것을 의미하며, '쟁(爭)'은 '다툰다'는 뜻으로 결전지로 기동하는 과정에서 조우하는 적을 물리치는 것을 의미한다. 즉, '군쟁'이란 '원정군이 결전의 장소로 우직지계의 기동을 하는 과정에서 적을 물리치기 위한 용병'을 말한다.

주요 내용은 첫째로 우직지계 기동의 중요성, 둘째로 무리한 부대기동의 부작용, 셋째로 우직지계 기동의 방법, 넷째로 부대 이동 간 통제수단, 다섯째로 기동 간 적의 저항을 물리치기 위한 용병으로 구성되어 있다. 이를 통해 손자가 논하고자 하는 핵심은 적의 심장부로 곧바로 진격하면 적의 강력한 방어진지를 돌파해야 하므로 시간이 지연되고 많은 사상자가 발생할 수밖에 없으므로, 오히려 적의 방어진지를 우회하여 돌아가는 것이 군대를 온전히 하면서 신속하게 결전의 장소에 도착할 수 있는 기동 방법이라는 것이다. 즉, 멀리 우회함으로써 직행하는 결과를 만드는 '우직지계'의 기동을 해야 한다는 것이다. 여기에서 시작되는 '우직지계'의 기동은 〈군쟁〉 편에서 끝나는 것이 아니라 다음의 〈구변(九變)〉 편과 〈행군(行軍)〉 편까지 계속됨을 염두에 두고 읽어나가야 한다.

1. 역설적 부대기동: 우직지계

孫子曰. 凡用兵之法, 將受命於君, 合軍聚衆, 交和而舍, 莫難於軍爭.

손자왈. 범용병지법, 장수명어군, 합군취중, 교화이사, 막난어군쟁.

軍爭之難者, 以迂爲直, 以患爲利.

군쟁지난자, 이우위직, 이환위리.

故迂其途, 而誘之以利. 後人發, 先人至.

고우기도, 이유지이리. 후인발, 선인지.

此知迂直之計者也.

차지우직지계자야.

손자가 말하기를, 무릇 용병을 하는 데 있어서 장수는 군주로부터 명령을 받은 후 군대를 편성하고 병력을 동원하여 적과 대치하게 되는데, 실제로 부대를 이끌고 결전의 장소로 기동하는 것(軍爭)보다 어려운 것은 없다.

결전의 장소로 이동하는 것이 어려운 것은 (그곳으로 기동함에 있어서) 먼 길을 우회하는 것으로 직행하는 결과를 만들고 (그 과정에서) 불리한 상황을 극복하고 유리한 상황을 조성해야 하기 때문이다.

자고로 길을 우회하면서 이로움을 보여주어 적을 잘못된 곳으로 유인해내면, 적보다 늦게 출발해도 적보다 먼저 도착하게 된다.

이것이 곧 우직지계, 즉 돌아가면서도 오히려 빨리 가는 법을 아는 것이다.

* 孫子曰. 凡用兵之法, 將受命於君, 合軍聚衆, 交和而舍, 莫難於軍爭(손자왈. 범용병지법, 장수명어군, 합군취중, 교화이사, 막난어군쟁): 수명(受命)은 '명령을 받다', 어(於)는 '~에서, ~로부터', 합군(合軍)은 '군대를 모으다'로 '군대를 편성하는 것'을 의미하고, 취(聚)는 '모으다', 취중(聚衆)은 '무리를 모으다'이나 '병력을 동원하다'는 뜻이다. 교(交)는 '인접하다, 서로 맞대다', 교화(交和)는 '적과 아군이 서로 대치하는 것'을 뜻하고, 사(舍)는 '머무는 곳'을 의미한다. 막(莫)은 '없다', 난(難)은 '어렵다', 어(於)는 '~보다'라는 뜻이고, 군(軍)은 '군대, 진을 치다'의 뜻으로 여기에서는 '진을 치다', 쟁(爭)은 '다투다'라는 의미로, 군쟁(軍爭)은 '진을 치기 위해 다투다'이나 여기에서는 '결전의 장소로 부대가 기동하는 것'으로 해석한다. 전체를 해석하면 '손자가 말하기를 무릇 용병을 하는 데 있어서 장수는

군주로부터 명령을 받은 후 군대를 편성하고 병력을 동원하여 적과 대치하게 되는데, 실제로 부대를 이끌고 결전의 장소로 기동하는 것보다 어려운 것은 없다는 뜻이다.

＊軍爭之難者, 以迂爲直. 以患爲利(군쟁지난자, 이우위직, 이환위리): 우(迂)는 '굽다, 돌아가다', 직(直)은 '곧다', 환(患)은 '재난, 걱정', 리(利)는 '유리함'을 뜻한다. 전체를 해석하면 '결전의 장소로 이동하는 것이 어려운 것은 (그곳으로 기동함에 있어서) 먼 길을 우회하는 것으로 직행하는 결과를 만들고, 불리한 상황을 극복하고 유리한 상황을 조성해야 하기 때문이다'라는 뜻이다.

＊故迂其途, 而誘之以利, 後人發, 先人至(고우기도, 이유지이리, 후인발, 선인지): 도(途)는 '길, 도로', 유(誘)는 '유혹하다', 발(發)은 '떠나다', 지(至)는 '도착하다'라는 의미이다. 전체를 해석하면 '자고로 길을 우회하면서 이로움을 보여주어 적을 잘못된 곳으로 유인해내면, 적보다 늦게 출발해도 적보다 먼저 도착하게 된다'는 뜻이다.

＊此知迂直之計者也(차지우직지계자야): 차(此)는 '이것'이라는 뜻이다. 전체를 해석하면 '이것이 곧 우직지계, 즉 돌아가면서도 오히려 빨리 가는 법을 아는 것이다'라는 뜻이다.

내용 해설

여기에서 손자가 언급하는 바는 부대의 기동에 관한 것이다. 그런데 부대가 기동하는 유형은 그 목적에 따라 크게 세 가지로 나눠볼 수 있다. 하나는 대국적 견지에서 국토 전체를 놓고 적과 싸우는 데 중요한 지역을 장악하여 전세를 유리하게 조성하기 위한 전략적 기동이다. 두 번째는 전장에서 결정적 성과를 달성하고 결전에서 승리하기 위한 작전적 기동이다. 세 번째는 양동이나 적을 찔러보기 위한 기만적 기동이다.

이 가운데 손자가 언급하고 있는 부대기동은 원정부대가 적국 깊숙이 들어가 군형을 편성하기 위한 전략적 기동이지, 전장에서 결정적 성과를 내기 위한 작전적 기동이나 적을 속이기 위한 양동 차원의 기동이 아니다. 이를 염두에 두지 않으면 손자의 '군쟁'을 이해할 수 없다. 다음의 〈구변〉 편과 〈행군〉 편도 마찬가지다. 즉, 〈군쟁〉 편에서의 기동은 앞의 〈허실〉 편에서의 기동과 그 목적이 다르다. 〈허실〉 편에서의 기동이 '세'를 발휘하는 단계에서 결정적 성과를 달성하기 위한 작전적 기동이라면, 〈군쟁〉 편에서의 기동은 오로지 적을 무너뜨리기에 유리한 결정적 지역으로 돌아가는 전략적 기동이다.

다음 그림에서 보는 것처럼 장수는 대국적 견지에서 적의 저항이 약한 지점에서 결정적 전투를 구상하고, 적이 강하게 방어하고 있는 지역을 우회하여 적의 수도로 진격하는 부대의 기동을 계획할 수 있다. 다음 문단에서 살펴볼 '우직지계'의 기동인 셈이다.

우직지계의 기동 도식

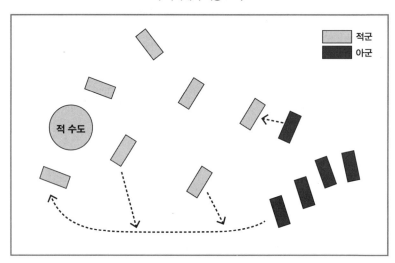

만일 이러한 전략적 기동이 성공한다면 아군은 적의 약한 지점에 병력을 집중하여 압도적인 우세를 달성하고 승리하기 위한 여건을 조성할 수 있다. 그러나 적은 아마도 아군의 의도를 알아차리고 이동을 지연시키거나 방해하려 할 것이며, 이 과정에서 아군은 조우하는 적과 전투를 치르지 않을 수 없다. 그런데 만일 아군이 적의 취약한 지점으로 기동하는 과정에서 적 부대와 대규모 전투에 임하게 된다면 아군의 기동은 지연될 수밖에 없으며, 그사이에 우리가 노리는 적의 취약한 지점은 보강될 것이 분명하다. 따라서 아군은 기동로상에서 부딪히게 될 적의 부대를 따돌리거나 격퇴할 뿐, 이들을 격멸하기 위해 본격적인 전투를 벌여서는 안 된다. 신속하게 우직지계의 기동을 강행하여 적진 깊숙한 곳에 위치한 결전의 장소에 도착해야 하기 때문이다.

그래서 우직지계의 기동 과정에 있는 〈군쟁〉 편, 〈구변〉 편, 그리고 〈행군〉 편에서 손자가 언급하는 전투는 결정적 전투가 아님을 명심해야 한다. 이때 벌어지는 전투는 아군의 기동을 저지하기 위해 달려드는 소수의 적을 상대로 한 것으로 이들과의 싸움에 발목이 잡혀서는 안 된다. 즉, 아군은 적을 완전히 섬멸하기 위해 하시라도 지체해서는 안 되며, 신속하게 적을 쫓아내고 즉시 결전의 장소로 부대를 이동하는 데 주력해야 한다.

〈군쟁〉 편의 첫머리에서 손자는 이러한 전략적 기동의 어려움을 가장 먼저 언급하고 있다. 그는 "무릇 용병을 하는 데 있어서 장수는 군주로부터 명령을 받은 후 군대를 편성하고 병력을 동원하여 적과 대치하게 되는데, 실제로 부대를 이끌고 결전의 장소로 기동하는 것(軍爭)보다 어려운 것은 없다"고 했다. 이는 '군쟁', 즉 원정을 출발하여 결전을 수행할 전장으로 부대를 기동시키는 것이 그만큼 어렵다는 것을 지적한 것이다. 여기에서 '결전의 장소'란 원정을 단번에 승리로 이끌 수 있는 결정적 지점으로 적의 수도를 직접 공략하기에 유리한 곳을 의미한다.

그렇다면 군쟁이 왜 어려운가? 원정군은 적의 방어가 강한 지역을 우회하여 저항이 약한 지역으로 돌아가야 한다. 국경을 넘어 적 수도로 직행할 수 있는 도로의 길목에는 적의 정예부대들이 이미 방어진지를 편성하고 있기 때문에 저항이 클 수밖에 없다. 따라서 적 수도에 곧장 이르는 도로를 사용할 경우 기동 과정에서 강력한 적과 치열한 전투를 치러야 하므로 손실이 클 수밖에 없으며, 자칫 수도 인근에 도착할 수 없게 될 수도 있다. 그래서 손자는 '우직지계(迂直之計)', 즉, "먼 길을 우회하는 것으로 직행하는 결과를 만들어야 한다"고 했다. 돌아가면 거리는 멀지만 적의 저항이 약하기 때문에 오히려 빨리 갈 수 있다는 것이다. 그런데 많은 병력과 군수품을 대동한 원정군이 평탄한 도로를 포기하고 절벽이나 계곡, 하천 등을 통과하여 먼 길을 돌아가는 것은 쉬운 일이 아니다. 결국 군쟁이란 원정군이 온갖 난관을 극복하고 부대를 적 수도 인근에까지 기동하는 것으로, "불리한 상황을 극복하고 유리한 상황을 조성해야 하기 때문에" 손자는 가장 어렵다고 본 것이다.

그러면 우직지계의 군쟁을 어떻게 이행할 수 있는가? 그것은 적을 엉뚱한 지역으로 유도하는 것이다. 앞의 그림에서 볼 수 있듯이 아군의 주력이 기동하는 우회로를 적이 눈치채지 못하도록 반대 지역에서 유인 혹은 양동작전을 수행하여 아군이 그쪽으로 기동하는 것처럼 보여야 한다. 적은 아군의 기동 방향과 다른 지역에 관심을 두고 부대를 배치할 것이며, 이를 틈타 아군은 적이 예상한 반대 방향으로 우회기동을 할 수 있다. 결국 적을 잘못된 곳으로 유인해내고 적의 저항이 약한 지역으로 기동함으로써 원정군의 손실을 최소화하면서 결전을 치르고자 하는 전장에 빨리 도착할 수 있게 된다. 이것이 '우직지계'이다.

군사사상적 의미

손자의 '우직지계'와 리델 하트의 '간접접근전략'

리델 하트는 손자의 군사사상을 현대적으로 적용하여 '간접접근전략'을 체계적으로 이론화한 사상가이다. 그는 1927년 봄 중국 국민당 정부의 북벌 기간 장제스를 돕기 위해 중국에 가 있던 던컨(Sir John Duncun)으로부터 『손자병법』을 소개받았다. 리델 하트는 손자의 병서를 읽고 많은 부분이 자신의 생각과 일치한다는 것을 느꼈는데, 그 가운데에서도 특히 '적이 예기치 않은 행동'을 취하고 '적에 대해 간접적으로 접근'해야 한다는 데 공감했다. 이후 그는 이러한 사고를 바탕으로 고대부터 근대에 있었던 30개 전쟁에서 280개 전역을 분석했으며, 그 결과 이수스(Issus), 가우가멜라(Gaugamela), 프리틀란트(Friedland), 바그람(Bagram), 쾨니히그래츠(Königgrätz), 스당(Sedan)의 6개 전역에서만 적 부력부대에 대한 직접접근으로 결정적 성과를 거두었을 뿐, 나머지 274개 전역에서는 간접접근전략으로 승리했음을 입증했다. 리델 하트의 간접접근전략은 손자의 군사사상으로부터 직접 영향을 받은 것으로 이에 대해서는 좀 더 자세히 살펴보도록 하자.

리델 하트는 직접접근보다 간접접근이 훨씬 우월하다고 보았다. 적의 강한 지역을 정면에서 직접 공격하면 적의 반발로 인해 큰 피해를 입을 수 있는 반면, 적의 강한 지역을 우회하여 취약한 지역을 공격하면 적의 저항을 약화시킬 수 있고 보다 유리한 상황에서 싸울 수 있기 때문이다. 전략의 목적은 결전을 통해 적의 군사력을 맹목적으로 파괴하는 것에 있는 것이 아니고, 보다 유리한 상황 하에서 그러한 결전이 이루어지도록 하는 데 있다. 따라서 리델 하트는 완성도가 높은 전략이라면 참혹한 전투를 치르지 않고서 최소한의 전투를 통해 원하는 결과를 얻을 수 있어야 한다고 주장했다.

유리한 전략적 상황을 조성한다는 것은 곧 적의 저항 가능성을 약화시키는 것을 말한다. 그러면 어떻게 적의 저항 가능성을 약화시킬 수 있는가? 그것은 기동과 기습을 통해 가능하다. 보다 정확히 말하자면 기동과 기습을 통해 적을 교란시킴으로써 적의 저항 가능성을 감소시킬 수 있다. 우선 기동은 주로 물리적 영역에 해당하며 시간, 지형, 병력 수송 등을 고려해야 한다. 기습은 주로 심리적 영역에 속하며 전장 상황에 따라 항상 변화하기 때문에 물질적 영역보다 훨씬 계산하기가 어렵다. 물론 기동과 기습은 서로 전혀 별개의 것이 아니라 상호 보완작용을 하는 것으로, 기동은 기습을 유발하고 기습은 기동을 촉진시키는 역할을 한다.

기동과 기습은 적을 물리적으로나 심리적으로 '교란'시켜 적의 저항력을 약화시킨다. 교란이란 인체에 있어서 관절의 탈구와 같이 부대의 균형이 깨지고 조직 기능이 마비되는 현상을 의미한다. 한편으로, 기동은 물리적 교란을 야기할 수 있다. 이때 기동은 직접기동이 아닌 간접기동이 되어야 하는데, 가령 적 배후로의 기동은 적의 배치를 혼란시키고 적에게 전투정면의 갑작스런 변경을 강요하며, 적 후방 병참선을 차단함으로써 적 부대의 배치와 조직을 교란시키는 효과를 얻을 수 있다. 다른 한편으로, 기습은 적 지휘관으로 하여금 함정에 빠졌다는 인식과 함께 공황상태를 야기함으로써 심리적 교란을 야기할 수 있다.

이때 만일 간접기동이 아니라 적의 방어정면에 대해 직접적인 기동을 할 경우, 이는 적이 미리 예상하고 준비한 지역에 대한 기동이므로 오히려 적의 물리적·심리적 균형을 강화시키고 적의 저항력을 증가시키는 결과를 초래할 것이다. 그렇게 되면 제1차 세계대전과 같은 피비린내 나는 소모적 전쟁이 다시 재연될 수밖에 없다.

이에 비해 적 배후로의 기동은 '최소저항선'이자 '최소예상선'을 선택함으로써 적을 물리적·심리적 차원에서 교란시킬 수 있다. 여기에서 최소예상선이란 물리적 측면에서 적의 대응 준비가 가장 적은 곳이며, 최소저항선이란 심리적 측면에서 적이 예상하지 않은 선, 장소, 방책을 의미한다. 그런데 만일 누가 보더라도 최소저항선으로 보이는 진출선을 기동 방향으로 취한다면 적도 마찬가지로 그 선을 취약한 지역으로 판단하고 사전에 방어 배치를 강화할 수 있으며, 이 경우 그 진출선은 더 이상 최소저항선이 될 수 없다. 따라서 최소저항선을 판단할 경우에는 적의 심리적 측면, 즉 적이 가장 예상하지 않을 것으로 보이는 최소예상선을 동시에 고려하지 않으면 안 된다. 최소예상선과 최소저항선은 동전의 양면과 같으며, 이 둘은 동시에 고려되어야만 적의 방어 균형을 교란할 수 있는 '간접접근'이 가능해진다.

적 배후로 기동한다고 해서 그러한 기동 모두가 자동적으로 간접접근이 되는 것은 아니다. 적의 정면을 놓고 볼 때 그 배후로의 기동은 기본적으로 간접적인 기동이 분명하다. 그러나 적이 시간적 여유를 갖고 정면에 배치된 부대나 예비대를 배후 지역에 재배치할 경우 공격하는 측의 기동은 곧 '새로운 정면'에 대한 '직접접근'이 되고 만다. 따라서 간접접근을 지속적으로 보장하고 그 결과로 '교란'을 달성하기 위해서는 그에 앞서 적의 재배치를 방해하는 '견제'가 필요하다.

여기에서 '견제'란 '적의 주의를 다른 쪽으로 끄는 것'으로, 적으로부터 행동의 자유를 빼앗는 데 그 목적이 있다. 즉, 적의 관심을 다른 곳으로 끌어 적 부대를 분산시키거나 도처에서 교전하게 하여 적이 원하는 장소에 전투력을 집중하지 못하도록 하는 것이다. 간접접근전략에서 이러한 견제는 적 배후로의 기동에 앞서 시작되어야 하며, 전투 간 지속적으로 이루어져야 한다. 견제는 물리적·심리적 분야에서 동시에 이루어지며, 효과적으로 시행될 경우 최소저항선과 최소예상선이 조성되어 간접접근을 수행할 수 있는 유리한 여건을 만들 수 있다. 물리적 견제란 적의 행동의 자유를 박탈하는 것으로, 아군이 지향하고자 하는 방향과 다른 방향으로 적 부대를 전환하거나 고착시킴으로써 아군의 기동에 대한 적의 대응기동을 방지하는 것이다. 심리적 견제란 사고의 자유를 박탈하는 것으로, 적 지휘관의 관심과 주의를 엉뚱한 방향으로 전환시켜 아군이 지향하고자 하는 방향을 전혀 예상치 못하게 하고 효과적인 조치를 취하지 못하도록 하는 것이다.

간접접근을 시도하는 내내 적은 아군의 공격을 좌절시키기 위해 방해할 것이다. 그러한 방해를 극복하고 각종 우발 상황에 주도적으로 대처하기 위해서는 '융통성'을 가져야 한다. 가장 좋은 방법은 '대용 목표(alternative objectives)'를 갖고 작전을 이끌어가는 것이다. 여기에서 '대용 목표'란 여러 개의 목표들 중에서 어떤 것을 선택해도 원하는 목표를 달성할 수 있는 동등한 목표군을 의미한다. 여러 개의 대용 목표를 취할 수 있

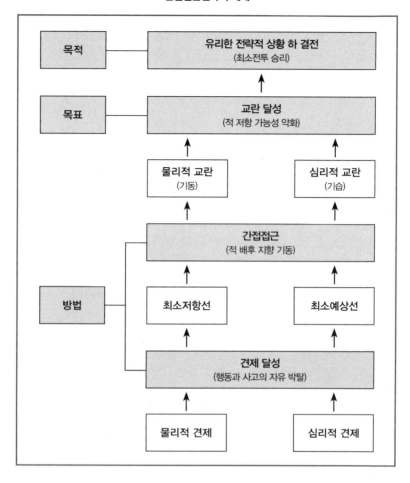

는 작전선을 선택하여 기동하게 되면 적은 우리가 어디로 갈지 알 수 없을 것이며, 적이 우리가 최초 설정한 목표 지역을 방어하기 위해 조치를 취할 경우 아군은 다른 목표를 지향할 수 있기 때문에 적은 마땅히 방어할 곳을 찾지 못하고 딜레마에 빠질 것이다.

이렇게 볼 때 리델 하트의 간접접근전략은 우선 적 부대를 견제하는 가운데 적의 최소저항선 및 최소예상선으로 기동하여 적을 교란시키고, 이를 통해 유리한 전략적 상황을 조성하고 적 저항 가능성을 감소시키며,

이로써 최소 전투에 의한 승리를 달성하는 것으로 요약할 수 있다. 이 전략은 참호전, 진지공격전과 같은 소모전략에 입각한 방식이 아니라 기습, 기동에 기초를 둔 전략으로 궁극적으로 적의 사기 저하, 심리적 교란 및 물리적 교란을 목표로 한다.

물론, 리델 하트의 간접접근전략은 '작전적 기동'에 해당한다. 따라서 〈군쟁〉 편에서 손자가 말하는 '전략적 기동'인 '우직지계'와는 근본적으로 다르다. 그럼에도 불구하고 리델 하트는 손자의 전략 개념에서 '간접접근'이라는 작전적 개념을 도출하여 새로운 이론으로 정립하는 데 성공했음은 높이 평가할 만하다. 참고로 리델 하트의 간접접근전략은 작전적 수준의 개념으로 알려져 있으나 그의 저서를 보면 상황에 따라 '대전략 수준의 간접접근전략'과 '작전적 수준의 간접접근전략'을 구분하여 논의하고 있음을 발견할 수 있다. 이 가운데 '대전략적 수준의 간접접근전략'의 한 예는 제2차 포에니 전쟁 시 한니발이 카르타고에서 로마로 직접 공격해 가지 않고 이베리아 반도에 상륙한 후 알프스를 넘어 우회한 것으로 손자의 우직지계와 매우 유사한 전략으로 볼 수 있다.

2. 무리한 부대기동의 부작용

故軍爭爲利, 軍爭爲危.	고군쟁위리, 군쟁위위.
擧軍而爭利, 則不及. 委軍而爭利, 則輜重捐.	거군이쟁리, 즉불급. 위군이쟁리, 즉치중연.
是故, 捲甲而移, 日夜不處, 倍道兼行, 百里而爭利, 則擒三將軍, 勁者先, 疲者後. 其法十一而至.	시고, 권갑이이, 일야불처, 배도겸행, 백리이쟁리, 즉금삼장군, 경자선, 피자후. 기법십일이지.
五十里而爭利, 則蹶上將軍. 其法半至.	오십리이쟁리, 즉궐상장군. 기법반지.
三十里而爭利, 則三分之二至.	삼십리이쟁리, 즉삼분지이지.
是故, 軍無輜重則亡. 無糧食則亡. 無委積則亡.	시고, 군무치중즉망. 무양식즉망. 무위적즉망.

자고로 결정적 지점으로의 (돌아가는) 기동은 아군에 이로움을 가져다줄 수 있으나, 반대로 아군을 위태롭게 할 수도 있다.

전군을 이끌고 결정적 지점을 향해 기동에 나서면 (보급부대로 인해 속도가 둔화되어) 그 지역에 도달할 수 없게 된다. (그렇다고 해서) 보급부대를 분리하여 전투부대만으로 유리한 지역을 확보하기 위해 나서면 (뒤에 남은) 보급부대가 손실을 입게 된다.

(보급부대를 분리한 후) 갑옷을 걷어붙이고 밤낮 없이 쉬지 않고 두 배의 속도로 달려 백 리가 떨어진 목적지를 향해 강행군하면 모든 장수들이 포로로 잡힐 수 있다. 강인한 병사는 먼저 도착하고 약한 병사는 뒤에 처지니 그러한 방법으로 행군을 하면 10분의 1의 병력만이 도착하게 된다.

오십 리 떨어진 목적지를 향해 강행군하면 선두에 선 장수를 잃게 되고 절반의 병력만이 도착하게 된다.

삼십 리 떨어진 목적지를 향해 강행군하면 3분의 2의 병력만이 도착하게 된다.

그 결과 (뒤에 남은 보급부대가 피해를 입게 되면) 군대는 보급물자가 떨어져 망하고, 식량이 떨어져 망하며, 비축물자가 떨어져 망하게 된다.

＊故軍爭爲利, 軍爭爲危(고군쟁위리, 군쟁위위): 리(利)는 '이롭다', 위(危)는 '위태롭다'는 뜻이다. 전체를 해석하면 '자고로 결정적 지점으로의 (돌아가는) 기동은 아군에 이로움을 가져다줄 수 있으나, 반대로 아군을 위태롭게 할 수도 있다'는 뜻이다.

＊擧軍而爭利, 則不及(거군이쟁리, 즉불급): 거(擧)는 '움직이다', 거군(擧軍)은 '전군을 움직이다'는 뜻이고, 쟁리(爭利)는 '이로움을 다투다'는 뜻으로 '유리한 지역을 확보하기 위해 다투다'는 의미이다. 불급(不及)은 '미치지 못한다'는 뜻으로 '도달할 수 없다'는 의미이다. 전체를 해석하면 '전군을 이끌고 결정적 지점을 향해 기동에 나서면 (보급부대로 인해 속도가 둔화되어) 그 지역에 도달할 수 없게 된다'는 뜻이다.

＊委軍而爭利, 則輜重捐(위군이쟁리, 즉치중연): 위(委)는 '맡기다', 위군(委軍)은 '부대를 분리하여 기동하는 것'을 뜻하며, 치중(輜重)은 '군수품'으로 보급부대를 의미한다. 연(捐)은 '버리다', 치중연(輜重捐)은 '보급부대가 손실을 입다'는 뜻이다. 전체를 해석하면 '보급부대를 분리하여 전투부대만으로 유리한 지역을 확보하기 위해 나서면 (뒤에 남은) 보급부대가 손실을 입게 된다'는 뜻이다.

＊是故, 捲甲而移, 日夜不處, 倍道兼行, 百里而爭利, 則擒三將軍, 勁者先, 疲者後. 其法十一而至(시고, 권갑이이, 일야불처, 배도겸행, 백리이쟁리, 즉금삼장군, 경자선, 피자후. 기법십일이지): 권(捲)은 '걷다, 말다', 갑(甲)은 갑옷, 권갑(捲甲)은 '갑옷을 걷어붙이고'라는 뜻이고, 이(移)는 '나아가다', 처(處)는 '머물다', 부처(不處)는 '쉬지 않고', 배(倍)는 '갑절, 두 배', 배도(倍道)는 행군 속도를 두 배로 하는 것을 의미한다. 겸(兼)은 '겸하다', 겸행(兼行)은 강행군하는 것을 의미하고, 권갑이이, 일야불처, 배도겸행(是故, 捲甲而移, 日夜不處, 倍道兼行)는 '갑옷을 걷어붙이고 달려 밤낮 없이 쉬지 않고 두 배의 속도로 강행군한다'는 뜻이다. 백리이쟁리(百里而爭利)는 '백 리에 걸쳐 이로움을 다투다'이나 여기에서는 '백 리 떨어진 목적지를 향하다'로 해석한다. 금(擒)은 '사로잡다, 생포하다'는 뜻이나 여기에서는 '사로잡히다'로 해석한다. 삼장군(三將軍)은 상장군, 중장군, 하장군으로 모든 장수를 의미한다. 경(勁)은 '굳세다', 병(病)은 '피곤하다', 백리이쟁리, 즉금삼장군, 경자선, 피자후. 기법십일이지(百里而爭利, 則擒三將軍, 勁者先, 疲者後. 其法十一而至)는 '백 리가 떨어진 목적지를 향해 나아가면 모든 장수들이 포로로 잡히며, 강인한 병사는 먼저 도착하고 약한 병사는 뒤에 처지니 그러한 방

법으로 행군을 하면 10분의 1만이 도착하게 된다'는 뜻이다. 전체를 해석하면 '갑옷을 걷어붙이고 밤낮 없이 쉬지 않고 두 배의 속도로 달려 백 리가 떨어진 목적지를 향해 강행군하면 모든 장수들이 포로로 잡힌다. 강인한 병사는 먼저 도착하고 약한 병사는 뒤에 처지니 그러한 방법으로 행군을 하면 10분의 1의 병력만이 도착하게 된다'는 뜻이다.

＊五十里而爭利, 則蹶上將軍. 其法半至(오십리이쟁리, 즉궐상장군. 기법반지): 궐(蹶)은 '넘어지다', 상장군(上將軍)은 선두에 가는 장수를 의미한다. 전체를 해석하면 '오십 리 떨어진 목적지를 향해 강행군하면 선두에 선 장수를 잃게 되며, 그러한 방법으로 행군을 하면 절반의 병력만이 도착하게 된다'는 뜻이다.

＊三十里而爭利, 則三分之二至(삼십리이쟁리, 즉삼분지이지): '삼십 리 떨어진 목적지를 향해 강행군하면 3분의 2의 병력만이 도착하게 된다'는 뜻이다.

＊是故, 軍無輜重則亡. 無糧食則亡. 無委積則亡(시고, 군무치중즉망. 무양식즉망. 무위적즉망): 망(亡)은 '망하다', 위(委)는 '쌓아 올리다'는 뜻으로 위적(委積)은 '비축물자'를 의미한다. 전체를 해석하면 '그 결과 군대는 보급물자가 떨어져 망하고, 식량이 떨어져 망하며, 비축물자가 떨어져 망하게 된다'는 뜻이다.

내용 해설

여기에서 손자는 대규모 부대의 기동이 얼마나 어려운지를 잘 설명하고 있다. 아무리 적의 저항이 약하다 해도 적은 끊임없이 아군의 기동을 방해하고 저지할 것이다. 그 결과 장수가 부대기동의 어려움과 요령을 이해하지 못하면 많은 병력의 손실이 야기되고 보급부대가 타격을 받아 적과 결전에 임하기도 전에 군대가 와해될 수 있다. 그래서 손자는 '군쟁', 즉 '결정적 지역으로의 우회하는 기동'은 잘 이행될 경우 압도적인 이점을 가져다줄 수 있지만, 잘못하면 목적지에 도착하기도 전에 많은 전투력이 상실되는 위태로운 상황을 초래할 수도 있음을 지적하고 있다.

손자는 부대의 기동에 따르는 두 가지 근본적인 문제, 즉 부대의 안전과 기동의 속도라는 관점에서 그러한 위험을 다루고 있다. 만일 장수가 모든 부대, 즉 전투부대와 보급부대를 몽땅 이끌고 목적지를 향해 기동하면 중량이 무거운 보급부대로 인해 속도가 둔화되어 원하는 시간에 도착할 수 없다. 그렇다고 해서 보급부대를 분리하여 전투부대만으로 기동해나가면 뒤에 처지는 보급부대가 적에 의해 손실을 입게 된다. 적은 아군의 기동을 방해하고 전쟁 지속 능력을 약화시키기 위해 방어에 취약한 보급부대를 집요하게 타격할 것이기 때문이다.

이러한 가운데 장수가 무리하게 기동을 강행하면 원정군의 전투력에 악영향을 미친다. 신속히 기동하고자 보급부대를 분리하여 쉬지 않고 두 배의 속도로 기동하게 되면 선두 부대로부터 맨 마지막에 기동하는 부대까지의 거리가 멀어져 적에게 각개격파를 당하고 모든 장수들이 포로로 잡힐 수 있다. 병사들의 체력도 고갈되어 많은 병사들이 낙오될 것이며 적의 공격에도 취약하여 결국에는 전체 병력의 3분의 2나 절반, 최악의 경우에는 10분의 1만이 목적지에 도착할 수 있다. 원정군이 결전장에 도착하더라도 제대로 된 전투력을 발휘할 수 없는 상황에 처하는 것이다.

설상가상으로 속도가 늦어 뒤에서 멀리 따라오는 보급부대가 적의 공격으로 피해를 입게 되면 군대는 와해될 위험에 처한다. 당장 싸우는 데 필요한 물자가 부족하고 먹을 식량이 끊기게 되면 병사들은 대열을 이탈해 도망할 것이다. 비축물자가 동이 나면 전쟁을 지속하기 어렵게 될 것이다. 부대가 잘못된 기동을 하게 되면 제대로 싸워보지도 못하고 원정 자체를 망치게 되는 결과를 초래하게 될 것이다.

군사사상적 의미

클라우제비츠가 제시한 기동의 어려움

클라우제비츠에 의하면, 기동은 부대의 전투력에 매우 심각한 손상을 가져올 수 있다. 물론, 적당한 거리에서 이루어지는 한 차례의 행군이라면 별다른 영향을 미치지 않을 것이다. 그러나 이러한 행군이 지속적으로 반복되면 서서히 전투력에 영향을 미치기 시작하며, 나아가 격렬한 행군으로 이어지면 더욱 큰 피해를 가져올 수 있다.

전투지역에서는 식량도 부족하고 눈이나 비가 내리는 악천후 속에서도 야지에서 숙영해야 한다. 기동하는 도로도 엉망이어서 길이 제대로 나지 않은 산악지역과 하천지역, 늪지대를 통과해야 한다. 언제 있을지 모르는 적의 기습공격에 대비하고 대응해야 하므로 매일 육체적 피로와 정신적 스트레스가 누적된다. 이러한 상황에서 병사들은 질병에 취약해진다. 부대는 단체로 행동하고 이동하기 때문에 질병이 한 번 돌게 되면 급속히 확산될 수 있다. 이러한 현상은 비단 병사들에게만 나타나는 것이 아니라 소와 말, 심지어는 수레와 같은 장비들도 마찬가지이다. 기병들이 사용하는 주요 수단인 말은 행군이 지속되면서 절룩거리기 시작한다. 소는 병들고 수레는 고장이 나 무기와 장비를 운반할 수 없게 된다. 만일 적이 이러한 아군의 상황을 알아채고 멈춰 있는 보급부대를 공격한다면 보급품을 몽땅 잃을 수 있다.

클라우제비츠는 나폴레옹의 러시아 원정을 사례로 들어 장거리 행군에서 전사자보다 질병이나 낙오에 의한 손실이 더 크다는 것을 보여주고 있다. 1812년 6월 24일 나폴레옹은 30만의 병력을 이끌고 모스크바(Moskva)로 출발했다. 나폴레옹의 군대가 52일 동안 530km를 이동하여 8월 15일 스몰렌스크(Smolensk)에 도착했을 때 그의 병력은 18만 2,000명으로 줄어 있었다. 이 수치는 나폴레옹이 정찰병으로 먼저 출발시킨 1만 3,500명과 부대 이동 도중에 두 차례의 전투에서 손실을 입은 1만 명을 제외하면 전체 병력이 3분의 1에 해당하는 9만 5,000명이 질병과 낙오로 손실을 입었음을 의미한다. 그로부터 3주 후 나폴레옹의 군대가 보로디노(Borodino)에 도착했을 때 손실 병력은 14만 4,000명으로 증가했으며, 1주 후 모스크바에 도착했을 때에는 19만 8,000명으로 늘어났다. 목적지에 도착한 나폴레옹의 원정군 병력이 처음 출발했을 때의 3분의 1로 줄어든 것이다.

실제로 나폴레옹은 강행군을 멈추지 않았다. 그의 군대는 모스크바에 도착하기까지 82일 동안 약 900km를 이동했으며, 그 과정에서 두 번밖에 쉬지 않았다. 그것도 한 번은 빌나(Vilna)에서 14일, 다른 한 번은 비텝스크(Vitebsk)에서 11일 휴식을 취했는데, 이마저도 병력들의 휴식을 위해 쉰 것이 아니라 뒤에 처져 낙오한 병사들을 기다리기 위해 정지한 것이었다. 이는 손자가 지적한 것처럼 무모한 부대기동이 가져오는 폐해를 잘 보여주고 있다.

흥미로운 점은 손자가 구상하고 있는 초나라에 대한 원정작전도 약 1,000km에 달하는 장거리 원정이라는 점이다. 당시 오나라 수도에서 초나라 수도까지의 직선거리는 약 750km였으나, 당시 도로의 사정과 우직지계를 고려한 오나라 군대의 우회기동을 염두에 둔다면 기동거리는 1,000km 이상이었을 것으로 짐작할 수 있다. 이러한 상황에서 손자는 나폴레옹이 저지른 무모한 행군의 폐해를 일찍이 간파하고 미리 경고한 것이다. 탁월한 경지에 오른 그의 군사적 식견을 유감없이 보여주는 대목이 아닐 수 없다.

군수보급에 관한 조미니의 사상

손자는 군수보급이 중단되면 병사들이 도망가고 군대가 와해되는 심각한 결과를 초래할 것임을 경고하고 있다. 조미니는 손자 못지않게 전쟁을 수행하는 데 따르는 군수보급의 중요성에 주목하고 이 문제에 대해 상세한 분석을 시도한 사상가이다. 클라우제비츠나 리델 하트 등 서양의 군사사 상가들이 군수보급의 문제에 대해 관심을 보이지 않았음을 고려할 때, 조미니의 이 같은 문제의식은 매우 가치 있는 것으로 평가할 수 있다.

조미니는 그의 저서 『전쟁술(Précis de l'art de la guerre)』에서 군대의 행군 혹은 이동 간에 대규모 병력을 먹일 수 있는 식량보급의 문제가 매우 어렵다는 사실을 적시했다. 군수보급은 과거 대부대를 일으켜 원정에 나섰던 페르시아의 다리우스(Darius)나 크세르세스가 직면했던 문제였을 것이다. 그리고 이는 로마시대의 카이사르(Gaius Julius Caesar), 중국의 몽골족, 그리고 중세시대의 게르만족과 십자군 등 대군을 이끌고 먼 지역을 가로질러 전쟁을 벌였던 군대에게도 마찬가지였을 것이다.

군수보급의 방법은 두 가지로 구분해볼 수 있다. 하나는 군수물자를 직접 본국으로부터 실어 나르는 방법이고, 다른 하나는 적국에서 약탈이나 협조를 얻어 현지조달하는 방법이다. 페르시아나 로마의 경우 주요 보급기지로부터 식량을 운반하여 지원하는 방안을 선택한 반면, 몽골족이나 게르만족은 이동 과정에서 통과하게 될 적국의 도시를 약탈하여 필요한 식량을 확보했다.

근대의 역사를 볼 때 프랑스 군주 프란시스 1세(Francis I)는 5만 명의 병력을 이끌고 알프스를 넘어 이탈리아로 진격할 때 보급부대를 동반하지 않았으며, 대신 티시노(Ticino)와 포(Po) 골짜기의 부유한 마을에서 쉽게 보급물자를 충당할 수 있었다. 그러나 루이 14세(Louis XIV)와 프리드리히 2세는 그 이전보다 더 큰 규모의 군대로 전쟁을 수행하면서도 군대가 주둔하는 가까운 지역에 '보급창고(magazine)'를 설치하여 운용했다. 보급창고는 군대가 이동하는 경로를 따라 설치되었고 군대는 가급적 보급창고에서 가까운 지역에서 작전을 수행해야 했으므로 이러한 창고의 운용은 군대의 활동 범위를 제한하는 요인으로 작용하지 않을 수 없었다.

나폴레옹은 이러한 '보급창고' 제도를 버리고 현지조달 제도를 채택했다. 그의 군대는 때로 적지에 있는 민가의 도움을 받아 숙식을 해결하고 보급품을 획득했으나, 대부분의 경우에는 마을을 약탈하여 필요한 식량 및 보급물자를 탈취했다. 이러한 방식은 나폴레옹 군대의 기동성과 충격력을 크게 강화하는 데 도움을 주었으며, 유럽을 석권하는 과정에서 뛰어난 용병술을 유감없이 발휘하는 데 중요한 기반으로 작용했음은 부인할 수 없는 사실이다. 그러나 나폴레옹은 대부대를 움직이면서 현지조달에만 전적으로 의존하고 이를 남용함으로써 러시아 원정에서는 참패를 당하기도 했다.

근대에 와서 조미니는 비교적 객관적 입장에서 군수지원의 중요성을 인식하고 이를 체계적으로 설명하고자 했다. 조미니는 나폴레옹의 전쟁을 분석하여 『전쟁술』을 저술했지만, 나폴레옹과 다르게 군수지원을 무시하거나 이를 전투와 별개의 문제로 생각하지 않았다. 그는 군수의 문제가 작전 및 기동의 성공과 직접적으로 관련된 것으로 간주하여, 부대의 집결과 작전지역 이동, 전투준비, 정찰 및 첩보활동, 그리고 작전선을 설정하는 데 반드시 군수지원을 고려해야 한다고 주장했다. 특히 지휘관은 군수 분야에 대한 전문적 식견을 가지고 침공한 국가의 자원을 활용할 수 있도록 현지의 관청을 활용하여 보급지원체계를 갖추도록 해야 하며, 만일 현지의 관청이 협조적이지 않다면 작전수행에 가장 용이한 지역에 임시 기구를 만들어 '보급창고'를 설치하고 운용해야 한다고 주장했다.

조미니는 군수보급과 관련하여 몇 가지 교훈을 제시하고 있다. 우선 식량과 자원이 풍부하고 주민들이 적대적이지 않은 지역에서는 1만~1만 2,000명의 병사들이 보급을 받을 수 있다고 보았다. 이때 지휘관은 그 지역에서 자원을 획득해야 하며, 획득된 자원으로 보급창고를 만들어 군대에 필요한 물품을 지원해야 한다고 주장했다. 그에 의하면, 보급창고는 적어도 3개의 다른 병참선상에 가능한 한 많이 배치하여 가급적 많은 부대와 넓은 지역에 지속적인 보급이 가능하도록 해야 한다. 그리고 병참선상의 보급창고들은 주 작전선을 향해 집중적으로 배치함으로써 적의 공격으로부터 취약하지 않도록 하고 기동부대의 집중을 용이하도록 해야 한다.

그러나 만일 적의 지역에 민가가 드물거나 척박하다면 군은 현지에서 보급을 제대로 할 수 없다. 따라서 이 경우에는 군대가 충분한 식량을 휴대하거나 보급창고로부터 너무 멀리 떨어져 작전하지 않도록 주의해야 한다. 이외에도 조미니는 보급소를 설치하고 보급품을 운반할 수 있는 수

송수단을 확보해야 한다는 점, 작전지역이 바다를 끼고 있을 경우 바다를 이용한 수송이 매우 유리하다는 점, 그리고 현지 주민들이 기르는 소와 양 등 가축들을 식량으로 활용할 수 있으나 그 양은 제한된다는 점 등을 자세하게 설명하고 있다.

이렇게 볼 때 조미니는 손자보다 구체적으로 군수보급의 문제를 다루고 있음을 알 수 있다. 손자가 현지조달의 필요성을 강조했다면, 조미니는 현지조달과 함께 지속적인 군수보급을 지원하기 위한 '보급창고' 운용의 필요성을 강조함으로써 절충적이면서도 보다 구체적인 군수지원 방안을 제시하고 있다. 비록 조미니의 주장이 오늘날 그대로 적용되기에는 한계가 있을 수 있지만 군수보급의 문제를 면밀하게 분석하고 체계적으로 접근한 그의 시도는 당시의 시대적 상황을 고려할 때 매우 혁신적인 것이라고 평가하지 않을 수 없다.

3. 우직지계의 방법

故不知諸侯之謀者, 不能豫交.

不知山林險阻沮澤之形者,
不能行軍.

不用鄕導者, 不能得地利.

故兵以詐立, 以利動, 以分合爲變
者也.

故其疾如風, 其徐如林, 侵掠如火,
不動如山, 難知如陰, 動如雷震.

掠鄕分衆, 廓地分利, 懸權而動.

先知迂直之計者, 勝. 此軍爭之法也.

고부지제후지모자, 불능예교.

부지산림험조저택지형자,
불능행군.

불용향도자, 불능득지리.

고병이사립, 이리동, 이분합위변
자야.

고기질여풍, 기서여림, 침략여화,
부동여산, 난지여음, 동여뢰진.

략향분중, 곽지분리, 현권이동.

선지우직지계자, 승. 차군쟁지법야.

자고로 (우직지계의 기동을 행함에 있어서) 주변국 제후의 의도를 알지 못하면 미리 외교관계를 체결할 수 없다.

전장에 이르기까지의 삼림, 험한 지형, 장애가 되는 늪지 등의 지형에 대해 알지 못하면 군을 기동시킬 수 없다.

길을 안내하는 현지인을 쓰지 않으면 지리의 이점을 얻을 수 없다.

자고로 (우직지계 기동의) 용병은 적을 속임으로써 가능한 것으로, 이로움을 보여주어 적을 움직이고, 병력의 분산과 집중으로 (기동의) 변화를 만들어내야 한다.

따라서 그러한 용병은 빠를 때는 바람과 같고, 느릴 때는 잠잠한 숲과 같으며, 적을 약탈할 때는 맹렬한 불과 같고, 정지할 때는 산과 같다. 적이 아군의 움직임을 알기 어려운 것은 캄캄한 어둠 속을 들여다보는 것과 같고, 아군의 움직임은 천둥 번개가 치는 것과 같다.

마을을 약탈하면 전리품을 병사들에게 나눠주고, 점령지를 확대하면 이권을 예하 장수에게 나눠주며, (이로써) 지휘권을 확립하고 다음 지역으로 이동한다.

무엇보다도 우직지계를 아는 장수가 승리한다. 이것이 군쟁의 방법, 즉 결전의 장소로 기동하는 방법이다.

* 故不知諸侯之謀者, 不能豫交(고부지제후지모자, 불능예교): 제후(諸侯)는 주변 국가의 군주를 뜻하고, 모(謨)는 '계책'이나 여기에서는 '의도'로 해석한다. 예(豫)는 '미리', 교(交)는 '외교관계'를 뜻한다. 전체를 해석하면 '자고로 주변국 제후의 의도를 알지 못하면 미리 외교관계를 체결할 수 없다'는 뜻이다.

* 不知山林險阻沮澤之形者, 不能行軍(부지산림험조저택지형자, 불능행군): 험조(險阻)는 '험함', 저택(沮澤)은 '장애가 되는 늪지'를 의미한다. 전체를 해석하면 '전장에 이르기까지의 삼림, 험한 지형, 장애가 되는 늪지 등의 지형에 대해 알지 못하면 군을 기동시킬 수 없다'는 뜻이다.

* 不用鄕導者, 不能得地利(불용향도자, 불능득지리): 향도(鄕導)는 '길 안내자'로 현지인을 이용한 길 안내를 의미한다. 전체를 해석하면 '길을 안내하는 현지인을 쓰지 않으면 지리의 이점을 얻을 수 없다'는 뜻이다.

* 故兵以詐立, 以利動, 以分合爲變者也(고병이사립, 이리동, 이분합위변자야): 병(兵)은 '용병', 사(詐)는 '속이다', 위(爲)는 '만들다', 변(變)는 '변화', 위변(爲變)은 '변화를 만들어내다'라는 뜻이다. 전체를 해석하면 '자고로 (우직지계 기동의) 용병은 적을 속임으로써 가능한 것으로, 이로움을 보여주어 적을 움직이고, 병력의 분산과 집중으로 (기동의) 변화를 만들어내야 한다'는 뜻이다.

* 故其疾如風, 其徐如林, 侵掠如火, 不動如山(고기질여풍, 기서여림, 침략여화, 부동여산): 질(疾)은 '빠르다, 맹렬하다', 여(如)는 '~와 같다', 서(徐)는 '느리다, 평온하다', 침략(侵掠)는 '침노해서 약탈함'을 뜻한다. 전체를 해석하면 '따라서 그러한 용병은 빠를 때는 바람과 같고, 느릴 때는 잠잠한 숲과 같으며, 적을 약탈할 때는 맹렬한 불과 같고, 정지할 때는 산과 같다'는 뜻이다.

* 難知如陰, 動如雷震(난지여음, 동여뢰진): 음(陰)은 '어두움', 뢰(雷)는 '천둥', 진(震)은 '벼락'을 뜻한다. 전체를 해석하면 '적이 아군의 움직임을 알기 어려운 것은 캄캄한 어둠 속을 들여다보는 것과 같고, 아군의 움직임은 천둥 번개가 치는 것과 같다'는 뜻이다.

* 掠鄕分衆, 廓地分利, 懸權而動(략향분중, 곽지분리, 현권이동): 략(掠)은 '노략질하다', 향(鄕)은 '마을', 곽(廓)은 '넓히다, 성곽', 곽지(廓地)는 '영토를 확대하다'는 뜻이고, 현(懸)은 '매달다', 권(權)은 '권력'의 뜻으로 현권(懸權)은 '지휘권을 확립하다'는 의미이다. 전체를 해석하면 '마을을 약탈하면 전리품을 병사들에게 나눠주고, 점령지를 확대하면 이권을 예하 장수에게 나눠주며, 지휘권을 확

립하고 다음 지역으로 이동한다'는 뜻이다.

  * 先知迂直之計者, 勝(선지우직지계자, 승): '무엇보다도 우직지계를 아는 장수가 승리한다'는 뜻이다.

  * 此軍爭之法也(차군쟁지법야): '이것이 군쟁의 방법, 즉 유리한 지역을 선점하기 위해 기동하는 방법이다'라는 뜻이다.

내용 해설

여기에서 손자는 우직지계의 요령을 제시하고 있다. 잘못된 기동으로 군대가 와해되지 않도록 사전에 조치해야 할 사항들, 기동 간의 이루어지는 용병의 방법, 그리고 현지 약탈을 통한 보급 및 전리품 분배 등을 다룸으로써 우직지계의 기동이 실제로 어떻게 이루어지는지를 생생하게 묘사하고 있다.

  우선 손자는 부대의 기동 과정에서 이루어져야 할 세 가지 조치 사항을 제시하고 있다. 첫째는 부대가 지나는 지역에 국경을 맞대고 있는 제3국과의 협조이다. 머나먼 원정길을 이동하는 과정에서 적국과 동맹을 체결한 제3국의 영토 인근을 지나게 된다면 부대의 측면이나 배후가 위협을 받을 수 있다. 이때에는 제3국과의 충돌 가능성을 반드시 제거해야 한다. 제3국의 제후가 어떤 생각을 갖고 있는지를 파악하여 그가 원하는 것을 들어주고 대신 중립을 지키도록 하거나 우군으로 만들어야 한다. 둘째는 기동로상의 지형적 특성을 미리 파악해야 한다. 부대가 기동하는 요소요소에 위치한 삼림지대, 험한 지형, 장애가 되는 늪지 등을 파악하여 이를 통과할 것인지 우회할 것인지, 만일 통과한다면 적의 위협을 어떻게 극복할 것인지에 대한 복안을 미리 마련해두어야 할 것이다. 셋째는 현지 안내인을 사용하는 것이다. 현지인을 사용하면 외지인들이 모르는 샛길이나 우회로 등 지리를 보다 완벽하게 이용할 수 있으며, 폭우 등과 같은 급작스런 기후변화에 대처하는 데에도 유리하다. 적의 동향에 대한 정보도 얻을 수 있을 것이다.

　이러한 조치들이 이루어진 상황에서 부대는 기동에 나서게 된다. 아군은 적의 주력을 우회하여 기동하기 때문에 큰 저항을 받지 않을 것이나, 소수의 적은 아군의 기동을 저지하기 위해 애로지역에 병력을 배치하거나 아군의 뒤를 추격해올 것이다. 기동 과정에서의 용병에 대해 손자는 "적을 속여야 한다"고 하면서 "이로움을 보여주어 적을 움직이며, 병력의 분산과 집중으로 기동의 변화를 만들어내야 한다"고 했다. 무슨 말인가? 우선 적을 속인다는 것은 적으로 하여금 우리의 기동 방향을 잘못 판단하게 하여 추격부대를 엉뚱한 곳으로 돌리거나, 적을 유인하여 한 번에 칠 수 있도록 하라는 것이다. 다음으로 이로움을 보여주는 것은 적을 속여 엉뚱한 곳으로 가도록 하거나 함정에 빠뜨리기 위해 일부러 아군의 약한 부분을 드러내는 것이다. 가령 보급부대가 뒤떨어져 있는 것처럼 보이면서 주변에 전투부대를 대기시킨 후, 적이 공격해오면 포위하여 섬멸할 수 있다. 마지막으로 분산과 집중으로 변화를 만들어낸다는 것은 상황에 따라 기동의 형태를 달리한다는 것으로, 분산이란 전투부대가 보급부대와 분리하여 적을 신속하게 제압하는 것을, 그리고 집중이란 보급부대를 보호하기 위해 전 병력이 함께 기동하는 것을 말한다.

　부대가 기동하는 동안의 용병은 지형의 여건과 적의 저항에 따라 완급을 조절하여 이루어져야 한다. 그래서 손자는 "그러한 용병은 빠를 때는 바람과 같고, 느릴 때는 잠잠한 숲과 같으며, 적을 약탈할 때는 맹렬한 불과 같고, 정지할 때는 산과 같다"고 했다. 적이 없다고 판단되면 신속하게 진격하되, 적이 있다고 판단되면 조심스럽게 천천히 나아가야 한다. 민가를 약탈할 때에는 신속하게 하고 휴식을 취할 때는 아예 멈춰서 과감하게 쉬어야 한다는 것이다. 앞에서 손자가 잘못된 기동을 지적했듯이 맹목적으로 빠르게만 달려나갈 경우 처할 수 있는 위험을 고려한 것이다.

　이러한 기동은 적으로 하여금 아군의 움직임을 예측하기 어렵게 해야 한다. 마치 어둠 속에서 아군의 움직임을 알아챌 수 없는 것과 같이 해야 한다. 이미 아군은 직선 경로를 포기하고 먼 길을 우회하고 있기 때문에 적은 지금 아군이 어디에 있는지 알 수 없다. 기동하고 있는 아군이 중간에서 방어하고 있는 적 부대의 측후방을 지향할지 아니면 적의 수도를 지향할지 알 수 없다. 적이 우물쭈물하고 있는 사이에 아군의 기동은 마치 '천둥 번개가 치는 것'과 같이 전격적으로 이루어져야 한다. 이 과정에서 만일 적이 아군의 기동 방향을 눈치챘다면 속임수를 써서 적의 추격을 다른 곳으로 돌려야 한다. 이러한 가운데 아군은 목적지인 결전의 장소에 점점 가까워질 것이며, 적은 아군을 선제적으로 저지하지 못한 채 뒷북만 치며 따라올 것이다.

이와 같은 우직지계의 기동은 부대를 피로하게 하거나 병력을 지치게 하지 않고 오히려 전투력을 강화시킬 수 있다. 기동하는 중간에 적 마을을 약탈하고 전리품을 나눠주면 병사들은 풍족한 상태에서 사기를 유지할 수 있다. 적 영토 내의 점령지를 확대하면서 그 이권을 나눠주면 예하 장수들이 더 큰 전의를 갖고 싸울 수 있다. 이를 통해 장수는 지휘의 영을 세우면서 계속 기동해나갈 수 있다. 앞에서 살펴본 바와 같이 부대의 기동이 잘못될 경우 장수가 사로잡히고 식량이 바닥나 병사들이 도망하여 군대가 와해되는 반면, 여기에서 언급한 올바른 기동은 장거리를 이동하더라도 전투력을 온전히 유지할 수 있는 것이다. 여기에서 손자가 '현권(懸權)'이라고 한 것은 '지휘권을 확립한다'는 의미로 앞의 잘못된 기동에 의해 군대가 망하는 것과 좋은 대조를 이루고 있다.

결국 우직지계의 용병을 알아야 전쟁에서 승리할 수 있다. 이것을 제대로 알아야 부대의 전투력을 온전히 유지하면서 의도한 목적지에 도착할 수 있으며, 결전의 장소에서 승리할 수 있는 군형을 편성하고 세를 발휘할 여건을 조성할 수 있기 때문이다. 그래서 손자는 "우직지계를 아는 장수가 승리한다"고 마무리하고 있다.

군사사상적 의미

클라우제비츠의 분할기동과 손자의 단일기동

클라우제비츠는 행군의 목적을 두 가지로 보았다. 하나는 전투력을 소모시키지 않으면서 온전히 보존하는 것이고, 다른 하나는 부대가 시간에 맞춰 목적지에 도착하는 것이다. 이는 손자가 적을 잘못된 방향으로 유인하여 저항을 최소화하는 가운데 기동하도록 강조한 것과 우직지계를 통해 오히려 더 빠른 시간 내에 전장에 도착할 수 있다고 강조한 것과 같은 맥락에서 이해할 수 있다.

그런데 클라우제비츠는 단일기동을 바람직한 기동 방법으로 보지 않았다. 부대가 이동할 때 전 병력을 단일제대로 편성하여 움직일 경우 시간이 지연될 뿐 아니라 앞뒤로 길게 전투력의 분산을 가져와 혼란을 초래한다는 것이다. 따라서 그는 부대를 여러 제대로 나누고 여러 개의 도로를 사용하여 동시에 이동할 것을 주장했다. 이때 비전투 상황 하에서는 양호한 도로를 통해 이동할 수 있지만, 적과 전투가 예상될 경우에는 유리한 지역을 차지하기 위해 험준한 도로를 선택할 수 있어야 한다고 했다. 적과의 교전이 예상된다면 사전에 보병, 포병, 기병을 통합하여 이동하도록 하고 적절하게 지휘권을 할당함으로써 각 제대가 즉각적으로 대응하고 독자적으로 전투에 임할 수 있도록 해야 한다고 강조했다.

여기에서 한 가지 의문을 제기할 수 있다. 과연 손자는 클라우제비츠와 마찬가지로 대부대를 다수의 소부대로 나누어 기동하고 있는가에 관한 의문이다. 그러나 〈군형〉 편에서 언급된 바로는 단일제대가 하나의 도로를 사용하여 기동하고 있는 것처럼 보인다. 비록 예하 장수들이 각 제대를 지휘하여 기동하더라도 일렬로 늘어서 기동하고 있는 것이다. 과거 삼국시대나 고려시대 중국이 한반도를 침략했을 때 단일기동로를 사용했던 것과 마찬가지로 손자의 부대기동은 사실상 단일제대로 움직이고 있는 것 같다. 이는 아마도 중국과 유럽의 지형적 차이, 고대 중국과 근대 서구의 지휘통제 기술의 차이, 그리고 독자적 교전 능력의 차이에서 비롯된 것으로 보인다. 즉, 클라우제비츠 시대에 서양의 군대는 각 제대별로 보병, 포병, 기병을 보유하여 어느 정도 독자적 교전 능력을 갖추고 있었기 때문에 부대를 나누어 기동할 수 있었던 반면, 손자의 시대에는 주로 보병에 의존했기 때문에 부대를 분리하기보다 유사시 병력 집중이 용이하도록 무리를 지어 이동했던 것이다.

4. 부대 이동 간 통제 수단

軍政曰, 言不相聞, 故爲之金鼓. 視不相見, 故爲之旌旗.	군정왈, 언불상문, 고위지금고. 시불상견, 고위지정기.
夫金鼓旌旗者, 所以一人之耳目也.	부금고정기자, 소이일인지이목야.
人旣專一, 則勇者不得獨進, 怯者 不得獨退. 此用衆之法也.	인기전일, 즉용자부득독진, 겁자 부득독퇴. 차용중지법야.
故夜戰多火鼓, 晝戰多旌旗, 所以變人之耳目也.	고야전다화고, 주전다정기, 소이변인지이목야.

『군정(軍政)』에서 말하기를, 싸움터에서는 서로 목소리가 들리지 않기 때문에 징과 북을 만들어 사용했다고 한다. 눈으로 보이지 않기 때문에 깃발을 만들어 사용한 것이다.

무릇 징과 북, 깃발을 사용하는 것은 사람들의 눈과 귀를 하나로 모을 수 있기 때문이다.

병사들이 한곳에 주목하게 되면, 용감한 자도 대열을 이탈하여 혼자서 나아가는 일이 없고, 겁이 많은 자도 대형을 이탈하여 혼자 물러나지 않게 된다. 이것이 많은 병력을 부리는 방법이다.

그러므로 야간 전투에는 횃불과 북을 많이 사용하고, 주간 전투에는 깃발을 많이 사용하니, 이로써 귀와 눈을 통해 병사들을 움직일 수 있기 때문이다.

＊軍政曰, 言不相聞, 故爲之金鼓(군정왈, 언불상문, 고위지금고): 『군정(軍政)』은 중국의 고대 병서의 하나로 지금은 전해지지 않는다. 위지(爲之)는 '만들어 사용하다'는 뜻이다. 금(金)은 '쇠, 금속'을 뜻하나 여기에서는 '징'을 의미한다. 고(鼓)는 '북'을 의미한다. 전체를 해석하면 '〈군정〉에서 말하기를 싸움터에서는 서로 목소리가 들리지 않기 때문에 징과 북을 만들어 사용했다고 한다.'

＊視不相見, 故爲之旌旗(시불상견고, 위지정기): 정(旌)과 기(旗)는 다같이 '기'를 의미하며, 정기(旌旗)는 깃발류의 총칭이다. 전체를 해석하면 '눈으로 보이

지 않기 때문에 깃발을 만들어 사용했다'는 뜻이다.

* 夫金鼓旌旗者, 所以一人之耳目也(부금고정기자, 소이일인지이목야): 소이(所以)는 '~하기 때문이다'라는 뜻이다. 전체를 해석하면 '무릇 징과 북, 깃발을 사용하는 것은 사람들의 눈과 귀를 하나로 모을 수 있기 때문이다'라는 뜻이다.

* 人既專一, 則勇者不得獨進, 怯者 不得獨退. 此用衆之法也(인기전일, 즉용자 부득독진, 겁자 부득독퇴. 차용중지법야): 기(既)는 '이미', 전(專)은 '오로지', 전일(專一)은 '마음과 몸을 오로지 한곳에만 씀', 겁(怯)은 '겁내다'라는 뜻이다. 전체를 해석하면 '병사들이 이미 한곳에 주목하니, 용감한 자도 대열을 이탈하여 혼자서 나아가는 일이 없고, 겁이 많은 자도 대영을 이탈하여 혼자 물러나지 않게 된다. 이것이 많은 병력을 부리는 방법이다'라는 뜻이다.

* 故夜戰多火鼓, 晝戰多旌旗, 所以變人之耳目也(고야전다화고, 주전다정기, 소이변인지이목야): '그러므로 야간 전투에는 횃불과 북을 많이 사용하고, 주간 전투에는 깃발을 많이 사용하니, 이로써 귀와 눈을 통해 병사들을 움직일 수 있기 때문이다'라는 뜻이다.

내용 해설

손자는 전장에서의 지휘통제 수단에 대해 언급하고 있다. 〈군쟁〉 편이 부대의 기동과 기동 과정에서의 우발적 전투를 다루고 있다는 점을 고려할 때 지휘통제는 두 가지 측면에서 볼 수 있다. 첫째는 부대의 이동 간에 멀리 떨어진 부대를 통제하는 것이다. 시호(視號)통신, 즉 눈으로 보고 귀로 듣는 수단을 통해 앞의 부대와 뒤의 부대 간에 릴레이식으로 통신이 가능하다. 둘째는 전투가 이루어질 경우 부대를 지휘하는 것이다. 적과 조우하게 될 때 앞뒤로 분리되어 기동하고 있는 각 부대의 병력을 한곳에 모으고 집중하기 위해서는 적절한 통제대책이 요구된다.

예부터 징과 북, 그리고 횃불과 깃발 등은 대표적인 통신 수단으로 활용되어왔다. 이러한 시호통신을 사용하는 목적은 일사불란한 부대 지휘를 가능케 하기 위한 것이다. 손자는 "무릇 징과 북, 깃발을 사용하는 것은 사람들의 눈과 귀를 하나로 모을 수 있기 때문"이라고 했다. 또한, "병사들이 한곳에 주목하게 되면, 용감한 자도 대열을 이탈하여 혼자서 나아가는 일이 없고, 겁이 많은 자도 대열을 이탈하여 혼자 물러나지 않게 된다"고 했다. 이 구절은 손자가 시호통신의 용도로서 첫째로 장수에 대한 병사들의 지휘 주목, 둘째로 일사불란한 전투대형의 유지, 셋째로 전장 상황에 따른 병력의 분산과 집중을 가능케 함을 언급한 것이다.

전장에서 적절한 지휘통신 대책을 강구함으로써 장수는 원하는 대로 병력을 부릴 수 있다. 그리고 손자의 시대에는 야간에 횃불과 북을, 주간에는 깃발을 많이 사용했을 것이다. 그리고 이를 통해 '변인지이목(變人之耳目)', 즉 병사들을 자유자재로 움직일 수 있었을 것이다. 여기에서 일부 학자들은 '변인지이목(變人之耳目)'을 '적의 눈과 귀를 혼란시키는 것'으로 해석하고 있다. 즉, 야간에 횃불을, 주간에 깃발을 사용함으로써 적의 심리를 공략한다는 것이다. 그러나 필자는 이에 동의하지 않는다. 굳이 시호통신의 활용을 일종의 심리전 수단으로까지 확대하여 보는 것은 이 문단의 내용과 맞지 않고 뒤의 내용과도 연결이 부자연스럽다. 따라서 필자는 이를 '병력을 움직이는 것, 혹은 병력을 부리는 것'으로 해석했다. 즉, 주야간 전투에서 시호통신을 사용함으로써 흩뜨러지지 않고 질서정연한 대형을 유지하고 적의 기세를 압도할 수 있으며, 전장의 상황별로 병력의 집중과 분산, 진격과 후퇴, 정면공격과 측면공격 등 다양한 용병이 가능하다는 의미로 풀이했다.

군사사상적 의미
손자의 지휘집중과 마오쩌둥의 절충적 입장
손자가 상정하는 부대 지휘는 장수를 중심으로 중앙집권적으로 이루어진다. 원정을 출발해서부터 부대를 이끌고 적의 주요 방어거점을 우회하여 적의 수도 깊숙이 기동하기까지, 그리고 적 수도를 점령하기 위해 군형을 편성하고 세를 발휘하는 결정적인 전투를 수행하기까지 모든 부대에 대한 지휘통솔의 중심에는 장수가 있다. 손자의 전쟁에서는 군주가 장수에게 모든 것을 위임할 뿐, 몰트케의 '임무형 지휘'와 같은 분권형 지휘의 모습은 전혀 보이지 않는다. 즉, 손자의 전쟁은 철저히 장수를 중심으로 한 지휘집중을 강조한다.

이와 대비를 이루는 것이 마오쩌둥의 유격전 지휘 방식이다. 마오쩌둥은 유격전을 중심으로 혁명전쟁을 수행했기 때문에 손자와 달리 분산적 형태의 지휘체계를 중시했다. 그에 의하면, 유격부대는 낮은 단계에 있는 무장조직이며 흩어져 행동하는 특성을 갖고 있기 때문에 정규전의 지휘와 같은 고도의 집중을 추구해서는 안 된다. 만일 중앙에서 통제를 하게 되면 유격전이 지니는 고도의 활동성을 구속하게 되어 유격전이 갖는 생명력을 발휘하지 못하게 될 것이다. 따라서 그는 유격부대에 대한 집중적 지휘가 바람직하지 않을 뿐 아니라 가능하지도 않다고 보았다.

그렇다고 해서 마오쩌둥이 유격전에서 집중적 지휘를 완전히 배제한 것은 아니다. 유격전은 항상 정규전과 배합하여 이루어지는 것으로 전구 차원에서의 전략의 일부로 기능한다. 따라서 유격전은 기본적으로 전구 전체를 지휘하는 사령관의 통합된 지휘 하에 흡수되어야 한다. 전구사령관은 전략적 차원에서 정규전과의 배합활동 및 유격지역 내에서의 활동에 대해 유격부대에 지침을 하달해야 하고, 유격부대는 전략적 성격을 띤 사항에 대해 상급부대에 보고하고 지도를 받아야 한다. 그러나 지휘집중은 이 정도에서 그쳐야 하고 이 범위를 넘어서 전역 및 전투를 담당하는 하위 조직의 구체적 업무에까지 간섭해서는 안 된다. 전구사령관은 멀리 떨어진 유격부대의 상황에 대해 알 수 없으므로 구체적인 작전을 위임해야 한다.

이러한 측면에서 마오쩌둥은 절충적 입장에 서 있는 것으로 보인다. 절대적 집중주의와 절대적 분산주의를 거부하고 타협점을 찾고 있는 것이

손자, 마오쩌둥, 몰트케의 지휘집중 차이

다. 전략적 수준에서의 방침에 관한 한 지휘를 집중시키고 작전 및 전술적 행동에 대해서는 하급부대가 독자적인 권한을 갖도록 하는 것이다. 그리고 그는 이러한 지휘 방식이 정규전에서도 동일하게 적용될 수 있다고 보았다. 즉, 정규전에서도 마찬가지로 전체적인 국면은 최고지휘관이 장악하더라도 작전 및 전술적 영역에서는 예하 지휘관에게 권한을 위임해야 한다는 것이다.

이렇게 볼 때 손자, 마오쩌둥, 그리고 몰트케 간에 지휘집중의 정도가 서로 다름을 알 수 있다. 손자가 절대적 지휘집중에 가깝다면, 몰트케는 절대적 지휘분산 쪽에 가깝다. 그리고 마오쩌둥은 중간자적 입장에서 유격전의 경우에는 지휘분산에, 정규전의 경우에는 지휘집중 쪽에 방점을 찍고 있다.

5. 우직지계 기동 간의 용병(1) : 기다림

故三軍可奪氣, 將軍可奪心.	고삼군가탈기, 장군가탈심.
是故, 朝氣銳, 晝氣惰, 暮氣歸.	시고, 조기예, 주기타, 모기귀.
故善用兵者, 避其銳氣, 擊其惰歸, 此治氣者也.	고선용병자, 피기예기, 격기타귀, 차치기자야.
以治待亂, 以靜待譁, 此治心者也.	이치대란, 이정대화, 차치심자야.
以近待遠, 以佚待勞, 以飽待飢, 此治力者也.	이근대원, 이일대로, 이포대기, 차치력자야.
無邀正正之旗, 勿擊堂堂之陣, 此治變者也.	무요정정지기, 물격당당지진, 차치변자야.

자고로 아군은 적군의 사기를 꺾을 수 있어야 하고, 아군 장수는 적 장수의 심리를 교란할 수 있어야 한다.

무릇 사기란 처음에는 하늘을 찌를 듯이 높다가도 시간이 가면서 시들해지고 결국에는 꺾이는 것이 상례이다.

따라서 용병을 잘하는 장수는 사기가 하늘을 찌를 듯이 높은 적을 피하고 적의 기세가 시들해지고 꺾였을 때 치는데, 이것이 사기를 다스리는 방법(治氣)이다.

아군은 다스려진 상태에서 혼란스러운 적을 상대하고, 안정된 상태에서 소란한 적을 상대하니, 이것이 심리를 다스리는 방법(治心)이다.

아군은 가까운 곳에 위치하여 멀리서 오는 적을 상대하고, 편안한 지역에서 피로에 지친 적을 상대하며, 배부른 병사들로 하여금 기아에 허덕이는 적을 상대하게 하니, 이것이 육체적 힘을 다스리는 방법(治力)이다.

혼란함이 없이 질서정연한 적 부대를 상대하지 않으며, 위세가 대단한 적 진을 공격하지 않으니, 이것이 변화를 다스리는 방법(治變)이다.

* 故三軍可奪氣, 將軍可奪心(고삼군가탈기, 장군가탈심): 탈(奪)은 '빼앗다'라는 뜻이고, 기(氣)는 '기운'을 뜻하나 여기에서는 '사기'를 의미한다. 심(心)은 '마음'을 뜻하나 여기에서는 '심리'를 의미한다. 전체를 해석하면 '자고로 아군은 적군

의 사기를 꺾을 수 있어야 하고, 아군 장수는 적 장수의 심리를 교란할 수 있어야 한다'는 뜻이다.

＊ 是故, 朝氣銳, 晝氣惰, 暮氣歸(시고, 조기예, 주기타, 모기귀): 조(朝)는 '아침, 처음', 예(銳)는 '군대가 날래고 용맹하다, 날카롭다', 주(晝)는 '낮', 타(惰)는 '나태하다, 게으르다', 모(暮)는 '저물다', 귀(歸)는 '죽다, 돌아가다'라는 의미이다. 전체를 해석하면 '무릇 사기란 처음에는 하늘을 찌를 듯이 높지만 시간이 가면서 시들해지고 결국에는 꺾이는 것이 상례이다'는 뜻이다.

＊ 故善用兵者, 避其銳氣, 擊其惰歸, 此治氣者也(고선용병자, 피기예기, 격기타귀, 차치기자야): 피(避)는 '피하다', 기(其)는 지시대명사로 '그', 예기(銳氣)는 '하늘을 찌를 듯이 높은 사기', 격(擊)은 '치다', 타귀(惰歸)는 '시들해지고 꺾인 것'을 의미하며, 치(治)는 '다스리다'라는 뜻이다. 전체를 해석하면 '따라서 용병을 잘하는 장수는 사기가 하늘을 찌를 듯이 높은 적을 피하고 적의 기세가 시들해지고 꺾였을 때 치는데, 이것이 사기를 다스리는 방법이다'라는 뜻이다.

＊ 以治待亂, 以靜待譁, 此治心者也(이치대란, 이정대화, 차치심자야): 대(待)는 '상대하다, 대비하다', 란(亂)은 '어지럽다', 정(靜)은 '고요하다', 화(譁)는 '시끄럽다'라는 의미이다. 전체를 해석하면 '아군은 다스려진 상태에서 혼란스러운 적을 상대하고, 안정된 상태에서 소란한 적을 상대하니, 이것이 심리를 다스리는 방법이다'라는 뜻이다.

＊ 以近待遠, 以佚待勞, 以飽待飢, 此治力者也(이근대원, 이일대로, 이포대기, 차치력자야): 일(佚)은 '편안하다', 로(勞)는 '피로하다', 포(飽)는 '배부르다', 기(飢)는 '주리다'라는 의미이다. 전체를 해석하면 '아군은 가까운 곳에 위치하여 멀리서 오는 적을 상대하고, 편안한 지역에서 피로에 지친 적을 상대하며, 배부른 병사들로 하여금 기아에 허덕이는 적을 상대하니, 이것이 육체적 힘을 다스리는 방법이다'라는 뜻이다.

＊ 無邀正正之旗, 勿擊堂堂之陣, 此治變者也(무요정정지기, 물격당당지진, 차치변자야): 요(邀)는 '맞다, 오는 것을 기다리다', 정정(正正)은 '혼란함이 없이 정돈된 모양'을 뜻하며, 기(旗)는 '기'의 뜻이나 여기에서는 '부대'를 의미한다. 물(勿)은 '아니다', 당당(堂堂)은 '위세가 대단한 모양', 진(陣)은 군의 진영, 변(變)은 '변화'를 뜻한다. 전체를 해석하면 '혼란함이 없이 질서정연한 적 부대를 상대하지 않으며, 위세가 대단한 적진을 공격하지 않으니, 이것이 변화를 다스리는 방법이다'라는 뜻이다.

내용 해설

이 부분은 앞에서의 논의와 잘 연결되지 않는 것처럼 보인다. '군쟁'과 관련한 부대의 기동을 이야기하다가 갑자기 '전투 상황에서의 용병'을 다루고 있기 때문이다. 그러나 여기에서의 용병은 〈허실〉 편이나 그 앞의 〈병세〉 편에서 논하고 있는 결정적 국면에서의 용병이 아니라 우직지계의 기동 간에 조우하게 될 적과의 전투 상황을 상정한 용병이다. 즉, 전쟁의 승부를 결정짓는 결정적 전투가 아니라 부대가 기동하는 과정에서 마주하게 될 적의 저항을 물리치기 위한 전투이다. 이를 이해하지 못하면 이 부분에 대한 손자의 의미를 왜곡하여 해석할 수 있다.

여기에서 손자가 강조하는 바는 한마디로 서두르지 말고 기다리라는 것이다. 부대를 이끌고 적진으로 들어가는 장수의 입장에서는 시간이 급할 수밖에 없다. 기동이 지체될수록 아군의 의도는 드러나고 목적지에서의 적은 더욱 강화될 것이기 때문이다. 따라서 부대가 기동하는 과정에서 적을 만나게 되면 어떻게든 빨리 제압하고 싶은 마음이 굴뚝 같을 것이다. 그러나 여기에서 손자는 기다리라고 하고 있다. 부대기동이 급하다고 서두르다 보면 불필요한 전투력 낭비로 이어져 기동 자체를 망칠 수 있기 때문이다. 어차피 마주친 적은 주력이 아니라 추격부대 혹은 저지부대이므로 여유 있게 대처하라는 것이 손자의 주문이다.

조우한 적을 제압하기 위한 용병으로 손자는 '치기(治氣), 치심(治心), 치력(治力), 치변(治變)'을 언급하고 있다. '치(治)'라는 용어를 사용한 것은 서두르고자 하는 장수의 마음을 억누르고 스스로를 다스려 차분하게 적을 제압하라는 의미가 담겨 있다. 이때 '치기'와 '치심'은 정신적 요소이고, '치력'은 육체적 요소이며, '치변'은 적 진영의 위세에 따른 용병으로 볼 수 있다. 아군의 기동부대는 주력으로서 적의 약한 부분으로 우회하여 기동하고 있는 만큼 부대를 모으기만 하면 저항하는 적보다 훨씬 강하다. 따라서 적의 사기와 적 장수의 심리를 잘 공략할 수 있다면 적과의 전투를 회피하거나 큰 전투를 치르지 않고서 적을 물리칠 수 있으며, 이로써 목적지까지의 기동을 서두를 수 있게 된다.

손자가 제시한 네 가지 용병의 요소를 살펴보면 다음과 같다. 첫째는 적 병사들의 사기를 공략하는 '치심'이다. 적의 사기를 공략하는 것에는 적의 사기가 약화되기를 기다리는 것과, 적의 사기를 약화시키기 위한 행동이 포함되어 있다. 손자는 부대의 기동이 바쁜 가운데 적이 나타났다고 해서 곧바로 공격하기보다는 기다릴 것을 권유한다. "무릇 처음에는 사기가 하늘을 찌를 듯이 높지만 시간이 가면서 시들해지고 결국에는 꺾이는 것이 상례"라는 것이다. 그래서 그는 사기가 하늘을 찌를 듯이 높은 적을 피하고 기다렸다가 적의 기세가 시들해지고 꺾였을 때 쳐야 한다고 주장한다.

그렇다면 적의 사기가 꺾이는 시기는 언제인가? 마냥 기다려야 하는 가, 아니면 적의 사기가 꺾이도록 만들기 위해 별도로 행동해야 하는가? 이에 대해 손자는 어떻게 해야 하는지에 대해 언급하고 있지 않으나, 앞에서 언급한 바와 같이 '바람과 같은 신속한 기동과 잠잠한 숲과 같은 은밀한 기동'이라는 대목에서 이를 유추해볼 수 있다. 즉, 적이 아군의 기동을 알아차리고 추격해올 때 아군은 더욱 신속하게 기동한 뒤 유리한 지역에 병력을 집중한 채 적을 기다린다. 적은 바삐 추격에 나설 것이지만 아군이 어디에 은거해 있는지 모른 채 우왕좌왕할 수 있다. 아군은 적이 다가오는 중간중간에 기만과 기습을 가하여 적의 사기를 저하시킬 수 있다. 처음에 적은 자국을 방어한다는 일념으로 사기가 충천하여 추격에 나섰지만 아군의 기만작전에 속아 점차 싸울 의욕을 잃게 될 것이다. 이때 적을 칠 수 있는데, 이것이 바로 치기이다.

둘째는 적 장수의 심리를 공략하는 '치심'이다. 적 장수의 심리를 공략하기 위해서는 아군이 일사분란한 군형을 갖추고 있어야 한다. 앞에서 언급한 대로 시호통신을 적절히 활용하여 흩어진 병력을 집결하고 정돈된 가운데 적과 대치해야 한다. 이때 적은 아군을 추격하여 먼 곳에서 달려

왔기 때문에 다소 혼란스러운 모습을 보일 것이다. 그리고 그들과 달리 아군은 질서정연하게 진영을 갖추고 있음을 발견할 것이다. 그러면 적 장수는 섣불리 공격할 엄두를 내지 못한 채 수세적인 입장에서 전전긍긍하게 될 것이다. 이로써 아군은 적과 대적하는 순간부터 적 장수의 기선을 제압하고 주도권을 장악하여 적을 공략할 수 있게 된다.

셋째는 적의 육체적 힘을 공략하는 '치력'이다. 아군은 기동하는 과정에서 민가를 약탈하여 재보급을 실시하고 충분한 휴식을 취한 반면, 적군은 아군의 뒤를 따라 먼 길을 달려왔기 때문에 배고프고 피곤하다. 또한 적군은 잘못된 기동의 예에서 지적한 바와 같이 부대가 이동하는 과정에서 병력이 분산되고 낙오하는 병력이 속출하여 전투력이 절반 혹은 10분의 1로 약화되어 있을 수 있다. 적을 더욱 피로하게 만들기 위해서는 잘못된 길로 유도하거나 험한 지형으로 유인할 수도 있다. 이렇게 하면 병사들 개개인의 육체적 힘으로나 부대의 전투력 측면에서 아군이 압도적으로 우세한 상황을 조성하여 싸울 수 있다.

마지막으로 손자는 적 진영의 위세에 따라 용병을 달리하는 '치변'을 언급하고 있다. 적의 진영이 혼란함이 없이 질서정연하고 위세가 대단한 경우에는 공격하지 말고, 적의 진영이 혼란하거나 위세가 꺾인 상황에서 공격해야 한다는 것이다. 여기에서 적의 위세는 앞의 '기(氣), 심(心), 그리고 력(力)'을 종합한 결과로 아군 장수가 치기, 치심, 치력에 성공한다면 적의 위세는 약화될 수밖에 없다. 따라서 '치변', 즉 변화를 다스린다는 것은 적 병력의 사기, 적 장수의 심리, 적의 육체적 힘과 군사력, 그리고 적 진영에서 보이는 위세의 변화를 읽고 공격의 타이밍을 맞추어야 한다는 의미로 받아들일 수 있다.

군사사상적 의미

손자의 전쟁에서 사기와 심리의 중요성

손자는 전쟁에서 정신적 요소의 중요성을 강조하고 있다. 〈시계〉 편에서 군주가 갖추어야 할 '도(道)'라는 요소는 백성들의 민심 및 전쟁의지와 연계된 정신적 요소에 해당한다. 〈모공〉 편에서 다룬 '지승유오' 가운데 하나인 '상하동욕자승(上下同欲者勝)'도 마찬가지로 병사들의 사기 및 전투의지와 관련된 정신적 요소이다. 무엇보다도 손자가 제시하는 가장 극적인 상황에서의 정신적 요소는 앞으로 〈구지〉 편에서 다룰 것이지만 막다른 곳에 몰려 죽기 살기로 싸우는 병사들의 정신 자세이다.

이러한 측면에서 손자는 적의 사기와 심리에 대한 문제에도 주목하고 있다. 그는 〈시계〉 편에서 '용병은 궤도(詭道)'라고 정의하고 기만술을 통해 적을 속이고 혼란스럽게 해야 한다고 주장했다. 〈군형〉 편에서는 적이 아군의 방어태세를 파악하지 못하도록 해야 하며, 누구도 모르는 가운데 승리를 이끌어내야 한다고 했다. 〈병세〉 편에서는 '기와 정'의 혼합을 통해 적이 허점을 드러내고 혼란에 빠지도록 해야 한다고 했다. 〈구지〉 편에서는 패왕의 군대처럼 막강한 위세를 갖게 되면 적의 성을 쳐서 빼앗는 것은 시간문제라고 했다. 그리고 여기에서는 '치기'와 '치심'을 들어 적의 사기와 심리를 어떻게 다스려야 하는지에 대해 논의하고 있다. 이는 손자가 전쟁에서 승리하기 위해 적의 사기를 떨어뜨리고 심리적으로 위축시키는 것이 중요하다는 인식을 갖고 있었음을 보여준다.

그러나 사기와 심리에 대한 손자의 인식을 너무 과장하는 것은 바람직하지 않다. 비록 손자가 이러한 문제를 중시한 것은 사실이지만 '치기'와 '치심'을 〈군쟁〉 편에서만 다루었을 뿐 그 밖에 다른 편에서는 체계적으로 언급하지 않고 있다. 비록 손자는 '궤도'를 다루었지만 그것이 적의 사기와 심리에 어떻게 작용할 것인지에 대해서까지 논의하지는 않았다. 오히려 〈병세〉 편이나 〈허실〉 편에서는 결정적 국면에서 세를 발휘하기 위해 병력의 집중을 강조하고 있을 뿐, 적의 사기와 심리를 언급하지는 않고 있다.

그렇다면 손자는 왜 하필 〈군쟁〉 편에서 적의 사기와 심리의 문제를 다루고 있는가? 그것은 우직지계의 기동이라는 상황적 맥락에서 이해할 수 있다. 즉, 아군의 주력이 결전장으로 이동하는 가운데 조우한 적의 소수 부대를 상대로 싸우는 상황에서 장수는 결정적 승리를 거둘 필요 없이 적을 쫓아내기만 하면 된다. 더욱이 아군은 적보다 군사력 측면에서 월등히 우세하다. 이러한 상황에서는 굳이 적을 군사력으로 치지 않더라도 아군의 위세를 보여 적의 사기를 떨어뜨리고 적 장수의 심리를 교란하여 스스로 물러나도록 하는 것이 바람직하다. 만일 적이 스스로 물러나지 않는다면 '치력'과 '치변'을 통해 큰 희생을 치르지 않고 적을 물리칠 수 있을 것이다. 실제로 손자가 이러한 상황에서 결전을 추구하지 않아야 한다는 것은 다음 문장에서 "철수하는 적을 막지 않아야 하고 적의 퇴로를 열어주어야 한다"는 주장에서도 엿볼 수 있다.

이렇게 볼 때, 사기와 심리는 손자의 전쟁에서 중요한 요소이지만 원정의 단계마다 그 중요성을 달리한다. 즉, 부대가 기동하는 과정에서 소소한 적을 맞아 싸울 때에는 적의 사기와 심리를 위축시켜 제압해야 하므로 그 중요도가 매우 크지만, 적의 수도에 도착하여 결전을 치를 때에는 그렇지 않다. 어차피 적도 수도를 지키기 위해 죽기 살기를 각오하고 싸울 것이니만큼, 적의 사기와 심리를 공략하기보다는 군사력을 집중하여 세를 발휘하는 것이 더욱 핵심적인 요소가 된다.

6. 우직지계 기동 간의 용병(2): 결사적 전투 금지

故用兵之法, 高陵勿向, 背丘勿逆, 佯北勿從, 銳卒勿攻, 餌兵勿食, 歸師勿遏, 圍師必闕, 窮寇勿迫.

此用兵之法也.

고용병지법, 고릉물향, 배구물역, 양배물종, 예졸물공, 이병물식, 귀사물알, 위사필궐, 궁구물박.

차용병지법야.

자고로 용병의 방법은 높은 고지에 진을 치고 있는 적을 향해 정면으로 공격하지 말아야 하고, 언덕을 등지고 있는 적을 거슬러 공격하지 말아야 하며, 거짓으로 달아나는 적을 쫓지 말아야 하고, 적의 정예부대를 공격하지 말아야 하며, 미끼로 유인하는 적 병력과 교전하지 말아야 한다. 철수하는 적 군대는 막지 않아야 하고, 적을 포위할 때에는 반드시 퇴로를 열어주어야 하며, 막다른 지경에 빠진 적을 압박하지 말아야 한다.

이것이 용병의 방법이다.

＊故用兵之法, 高陵勿向(고용병지법, 고릉물향): 릉(陵)은 '구릉, 큰 언덕', 향(向)은 '향하다'라는 의미이다. 전체를 해석하면 '자고로 용병의 방법은 높은 고지에 진을 치고 있는 적을 향해 정면으로 공격하지 말아야 한다'는 뜻이다.

＊背丘勿逆, 佯北勿從(배구물역, 양배물종): 배(背)는 '등, 뒤', 구(丘)는 '언덕', 역(逆)은 '거스르다', 양(佯)은 '거짓, ~인 척하다', 배(北)는 '달아나다', 종(從)은 '쫓다'라는 의미이다. 전체를 해석하면 '언덕을 등지고 있는 적을 마주하여 싸우지 말고, 달아나는 척하는 적을 쫓지 말아야 한다'는 뜻이다.

＊銳卒勿攻, 餌兵勿食(예졸물공, 이병물식): 이(餌)는 '먹이, 정당한 수단에 의하지 않고 얻은 이익'이라는 뜻으로, 이병(餌兵)은 미끼로 투입한 적 병력을 의미한다. 식(食)은 '먹다'라는 뜻이나 여기에서는 '교전하다'로 풀이한다. 전체를 해석하면 '적의 정예부대를 공격하지 말고, 미끼로 유인하는 적 병력과 교전하지 말아야 한다'는 뜻이다.

＊歸師勿遏, 圍師必闕, 窮寇勿迫(귀사물알, 위사필궐, 궁구물박): 귀(歸)는 '돌아가다', 사(師)는 '군대', 알(遏)은 '막다, 저지하다', 위(圍)는 '에워싸다, 포위하다', 궐(闕)은 '비다, 문'을 뜻하고, 궁(窮)은 '막히다', 구(寇)는 '도둑, 약탈하는 무리'로

'적 병사'를 의미한다. 박(迫)은 '압박하다, 다그치다'라는 의미이다. 전체를 해석하면 '철수하는 적 군대는 막지 않고, 적을 포위할 때에는 반드시 퇴로를 열어주어야 하며, 막다른 지경에 빠진 적은 압박하면 안 된다'는 뜻이다.

 * 此用兵之法也(차용병지법야): '이것이 용병의 방법이다'라는 뜻이다.

내용 해설

이 부분은 〈군쟁〉 편의 마지막 문단으로 우직지계의 기동 간에 이루어지는 적과의 교전 방법을 구체적으로 제시하고 있다. 핵심은 결사적으로 싸우지 말라는 것이다. 적의 철수를 막지 않고 적의 퇴로를 열어주라는 것은 기동 과정에서의 전투가 결정적인 것이 아니므로 적을 신속히 쫓아버리고 다시 부대의 기동을 재촉하라는 의미를 담고 있다.

 손자가 제시한 용병의 방법으로 처음 두 가지는 '고릉물향, 배구물역(高陵勿向, 背丘勿逆)'으로 지형에 관련된 것이다. 우선 "높은 고지에 진을 치고 있는 적을 향해 정면으로 공격하지 말아야 한다"는 것은 적이 견고한 방어진지를 편성하고 있을 경우 정면으로 돌파하기 어려움을 언급한 것이다. 이 경우 적을 유인해서 상대해야 할 것이다. 다음으로 "언덕을 등지고 있는 적을 거슬러 공격하지 말아야 한다"는 것은 높은 곳에 있는 적을 아래로부터 공격하기가 어려움을 지적한 것이다. 높은 곳에서 낮은 곳으로 진격하는 적의 기세가 강하다는 것을 염두에 둔 것이다. 이 경우에는 병력을 우회시켜 적을 측면에서 공격해야 할 것이다.

 다음 세 가지는 '양배물종, 예졸물공, 이병물식(佯北勿從, 銳卒勿攻, 餌兵勿食)'으로 무리하게 적과 교전하지 말도록 당부한 것이다. 우선 거짓으로 달아나는 적을 쫓지 말아야 하는 것은 적의 매복이나 함정에 빠질 수 있기 때문이다. 또한 적의 정예부대를 공격하지 말아야 하는 것은 강한 적을 공격하는 것이 '피실격허(避實擊虛)'라는 용병의 이치에 어긋나기 때문이다. 그리고 미끼로 유인하는 적 병력과 교전하지 말아야 하는 것은 그 뒤에 정예병사들이 숨어 있기 때문이다. 이 경우에는 부득이한 경우가 아니면 싸움에 말려들지 말고 회피하라는 의미를 담고 있다.

다음 세 가지는 '귀사물알, 위사필궐, 궁구물박(歸師勿遏, 圍師必闕, 窮寇勿迫)'으로 궁지에 몰린 적을 섬멸하지 말고 적당히 보내주라는 것을 강조하고 있다. 먼저 "철수하는 적 군대를 막지 않고, 적을 포위할 때에는 반드시 퇴로를 열어주어야 하며, 막다른 지경에 빠진 적을 압박하지 말아야 한다"는 것은 이러한 전투가 결전을 추구하는 것이 아님을 말해준다. 즉, 여기에서의 전투는 부대의 기동 과정에서 적의 방해를 뿌리치기 위해 이루어지는 것이지 싸움에서 승리를 거두는 것이 목적이 아니다. 결정적인 전투는 부대의 기동이 끝난 후 적 수도 인근에서 적 주력과 치르게 될 것이다. 따라서 소수의 적이 걸어오는 싸움에 말려들어 무리하게 싸우면 안된다. 이 단계에서 죽기 살기를 각오하고 싸우게 되면 오히려 적이 의도한 바대로 기동의 지연을 가져오고 많은 피해와 함께 전투력의 소모를 야기하게 된다. 따라서 손자는 적을 섬멸하기보다는 내쫓는 수준에서 싸움을 마무리할 것을 요구하고 있다.

군사사상적 의미

섬멸과 격퇴

여기에서 손자는 적 군사력을 섬멸(annihilation)하기보다 격퇴(repulse)하는 데 주안을 두고 있다. 이미 설명한 바와 같이 원정군의 입장에서는 우직지계의 기동 과정에서 적의 주력이 아닌 소수의 적과 대치하는 것이므로 적을 쫓아내고 신속하게 결전의 장소로 이동해야 하기 때문이다.

그렇다면 섬멸과 격퇴는 어떻게 다른가? 섬멸이란 '적의 병력과 장비를 완전히 사살, 파괴 또는 포획하여 영구히 그 저항 근원을 말살시키는 것'을 말한다. 클라우제비츠는 전쟁에서 승리하기 위해 적 군사력 섬멸을 강조한 것으로 잘 알려져 있다. 그는 전략의 문제에 있어서 적 부대의 섬멸을 가장 우선적으로 고려해야 한다고 주장했다. 다만 그는 때로 '격멸 (destruction)'이라는 용어를 '섬멸'과 같은 의미로 쓰고 있다. 그러나 격멸이란 '적의 인원 및 장비를 사살, 파괴 또는 포획하여 적의 전투력을 무력화시키는 공격행동'이다. 적의 저항 근원을 말살시키느냐 적의 전투력을 무력화시키느냐에 따라 섬멸 혹은 격멸이 될 수 있다. 진정으로 클라우제비츠가 무엇을 말하려 했는지 알 수는 없지만, 분명한 것은 적 전투력이 '와해(disrupt)'되어 다시 전장에 투입되지 못하도록 하는 것이었음은 분명하다.

이와 다른 개념으로 '격퇴(repulse)'는 '배치된 적 또는 공세행동 중인 적에게 화력이나 공세행동을 가하여 그들의 임무를 포기하고 퇴각하게 하는 공격행동'이다. 적을 와해시키지 않고 쫓아버리거나 뒤로 물리치는 것이다. 이는 작전의 목적을 적 부대 격멸에 두지 않고 피아 영토 일부를 확보하는 데 두었을 때 가능하다. 가령, 아국(我國) 영토를 침략한 적을 몰아내고 실지를 수복한다든가, 적에게 아국의 의지를 강요하기 위해 적의 영토 일부를 빼앗는 경우가 이에 해당한다.

전면전이나 내전에서 적 군사력을 섬멸하거나 와해시키는 것은 매우 중요하다. 적의 무조건 항복 혹은 정권을 교체하기 위한 전쟁은 전면적이고 무제한적인 전쟁인 만큼 적의 군사력을 와해시키지 않고 물리치기만 할 경우 이들은 다시 조직되어 전장에 투입될 수 있다. 비록 군사적으로 적의 영토를 완전히 정복했다 하더라도 와해되지 않은 적 군사력은 민간인들 사이에 숨어 분란전 형태로 저항을 계속할 수 있다. 이로 인해 전쟁은 무한정 지연되고 출혈이 지속될 수 있다. 반면, 제한전쟁의 경우 반드시 적 군사력을 섬멸할 필요는 없다. 일부 지역을 점령하거나 압도적인 군사력을 시위하는 것으로 적의 굴복을 받아낼 수 있기 때문이다. 그러나 대부분의 경우 적은 군사적으로 큰 타격을 입지 않는 한, 그래서 저항이 가능하다고 생각하는 한 아국의 의지에 굴복하지 않을 것이다. 따라서 전쟁을 결심한다면 그것이 제한적인 것이라 하더라도 적 군사력을 섬멸하는 것이 중요하다. 다시 클라우제비츠의 가르침에 주목해야 할 이유가 여기에 있다.

제8편
구변(九變)

九變

〈구변(九變)〉 편은 손자가 우직지계의 기동을 논하는 두 번째 편이다. 〈군쟁〉 편에서 원정군이 우직지계의 기동을 시작했다면, 이 편에서는 원정군이 적지를 우회하면서 부딪치는 다양한 지형과 상황 속에서 어떻게 용병을 해야 하는지에 대해 보다 구체적으로 다루고 있다. '구변'이란 '무수한 변화'라는 뜻으로 '다양한 상황에 따른 수많은 용병의 변화'를 의미한다.

이 편에서의 주요 내용으로는 첫째로 상황에 따라 용병을 달리해야 한다는 것, 둘째로 용병은 이로움과 해로움을 동시에 고려해야 한다는 것, 셋째로 장수는 상황을 잘못 판단하여 부대를 위태롭게 해서는 안 된다는 것이다. 여기에서 논의의 핵심은 원정군이 적의 부대를 우회하여 기동하는 과정에서 예측할 수 없는 상황이 전개될 수 있는 만큼, 원칙을 고집하지 말고 상황에 맞는 변칙을 사용해야 한다는 것이다. 비록 손자는 이 편의 앞부분에서 다섯 가지의 지형에 대해 언급하고 있으나, 여기에서 논하는 바는 지형이 아니라 시시각각 변화하는 전장의 상황으로서 그에 부합한 무수한 용병이 가능하다는 것이다. 그러한 '수많은 용병의 변화'가 곧 '구변'인 셈이다.

1. 상황에 따른 용병: 원칙과 변칙

孫子曰. 凡用兵之法, 將受命於君, 合軍聚衆, 圮地無舍, 衢地合交, 絶地無留, 圍地則謀, 死地則戰.

손자왈. 범용병지법, 장수명어군, 합군취중, 비지무사, 구지합교, 절지무류, 위지즉모, 사지즉전

途有所不由, 軍有所不擊, 城有所不攻, 地有所不爭, 君命有所不受.

도유소불유, 군유소불격, 성유소불공, 지유소불쟁, 군명유소불수.

故將通於九變之利者, 知用兵矣.

고장통어구변지리자, 지용병의.

將不通於九變之利者, 雖知地形, 不能得地之利矣.

장불통어구변지리자, 수지지형, 불능득지지리의.

治兵, 不知九變之術, 雖知伍利, 不能得人之用矣.

치병, 부지구변지술, 수지오리, 불능득인지용의.

손자가 말하기를, 무릇 용병의 방법에 있어서 장수는 군주로부터 명령을 받아 군대를 편성하고 병력을 동원한 후, (이동하는 과정에서) 삼림지대, 험준한 지형, 늪지대 등 애로가 있는 지역(圮地)에서는 숙영하지 않아야 하며, 여러 나라의 국경이 접하는 곳(衢地)으로 지원을 받을 수 있는 지역에서는 그 제후국과 외교관계를 맺어야 하고, 군대가 본국을 떠나 국경을 넘어가는 지역(絶地)에서는 머무르지 않아야 하며, 삼면이 둘러싸여 포위당할 위험이 있는 지역(圍地)에서는 계책을 써서 벗어나야 하고, 완전히 포위되어 몰살당할 위험이 있는 지역(死地)에서는 죽기 살기로 싸워야 한다. (이것이 다양한 지형에 따른 일반적인 용병의 원칙이다.)

(그러나 이러한 원칙에도 불구하고 상황에 따라) 길이라도 가서는 안 될 길이 있고, 적군이라도 쳐서는 안 될 적이 있으며, 적의 성이라도 공격해서는 안 될 성이 있고, 적지라도 빼앗아서는 안 될 지역이 있으며, (심지어는) 군주의 명령이라도 따라서는 안 될 명령이 있다.

이와 같이 장수가 상황에 따라 용병을 달리하여 이로움을 얻을 수 있음을 꿰뚫고 있다면 진정으로 용병의 방법을 아는 사람이다.

장수가 상황에 따라 용병을 달리하여 이로움을 얻을 수 있음을 꿰뚫고 있지 못하면, 비록 지형을 안다고 하더라도 진정으로 지형의 유리함을 얻을 수 없다.

병력을 지휘함에 있어서도 상황에 따라 지휘술의 변화를 꾀하지 못하면, 비록 (앞에서 예로 든) 다섯 가지 변칙적 용병에 따른 이점을 알고 있다 하더라도 병력을 효과적으로 부릴 수 없다.

＊孫子曰. 凡用兵之法, 將受命於君, 合軍聚衆(손자왈. 범용병지법, 장수명어군, 합군취중): 수명(受命)은 '명령을 받다', 어(於)는 '~에서, ~로부터', 합군(合軍)은 '군대를 모으다'로 '군대를 편성하는 것'을 의미하고, 취(聚)는 '모으다', 취중(聚衆)은 '무리를 모으다'로 '병력을 동원하다'는 뜻이다. 전체를 해석하면 '손자가 말하기를, 무릇 용병의 방법에 있어서 장수는 군주로부터 명령을 받은 후 군대를 편성하고 병력을 동원하게 된다'는 뜻이다.

＊圮地無舍, 衢地合交(비지무사, 구지합교): 비(圮)는 '무너지다, 무너뜨리다'라는 뜻으로, 비지(圮地)는 뒤의 〈구지(九地)〉 편에서 자세히 설명되어 있는 바 '삼림지대, 험준한 지형, 늪지대 등 애로가 있는 지역'을 말한다. 사(舍)는 '집, 머무는 곳'으로 '숙영지'를 의미한다. 구(衢)는 '네거리, 갈림길'로 구지(衢地)는 여러 나라의 국경이 접하는 곳으로 통상 아국, 적국, 제3국이 접하는 지역을 말한다. 합교(合交)는 '외교관계를 맺는다'라는 의미이다. 전체를 해석하면 '삼림지대, 험준한 지형, 늪지대 등 애로가 있는 지역에서는 숙영하지 않으며, 여러 나라의 국경이 접하는 곳으로 지원을 받을 수 있는 지역은 외교관계를 맺는다'는 뜻이다.

＊絶地無留, 圍地則謀, 死地則戰(절지무류, 위지즉모, 사지즉전): 절지(絶地)는 '국경을 넘는 지역', 위지(圍地)는 '삼면이 둘러싸여 포위될 수 있는 지역', 사지(死地)는 '완전히 포위되어 몰살당할 수 있는 지역'을 의미한다. 전체를 해석하면 '국경을 넘어가는 지역에서는 머무르지 않고, 삼면이 둘러싸여 포위될 수 있는 지역에서는 계책을 써서 벗어나야 하며, 완전히 포위되어 몰살당할 위험이 있는 지역에서는 죽기 살기로 싸워야 한다'는 뜻이다.

＊途有所不由, 軍有所不擊, 城有所不攻, 地有所不爭, 君命有所不受(도유소불유, 군유소불격, 성유소불공, 지유소불쟁, 군명유소불수): 도(途)는 '길, 도로', 유(由)는 '지나다', 격(擊)은 '치다, 공격하다', 성(城)은 '성', 군명(君命)은 '군주의 명령, 어명'을 의미한다. 전체를 해석하면 '길이라도 가서는 안 될 길이 있고, 적군이라도 쳐서는 안 될 적이 있으며, 적의 성이라도 공격해서는 안 될 성이 있으며, 적지라도 빼앗아서는 안 될 지역이 있으니, (심지어는) 군주의 명령이라도 따라

서는 안 될 명령이 있다'는 뜻이다.

＊故將通於九變之利者, 知用兵矣(고장통어구변지리자, 지용병의): 통(通)은 '꿰뚫다'라는 의미이다. 전체를 해석하면 '이와 같이 장수가 상황에 따라 용병을 달리하여 이로움을 얻을 수 있음을 꿰뚫고 있다면 진정으로 용병의 방법을 아는 사람이다'라는 뜻이다.

＊將不通於九變之利者, 雖知地形, 不能得地之利矣(장불통어구변지리자, 수지지형, 불능득지지리의): 수(雖)는 '비록 ~할지라도', 득(得)은 '얻다'라는 뜻이다. 전체를 해석하면 '장수가 상황에 따라 용병을 달리하여 이로움을 얻을 수 있음을 꿰뚫고 있지 못하면, 비록 지형을 안다고 하더라도 진정으로 지형의 유리함을 얻을 수 없다'는 뜻이다.

＊治兵, 不知九變之術(치병, 부지구변지술): 치(治)는 '다스리다', 치병(治兵)은 '지휘'를 의미한다. 전체를 해석하면 '병력을 지휘함에 있어서도 상황에 따라 지휘술의 변화를 꾀하지 못하면'이라는 뜻이다.

＊雖知五利, 不能得人之用矣(수지오리, 불능득인지용의): 수지오리(雖知五利)에서 '오리(五利)'가 무엇인지에 대해 해석이 분분하지만, 여기에서는 앞에서 예를 든 다섯 가지의 변칙적 용병에 따른 이점으로 볼 수 있다. 전체를 해석하면 '비록 (앞에서 예로 든) 다섯 가지 변칙적 용병에 따른 이점을 알고 있다 하더라도 병력을 효과적으로 부릴 수 없다'는 뜻이다.

내용 해설

'구변(九變)'의 의미를 놓고 해석이 분분하다. 뒤에 나오는 〈구지(九地)〉 편의 경우 손자는 아홉 가지의 지형을 언급하고 있기 때문에 '구지'를 '아홉 가지 유형의 지형'으로 보는 데 이론이 없지만, 이 편에서 손자가 언급하고 있는 용병의 변화는 아홉 가지가 아니라 열 가지이다. 이에 따라 학자들은 '구변'을 '아홉 가지의 변화'라고도 하고 '무수한 변화'라고 해석하기도 한다. '구변'을 '아홉 가지의 변화'라고 보는 학자들은 맨 마지막에 언급된 '군명유소불수(君命有所不受)'가 지형에 관한 것이 아니므로 이를 제외하고 나머지 아홉 가지의 변화를 지칭하는 것으로 본다. 이에 반해 다른 학자들은 중국에서 구(九)는 '수의 끝'으로 '무한함'이라는 뜻도 있기 때문에 '구변'을 '아홉 가지의 변화'가 아닌 '수많은 변화'로 해석하고 있다.

여기에서 '구변'의 의미를 정확히 알기 위해서는 이 편에서 손자가 다루는 내용을 파악해야 한다. 먼저 손자는 일반적인 용병의 방법 다섯 가지와 예외적인 용병의 방법 다섯 가지를 제시하고 있다. 그런데 두 종류의 용병은 엄연히 다르다. 일반적인 용병 다섯 가지는 각각의 지형에 관한 것으로 이는 〈구지〉편에서 아홉 가지로 확대된다. 그리고 예외적인 용병 다섯 가지는 지형이 아닌 각각의 상황에 따라 취할 수 있는 것으로 20가지, 혹은 100가지가 될 수 있다. 다만 그 예를 5개로 든 것뿐이다. 그런데 여기에서 손자가 말하고자 하는 논지는 무엇인가? 그것은 용병의 일반적인 방법 혹은 용병의 원칙을 제시하려는 것이 아니라 그러한 원칙을 상황에 맞게 적용하라는 것이다. 즉, 장수는 단순히 지형을 고려한 용병에 함몰되지 말고 적의 상황을 헤아려 때로는 원칙을 벗어나 변칙을 사용해야 이로움을 얻을 수 있다는 것이다. 이렇게 본다면 '구변'은 상황에 따른 '수많은 용병의 변화'를 의미하는 것으로 보는 것이 타당하다.

우선 지형별로 취해야 할 일반적인 용병의 방법은 다음과 같다. 물론, 여기에서 손자는 여러 종류의 지형 가운데 다섯 가지만 제시했다. 첫째로 비지(圮地)에서는 숙영하지 않는다. 군대가 숙영할 때 가장 중요한 것은 적으로부터 기습을 당하지 않는 것이다. 따라서 손자는 삼림지대, 험준한 지형, 늪지대 등 경계가 어려울 뿐 아니라 적이 공격해올 때 즉각 벗어나기 어려운 지역에서는 숙영하지 않도록 하고 있다. 둘째로 구지(衢地)에서는 외교관계를 체결한다. 적국이 아닌 인접 제후국과 국경을 접하는 지역에서는 이들이 적대적인 행동을 하지 않도록 하고 식량 및 물자 등의 지원을 제공받을 수 있도록 그 제후국과 외교관계를 체결해야 한다. 셋째로 절지(絶地)에서는 머무르지 않는다. 기동하다 보면 병사들의 휴식을 위해서, 또는 뒤에 처진 부대를 기다리기 위해 수일 동안 한 지역에 머무를 수 있다. 그러나 국경을 넘어 적의 영토로 진입하는 '절지'에서는 병사들이 동요할 수 있으므로 머물지 말고 신속히 이동해야 한다. 넷째로 위지(圍地)에서는 계책을 써서 벗어나야 한다. 삼면이 둘러싸여 포위당할 위험이 있는 지역을 우회하지 못하고 반드시 지나야만 한다면 사전에 적의 공격을 저지할 수 있는 지역을 확보하고 적의 주의를 다른 곳으로 돌리는 등 계책을 써서 신속히 벗어나야 한다. 마지막으로 사지(死地)에서는 죽기 살기로 싸워야 한다. 적에게 완전히 포위되어 퇴로가 막힌 상황에서는 죽음을 각오하고 승부수를 던져야 한다.

이어 손자는 예외적인 상황에서 변칙적으로 취할 수 있는 용병의 방법을 제시하고 있다. 첫째는 길이라도 가서는 안 될 길이 있다는 것이다. 적이 진을 치고 있는 골짜기나 매복이 예상되는 숲속을 통과하는 길이라면 지나서는 안 되며 반드시 우회해야 한다. 둘째로 적군이라도 쳐서는 안 될 적이 있다. 행군 도중에 싸움을 걸어오는 소규모의 적은 아군을 유인하는 병력일 수 있으므로 이에 말려들면 안 된다. 적의 정예병력이 대기하고 있다면 바로 공격하지 말고 흩어진 병력을 규합하여 대응해야 한다. 셋째로 적의 성이라도 공격해서는 안 될 성이 있다. 견고한 성을 공격하여 싸우면 아군의 기동이 지체될 것이므로 그대로 둔 채 우회하거나 적을 성 밖으로 유인한 후 공략해야 할 것이다. 넷째로 적지라도 빼앗아서는 안 될 지역이 있다. 점령할 경우 아군의 기동 의도가 노출될 수 있기 때문이다. 다섯째는 군주의 명령이라도 따라서는 안 될 명령이 있다는 것이다. 현지에서의 지형적 조건과 적정을 모른 채 내려오는 군주의 명령은 자칫 군사작전을 망치고 전쟁을 패배로 이끌 수 있으므로 장수는 목을 걸고서라도 따라서는 안 된다.

이러한 논의를 통해 손자가 말하고자 하는 바는 결국 용병은 눈에 보이는 현상만 보고 덤벼서는 안 되며 적정을 신중히 고려하여 이루어져야 한다는 것이다. 그래서 손자는 "장수가 상황에 따라 용병을 달리하여 이로움을 얻을 수 있음을 꿰뚫고 있다면 진정으로 용병의 방법을 아는 사람"
이라고 했다. 남이 볼 때 쉽게 지나칠 수 있는 지름길이지만, 그곳에는 적
이 대비하고 있으므로 결국 그 길로 가지 않고 우회하는 것이 바람직하
다. 쉽게 점령할 수 있는 성이라 하더라도 그것이 아군의 기동 방향을 노
출하게 된다면 그대로 지나치는 것이 유리하다. 장수가 지형을 연구하여
어디에 계곡이 있고 어디에 적의 성이 있다는 것을 훤히 알고 있다 하더
라도 '적정'을 도외시한 채 원칙대로만 용병을 한다면 결국 해로움을 가져
오는 바, 이는 진정으로 지형의 이로움을 얻을 수 없는 것이다. 즉, 용병은
기본적으로 지형에 따른 원칙을 따라야 하겠지만, 적 상황을 고려하여 그
에 구속되지 말고 항시 융통성을 발휘해야 한다는 것이다.

그런데 손자는 이 문단의 마지막에서 용병의 문제를 치병(治兵), 즉 지
휘통솔의 문제로 전환한다. 그는 "병력을 지휘함에 있어서 상황에 따라
지휘술의 변화를 꾀하지 못하면, 비록 다섯 가지 변칙적 용병에 따른 이
점을 알고 있다 하더라도 병력을 효과적으로 부릴 수 없다"고 했다. 이는
무슨 말인가? 장수가 아무리 훌륭하여 구변(九變), 즉 '상황에 따른 용병
술'에 능통하다 하더라도 이를 완성하기 위해서는 결국 병사들을 지휘하
여 실제로 행동에 옮겨야 한다. 이때 병사들을 지휘하는 것도 마찬가지로
원칙만 가지고 해서는 안 되며 상황에 따라 변칙적인 방법을 구사해야 한
다. 손자는 비록 여기에서 어떻게 변칙적으로 병사들을 지휘해야 하는지
에 대해 언급하고 있지 않지만, 이에 대해서는 앞으로 〈행군〉 편, 〈지형〉
편, 그리고 〈구지〉 편에서 자세히 살펴볼 것이다. 특히 손자는 〈구지〉 편
의 후반부에서 "규정에 없는 파격적인 상을 베풀고, 군정에 명시되지 않
은 엄격한 명령을 내걸어 전군의 병사들을 움직이는 데 마치 한 사람을
부리듯 해야 한다(施無法之賞, 縣無政之令, 犯三軍之衆, 若使一人)"고 하여 치
병의 변화에 대해 언급하고 있다.

결국, 〈구변〉 편에서 손자가 말하는 상황에 따른 수많은 용병의 방법은

원정군이 우직지계의 기동을 해가는 과정에서 적용해야 할 요소들이다. 여기에서 언급하고 있는 비지(圮地), 구지(衢地), 절지(絶地), 위지(圍地), 사지(死地)는 모두 기동하는 가운데 직면할 수 있는 지형들로서 원정군이 아직 목적지에 도착하지 않은 채 기동 중임을 말해준다. 또한 손자가 변칙적인 용병으로 가지 말아야 할 길, 쳐서는 안 될 적, 쳐서는 안 될 성, 빼앗지 말아야 할 지역 등을 들고 있는데, 이는 원정군이 적의 주력을 우회하여 결전의 장소로 이동하고 있는 상황에서 불필요하게 전투력을 소진하지 않도록 경고하는 것으로 볼 수 있다.

군사사상적 의미

이론의 한계와 유용성

전쟁술 또는 전쟁과학 분야에서의 이론은 통상 계량이 가능한 요소만을 반영하는 경향이 있다. 이러한 이론들은 가령 무기개발, 군사조직, 작전술 및 전술 등에 관한 것으로 군에서 효과적인 전투력을 건설하고 발휘하는 데 기여하고 있음은 부인할 수 없는 사실이다. 그러나 이러한 이론들은 계량이 불가능한 정신적 요소를 배제한 채 물리적 요소만을 다루고 있기 때문에 실제 전장에 적용하는 데 한계가 있는 것이 사실이다. 즉, 전쟁에는 산술적으로 계산이 불가능한 전장에서의 위험, 적과의 부단한 상호작용, 그리고 목표 달성을 위해 혼신을 다하는 정신력과 용기 등의 요소들이 보이지 않게 작용하기 때문에 논리적으로 이루어질 수 없다.

이와 관련하여 클라우제비츠는 전쟁이 갖는 세 가지 속성으로 인해 전쟁수행에 관한 이론을 만드는 것이 어렵다고 주장한다. 첫째는 정신적 요소가 작용하기 때문이다. 전쟁에서는 구성원들의 적개심, 용기, 자부심, 분노, 그리고 지휘관의 지적 능력 등이 작용하는데 이러한 요소들은 객관화하기 어렵다. 둘째는 적의 반응과 그로 인한 피아 간의 지속적인 상호작용이다. 우리가 어떤 이론이나 논리, 교리 등에 입각하여 행동하더라도 적이 어떻게 반응할지, 그래서 피아 상호작용이 어떻게 전개될지 예측하기는 불가능하다. 그 결과 아군의 작전은 처음에 일반적인 상황을 가정하여 이루어지지만 피아 상호 과정 속에서 예기치 않은 사건에 의해 종종 계획을 벗어날 수밖에 없다. 그러한 군사행동은 결국 이론이나 교리보다는 주로 작전을 이끌어가는 지휘관의 천재성에 의존할 수밖에 없게 된다. 셋째는 정보의 불확실성이다. 모든 정보는 신뢰할 수 없기 때문에 모든 행동은 마치 안개 속에서 움직이는 것처럼 앞을 볼 수 없는 상황에서 이루어진다. 적에 대한 기본적인 팩트를 제공받을 수 없다면 아무리 뛰어난 이론이라 할지라도 무용지물이 될 수밖에 없을 것이다.

그래서 클라우제비츠는 전장에서 지휘관이 언제든 믿고 의지할 수 있는 전쟁술 모형을 만드는 것은 불가능하다고 본다. 방금 살펴본 전쟁의 세 가지 속성으로 인해 지휘관은 종종 자신의 재능에 의존하여 상황을 헤쳐나갈 수밖에 없는데, 그럴 때마다 그는 스스로가 전쟁술의 교훈에서 벗어나 있거나 이론과 충돌하고 있음을 발견하게 된다는 것이다. 클라우제비츠에 의하면, 유능한 지휘관의 재능과 천재성은 일상적인 규칙 밖에서 작동하고, 우리가 아는 이론은 실제와 상충하게 된다. 여기에서 손자가 말하는 '변칙'의 적용 주장과 일맥상통한다.

그러면 이론은 불필요한 것인가? 그렇지 않다. 클라우제비츠에 의하면 이론은 전장에서 그대로 써먹기 위해 배우는 것이 아니다. 따라서 굳이 교리나 매뉴얼이 될 필요는 없다. 그것은 지휘관의 사고 능력을 키우고 전장에서 결심하고 행동하는 데 참고가 될 만한 틀을 제공할 뿐, 수학 공식처럼 그 자체로 전장에 적용할 수 있는 것은 아니다. 그 대신 이론은 전쟁을 책에서 배우고자 하는 사람들에게 어떻게 전쟁을 이해할 것인지에 대한 길을 비춰주고 안내하는 역할을 하며, 전장에서의 판단력을 향상시키고 적의 함정에 빠지지 않도록 돕는 역할을 할 수 있다. 그럼으로써 전쟁을 배우는 사람으로 하여금 전쟁술이라는 복잡한 문제를 깨닫기 위해 일일이 전사를 뒤적일 필요 없이 이론적 틀을 통해 체계적으로 필요한 지식을 습득할 수 있도록 해준다. 결국, 이론이란 비록 전장터에까지 따라다니는 것은 아니지만 미래의 지휘관이 될 사람들에게 전략적 마인드를 갖추고 스스로 학습할 수 있는 능력을 키워주는 역할을 한다.

한신의 정형구 전투: 용병이론의 변칙적 적용

배수진(背水陣)은 정상적인 용병 방법이 아니다. 배수진은 오직 정면으로 적과 격돌하여 승부를 보는 것으로, 적의 측후방을 공략하거나 적을 유인하여 격멸하는 등의 전략적 이점을 포기해야 한다. 따라서 배수진은 사지에 몰린 경우와 같이 특수한 경우에 최후의 수단으로 고려할 수 있지만, 일반적인 상황에서는 결코 바람직한 선택이 될 수 없다. 설사 사지에 몰려 배수진을 치더라도 성공할 가능성은 높지 않다. 배수의 진을 치는 이유는 '궁지에 몰린 쥐가 고양이에게 덤비듯' 용맹성을 발휘하는 효과를 기대하기 때문이지만, 막다른 길에 몰리더라도 쥐는 쥐에 불과할 뿐 개가 될 수는 없다.

여기에서 한신(韓信)의 정형구(井陘口) 전투를 살펴보자. 이 전투는 지금의 하북성 정형현 북쪽의 정형구에서 벌어졌는데, 이곳은 '산줄기가 끊어진 곳'이라는 뜻의 형(陘)자가 의미하듯 산맥이 끊긴 두 산 사이에 좁게 구(口)자 모양의 좁은 공간이 형성된 지역으로 방어하기는 쉽고 공격하기에 어려운 천혜의 요새였다. 여기에서 한신은 통상적으로 꺼리는 배수진을 의도적으로 사용하여 적을 유인한 뒤 텅 빈 적의 성을 공략하여 승리를 거두었는데, 이는 그가 통상적인 용병의 원칙을 어떻게 변칙적으로 적용할 수 있는지를 잘 보여주는 사례라 할 수 있다.

기원전 204년 10월 한신은 군사 1만 2,000명을 이끌고 조(趙)나라를 치기 위해 진격했다. 조나라 군대는 20만 명으로 이들은 하천 너머에 성을 쌓고 한신의 군대를 기다렸다. 한신은 기병 2,000명을 뽑아 한나라를 상징하는 깃발을 하나씩 갖도록 하고 샛길을 통해 산속에 대기하다가 자신이 조나라 군대를 성에서 유인하면 성이 빈틈을 타 성으로 들어가 깃발을 꽂도록 지시했다. 그리고 한신은 1만 명으로 하여금 하천을 건너 배수진을 치도록 한 뒤, 조나라 군대를 성으로부터 나오도록 유인하기 위해 자신이 직접 성을 공격했다. 수적으로 우세한 조나라 군대는 일부가 성 밖으로 나와 한신과 접전을 벌였으며, 한신은 거짓으로 패한 척하며 배수진을 친 진영으로 퇴각했다. 조나라 군대는 한신을 추격하여 한신의 배수진 일대에서는 격전을 벌였다. 전투가 지속되자 조나라는 완승을 거둘 요량으로 성 안에 있던 병력 모두를 투입했다. 그러자 숨어 있던 한신의 기병 2,000명이 군사가 텅 빈 조나라의 성 안에 진입하여 한나라를 상징하는 2,000개의 깃발을 꽂았고, 이를 본 조나라 군사는 대경실색하여 금세 와해되고 말았다.

정형구 전투는 한신이 용병에서 금기시되어 있는 배수진을 이용하여 월등히 우세한 적을 상대로 승리를 거둔 사례였다. 손자가 앞에서 용병의 방법은 무궁무진하여 그 어느 한 가지로 정형화하여 말할 수 없다고 한 것처럼 전장에서의 용병은 원칙만을 따라서는 안 된다. 상황에 따라 최선으로 간주되는 용병술이 최악이 될 수 있으며, 최악으로 간주되는 것이 최고의 용병술로 응용될 수 있다. 그래서 손자는 여기에서 용병의 원칙을 말하면서도 그것을 변칙적으로 적용할 줄 알아야 한다고 강조하고 있는 것이다.

2. 이로움과 해로움을 이용한 용병

是故, 智者之慮, 必雜於利害.	시고, 지자지려, 필잡어리해.
雜於利而務可信也. 雜於害而患可解也.	잡어리이무가신야. 잡어해이환가해야.
是故, 屈諸侯者以害, 役諸侯者以業, 趣諸侯者以利.	시고, 굴제후자이해, 역제후자이업, 추제후자이리.
故用兵之法, 無恃其不來, 恃吳有以待也, 無恃其不攻, 恃吳有所不可攻也.	고용병지법, 무시기불래, 시오유이대야, 무시기불공, 시오유소불가공야.

자고로 지혜로운 장수는 (용병을 할 때) 이로움과 해로움을 다 같이 고려한다.

이로운 상황에 처하면 (그 이면의 해로움을 방지하여) 더욱 이로운 상황으로 만든다. 해로운 상황에 처하면 (그 이면의 이로움을 이용하여) 그러한 문제가 해결되도록 한다.

이와 같이 적국의 제후를 굴복시키려면 해로움을 보여주고, 적국의 제후를 (지치게 하도록) 사역시키기 위해서는 (끊임없이) 일을 만들어주어야 하며, 적국의 제후를 (스스로 불리하도록) 움직이려면 이로움을 보여주어야 한다.

마찬가지로 용병의 방법은 적이 오지 않을 것이라는 것을 믿지 말고 (적이 오더라도 우리의 이로움을 이용하여) 아군이 대비하고 있음을 믿어야 하며, 적이 공격하지 않을 것이라는 것을 믿지 말고 적이 공격할 수 없도록 (적의 해로움을 이용하여) 아군이 방비하고 있음을 믿어야 한다.

* 是故, 智者之慮, 必雜於利害(시고, 지자지려, 필잡어리해): 려(慮)는 '생각하다', 잡(雜)은 '만나다, 모으다', 어(於)는 '~를'이라는 뜻이다. 전체를 해석하면 '자고로 지혜로운 장수는 (용병을 할 때) 이로움과 해로움을 다 같이 고려한다'는 뜻이다.

* 雜於利而務可信也(잡어리이무가신야): 잡어리(雜於利)는 '이로운 상황에 처

하면'이라는 뜻이고, 무(務)는 '힘쓰다', 무가신(務可信)은 '더욱 이로운 것으로 만든다'는 의미이다. 전체를 해석하면 '이로운 상황에 처하면 더욱 이로운 것으로 만든다'는 뜻이다.

 * 雜於害而患可解也(잡어해이환가해야): 환(患)은 '근심, 걱정', 해(解)는 '해결하다'라는 의미이다. 전체를 해석하면 '해로운 상황에 처하면 그러한 문제가 해결되도록 한다'는 뜻이다.

 * 是故, 屈諸侯者以害, 役諸侯者以業, 趨諸侯者以利(시고, 굴제후자이해, 역제후자이업, 추제후자 이리): 굴(屈)은 '굴복시키다', 역(役)은 '부리다', 업(業)은 '일, 사업', 추(趨)는 '달리다, 빨리 가다'라는 뜻이다. 전체를 해석하면 '이와 같이 적국의 제후를 굴복시키려면 해로움을 보여주고, 적국의 제후를 (지치게 하도록) 사역시키기 위해서는 (끊임없이) 일을 만들어주며, 적국의 제후를 (스스로 불리하도록) 움직이려면 이로움을 보여주어야 한다'는 뜻이다.

 * 故用兵之法, 無恃其不來, 恃吾有以待也(고용병지법, 무시기불래, 시오유이대야): 시(恃)는 '믿다', 대(待)는 '기다리다, 대비하다'라는 의미이다. 전체를 해석하면 '마찬가지로 용병의 방법은 적이 오지 않을 것이라는 것을 믿지 말고 아군이 대비하고 있음을 믿어야 한다'는 뜻이다.

 * 無恃其不攻, 恃吾有所不可攻也(무시기불공, 시오유소불가공야): '적이 공격하지 않을 것이라는 것을 믿지 말고 적이 공격할 수 없도록 아군이 방비하고 있음을 믿어야 한다'는 뜻이다.

내용 해설

손자는 이미 〈허실〉 편에서 이로움과 해로움에 대해 언급한 바 있다. 그는 '능사적인자지자, 리지야(能使敵人自至者, 利之也)', 즉 "적으로 하여금 스스로 아군이 원하는 곳으로 오도록 하는 것은 이로움을 보여주기 때문이다"라고 했고, '능사적인부득지자, 해지야(能使敵人不得至者, 害之也)', 즉 "적으로 하여금 아군이 원하지 않는 곳에 오지 못하도록 하는 것은 해로움을 보여주기 때문이다"라고 했다. 그런데 손자는 여기에서 다시 이로움과 해로움에 대해 언급하고 있다. 〈허실〉 편에서 '이해(利害)'에 관한 논의가 결전에서의 공격과 방어의 용병에 관한 구체적인 것이라면, 여기에서는 군대의 기동과 관련하여 보다 일반적인 관점에서 다루고 있다.

손자는 용병을 할 때 항상 이로움과 해로움을 다 같이 고려해야 한다고 본다. 아군이 이롭다고 해서 해로움이 없는 것은 아니고, 해롭다고 해서 이로움이 없는 것은 아니다. 따라서 이로운 상황에 처하면 그 이면에 존재하는 해로움을 방지하여 더욱 이로운 상황으로 만들어야 하고, 해로운 상황에 처하면 그 이면에 보이지 않는 이로움을 이용하여 해로운 상황을 극복해나가야 한다.

그렇다면 이로운 상황을 어떻게 더욱 이롭게 만들 수 있는가? 아군이 이롭다는 것은 역으로 아군에 해로움도 존재한다는 것을 의미한다. 예를 들어, 아군이 유리한 지역을 선점할 경우 적은 맞서 싸우려 하지 않을 것이다. 스스로 불리하다고 판단한 적은 도망 다니면서 병참선과 같이 아군의 취약한 부분을 기습적으로 타격하며 지치게 할 것이다. 전략적 기동으로 먼 지역을 우회하여 목적지에 도달해야 하는 아군으로서 이러한 이로움은 반드시 이로운 것은 아닌 셈이다. 이러한 상황에서 아군은 적에게 의도적으로 아군의 취약점을 보여주고 적이 이롭다고 인식하도록 만들어 유인한 후 유리한 상황에서 격파할 수 있다. 이로써 이로운 상황을 더욱 이롭게 만들어가는 것이다.

또한, 어떻게 하면 해로운 상황을 극복하고 이로운 상황으로 만들 수 있는가? 아군이 해롭다는 것은 역으로 아군에게 유리함으로 작용할 수 있다. 적은 상황이 이롭다고 믿고 어떻게든 아군을 공략하려 할 것이다. 이때 아군은 스스로 불리함을 적에게 보여줌으로써 원하는 방향으로 쉽게 적을 유인할 수 있으며, 적을 함정에 빠뜨린 후 격파할 수 있다. 아군의 해로움을 이로움으로 바꾸는 것이다.

이와 같은 방법으로 손자는 적을 공략하는 세 가지 방법을 제시하고 있다. 첫째는 적국의 제후를 굴복시키기 위해 해로움을 보여주는 것이다. 아군의 원정에 대해 적국 제후는 주요한 길목에 정예병력을 배치하여 방어를 강화할 것이다. 겉으로 보기에 기다리는 적이 유리하고 행군에 지친 아군이 불리한 상황이다. 이때 아군은 적의 주력이 방어하고 있는 지역을 우회하여 곧바로 적의 수도로 진격할 수 있다. 적의 이로움이 해로움으로, 아군의 불리함이 유리함으로 바뀌는 것이다. 그리고 압도적인 병력으로 적의 성을 포위하면 적 제후는 항복하지 않을 수 없을 것이다. 둘째는 끊임없이 일을 만들어 적 제후를 정신없이 만드는 것이다. 〈허실〉 편에서 손자가 언급한 것처럼 적이 편안할 때 고단하게 하고 안정되어 있을 때 동요시키는 것이다. 그렇게 되면 적은 점차 지치고 약화될 것이며, 적 제후는 전쟁의 주도권을 갖지 못한 채 아군의 의도대로 끌려다니게 될 것이다. 이러한 가운데 적이 취했던 방어의 이로움은 곧 해로움으로 전환될 것이다. 셋째는 적국의 제후를 아군에 유리한 곳으로 유인하기 위해 이로움을 보여주는 것이다. 한신의 정형구 전투 사례와 같이 의도적으로 배수진을 편성하여 적으로 하여금 섬멸할 기회를 주면, 적은 성 밖으로 나오지 않을 수 없게 되는 것과 마찬가지이다.

결국 용병에서는 피아 이로움과 해로움을 동시에 고려해야 한다. 손자는 "용병의 방법은 적이 오지 않을 것이라는 것을 믿지 말고 적이 오더라도 아군이 대비하고 있음을 믿어야 한다"고 했다. 이는 아군이 우리의 이로움을 이용하여 대비하기 때문에 가능한 것이다. 또한 그는 "적이 공격하지 않을 것이라는 것을 믿지 말고 적이 공격할 수 없도록 내가 방비하고 있음을 믿어야 한다"고 했는데, 이것은 아군이 적의 해로움을 이용하여 방어하기 때문에 가능한 것이다. 아군의 이로움을 이용하여 적의 공격을 저지할 수 있고, 적의 해로움을 보여줌으로써 적이 공격을 하지 못하게 할 수 있다는 것이다.

군사사상적 의미

전략의 패러독스: 이해를 이용한 '이소제대'

이로움과 해로움을 이용한 용병은 이소제대(以小制大), 즉 약함으로 강함을 제압함으로써 '강자에 대한 약자의 승리'를 가능케 한다. 통상적인 전략이 강함으로 약함을 제압하는 '이대제소(以大制小)'라는 원칙을 따름을 고려할 때, 약자의 승리는 곧 전략이 빚어내는 '위대한' 패러독스라 하지 않을 수 없다. 여기에서 이로움과 해로움의 변증법적 적용을 통해 승리한 사례로 마오쩌둥의 국공내전을 살펴보도록 하자.

1946년 6월 국공내전이 발발할 때만 하더라도 장제스가 이끄는 국민당은 마오쩌둥의 공산당 군대에 비해 군사적으로 비교가 되지 않을 만큼 우위에 있었다. 국민당 군대의 병력은 360만 명으로 공산당 군대 병력의 세 배가 넘었으며, 항일전쟁 시기 도입한 항공기를 비롯하여 전차, 화포, 기관총 등 무기에서도 압도적인 우세를 보이고 있었다. 누가 보더라도 전쟁의 결과는 국민당의 승리로 돌아갈 것으로 보였다. 그래서 장제스는 미국의 중재를 거부한 채 막강한 군사력으로 공산당 세력을 격파하고 중국을 통일하기 위해 본격적인 공세에 나섰다.

그러나 국민당은 군사적으로는 우세했지만 그 이면에 심각한 문제를 안고 있었다. 바로 정부의 무능과 부정부패로 인해 통치력에 한계를 드러내고 있었던 것이다. 이전부터 국민당은 국내외 자본가들과 결탁하여 산업시설과 공장을 부당하게 소유했으며, 농촌의 고리대금업에 간여하여 막대한 이득을 취했다. 지주들의 농민 수탈 행위를 방조했고 지주들의 반대로 농민들을 위해 제정한 '토지법'을 실행하지 않았다. 이러한 가운데 살인적인 인플레이션이 발생하여 삶이 어려워지자 농민들은 국민당에 등을 돌리게 되었다.

마오쩌둥은 이러한 상황을 잘 알고 있었다. 즉, 국민당의 군사적 강점 이면에 정치사회적 약점이 존재한다는 것을 인식한 것이다. 따라서 그는 국민당과의 내전 전략을 구상하면서 군사적 차원의 전략을 지양하고 정치사회적 차원의 전략에 주력했다. 군사적으로는 '지구전'을 채택하여 국민당 군대와 싸우지 않고 농촌지역으로 물러나 은거하는 가운데, 정치사회적으로는 농민들의 민심을 얻어 이들로 하여금 공산당을 지지하도록 하는 것은 물론, 공산당 군대에 참여하고 후방작전을 지원하며 필요시에는 민병을 조직하여 적과 싸우도록 하는 '인민전쟁' 전략을 추구했다.

결국, 장제스는 국민당이 가진 강점인 군사력을 내세워 내전에서 승리하고자 했지만, 마오쩌둥은 역으로 국민당의 약점인 민심을 파고들어 인민들을 공산당 편으로 돌리는 데 성공했다. 1~2년간 노력하여 민심을 확보하게 되자, 공산당은 장기간의 전쟁을 수행하는 데 필요한 식량과 물자를 인민들로부터 획득할 수 있었고, 전투의지로 충만한 인민들을 대상으로 대규모 병력을 충원할 수 있게 되었다. 전장지역에 거주하는 인민들로부터 국민당 군대에 대한 정보도 얻을 수 있었다. 그리고 내전 3년차에 본격적인 반격에 나서 국민당 군대를 대륙에서 몰아내는 데 성공했다.

이렇게 볼 때 국공내전은 손자가 언급한 대로 적의 이로움 이면에 숨어 있는 해로움을 찾아 공략하고 아군의 해로움 이면에 내재된 이로움을 적극 활용함으로써 승리할 수 있었던 사례였다. 마오쩌둥은 겉으로 드러난 불리한 현상만을 보지 않고 그 이면에 존재하는 유리함을 파악하여 손자가 말한 '잡어해이환가해야(雜於害而患可解也)', 즉 "해로운 상황에 처하면 그 이면의 이로움을 이용하여 그러한 문제가 해결되도록 했던 것"이다. 마오쩌둥의 군사적 천재성을 보여주는 사례가 아닐 수 없다.

3. 위험한 장수의 자질

故將有伍危.	고장유오위.
必死可殺, 必生可虜, 忿速可侮, 廉潔可辱, 愛民可煩也.	필사가살, 필생가로, 분속가모, 염결가욕, 애민가번야.
凡此伍者, 將之過也, 用兵之災也.	범차오자, 장지과야, 용병지재야.
覆軍殺將, 必以伍危, 不可不察也.	복군살장, 필이오위, 불가불찰야.

자고로 장수에게 위험한 다섯 가지 자질이 있다.

죽음을 두려워하지 않고 필사적으로 싸우는 장수는 죽음을 당할 수 있고, 반드시 살고자 하는 장수는 적에게 사로잡힐 수 있으며, 분을 이기지 못해 성을 잘 내고 급하게 행동하는 장수는 적의 계략에 속아 수모를 당할 수 있고, 지나치게 성품이 청렴하고 깨끗한 장수는 고지식하여 패전의 수치를 당할 수 있으며, 병사들에 대한 사랑이 지나친 장수는 많은 희생을 우려하여 번민에 빠지게 된다.

무릇 이 다섯 가지는 장수가 범할 수 있는 잘못으로 용병에 재앙적 결과를 가져온다.

군대가 와해되고 장수가 죽음을 당하는 것은 이러한 다섯 가지 위험한 장수의 자질로 인한 것이니 신중하게 살피지 않으면 안 된다.

* 故將有五危(고장유오위): 위(危)는 '위태롭다, 위험하다'는 의미이다. 전체를 해석하면 '자고로 장수에게 위험한 다섯 가지 자질이 있다'는 뜻이다.

* 必死可殺, 必生可虜, 忿速可侮(필사가살, 필생가로, 분속가모): 살(殺)은 '죽다', 로(虜)는 '포로, 사로잡다', 분(忿)은 '성내다', 속(速)은 '빠르다', 모(侮)는 '업신여기다'라는 의미이다. 전체를 해석하면 '죽음을 두려워하지 않고 필사적으로 싸우는 장수는 죽음을 당할 수 있고, 반드시 살고자 하는 장수는 적에게 사로잡힐 수 있으며, 분을 이기지 못해 성을 잘 내고 급하게 행동하는 장수는 적의 계략에 속아 수모를 당할 수 있다'는 뜻이다.

* 廉潔可辱, 愛民可煩也(염결가욕, 애민가번야): 염(廉)은 '청렴하다', 결(潔)은

'깨끗하다', 욕(辱)은 '욕, 수치', 번(煩)은 '괴롭다'라는 의미이다. 전체를 해석하면 '지나치게 성품이 청렴하고 깨끗한 장수는 고지식하여 패전의 수치를 당할 수 있으며, 병사들에 대한 사랑이 지나친 장수는 많은 희생을 우려하여 번민에 빠지게 된다'는 뜻이다.

  * 凡此五者, 將之過也, 用兵之災也(범차오자, 장지과야, 용병지재야): 과(過)는 '잘못, 실수', 재(災)는 '재앙'을 뜻한다. 전체를 해석하면 '무릇 이 다섯 가지는 장수가 범할 수 있는 잘못으로 용병에 재앙적 결과를 가져온다'는 뜻이다.

  * 覆軍殺將, 必以五危, 不可不察也(복군살장, 필이오위, 불가불찰야): 복(覆)은 '망하다, 뒤집히다'라는 의미이다. 전체를 해석하면 '군대가 와해되고 장수가 죽음을 당하는 것은 이러한 다섯 가지의 위험한 장수의 자질로 인한 것이니 신중하게 살피지 않으면 안 된다'는 뜻이다.

내용 해설

손자는 왜 갑자기 장수의 자질을 논하고 있는가? 상황에 따른 다양한 용병의 방법을 논의하는 〈구변〉 편의 말미에서 왜 갑자기 장수의 자질을 언급하고 있는가? 이는 '구변'에 따르는 용병이 그만큼 어렵기 때문에 장수가 냉정하고 침착하게 군대를 지휘하는 것이 중요하다는 것을 강조하기 위함이다. 즉, 지형 및 적정에 따라 이로움과 해로움이 교차하는 전장에서 장수는 이로울 때 적을 치고 싶고 해로운 때에는 포기하고 싶을 것이다. 그러나 이롭게 보이더라도 가서는 안 될 길이 있고, 공략해서는 안 될 성이 있으며, 쳐서는 안 될 적이 있다. 아군에게 해로운 상황에서 장수는 불리함을 감추고 싶겠지만 적을 유인하기 위해서라면 과감하게 그러한 해로움을 보여주어야 할 때도 있다. 이러한 상황에서 장수는 전반적인 상황을 심사숙고하고 헤아림으로써 때로는 인내해야 하고 때로는 과감한 결단을 내려야 한다.

  그러나 이는 무척 어려운 일이다. 장수가 판단할 때 가서는 안 될 길로 보이더라도 예하 장수들이 모두 가자고 하면 갈 수도 있다. 공략해서는 안 될 성이지만 적의 장수가 모욕적인 언사를 쏟아내면 격분하여 공격을 할 수도 있다. 쳐서는 안 될 적이지만 적이 유인하면 자신도 모른 채 말려들 수 있다. 따라서 손자는 이러한 상황에서 장수가 저지를 수 있는 위험한 사례를 들어 장수의 자질을 경고하고 있는 것이다.

첫째로 죽음을 두려워하지 않고 필사적으로 싸우는 장수는 죽음을 당할 수 있다. 생지인지 사지인지 구분하지 못하고 죽기 살기로 싸우도록 하면 부대가 전멸당할 수 있다는 의미이다. 둘째로 반드시 살고자 하는 장수는 적에게 사로잡힐 수 있다. 최소한의 희생으로 적을 물리치고자 지나치게 지략에만 의존한 채 결단력을 발휘하지 못하는 경우이다. 가령 추격해오는 적을 너무 사려 깊게 공략하고자 제때에 제압하지 않으면 어느새 적에게 포위되어 전군이 포로가 될 수 있는 것이다. 셋째로 분을 이기지 못해 성을 잘 내고 급하게 행동하는 장수는 적의 계략에 속아 수모를 당할 수 있다. 적의 유인에 쉽게 말려들어 함정에 빠질 수 있음을 경고한 것이다. 넷째로 지나치게 성품이 청렴하고 깨끗한 장수는 고지식하여 패전의 수치를 당할 수 있다. 기만이나 기습 등 속임수를 쓰지 않고 '정정당당'하게 싸우려는 장수는 상대방의 속임수에 말려들어 어이없이 패할 수밖에 없다는 의미이다. 넷째로 병사들에 대한 사랑이 지나친 장수는 많은 희생을 우려하여 결단을 내리지 못하고 번민에 빠지게 된다. 인정이 너무 많아 병력을 희생시키려 하지 않다 보니 병력을 제대로 부리지 못하고 작전의 실패를 가져오는 것을 의미한다.

앞의 〈모공〉 편에서 손자는 장수를 '국가의 보루'라고 했다. 그런데 장수가 이러한 다섯 가지 과오를 범한다면 '용병에 재앙적 결과'를 초래해 '보루'로서의 역할을 제대로 하지 못하게 된다. 여기에서 손자가 말하는 '용병의 재앙적 결과'는 무엇인가? 우선 이 상황은 우직지계의 기동을 해나가는 과정에 있음을 고려할 때, 하나는 적의 계략에 말려들어 대적하는데 장시간을 허비함으로써 적 수도로의 기동이 지체되고 그사이에 결전지에서 적의 방어가 더욱 강화될 수 있으며, 다른 하나는 무리한 전투로 많은 병사들이 희생되어 막상 결전의 장소에 도착했을 때 전투력을 제대로 발휘하지 못할 수 있다. 이 경우 원정은 장기전이 되어 손자가 〈작전〉 편에서 언급했던 군수보급 소요의 증가와 국가재정의 파탄을 가져오는 원인으로 작용할 수 있다. 여기에서 손자가 장수의 침착하고 냉정한 상황 대처가 중요함을 거론한 것은 바로 현 단계가 원정군이 목적지를 향해 기동하는 과정이므로 불필요한 시간 낭비와 전투력 소모를 줄여야 한다는 점을 강조하기 위함이다.

군사사상적 의미

장수의 위험한 자질과 보완 방법

여기에서 언급한 장수에게 위험한 다섯 가지 자질은 손자가 〈시계〉 편에서 제시한 다섯 가지 장수의 일반적인 자질과 비교해볼 수 있다. 이는 〈병세〉 편, 〈행군〉 편, 〈지형〉 편, 〈구지〉 편에서 다루는 장수의 자질과 다름을 유념해야 한다. 즉, 여기에서 논하는 장수의 자질은 우직지계의 기동 과정에서 조우하는 적을 대적하는 데 요구되는 것이다. 그리고 다음부터는 병사들의 지휘통솔에 관한 것으로 〈행군〉 편은 군대가 막 원정을 출발하여 기동하는 시점에서, 〈지형〉 편은 우직지계의 기동을 마치고 적 수도에 도착한 시점에서, 그리고 〈병세〉 편과 〈구지〉 편은 적과 결전을 추구하는 단계에서 장수가 발휘해야 할 지휘통솔의 자질을 다루고 있다. 이에 대해서는 각 편에서 자세히 설명할 것이다.

먼저 '필사가살(必死可殺)'은 병사들로 하여금 필사적으로 싸우도록 하여 부대가 전멸에 이르는 경우이다. 병사들을 막다른 곳에 투입하여 죽기 살기로 싸우도록 하는 것은 〈병세〉 편이나 〈구지〉 편에서와 같이 결전의 순간에 요구되는 것이지 아무 때나 할 수 있는 것은 결코 아니다. 장수가 융통성 없이 엄격함만을 내세울 경우 부대가 소멸되는 재앙적 용병으로 이어질 수 있다. 즉, 이는 '엄(嚴)'을 잘못 적용한 경우이다. 만일 장수가 정황을 헤아려 적과 싸우는 것이 무모하다고 판단되면 병사들의 목숨을 소중히 여겨 병력을 철수시켜야 한다. '필사가살'은 '애민가번(愛民可煩)'과 반대되는 것으로 '인(仁)'의 자질로 보완되어야 할 것이다.

다음으로 '필생가로(必生可虜)'는 반드시 살고자 하여 적에게 사로잡히는 것으로 지나치게 지략에만 의존한 채 결단력이 부족하여 적에게 당하는 경우이다. 〈시계〉 편에서 클라우제비츠의 '혜안(insight)'에는 '지(智)'와 '용(勇)'이 포함된 것임을 보았다. 즉, 지휘관의 혜안이란 안개 속에서 희미한 불빛을 보고 그것이 옳은 방향이라고 판단할 수 있는 지혜와 함께 온갖 반대를 무릅쓰고 그 방향으로 부대를 이끌고 갈 수 있는 용기가 필요하다. 여기에서 '필생가로'는 바로 그 용감성 혹은 결단성이 부족하여 나타날 수 있다. 따라서 이러한 장수의 자질은 '용'으로 보완되어야 할 것이다.

'분속가모(忿速可侮)'는 분을 이기지 못해 성을 잘 내고 급하게 행동하여 적의 계략에 속아 수모를 당하는 것이다. 이는 무모할 정도로 용감성을 갖추고 있지만 적의 조롱이나 욕설에 쉽게 반응하는 경우로 자제력이 약한 장수에게 나타날 수 있는 위험이다. 이러한 장수는 자신을 믿지 못할 뿐 아니라, 군주 및 병사들로부터 신뢰를 잃을 수 있는 만큼 스스로의 인격수양을 통해 '신(信)'의 자질을 보완해야 할 것이다.

'염결가욕(廉潔可辱)'은 지나치게 성품이 청렴하고 깨끗하여 고지식하게 용병을 함으로써 패전을 당하는 것이다. 인격적으로 고매하지만 적을 기만하고 적을 능가할 수 있는 지략이 부족한 장수에게 나타날 수 있는 위험이다. 이 경우 장수의 자질은 '지(智)'로 보완될 수 있다.

'애민가번(愛民可煩)'은 병사들에 대한 사랑이 지나쳐 이들을 사지로 몰지 못하고 번뇌하는 경우이다. '필사가살'과 반대되는 것으로 마음이 모질지 못하고 약하기만 한 장수에게 나타날 수 있는 위험이다. 이 경우 장수의 자질은 '필사가살'과 반대로 '엄(嚴)'으로 보완되어야 할 것이다.

장수의 위험한 자질과 보완 방법

구분	원인	보완 방법
필사가살(必死可殺)	죽음을 각오한 전투 강요, 자애 부족	엄(嚴)에만 집착 - 인(仁)으로 보완
필생가로(必生可虜)	지략에만 의존, 용감성 부족	지(智)에만 집착 - 용(勇)으로 보완
분속가모(忿速可侮)	무모할 정도로 용감, 인격수양 부족	용(勇)에만 집착 - 신(信)으로 보완
염결가욕(廉潔可辱)	인격적 고결함, 지략 부족	신(信)에만 집착 - 지(智)로 보완
애민가번(愛民可煩)	부하에 대한 사랑, 과단성 부족	인(仁)에만 집착 - 엄(嚴)으로 보완

이처럼 장수는 다섯 가지 자질을 고루 갖추어야 하며, 어느 한 가지만 부족하더라도 용병에 문제를 일으킬 수 있다. 물론, 다섯 가지 자질을 항상 고르게 유지할 필요는 없다. 상황에 따라 필요한 자질을 부각시켜 발휘할 줄 아는 융통성이 필요하다. 가령 결단력이 요구될 경우에는 '용'의 자질을, 군대가 사지에 빠졌을 경우나 결전의 순간에 임해서는 무엇보다도 '엄'의 자질을 발휘해야 할 것이다.

제9편
행군(行軍)

行軍

〈행군(行軍)〉 편은 손자가 논하는 우직지계의 기동 가운데 마지막 편이다. 앞의 〈구변〉 편이 부대가 기동하는 과정에서 장수가 취해야 할 용병에 대한 일반적인 논의를 다루었다면, 여기에서는 지형과 적정을 고려하여 어떻게 진영을 편성하고 싸워야 하는지를 보다 구체적으로 제시하고 있다. '행군'이란 '진(軍)을 치다(行)'는 뜻으로 '부대기동 간에 적과 싸우기 위해 진영을 갖추다'는 의미이다. 오늘날 '행군'은 '작전상 필요에 따라 부대가 이동하는 것'이지만, 여기에서 '행군'은 '부대 이동' 그 자체보다는 '이동 간에 조우하는 적과의 전투'에 방점을 두고 있다. 즉, 이 편에서의 '행군'이란 앞의 〈군쟁〉 편에서 시작한 우직지계의 기동을 해나가는 가운데 〈구변〉 편에서 살펴본 용병의 방법을 염두에 두고, 실제 지형 및 적 상황을 상정하여 적과 싸우는 용병의 방법을 보다 상세하게 설명하고 있는 것이다.

여기에서 손자가 다루는 주요 내용은 첫째로 지형에 따른 진영 편성과 용병 방법, 둘째로 적의 정세와 의도 파악 방법 및 그 중요성, 그리고 셋째로 장수의 지휘통솔 방법으로 구성되어 있다. 이 편도 마찬가지로 원정군이 결전의 장소로 이동하는 과정에 있기 때문에 손자의 용병은 어디까지나 기동을 방해하는 적을 '격퇴'하거나 물리치기 위한 것이지 적을 '섬멸' 혹은 '격멸'하는 데 목적이 있는 것이 아님을 염두에 두어야 할 것이다.

1. 지형에 따른 진영 편성과 용병 방법 (1)

孫子曰. 凡處軍相敵, 絶山依谷, 視生處高, 戰隆無登. 此處山之軍也.	손자왈. 범처군상적, 절산의곡, 시생처고, 전륭무등. 차처산지군야.
絶水必遠水. 客絶水而來, 勿迎之 於水內, 令半濟而擊之, 利.	절수필원수. 객절수이래, 물영지 어수내, 령반제이격지, 리.
欲戰者, 無附於水而迎客, 視生處高, 無迎水流. 此處水上之軍也.	욕전자, 무부어수이영객, 시생처고, 무영수류. 차처수상지군야.
絶斥澤, 惟亟去無留. 若交軍於斥 澤之中, 必依水草, 而背衆樹. 此處斥澤之軍也.	절척택, 유극거무류. 약교군어척 택지중, 필의수초, 이배중수. 차처척택지군야.
平陸處易, 右背高, 前死後生. 此處平陸之軍也.	평륙처이, 우배고, 전사후생. 차처평륙지군야.
凡此四軍之利, 黃帝之所以勝四帝也.	범차사군지리, 황제지소이승사제야.

손자가 말하기를, 무릇 군대가 적과 대치하여 진영을 편성할 때, 산이 가로지르고 계곡이 형성된 지역에서는 지형을 자세히 살펴 가급적 높은 곳에 진을 편성하여, 높은 곳에서 낮은 곳으로 적을 맞아 싸우되 높은 곳으로 거슬러 올라가며 싸우지 않아야 한다. 이것이 산악지역에서 진영을 편성하여 싸우는 방법이다.

강을 건넌 후에는 반드시 강에서 멀리 떨어져야 하고, 적이 강을 건너오면 강에 뛰어들어 맞아 싸우지 말고 적이 강을 반쯤 건넜을 때 공격해야 유리하다.

적과 싸우고자 한다면 강가에 인접한 곳에 진을 치고 적을 상대하면 (배수진의 위험이 있으므로) 안 되고, 지형을 자세히 살펴 가급적 높은 곳에 위치하여 (적보다) 하류지역에 진을 편성하지 않도록 해야 한다. 이것이 강가에서 진을 편성하여 싸우는 방법이다.

소택지를 지날 때는 결코 머무르지 말고 신속하게 통과해야 한다. 만일 소택지의 한가운데서 적과 교전하게 되면 반드시 수초를 이용하여 은폐하고 숲을 등지고 싸워야 한다. 이것이 소택지에서 진을 편성하여 싸우는 방법이다.

평지에서는 대적하기 용이하도록 진영을 편성하되 (양지를 차지하기 위해) 서쪽을 높은 곳으로 하여 등지도록 하고, 전방으로는 적이 (진입하면) 벗어나기 어려운 곳에, 후방으로는 아군이 기동하기 용이한 곳에 진지를 편성해야 한다. 이것이 평지에 진을 편성하여 싸우는 방법이다.

무릇 이 네 가지 진지 편성에 따른 이로움은 옛날 황제가 사방의 왕들을 제압하고 승리할 수 있었던 요인이기도 하다.

＊孫子曰. 凡處軍相敵, 絶山依谷(손자왈. 범처군상적, 절산의곡): 처(處)는 '살다, 거처하다'는 뜻으로, 처군(處軍)은 '진영을 갖추다'는 의미이다. 상적(相敵)은 '적과 대치하다'는 뜻이다. 절(絶)은 '끊다, 지나다, 건너다'이나 여기에서는 '지나다'로 해석한다. 의(依)는 '의지하다, ~에 따라', 곡(谷)은 '골짜기, 계곡'을 뜻한다. 전체를 해석하면 '손자가 말하기를, 무릇 군대가 적과 대치하여 진영을 편성할 때 산이 가로지르고 계곡이 형성된 지역에서는'이라는 뜻이다.

＊視生處高, 戰隆無登(시생처고, 전륭무등): 시(視)는 '보다, 자세히 살피다'라는 뜻이고, 생지(生地)는 '살 수 있는 땅'이나 여기에서는 '유리한 지역'으로 해석한다. 처고(處高)는 '가급적 높은 곳에 진을 편성한다', 륭(隆)은 '높다', 전륭(戰隆)은 '높은 곳에서 싸우다', 무등(無登)은 '높은 곳으로 거슬러 올라가며 싸우지 않는다'는 의미이다. 전체를 해석하면 '지형을 자세히 살펴 가급적 높은 곳에 진을 편성하여, 높은 곳에서 낮은 곳으로 적을 맞아 싸우되 높은 곳으로 거슬러 올라가며 싸우지 않는다'는 뜻이다.

＊此處山之軍也(차처산지군야): '이것이 산악지역에서 진영을 편성하여 싸우는 방법이다'라는 뜻이다.

＊絶水必遠水, 客絶水而來, 勿迎之於水內, 令半濟而擊之, 利(절수필원수, 객절수이래, 물영지어수내, 령반제이격지, 리): 절수(絶水)는 '강을 건너다', 원수(遠水)는 '강을 멀리하다'는 뜻이고, 객(客)은 '손님'이나 여기에서는 '공격해오는 적'을 의미한다. 물(勿)은 '말다, 아니다', 영(迎)은 '맞이하다', 어(於)는 '~에서', 제(濟)는 '건너다', 격(擊)은 '치다, 공격하다'라는 의미이다. 전체를 해석하면 '강을 건넌 후에는 반드시 강에서 멀리 떨어져야 하고, 적이 강을 건너오면 강에 뛰어들어 맞아 싸우지 말고 적이 강을 반쯤 건넜을 때 공격해야 유리하다'는 뜻이다.

＊欲戰者, 無附於水而迎客(욕전자, 무부어수이영객): 욕(欲)은 '하려고 하다'라는 뜻으로 욕전자(欲戰者)는 '싸우고자 한다면'이라는 뜻이고, 부(附)는 '가깝다, 의지하다'라는 뜻으로 부어수(附於水)는 '강가에 인접하여'라는 뜻이다. 영객(迎客)은 '적을 맞아 싸우다'라는 의미이다. 전체를 해석하면 '적과 싸우고자 한다면 강가에 인접한 곳에 진을 치고 적을 상대하면 안 된다'는 뜻이다.

＊視生處高, 無迎水流(시생처고, 무영수류): 영수류(迎水流)는 '물의 흐름을 맞이한다'는 것으로 '하류지역에 위치한다'는 의미이다. 전체를 해석하면 '지형을 자세히 살펴 가급적 높은 곳에 위치하여 (적의) 하류지역에 진을 편성하지 않도록 한다'는 뜻이다.

＊此處水上之軍也(차처수상지군야): '이것이 강가에서 진을 편성하여 싸우는 방법이다'라는 뜻이다.

＊絶斥澤, 惟亟去無留(절척택, 유극거무류): 척(斥)은 '드러나다', 택(澤)은 '못, 늪'이라는 뜻으로 척택(斥澤)은 '소택지, 늪지대'를 말한다. 유(惟)는 '오직', 극(亟)은 '빠르다', 거(去)는 '가다, 떠나다', 류(留)는 '머무르다'라는 의미이다. 전체를 해석하면 '소택지를 지날 때는 결코 머무르지 말고 신속하게 통과해야 한다'는 뜻이다.

＊若交軍於斥澤之中, 必依水草, 而背衆樹(약교군어척택지중, 필의수초, 이배중수): 약(若)은 '만일', 교군(交軍)은 '적과 교전하다', 수초(水草)는 '수초, 수생식물', 배(背)는 '등, 뒤'를 뜻하며, 수(樹)는 '나무', 중수(衆樹)는 나무가 많은 것으로 '숲'을 뜻한다. 전체를 해석하면 '만일 소택지의 한가운데서 적과 교전하게 되면 반드시 수초를 이용하여 은폐하고 숲을 등지고 싸워야 한다'는 뜻이다.

＊此處斥澤之軍也(차처척택지군야): '이것이 소택지에서 진을 편성하여 싸우는 방법이다'라는 뜻이다.

＊平陸處易, 右背高, 前死後生(평륙처이, 우배고, 전사후생): 평(平)은 '평평하다', 육(陸)은 '육지', 이(易)는 '쉽다', 우(右)는 옛날 남쪽을 향했을 때를 기준으로 우측이라는 의미에서 '서쪽'을 뜻한다. 우배고(右背高)는 '서쪽을 높은 곳으로 하여 등진다'는 뜻이다. 전사후생(前死後生)은 앞은 적에게 사지가 되는 곳이고 뒤는 아군에 생지가 된다는 뜻이나, 여기에서 사지는 적이 한 번 진입하면 벗어나기 어려운 곳이고 생지는 막힘이 없어 행동의 자유를 가질 수 있는 곳을 의미한다. 전체를 해석하면 '평지에서는 대적하기 용이하도록 진영을 편성하되 (양지를 차

지하기 위해) 서쪽을 높은 곳으로 하여 등지도록 하고, 전방으로는 적이 (진입하면) 벗어나기 어려운 곳에, 후방으로는 아군이 기동하기 용이한 곳에 진지를 편성해야 한다. 이것이 평지에 진을 편성하여 싸우는 방법이다'라는 뜻이다.

* 此處平陸之軍也(차처평륙지군야): '이것이 평지에 진을 편성하여 싸우는 방법이다'라는 뜻이다.

* 凡此四軍之利, 黃帝之所以勝四帝也(범차사군지리, 황제지소이승사제야): 소이(所以)는 '~한 이유, 까닭'이라는 뜻이다. 전체를 해석하면 '무릇 이 네 가지 진지 편성에 따른 이로움은 옛날 황제가 사방의 왕들을 제압하고 승리할 수 있었던 요인이기도 하다'는 뜻이다.

내용 해설

여기에서 손자는 원정군의 기동을 방해하는 적을 맞아 장수가 어떻게 진영을 편성하고 싸워야 하는지에 대해 논의하고 있다. 그는 우선 일반적인 네 가지 지형으로 산악지역, 하천지역, 소택지, 그리고 평지를 들고 각각의 용병 방법을 제시하고 있다.

먼저 산악지역에서는 가급적 높은 곳에 진을 치는 것이 유리하다. 산악지역은 통상 많은 산이 겹쳐 있고 그 사이로 계곡이나 애로지역이 형성되어 있으므로 대군을 이끌고 장기간 기동을 하고 있는 원정군에 불리하게 작용한다. 이러한 지형은 앞의 〈구변〉 편에서 살펴본 '비지(圮地)'나 '위지(圍地)'가 될 수 있으므로 반드시 우회하거나 신속히 벗어나야 한다. 그러나 불가피하게 이러한 지역에서 적과 접전해야 한다면 지형을 살펴서 가급적 적보다 높은 곳에 진영을 편성하도록 하고, 높은 곳에서 적을 맞아 싸우도록 해야 한다. 높은 곳에서 내려가며 싸울 경우 기세를 발휘할 수 있는 반면, 낮은 곳에서 올라가며 싸우게 되면 힘을 소진할 것이기 때문이다.

하천지역에서는 아군이 도하한 경우, 적군이 도하할 경우, 그리고 적군과 아군 모두 도하한 경우로 나누어 각각의 용병 방법을 언급하고 있다.

첫째로 아군이 도하한 후에는 가급적 강에서 멀리 떨어진 지역에 진을 쳐야 한다. 도하하자마자 강가에 진을 치게 되면 혹시 있을지 모르는 적의 공격으로부터 퇴로를 확보할 수 없기 때문이다. 둘째로 적이 강을 건널 경우에는 서둘러 강에 뛰어들어 싸우지 말고 적의 병력 절반 정도가 강을 건널 때까지 기다렸다가 공격해야 한다. 적의 절반은 아직 물속에 있으므로 적을 반으로 나누어 격파하는 효과를 거둘 수 있기 때문이다. 셋째로 피아 모두 하천을 도하한 상황에서 하천선을 따라 싸울 경우 강가에 진을 쳐서는 안 된다. 이 경우 아군의 진영은 배수진이 되어 자칫 퇴로를 확보하지 못하고 전멸당할 위험이 있기 때문이다. 또한 적이 아군을 포위한 채 장기간 버티고 있으면 아군의 기동이 지체될 수 있기 때문이다. 따라서 이 경우에는 하천선을 측면에 놓고 상류지역을 장악하여 높은 곳에서 낮은 곳의 적을 대적하도록 해야 한다.

소택지는 늪지로서 싸움에 적합한 장소가 아니다. 따라서 소택지를 지날 때는 잠시도 머무르지 말고 신속하게 통과해야 한다. 만일 불가피하게 소택지의 한가운데서 적과 교전하게 된다면 반드시 수초를 이용하여 아군의 병력을 은폐한 상태에서 싸워야 유리하다. 또한 근처에 숲이 있다면 이를 등지도록 함으로써 여의치 않을 경우에는 숲으로 철수한 다음 엄폐한 상태에서 소택지를 벗어나 다가오는 적을 공격할 수 있을 것이다.

평지에서는 다음 두 가지를 고려하여 적을 상대하기에 유리한 지형을 확보해야 한다. 첫째는 양지바른 곳에서 진을 치는 것이다. 손자는 가급적 서쪽에 형성된 높은 지형을 등지고 진을 치도록 요구하는데, 이는 최대한 양지를 확보하려는 것으로 당시 비가 오거나 추운 날씨에 병사들의 위생과 건강을 고려한 것으로 보인다. 둘째는 적에게 사지를 강요하고 아군은 생지를 확보하는 것이다. 즉, 적의 입장에서는 한 번 진출하면 퇴각하기 어려운 지형을, 아군에게는 언제든 뒤로 빠질 수 있어 용병의 융통성을 확보할 수 있는 지형을 택해야 한다. 이러한 지형으로는 다음의 〈지형(地

形)〉 편에서 살펴볼 내리막길과 같이 공격은 유리하나 후퇴가 불리한 '괘형(掛形)'과 늪지대처럼 피아 모두에게 공격이 어려운 '지형(支形)'을 생각해볼 수 있다.

손자는 이미 〈군형〉 편에서 유리한 군형을 편성하는 것이 승리를 위한 전제조건임을 강조한 바 있다. 여기에서는 다양한 지형 여건을 고려하여 구체적으로 산악, 하천, 소택지, 평지에서 싸움에 유리한 진영을 편성하는 방법을 제시하고 있다. 좋은 진영을 갖추는 것은 곧 승리를 거두기 위한 필요조건이다. 따라서 손자는 과거 황제들이 만방의 제후들을 제압하고 패권을 장악할 수 있었던 데에는 이러한 진영 편성의 이로움이 절대적으로 작용했음을 강조하고 있다.

군사사상적 의미

배수진에 대한 잘못된 인식

하천지역에서의 전투와 관련하여 손자는 거듭 강을 배후로 하여 싸우지 말 것을 요구하고 있다. 강을 건넌 후에 멀리 떨어져 부대를 배치해야 한다는 것과 하천선을 따라 싸울 경우 강가에 진을 치지 말라는 것은 곧 배수진의 위험성을 지적한 것이다.

사실 배수진은 전술적으로 최악의 진영이다. 강을 뒤로 한 채 적을 맞이해야 하므로 앞뒤로 갇힌 채 행동의 자유를 가질 수 없다. 즉, 적의 전면적인 공격이 이루어질 경우 완충할 수 있는 공간을 확보할 수 없으며, 적의 측후방을 노린 기동을 시도하기도 어렵다. 우세한 적에게 포위당할 경우에는 부대가 전멸할 위험에 처할 수 있다. 한마디로 장수가 용병술을 구사하기에 매우 부적합한 진영인 것이다. 한 가지 배수진을 치면서 기대할 수 있는 것은 더 이상 후퇴할 곳이 없다는 것을 기정사실화함으로써 병사들로 하여금 죽기 살기로 싸우도록 할 수 있다는 것이다. 그러나 이 경우에도 전투력이 크게 열세하다면 부대가 전멸되는 결과를 면치 못할 것이다. 임진왜란 때 일본군의 공격을 저지하기 위해 탄금대에서 배수진은 친 신립(申砬)의 패배가 이러한 사례이다.

실제로 전사(戰史)를 볼 때 배수진만으로 승리한 사례는 드물다. 제2차 포에니 전쟁에서 로마를 공격한 한니발이 칸나에 전투에서 배수진을 치고 승리한 것으로 알려져 있으나, 사실 그의 승리는 배수진에 의한 승리가 아니라 적의 주력을 유인하여 양측면에서 포위함으로써 얻어진 것이었다. 그가 강을 배후로 하여 진을 친 것은 단지 로마군을 유인하기 위한 기만술이었을 뿐 배수진 자체가 전략은 아니었다. 한신이 조(趙)나라를 칠 때의 배수진도 마찬가지였다. 그가 강가에 배수진을 친 것은 성 안에 있던 조나라 군대를 끌어내기 위한 유인책이었을 뿐, 정작 한신의 승리는 2,000명의 기병이 뒤로 돌아가 조나라 병력이 빠져나간 성을 점령함으로써 이루어진 것이었다. 즉, 배수진은 그 자체로 승리의 요인이 되기보다는 더 큰 전략의 일부로서 전체 전략을 보조하는 요인으로 간주해야 할 것이다.

따라서 하천지역에서 싸울 때 배수진을 피하라고 한 손자의 주장은 지극히 타당하다. 강을 배후로 하여 진을 편성할 경우 적의 포위에 의해 코너에 몰리거나 궁지에 몰리는 상황을 자초할 수 있기 때문이다. 물론, 손자는 상황에 따라 죽기 살기로 싸워야 한다고 본다. 가령 적과 승부를 겨루는 결전의 단계에 가서는 의도적으로 병사들을 사지에 몰아넣어 죽음을 두려워하지 않고 싸우도록 해야 한다는 것이다. 다만 손자는 그러한 경우가 아니라면, 특히 군대가 결전의 장소로 이동해가는 과정에서는 배수진과 같은 위험한 상황을 일부러 조성해서는 안 된다는 것을 강조하고 있다.

2. 지형에 따른 진영 편성과 용병 방법 (2)

凡軍好高而惡下, 貴陽而賤陰.	범군호고이오하, 귀양이천음.
養生而處實, 軍無百疾, 是謂必勝.	양생이처실, 군무백질, 시위필승.
丘陵堤防, 必處其陽, 而右背之.	구릉제방, 필처기양, 이우배지.
此兵之利也, 地之助也.	차병지리야, 지지조야.
上雨水沫至, 欲涉者, 待其定也.	상우수말지, 욕섭자, 대기정야.
凡地有絶澗, 天井, 天牢, 天羅,	범지유절간, 천정, 천뢰, 천라,
天陷, 天隙, 必亟去之, 勿近也.	천함, 천극, 필극거지, 물근야.
吳遠之, 敵近之, 吳迎之, 敵背之.	오원지, 적근지, 오영지, 적배지.
軍旁有, 險阻, 潢井, 林木, 蒹葭,	군방유, 험조, 황정, 임목, 겸가,
翳薈者, 必謹覆索之.	예회자, 필근복색지.
此伏姦之所也.	차복간지소야.

무릇 군의 진영은 높은 곳이 유리하고 낮은 곳이 불리하며, 양지를 높이 사고 음지를 낮게 평가한다. 병사들의 심신 건강을 고려하여 (이와 같이) 실한 곳에 진을 치면 군에 백 가지 질병이 없으니 이를 일컬어 반드시 승리하는 군대라 할 수 있다.

구릉과 제방지역에서는 반드시 양지바른 곳에 진을 편성하도록 하고 서쪽을 등져야 한다. 그래야 용병에 유리하고 지리의 이점을 얻을 수 있다.

상류지역에 폭우가 내려 급류가 흐르면 강을 건너고자 하더라도 급류가 진정될 때까지 기다려야 한다.

무릇 지형에는 절벽 사이에 형성된 골짜기로 된 절간(絶澗), 사방이 높고 가운데가 낮아 물이 괴는 분지인 천정(天井), 사방이 험준한 산으로 둘러싸여 갇힌 천뢰(天牢), 초목이 무성하여 움직이기 어려운 천라(天羅), 함정같이 움푹하게 함몰된 천함(天陷), 산 사이에 애로가 있는 좁은 길이 나 있는 천극(天隙) 등이 있는 바, 이러한 지형은 반드시 신속하게 벗어나야 하며 가까이 해서는 안 된다. 아군은 이러한 지형을 멀리하고 적으로 하여금 이러한 지형을 가까이 하도록 해야 하며, 아군은 이러한 지형을 향하되 적으로 하여금 이러한 지형을 등지도록 해야 한다.

군이 활동하는 지역에 험한 장애물로 이루어진 험조(險阻), 늪지대인 황정(潢井), 수풀이 무성한 삼림지대인 임목(林木), 갈대밭으로 된 겸가(蒹葭), 초목이 우거진 예회(翳薈) 등의 지형이 있을 경우 반드시 경계를 강화하고 반복해서 수색해야 한다. 이러한 지형에는 적의 복병이나 간첩이 숨어 있을 수 있다.

* 凡軍好高而惡下, 貴陽而賤陰(범군호고이오하, 귀양이천음): 호(好)는 '좋다', 오(惡)는 '싫어하다', 귀(貴)는 '귀하다', 양(陽)은 '양지', 천(賤)은 '천하다', 음(陰)은 '응달'을 의미한다. 전체를 해석하면 '무릇 군의 진영은 높은 곳이 유리하고 낮은 곳이 불리하며, 양지를 높이 사고 음지를 낮게 평가한다'는 뜻이다.

* 養生而處實, 軍無百疾, 是謂必勝(양생이처실, 군무백질, 시위필승): 양생(養生)은 '심신의 건강'을 의미한다. 실(實)은 '실하다', 위(謂)는 '이르다, 일컫다'라는 의미이다. 전체를 해석하면 '병사들의 심신 건강을 고려하여 실한 곳에 진을 치면 군에 백 가지 질병이 없으니 이를 일컬어 반드시 승리하는 군대라 할 수 있다'는 뜻이다.

* 丘陵堤防, 必處其陽, 而右背之(구릉제방, 필처기양, 이우배지): 구릉(丘陵)은 '큰 언덕', 제방(堤防)은 '강둑'을 의미하고, 우(右)는 옛날 남쪽을 향했을 때를 기준으로 우측이라는 의미에서 '서쪽'을 뜻한다. 전체를 해석하면 '구릉과 제방지역에서는 반드시 양지바른 곳에 진을 편성하도록 하고 서쪽을 등져야 한다'는 뜻이다.

* 此兵之利也, 地之助也(차병지리야, 지지조야) : 조(助)는 '돕다, 유익하다'라는 뜻이다. 전체를 해석하면 '그래야 용병에 유리하고 지리의 이점을 얻을 수 있다'는 뜻이다.

* 上雨水沫至, 欲涉者, 待其定也(상우수말지, 욕섭자, 대기정야): 상우(上雨)는 '상류지역에 비가 내리다'는 뜻이다. 말(沫)은 '거품', 섭(涉)은 '건너다', 대(待)는 '기다리다', 정(定)은 '정하다, 안정되다, 진정되다'라는 의미이다. 전체를 해석하면 '상류지역에 폭우가 내려 급류가 흐르면 강을 건너고자 하더라도 급류가 진정될 때까지 기다려야 한다'는 뜻이다.

* 凡地有絶澗, 天井, 天牢, 天羅, 天陷, 天隙, 必亟去之, 勿近也(범지유절간, 천정, 천뢰, 천라, 천함, 천극, 필극거지, 물근야): 절(絶)은 '끊다', 간(澗)은 '계곡의 시

내'라는 뜻으로 절간(絶澗)은 '절벽에 둘러쌓인 깊은 계곡' 혹은 '절벽 사이의 골짜기'를 의미한다. 천정(天井)은 '사방이 높고 가운데가 낮아 물이 괴는 분지'를 의미하고, 뢰(牢)는 '둘러싸다, 우리', 천뢰(天牢)는 '사방이 험준한 산으로 둘러싸여 간힌 곳'을 뜻하고, 라(羅)는 '새그물'이라는 뜻으로 천라(天羅)는 '초목이 무성하여 움직이기 어려운 곳'을 의미한다. 함(陷)은 '빠지다, 가라앉다', 천함(天陷)은 '함정같이 움푹하게 함몰된 지형'을 뜻한다. 극(隙)은 '틈, 벌어져 사이가 난 곳', 천극(天隙)은 '산 사이에 형성된 애로가 있는 좁은 길'을 말한다. 극(亟)은 '빠르다', 거(去)는 '가다, 떠나다'라는 의미이다. 전체를 해석하면 '무릇 지형에는 절벽 사이에 형성된 골짜기로 된 절간(絶澗), 사방이 높고 가운데가 낮아 물이 괴는 분지인 천정(天井), 사방이 험준한 산으로 둘러싸여 간힌 천뢰(天牢), 초목이 무성하여 움직이기 어려운 천라(天羅), 함정같이 움푹하게 함몰된 천함(天陷), 산 사이에 애로가 있는 좁은 길이 나 있는 천극(天隙) 등이 있는 바, 이러한 지형은 반드시 신속하게 벗어나야 하며 가까이 해서는 안 된다'는 뜻이다.

＊吾遠之, 敵近之, 吾迎之, 敵背之(오원지, 적근지, 오영지, 적배지): 영(迎)은 '맞이하다', 배(背)는 '등, 등지다'라는 의미이다. 전체를 해석하면 '아군은 이러한 지형을 멀리하고 적으로 하여금 이러한 지형을 가까이 하도록 해야 하며, 아군은 이러한 지형을 향하되 적으로 하여금 이러한 지형을 등지도록 해야 한다'는 뜻이다.

＊軍旁有, 險阻, 潢井, 林木, 蒹葭, 翳薈者, 必謹覆索之(군방유, 험조, 황정, 임목, 겸가, 예회자, 필근복색지): 방(旁)은 '옆, 곁', 험조(險阻)는 '험한 장애물로 이루어진 지형', 황(潢)은 '웅덩이', 황정(潢井)은 '늪지대', 임목(林木)은 '수풀이 무성한 삼림지대', 겸(蒹)은 '갈대', 가(葭)는 '갈대', 겸가(蒹葭)는 '갈대밭', 예(翳)는 '우거지다', 회(薈)는 '무성하다', 예회(翳薈)는 초목이 우거진 지역, 근(謹)은 '삼가다, 경계하다', 복(覆)은 '뒤집다, 되풀이하다, 반복하다', 색(索)은 '찾다'라는 의미이다. 전체를 해석하면 '군이 활동하는 지역에 험한 장애물로 이루어진 지형인 험조(險阻), 늪지대인 황정(潢井), 수풀이 무성한 삼림지대인 임목(林木), 갈대밭으로 된 겸가(蒹葭), 초목이 우거진 예회(翳薈) 등의 지형이 있을 경우 반드시 경계를 강화하고 반복해서 수색해야 한다'는 뜻이다.

＊此伏姦之所也(차복간지소야): 복(伏)은 '엎드리다, 숨다', 간(姦)은 '도적, 간첩'을 뜻한다. 전체를 해석하면 '이러한 지형에는 적의 복병이나 간첩이 숨어 있을 수 있다'는 뜻이다.

내용 해설

먼저 손자는 아군의 용병에 유리한 지형을 거듭 강조하고 있다. 그것은 낮은 곳보다 높은 곳, 음지보다 양지를 차지하여 적을 상대하는 것이다. 특히 손자는 양지의 이점을 강조하고 있는데, 양지는 병사들의 위생과 건강을 고려한 것으로 병사들이 정신적으로나 육체적으로 최상의 컨디션을 유지함으로써 최고의 전투력을 발휘할 수 있도록 하기 때문이다. '백 가지 질병'이라는 표현은 당시 원정군이 장기간에 걸쳐 장거리를 기동하는 과정에서 풍토병이나 전염병이 부대의 전력을 유지하는 데 커다란 차질을 가져와 전투의 승리에 영향을 미쳤음을 의미한다.

다음으로 손자는 지형의 특징에 따라 네 가지 진지 편성 및 용병 방법을 제시하고 있다. 첫째로 구릉과 제방에서의 진지 편성 방법이다. 손자는 구릉과 제방지역에서는 가급적 서쪽을 등져야 용병에 유리하고 지리적 이점을 얻을 수 있다고 했다. 이것은 무슨 말인가? 이해하기 어렵지만 서쪽의 구릉을 등진다는 것은 아무래도 양지바른 지역을 차지할 수 있고, 또 적보다 해가 빨리 뜨기 때문에 주간에 있을 전투에 빨리 대비할 수 있다는 의미로 보여진다. 그리고 제방지역을 서쪽으로 하여 등진다는 것은 밤새 강가에 피어오른 안개가 동쪽에 있는 적보다 늦게 걷히기 때문에 적을 관찰하기가 용이하다는 것으로 이해할 수 있다.

둘째로 하천을 도하할 경우 급류가 흐르면 기다려야 한다. 상류지역에 폭우가 내려 강물이 세차게 흐르면 아무리 급하더라도 진정될 때까지 기다려야 한다. 무리하게 강을 건너려고 시도하다가 불필요한 전투력 손실과 사기의 저하를 가져올 수 있기 때문이다. 그러나 이는 너무도 당연한 얘기가 아닐 수 없다. 그럼에도 손자가 굳이 이러한 주장을 하는 것은 아마도 당시 장수들이 군주에 대한 맹목적 충성심에 불타 무리하게 군대를 기동시키는 경향이 있었으며, 이로 인해 많은 병력 손실이 심심찮게 발생했기 때문인 것으로 추정해볼 수 있다. 손자가 〈군쟁〉 편에서 "정지할 때는 산과 같이 해야 한다"고 언급한 것은 바로 이러한 상황을 염두에 두고 한 말이었을 것이다.

셋째로 다양한 애로지역이 나타나면 가급적 회피해야 한다. 절벽 사이에 형성된 골짜기(絶澗), 사방이 높고 가운데가 낮아 물이 괴는 분지(天井), 사방이 험준한 산으로 둘러싸여 갇힌 곳(天牢), 초목이 무성하여 움직이기 어려운 곳(天羅), 함정같이 움푹하게 함몰된 곳(天陷), 산 사이에 애로가 있는 좁은 길이 나 있는 곳(天隙) 등은 불가피할 경우 신속하게 벗어나야 하며, 숙영지나 휴식처로 사용해서는 안 된다. 이러한 지역은 아군의 기동을 방해할 뿐 아니라 적이 매복하여 기습하기에 용이한 곳이기 때문이다. 따라서 만일 적과 싸우고자 한다면 아군은 이러한 지형을 멀리하되, 역으로 적을 이러한 지형으로 유인해 싸워야 할 것이다.

넷째로 의심스런 지역에서는 철저히 수색해야 한다. 험한 장애물이 있는 곳(險阻), 늪지대가 형성된 곳(潢井), 수풀이 무성한 삼림지대(林木), 갈대밭으로 이루어진 곳(蒹葭), 초목이 우거진 곳(翳薈) 등은 적의 복병이나 간첩이 숨어 있을 수 있다. 따라서 아군의 안전을 도모하기 위해서는 경계의 수위를 높이고 시간이 걸리더라도 철저히 수색한 뒤 통과해야 한다.

손자는 앞에서 적과 싸우기 위한 진영을 갖추는 데 있어서 고려할 수 있는 지형으로 산악지역, 하천지역, 소택지, 그리고 평지를 검토했다. 그리고 여기에서는 구릉과 제방에서의 진지 편성, 하천 도하 시 유의사항, 애로지역에 대한 주의, 그리고 의심스런 지역에 대한 수색의 필요성을 언급했다. 다만 여기에서 그가 논하고자 하는 바가 진지 편성에 관한 것인지, 기동에 관한 것인지, 혹은 전투에 관한 것인지 다소 혼란스럽고 산만한 느낌을 지울 수 없다. 아마도 손자는 원정군이 적의 영토를 기동하면서 직면할 수 있는 다양한 지형적 여건을 상정하여 장수의 용병 방법을 제시한 것으로 보인다.

군사사상적 의미

〈구변〉 편과 〈행군〉 편에서의 지형

『손자병법』을 보면 다양한 유형의 지형이 언급된다. 특히 우직지계의 기동이 시작되는 〈군쟁〉 편에서부터 지형은 원정군의 용병에 매우 중요한 요소로 작용한다. 이러한 지형은 그 종류가 너무 많아 다소 혼란을 일으키는 것이 사실이다. 그런데 자세히 보면 손자는 원정군이 당면한 상황에 따라 이를 다르게 제시하고 있음을 알 수 있다. 지금까지 거론된 지형의 종류를 살펴보면 다음과 같이 정리할 수 있다.

우선 〈구변〉 편에서 손자는 '비지(圮地), 구지(九地), 절지(絶地), 위지(圍地), 사지(死地)'를 언급했다. 이는 원정군이 기동하는 과정에서 극복해야 할 몇 가지 지형의 유형을 제시한 것이다. 즉, 부대가 적 지역을 기동해가면서 마주하게 될 지형으로 애로지역, 제3국과의 접경지역, 본국을 출발하여 적국과의 국경을 넘는 지역, 적으로부터 포위의 위험이 도사리는 지역, 적군으로부터 완전히 포위되어 퇴로가 막힌 지역을 예로 든 것이다. 그러나 원정군이 극복해야 할 지형은 이 다섯 가지에 한정되지 않는다. 앞으로 〈구지〉 편에서 자세히 다루겠지만, 이외에도 산지(散地), 쟁지(爭地), 교지(交地), 중지(重地)가 있다. 즉, 〈구변〉 편에서 손자가 언급한 다섯 가지 지형은 다른 많은 지형들 가운데 일부만을 예로 든 것에 불과하다.

그런데 〈구변〉 편에서 손자가 들고 있는 다섯 가지 지형 가운데 '절지'는 〈구지〉 편에서의 아홉 가지 지형 가운데 포함되어 있지 않다. 다만 이와 유사한 유형의 지형으로 '경지(輕地)'를 언급하고 있다. 만일 〈구지〉 편의 아홉가지 지형에 '절지'가 추가된다면 손자가 말하는 지형은 총 10개가 된다. 그렇다면 〈구지〉 편의 편명은 '아홉 가지의 지형'이 아니라 '무수한 종류의 지형'을 의미하는 것으로 보아야 할 것이다. 다만, 필자가 보기에 '절지'와 '경지'는 동일한 것으로 간주할 수 있다. 손자는 '절지'를 국경을 넘는 곳이고 '경지'를 국경에 인접하여 적 지역에 깊숙이 들어가지 않

은 지역이라고 정의하고 있으며, 중요한 것은 그가 이 두 지역에서의 용
병에 대해 다 같이 병사들의 심적 동요를 막기 위해 머무르지 말고 신속
히 이동하라고 했다는 사실이다. 즉, 손자는 '절지'와 '경지'를 사실상 동일
한 것으로 보고 있는 것이다.

그리고 지금 보고 있는 〈행군〉 편에서 손자는 산악지역, 하천, 소택지,
평지, 그리고 기타 애로가 될 수 있는 몇 가지 지형을 다루고 있다. 이러
한 지형들은 원정군이 기동하는 과정에서 추격해오는 적을 상대하는 데
일반적으로 마주할 수 있는 곳이다. 따라서 〈행군〉 편에서 제시되는 지형
들은 앞의 〈구변〉 편에서 언급한 다섯 가지 지형들 가운데 아군의 기동을
방해할 수 있는 '비지'를 중심으로 실지형의 모습을 구체화하여 예를 든
것으로 보아야 한다. 이를 도식화하면 다음 그림과 같다.

구지(九地)와 〈행군〉 편에서의 지형

구분	의미	〈구변〉 편		〈행군〉 편
산지(散地)	자국에서의 전장	–		산악지역
경지(輕地) [절지(絕地)]	국경에 인접한 적 지역	절지		
쟁지(爭地)	피아 전략적 중요 지역	–		하천지역
교지(交地)	피아 접근이 용이한 지역	–		
구지(九地)	인접 제후들의 땅이 교차하는 지역	구지		소택지
중지(重地)	적국 깊숙한 지역	–		
비지(圯地)	장애로 기동이 어려운 지역	비지	비지	평지
위지(圍地)	적이 포위 가능한 지역	위지		
사지(死地)	포위를 당해 몰살당할 수 있는 지역	사지		기타 지형

참고로 손자는 이후에 논의될 〈지형〉 편에서 통형(通形), 괘형(掛形), 지
형(支形), 애형(隘形), 험형(險形), 원형(遠形)을 제시하고 있는데, 이는 원정

군이 기동을 마치고 적의 수도에 도착하여 적군과 결전을 치르는 데 고려해야 할 지형을 논하는 것이다. 또한 〈구지〉 편에서는 아홉 가지의 지형을 논하고 있는 바, 이는 본국으로부터 원정에 나서 우직지계의 전략적 기동을 거쳐 결전지에 이르기까지 고려해야 할 지형을 종합적으로 망라한 것으로 볼 수 있다. 이에 대해서는 앞으로 각 편을 들여다보면서 자세히 설명할 것이다. 이처럼 손자는 너무도 다양한 유형의 지형을 제시하고 있지만, 그러한 지형들은 원정군이 처한 상황과 논의의 각도에 따라 엄밀하게 구분하여 제시된 것으로, 이를 염두에 두지 않으면 손자의 지형을 이해하는 데 혼란에 빠질 수 있다.

3. 적의 징후 및 의도 판단

敵近而靜者, 恃其險也. 遠而挑戰者, 欲人之進也. 其所居易者, 利也.	적근이정자, 시기험야. 원이도전자, 욕인지진야, 기소거이자, 리야.
衆樹動者, 來也. 衆草多障者, 疑也. 鳥起者, 伏也. 獸駭者, 覆也.	중수동자, 래야. 중초다장자, 의야. 조기자, 복야. 수해자, 복야.
塵高而銳者, 車來也. 卑而廣者, 徒來也. 散而條達者, 樵採也. 少而往來者, 營軍也.	진고이예자, 차래야. 비이광자, 도래야. 산이조달자, 초채야. 소이왕래자, 영군야.
辭卑而益備者, 進也. 辭强而進驅者, 退也.	사비이익비자, 진야. 사강이진구자, 퇴야.
輕車先出居其側者, 陳也. 無約而請和者, 謀也. 奔走而陳兵車者, 期也. 半進半退者, 誘也.	경차선출거기측자, 진야. 무약이청화자, 모야. 분주이진병차자, 기야. 반진반퇴자, 유야.
仗而立者, 飢也. 汲而先飮者, 渴也. 見利而不進者, 勞也. 鳥集者, 虛也. 夜呼者, 恐也. 軍擾者, 將不重也. 旌旗動者, 亂也. 吏怒者, 倦也. 殺馬肉食者, 軍無糧也. 懸瓿不返其舍者, 窮寇也.	장이립자, 기야. 급이선음자, 갈야. 견리이부진자, 로야. 조집자, 허야. 야호자, 공야. 군요자, 장불중야. 정기동자, 란야. 리노자, 권야. 살마육식자, 군무량야. 현부불반기사자, 궁구야.
諄諄翕翕, 徐與人言者, 失衆也. 數賞者, 窘也. 數罰者 困也. 先暴而後畏其衆者, 不精之至也.	순순흡흡, 서여인언자, 실중야. 삭상자, 군야. 삭벌자, 곤야. 선폭이후외기중자, 부정지지야.
來委謝者, 欲休息也. 兵怒而相迎, 久而不合, 又不相去, 必謹察之.	래위사자, 욕휴식야. 병노이상영, 구이불합, 우불상거, 필근찰지.

적이 가까이 있는데도 조용하게 있는 것은 험준한 지형을 믿고 있기 때문이다. 적이 멀리 있으면서 싸움을 걸어오는 것은 아군으로 하여금 진격하도록 유인하기 위함이다. 적이 (고지나 험지가 아닌) 공격하기 쉬운 평지에 진을 치고 있는 것은 그곳이 (적에게) 유리하기 때문이다.

많은 나무가 움직이는 것은 적이 오고 있는 것이다. 적이 우거진 풀을 이용해 많은 장애물을 만들어놓는 것은 아군이 올 것으로 의심하기 때문이다. 새가 날아오르는 것은 복병이 숨어 있는 것이다. 짐승이 놀라 달아나는 것은 적의 기습부대가 은밀히 다가오고 있는 것이다.

흙먼지가 높게 일고 빠르게 다가오는 것은 적의 전차가 오고 있는 것이다. (흙먼지가) 낮게 깔려 넓게 퍼져 있으면 적 보병이 오고 있는 것이다. (흙먼지가) 흩어져 군데군데 피어오르면 적이 땔감을 준비하고 있는 것이다. (흙먼지가) 작게 일어 이리저리 왔다 갔다 하는 것은 적이 숙영을 준비하는 것이다.

적의 사신이 겸손하게 말하면서 대비를 강화하는 것은 진격하고자 하는 것이다. 적이 고자세로 말하면서 앞으로 진격할 듯이 하는 것은 퇴각하고자 하는 것이다.

전차가 먼저 나와 본대의 양측면에 머무르는 것은 적이 (공격을 위해) 진을 치려고 하는 것이다. 사전에 논의도 없이 갑자가 강화를 청하는 것은 적이 음모를 꾸미고 있는 것이다. 적이 분주하게 오가며 병거를 배치하는 것은 공격할 시기를 결정한 것이다. 적이 반쯤 진격했다가 다시 반쯤 퇴각하는 것은 아군을 유인하려는 것이다.

적 병사들이 무기에 의지해 서 있는 것은 굶주려 힘이 없기 때문이다. 물을 길어 먼저 마시려고 다투는 것은 목말라 있기 때문이다. 이로움을 보고도 진격하지 않는 것은 피로해 있기 때문이다. 새들이 모이는 것은 적군이 철수하여 비어 있기 때문이다. 한밤중에 놀라 소리를 지르는 것은 적이 공포에 질려 있기 때문이다. 적의 군영이 소란스러운 것은 장수가 위엄을 갖추지 못하고 있기 때문이다. 적군의 깃발이 함부로 움직이는 것은 적진이 혼란에 빠져 있기 때문이다. 적 장수가 화를 내는 것은 병사들이 지쳐 잘 움직이지 않기 때문이다. 말을 죽여 고기를 먹는 것은 군량이 떨어졌기 때문이다. 취사도구를 내걸고 숙영지로 가져가지 않는 것은 (식량이 떨어져) 궁지에 몰려 있기 때문이다.

장수가 병사들에게 거듭해서 타이르고 잘할 것을 당부하며 완곡하게 설명하는 것은 병사들로부터 신망을 잃었기 때문이다. 장수가 자주 상을 내리는 것은 지시를 해도 듣지 않아 난처하기 때문이다. 장수가 자주 벌을 내리를 것은 명령을 해도 듣지 않아 곤란하기 때문이다. 장수가 처음에는 사납게 하다가 나중에는 병사들을 두려워하는 것은 지휘의 무능함이 극에 달했기 때문이다.

적의 사자가 찾아와서 풀이 죽은 모습으로 사과하는 것은 휴식을 원하기 때문이다. 적군이 분노에 가득 차 진격하여 아군과 대치하면서도 오랫동안 싸우지도 않고 물러가지도 않으면 (뭔가 계략이 있는 것이니) 반드시 적의 의도를 읽고 파악해야 한다.

* 敵近而靜者, 恃其險也(적근이정자, 시기험야): 정(靜)은 '고요하다', 시(恃)는 '믿다', 험(險)은 '험하다'는 의미이다. 전체를 해석하면 '적이 가까이 있는데도 조용하게 있는 것은 험준한 지형을 믿기 있기 때문이다'라는 뜻이다.

* 遠而挑戰者, 欲人之進也(원이도전자, 욕인지진야): 도(挑)는 '돋우다, 의욕을 돋우다', 진(進)은 '나아가다, 전진하다'라는 의미이다. 전체를 해석하면 '적이 멀리 있으면서 싸움을 걸어오는 것은 아군으로 하여금 진격하도록 하기 위함이다'라는 뜻이다.

* 其所居易者, 利也(기소거이자, 리야): 거(居)는 '있다, 차지하다', 이(易)는 '쉽다, 편안하다'라는 의미이다. 전체를 해석하면 '적이 (고지나 험지가 아닌) 공격하기 쉬운 평지에 진을 치고 있는 것은 그곳이 유리하기 때문이다'라는 뜻이다.

* 衆樹動者, 來也(중수동자, 래야): 중(衆)은 '무리, 많은', 수(樹)는 '나무'를 뜻한다. 전체를 해석하면 '많은 나무가 움직이는 것은 적이 오고 있기 때문이다'라는 뜻이다.

* 衆草多障者, 疑也(중초다장자, 의야): 장(障)은 '가로막다'는 뜻으로 '장애물'을 의미한다. 의(疑)는 '의심하다'라는 뜻이다. 전체를 해석하면 '적이 우거진 풀을 이용해 많은 장애물을 만들어놓는 것은 아군이 올 것으로 의심하기 때문이다'라는 뜻이다.

* 鳥起者, 伏也(조기자, 복야): 조(鳥)는 '새', 기(起)는 '날아오르다'는 뜻이고, 복(伏)은 '숨다'는 뜻으로 '복병'을 의미한다. 전체를 해석하면 '새가 날아오르는 것은 복병이 숨어 있기 때문이다'라는 뜻이다.

* 獸駭者, 覆也(수해자, 복야): 수(獸)는 '짐승', 해(駭)는 '놀라다'라는 의미이고, 복(覆)은 '엎드리다'라는 뜻이나 여기에서는 '기습하다'는 의미이다. 전체를 해석하면 '짐승이 놀라 달아나는 것은 적의 기습부대가 은밀히 다가오고 있기 때문이다'라는 뜻이다.

* 塵高而銳者, 車來也(진고이예자, 차래야): 진(塵)은 '흙먼지, 티끌', 예(銳)는

'재빠르다, 나아가다'라는 뜻이다. 전체를 해석하면 '흙먼지가 높게 일고 빠르게 다가오는 것은 적의 전차가 오고 있는 것이다'라는 뜻이다.

  * 卑而廣者, 徒來也(비이광자, 도래야): 비(卑)는 '낮다, 천하다', 광(廣)은 '넓다', 도(徒)는 '무리, 보병'을 뜻한다. 전체를 해석하면 '(흙먼지가) 낮게 깔려 넓게 퍼져 있으면 적 보병이 오고 있는 것이다'라는 뜻이다.

  * 散而條達者, 樵採也(산이조달자, 초채야): 산(散)은 '흩어지다', 조(條)는 '가지, 나뭇가지', 달(達)는 '도달하다, 나오다', 초(樵)는 '땔감', 채(採)는 '캐다'라는 의미이다. 전체를 해석하면 '(흙먼지가) 흩어져 군데군데 피어오르면 적이 땔감을 준비하고 있는 것이다'라는 뜻이다.

  * 少而往來者, 營軍也(소이왕래자, 영군야): 영(營)은 '진영'을 뜻한다. 전체를 해석하면 '(흙먼지가) 작게 일어 이리저리 왔다 갔다 하는 것은 적이 숙영을 준비하는 것이다'라는 뜻이다.

  * 辭卑而益備者, 進也(사비이익비자, 진야): 사(辭)는 '말하다', 비(卑)는 '낮다', 익(益)은 '더하다', 비(備)는 '갖추다'라는 의미이다. 전체를 해석하면 '적의 사신이 겸손하게 말하면서 대비를 강화하는 것은 진격하고자 하는 것이다'라는 뜻이다.

  * 辭强而進驅者, 退也(사강이진구자, 퇴야): 구(驅)는 '몰다, 달리다', 진구(進驅)는 '진격할 듯이 하는 것'을 의미한다. 전체를 해석하면 '적이 고자세로 말하면서 앞으로 진격할 듯이 하는 것은 퇴각하고자 하는 것이다'라는 뜻이다.

  * 輕車先出居其側者, 陳也(경차선출거기측자, 진야): 경(輕)은 '가볍다'는 뜻이고, 경차(輕車)는 '전차'를 뜻하는데, 『십일가주손자』에서 조조(曹操)는 경차를 전차, 그리고 중차(重車)를 보급품을 운반하는 혁차(革車)라고 언급했다. 거(居)는 '거주하다, 있다', 측(側)은 '옆, 곁, 측면', 진(陳)은 '늘어서다'라는 뜻이다. 전체를 해석하면 '경전차가 먼저 나와 본대의 양측면에 머무르는 것은 적이 (공격을 위해) 진을 치려고 하는 것이다'라는 뜻이다.

  * 無約而請和者, 謀也(무약이청화자, 모야): 약(約)은 '약속하다', 강화(講和)는 '화의를 구하다', 모(謀)는 '계략, 계책, 꾀'를 의미한다. 전체를 해석하면 '사전에 논의도 없이 갑자가 강화를 청하는 것은 적이 음모를 꾸미고 있는 것이다'라는 뜻이다.

  * 奔走而陳兵車者, 期也(분주이진병차자, 기야): 분(奔)은 '달리다', 분주(奔走)

는 '분주하게 오가다', 진(陳)은 '늘어서다', 기(期)는 '정하다, 결심하다'라는 의미이다. 전체를 해석하면 '적이 분주하게 오가며 병거를 배치하는 것은 공격할 시기를 결정한 것이다'라는 뜻이다.

* 半進半退者, 誘也(반진반퇴자, 유야): 유(誘)는 '유혹하다'라는 의미이다. 전체를 해석하면 '적이 반쯤 진격했다가 다시 반쯤 퇴각하는 것은 아군을 유인하려는 것이다'라는 뜻이다.

* 仗而立者, 飢也(장이립자, 기야): 장(仗)은 '무기', 기(飢)는 '주리다, 기아'를 뜻한다. 전체를 해석하면 '적 병사들이 무기에 의지해 서 있는 것은 굶주려 힘이 없기 때문이다'라는 뜻이다.

* 汲而先飮者, 渴也(급이선음자, 갈야): 급(汲)은 '물을 긷다', 음(飮)은 '마시다', 갈(渴)은 '목마르다, 갈증'을 뜻한다. 전체를 해석하면 '물을 길어 먼저 마시려고 다투는 것은 목말라 있기 때문이다'라는 뜻이다.

* 見利而不進者, 勞也(견리이부진자, 로야): 로(勞)는 '피로하다'는 뜻이다. 전체를 해석하면 '이로움을 보고도 진격하지 않는 것은 피로해 있기 때문이다'라는 뜻이다.

* 鳥集者, 虛也(조집자, 허야): 집(集)은 '모이다', 허(虛)는 '비다'라는 뜻이다. 전체를 해석하면 '새들이 모이는 것은 적군이 철수하여 비어 있기 때문이다'라는 뜻이다.

* 夜呼者, 恐也(야호자, 공야): 호(呼)는 '부르다', 공(恐)은 '두려워하다'라는 의미이다. 전체를 해석하면 '한밤중에 놀라 소리를 지르는 것은 적이 공포에 질려 있기 때문이다'라는 뜻이다.

* 軍擾者, 將不重也(군요자, 장불중야): 요(擾)는 '어지럽다'는 뜻이고, 중(重)은 '무겁다'는 뜻이나 여기에서는 '위엄 있다'는 의미이다. 전체를 해석하면 '적의 군영이 소란스러운 것은 장수가 위엄을 갖추지 못하고 있기 때문이다'라는 뜻이다.

* 旌旗動者, 亂也(정기동자, 란야): 정기(旌旗)는 '깃발', 난(亂)은 '어지럽다'는 의미이다. 전체를 해석하면 '적군의 깃발이 함부로 움직이는 것은 적진이 혼란에 빠져 있기 때문이다'라는 뜻이다.

* 吏怒者, 倦也(리노자, 권야): 리(吏)는 장수를 의미하고, 권(倦)는 '게으르다, 피로하다'라는 뜻이다. 전체를 해석하면 '적 장수가 화를 내는 것은 병사들이

지쳐 잘 움직이지 않기 때문이다'라는 뜻이다.

　＊殺馬肉食者, 軍無糧也(살마육식자, 군무량야): 살(殺)은 '죽이다', 량(糧)은 '양식'을 뜻한다. 전체를 해석하면 '말을 죽여 고기를 먹는 것은 군량이 떨어졌기 때문이다'라는 뜻이다.

　＊懸瓿不返其舍者, 窮寇也(현부불반기사자, 궁구야): 현(懸)은 '매달다'는 뜻이고, 부(瓿)는 '단지, 작은 항아리'로 여기에서는 '취사도구'를 의미한다. 반(返)은 '돌아가다, 돌려주다', 궁(窮)은 '떨어지다, 다하다'라는 의미이고, 구(寇)는 '도둑'을 뜻하나 여기에서는 '적'을 의미한다. 궁구(窮寇)는 '궁지에 빠진 적'을 의미한다. 전체를 해석하면 '취사도구를 내걸고 숙영지로 가져가지 않는 것은 (식량이 떨어져) 궁지에 몰려 있기 때문이다'라는 뜻이다.

　＊諄諄翕翕, 徐與人言者, 失衆也(순순흡흡, 서여인언자, 실중야): 순(諄)은 '타이르다', 순순(諄諄)은 '거듭해서 타이르다'는 뜻이고, 흡(翕)은 '합하다, 화합하다'라는 의미로 흡흡(翕翕)은 간곡하게 잘해보자고 당부하는 모습을 표현한 것이다. 서(徐)는 '천천히', 여(與)는 '~에게', 여인(與人)은 '병사들에게', 실(失)은 '잃다'는 뜻이고, 중(衆)은 '무리'이나 여기에서는 병사들을 의미한다. 실중(失衆)은 '병사들로부터 신망을 잃다'는 뜻이다. 전체를 해석하면 '장수가 병사들에게 거듭해서 타이르고 잘할 것을 당부하며 완곡하게 설명하는 것은 병사들로부터 신망을 잃었기 때문이다'라는 뜻이다.

　＊數賞者, 窘也(삭상자, 군야): 삭(數)은 '자주', 군(窘)은 '막히다, 궁하다'라는 의미이다. 전체를 해석하면 '장수가 자주 상을 내리는 것은 지시를 해도 듣지 않아 난처하기 때문이다'라는 뜻이다.

　＊數罰者 困也(삭벌자, 곤야) : 곤(困)은 '곤란하다, 통하지 아니하다'라는 뜻이다. 전체를 해석하면 '장수가 자주 벌을 내리는 것은 명령을 해도 듣지 않아 곤란하기 때문이다'라는 뜻이다.

　＊先暴而後畏其衆者, 不精之至也(선폭이후외기중자, 부정지지야): 폭(暴)은 '사납다', 외(畏)는 '협박하다, 두려워하다', 정(精)은 '우수하다, 능하다'라는 의미이이다. 전체를 해석하면 '장수가 처음에는 사납게 하다가 나중에는 병사들을 두려워하는 것은 지휘의 무능함이 극에 달했기 때문이다'라는 뜻이다.

　＊來委謝者, 欲休息也(래위사자, 욕휴식야): 위(委)는 '풀이 죽다, 시들다', 사(謝)는 '사과하다, 사례하다'라는 의미이다. 전체를 해석하면 '적의 사자가 찾아와서

풀이 죽은 모습으로 사과하는 것은 휴식을 원하기 때문이다'라는 뜻이다.

* 兵怒而相迎, 久而不合, 又不相去, 必謹察之(병노이상영, 구이불합, 우불상거, 필근찰지): 영(迎)은 '맞이하다', 구(久)는 '오래다', 강(講)은 '읽다, 풀이하다'라는 의미이다. 전체를 해석하면 '적군이 분노에 가득 차 진격하여 아군과 대치하면서도 오랫동안 싸우지도 않고 물러가지도 않으면 (뭔가 계략이 있는 것이니) 반드시 적의 의도를 읽고 파악해야 한다'는 뜻이다.

내용 해설

이 부분에서 손자는 겉으로 보이는 전장에서의 자연현상 및 적정의 관찰을 통해 적의 징후와 의도를 파악하는 방법을 제시하고 있다. 첫째로 적 군대의 움직임과 관련하여 적의 태세와 의도를 파악할 수 있다. 우선 적이 가까이 있는데도 조용하게 있는 것은 험준한 지형을 믿고 있는 것이다. 즉, 아군이 먼저 공격을 해오도록 기다리고 있는 것이다. 반대로 적이 멀리 있으면서 굳이 싸움을 걸어오는 것은 아군을 유인하려는 속셈을 갖고 있기 때문이다. 즉, 아군이 쫓아가면 적의 정예부대와 마주하게 된다. 그리고 적이 유리한 고지나 험지가 아닌 평지에 진을 치고 있다면 아군이 모르는 뭔가 유리한 점이 있기 때문이다. 가까운 곳에 지원군이 대기하고 있을 수 있으며, 아군이 공격하는 사이에 일부 부대를 우회시켜 아군의 측후방을 노릴 수도 있다.

둘째로 주변 자연환경이나 동식물의 움직임을 통해 적의 징후를 파악할 수 있다. 우선 많은 나무가 움직이는 것은 적이 오고 있는 것이다. 적은 아군이 잘 볼 수 없도록 나무가 많은 지역으로 기동하기 때문에 보이지 않지만 무기나 장비 등이 나무를 건드려 움직이게 되는 것이다. 또한 적이 우거진 풀을 이용해 많은 장애물을 만들어놓는 것은 아군이 올 것으로 의심하기 때문이다. 적이 풀을 묶어 아군의 기동을 불편하게 하거나 마름쇠, 즉 마름(菱)과 같이 사방이 뾰족한 쇠를 깔아놓아 기동을 저지하는 것은 아군이 올 것으로 예상하여 대비하고 있는 것이다. 그리고 새가 날아오르면 복병이 숨어 있는 것이고, 짐승이 놀라 달아나는 것은 적의 기습부대가 은밀히 다가오고 있는 것이다.

셋째로 흙먼지의 모양을 보고도 적의 움직임을 파악할 수 있다. 만일 흙먼지가 높게 일고 빠르게 다가온다면 적의 전차부대가 오고 있는 것으로 볼 수 있다. 말이 끄는 전차가 신속하게 기동하기 때문에 흙먼지가 높고 빠르게 일어나는 것이다. 반면 흙먼지가 낮게 깔려 넓게 퍼져 있으면 적 보병이 오는 것으로 볼 수 있다. 많은 수의 보병이 일정한 속도로 행군해 오기 때문에 먼지는 낮고 넓게 형성되는 것이다. 이외에도 흙먼지가 흩어져 군데군데 피어오르면 적이 삼삼오오로 흩어져 땔감을 준비하고 있는 것이고, 흙먼지가 작게 일어 이리저리 왔다 갔다 하는 것은 적이 숙영을 준비하는 것으로 짐작할 수 있다.

넷째로 적이 보낸 사신의 행동을 보고 적의 의도를 파악할 수 있다. 만일 적이 사신을 보내 겸손한 태도를 보이면서 적진에서 대비를 강화한다면 이는 곧 공격하겠다는 것이다. 겉으로 유화적인 모습을 보여 아군의 경계심을 느슨하게 하려는 것이다. 반대로 적이 고압적인 태도를 보이면서 즉각 공격할 태세를 취하는 것은 반대로 퇴각하려는 것이다. 적이 공격할 의도를 갖고 있다면 정작 그러한 태세를 드러내지 않으려 할 것인바, 노골적으로 공격태세를 보이는 것은 아군으로 하여금 방어태세를 갖추도록 하여 퇴각을 용이하게 하기 위함이다.

다섯째로 적 군대의 움직임을 보고 적의 의도를 파악할 수 있다. 전차가 먼저 나와 본대의 양측면에 머무른다면 적이 공격하기 위해 준비하는 것이다. 춘추시대에 군대가 전차를 중심으로 편성되었음을 고려할 때 전차의 움직임은 곧 전투대형을 갖추기 위한 징후로 볼 수 있다. 적이 사전에 논의도 없이 갑자기 강화를 청하는 것은 적이 음모를 꾸미고 있는 것이다. 즉, 공격할 의도를 숨기고 아군의 경계심을 무너뜨리기 위한 것이다.

만일 적이 분주하게 오가며 전차를 배치하는 것은 공격할 시기를 이미 결정한 것이다. 즉, 전투가 임박한 것이다. 그리고 적이 반쯤 진격했다가 다시 반쯤 퇴각하는 것은 아군을 유인하려는 것으로 볼 수 있다.

여섯째로 적의 내부 사정을 유심히 관찰하여 적의 상태를 파악할 수 있다. 적 병사들이 창과 칼 등 개인이 소지한 무기에 의지해 서 있는 모습이 자주 발견된다면 기운이 없다는 것으로 많이 굶주려 있음을 의미한다. 길어온 물을 마시려고 서로 다투는 것은 이들이 물 사정이 좋지 않아 목말라 있음을 의미한다. 아군이 적을 떠보기 위해 이로움을 보여주어도 아무런 반응을 보이지 않는 것은 적이 많이 피로해 있음을 의미한다. 적의 진영에 새들이 먹이를 찾아 모인다면 그곳은 적군이 철수하여 비어 있음을 의미한다. 한밤중에 짐승이나 별것 아닌 자연현상에도 놀라 소리를 지르는 것은 적이 공포에 질려 있음을 의미한다. 적의 군영이 쓸데없이 웅성거리고 소란스러운 것은 장수가 위엄을 갖추어 지휘하지 못하고 있음을 의미한다. 적군의 깃발이 함부로 움직이는 것은 적진이 혼란에 빠져 있음을 의미한다. 이는 예하 장수들이 수시로 진영을 이동하여 장수를 찾기 때문에 대동한 깃발이 이리저리 움직이는 것으로 장수의 지시에 대해 내부적으로 혼선이 빚어지고 있음을 보여준다. 적 장수가 화를 내는 것은 병사들이 지쳐 의도대로 잘 움직이지 않고 있음을 의미한다. 병사들이 말을 죽여 고기를 먹는 것은 군량이 떨어졌음을 의미한다. 또한 취사도구를 방치한 채 숙영지로 다시 가져가지 않는 것은 이미 식량이 떨어져 어려운 처지에 몰려 있음을 의미한다.

일곱째로 적 장수의 행동을 보고 적의 상태를 파악할 수 있다. 먼저 적 장수가 병사들에게 거듭해서 타이르고 잘할 것을 당부하며 완곡하게 설명한다면 이는 그가 병사들로부터 신망을 잃었음을 의미한다. 지시를 해도 먹히지 않기 때문에 병사들에게 읍소할 수밖에 없는 상황에 이른 것이다. 이에 따라 장수는 자주 상을 내리거나 자주 벌을 내리게 되는데, 이는 병사들이 말을 듣지 않는 상황을 어떻게든 극복하고자 발버둥치는 것을 의미한다. 최악의 상황은 장수가 처음에 사납게 하다가 나중에 병사들을 두려워하는 것이다. 이에 대해서는 이 편의 맨 마지막에서 살펴보겠지만, 병사들과 친근해지기도 전에 무턱대고 벌을 내림으로써 부하들의 신망을 얻지 못하고 복종을 기대할 수 없는 상황에 처하게 된 것이다. 지휘통솔의 무능함이 극에 달한 것이다.

마지막으로 전투가 이루어지고 나서 적이 보이는 태도에 따라 적의 의도를 파악할 수 있다. 만일 적의 사자가 찾아와서 풀이 죽은 모습으로 사과하는 것은 휴식을 취하려는 의도로 볼 수 있다. 즉, 전열을 재정비하여 앙갚음을 하겠다는 것이다. 아마도 이 상황은 적이 공격했는데 많은 피해를 입고 물러난 이후의 시점을 상정해볼 수 있다. 또한 적군이 진격했는데도 아군과 대치만 할 뿐 오랫동안 싸우지 않고 물러가지도 않으면 뭔가 계략이 있는 것을 의미한다. 이 경우에는 적의 계책이 무엇인지 파악해 대비해야 할 것이다.

군사사상적 의미

〈허실〉 편에서의 책지, 작지, 형지, 각지와의 차이점

손자는 이미 〈허실〉 편에서 책지(策之), 작지(作之), 형지(形之), 각지(角之)에 대해 언급했다. 책지란 계책을 구상하여 얻을 수 있는 이해득실을 판단하는 것으로 장수가 용병 방법을 구상하고 그것이 효과적인 것인지를 판단하는 것이다. 작지는 일부러 그러한 계책과 관련한 행동을 취하여 적의 동정을 살피는 것으로 적이 아군의 계획대로 적이 움직일 것인지를 보는 것이다. 형지는 적의 군형에 나타난 허실을 파악하는 것으로 적의 배치를 보고 강한 지점과 약한 지점을 살피는 것이다. 마지막으로 각지는 실제로 적의 강점과 약점을 확인하는 것으로 소규모 병력으로 적의 일부를 공격해보아 적의 병력이 많은 곳과 부족한 곳을 파악하는 것이다. 이 가운데 작지와 형지, 각지는 적의 정황을 살핀다는 점에서 이 편에서 다루는 적정 파악과 유사하다.

그러나 〈허실〉 편에서의 '책지, 작지, 형지, 각지'는 결전의 단계에서 요구되지만, 여기 〈행군〉 편에서의 적정 파악은 부대가 기동하는 단계에서 이루어진다는 점에서 차이가 있다. 즉, 〈허실〉 편에서의 논의는 적과의 결정적인 전투를 앞두고 장수가 구상한 용병술을 적용하기 위해 적의 허실을 파악하고 적의 약한 부분에 아군의 병력을 집중하여 세를 발휘하는 데 필요한 적정을 파악하는 것이다. 반면, 〈행군〉 편에서의 논의는 원정군이 적의 수도로 기동하는 과정에서 방해하는 적이 어떠한 상황에 있는지를 살피는 일반적인 정세에 관한 것이다. 따라서 여기에서 다루고 있는 〈행군〉 편에서의 적정은 적의 진영, 적의 기동, 적의 전투준비, 병사들의 상태, 장수의 지휘통솔, 그리고 적의 사자가 보이는 태도에 이르기까지 매우 광범위한 영역에서 다양한 정보를 포괄하고 있다.

4. 적정 파악의 중요성

> 兵非益多也, 惟無武進, 足以并力料敵, 取人而已.   병비익다야, 유무무진, 족이병력료적, 취인이이.
>
> 夫惟無慮而易敵者, 必擒於人.   부유무려이이적자, 필금어인.

> 군대는 병력이 많다고만 유리한 것은 아니므로, 무용만을 믿고 진격하지 말고, 병력을 집중하여 적정을 살피고 적을 제압할 수 있으면 그로써 이미 족한 것이다.
>
> 무릇 사려 깊지 않게 행동하고 적을 쉽게 여기면 반드시 적에게 사로잡힐 것이다.

* 兵非益多也, 惟無武進, 足以并力料敵, 取人而已(병비귀익다, 수무무진, 족이병력료적, 취인이이): 익(益)은 '유익하다', 유(惟)는 '생각하다, 도모하다', 유무(惟無)는 '도모하지 않는다', 무(武)는 '용맹하다', 무진(武進)는 '무용만을 믿고 진격하다'라는 의미이고, 병(并)은 '어우르다, 함께하다', 병력(并力)은 '병력을 집중하다', 료(料)는 '헤아리다', 료적(料敵)은 '적을 헤아리다'로 '적정을 살피다', 취(取)는 '취하다', 취인(取人)은 '적을 제압하다', 이(已)는 '이미, 그치다'는 뜻이다. 전체를 해석하면 '군대는 병력이 많다고만 유리한 것은 아니므로, 무용만을 믿고 진격하지 말고, 병력을 집중하여 적정을 살피고 적을 제압할 수 있으면 그로써 이미 족한 것이다'라는 뜻이다.

* 夫惟無慮, 而易敵者, 必擒於人(부유무려, 이이적자, 필금어인): 려(慮)는 '생각하다', 유(惟)는 '생각하다, 도모하다', 이(易)는 '쉽다', 금(擒)은 '사로잡다, 생포하다'라는 의미이다. 전체를 해석하면 '무릇 사려 깊지 않게 행동하고 적을 쉽게 여기면 반드시 적에게 사로잡힐 것이다'라는 뜻이다.

내용 해설

여기에서 손자는 먼저 적정을 파악하는 것이 중요함을 강조하고 있다. 그는 "군대는 병력이 많다고만 유리한 것은 아니므로, 무용만을 믿고 진격하지 말고, 병력을 집중하여 적정을 살피고 적을 제압할 수 있으면 그로써 이미 족한 것이다"라고 했다. 〈모공〉 편에서 '지피지기(知彼知己)'를 언급한 것처럼 적 진영 주변의 자연현상과 적 진영 내의 움직임을 통해 적의 상황과 의도를 먼저 파악하는 것이 중요하다는 것을 재차 강조하고 있는 것이다. 즉, 중요한 것은 병력 수가 아니라 적정을 정확히 살피는 것이며, 이를 통해 취약한 시기와 장소에 병력을 집중하여 적을 제압할 수 있다는 것이다.

손자가 수차례 지적하고 있듯이 전쟁은 절대적인 병력의 수가 중요한 것이 아니라 상대적 우세를 달성함으로써 승리할 수 있다. 병력이 많다고 자만하여 적을 파악하지도 않은 채 밀어붙이면 승부는 반반이다. 게다가 많은 피해를 입을 수 있다. 따라서 손자는 적의 상태와 의도를 파악하여 '지피(知彼)'를 달성한 후에 적을 상대해야 한다고 주장한다. 즉, 여기에서 그는 ─앞에서 살펴본 논의의 연장선상에서─ 적의 동정을 살펴서 적의 강한 부분을 회피하고 약한 부분을 공략할 것, 적의 사기가 충천해 있다면 약화되기를 기다릴 것, 적에 비해 유리한 지역에 진영을 편성할 것, 적의 유혹에 빠지지 말고 적을 유인하여 혼란에 빠뜨릴 것, 적이 보낸 사자의 말에 현혹되지 말고 적의 의도를 정확하게 읽고 행동할 것 등을 주문하고 있는 것이다.

겉으로 보이는 적은 그것이 다가 아닐 수 있다. 비록 적이 허술하게 보이더라도 실상은 그렇지 않을 수 있다. 그래서 손자는 "사려 깊지 않게 행동하고 적을 쉽게 여기면 반드시 적에게 사로잡힐 것"이라고 경고하고 있다. 여기에서 언급하고 있는 적의 굶주림, 목마름, 피로함, 철수, 혼란함, 적 장수의 무능함 등 이 모든 것이 적의 기만책으로 활용될 가능성에 대해서도 심각하게 고려해야 한다는 뜻이다.

이 구절에서 손자는 적에 대한 과감한 공격보다 신중한 탐색을 권유하고 있다. 왜인가? 그것은 거듭 강조하지만 현재의 상황은 원정군이 결전의 장소로 기동해가는 과정에 있으므로 방해하는 적을 섬멸하기보다는 신속히 격퇴한 후 기동을 재촉해야 하기 때문으로 볼 수 있다. 현 단계에서 원정군의 임무는 적을 섬멸하고 승리를 거두는 것이 아니라 적 수도를 목표로 한 우직지계의 기동을 완수하는 것이다.

군사사상적 의미

전장 정보의 유용성과 한계

손자가 말하는 전장 정보는 매우 유용하게 활용될 수 있다. 적이 보낸 사신의 행동을 보고 공격할 것인지 퇴각할 것인지, 아니면 공격을 잠시 중단하고 휴식할 것인지를 알아챌 수 있다. 적의 진영을 보고 아군의 공격을 기다리는 것인지 유인하려는 것인지 알 수 있다. 자연현상과 짐승들의 움직임, 그리고 흙먼지의 모습을 보고 적이 어떻게 움직이고 있는지를 알 수 있다. 적정을 잘 관찰함으로써 적 내부의 상황이 질서 있게 돌아가고 있는지 혼란스러운지도 알 수 있다. 적 장수의 행동을 보고 적 병사들이 최상의 전투력을 발휘할 수 있는지 아니면 전투력 발휘가 곤란한 지경에 이르렀는지를 파악할 수 있다. 이와 같이 얻은 정보들은 역으로 아군이 공격을 할 것인지 방어를 할 것인지, 아니면 그대로 두고 우직지계의 기동을 계속할 것인지를 결정하는 데 중요한 판단 근거로 활용될 수 있다. 또한 적을 공략하기 위한 용병술을 구상하고 실제로 전투를 지휘하는 과정에서도 유용하게 활용될 수 있다.

그러나 전장 정보에는 한계도 있다. 겉으로 보이는 적의 징후와 의도는 모두가 드러난 그대로 믿을 수 있는 것은 아니기 때문이다. 아군이 적을 기만하려는 것과 마찬가지로 적도 아군을 속이기 위해 다양한 기만책을 쓸 것이다. 적은 사신을 보내 오히려 있는 그대로 사실을 말하여 아군이 적의 의도를 잘못 판단하도록 할 수도 있다. 실제로 많은 병력을 움직이지 않으면서도 빗자루를 이용하여 흙먼지를 일으켜 그렇게 보이도록 할 수 있다. 아군의 공격을 유인하기 위해 내부가 소란한 것처럼 보이도록 위장할 수도 있다. 이러한 경우 아군은 적정을 오판하여 용병을 그르칠 수 있다. 결국 전장 정보는 서로가 속고 속이는 가운데 주고받는 것으로 어느 쪽에도 유리하게 작용하지 않을 수 있다.

그렇다면 장수는 과연 전장 정보를 이용하여 승리할 수 있는가? 손자의 입장에서 볼 때 유능한 장수가 지휘한다면 충분히 가능하다. 결국 적을 속이고 적으로부터 속임을 당하지 않는 것은 장수의 능력에 달려 있다. 전장에서 나타나는 수많은 현상들과 움직임을 관찰하면서 무엇이 진실이고 무엇이 거짓인지, 그리고 적의 진정한 의도가 무엇이고 꾸며진 의도가 무엇인지를 파악하기 위해서는 전적으로 전투를 책임지는 장수의 지혜가 요구된다. 그래서 손자는 〈시계〉 편에서 이미 '장숙유능(將孰有能)', 즉 장수는 어느 편이 더 유능한가를 비교하고 아군의 장수가 적보다 더 유능할 때 전쟁을 시작할 수 있다고 했다. 이러한 비교를 통해 원정을 시작한 이상 아군의 장수는 적의 장수보다 전장 정보를 획득하는 데 더 뛰어날 것이며, 이를 활용하여 전투에서 승리할 수 있을 것이다.

물론, 여기에서 장수에게 요구되는 '지혜'는 지형적 여건과 적 상황을 판단하고 분별하는 능력에 주안을 둔 것으로 타고난 천재성이나 '직관', 또는 '통찰력'을 요구하지는 않는다는 점에서 클라우제비츠가 중시하는 지휘관의 자질인 '혜안'과 구별된다 하겠다.

5. 장수의 지휘통솔 방법

卒未親附而罰之, 則不服. 不服, 則難用.	졸미친부이벌지, 즉불복. 불복, 즉난용.
卒已親附而罰不行, 則不可用也.	졸이친부이벌불행, 즉불가용야.
故令之以文, 齊之以武. 是謂必取.	고령지이문, 제지이무, 시위필취.
令素行, 以教其民, 則民服. 令不素行, 以教其民, 則民不服.	령소행, 이교기민, 즉민복. 령불소행, 이교기민, 즉민불복.
令素行者, 與衆相得也.	령소행자, 여중상득야.

병사들과 친근해지기도 전에 벌을 주면 병사들이 복종하지 않게 된다. 병사들이 복종하지 않으면 이들을 쓰기가 어렵게 된다.

병사들과 이미 친근해졌는데도 벌을 행하지 않으면 병사들을 쓸 수 없게 된다.

따라서 병사를 다스리는 것은 사랑과 친근함으로 하고, 병사를 통제하는 것은 강압적 제재 수단으로 한다. 이것이 바로 반드시 승리하는 통솔법이다.

병사들을 (사랑과 친근함으로) 다스리는 것이 기본적으로 잘 이행되는 상황에서는 그 병사들을 교화시켜 이들을 복종하도록 할 수 있다. 병사들을 (사랑과 친근함으로) 다스리는 것이 기본적으로 잘 이행되지 않으면, 그 병사들을 아무리 교화시켜도 이들을 복종시킬 수 없다.

병사들을 (사랑과 친근함으로) 다스리는 것은 장수와 병사들 모두에게 서로 이득이 되는 것이다.

* 卒未親附而罰之, 則不服. 不服, 則難用(졸미친부이벌지, 즉불복. 불복, 즉난용): 친(親)은 '친하다, 사랑하다', 부(附)는 '가깝다, 친하게 지내다', 친부(親附)는 '친근하다', 벌(罰)은 '벌, 형벌', 복(服)은 '복종하다', 난(難)은 '어렵다'라는 의미이다. 전체를 해석하면 '병사들과 친근해지기도 전에 벌을 주면 병사들이 복종하지 않게 된다. 병사들이 복종하지 않으면 이들을 쓰기가 어렵게 된다'는 뜻이다.

＊卒已親附而罰不行, 則不可用也(졸이친부이벌불행, 즉불가용야): '병사들과 이미 친근해졌는데도 벌을 행하지 않으면 병사들을 쓸 수 없게 된다'는 뜻이다.

＊故令之以文, 齊之以武, 是謂必取(고령지이문, 제지이무, 시위필취): 령(令)은 '다스리다'는 뜻이고, 문(文)은 무(武)와 대조되는 표현으로 '덕과 예, 사랑과 친근함'을 의미한다. 령지이문(令之以文)은 '병사를 다스리는 것은 사랑과 친근함으로 하고'라는 의미이다. 제(齊)는 '가지런히 하다'로 '통제하다'라는 의미이다. 무(武)는 '용맹하다'는 뜻이나 여기에서는 '제도와 형벌, 강압적 제재 수단'을 의미한다. 제지이무(齊之以武)는 '병사들을 통제하는 것은 강압적 제재 수단으로 한다'는 뜻이고, 위(謂)는 '이르다, 일컫다'라는 의미이다. 전체를 해석하면 '따라서 병사를 다스리는 것은 사랑과 친근함으로 하고, 병사를 통제하는 것은 강압적 제재 수단으로 한다. 이것이 바로 반드시 승리하는 통솔법이다'라는 뜻이다.

＊令素行, 以教其民, 則民服(령소행, 이교기민, 즉민복): 소(素)는 '본래', 교(教)는 '가르치다'는 뜻이고, 민(民)은 '백성'이나 여기에서는 '병사'를 의미한다. 전체를 해석하면 '병사들을 (사랑과 친근함으로) 다스리는 것이 기본적으로 잘 이행되는 상황에서는 그 병사들을 교화시켜 이들을 복종하도록 할 수 있다'는 뜻이다.

＊令不素行, 以教其民, 則民不服(령불소행, 이교기민, 즉민불복): '병사들을 (사랑과 친근함으로) 다스리는 것이 기본적으로 잘 이행되지 않으면, 그 병사들을 아무리 교화시켜도 이들을 복종시킬 수 없다'는 뜻이다.

＊令素行者, 與衆相得也(령소행자, 여중상득야): 중(衆)은 '병사들'을 의미하고, 여중(與衆)은 '병사들과 함께'라는 뜻으로 '장수와 병사들'을 의미한다. 전체를 해석하면 '병사들을 (사랑과 친근함으로) 다스리는 것은 장수와 병사들 모두에게 서로 이득이 되는 것이다'라는 뜻이다.

내용 해설

맨 첫 문장은 〈행군〉 편이 우직지계의 기동 상황에 있음을 말해준다. '병사들과 친근해지기도 전에'라는 표현은 곧 원정군을 지휘할 장수가 병사들을 데리고 막 본국을 출발한 상황을 의미한다. 장수와 병사들이 원정군으로 편성되었지만 아직 얼마 되지 않아 서로를 잘 모르고 서먹한 관계에 있음을 의미하기 때문이다. 즉, 〈행군〉 편은 앞의 〈군쟁〉 및 〈구지〉 편과 마찬가지로 원정군이 결전의 장소에 도착하기 위해 본국을 출발하여 적의 영토를 이동하는 과정에 있음을 알 수 있다.

왜 손자는 〈행군〉 편의 맨 마지막에서 장수의 지휘통솔을 언급하고 있는가? 전장으로 이동하는 과정에서 병사들을 지휘하고 통솔하는 일은 결코 녹록치 않다. 지금 병사들은 농한기에 훈련에 소집되어 자국 내에서 한가롭게 창검술을 연습하고 있는 것이 아니다. 이들은 자신의 의지와 상관없이 강제로 전쟁에 동원되어 적의 영토에 들어와 천 리가 넘는 먼 길을 고달프게 행군해가고 있다. 변변치 않은 음식, 야지에서의 숙영, 엄격한 전장 규율, 그리고 수시로 목숨을 내놓고 싸워야 하는 전투로 인해 육체적 피로는 물론, 정신적으로도 엄청난 스트레스에 시달리지 않을 수 없다. 이러한 상황에서 병사들의 군기와 사기를 유지하는 것은 장수에게 부과된 매우 중요하고도 어려운 임무가 아닐 수 없다. 따라서 손자는 〈구변〉 편에서 지형과 상황에 따른 용병술을 구사할 수 있는 장수의 자질을 논했지만, 여기에서는 병사들을 일사분란하게 지휘통솔하는 데 요구되는 장수의 자질을 언급하고 있는 것이다.

손자가 생각하는 지휘통솔의 핵심은 '부하에 대한 사랑, 교화, 그리고 강압적 제재'를 적절히 조화시켜야 한다는 것이다. 부하에 대한 따뜻한 마음만 가져도 안 되고, 그렇다고 강압적인 수단만 동원해서도 안 된다는 것이다. 장수는 병사들과 먼저 친근한 관계를 맺어 이들의 마음을 얻어야 하고, 이들로 하여금 왜 복종해야 하는지를 가르쳐야 하며, 그럼에도 불구하고 이들이 복종하지 않는다면 그때 가서 엄정하게 처벌해야 한다. 여기에는 순서가 중요하다. 즉, 부하에 대한 사랑이 선행되어야 하고, 다음으로 교화가 이루어져야 하며, 그런 다음에야 비로소 필요한 때에 제재를 가할 수 있다. 병사들을 자기 사람으로 만들지도 않고 벌을 앞세워 통제하려 한다면 역효과를 낳을 수밖에 없다는 것이 손자의 견해이다.

따라서 손자는 장수의 지휘통솔에서 부하에 대한 사랑을 가장 근본이자 출발점으로 본다. 그는 "병사들과 친근해지기도 전에 벌을 내리면 병사들이 따르지 않는다"고 했다. 이때 '친근해진다'는 의미는 장수가 병사들의 마음을 얻는 것으로 병사들로 하여금 장수를 믿고 따르도록 하는 것이다. 만일 장수가 병사들의 신임을 얻지 못한다면 병사들은 따르는 시늉만 할 뿐, 실제로는 장수가 지시하는 대로 움직이지 않을 것이다. 장수 앞에서는 처벌이 무서워 열심히 하다가도 장수가 보이지 않으면 성의를 다해 임무를 수행하지 않을 것이다. 따라서 손자는 병사들에게 사랑을 베풀어 이들의 마음을 먼저 얻을 것을 요구하고 있다.

그러나 병사들이 명령과 지시를 이행하지 않거나 잘못된 행동을 할 경우에는 과감하게 벌을 내려야 한다. 손자는 "병사들과 이미 친근해졌는데도 벌을 행하지 않으면 병사들을 쓸 수 없게 된다"고 했다. 장수가 병사들을 너무 사랑하여 잘못된 행동에 대해 제재를 가하지 않는다면 병사들은 자신의 잘못을 깨닫지 못하게 된다. 가령 경계임무를 소홀히 했는데도 눈감아준다면 병사들은 계속해서 경계를 태만히 할 것이다. 나중에 심각한 지경에 이르러 이를 시정하고자 하면 병사들은 이미 그러한 잘못된 행위가 습관이 되어 장수의 말을 듣지 않게 될 것이다. 그래서 장수가 병사들에게 적이 은거한 지역을 정찰하거나 적을 공격하는 등의 위험이 따르는 임무를 지시하면 병사들은 따르지 않게 될 것이다. 결국, 병사들을 대할 때는 사랑과 친근함으로 하더라도, 잘못할 경우에는 즉각 제재를 가하여 군기를 바로잡아야 병사들을 제대로 부릴 수 있다.

그런데 손자는 병사들의 복종을 이끌어내기 위해서는 이들에 대한 교화가 필요하다고 본다. 그는 "병사들을 다스리는 것이 기본적으로 잘 이행되는 상황에서는 그 병사들을 교화시켜 이들을 복종하도록 할 수 있다"고 했다. '교화'란 가르치고 이끌어서 올바른 방향으로 나아가도록 하는 것이다. 그렇다면 무엇을 교화시켜야 하는가? 비록 손자는 이에 대해 설명하지 않았지만, 아마도 그것은 병사들에게 왜 이렇게 힘든 전쟁을 해야 하는지, 왜 장수의 명령과 지시에 복종해야 하는지, 복종할 때와 복종하지 않을 때 따르는 상과 벌은 무엇인지, 그리고 전쟁에 승리하여 귀국하면 어떠한 이득이 주어질 것인지에 관한 교육을 시켜 이들로 하여금 자발적으로 복종하도록 하는 것이다.

통상적으로 군대는 엄격한 규율과 통제, 그리고 엄정한 처벌을 내세워 병사들의 군기를 유지해야 한다고 생각하기 쉽다. 그러나 손자는 이러한 강압적 통제보다는 사랑과 교화를 통해 이들의 신뢰를 얻고 자발적으로 복종하도록 하는 것이 바람직하다고 보았다. 근대 서구의 경우 국가주의나 민족주의에 입각한 애국심에 호소하여 병사들의 복종을 요구했다면, 손자는 국가에 대한 충성심을 기대할 수 없는 상황에서 장수에 대한 신뢰감을 바탕으로 이들의 복종을 이끌어내고 있는 것이다. 장수에게 또 다른 막중한 임무가 주어진 것이다.

이렇게 볼 때 장수의 뛰어난 지휘통솔은 병사들에 대한 사랑과 친근함에서 출발한다. 이것이 없이는 병사들을 교화시킬 수도 없고 복종시킬 수도 없다. 사랑과 친근함이 있어야만 장수는 병사들을 복종시키고 전쟁에서 승리할 수 있는 바, 손자는 이렇게 다스리는 것이 결국 장수와 병사 모두에게 이득이 된다고 보았다. 그것은 반대로 장수가 사랑 없이 교육하고 처벌한다면 병사들은 교화되지 않고 복종하지 않을 것이며, 전쟁에서 패하여 모두가 죽임을 당할 수 있으므로 모두에게 손해가 된다는 말이다.

군사사상적 의미

공자의 정치사상과 손자의 지휘통솔

손자의 지휘통솔 주장은 군주의 통치술을 논한 공자(孔子)의 가르침과 유사하다. 공자는 '인(仁)'의 사상을 바탕으로 치술을 제시했는데, 그것은 첫째로 돌보아주는 것(養), 둘째로 가르치는 것(敎), 그리고 셋째로 다스리는 것(治)이다. 돌보는 것과 가르치는 것의 도구는 '덕(德)'과 '예(禮)'이며, 다스리는 것의 도구는 '정(政)'과 '형(刑)'이다. '덕'이란 '도리를 행하고자 하는 어질고 올바른 마음'으로 백성을 너그러운 마음으로 대하는 것이며, '예'란 '자신을 낮추고 상대방을 높이는 것'으로 백성을 존중과 배려로 통치하는 것을 의미한다. '정'이란 제도에 의한 통치이며, '형'이란 벌을 가하여 제재하는 것을 의미한다. 여기에서 덕과 예는 근본이고, 정과 형은 보조적인 것으로, 공자는 군주가 덕과 예로써 사람들을 '교화(敎化)'시키는 것, 즉 돌봄과 교육을 통해 감화시키는 것을 가장 중시했다.

'교화'를 강조한 공자는 올바른 정치를 위해 통치자의 도덕성을 강조했다. 그는 치술에서 가장 근본이 되는 교화의 방법으로 두 가지를 제시했는데, 하나는 자신을 본보기로 삼는 것이고 다른 하나는 도로써 다른 사람들을 가르치는 것이다. 이 가운데 공자는 '인'을 실천하기 위해 먼저 스스로 어진 자가 되어야 한다는 관점에서 첫 번째 요소를 더욱 중시했다. 그는 자기 몸을 바로 갖지 못하고서는 남을 바로잡을 수 없으며, "정치란 바르게 하는 것"으로 군주가 바로 거느리면 모두가 바르게 될 것이라고 했다. 이러한 공자의 사상은 근대 서구의 학자들이 정치를 '다스리는 것'으로 정의한 것과 달리 올바른 정치란 무릇 사람을 감화시켜야 한다는 측면에서 '다스리기'보다는 '교육시키는 것'에 가까웠다.

공자가 제시한 '정(政)'과 '형(刑)'은 바로 사람과 일을 다스리는 영역이다. 이는 정부기관의 기능으로서 '정'은 제도를, '형'은 법령으로 다스리는 것을 의미한다. 비록 공자는 덕으로 사람을 교화시키고 나라를 다스리는 것이 바람직하다는 이상을 제시했으나, 사람들의 타고난 능력과 성품이 동일하지 않다는 사실을 분명히 알고 있었다. 그렇기 때문에 어떤 사람들은 배우려 하지 않거나 배우고도 동화되지 못하는 경우가 발생할 수 있다고 보았다. 따라서 그는 국가가 법령과 형벌제도를 폐지하는 것은 불가능하다고 했다. 군주는 덕과 예로써 백성을 통치해야 하겠지만, 교화가 되지 않는 사람에 대해서는 정과 형으로써 강제할 필요가 있음을 인정한 것이다.

그러나 공자는 정과 형으로는 부족하다고 보았다. 그는 "법제로 이끌고 형벌로 다스리면 백성은 형벌은 모면하나 수치심이 없게 되고, 덕으로 이끌고 다스리면 수치심을 갖게 되고 또 올바르게 된다"고 했다. 이는 공자의 치술이 교화의 효용을 극대화시키고 정형의 범위를 축소하는 경향을 갖고 있음을 보여준다. 즉, 형벌에 의한 통치는 형벌이 무서워 복종하는 듯하지만 내심으로는 따르지 않으므로 백성들은 법을 어기더라도 처벌받지만 않으면 된다고 생각하고 부끄러움을 모르게 된다는 것이다.

이렇게 볼 때 손자의 지휘통솔은 장수의 사랑을 우선으로 하고 처벌을 나중으로 한다는 점에서 공자의 정치사상과 궤를 같이한다. 통상적으로 군대는 엄격한 규율과 통제, 그리고 엄정한 처벌을 내세워 병사들의 군기를 엄정하게 유지해야 한다고 생각하기 쉽다. 일본 제국주의 군대의 영향을 받은 한국의 군대도 마찬가지이다. 그러나 손자는 이러한 강압적 통제보다는 사랑과 교화를 통해 이들의 신뢰를 얻고 자발적으로 복종하도록 하는 것이 바람직하다고 보았다. 즉, 그는 원정이라는 긴장된 상황에서도 강요된 복종보다는 자발적 복종이 진정한 복종이라고 본 것이다. 이러한 손자의 사상은 지휘통솔의 본질을 꿰뚫고 있다는 점에서 시공을 초월하여 오늘날 군대의 지휘통솔에 주는 함의가 적지 않다. 특히 현대의 병사들이 민족주의와 애국심으로 무장하고 있음을 고려할 때 강압적 통제보다는 자발적 복종을 유도하는 것이 바람직하며, 그럼으로써 더 강한 전투력을 발휘하도록 할 수 있을 것이다.

제10편

지형(地形)

地形

〈지형(地形)〉 편은 손자가 결전을 논하는 첫 번째 편이다. 앞에서 손자는 원정군이 본국을 떠나 우직지계의 기동을 하면서 결전의 장소인 적의 수도 인근 지역으로 돌아가는 과정을 다루었다. 그리고 여기에서부터 다음의 〈구지(九地)〉 편과 〈화공(火攻)〉 편까지는 원정군이 결전의 장소에 도착하여 적과 승부를 결정짓는 전투를 어떻게 벌여야 하는가에 대해 논의하고 있다. '지형'이란 말 그대로 '지세' 또는 '땅의 생긴 모습이나 형태'를 뜻하는 것으로, 여기에서는 '지형에 따른 용병의 방법'으로 이해할 수 있다.

이 편에서 다루는 주요 내용은 첫째로 피아 결전에 영향을 주는 전장 지형의 여섯 가지 유형[지천지지(知天知地)], 둘째로 패하는 군대의 여섯 가지 유형을 통한 피아의 태세 점검[지피지기(知彼知己)], 셋째로 장수에 의한 결전의 시기 판단 및 시행, 넷째로 인과 엄을 병행한 지휘통솔, 그리고 다섯째로 반드시 '지피지기'와 '지천지지'를 겸비해야 승리할 수 있다는 것이다.

〈지형〉 편에서의 '지형에 따른 용병'은 앞에서의 논의와 다르다. 즉, 앞에서 손자가 논한 지형과 용병은 부대가 기동하는 과정에서 조우하는 적을 상대하기 위한 것이었으나, 이제는 그러한 기동을 마치고 결전의 장소에서 적의 주력을 섬멸하기 위한 지형 및 용병의 방법을 다루는 것이다. 본격적으로 '군형'을 편성하고, '병세'를 발휘하며, '허실'을 이용한 용병으로 결정적 승리를 달성하는 과정이 시작된 것이다. 따라서 여기에서의 '지형'은 지극히 전술적인 수준에서 논의되는 것으로 철저하게 아군과 적군 간의 유불리함 고려한 것임을 알 수 있다.

1. 전장 지형의 유형과 용병의 방법(지천지지)

孫子曰. 地形, 有通者, 有掛者,　　손자왈, 지형, 유통자, 유괘자,
有支者, 有隘者, 有險者, 有遠者.　유지자, 유애자, 유험자, 유원자.

我可以往, 彼可以來, 曰通.　　　　아가이왕, 피가이래, 왈통.
通形者, 先居高陽利糧道以戰, 則利.　통형자, 선거고양리량도이전, 즉리.

可以往, 難以返, 曰掛.　　　　　　가이왕, 난이반, 왈괘.
掛形者, 敵無備, 出而勝之.　　　　괘형자, 적무비, 출이승지.
敵若有備, 出而不勝, 難以返, 不利.　적약유비, 출이불승, 난이반, 불리.

我出而不利, 彼出而不利, 曰支.　　아출이불리, 피출이불리, 왈지.
支形者, 敵雖利我, 我無出也.　　　지형자, 적수리아, 아무출야.
引而去之. 令敵半出而擊之, 利.　　인이거지. 령적반출이격지, 리.

隘形者, 我先居之, 必盈之以待敵.　애형자, 아선거지, 필영지이대적.
若敵先居之, 盈而勿從, 不盈而從之.　약적선거지, 영이물종, 불영이종지.
險形者, 我先居之, 必居高陽以待敵.　험형자, 아선거지, 필거고양이대적.

若敵先居之, 引而去之, 勿從也.　　약적선거지, 인이거지, 물종야.
遠形者, 勢均, 難以挑戰, 戰而不利.　원형자, 세균, 난이도전, 전이불리.

凡此六者, 地之道也. 將之至任,　　범차육자, 지지도야. 장지지임,
不可不察也.　　　　　　　　　　불가불찰야.

손자가 말하기를 지형(地形)에는 통형(通形), 괘형(掛形), 지형(支形), 애형(隘形), 험형(險形), 원형(遠形)이 있다.

아군이 진격할 수 있고 적군도 진격할 수 있는 지형을 통형(通形)이라 한다. 통형의 경우 아군이 높고 양지바르며 병참선에 유리한 곳을 먼저 차지하여 싸우면 유리하다.

아군이 진격할 수 있으나 퇴각하기 어려운 지형을 괘형(掛形)이라 한다. 괘형의 경우 적이 방비하고 있지 않은 상태에서 아군이 공격하면 승리할 수 있다. 만일 적이 방비하고 있으면 공격하더라도 승리할 수 없으며 퇴각하기도 어렵기 때문에 불리하다.

아군이 공격하기에 불리하고 적이 공격하기에도 불리한 지형을 지형(支形)이라 한다. 지형의 경우 비록 적이 아군에 이로움을 보여주더라도 공격해서는 안 되며, 적을 유인하여 뒤로 물러나야 한다. (그리하여) 적으로 하여금 반쯤 진격하도록 한 다음 적을 치면 유리하다.

(좌우에 장애물이 많은 애로지역으로 이루어진) 애형(隘形)의 경우 아군이 먼저 점령하여 반드시 병력을 배치하고 적을 기다려야 한다. (그런데) 만일 적이 (애형을) 먼저 점령하여 병력을 배치하고 있다면 진격해서는 안 된다. 다만 적의 병력이 배치되어 있지 않다면 진격할 수 있다.

(험준한 산악으로 이루어진) 험형(險形)의 경우 아군이 먼저 점령한다면 반드시 높고 양지바른 곳을 택하여 적을 기다려야 한다. (그런데) 만일 적이 먼저 (험형을) 점령하고 있다면 아군은 적을 유인하여 뒤로 물러나되 적을 쫓아 (높은 곳으로) 진격해서는 안 된다.

(피아가 멀리 떨어질 수밖에 없는) 원형(遠形)의 경우 피아가 세를 발휘할 수 있는 지형적 여건이 대등하여 싸움을 걸기가 어렵고 싸우더라도 유리하지 않다.

* 孫子曰. 地形, 有通者, 有掛者, 有支者, 有隘者, 有險者, 有遠者(손자왈. 지형, 유통자, 유괘자, 유지자, 유애자, 유험자, 유원자): 통(通)은 '통하다', 괘(掛)는 '걸다', 지(支)는 '가지', 애(隘)는 '좁다', 험(險)은 '험하다'라는 의미이다. 전체를 해석하면 '손자가 말하기를, 지형에는 통형(通形), 괘형(掛形), 지형(支形), 애형(隘形), 험형(險形), 원형(遠形)이 있다'는 뜻이다.

* 我可以往, 彼可以來, 曰通(아가이왕, 피가이래, 왈통): '아군이 진격할 수 있고 적군도 진격할 수 있는 지형을 통형(通形)이라 한다'는 뜻이다.

* 通形者, 先居高陽利糧道以戰, 則利(통형자, 선거고양리량도이전, 즉리): 거(居)는 '있다, 차지하다', 량(糧)은 '양식', 량도(糧道)는 '병참선'을 의미한다. 전체를 해석하면 '통형의 경우 아군이 높고 양지바르며 병참선에 유리한 곳을 먼저 차지하여 싸우면 유리하다'는 뜻이다.

* 可以往, 難以返, 曰掛(가이왕, 난이반, 왈괘): 난(難)은 '어렵다', 반(返)은 '돌아오다'라는 의미이다. 전체를 해석하면 '아군이 진격할 수 있으나 퇴각하기 어려운 지형을 괘형(掛形)이라 한다'는 뜻이다.

＊掛形者, 敵無備, 出而勝之(괘형자, 적무비, 출이승지): 비(備)는 '갖추다, 대비하다'라는 뜻이다. 전체를 해석하면 '괘형의 경우 적이 방비하고 있지 않은 상태에서 아군이 공격하면 승리할 수 있다'는 뜻이다.

＊敵若有備, 出而不勝, 難以返, 不利(적약유비, 출이불승, 난이반, 불리): 약(若)은 '만일'을 뜻한다. 전체를 해석하면 '만일 적이 방비하고 있으면 공격하더라도 승리할 수 없으며 퇴각하기도 어렵기 때문에 불리하다'는 뜻이다.

＊我出而不利, 彼出而不利, 曰支(아출이불리, 피출이불리, 왈지): '아군이 공격하기에 불리하고 적이 공격하기에도 불리한 지형을 지형(支形)이라 한다'는 뜻이다.

＊支形者, 敵雖利我, 我無出也, 引而去之(지형자, 적수리아, 아무출야, 인이거지): 수(雖)는 '비록 ~하더라도', 인(引)은 '끌다, 유인하다', 거(去)는 '가다, 떠나다', 인이거지(引而去之)는 '적을 유인하여 뒤로 물러나다'는 뜻이다. 전체를 해석하면 '지형의 경우 적이 비록 아군에 이로움을 보여주더라도 공격해서는 안되며, 적을 유인하여 뒤로 물러나야 한다'는 뜻이다.

＊令敵半出而擊之, 利(령적반출이격지, 리): 령(令)은 '~로 하여금 ~하게 하다', 격(擊)은 '치다'라는 의미이다. 전체를 해석하면 '적으로 하여금 반쯤 진격하도록 한 다음 적을 치면 유리하다'는 뜻이다.

＊隘形者, 我先居之, 必盈之以待敵(애형자, 아선거지, 필영지이대적): 영(盈)은 '차다, 펴지다', 대(待)는 '기다리다'라는 뜻이다. 전체를 해석하면 '(좌우에 장애물이 많은 애로지역으로 이루어진) 애형(隘形)의 경우 아군이 먼저 점령하여 반드시 병력을 배치하고 적을 기다려야 한다'는 뜻이다.

＊若敵先居之, 盈而勿從, 不盈而從之(약적선거지, 영이물종, 불영이종지): 종(從)은 '쫓다, 나아가다'라는 뜻이다. 전체를 해석하면 '만일 적이 (애형을) 먼저 점령하여 병력을 배치하고 있다면 진격해서는 안 된다. 다만 적의 병력이 배치되어 있지 않다면 진격할 수 있다'는 뜻이다.

＊險形者, 我先居之, 必居高陽以待敵(험형자, 아선거지, 필거고양이대적): '(험준한 산악으로 이루어진) 험형(險形)의 경우 아군이 먼저 점령한다면 반드시 높고 양지바른 곳을 택하여 적을 기다려야 한다'는 뜻이다.

＊若敵先居之, 引而去之, 勿從也(약적선거지, 인이거지, 물종야): '만일 적이 먼저 (험형을) 점령하고 있다면 아군은 적을 유인하여 뒤로 물러나되 적을 쫓아 진격해서는 안 된다'는 뜻이다.

＊遠形者, 勢均, 難以挑戰, 戰而不利(원형자, 세균, 난이도전, 전이불리): 균(均)은 '고르다, 균등하다', 도(挑)는 '돋우다'라는 뜻이다. 전체를 해석하면 '(피아가 멀리 떨어질 수밖에 없는) 원형(遠形)의 경우 피아가 세를 발휘할 수 있는 지형적 여건이 대등하여 싸움을 걸기가 어렵고 싸우더라도 유리하지 않다'는 뜻이다.

＊凡此六者, 地之道也(범차육자, 지지도야): '무릇 이 여섯 가지는 지형을 이용하는 원칙이다'라는 뜻이다.

＊將之至任, 不可不察也(장지지임, 불가불찰야): 지(至)는 '이르다'라는 뜻이고, 임(任)은 '맡기다, 임무'라는 뜻으로 여기에서는 '임지, 전장'을 의미한다. 전체를 해석하면 '장수에게 맡겨진 막중한 임무이니 신중하게 살피지 않을 수 없다'는 뜻이다.

내용 해설

여기에서 논의하는 지형은 두 가지 측면에서 앞의 〈구지〉 편 및 〈행군〉 편의 지형과 차이가 있다. 첫째는 결전을 앞둔 상태에서의 지형별 용병이라는 측면에서 앞에서 논의한 우직지계 과정에서의 지형에 따른 용병과 다른 의미를 갖는다. 즉, 지금까지의 용병이 유리한 결전의 장소로 이동하는 과정에서 극복해야 할 지형을 다루었다면, 여기에서는 적의 수도 인근 지역에 도착하여 적의 주력과 결전을 추구하는 데 고려해야 할 지형인 것이다. 둘째는 결전의 상황인 만큼 피아 간의 유불리를 감안하여 지형을 다루고 있다는 것이다. 즉, 아군의 입장에서 지형이 미치는 영향을 고려하는 것이 아니라 아군과 적군이 팽팽히 맞선 상황에서 서로에게 유불리를 가져오는 전장의 지형을 논하고 있는 것이다.

손자는 결전장의 지형으로 통형(通形), 괘형(掛形), 지형(支形), 애형(隘形), 험형(險形), 원형(遠形)이라는 여섯 가지에 대해 언급하고 있다. 첫째로 통형(通形)은 아군이 진격할 수 있고 적군도 진격할 수 있는 지형이다. 지리적으로 험하지 않고 도로가 사방으로 발달하여 피아 모두에게 접근이 용이한 지역이다. 통형의 경우 손자는 세 가지를 고려하여 선점할 것을 요구한다. 하나는 높은 지역이다. 적을 감제할 수 있고 높은 곳에서 아래를 향해 작전할 수 있는 지역을 점령하는 것이 유리하다는 것이다. 다른 하나는 양지바른 지역이다. 이는 병사들의 건강상태는 물론, 작전환경을 감안하여 기후 조건을 고려한 것으로 보인다. 앞의 〈행군〉 편에서 손자는 구릉과 제방 지역에서 가급적 서쪽을 등져야 용병에 유리하고 지리적 이점을 얻을 수 있음을 지적한 바 있다. 마지막으로 병참선을 유지할 수 있는 곳이다. 후방으로부터 보급지원이 용이한 도로를 확보하라는 것이다. 이 경우 아군은 식량 및 전투물자를 안정적으로 확보함으로써 여유를 가지고 적을 공략할 수 있을 것이다.

둘째로 괘형(掛形)은 아군이 진격할 수 있으나 퇴각하기는 어려운 지형이다. 이러한 지형은 급경사를 이루어 내리막을 달리다가 평지를 형성하고 있는 지역을 생각해볼 수 있다. 즉, 이러한 지형에서는 막상 공격하기에는 용이하나 공격이 잘못된다면 후퇴하기에 불리한 지형이다. 자칫 함정에 빠지기 쉬운 곳이다. 괘형의 경우 적이 방비하고 있지 않다면 기습적으로 공격을 가하여 쉽게 승리할 수 있다. 그러나 적의 방비가 튼튼할 경우에는 공격에 실패할 수 있고, 그렇게 되면 퇴각이 어렵기 때문에 크게 패할 수 있다. 따라서 괘형에서의 공격은 적의 동태를 잘 살피고 치밀한 준비를 통해 신중하게 이루어져야 한다.

셋째로 지형(支形)은 아군이 공격하기에 불리하고 적이 공격하기에도 불리한 지형이다. 가령 아군과 적군 사이에 늪지대 혹은 하천이 형성되어 있다면 서로가 상대를 공략하기 어려울 것이다. 이 경우에는 비록 적이 아군에 이로움을 보여주더라도 공격해서는 안 되며, 반드시 적을 유인한 다음 적이 반쯤 진격한 후에 치면 유리하다. 즉, 적을 유인하여 공격해야 하는 것이다. 이순신의 명량해전이 대표적인 사례이다. 명량해전이 있었던 울돌목은 물길이 좁고 조류가 거세 아군과 적군 모두에게 진격하면 불리한 지형(支形)이었다. 이순신은 전선(戰船)의 수가 13척 대 133척으로 절대적으로 불리한 상황에서 그나마 울돌목이 적을 상대하기에 유리한 상황을 조성해줄 것으로 믿었다. 결국 그는 왜군을 울돌목으로 끌어들이는 데 성공했고, 사즉생(死則生)의 각오로 전투에 임하여 열 배가 넘는 적군을 격퇴하고 승리할 수 있었다.

넷째로 애형(隘形)은 좌우에 장애물이 많은 애로지역으로 이루어진 지형이다. 아군과 적군 사이에 협곡이나 울창한 삼림지대가 형성되어 있는 지역을 상정해볼 수 있다. 애형의 경우에는 가급적 아군이 먼저 점령하여 병력을 배치하고 적을 기다리는 것이 유리하다. 적이 유입되기만 한다면 쉽사리 적을 공략할 수 있기 때문이다. 다만, 적이 이러한 지형을 먼저 점령하여 병력을 배치하고 있다면 결코 진격해서는 안 된다. 이 경우에는 배치된 적 병력을 쫓아내고 기동하든가, 아니면 아예 이 지역을 우회해야 할 것이다. 그러나 만일 적이 애형으로부터 멀리 떨어져 있고 이러한 지형에 적의 병력이 배치되어 있지 않다면 신속하게 통과하여 차후 지점에서 적을 공략해야 할 것이다.

다섯째로 험형(險形)은 험준한 산악으로 이루어져 기동 및 공격이 곤란한 지형이다. 험형의 경우에는 아군이 먼저 높고 양지바른 곳을 택하여 점령한 후 적이 공격해오기를 기다릴 수 있다. 그런데 만일 적이 먼저 이러한 지역을 점령하고 있다면 아군은 진격해서는 안 되며 반드시 뒤로 물러나 적을 유인한 후 공략해야 한다. 즉, 험형의 경우 유리한 지역을 선점하여 적을 기다리되, 만일 적이 이러한 지역을 미리 점령하고 있으면 적을 끌어내어 공략해야 한다.

여섯째로 원형(遠形)은 피아로 하여금 멀리 떨어져 있도록 하는 지형이다. 결전을 치러야 할 적 주력이 커다란 호수나 험준한 산맥으로 인해 당장 접촉이 불가능한 경우이다. 이때에는 서로가 세를 발휘할 수 있는 지형적 여건이 대등하여 싸움을 걸기가 어렵고 싸우더라도 유리하지 않다. 적과 싸우기 위해 이러한 지형을 극복하다 보면 병사들이 피로해지고 적보다 전투력이 저하될 수밖에 없기 때문이다. 따라서 원형의 경우에는 적의 동정을 살피면서 적으로 하여금 싸움을 걸어오도록 하거나 이를 무시한 채 다음 작전을 수행해야 한다.

여섯 가지 지형의 유형에 따라 용병의 방법은 상이할 수밖에 없다. 통형과 괘형의 경우에는 적극적인 공격이 가능하고, 지형(支形)의 경우에는 적을 유인하여 반격을 취해야 하며, 애형과 험형의 경우에는 먼저 선점한 후에 적을 기다려야 하고, 마지막으로 원형의 경우에는 공격하지 말아야한다. 물론, 한신의 배수진과 같이 이러한 원칙을 따르지 않고 변칙을 취하여 다양한 용병의 변화를 꾀할 수도 있을 것이다. 다만, 손자는 이 여섯가지 유형의 지형이 승부에 영향을 미치기 때문에 장수는 신중하게 지형적 여건을 살펴 용병을 해야 한다고 강조하고 있다.

한 가지 놓쳐서는 안 될 것은 손자가 여기에서 다룬 여섯 가지 지형에따른 용병의 방법은 이 편의 맨 마지막에서 언급되는 '지천지지(知天知地)'의 핵심적 부분이라는 사실이다. 손자는 '지피지기(知彼知己)'와 함께 '지천지지'를 이루어야 승부를 온전히 할 수 있다고 함으로써 '지천지지'를 강조하고 있으며, 그래서 다양한 지형이 피아 간에 주는 유불리함과 그에 따른 용병을 아는 것이 '장수의 막중한 임무(將之至任)'라고 단정하고 있다.

군사사상적 의미

손자의 지형 비교

손자는 이미 앞의 〈구변〉 편과 〈행군〉 편에서 여러 가지 지형을 언급했다. 여기 〈지형〉 편에서는 또 다른 지형으로 통형, 괘형, 지형, 애형, 험형, 원형을 다루고 있다. 그리고 다음의 〈구지〉 편에서는 종합적으로 아홉 가지 지형을 다시 다룰 것이다. 독자들의 이해를 돕기 위해 여기에서 다룬 지형을 다른 편에서 제시되고 있는 지형과 비교해보면 다음 그림과 같다.

구지(九地)와 〈지형〉 편에서의 여섯 가지 지형

구분	의미	〈구변〉 편		〈행군〉 편	〈지형〉 편
산지(散地)	자국에서의 전장	–		산악지역	통형(通形)
경지(輕地) [절지(絶地)]	국경에 인접한 적 지역	절지			
쟁지(爭地)	피아 전략적 중요 지역	–	쟁지	하천지역	괘형(掛形)
교지(交地)	피아 접근이 용이한 지역	–			지형(支形)
구지(九地)	인접 제후들의 땅이 교차하는 지역	구지		소택지	
중지(重地)	적국 깊숙한 지역	–			애형(隘形)
비지(圮地)	장애로 기동이 어려운 지역	비지	비지	평지	험형(險形)
위지(圍地)	적이 포위 가능한 지역	위지			
사지(死地)	포위를 당해 몰살당할 수 있는 지역	사지		기타 지형	원형(遠形)

우선 기본적으로 아홉 가지 지형은 〈구지〉 편에서 다루고 있는 바와 같이 산지(散地), 경지(輕地)[또는 절지(絶地)], 쟁지(爭地), 교지(交地), 구지(九地), 중지(重地), 비지(圮地), 위지(圍地), 그리고 사지(死地)이다. 가장 먼저 다룬 〈구변〉 편에서의 지형은 이 가운데 다섯 가지로 비지, 구지, 절지, 위지, 사지만을 다루고 있다. 이는 앞에서 설명한 대로 원정군이 우직지계의 기동을 해나가는 가운데 맞닥뜨릴 수 있는 대표적인 지형을 선별하여 다룬 것이다. 그리고 〈행군〉 편에서 다룬 산악지역, 하천, 소택지, 평지, 그리고 기타 지형은 우직지계의 기동 과정에서 적과 조우했을 때 어떻게 용병을 해야 하는지를 다룬 것으로 특별히 '비지', 즉 부대이동에 장애가 되는 지역을 구체화한 것으로 볼 수 있다.

그리고 여기 〈지형〉 편에서 다룬 통형, 괘형, 지형, 애형, 험형, 원형은 앞의 상황과 다르다. 즉, 원정군이 기동을 해나가는 과정이 아니라 기동을 마치고 적의 수도 인근 지역의 결전장에 도착하여 적과 대적한 상태에서 맞닥뜨리게 되는 지형이다. 그래서 이 여섯 가지의 지형은 아군의 입장에서 마주하게 되는 지형의 특성에 따라 구분되는 것이 아니고 아군과 적군 모두의 입장을 동시에 고려하여 어느 측이 먼저 점령하느냐에 따라 작용하는 유불리함에 따라 구분된 것이다.

그렇다면 이 여섯 가지 지형은 '구지' 가운데 어디에 해당하는 것으로 보아야 하는가? 아마도 '쟁지', 즉 서로 먼저 점령하면 유리함을 얻을 수 있는 지형으로 보는 것이 맞다. 여섯 가지 지형은 피아 전쟁의 승리에 영향을 줄 정도로 전략적으로 중요한 지역을 의미하기 때문이다. 물론, '쟁지'는 결전의 장소에서만 있을 수 있는 것이 아니라 우직지계의 기동 과정에서도 아군이 반드시 확보해야 할 지점이라면 '쟁지'로 볼 수 있을 것이다. 다만, 여기에서의 지형은 원정군이 결전의 장소에 도착한 상황을 고려하여 '피아 결전에 유리한 쟁지'로 특정해볼 수 있다.

2. 패하는 군대의 유형(지피지기)

故兵 有走者, 有弛者, 有陷者,
有崩者, 有亂者, 有北者.
凡此六者, 非天地之災, 將之過也.

夫勢均, 以一擊十, 曰走.

卒强吏弱, 曰弛.

吏强卒弱, 曰陷.

大吏怒而不服, 遇敵懟而自戰,
將不知其能, 曰崩.

將弱不嚴, 敎道不明, 吏卒無常,
陳兵縱橫, 曰亂.

將不能料敵, 以少合衆, 以弱擊强,
兵無選鋒, 曰北.

凡此六者, 敗之道也. 將之至任,
不可不察也.

고병 유주자, 유이자, 유함자,
유붕자, 유란자, 유배자.
범차육자, 비천지지재, 장지과야.

부세균, 이일격십, 왈주.

졸강리약, 왈이.

리강졸약, 왈함.

대리노이불복, 우적대이자전,
장부지기능, 왈붕.

장약불엄, 교도불명, 리졸무상,
진병종횡, 왈란.

장불능료적, 이소합중, 이약격강,
병무선봉, 왈배.

범차육자, 패지도야. 장지지임,
불가불찰야.

자고로 군대에는 (패할 수밖에 없는 위태로운 군대로) 주병, 이병, 함병, 붕병, 난병, 배병이 있다. 무릇 이 여섯 가지 (위태로운) 군대는 천지에 의한 재앙이 아니라 장수의 과실로 인한 것이다.

무릇 (피아 간의) 총 병력 수가 비슷한데도 (장수가) 하나의 병력으로 열 명의 적을 공격하면 병사들은 싸우기도 전에 도망칠 수밖에 없으니, 이를 주병(走兵)이라 한다.

병사들은 강한데 하급장교가 약하면 군대의 기강이 해이해질 것이니, 이를 이병(弛兵)이라 한다.

하급장교는 강한데 병사들이 약하면 내몰린 병사들이 무너질 것이니, 이를 함병(陷兵)이라 한다.

고급장교가 화를 내며 장수에게 복종하지 않고, 적과 조우하면 장수를 원망하며 멋대로 싸우며, 장수가 고급장교의 능력을 알아주지 않으면 군대는 붕괴할 것이니, 이를 붕병(崩兵)이라 한다.

장수가 유약하고 엄격하지 못하여, 교육훈련이 제대로 이행되지 않고, 하급장교들과 병사들 간의 질서가 제대로 서지 않으면, 진을 치는 것이 무질서하고 군대는 혼란스러워질 것이니, 이를 난병(亂兵)이라 한다.

장수가 적을 제대로 헤아리지 못하여 적은 병력으로 많은 적을 대적하게 하고, 약한 병력으로 강한 적을 치게 하며, 군에 선봉으로 내세울 정예부대를 두지 않으면 적과 싸워 패할 것이니, 이를 배병(北兵)이라 한다.

무릇 이 여섯 가지는 군대가 패하는 길이다. 이는 장수에게 맡겨진 막중한 임무이니 신중하게 살피지 않을 수 없다.

* 故兵 有走者, 有弛者, 有陷者, 有崩者, 有亂者, 有北者(고병 유주자, 유이자, 유함자, 유붕자, 유란자, 유배자): 고(故)는 '그러므로'의 뜻이나 여기에서는 '한편'으로 해석한다. 주(走)는 '달아나다, 도망가다', 이(弛)는 '해이하다', 함(陷)은 '빠지다, 가라앉다', 붕(崩)은 '무너지다', 난(亂)은 '어지럽다', 배(北)는 '패배하다'라는 뜻이다. 전체를 해석하면 '자고로 군대에는 (패할 수밖에 없는 위태로운 군대로) 주병, 이병, 함병, 붕병, 난병, 배병이 있다'라는 뜻이다.

* 凡此六者, 非天地之災, 將之過也(범차육자, 비천지지재, 장지과야): 재(災)는 '재앙', 과(過)는 '허물'을 뜻한다. 전체를 해석하면 '무릇 이 여섯 가지 (위태로운) 군대는 천지에 의한 재앙이 아니라 장수의 과실로 인한 것이다'라는 뜻이다.

* 夫勢均(부세균): 세(勢)는 '무리, 기세'의 뜻으로 여기에서는 '병력 수'를 의미한다. 균(均)은 '고르다, 같다'는 뜻이다. 전체를 해석하면 '무릇 총 병력 수가 비슷한 상황에서'라는 뜻이다.

* 以一擊十, 曰走(이일격십, 왈주): 격(擊)은 '치다'라는 뜻이다. 전체를 해석하면 '하나의 병력으로 열 명의 적을 공격하면 병사들은 싸우기도 전에 도망칠 수밖에 없으니, 이를 주병(走兵)이라 한다'라는 뜻이다.

* 卒强吏弱, 曰弛(졸강리약, 왈이): 사(史)는 '관리'이나 춘추시대에는 관리가 장교의 역할을 담당했으므로 여기에서는 '하급장교'를 의미한다. 전체를 해석하면 '병사들은 강한데 하급장교가 약하면 군대의 기강이 해이해질 것이니, 이를 이병(弛兵)이라 한다'라는 뜻이다.

* 吏强卒弱, 曰陷(리강졸약, 왈함): 해석하면 '하급장교는 강한데 병사들이 약하면 내몰린 병사들이 무너질 것이니, 이를 함병(陷兵)이라 한다'라는 뜻이다.

* 大吏怒而不服, 遇敵懟而自戰, 將不知其能, 曰崩(대리노이불복, 우적대이자전, 장부지기능, 왈붕): 대리(大吏)는 '큰 벼슬아치'로 여기에서는 '고급장교'로 해석한다. 노(怒)는 '성내다, 화내다', 우(遇)는 '우연히 만나다', 대(懟)는 '원망하다, 도리에 어긋나다, 위배하다'라는 뜻이다. 전체를 해석하면 '고급장교가 화를 내며 장수에게 복종하지 않고, 적과 조우하면 장수를 원망하며 멋대로 싸우며, 장수가 고급장교의 능력을 알아주지 않으면 군대는 붕괴할 것이니, 이를 붕병(崩兵)이라 한다'라는 뜻이다.

* 將弱不嚴, 敎道不明, 吏卒無常, 陳兵縱橫, 曰亂(장약불엄, 교도불명, 리졸무상, 진병종횡, 왈란): 엄(嚴)은 '엄하다', 교(敎)는 '가르치다', 교도(敎道)는 '교육훈련'을 의미한다. 상(常)은 '항상, 사람으로서 지켜야 할 도', 무상(無常)은 '상하질서가 없는 것', 진(陳)은 '늘어서다', 진병(陳兵)은 '진을 치다'는 뜻이고, 종횡(縱橫)은 '이리저리 오가는 것'으로 '무질서함'을 의미한다. 전체를 해석하면 '장수가 유약하고 엄격하지 못하여, 교육훈련이 제대로 이행되지 않고, 하급장교들과 병사들 간의 질서가 제대로 서지 않으면, 진을 치는 것이 무질서하고 군대는 혼란스러워질 것이니, 이를 난병(亂兵)이라 한다'라는 뜻이다.

* 將不能料敵, 以少合衆, 以弱擊强, 兵無選鋒, 曰北(장불능료적, 이소합중, 이약격강, 병무선봉, 왈배): 료(料)는 '헤아리다', 선(選)은 '가려 뽑다', 봉(鋒)은 '날카로운 기세', 선봉(選鋒)은 '정예부대'를 의미한다. 전체를 해석하면 '장수가 적을 제대로 헤아리지 못하여 적은 병력으로 많은 적을 대적하게 하고, 약한 병력으로 강한 적을 치게 하며, 군에 선봉으로 내세울 정예부대를 두지 않으면 적과 싸워 패할 것이니, 이를 배병(北兵)이라 한다'라는 뜻이다.

* 凡此六者, 敗之道也(범차육자, 패지도야): 해석하면 '무릇 이 여섯가지는 군대가 패하는 길이다'라는 뜻이다.

* 將之至任, 不可不察也(장지지임, 불가불찰야): 지(至)는 '지극하다'로 '막중하다'는 의미이다. 전체를 해석하면 '이는 장수에게 맡겨진 막중한 임무이니 신중하게 살피지 않을 수 없다'는 뜻이다.

내용 해설

이 부분은 이 편의 맨 마지막에서 언급하고 있는 '지피지기(知彼知己)' 가운데 '지피(知彼)'와 '지기(知己)'를 동시에 다루고 있다. 패할 수밖에 없는 잘못된 군대의 여섯 가지 유형에 비추어 '지피', 즉 적이 제대로 싸울 수 없는 상태에 있는지를 확인하고, '지기', 즉 아군의 병력이 적을 칠 수 있는 상태에 있는지를 확인해야 한다는 것이다. 여기에서 손자는 군대가 패할 수밖에 없는 원인으로 장수의 잘못된 용병술, 장교의 자질 부족, 병사들의 능력 부족, 장수들 간의 불화, 사전 정예부대 준비 부족 등을 들면서 이러한 군정(軍政)이 잘못되면 제아무리 지형을 꿰뚫고 있어도 결전의 장소에서 승리할 수 없다는 것을 강조하고 있다. 즉, 전쟁은 장수 혼자서 하는 것이 아니다. 특히 결전에 임하여 승리를 다투는데 있어서 예하 장수로부터 하급장교, 그리고 병사들에 이르기까지 전 병력이 일사불란하게 움직이지 않는다면 장수가 아무리 뛰어난 계책을 가지고 전투를 이끌더라도 승리할 수 없다.

손자는 먼저 싸우면 패할 수밖에 없는 위태로운 군대의 모습으로 '주병(走兵), 이병(弛兵), 함병(陷兵), 붕병(崩兵), 난병(亂兵), 배병(北兵)'을 들고 있다. 그리고 군대가 이러한 상황에 빠지는 책임을 장수에게 돌리고 있다. 즉, "천시나 지형과 같은 자연환경적 요인도, 하위 장수나 병력의 잘못도 아닌, 오로지 부대를 지휘하는 장수의 과실에 있다"는 것이다. 손자가 언급한 여섯 가지 잘못된 군대의 유형을 살펴보면 다음과 같다.

첫째로 주병(走兵)은 장수의 그릇된 용병으로 인해 패하는 군대이다. 주병이란 싸우면 패하여 도망하는 군대를 말한다. 아무리 잘 훈련된 군대라도 장수의 용병에 문제가 있다면 승리할 수 없다. 손자는 그러한 예로 "피아 간의 총 병력 수가 비슷한데도 장수가 하나의 병력으로 열 명의 적을 공격하면 이는 싸우기도 전에 도망칠 수밖에 없다"고 했다. 무릇 용병이란 열로 하나를 쳐야 하는데 하나로 열을 치게 되면 전투가 시작되기도 전에 이미 적의 세에 압도되어 병사들은 도망칠 수밖에 없는 것이다.

둘째로 이병(弛兵)은 하급장교의 자질에 결함이 있어 패하는 군대이다. 즉, "병사들은 강한데 하급장교가 약하여 군대의 기강이 해이해지는 것"이다. 병사들은 용감하여 싸우고자 하는 의욕이 강한데도 이들을 지휘하는 일선의 장교들이 소심하여 싸우려 하지 않을 수 있다. 또한 하급장교들의 결단력이 부족하여 리더십을 발휘하지 못하고 병사들에게 끌려다닐수 있다. 이 경우, 병사들은 더 이상 하급장교의 말을 듣지 않게 될 것이다. 이는 근본적으로 국가의 장교양성체계에 결함이 있거나 군의 인사체계에 하자가 있는 것으로 보아야 한다. 그럼에도 손자는 이들이 원정군에 편성되어 전장에 출동한 이상, 하급장교의 지휘통솔력 부족은 전쟁을 지휘하는 장수의 책임으로 귀결된다고 보았다.

셋째로 함병(陷兵)은 병사들의 전투력에 문제가 있어 패하는 군대이다. 이는 '이병'과 반대의 경우로 "하급장교는 강한데 병사들이 약하여 내몰린 병사들이 무너지는 것이다." 즉, 병사들을 지휘하는 장교는 용맹하여 과감한 돌격을 명령하는데 병사들은 전투의지가 약하고 훈련 수준도 낮아 앞으로 나아가지 못하고 겁에 질려 우물쭈물하는 사이에 몰살당하는 경우이다. 군대가 함병이 되는 원인은 다양하다. 군주가 '도(道)'를 제대로 행하지 않아 병사들이 생사를 같이하려 하지 않을 수 있다. 전쟁에 동원되기 전에 본국에서 실시된 훈련에 문제가 있을 수도 있다. 또한 전장에서 장수가 병사들에게 사기를 불어넣지 못하고 군기를 확립하지 못했거나 결전을 앞두고 병사들의 전의를 충분히 돋우지 못했을 수도 있다. 아무튼 손자는 함병에 대한 궁극적인 책임을 장수에게 돌리고 있다.

넷째로 붕병(崩兵)은 상급제대 장수들 간의 지휘관계에 문제가 있어 패하는 군대이다. 손자는 "고급장교가 화를 내며 장수에게 복종하지 않고, 적과 조우하면 장수를 원망하며 멋대로 싸우며, 장수가 고급장교의 능력을 알아주지 않는 군대"를 대표적인 붕병의 모습으로 그리고 있다. 이는 그 이유가 무엇이든 상하 장수들 간에 불협화음과 알력, 그리고 불만이 팽배하여 서로 불신하고 책임을 미루는 군대이다. 예하 장수가 전투에서 공을 세우더라도 장수는 그러한 공을 인정해주지 않음으로써 서로의 불신이 더욱 심화되는 군대이다. 군대가 붕병이 되는 것에 대한 책임은 예하 장수들의 군기 문란으로 돌릴 수도 있지만, 손자는 이를 분명히 장수의 과실로 규정하고 있다.

다섯째로 난병(亂兵)은 장수의 유약함으로 군기가 서지 않아 싸우면 패하는 군대이다. 손자가 언급하고 있듯이 "장수가 유약하고 엄격하지 못하여, 교육훈련이 제대로 이행되지 않고, 하급장교들과 병사들 간의 질서가 제대로 서지 않으며, 진을 치는 것이 무질서하고 혼란스러워지는 군대"이다. 군대를 난병으로 만드는 장수는 아마도 병사들에게 과도한 사랑을 베푸는 자애로운 성격의 소유자로서 교육훈련, 군기 유지, 전투 지휘에 있어서 엄격함을 갖추지 못한 사람이다. 이는 장수가 '인'과 '엄'을 동시에 갖추어야 한다는 손자의 주장과 연계하여 볼 수 있는 것으로, 이 편의 후반부에서 언급될 장수의 자질에서 다시 한 번 강조되고 있다.

마지막으로 배병(北兵)은 군대의 총체적 부실로 인해 패하는 군대이다. 이는 "장수가 적을 제대로 헤아리지 못하여 적은 병력으로 많은 적을 대적하게 하고, 약한 병력으로 강한 적을 치게 하며, 군에 선봉으로 내세울 정예부대가 없어 결정력을 갖지 못하여 패하는 군대"이다. 여기에서 '적은 병력으로 많은 적을 대적하게 한다'는 것은 첫 번째로 언급한 주병과 유사한 것으로 혼동할 수 있다. 그러나 주병이 싸우기도 전에 도망하는 군대라면, 배병은 장수의 상황 판단이 미흡하고 군대의 결정력이 부족하여 싸움에 임하더라도 패하는 군대라는 점에서 차이가 있다. 즉, 주병은 병사들이 도망하는 군대이고, 배병은 싸우더라도 패할 수밖에 없는 군대라는 점에서 분명히 다르다.

실제로 이러한 여섯 가지 패하는 군대의 모습은 어느 군대를 막론하고 나타날 수 있다. 이러한 현상은 아군의 군대에 나타날 수도 있고 적의 군대에 나타날 수도 있다. 다만, 이러한 논의를 통해 손자가 말하고자 하는 것은 이 편의 맨 마지막 문단에서 논의하고 있듯이 아군이 적을 칠 수 있는 상태에 있는지, 그리고 적군이 우리가 쳐도 되는 상태에 있는지를 아는 것이다. 즉, 결전을 앞둔 상황에서 결전에 필요한 '지피지기'를 해야 한다는 것이다.

이와 관련하여 우리는 〈시계〉 편에서 일곱 가지 비교 요소 가운데 '군대는 어느 편이 더 강한가(兵衆孰强)'라는 항목을 되새길 필요가 있다. 즉, 손자는 〈시계〉 편에서 '병중숙강(兵衆孰强)', 즉 '군대는 어느 편이 더 강한가'라는 요소를 어떻게 비교할 것인지 언급하지 않았지만, 여기에서 그러한 방법을 구체적으로 서술하고 있음을 알 수 있다. 물론, 여섯 가지 패하는 군대의 모습을 놓고 적군과 아군을 비교해보는 것은 결전의 상황에 국한된 것으로 '병중숙강'의 한 부분에 지나지 않음을 놓쳐서는 안 된다.

군사사상적 의미

『오자병법』에 나타난 적정에 따른 용병

오자(吳子)는 그의 병서 『오자병법(吳子兵法)』에서 적정(敵情)에 따른 용병에 대해 몇 가지를 언급하고 있다. 물론 오자가 주장하는 바는 손자의 주장과 그 맥락이 다르나 '지피(知彼)', 즉 적을 어떻게 알고 대응해야 하는지에 대해 충분히 참고할 수 있다고 본다. 그가 제시한 몇 가지의 관점을 살펴보면 다음과 같다.

우선 오자는 적정을 살펴 쉽게 싸워 이길 수 있는 경우를 여덟 가지로 제시하고 있다. 그것은 첫째로 혹한의 날씨에 병사들의 고통을 무시한 채 얼어붙은 강을 무리하게 건널 때, 둘째로 무더운 여름날 병사들과 말이 허기와 갈증에 지쳐 있는데도 무리하게 장거리 강행군을 밀어붙일 때, 셋째로 군대가 출병한 지 오래되어 식량이 떨어지고 백성들이 조정을 원망하는데도 군주가 이를 무마하지 못할 때, 넷째로 군수품이 모자라고 땔감도 모자라는 상황에서 악천후로 인해 현지조달마저도 불가능할 때, 다섯째로 병사들과 말이 전염병에 시달리는데도 사방에서 지원군이 올 수 없을 때, 여섯째로 갈 길이 멀고 해는 이미 저문 상황에서 병사들이 피로에 지쳐 밥도 짓지 않은 채 쉬려고만 할 때, 일곱째로 장수와 지휘관이 경박하고 병사들이 단결되지 않으며 상하가 협조체제를 이루지 못할 때, 여덟째로 포진이 끝나지 않았거나 숙영지를 완성하지 않았거나 험지를 반은 빠져나오고 반은 아직 빠져나오지 못했을 때이다.

다음으로 적정을 살펴 반드시 교전을 피해야 하는 경우를 여섯 가지로 제시하고 있다. 첫째는 적의 땅이 넓고 인구가 많으며 부유할 때이다. 둘째는 적 군주가 백성을 아끼고 정사를 잘 펼쳐 그 혜택이 백성에게 고루 미칠 때이다. 셋째는 상벌이 공정하고 적시에 이루어질 때이다. 넷째는 전공을 세운 자가 높은 자리에 앉고 현명한 인재가 등용되고 있을 때이다. 다섯째는 병력이 많은 데다 군비가 충실하고 병사가 정예할 때이다. 여섯째는 사방의 이웃나라와 친교를 맺어 유사시 인접국이나 대국의 지원을 받을 수 있을 때이다.

또한 오자는 적은 병력으로도 많은 적을 대적할 수 있는 경우를 들고 있다. 적이 산만한 데다 경계가 소홀하고 깃발이 어지럽게 움직이고 병사와 말이 주위를 자주 살피면 아군 1명으로 10명의 적을 칠 수 있다고 한다. 또한 주변국과 동맹관계가 돈독하지 못하고 군신이 서로 화목하지 않으며, 방어시설이 허술하고 군령이 엄히 시행되지 않으며, 전군이 뒤숭숭하여 진격도 후퇴도 못 하는 상황에 있다면 적이 두 배 많은 병력을 보유하고 있다 하더라도 능히 칠 수 있다고 한다. 그는 이러한 경우 백 번을 싸워도 위태롭지 않다고 했다.

이와 같은 오자의 주장은 적의 상황을 고려하여 전투 여부를 판단해야 한다는 것으로 손자가 말한 '지피'의 중요성과 일맥상통하는 것이다. 비록 완전히 일치하지는 않지만 손자가 강조하는 대로 적의 취약한 상황을 노려 적을 공략해야 한다는 점에서 많은 부분 공감하고 있음을 알 수 있다.

3. 장수의 판단 하에 결전 수행

夫地形者, 兵之助也.	부지형자, 병지조야.
料敵制勝, 計險阨遠近, 上將之道也. 知此而用戰者, 必勝. 不知此而用戰者, 必敗.	료적제승, 계험액원근, 상장지도야. 지차이용전자, 필승. 부지차이 용전자, 필패.
故戰道必勝, 主曰無戰, 必戰可也. 戰道不勝, 主曰必戰, 無戰可也.	고전도필승, 주왈무전, 필전가야. 전도불승, 주왈필전, 무전가야.
故進不求名, 退不避罪, 唯民是保, 而利合於主, 國之寶也.	고진불구명, 퇴불피죄, 유민시보, 이리합어주, 국지보야.

무릇 지형이란 용병을 돕는 것이다.

(따라서) 적을 헤아려 승리할 수 있는 방책을 강구하면서 지형의 험하고 좁음과 멀고 가까움을 반영하는 것은 현명한 장수라면 당연히 해야 할 일이다. 이를 알고 싸우는 장수는 반드시 승리하지만, 이를 모르고 싸우는 장수는 반드시 패배한다.

따라서 장수가 (지형적 여건과 적정을 고려하여) 반드시 승리할 수 있다고 판단되면 군주가 싸우지 말라고 해도 반드시 싸워야 한다. 장수가 (지형적 여건과 적정을 고려하여) 승리할 수 없다고 판단되면 군주가 반드시 싸우라고 해도 싸워서는 안 된다.

이와 같이 장수가 (승리할 수 있는) 싸움에 임하여 (자신의) 명성을 날리려 하지 않고, (승리할 수 없는) 싸움에서 퇴각하더라도 죄를 회피하려 하지 않으며, 오직 백성들만을 보호하고 군주의 이익에 부합하도록 힘쓰니, 이러한 장수는 국가의 보배이다.

* 夫地形者, 兵之助也(부지형자, 병지조야): 여기에서 병(兵)은 '용병'을 의미하고, 조(助)는 '돕다, 유익하다'라는 뜻이다. 전체를 해석하면 '무릇 지형이란 용병을 돕는 것이다'라는 뜻이다.

* 料敵制勝, 計險阨遠近, 上將之道也(료적제승, 계험액원근, 상장지도야): 료(料)는 '헤아리다', 제(制)는 '만들다, 짓다'라는 의미이고, 제승(制勝)은 '승리를

만들다'는 뜻으로 '승리할 수 있는 방책을 강구하는 것'을 의미한다. 험(險)은 '험하다', 액(阨)은 '좁다, 막히다, 험하다', 상장(上將)은 '현명한 장수'를 뜻한다. 전체를 해석하면 '적을 헤아려 승리할 수 있는 방책을 강구하면서 지형의 험하고 좁음과 멀고 가까움을 반영하는 것은 현명한 장수라면 당연히 해야 할 일이다'라는 뜻이다.

　＊知此而用戰者, 必勝(지차이용전자, 필승): 해석하면 '이를 알고 싸우는 장수는 반드시 승리한다'는 뜻이다.

　＊不知此而用戰者, 必敗(부지차이용전자, 필패): 해석하면 '이를 모르고 싸우는 장수는 반드시 패배한다'는 뜻이다.

　＊故戰道必勝, 主曰無戰, 必戰可也(고전도필승, 주왈무전, 필전가야): 전도(戰道)는 '전쟁의 이치'로 여기에서는 '장수가 지형적 여건과 적정을 파악하는 것'을 의미한다. 주(主)는 '군주'를 뜻한다. 전체를 해석하면 '따라서 장수가 반드시 승리할 수 있다고 판단되면 군주가 싸우지 말라고 해도 반드시 싸워야 한다'는 뜻이다.

　＊戰道不勝, 主曰必戰, 無戰可也(전도불승, 주왈필전, 무전가야): 해석하면 '장수가 승리할 수 없다고 판단되면 군주가 반드시 싸우라고 해도 싸워서는 안 된다'는 뜻이다.

　＊故進不求名, 退不避罪, 唯民是保, 而利合於主, 國之寶也(고진불구명, 퇴불피죄, 유민시보, 이리합어주, 국지보야): 진(進)은 '나아가다'라는 뜻으로 '싸우기 위해 진격하는 것'을 의미한다. 구(求)는 '구하다', 명(名)은 '이름, 명성', 퇴(退)는 '싸우지 않고 물러나는 것'을 의미하고, 피(避)는 '회피하다', 시(是)는 '~이다', 합(合)은 '만나다, 틀리거나 어긋남이 없게 하다', 보(寶)는 '보배'라는 뜻이다. 전체를 해석하면 '이와 같이 장수가 (승리할 수 있는) 싸움에 임하여 (자신의) 명성을 날리려 하지 않고, (승리할 수 없는) 싸움에서 퇴각하더라도 죄를 회피하려 하지 않으며, 오직 백성들만을 보호하고 군주의 이익에 부합하도록 힘쓰니, 이러한 장수는 국가의 보배이다'라는 뜻이다.

내용 해설

앞에서 손자는 각각 여섯 가지 지형을 중심으로 한 '지천지지'와 여섯 가지 패하는 군대의 유형을 통한 '지피지기'에 대해 언급했다. 여기에서 그는 결전을 앞둔 장수라면 반드시 이 두 가지를 헤아려야 하며, 오직 승리 가능성만을 고려하여 그 누구의 눈치도 보지 말고 결전을 할 것인지의 여부를 결정해야 한다고 주장하고 있다.

손자는 우선 지형이란 것은 용병을 돕는 요소임을 지적하고 있다. 병력을 어떻게 운용하여 승리할 것인가에 대한 방책을 구상할 때 지형적 여건을 반드시 고려해야 한다는 뜻이다. 그래서 손자는 바로 다음 구절에서 "적을 헤아려 승리할 수 있는 방책을 강구하면서 지형의 험하고 좁음과 멀고 가까움을 측정하는 것은 현명한 장수라면 당연히 해야 할 일"이라고 했다. 여기에서 '승리할 수 있는 방책'에 대해서는 〈군형〉 편, 〈병세〉 편, 그리고 〈허실〉 편의 논의와 연계하여 볼 수 있다.

결국, 장수는 지형(지천지지)과 적정(지피지기)을 고려한 용병을 통해 승리를 이끌어낼 수 있다. 그래서 손자는 "이를 알고 싸우는 장수는 반드시 승리하지만, 이를 모르고 싸우는 장수는 반드시 패배한다"고 했다. 가령, 지형이 통형일 경우에는 높고 양지바른 곳을 점령한 뒤 적이 낮고 음지로 된 지역에 진을 칠 때 공격할 수 있는 용병술을, 애형일 경우에는 적정을 판단하여 애로지역을 선점한 후 적을 끌어들여 공격하는 용병술을 구상할 수 있을 것이다. 상식적으로 보더라도 지형과 적정이 반영되지 않은 용병술이란 상상도 할 수 없다.

따라서 결전의 시행 여부와 시점은 반드시 장수가 결정해야 한다. "지형적 여건과 적정을 고려하여 반드시 승리할 수 있다고 판단되면 군주가 싸우지 말라고 해도 반드시 싸워야 하며, 승리할 수 없다고 판단되면 군주가 반드시 싸우라고 해도 싸워서는 안 된다." 이 단계에서의 전투는 전쟁의 승패를 가르는 만큼 장수는 자신의 출세나 사사로운 이익에 얽매여서는 안 된다. 자신의 목을 걸고라도 소신을 지켜야 한다. 그래서 손자는 "장수가 승리할 수 있는 싸움에 임하여 자신의 명성을 날리려 하지 않고, 승리할 수 없는 싸움에서 퇴각하더라도 죄를 회피하려 하지 않아야 한다"고 했다. 즉, 싸우고 물러남은 전장에서의 승리 가능성만을 고려한 것이어야 하지, 자신의 명예나 군주의 명령에 눈치를 보면서 질 것이 뻔한데도 요행을 바라고 무리하게 싸워서는 안 된다. 결정적인 전투의 결과가 백성들의 생명과 재산, 군주의 이익, 그리고 국가의 생존과 흥망을 결정하니만큼, 전장에서 올바른 판단을 내리고 그에 따라 용병을 하는 장수를 '국가의 보배(國之寶也)'라고 하지 않을 수 없다.

군사사상적 의미

장수의 임무

〈지형〉 편에서 손자는 장수의 중요성을 강조하고 있다. 지금은 결전의 순간에 전쟁의 승부를 결정짓는 단계인 만큼 장수의 역할은 아무리 강조해도 지나치지 않을 것이다. 그는 〈지형〉 편에서 장수의 막중한 임무, 즉 '장지지임(將之至任)'에 대해 두 번 언급한 뒤, 장수를 국가의 보배, 즉 '국지보야(國之寶也)'라고 치켜세우고 있다.

우선 손자는 장수가 '지천지지'하는 것을 첫 번째 '장지지임'으로 들었다. 그는 〈지형〉 편의 첫 번째 문단의 맨 마지막 구절에서 "무릇 이 여섯 가지는 지형을 이용하는 원칙으로 장수에게 맡겨진 막중한 임무이니 신중하게 살피지 않을 수 없다(凡此六者, 地之道也. 將之至任, 不可不察也)"라고 했다. 여섯 가지 지형에 대해 그 특성을 파악하고 어떻게 용병을 해야 하는지를 숙지해야 한다는 것이다. 이는 기본적으로 지형에 관계된 것으로 '지지(知地)'에 해당하는 것이지만, '지형(支形)' 가운데 포함된 소택지나 하천의 경우 강우나 강설 등에 의해 영향을 받지 않을 수 없고, 손자 역시 통형과 험형의 경우 양지바른 곳에 진영을 구축하라고 한 점을 고려할 때 '지천(知天)'의 요소도 포함하고 있다고 볼 수 있다. 즉, 손자는 〈지형〉 편의 맨 첫 문단에서 '지천지지'를 첫 번째의 '장지지임'으로 본 것이다.

다음으로 손자는 '지피지기'를 두 번째 '장지지임'으로 들었다. 그는 〈지형〉 편의 두 번째 문단의 맨 마지막 구절에서 군대가 패할 수밖에 없는 여섯 가지 유형을 제시한 뒤, "무릇 이 여섯 가지는 군대가 패하는 길이다. 이는 장수에게 맡겨진 막중한 임무이니 신중하게 살피지 않을 수 없다(凡此六者, 敗之道也. 將之至任, 不可不察也)"고 했다. 이는 무슨 의미인가? 장수는 먼저 '지기(知己)', 즉 아군이 결전을 추구할 수 있는 상태에 있는지를 알아야 하고, 다음으로 '지피(知彼)', 즉 적이 아군의 결전으로 패할 수밖에 없는 상태에 있는지를 알아야 한다는 것이다. "적을 알고 나를 아는 것"을 두 번째의 '장지지임'으로 본 것이다.

또한 손자는 장수가 국가의 보배임을 강조했다. 장수는 앞의 '지천지지'와 '지피지기'를 통해 지형의 특성 및 적정을 파악한 다음 승리할 수 있다고 판단되면 군주가 싸우지 말라고 해도 싸워야 하며, 승리할 수 없다고 판단되면 군주가 싸우라고 해도 싸워서는 안 된다. 결전의 순간에 장수는 자신의 입신양명을 위해 군주의 눈치를 보아서는 안 된다. 즉, 싸워야 한다면 승리를 확신해서이지 자신의 명예욕으로 인한 것이어서는 안 된다. 또한 물러서야 할 경우에는 군대를 보존하고 국가의 안위를 고려하여 자신의 목을 걸고라도 싸움을 피해야 한다. 손자는 이러한 장수를 가리켜 "오직 백성들만을 보호하고 군주의 이익에 부합하도록 힘쓰니, 곧 국가의 보배(唯民是保, 而利合於主, 國之寶也)"라고 했다.

이처럼 손자의 전쟁에서 주인공은 군주도 병사도 아니고 장수이다. 〈지형〉 편의 마지막 부분에서 손자는 "적을 알고 나를 알면 승리는 곧 위태롭지 않으며, 천시를 알고 지형을 알면 승리는 곧 확실하다고 할 수 있다(知彼知己, 勝乃不殆, 知天知地, 勝乃可全)"고 했다. 그런데 '지피지기'와 '지천지지'를 하는 사람은 바로 장수이다. 그래서 손자는 이러한 장수를 일컬어 전쟁 승리의 주역이라는 의미에서 '국가의 보배'라고 적고 있다.

4. 지휘통솔의 근본: 인과 엄의 병행

視卒如嬰兒, 故可與之赴深谿.
視卒如愛子, 故可與之俱死.

厚而不能使, 愛而不能令. 亂而不
能治, 譬如驕子, 不可用也.

시졸여영아, 고가여지부심계.
시졸여애자, 고가여지구사.

후이불능사, 애이불능령. 란이불
능치, 비여교자, 불가용야.

장수가 병사들을 어린아이 돌보듯 하면 병사들은 장수와 더불어 깊은 계
곡과 같이 위험한 지역에까지 진격할 수 있다. 장수가 병사들을 사랑하는
자식을 대하듯 하면 병사들은 장수와 더불어 죽음을 함께할 수 있다.

(그러나) 병사들을 대할 때 너무 관대하면 부릴 수 없게 되고, 너무 자애롭
기만 하면 명령을 듣지 않게 된다. (그리하여) 위계질서가 문란해져 통제
할 수 없으면, 병사들은 마치 교만방자한 자식과 같이 되어 아무짝에도 쓸
모가 없게 된다.

* 視卒如嬰兒, 故可與之赴深谿(시졸여영아, 고가여지부심계): 시(視)는 '보다',
여(如)는 '같다, 같게 하다', 영(嬰)는 '갓난아이', 아(兒)는 '아이', 여(與)는 '~와 더
불어', 지(之)는 '가다', 부(赴)는 '나아가다', 심(深)은 '깊다', 계(谿)는 '계곡'이라는
뜻이다. 전체를 해석하면 '장수가 병사들을 어린아이 돌보듯 하면 병사들은 장
수와 더불어 깊은 계곡과 같이 위험한 지역에까지 진격할 수 있다'는 뜻이다.

* 視卒如愛子, 故可與之俱死(시졸여애자, 고가여지구사): 애(愛)는 '사랑하다',
자(子)는 '자식', 구(俱)는 '함께', 사(死)는 '죽다'라는 뜻이다. 전체를 해석하면 '장
수가 병사들을 사랑하는 자식을 대하듯 하면 병사들은 장수와 더불어 죽음을
함께할 수 있다'는 뜻이다.

* 厚而不能使, 愛而不能令(후이불능사, 애이불능령): 후(厚)는 '후하다, 관대하
다', 사(使)는 '~를 시키다'라는 뜻이다. 전체를 해석하면 '병사들을 대할 때 너무
관대하면 부릴 수 없게 되고, 너무 자애롭기만 하면 명령을 듣지 않게 된다'는
뜻이다.

* 亂而不能治, 譬如驕子, 不可用也(란이불능치, 비여교자, 불가용야): 난(亂)은
'어지럽다'는 뜻으로 위계질서가 문란해졌다는 의미이다. 치(治)는 '다스리다'라

는 뜻이나 여기에서는 '통제'를 의미한다. 비(譬)는 '비유하다', 교(驕)는 '교만하다', 교자(驕子)는 '교만방자한 자식'을 의미한다. 전체를 해석하면 '그리하여 위계질서가 문란해져 통제할 수 없으면, 병사들은 마치 교만방자한 자식과 같이 되어 아무짝에도 쓸모가 없게 된다'는 뜻이다.

내용 해설

여기에서 지휘통솔은 앞의 〈행군〉 편에서 언급한 지휘통솔과 근본적으로 다르다. 〈행군〉 편에서는 원정에 나서면서부터 우직지계의 부대기동 과정에서의 지휘통솔을 다루고 있으므로 병사들과 친숙해지고 이들을 교육시키는 데 주안을 두고 있다면, 여기에서는 결전의 장소에 도착한 상황에서 병사들과 충분히 신뢰감을 형성했다고 보고 '인(仁)'과 '엄(嚴)'의 병용을 강조하고 있다.

손자는 병사들의 불안한 심리와 인간의 본성에 내재된 이중적 성격을 꿰뚫고 장수의 지휘통솔이 직면할 수 있는 근본적인 문제를 다루고 있다. 그의 처방은 '인'과 '엄'의 조화이다. 즉, 병사들에게 사랑을 베푸는 '인'과 함께 그로 인해 나타날 수 있는 부작용을 방지하기 위해 '엄'이 병행되어야 한다는 것이다.

먼저 손자는 병사들의 불안한 심리를 파악하고 이를 다독일 수 있는 장수의 사랑을 강조하고 있다. 즉, 병사들은 강제로 동원되어 본국에서 멀리 떨어진 지역으로 장기간 행군을 하여 결전의 장소에 도착해 치열한 전투를 앞두고 있다. 병사들은 전투에 대한 두려움과 공포를 느끼고 있으며, 기회가 되면 어떻게든 살기 위해 도망치려 할 수 있다. 따라서 장수는 병사들로 하여금 죽음을 두려워하지 않고 전투에 임할 수 있도록 동기를 부여해야 하는데, 이들에 대한 강압과 처벌은 역효과를 낳을 수 있다. 그래서 손자는 〈행군〉 편에서 장수는 사랑을 베풀어 병사들을 감동·감화시키고 정신교육을 통해 복종하도록 만들어야 한다고 했다. 여기에서도 "병사들을 어린아이 돌보듯 해야 하고 사랑하는 자식을 대하듯 해야 한다"고 했다. 그러면 "병사들은 장수와 더불어 깊은 계곡과 같이 위험한 지역에까지 진격할 수 있고, 장수와 더불어 죽음을 함께할 수 있다"는 것이다. 고대 중국의 전국시대에 오기(吳起) 장군의 뛰어난 지휘통솔을 떠올리게 하는 구절이 아닐 수 없다.

그러나 손자는 인간의 본성이 갖는 이중성을 동시에 고려하고 있다. 인간의 본성은 '천(天)' 혹은 '음양(陰陽)'의 요소, 즉 끊임없이 변화하는 자연의 이치를 따르게 마련이다. 즉, 인간의 마음은 간사하여 처음에는 의욕이 넘치더라도 나중에는 흐지부지될 수 있다. 처음에는 잘 해보려 하다가도 시간이 가면서 그러한 의지가 약화될 수 있다. 처음에는 상관을 두려워하다가도 나중에는 약점을 발견하고 얕볼 수 있다. 처음에는 장수가 베푸는 호의에 감사하다가도 시간이 지나면 그러한 호의를 당연한 것으로 여기고 불평을 늘어놓을 수 있다. 손자는 이러한 인간의 본성을 고려하여 장수가 병사들에게 사랑을 베풀면 이들이 더욱 잘하려고 하는 것이 아니라 오히려 장수를 업신여기고 이용하려 할 수 있음을 경계하고 있다.

그래서 손자는 장수가 베푸는 사랑, 즉 '인'이 가져올 부작용을 경고하고 있다. 그는 "병사들을 대할 때 너무 관대하면 부릴 수 없게 되고, 너무 자애롭기만 하면 명령을 듣지 않게 될 수 있다"고 했다. 또한 장수가 병사들에게 사랑으로만 대하면 "군대는 위계질서가 문란해져 통제할 수 없게 되고, 병사들은 교만방자한 자식과 같아져 쓸모가 없게 될 것"임을 지적했다. 장수는 병사들에게 인자함을 베풀어야 하지만, 그러한 인자함은 병사들로 하여금 장수와 하나가 되어 생사와 고락을 같이할 수 있도록 하지 않으면 안 한다. 그러기 위해 장수는 법령을 명확히 하고 상벌을 공정하게 하는 엄정함을 보여야 한다.

결국, 손자의 지휘통솔은 병사들로 하여금 '일심동체'와 '상하동욕'을 이루도록 하여 전쟁에서 승리하는 것이 목적이다. 그렇다면, 장수의 사랑은 조건없이 무한정 베푸는 아가페적 사랑이 아니라 어디까지나 전쟁 승리를 지향하는 절제된 사랑이어야 한다. 그러한 사랑의 궁극적인 지향점은 '병사'가 아니라 '전쟁'이며 나아가 군주와 국가라는 점에서, 병사에 대한 무한한 사랑은 '빗나간 사랑'이 될 수밖에 없다.

군사사상적 의미

부하에 대한 사랑: 오기 장군의 사례

장수가 부하들에게 진심으로 사랑을 베푸는 것은 부대가 최상의 전투력을 발휘하는 데 매우 중요한 요소이다. 먼저 손자는 〈지형〉 편에서 "장수가 병사들을 어린아이 돌보듯 하면 병사들은 장수와 더불어 깊은 계곡과 같이 위험한 지역에까지 진격할 수 있다(視卒如嬰兒, 故可與之赴深谿)"고 했는데, 이를 실제로 보여준 장수가 바로 오자(吳子)이다. 오자의 본명은 오기(吳起)로 전국시대 초기 위나라에서 활약한 병법가였다. 위나라 서하 땅의 태수로 임명된 그는 성루를 높이 수축(修築)하고 성지를 깊게 팠으며, 군사를 조련할 때에는 사졸과 숙식을 같이하면서 잠잘 때 잠자리를 펴지 않았다. 이동할 때에는 말을 타지 않았으며 자신이 먹을 양식은 직접 짊어지고 다니며 병사들과 고락을 같이했다.

　한번은 병사 한 명이 종기가 나서 괴로워하자, 오기는 그 종기의 고름을 입으로 빨아내주었다. 그런데 이 소식을 들은 그 병사의 모친은 오기 장군의 호의에 감사하기는커녕 슬프게 통곡했다. 옆의 사람이 이를 이상히 여겨 물었다. "당신의 아들은 일개 병사에 지나지 않는데 장군이 직접 고름을 빨아주셨습니다. 그런데 왜 그리 우는 겁니까?" 그러나 병사의 모친은 대답했다. "그렇지 않습니다. 바로 작년에는 오기 장군께서 그 애 아버지의 종기 고름을 빨아내주셨습니다. 그런 후 애 아버지는 전쟁에 나가 오기 장군의 은혜에 보답하기 위해 끝까지 후퇴하지 않고 싸우다가 죽고 말았습니다. 듣자 하니 이번에는 제 아들의 고름을 빨아주셨다고 합니다. 이제 그 애의 운명은 결정된 거나 마찬가지입니다. 그래서 우는 겁니다." 실제로 이 병사는 용감하게 싸우다 전사했다. 오기 장군의 병사에 대한 지극한 사랑과 뛰어난 지휘통솔을 보여주는 사례이다.

그러나 오기의 지휘통솔은 병사들에 대한 사랑과 함께 엄격함이 병행되었기 때문에 성공할 수 있었음을 간과해서는 안 된다. 그는 병사들의 몸에 난 종기의 더러운 고름을 입으로 빨아줄 정도로 헌신적인 사랑을 베풀었지만, 그 이면에서 이루어진 그의 행동을 보면 그 이상으로 엄격함이 배어 있음을 발견할 수 있다. 우선 그가 성루를 높이 쌓고 주변의 해자를 깊이 팠다는 것은 그만큼 전투 준비를 완벽하게 하고 있었음을 의미한다. 이 과정에서 그는 병사들이 허투루 행동하지 않도록 엄정한 군기와 질서를 유지하지 않을 수 없었을 것이다. 또한 그는 훈련 간 병사들과 숙식을 같이하면서 이동할 때에는 말을 타지 않았으며 자신이 먹을 양식을 직접 메고 다녔다고 한다. 이를 통해 그가 어떠한 장수도 흉내 낼 수 없을 만큼 스스로에게도 엄격했을 뿐만 아니라 부대를 지휘통솔함에 있어서 법령을 집행하고 상벌을 행하는 데 지극히 엄정했을 것이라고 추정할 수 있다. 결국, 오기가 병사들로 하여금 장수와 한마음 한뜻이 되어 생사와 고락을 같이하며 싸우도록 할 수 있었던 것은 바로 겉으로 보이는 무한한 '인'뿐만 아니라 그 이면에 보이지 않는 '엄'을 병행하여 지휘통솔했기 때문이다.

5. 지피지기와 지천지지의 겸비

知吾卒之可以擊, 而不知敵之不可擊,
勝之半也. 知敵之可擊, 而不知吾
卒之不可以擊, 勝之半也.

知敵之可擊, 知吾卒之可以擊,
而不知地形之不可以戰, 勝之半也.

故知兵者, 動而不迷, 擧而不窮.

故曰, 知彼知己, 勝乃不殆,
知天知地, 勝乃可全.

지오졸지가이격, 이부지적지불가격,
승지반야. 지적지가격, 이부지오
졸지불가이격, 승지반야.

지적지가격, 지오졸지가이격,
이부지지형지불가이격, 승지반야.

고지병자, 동이불미, 거이불궁.

고왈, 지피지기, 승내불태,
지천지지, 승내가전.

(장수가) 아군이 적군을 공격할 수 있는 상태에 있음을 알고 있더라도, 적군이 (만반의 태세를 갖추고 있어 아군이) 공격해서는 안 되는 상태에 있음을 모른다면 승리할 확률은 반이다. (장수가) 적군이 (허점을 보이고 있어) 공격해도 좋은 상태에 있음을 알고 있으나, 아군이 적군을 공격할 수 있는 상태에 있지 않다는 것을 알지 못하면 마찬가지로 승리할 확률은 반이다.

(장수가) 적군이 (허점을 보이고 있어) 공격해도 되는 상태에 있다는 것을 알고, (또한) 아군이 적군을 공격할 수 있는 상태에 있음을 알고 있더라도, 지형적 여건이 싸워서는 안 되는 상태에 있음을 알지 못하면 승리할 확률은 반이다.

따라서 용병을 아는 장수는 (피아 상황과 지형적 여건을 꿰뚫고 있기 때문에) 일단 군대를 움직이면 미혹에 빠지지 않고 병력을 운용함에 있어 막힘이 없다.

자고로 적을 알고 나를 알면 승리는 곧 위태롭지 않으며, 천시를 알고 지형을 알면 승리는 곧 확실하다고 할 수 있다.

* 知吾卒之可以擊, 而不知敵之不可擊, 勝之半也(지오졸지가이격, 이부지적지불가격, 승지반야): 오(吾)는 '나', 가이(可以)는 '~할 수 있다'는 뜻이다. 전체를 해석하면 '(장수가) 아군이 적군을 공격할 수 있는 상태에 있음을 알고 있더라도, 적군이 (만반의 태세를 갖추고 있어 아군이) 공격해서는 안 되는 상태에 있음을

모른다면 승리할 확률은 반이다'라는 뜻이다.

   * 知敵之可擊, 而不知吾卒之不可以擊, 勝之半也(지적지가격, 이부지오졸지불
가이격, 승지반야): 해석하면 '(장수가) 적군이 (허점을 보이고 있어) 공격해도 좋은
상태에 있음을 알고 있으나, 아군이 적군을 공격할 수 있는 상태에 있지 않다는
것을 알지 못하면 마찬가지로 승리할 확률은 반이다'라는 뜻이다.

   * 知敵之可擊, 知吾卒之可以擊(지적지가격, 지오졸지가이격): 해석하면 '(장수
가) 적군이 (허점을 보이고 있어) 공격해도 되는 상태에 있다는 것을 알고, (또한)
아군이 적군을 공격할 수 있는 상태에 있음을 안다'는 뜻이다.

   * 而不知地形之不可以戰, 勝之半也(이부지지형지불가이격, 승지반야): 이(而)
는 역접의 접속사로 '그러나'의 의미이다. 지형(地形)은 '지형적 여건'을 의미한
다. 전체를 해석하면 '그러나 지형적 여건이 싸워서는 안 될 상황임을 모르면
승리할 확률은 반이다'라는 뜻이다.

   * 故知兵者, 動而不迷, 擧而不窮(고지병자, 동이불미, 거이불궁): 병(兵)은 '용병',
동(動)은 '움직이다', 미(迷)는 '미혹하다', 불미(不迷)는 '미혹에 빠지지 않는다',
거(擧)는 '들다, 움직이다', 궁(窮)은 '막히다,' 불궁(不窮)은 '막힘이 없다'는 의미
이다. 전체를 해석하면 '따라서 용병을 아는 장수는 일단 군대를 움직이면 미혹
에 빠지지 않고 병력을 운용함에 있어 막힘이 없다'는 뜻이다.

   * 故曰, 知彼知己, 勝乃不殆(고왈, 지피지기, 승내불태): 내(乃)는 '이에, 바로 ~
이다', 태(殆)는 '위태롭다'는 의미이다. 전체를 해석하면 '자고로 적을 알고 나를
알면 승리는 곧 위태롭지 않다고 말할 수 있다'는 뜻이다.

   * 知天知地, 勝乃可全(지천지지, 승내가전): 해석하면 '천시를 알고 지형을 알
면 승리는 곧 확실하다고 할 수 있다'는 뜻이다.

내용 해설

여기에서 손자는 '지피지기'와 '지천지지'를 언급하고 있다. '지피지기'에
대해서는 이미 〈모공〉 편의 마지막 부분에서 '지승유오'를 언급하면서 다
룬 바 있다. 즉, 승리를 알 수 있는 다섯 가지 방법인 '지승유오'는 전투 여
부 결정, 우열에 따른 용병 구상, 상하 일체화, 철저한 준비, 그리고 군주의
불간섭을 의미하는 것으로, 이러한 요소와 관련한 적의 상황을 알아야만

승부를 예측할 수 있다고 했다. 그리고 여기에서의 '지피지기'는 여섯 가지 패할 수 있는 군대의 유형에 비추어 '적군이 (아군이) 공격해도 되는 상태에 있는지, 그리고 아군이 적군을 공격할 수 있는 상태에 있는지'를 아는 것으로 〈모공〉 편에서의 '지피지기'와 크게 다르지 않다. 다만 손자는 이러한 '지피지기' 외에 〈모공〉 편에서 언급하지 않았던 '지천지지'를 겸비해야 확실하게 승리할 수 있음을 주장하고 있다.

우선 손자는 아군의 공격 및 적군의 방어 상태를 알아야 한다고 주장한다. 그런데 '지피지기'에는 수많은 상황을 상정할 수 있으나 여기에서는 '아군의 공격'과 '적군의 방어'를 특정하여 다루고 있다. 이는 아군이 원정작전의 대미를 장식할 결정적 전투를 앞두고 있기 때문이다. 여기에서 손자가 보는 '지피지기'의 효과는 〈모공〉 편에서와 사뭇 유사하다. 먼저 "(장수가) 아군이 적군을 공격할 수 있는 상태에 있음을 알고 있더라도, 적군이 (만반의 태세를 갖추고 있어 아군이) 공격해서는 안 되는 상태에 있음을 모른다면 승리할 확률은 반이다." 이는 적이 더 강할 수 있기 때문에 '지기'만으로는 반드시 승리할 수 없다는 것이다. 또한 "적이 타격을 가할 수 있는 상태에 있다는 것을 알고 있으나, 아군의 병력이 적을 칠 수 있는 상태에 있지 않다는 것을 모르면 마찬가지로 승리할 확률은 반이다." 즉, 우리의 공격태세가 미흡할 경우 '지피'만으로 반드시 승리할 수 없다는 것이다. '지피'와 '지기'의 요소가 상호작용하여 '승리'로 연결되는 함수를 표시해보면 다음 표와 같다.

구분	지기(知己)	부지기(不知己)
지피(知彼)	불태(不殆)	절반의 승리
부지피(不知彼)	절반의 승리	필태(必殆)

위의 표에서 '지피지기'는 승리의 가능성을 높이기 위한 전제조건이라

할 수 있다. 손자는 〈모공〉 편에서 '지피지기'하면 '백전불태'라고 했다. 즉, 반드시 승리할 수 있는 것이 아니라, '불태', 즉 아군의 승리를 위태롭게 하지 않는다고 한 것이다. 이는 비록 '적을 알고 나를 안다'고 해서 반드시 아군의 승리를 보장하는 것은 아니며, 단지 적의 승리를 거부하고 아군의 승리 가능성을 높일 수 있다는 의미에서 '불태'라는 표현을 사용한 것으로 볼 수 있다.

그렇다면 어떻게 승리를 확실하게 할 수 있는가? 손자는 '지피지기' 외에 '지천지지'가 필요하다고 본다. 그는 "(장수가) 적군이 (허점을 보이고 있어) 공격해도 되는 상태에 있다는 것을 알고, (또한) 아군이 적군을 공격할 수 있는 상태에 있음을 알고 있더라도, 지형적 여건이 싸워서는 안 되는 상태에 있음을 알지 못하면 승리할 확률은 반이다"라고 했다. 즉, 다음 표에서 보는 바와 같이 '지피지기'를 하더라도 '지천지지'가 이루어지지 않으면 여전히 승리는 불확실하며, '지천지지'를 해야 결정적 승리를 확실하게 담보할 수 있다는 것이다.

구분	부지천 부지지(不知天 不知地)	지천지지(知天知地)
지피지기[불태(不殆)]	절반의 승리	승리

여기에서 '지천지지'란 '천시(天時)와 지형(地形)'을 아는 것이다. 그런데 우리가 계속 살펴본 것처럼 손자는 '지형'에 대해서는 상세하게 설명을 하고 있지만 '천(天)' 혹은 '천시'에 대해서는 별다른 언급을 하고 있지 않다. 양지바른 곳에 진영을 구축하는 것 정도를 제시할 뿐이다. 그렇다면 과연 '천'이라는 요소는 무엇인가? 아마도 이를 유추해본다면 낮과 밤, 양지와 음지, 강우 혹은 강설, 바람과 같은 기상, 그리고 계절의 변화를 용병에 적용하는 것으로 볼 수 있다. 가령 손자도 언급하고 있듯이 양지바른 곳에 진지를 편성한다든가, 강우와 강설에 따라 습지나 하천의 변화 상황을 고

려해야 한다. '화공(火攻)'을 할 경우에는 제갈량(諸葛亮)의 적벽대전 사례와 같이 풍향의 변화를 읽어야 한다. 그렇다면 '지(地)'라는 요소는 무엇인가? 이는 장수가 자신의 용병에 다양한 지형적 여건과 그에 따른 유불리함을 고려하는 것이다. 다만 지형에 대해서는 지금까지 상세히 살펴보았으므로 더 이상 설명할 필요는 없다고 본다.

이와 같은 '지천지지'는 승리에 결정적인 영향을 미친다. 비록 장수가 '지피지기', 즉 아군이 우세하고 적이 열세함을 알았다고 해서 승리할 수 있는 것은 아니다. 왜냐하면 여기에는 '천시'와 '지형'이 변수로 작용하고 있기 때문이다. 즉, 우리가 우세하다고 하더라도 피아 간에 늪지대로 이루어진 '지형(支形)'이나 계곡과 같은 '애형'이 자리잡고 있다면 무턱대고 공격을 할 수 없다. 이 경우 공격을 하더라도 지형이 불리하게 작용함으로써 아군의 유리함이 상쇄되고 오히려 적이 유리한 상황에서 싸워야 하기 때문이다. 결국 '지천지지'란 천시와 지형이 피아에게 주는 유리함과 불리함을 고려하여 용병을 하는 것으로 볼 수 있다. 일부 학자들은 이 편에서 논의되는 '지'라는 요소에 주변국 정세나 국제관계 등을 포함시키기도 하지만, 여기에서의 상황이 적과의 결전을 앞두고 있음을 고려할 때 그렇게까지 확대하여 해석하는 것은 바람직하지 않다고 본다.

'지피지기'와 '지천지지'에 도달한 장수에게 용병은 거침이 없다. 손자가 말한 대로 이러한 장수는 '용병을 아는 장수'로 "피아 상황과 지형적 여건을 꿰뚫고 있기 때문에 일단 군대를 움직이면 미혹에 빠지지 않고 병력을 운용하는 데 막힘이 없다." '지피지기', 즉 피아 군사력의 우열을 알고 있기 때문이 공격을 해야 하는지, 중단해야 하는지, 그리고 공격을 한다면 언제 해야 하는지를 판단할 수 있다. '지천지지', 즉 천시와 지형을 알고 있기 때문에 바로 공격할 것인지, 적을 유인할 것인지, 아니면 애로지역을 확보한 후 공격을 할 것인지를 알 수 있다. 따라서 결전을 준비하는 단계에서부터 결전을 이행하고 승리를 달성하기까지 주저함이 없이 모든 상황을 주도하면서 용병을 해나갈 수 있다. 그래서 손자는 결론적으로 "적을 알고 나를 알면 승리는 곧 위태롭지 않으며, 천시를 알고 지형을 알면 승리는 곧 확실하다"고 했다. 물론, 여기에서의 승리란 전쟁의 승부를 가를 수 있는 결정적 지점에서의 결정적 승리를 의미한다.

군사사상적 의미

손자가 말하는 승리의 조건

이쯤에서 손자가 그의 병서에서 논하고 있는 승리의 조건을 정리해보고자 한다. 손자는 각 편에서 전쟁 혹은 전투에서 승리할 수 있는 다양한 조건을 제시하고 있는데, 이를 지피지기와 지천지지의 관점에서 살펴보면 다음과 같다.

각 편별로 본 장수의 자질과 능력

편명	핵심 개념	내용	비고
시계	오사(五事) 일곱 가지 비교 요소	· 도, 천, 지, 장, 법 · 군주, 장수, 천지, 군대, 훈련, 법령	국가 차원의 지피지기, 지천지지
모공	지승유오	· 전투 여부 판단 · 우열에 따른 용병 구상 · 상하 일체화 · 철저한 준비 · 군주의 불간섭	군사전략 차원의 지피지기
군형	병법의 다섯 가지 요소	· 도: 용병술 구상 · 양: 가용 병력 판단 · 수: 투입 병력 판단 · 칭: 피아 전투수행 과정 비교 · 승: 승리의 군형 편성	작전·전술 차원의 지피지기, 지천지지
허실	허실 탐색 위한 네 가지 방법	· 책지: 계책 수립 · 작지: 적의 동정 확인 · 형지: 적의 취약점 탐색 · 각지: 적의 취약점 확인	작전·전술 차원의 지피지기
지형	지피지기 지천지지	· 지피지기: 불태의 요소 · 지천지지: 승리의 요소	작전·전술 차원의 지피지기, 지천지지

우선 〈시계〉 편에서는 오사(五事)와 그에 따른 일곱 가지 비교 요소를 들 수 있다. 오사는 도(道), 천(天), 지(地), 장(將), 법(法)이고, 일곱 가지 비교 요소는 군주, 장수, 천지, 군대, 훈련, 법령이다. 손자는 특히 일곱 가지 비교 요소를 통해 어느 쪽이 유리한지를 판단하고 승산을 계산한 후 전쟁 여부를 결정해야 한다고 했다. 이는 전쟁의 승부를 미리 추산해보는 것으로 국가 차원에서 지피지기와 지천지지를 모두 요구한다.

〈모공〉 편에서는 '지승유오'를 언급하고 있다. 이는 적과 싸워야 할 때 인지를 판단하는 것, 피아 전력을 비교하여 우열에 따른 용병의 방법을 구상하는 것, 상하 간의 단합을 이루는 것, 철저한 준비를 갖춰 준비되지 않은 적을 상대하는 것, 그리고 군주가 간섭하지 않는 것이다. 이 다섯 가지는 전쟁을 논하는 국가 차원도, 일부 전장에 한정된 전술 차원도 아니다. 이는 원정을 앞둔 상황에서 장수가 군사전략 차원에서 적을 공략하고 승리하기 위한 방책을 구상하기 위해 필요한 다섯 가지 조건으로 지천지지보다는 지피지기를 요구한다. 물론, 천시와 지형 요소가 전혀 고려되지 않을 수 없겠지만, 원정을 시작하기 이전의 단계에서 적의 능력과 정세를 판단하는 것이 우선일 것이다.

〈군형〉 편에서는 병법의 다섯 가지 요소를 언급하고 있다. 이는 적과 결전을 앞두고 압도적인 진영을 편성하기 위한 일련의 절차로서, 도(度)는 전장에 도착한 후 실 지형 및 적정을 고려한 용병술을 구상하는 것, 양(量)은 용병에 필요한 병력의 충분성을 가늠하는 것, 수(數)는 지역 및 단계별로 투입 병력을 구체적으로 할당하는 것, 칭(稱)은 다양한 상황별로 피아 전투수행 과정을 예측해보는 것, 그리고 승(勝)은 승리할 수 있는 군형을 편성하여 '선승이후구전'을 달성하는 것이다. 이러한 군형은 차후 결정적인 전투에서 세를 발휘할 수 있는 토대가 된다. 병법의 다섯 가지 요소는 결전장에서 장수가 판단하는 것으로 작전·전술 차원에서의 지피지기와 지천지지를 요구한다.

〈허실〉 편에서 손자는 적의 허실을 파악할 수 있는 네 가지 방법을 제시하고 있다. 첫째는 책지(策之)로 계책을 구상하여 얻을 수 있는 이해득실을 판단하는 것이다. 장수가 용병 방법을 구상하고 그것이 효과적인 것인지를 판단하는 것이다. 둘째는 작지(作之)로 일부러 그러한 계책과 관련한 행동을 취하여 적의 동정을 살피는 것이다. 적이 우리의 계책을 알아차리지 못하고 있는지를 떠보거나 우리의 계획대로 적이 움직일 것인지를 예상해볼 수 있다. 셋째는 형지(形之)로서 적의 군형에 나타난 허실을 파악하는 것이다. 적의 부대 배치를 보고 강한 지점과 약한 지점을 살피는 것이다. 넷째는 각지(角之)로 실제로 적의 강점과 약점을 확인하는 것이다. 즉, 소규모 병력으로 적의 일부를 공격해보아 적의 병력이 많은 곳과 부족한 곳을 파악할 수 있다. 이는 결전을 앞두고 세를 발휘하기 이전에 적의 취약한 지점을 확인하는 절차로 지천지지보다는 작전·전술 차원에서의 지피지기를 요구한다. 지천지지는 이미 장수의 용병술에 적용이 된 상태로 보아야 할 것이다.

〈지형〉 편에서는 '지피지기와 지천지지'를 승리의 조건으로 보았다. 지피지기는 피아의 싸울 수 있는 상태에 관한 것으로 불태의 요소이다. 지천지지는 천시와 지형을 이용하는 것으로 승리의 요소이다. 〈지형〉 편에서의 논의는 〈군형〉 편에서와 마찬가지로 적과 결전을 치르기 위한 단계에서 승리의 조건을 다루는 것으로 다분히 작전·전술 차원에서의 논의로 볼 수 있다.

제11편

구지(九地)

九地

〈구지(九地)〉 편은 손자가 결전을 논의하는 두 번째 편이다. 이 편은 〈지형〉 편, 〈구지〉 편, 그리고 〈화공〉 편으로 이어지는 결전수행에 관한 논의에서 하이라이트를 이루는 부분이자, 지금까지 다룬 『손자병법』의 내용을 종합 정리하는 성격을 갖고 있다. 그러다 보니 〈구지〉 편에서 다루고자 하는 논점이 결전의 용병에 관한 것인지, 지금까지의 내용을 종합 정리하는 것인지 헷갈리는 것이 사실이다. 여기에서 '구지'란 '아홉 가지 유형의 지형'을 의미한다. 여기에서 손자는 장수가 원정을 출발하는 것으로부터 우직지계의 기동을 거쳐 결정적 지점에서 세를 발휘하여 승리를 거두기까지 극복해야 할 아홉 가지 유형의 지형과 용병의 문제에 대해 논의하고 있다. 특히 주목해야 할 것은 용병과 관련하여 결전의 순간에 세를 발휘할 수 있도록 병사들을 어떻게 다루어야 하는지에 대한 지휘통솔 방법을 구체적으로 제시하고 있다는 점이다.

〈구지〉 편의 주요 내용은 첫째로 아홉 가지 지형별 용병의 방법, 둘째로 결전을 위한 용병으로서 적군의 분리와 분산 방법, 셋째로 결전을 위한 지휘통솔로서 막다른 곳에 병력을 투입하는 방법, 넷째로 『손자병법』 전체의 종합적 정리 순으로 구성되어 있다. 다만, 결전의 용병과 관련한 손자의 논의는 〈구지〉 편에 이어 다음 〈화공〉 편으로까지 이어진다.

1. 구지와 지형별 용병의 기본

孫子曰. 用兵之法, 有散地, 有輕地, 有爭地, 有交地, 有衢地. 有重地, 有圮地, 有圍地, 有死地.

諸侯自戰其地者, 爲散地. 入人之地而不深者, 爲輕地. 我得亦利, 彼得亦利者, 爲爭地. 我可以往, 彼可以來者, 爲交地. 諸侯之地三屬, 先至而得天下之衆者, 爲衢也. 入人之地深, 背城邑多者, 爲重地. 山林, 險阻, 沮澤, 凡難行之道者, 爲圮地. 所由入者隘, 所從歸者迂, 彼寡可以擊吾之衆者, 爲圍地. 疾戰則存, 不疾戰則亡者, 爲死地.

是故, 散地則無戰. 輕地則無止. 爭地則無攻. 交地則無絶. 衢地則合交. 重地則掠. 圮地則行. 圍地則謀. 死地則戰.

손자왈. 용병지법, 유산지, 유경지, 유쟁지, 유교지, 유구지. 유중지, 유비지, 유위지, 유사지.

제후자전기지자, 위산지. 입인지지이불심자, 위경지. 아득역리, 피득역리자, 위쟁지. 아가이왕, 피가이래자, 위교지. 제후지지삼속, 선지이득천하지중자, 위구지. 입인지지심, 배성읍다자, 위중지. 산림, 험조, 저택, 범난행지도자, 위비지. 소유입자애, 소종귀자우, 피과가이격오지중자, 위위지. 질전즉존, 부질전즉망자, 위사지.

시고, 산지즉무전. 경지즉무지. 쟁지즉무공. 교지즉무절. 구지즉합교. 중지즉략. 비지즉행. 위지즉모. 사지즉전.

손자가 말하기를, 용병에는 산지, 경지, 쟁지, 교지, 구지, 중지, 비지, 위지, 사지에서의 용병 방법이 따로 있다.

제후가 스스로 자국의 영토에서 전쟁을 하는 경우 그곳을 산지라 한다. 적국의 영토에 들어가되 깊이 들어가지 않은 곳을 경지라 한다. 아군도 차지하면 유리하고 적군도 차지하면 유리한 곳을 쟁지라 한다. 아군도 갈 수 있고 적군도 올 수 있는 곳을 교지라 한다. 아국, 적국, 주변국 제후의 영토가 접경하여 적보다 먼저 도착하면 주변국의 지원을 얻을 수 있는 곳을 구지라 한다. 적의 영토에 깊이 들어가 적의 많은 성과 고을을 배후에 두게 되는 곳을 중지라 한다. 삼림지대, 험준한 지형, 늪지대 등 행군하기 어려운 곳을 비지라 한다. 들어갈 때는 애로가 있고 나갈 때는 돌아야 하므로 적이 적은 병력으로 아군의 많은 병력을 칠 수 있는 곳을 위지라 한다. 신속히 싸우면 살 수 있지만 신속히 싸우지 않으면 죽는 곳을 사지라 한다.

자고로 산지에서는 (아군이 원정에 나선 상황이므로) 전투가 벌어지지 않는다. 경지에서는 (병사들의 심적 동요를 막기 위해) 행군을 멈추지 않아야 한다. 쟁지에서는 (적도 치열하게 싸울 것이므로 과도한 희생을 막기 위해) 공격하지 않아야 한다. 교지에서는 (적의 접근이 용이하므로) 부대 상호간의 연결이 끊어지지 않도록 해야 한다. 구지에서는 (주변 제후국들의 지원을 확보하기 위해) 외교관계에 힘써야 한다. 중지에서는 (아군의 식량 및 물자를 보충하기 위해) 마을을 약탈해야 한다. 비지에서는 (애로지역을 극복하기 위해) 신속하게 통과해야 한다. 위지에서는 (위기를 벗어나기 위해) 계책을 써야 한다. 사지에서는 신속히 (활로를 열기 위해 사력을 다해) 싸워야 한다.

* 孫子曰. 用兵之法, 有散地, 有輕地, 有爭地, 有交地, 有衢地, 有重地, 有圮地, 有圍地, 有死地(손자왈. 용병지법, 유산지, 유경지, 유쟁지, 유교지, 유구지, 유중지, 유비지, 유위지, 유사지): 해석하면 '손자가 말하기를, 용병에는 산지, 경지, 쟁지, 교지, 구지, 중지, 비지, 위지, 사지에서의 용병 방법이 따로 있다'는 뜻이다.

* 諸侯自戰其地者, 爲散地(제후자전기지자, 위산지): 기지(其地)는 '제후의 땅'으로 자국을 의미한다. 위(爲)는 '~라 한다', 산(散)은 '흩어지다', 산지(散地)는 방어를 위해 병력을 흩어놓은 모습을 의미한다. 전체를 해석하면 '제후가 스스로 자국의 영토에서 전쟁을 하는 경우 그곳을 산지라 한다'는 뜻이다.

* 入人之地而不深者, 爲輕地(입인지지이불심자, 위경지): 인(人)은 '남, 타인'의 뜻으로 '적'을 의미한다. 인지지(人之地)는 '적국의 영토', 이(而)는 순접 또는 역접의 접속사로 여기에서는 '~하되'로 해석한다. 심(深)은 '깊다', 경(輕)은 '가볍다'는 의미이다. 전체를 해석하면 '적국의 영토에 들어가되 깊이 들어가지 않은 곳을 경지라 한다'는 뜻이다.

* 我得亦利, 彼得亦利者, 爲爭地(아득역리, 피득역리자, 위쟁지): 득(得)은 '이익, 얻다', 역(亦)은 '또한', 쟁(爭)은 '다투다, 싸움'을 의미한다. 전체를 해석하면 '아군도 차지하면 유리하고 적군도 차지하면 유리한 곳을 쟁지라 한다'는 뜻이다.

* 我可以往, 彼可以來者, 爲交地(아가이왕, 피가이래자, 위교지): 왕(往)은 '가다', 교(交)는 '주고받다'라는 뜻이다. 전체를 해석하면 '아군도 갈 수 있고 적군도 올 수 있는 곳을 교지라 한다'는 뜻이다.

* 諸侯之地三屬, 先至而得天下之衆者, 爲衢也(제후지지삼속, 선지이득천하지

중자, 위구지): 속(屬)은 '모이다, 붙다', 삼속(三屬)은 세 제후국의 접경지로서 '아국, 적국, 제3국의 영토'를 의미한다. 선지(先至)는 '먼저 도달하다'는 뜻이고, 천하(天下)는 '온 세상'라는 뜻이나 여기에서는 주변국들을 의미한다. 중(衆)은 '많은 사람, 많은 물건'이라는 뜻으로 여기에서는 '지원군 또는 지원물자'를 의미한다. 구(衢)는 '네거리'를 의미한다. 전체를 해석하면 '아국, 적국, 주변국 제후의 영토가 접경하여 적보다 먼저 도착하면 주변국의 지원을 얻을 수 있는 곳을 구지라 한다'는 뜻이다.

＊入人之地深, 背城邑多者, 爲重地(입인지지심, 배성읍다자, 위중지): 배(背)는 '등 뒤', 성읍(城邑)은 적의 성과 고을을 의미한다. 중(重)은 '무겁다'는 뜻이다. 전체를 해석하면 '적의 영토에 깊이 들어가 적의 많은 성과 고을을 배후에 두게 되는 곳을 중지라 한다'는 뜻이다.

＊山林, 險阻, 沮澤, 凡難行之道者, 爲圮地(산림, 험조, 저택, 범난행지도자, 위비지): 험조(險阻)는 '험준한 지형', 저택(沮澤)은 '소택지, 늪지대', 난(難)은 '어렵다', 비(圮)는 '무너지다'를 뜻한다. 전체를 해석하면 '삼림지대, 험준한 지형, 늪지대 등 행군하기 어려운 곳을 비지라 한다'는 뜻이다.

＊所由入者隘, 所從歸者迂, 彼寡可以擊吾之衆者, 爲圍地(소유입자애, 소종귀자우, 피과가이격오지중자, 위위지): 소(所)는 '곳, 지역', 유(由)는 '~를 통해서', 애(隘)는 '좁다, 험하다', 우(迂)는 '멀다, 먼 길'을 뜻한다. 소유입자애, 소종귀자우(所由入者隘, 所從歸者迂)는 '그곳을 통해 들어갈 때는 애로가 있고, 그곳에서 나아갈 때는 돌아야 한다'는 뜻이다. 피(彼)는 '저 사람'이란 뜻이나 여기에서는 '적군'을 의미한다. 과(寡)는 '적다', 오지중(吾之衆)은 '아군의 많은 병력'을 의미한다. 전체를 해석하면 '들어갈 때는 애로가 있고 나갈 때는 돌아야 하므로 적이 적은 병력으로 아군의 많은 병력을 칠 수 있는 곳을 위지라 한다'는 뜻이다.

＊疾戰則存, 不疾戰則亡者, 爲死地(질전즉존, 부질전즉망자, 위사지): 질(疾)은 '빠르다', 질전(疾戰)은 '신속히 싸우다'라는 의미이다. 전체를 해석하면 '신속히 싸우면 살 수 있지만 신속히 싸우지 않으면 죽는 곳을 사지라 한다'는 뜻이다.

＊是故, 散地則無戰(시고, 산지즉무전): '자고로 산지에서는 (아군이 원정에 나선 것이므로) 전투가 벌어지지 않는다'는 뜻이다.

＊輕地則無止(경지즉무지): '경지에서는 (병사들의 동요를 막기 위해) 행군을 멈추지 않아야 한다'는 뜻이다.

＊爭地則無攻(쟁지즉무공): '쟁지에서는 (적도 치열하게 싸울 것이므로 과도한 희생을 막기 위해) 공격하지 않아야 한다'는 뜻이다.

＊交地則無絶(교지즉무절): 절(絶)은 '끊다'는 뜻으로 '부대 상호간의 연결이 끊어지는 것'을 의미한다. 해석하면 '교지에서는 (적의 접근이 용이하므로) 부대 상호간의 연결이 끊어지지 않도록 해야 한다'는 뜻이다.

＊衢地則合交(구지즉합교): '구지에서는 (주변 제후국들의 지원을 확보하기 위해) 외교관계에 힘써야 한다'는 뜻이다.

＊重地則掠(중지즉략): 략(掠)은 '노략질하다'라는 의미이다. 이를 해석하면 '중지에서는 (아군의 식량 및 물자를 보충하기 위해) 마을을 약탈해야 한다'는 뜻이다.

＊圮地則行(비지즉행): '비지에서는 (애로지역을 극복하기 위해) 신속하게 통과해야 한다'는 뜻이다.

＊圍地則謀(위지즉모): 모(謨)는 '꾀, 계책'을 뜻한다. 이를 해석하면 '위지에서는 (위기를 벗어나기 위해) 계책을 써야 한다'는 뜻이다.

＊死地則戰(사지즉전): '사지에서는 신속히 (사력을 다해) 싸워야 한다'는 뜻이다.

내용 해설

여기에서 손자는 '구지(九地)', 즉 아홉 가지 지형과 그에 따른 용병에 대해 언급하고 있다. 구지는 산지(散地), 경지(輕地), 쟁지(爭地), 교지(交地), 구지(衢地), 중지(重地), 비지(圮地), 위지(圍地), 사지(死地)이다. 앞의 〈구변〉 편, 〈지형〉 편, 〈행군〉 편에서는 각각의 지형을 부분적으로 다루었다면 〈구지〉 편에서는 종합적으로 제시하고 있다. 다만, 여기에 〈구변〉 편에서 언급한 '절지'는 포함하지 않고 있다. 만일 '절지(絶地)'를 포함한다면 10개 지형이 되어야 한다. 앞에서 필자가 지적한 대로 아마도 손자는 '국경을 넘는' 절지와 '적 영토 깊이 들어가지 않은' 경지를 같은 것으로 간주하여 여기에서는 '경지'만을 언급한 것으로 보인다.

그런데 이해가 되지 않는 것은 손자가 여기에서만이 아니라 이 편의 중간 부분에서도 아홉 가지 지형과 그에 따른 용병을 똑같이 언급하고 있다는 것이다. 그 이유는 알 수 없다. 다만 여기에서는 이 편의 중간 부분에서 논의하고 있는 구지의 내용을 참고하여 각 지형별 특징과 용병에 대해 구체적으로 살펴보도록 한다.

첫째, 산지(散地)는 제후가 자국의 영토에서 전쟁을 하는 경우에 해당하는 것으로 자국 내의 전장을 말한다. 즉, 적이 공격해왔을 때 영토를 방어하기 위해 싸운다면 자국 영토가 바로 산지이다. 그런데 산지에서의 용병에 대해 손자는 '산지즉무전(散地則無戰)'이라고 했다. 이는 무슨 뜻인가? 이에 대해 많은 학자들은 "산지에서는 싸우지 않아야 한다"고 해석하고 있다. 그리고 그 이유에 대해서는 자기의 땅이기 때문에 전투를 하면 안 된다는 학자도 있고, 본국 내에서 싸우면 병사들은 고향으로 돌아갈 생각을 하게 되기 때문에 싸우면 불리하다는 견해도 있다. 또한 '산지즉무전(散地則無戰)'에서 '전(戰)'을 '야전(野戰)', 즉 야지에서의 전투로 해석하여, 기세가 막강한 적에 대해 야지에서 맞붙는 것은 불리하기 때문에 싸우지 말고 성 안에 들어가 싸워야 한다는 의미로 풀이하기도 한다.

그러나 이러한 해석들은 전후 문맥이나 앞뒤 논리를 따져볼 때 타당하지 않다. 손자의 병서는 장거리 원정을 다루고 있는데 갑자기 적이 쳐들어와 아국을 방어하는 상황을 상정하는 것은 엉뚱하기 그지없다. 이 부분을 정확히 이해하기 위해서는 〈구지〉 편 중반부에서 손자가 언급하고 있는 '산지오장일기지(散地吾將一其志)', 즉 "산지에서 아군 장수는 병사들의 마음을 하나로 만들어야 한다"고 한 구절과 연계해볼 필요가 있다. 즉, '산지즉무전'이란 손자의 전쟁이 원정작전이므로 산지에서는 당연히 '전투가 없다'는 의미로 보아야 하며, 대신 장수는 원정을 떠나기 전에 병사들이 정신무장을 단단히 하고 심적 각오를 다지도록 해야 한다는 것으로 풀이해야 한다.

둘째, 경지(輕地)는 적국의 영토에 들어가되 깊이 들어가지 않은 곳을 말한다. 국경선을 넘어 적의 땅으로 막 들어간 것이다. 이때 병사들의 마음은 심란할 수밖에 없다. 고향에 남겨진 부모형제들의 얼굴이 떠오르고 앞으로 치를 전투에 대한 공포감이 엄습해올 것이다. 따라서 경지에서의 용병은 병사들이 동요하지 않도록 행군을 멈추지 말아야 한다. 적의 주력은 보다 유리한 지역에서 아군을 기다리고 있을 것이기 때문에 경지에서 적과 접촉할 가능성은 아직 낮다. 따라서 적과의 조우를 우려하기보다는 병사들의 불안정한 심리를 고려하여 신속하게 행군을 재촉해야 한다.

셋째, 쟁지(爭地)는 아군도 차지하면 유리하고 적군도 차지하면 유리한 곳이다. 피아 간에 전략적으로 중요한 요충지를 말한다. 예를 들면, 고려시대의 안시성이나 조선시대의 조령과 같이 아군이 차지하면 방어에 유리하고 적이 차지하면 공격에 유리한 지역이다. 손자는 쟁지에서는 적을 함부로 공격하지 말 것을 권하고 있다. 아군은 원정을 위해 기동하는 입장인 데 반해, 적은 이미 방어에 유리한 요충지를 점령하여 방비를 강화하고 있을 것이다. 따라서 아군이 요충지를 공격한다면 불리할 뿐만 아니라 적은 사력을 다해 방어할 것이므로 아군에 과도한 희생을 낳을 수 있다. 그러면 어떻게 해야 하는가? 이에 대해 손자는 이 편의 중간 부분에서 적의 배후로 돌아가 칠 것을 권하고 있다. 마치 —〈허실〉 편에서 본 것처럼— 물이 높은 곳을 피해 낮은 곳으로 흐르듯이 적의 강한 부분을 피하고 약한 부분으로 기동하여 치는 것이 최소의 피해로 적을 무력화할 수 있는 방안이라고 본 것이다.

넷째, 교지(交地)는 아군도 갈 수 있고 적군도 올 수 있는 곳이다. 사통팔달한 교통의 요지를 말한다. 이러한 곳은 대개 험준한 산악지역이 아닌 평지에 위치해 있기 때문에 비록 아군이 확보했다 하더라도 방어하기 어려운 반면, 적은 사방에서 아군을 쉽게 공략할 수 있다. 그런데 이러한 지역은 포기할 수 없다. 만일 적이 이러한 지역을 확보하게 되면 아군의 부대 연결이 끊어질 수 있기 때문이다. 후방에서 군수보급을 담당하는 부대와 전방에서 진격해나가는 전투부대 간의 연결이 차단되면 전방의 전투부대는 보급지원을 받을 수 없게 된다. 따라서 교지는 어떻게든 확보하여 아군 부대 간의 연결이 끊어지지 않도록 해야 하며, 적의 공격에 대비하여 방어할 수 있는 대책을 마련해야 한다.

다섯째, 구지(衢地)는 적어도 세 국가, 즉 아국, 적국, 그리고 주변국 제후의 영토가 접경하여 적보다 먼저 도착하면 주변국의 지원을 얻을 수 있는 곳을 말한다. 이러한 지역에서는 주변국을 잘 구슬리면 인적·물적·외교적 지원을 확보할 수 있다. 따라서 구지(衢地)에서 장수는 주변 제후국의 지원을 확보하기 위해 외교관계에 힘써야 한다. 그러면 어떻게 주변국의 지원을 얻을 수 있는가? 손자는 "주변국 제후의 의도를 모르고서는 외교관계를 맺을 수 없다"고 했다. 아마도 주변국의 제후는 아국의 원정을 돕는 대신 경제적 보상을 원할 수도 있으며, 원정이 성공한 후 적국 영토의 일부를 할양받거나 이권을 제공받으려 할 수도 있다. 차후에 있을 자국의 원정에 아국의 도움을 받으려 할 수도 있다. 따라서 장수는 이러한 의도를 파악하고 원하는 요구를 들어줌으로써 주변국 제후의 지원을 얻을 수 있을 것이다.

여섯째, 중지(重地)는 적의 영토에 깊이 들어가 적의 많은 성과 고을을 배후에 두게 되는 곳이다. 우직지계의 기동에서 적의 방어부대를 우회하고 추격부대를 따돌림으로써 적의 성을 공략할 수 있는 유리한 지역에 가까이 가고 있는 것이다. 이 경우 손자는 아군의 식량 및 물자를 보충하기 위해 마을을 약탈할 것을 권하고 있다. 원정군이 본국에서 멀리 떨어져 적국의 중심부에 와 있는 상황에서 오늘날과 같은 체계적인 군수보급을 기대하기는 어렵다. 이에 대해서는 이미 〈작전〉 편에서 언급한 바 있다. 따라서 중지에서는 곡창지대나 풍요로운 마을을 약탈하여 식량 및 물자를 현지에서 조달해야 한다.

일곱째, 비지(圮地)는 삼림지대, 험준한 지형, 늪지대 등 행군하기 어려운 곳을 말한다. 적군은 아군이 기동에 용이하고 적 수도에 이르는 단거리 도로를 따라 진군할 것으로 예상하고 그러한 도로를 중심으로 주력을 배치하고 있다. 그러나 아군은 우직지계의 기동을 택하여 적의 주력이 배치되지 않은 지역으로 우회하여 적 수도를 향해 나아가고 있다. 이 과정에서 원정군은 험준한 산악지대와 늪지대, 수풀이 우거진 애로지역을 통과할 수밖에 없다. 그러나 이러한 지역은 적이 매복을 하거나 기습공격을 가하기에 유리하다. 따라서 비지에서는 철저한 수색을 실시하여 적의 잠복 여부를 확인해야 하며, 숙영하거나 체류하지 말고 신속하게 통과해야 한다.

여덟째, 위지(圍地)는 그곳으로 들어갈 때는 애로가 있고 그곳에서 빠져나가려면 한참을 돌아야 하기 때문에 적이 적은 병력으로 아군의 많은 병력을 칠 수 있는 곳을 말한다. 이 편의 중간 부분에서 손자는 위지를 "뒤는 높은 고지대로 막히고 앞이 애로지역으로 된 곳"으로 정의하고 있다. 이러한 정의가 좀 차이는 있지만 대체로 위지는 삼면이 험한 지형으로 둘러싸인 'U'자형 도로를 연상할 수 있다. 위지는 처음에 진입할 때에 애로가 있어 기동에 어려움이 있을 뿐 아니라 진입한 후에도 줄곧 계곡 사이를 한참 동안 돌아야 하기 때문에 매우 위험한 지역이 아닐 수 없다. 즉, 출구가 있지만 그 과정을 지나기가 무척 험난한 것이다. 이 경우 적은 소수의 병력을 애로지역 근처나 계곡 위에 배치하여 아군에 큰 타격을 가할 수 있다. 따라서 위지에서는 계책을 써야 한다. 가령 위지를 통과하는 것처럼 보이면서 일부 부대를 계곡 위로 올려 보내 사전에 적 위협을 제거할 수 있다. 다른 길로 우회하는 것처럼 정보를 흘리고 일부 부대를 그리로 기동시킴으로써 매복한 적 병력을 다른 지역으로 돌릴 수 있다. 어떠한 경우든 위지에서는 출구 또는 퇴로를 확보하는 것이 중요하다. 만일 빠져나갈 길이 막히면 이는 사지에 빠진 꼴이 되어 전 병력이 몰살당할 수 있다.

아홉째, 사지(死地)는 신속히 싸우면 살 수 있지만 신속히 싸우지 않으면 죽는 곳을 말한다. 적에게 완전히 포위되어 출구나 퇴로가 막힌 상황이다. 이 경우 시간을 끌수록 아군에게 불리하다. 적은 아군이 갇힌 것을 알고 더 많은 병력을 불러와 에워쌀 것이며, 그러면 포위망은 더욱 좁혀지고 강화될 수밖에 없다. 어떻게든 적의 약한 부분을 뚫고 나가야 하는데 시간이 갈수록 그러한 가능성이 사라지게 되는 것이다. 따라서 사지에 몰렸다고 판단되면 장수는 주저하지 말고 단호하게 결단을 내려야 한다. 적의 포위망이 약한 지점을 찾아 활로를 개척하기 위해 사력을 다해 싸워야 한다. 이 편의 다음 문단에서 손자가 언급하고 있듯이 사지에서는 병력들로 하여금 죽음을 각오하고 싸우도록 독려함으로써 반드시 벗어나야 한다.

이상에서 살펴본 구지는 원정군이 우직지계의 기동을 해나가는 과정에서 직면하고 극복해야 할 지형을 다룬 것이다. 실제로 적의 수도 인근에 도착하여 적 주력과 결전을 준비하기 위해 고려해야 할 결전 장소에서의 지형은 앞의 〈지형〉 편에서 살펴본 바와 같이 통형, 쾌형, 지형, 애형, 험형, 원형을 들 수 있다. 다만 〈구지〉 편은 지금까지의 논의를 종합하는 의미를 갖고 있으므로 손자는 여기에서 일반적인 아홉 가지 지형을 망라하여 논의하는 것으로 이해할 수 있다.

군사사상적 의미

구지의 구분

손자가 제시한 아홉 가지 유형의 지형은 다음과 같은 세 가지 기준으로 다시 정리해볼 수 있다. 첫째로 원정군의 적 영토 진입 정도에 따른 지형으로 산지, 경지(절지), 중지가 있다. 본국으로부터 국경을 넘어 적 영토 깊숙이 들어가는 과정에 따라 세 가지로 나눈 것이다. 둘째로 아군의 전략적 이점을 줄 수 있는 지형으로 쟁지, 교지, 구지가 있다. 쟁지는 피아 모두에게 전략적으로 중요한 지역이고, 교지는 아군의 부대 연결 및 병참선을 유지하는 데, 그리고 구지는 주변국의 지원을 확보하는 데 중요하다.

셋째로 전술적 어려움을 초래할 수 있는 지형으로 비지, 위지, 사지가 있다. 비지는 산악이나 늪지대와 같은 애로지역을, 위지와 사지는 적에게 포위를 당할 수 있는 지역을 말한다.

분류 기준에 따른 구지의 구분

분류 기준	구지(九地)
적 영토 진입 정도	산지, 경지(절지), 중지
전략적 이점	쟁지, 교지, 구지
전술적 어려움	비지, 위지, 사지

여기에서 떠오르는 한 가지 의문은 '사지'를 지형의 한 유형으로 볼 수 있는가에 관한 문제이다. 앞의 여덟 가지는 지도를 놓고 특정할 수 있으나 사지의 경우에는 '적에게 포위된 상황'을 의미하는 것으로 지도에서 특정할 수 없기 때문이다. 산악지역은 물론 평지에서라도 적에게 겹겹이 포위당하는 상황이 되면 어디든 사지가 되는 것이다. 즉, 다른 지형은 각각의 지리적 특성에 따라 구분된 반면, 사지는 지리와 상관없이 포위된 상황을 의미하는 것으로 사실상 지형으로 보기는 어렵다. 다만 손자가 왜 사지를 지형에 포함시켰는지는 알 수 없다.

〈구지〉 편의 내용 구성에서 발견되는 두 가지의 어색함

〈구지〉 편은 손자가 논의하고자 하는 내용의 구성 및 논리의 전개와 관련하여 어색한 느낌을 지울 수 없다. 첫째로 논점을 파악하기가 어렵다. 논의하는 내용이 편명과 같이 '아홉 가지 지형'에 관한 것인지, 이 편에서의 주된 논의인 '결전 수행 방법'에 관한 것인지, 아니면 지금까지 『손자병법』에서 논의한 내용을 종합하는 것인지 분명치 않다. 각각의 논의가 별개로 이루어져 있어 3개의 편으로 분리하여도 좋을 것을 억지로 한꺼번에 끌어모아놓은 인상을 주고 있다.

둘째로 아홉 가지 지형에 대한 설명이 중복된다. 아마도 손자는 아홉 가지 지형을 『손자병법』의 어딘가에서 종합적으로 제시하려고 의도했는데, 고민 끝에 여러 가지 지형을 묶어서 〈구지〉 편에 둔 것으로 보인다. 그렇다 하더라도 그는 맨 앞의 문단에서 아홉 가지 지형을 언급한 데 이어 중간 부분에서 다시 똑같은 지형을 설명하고 있다. 그리고 그 사이에 4개의 문단을 넣어 결전을 수행하는 용병의 방법에 대해 논의하고 있다. 그런데 아홉 가지 지형에 대한 논의와 결전을 위한 용병에 대한 논의가 논리적으로 연결되지 않음으로써 읽는 사람에게 혼란을 주고 있다. 차라리 아홉 가지 지형을 한곳에 모아 종합적으로 논의했다면 그나마 조금이라도 이러한 혼란을 피할 수 있었을 것이다.

셋째로 여섯 번째 문단으로부터 마지막까지 3개의 문단은 원정을 시작하는 단계부터 결전을 추구하는 단계까지 포괄적으로 다루고 있어 어떤 형식으로든 『손자병법』의 내용을 종합하려는 것으로 보인다. 그럼에도 불구하고 제대로 종합이 되지 않은 느낌을 지울 수 없다. 앞에서 논의한 총 11편의 내용 가운데 핵심적인 구절이 잘 정리되지 않은 채 맨 마지막 문단에서 적의 허실을 이용한 용병 정도로 끝을 맺고 있으며, 특히 여섯째와 일곱째 문단에서는 마지막 구절에서 병사들을 사지로 몰아넣어야 한다는 주장을 거듭 반복하고 있는데 왠지 문단을 전개하는 흐름과 맞지 않아 보인다.

혹시 손자는 당시 파편적으로 흩어져 있던 일반적인 병법에 관한 논의를 모아 『손자병법』으로 정리해두었다가, 오왕 합려에게 『손자병법』을 바치면서 오왕 합려가 관심을 갖고 있는 '원정작전'에 부합하도록 그것을 다시 정리한 것은 아닌가 하는 의심이 든다. 이는 순전히 필자의 근거 없는 억측이지만, 그래서 이 과정에서 이 부분이 체계적으로 구성되지 못하고 논리가 좀 흔들린 것은 아닌가 생각된다.

2. 결전을 위한 용병: 적군의 분리와 분산

所謂古之善用兵者, 能使敵人, 前後不相及, 衆寡不相恃, 貴賤不相救, 上下不相收, 卒離而不集, 兵合而不齊.	소위고지선용병자, 능사적인, 전후불상급, 중과불상시, 귀천불상구, 상하불상수, 졸리이부집, 병합이부제.
合於利而動, 不合於利而止.	합어리이동, 불합어리이지.
敢問, 敵衆整而將來, 待之若何. 曰, 先奪其所愛, 則聽矣.	감문, 적중정이장래, 대지약하. 왈, 선탈기소애, 즉청의.
兵之情主速. 乘人之不及, 由不虞之道, 攻其所不戒也.	병지정주속. 승인지불급, 유불우지도, 공기소불계야.

이른바 옛날에 용병을 잘하는 장수는 적군으로 하여금 능히 앞의 부대와 뒤의 부대가 서로 지원이 미치지 못하도록 했고, 대부대와 소부대가 서로 의지하지 못하도록 했으며, 정예부대와 비정예부대가 서로 구원하지 못하도록 했고, 장수와 병사들이 서로 신뢰하지 못하도록 했으며, 부대를 분리시켜 집중하지 못하도록 했고, 병사들을 모아도 통제가 되지 않도록 했다.

(그래서) 상황이 유리하다고 판단되면 공격하고, 유리하지 않다고 판단되면 공격을 멈추었다.

감히 "적의 대군이 질서정연하게 공격해온다면 어떻게 할 것인가?"라고 묻는다면, "우선 적이 소중히 여기는 지역을 탈취하여 적으로 하여금 아군이 원하는 대로 움직이도록 해야 한다"고 답할 수 있다.

용병의 본질은 무엇보다도 신속함에 있다. (아군이 속도를 내어) 적이 생각하지 못한 틈을 노려 적이 생각지 못한 길로 나아가고 적이 경계하지 않는 곳을 공격해야 한다.

*所謂古之善用兵者, 能使敵人, 前後不相及, 衆寡不相恃, 貴賤不相救, 上下不相收, 卒離而不集, 兵合而不齊(소위고지선용병자, 능사적인, 전후불상급, 중과불상시, 귀천불상구, 상하불상수, 졸리이부집, 병합이부제): 소위(所謂)는 '이른바', 사(使)는 '~로 하여금 ~하게 하다', 급(及)은 '미치다, 이르다', 소위고지선용병자, 능사

적인, 전후불상급(所謂古之善用兵者, 能使敵人, 前後不相及)은 '이른바 옛날에 용병을 잘하는 장수는 적군으로 하여금 능히 앞의 부대와 뒤의 부대가 서로 지원이 미치지 못하도록 했다'는 뜻이다. 중(衆)은 '무리'라는 뜻으로 여기서는 '대부대'를 의미하고, 과(寡)는 '적다'라는 뜻으로 여기에서는 '소부대'를 뜻한다. 시(恃)는 '믿다'라는 뜻이고, 상시(相恃)는 '서로 의지하다'로 해석한다. 중과불상시(衆寡不相恃)는 '대부대와 소부대가 서로 의지하지 못하도록 한다'는 뜻이다. 귀(貴)는 '귀하다'는 뜻이나 여기에서는 '정예병'을 의미하고, 천(賤)은 '천하다'로 여기에서는 '비정예병'을 뜻한다. 구(求)는 '구하다'라는 의미이고, 귀천불상구(貴賤不相救)는 '정예부대와 비정예부대가 서로 구원하지 못하도록 한다'는 뜻이다. 상하(上下)는 '장수와 병사들', 수(收)는 '거두다'라는 뜻으로 상하불상수(上下不相收)는 '장수와 병사들이 서로 기대지 못하도록 한다'라는 의미이다. 졸(卒)은 '집단, 군사'라는 뜻으로 여기서는 '부대'를 의미한다. 이(離)는 '나누다, 분리하다', 집(集)은 '모으다', 제(齊)는 '가지런하다'는 뜻이고, 졸리이부집, 병합이부제(卒離而不集, 兵合而不齊)는 '부대를 분리시켜 집중하지 못하도록 하고, 병사들을 모아도 통제가 되지 않게 한다'는 의미이다. 전체를 해석하면 '이른바 옛날에 용병을 잘하는 장수는 적군으로 하여금 능히 앞의 부대와 뒤의 부대가 서로 지원이 미치지 못하도록 했고, 대부대와 소부대가 서로 의지하지 못하도록 했으며, 정예부대와 비정예부대가 서로 구원하지 못하도록 했고, 장수와 병사들이 서로 신뢰하지 못하도록 했으며, 부대를 분리시켜 집중하지 못하도록 했고, 병사들을 모아도 통제가 되지 않도록 했다'는 뜻이다.

* 合於利而動, 不合於利而止(합어리이동, 불합어리이지): 합(合)은 '맞다, 부합하다', 어(於)는 '~에', 합어리(合於利)는 '상황이 유리하다'는 뜻이다. 동(動)은 '움직이다'는 뜻으로 여기에서는 '공격'을 의미한다. 지(止)는 '멈추다'라는 의미이다. 전체를 해석하면 '상황이 유리하다고 판단되면 공격하고, 유리하지 않다고 판단되면 공격을 멈추었다'는 뜻이다.

* 敢問, 敵衆整而將來, 待之若何(감문, 적중정이장래, 대지약하): 감(敢)은 '감히'라는 뜻이고, 정(整)은 '가지런하다'로 '질서정연하다'는 뜻이다. 장(將)은 '장차, 막 ~하려 하다', 래(來)는 '오다'로 '공격해오다'를 뜻한다. 대(待)는 '대비하다', 약하(若何)는 '어찌할 것인가?'라는 의미이다. 전체를 해석하면 '감히 묻건대, 적의 대군이 질서정연하게 공격해온다면 어떻게 할 것인가?'라는 뜻이다.

* 曰, 先奪其所愛, 則聽矣(왈, 선탈기소애, 즉청의): 탈(奪)은 '빼앗다', 애(愛)는 '아끼다', 청(聽)은 '듣다, 받아들이다'라는 뜻이다. 전체를 해석하면, '답하자면, 우선 적이 소중히 여기는 지역을 탈취하면, 적은 아군이 원하는 대로 움직이게 되어 있다'는 뜻이다.

* 兵之情主速(병지정주속): 정(情)은 '본성'을 뜻한다. 이를 해석하면 '용병의 본질은 무엇보다도 신속함에 있다'는 뜻이다.

* 乘人之不及, 由不虞之道, 攻其所不戒也(승인지불급, 유불우지도, 공기소불계야): 승(乘)은 '타다, 오르다'라는 뜻으로 어떠한 기회를 타거나 기회를 이용하는 것을 의미한다. 인(人)은 '적군'을 뜻하고, 불급(不及)은 '미치지 못하다'로 적이 속도 면에서 뒤떨어지는 것을 의미한다. 승인지불급(乘人之不及)은 '(아군이 속도를 내어) 적이 생각하지 못한 틈을 노려'로 해석한다. 유(由)는 '지나다', 우(虞)는 '헤아리다', 계(戒)는 '경계하다, 조심하다'라는 의미이다. 전체를 해석하면 '(아군이 속도를 내어) 적이 생각하지 못한 틈을 노려 적이 생각지 못한 길로 나아가 적이 경계하지 않는 곳을 공격해야 한다'는 뜻이다.

내용 해설

여기에서 손자는 원정군이 구지를 극복하고 결전의 장소에 도착한 상황을 가정하여 결전을 어떻게 치러야 하는가에 대한 방법을 제시하고 있다. 이러한 방법은 이 문단부터 다음의 3개 문단에 걸쳐 상세하게 묘사되어 있다. 이 문단은 적에 관한 부분으로 적 부대를 분리 및 분산시킨 후 쳐야 한다는 것을 강조하고 있으며, 다음의 3개 문단은 아군에 관한 부분으로 장수의 지휘 및 통솔 방법에 대해 언급하고 있다.

손자는 결정적인 승리를 거두기 위해서는 적 부대를 분리하고 분산시켜야 함을 강조한다. 그는 옛날에 용병을 잘하는 장수의 사례를 들어 "적군으로 하여금 능히 앞의 부대와 뒤의 부대가 서로 지원이 미치지 못하도록 했고, 대부대와 소부대가 서로 의지하지 못하도록 했으며, 정예부대와 비정예부대가 서로 구원하지 못하도록 했고, 장수와 병사들이 서로 신뢰하지 못하도록 했으며, 부대를 분리시켜 집중하지 못하도록 했고, 병사들을 모아도 통제가 되지 않도록 해야 함"을 강조하고 있다. 이는 다음에서 다루는 '솔연(率然)'과 같은 군대, 즉 머리를 치면 꼬리가 달려들고 꼬리를 치면 머리가 달려드는 것과 같이 서로 유기적으로 한 몸이 되어 싸우는 군대와 대비됨을 알 수 있다.

그렇다면 어떻게 적을 분리하고 분산시켜야 하는가? 적의 전방, 후방, 좌측, 우측에 배치된 부대로 하여금 서로 지원이 원활하게 이루어지지 못하도록 견제하거나 양동작전을 전개하여 각 부대를 고착시킬 수 있다. 기원전 371년 레우크트라 전투(Battle of Leuctra)에서 테베의 에파미논다스(Epaminondas)는 좌익을 강하게 편성하고 중앙 및 우익을 약하게 편성한 후 사선대형으로 스파르타군을 향해 진격시켰는데, 강한 좌익이 정면의 스파르타군 우익을 격파하는 동안 중앙 및 우익이 일정 거리를 두고 정면의 스파르타군을 견제함으로써 스파르타군의 우익을 지원하지 못하도록 했다. 1991년 걸프전에서 미군은 좌익을 주공으로 하면서 우익의 해병대로 하여금 정면의 이라크군에 대해 양동작전을 펼치게 함으로써 주공 방향을 기만하고 이들이 다른 지역으로 전환되지 못하도록 고착시켰다. 결국 스파르타군이나 이라크군 모두 견제를 당한 부대는 측후방의 부대들이 타격을 받고 있었음에도 지원하지 못한 채 제자리를 지켜야 했다.

이어서 손자는 "상황이 유리하다고 판단되면 공격하고, 유리하지 않다고 판단되면 공격을 멈추었다"고 했다. 이는 무슨 의미인가? 이는 적군이 분리되고 분산되어 아군이 유리할 경우에는 공격하되, 그렇지 않다면 공격하지 말라는 것이다. 레우크트라 전투에서 테베군은 전자의 경우에, 스파르타군은 후자의 경우에 해당한다. 먼저 테베 군은 전체 병력 면에서 월등히 열세에 있었지만, 스파르타군의 각 부대들이 서로 돕지 못하도록 견제하고 차단할 수 있었기 때문에 유리한 입장에서 공격을 가할 수 있었다. 반대로 스파르타군의 입장에서는 테베군이 사선대형으로 공격을 해오는 상황에서 적을 분리시키기는커녕 스스로가 분리되어 있었기 때문에 즉각 공격을 중단해야 했다. 즉, 테베군의 주력과 맞서는 부대를 뒤로 빼 역사선 대형을 취하거나, 전투를 미루고 후퇴하여 차후 전투를 모색해야 했다.

다음으로 손자는 "적의 대군이 질서정연하게 공격해온다면 어떻게 할 것인가?"라고 묻는다면, "우선 적이 소중히 여기는 곳을 탈취하여 적으로 하여금 우리가 원하는 대로 움직이도록 해야 한다"고 했다. 어떠한 상황에서도 적을 마음대로 분리 및 분산, 그리고 조종할 수 있다는 자신감을 드러낸 것이다. 만일 적이 분리되지 않은 채 대형을 유지하며 공격을 가해온다면 이는 아군에게 위협일 수밖에 없다. 이러한 상황에서도 손자는 전략적 요충지와 같이 적이 포기할 수 없는 지역을 확보하여 적으로 하여금 그 지역에 병력을 투입할 수밖에 없도록 만듦으로써 적을 분리시킬 수 있다고 본 것이다. 가령 적이 공격해오는 도중에 아군의 일부 병력을 적의 측면이나 배후로 기동시킨다면 적은 이를 저지하기 위해 일부 병력을 그쪽으로 돌리지 않을 수 없게 될 것이다. 스파르타의 경우 테베군의 주력에 맞서는 부대로 하여금 적의 측후방으로 기동하게 한다면 적 주력은 분산되어 제대로 된 전투력을 발휘하기 어려울 것이다. 만일 전장이 넓다면 적의 군량 및 보급품이 저장된 마을이나 보급로를 차단할 수 있는 애로지역을 공략함으로써 이러한 효과를 거둘 수 있을 것이다.

이와 같이 적의 부대를 분리하고, 고착시키며, 분산되도록 강요하기 위해서는 아군이 신속하게 움직여야 한다. 어느 경우에든 부대의 기동력은 용병의 기본이라 하지 않을 수 없다. 여기에서 손자는 특히 부대의 신속한 기동력을 강조하고 있는데, 이는 적이 공격을 해오는 시급한 상황에서 적의 주의를 돌릴 수 있는 전략적 지점을 공략해야 하기 때문일 것이다. 이러한 작전은 적이 아군을 공격하는 데 골몰하여 미처 생각지 못한 지점을 겨냥해야 하며, 적이 아군을 공격하는 데 병력을 집중하여 방비가 취약해진 지역을 노려야 할 것이다.

군사사상적 의미

에파미논다스의 레우크트라 전투

기원전 471년 그리스 세계의 패권을 놓고 테베가 스파르타에 도전하여 벌어졌던 레우크트라 전투는 적 부대를 분리시켜 상호 지원이 이루어지지 않도록 한 뒤 각개격파하여 승리한 사례이다. 당시 테베의 에파미논다스는 테베군 6,000명을 이끌고 스파르타군 1만 1,000명을 상대로 싸워야 했는데, 테베군은 이전에 이루어진 수차례의 전투에서 패배하여 사기가 크게 저하된 상태였다. 이 전투에서 에파미논다스는 통상적인 방진(Phalanx)의 형태와 달리 좌익을 네 배 증강하고 중앙과 우익은 약하게 배치했다. 그리고 강화된 좌익을 먼저 전진하게 하고 중앙과 우익은 사선을 이루며 순차적으로 전진하게 했다. 방진의 전투대형에 '사선대형(Oblique Order)'을 적용한 것이다.

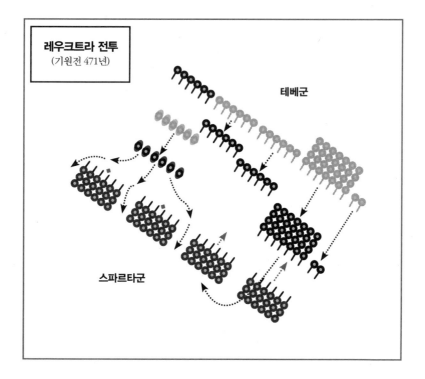

레우크트라 전투
(기원전 471년)

테베군

스파르타군

이에 반해 스파르타군은 통상적인 방법으로 균등하게 제대를 편성하여 전진했다. 결국 테베의 강화된 좌익은 스파르타의 우익을 먼저 맞이하여 격파하고, 이어서 뒤에 오는 중앙과 우익의 부대와 함께 인접한 스파르타의 중앙 및 좌익을 각개격파하는 데 성공했다. 이 과정에서 스파르타군의 중앙과 좌익은 강력한 테베군의 좌익에 의해 격파당하는 자군의 우익을 지원할 수 없었는데, 이는 스파르타군의 중앙과 좌익의 전면에 테베군의 중앙과 우익이 다가오고 있었기 때문이다. 사실 방진은 밀집보병들 간의 전면승부로서 부대 간의 분리가 어려운 상황임에도 불구하고, 에파미논다스는 사선대형을 적용하여 스파르타군의 부대들이 서로 돕지 못하도록 상황을 조성함으로써 승리를 거둘 수 있었다.

3. 결전을 위한 용병: 막다른 곳에 병력 투입 (1)

凡爲客之道, 深入則專, 主人不克.	범위객지도, 심입즉전, 주인불극.
掠於饒野, 三軍足食. 謹養而勿勞, 幷氣積力, 運兵計謀, 爲不可測.	략어요야, 삼군족식. 근양이물로, 병기적력, 운병계모. 위불가측.
投之無所往, 死且不北, 死焉不得, 士人盡力. 兵士甚陷則不懼, 無所往則固, 入深則拘, 不得已則鬪.	투지무소왕, 사차불배, 사언부득, 사인진력. 병사심함즉불구, 무소왕즉고, 입심즉구, 부득이즉투.
是故, 其兵不修而戒, 不求而得, 不約而親, 不令而信. 禁祥去疑, 至死無所之.	시고, 기병불수이계, 불구이득, 불약이친, 불령이신. 금상거의, 지사무소지.
吾士無餘財, 非惡貨也. 無餘命, 非惡壽也. 令發之日, 士卒坐者涕霑襟, 偃臥者涕交頤, 投之無所往者, 諸劌之勇也.	오사무여재, 비오화야. 무여명, 비오수야. 령발지일, 사졸좌자체점금, 언와자체교이, 투지무소왕자, 제귀지용야.

무릇 원정군의 용병 방법으로는 적진 깊이 병력을 들여보내 아군을 하나로 뭉치게 하여 적군으로 하여금 (원정군의 공격을) 당해내지 못하게 해야 한다.

풍요로운 들에서 곡식을 약탈하여 전군의 식량을 충족해야 한다. (결전을 앞두고 있으므로) 가능하면 병사들을 쉬게 하여 피로하지 않게 하고, 사기를 진작하고 힘을 축적하며, 병력을 움직여 계책을 꾀함으로써 (적으로 하여금 아군의 행동을) 예측할 수 없도록 만들어야 한다.

벗어날 수 없는 곳에 병력을 투입하면 죽더라도 도망가지 않으며, 죽음을 각오하므로 어찌 사력을 다해 싸우지 않을 수 있겠는가. 병사들이 극심한 위기에 처하면 두려워하지 않는 법이니, 벗어날 곳이 없는 곳에서는 더욱 강인해지고, 전장 깊숙이 들어가면 전투 상황에 얽매여 부득이하게 싸우지 않을 수 없게 된다.

따라서 (이러한 상황에서) 병사들은 지시하지 않아도 스스로 경계하며, 요구하지 않아도 알아서 (장수의 의도대로) 행동한다. 굳이 친해지자고 하지 않아도 친해지고, 별도로 명령하지 않아도 믿고 맡길 수 있다. (전투 결과에 대한) 미신을 금하고 (승리에 대한) 의심을 떨쳐버리게 하면, 죽을 때까지 전장을 이탈하지 않고 싸울 수 있다.

아군 병사들이 재물을 취하지 않는 것은 재물을 싫어해서가 아니며, 목숨을 아끼지 않는 것은 살기 싫어서가 아니다. 출정 명령이 떨어지는 날, 앉아 있는 병사들은 (하염없이 울어) 눈물이 옷깃을 적시고, 누워 있는 병사들은 눈물이 뺨으로 흐른다. (그런데도) 벗어날 수 없는 곳에 병력을 투입하면, (이들도) 전제나 조귀와 같은 용감성을 발휘하게 된다.

* 凡爲客之道, 深入則專, 主人不克(범위객지도, 심입즉전, 주인불극): 위(爲)는 '하다, 이루다'는 뜻이고, 객(客)은 '손님'이라는 뜻으로 여기에서는 '원정군'을 의미한다. 전(專)은 '오로지'라는 뜻으로 여기에서는 '하나로 뭉치다'라는 의미이다. 주인(主人)은 '손님을 맞는 사람'으로 '적군'을 의미한다. 극(克)은 '이기다'라는 뜻이다. 전체를 해석하면 '무릇 원정군의 용병 방법으로는 적진 깊이 병력을 들여보내 아군을 하나로 뭉치게 하여 적군으로 하여금 (원정군의 공격을) 당해내지 못하게 해야 한다'는 뜻이다.

* 掠於饒野, 三軍足食(략어요야, 삼군족식): 략(掠)은 '약탈하다', 요(饒)는 '넉넉하다, 땅이 기름지다', 야(野)는 '들', 요야(饒野)는 '기름진 들판', 족(足)은 '족하다'라는 뜻이다. 전체를 해석하면 '풍요로운 들에서 곡식을 약탈하여, 전군의 식량을 충족해야 한다'는 뜻이다.

* 謹養而勿勞, 幷氣積力, 運兵計謀, 爲不可測(근양이물로, 병기적력, 운병계모, 위불가측): 근(謹)은 '삼가, 신중히 하다, 삼가다', 양(養)은 '기르다, 휴양하다', 로(勞)는 '피로하다', 병(幷)은 '어우르다, 함께하다', 적(積)은 '모으다, 축적하다', 계(計)는 '계획하다', 모(謀)는 '계책', 측(測)은 '헤아리다'라는 뜻이다. 전체를 해석하면 '가능하면 병사들을 쉬게 하여 피로하지 않게 하고, 사기를 진작하고 전력을 축적하며, 병력을 움직여 계책을 꾀함으로써, (적으로 하여금 아군의 행동을) 예측할 수 없도록 만들어야 한다'는 뜻이다.

* 投之無所往, 死且不北, 死焉不得, 士人盡力(투지무소왕, 사차불배, 사언부득, 사인진력): 투(投)는 '던지다, 보내다', 투지(投之)는 '투입하다', 왕(往)은 '가다', 무소왕(無所往)은 '더 이상 갈 곳이 없는 곳'으로 '벗어날 수 없는 곳'을 의미한다. 차(且)는 '또', 배(北)는 '달아나다', 언(焉)은 '어찌, 이에', 부득(不得)은 '~할 수가 없

다', 언부득(焉不得)은 '어찌 ~할 수 없겠는가', 진(盡)은 '다하다'라는 뜻이다. 전체를 해석하면 '벗어날 수 없는 곳에 병력을 투입하면 죽더라도 도망가지 않으며, 죽음을 각오하므로 어찌 사력을 다해 싸우지 않을 수 있겠는가'라는 뜻이다.

＊兵士甚陷則不懼, 無所往則固(병사심함즉불구, 무소왕즉고): 심(甚)은 '심하다, 정도에 지나치다', 함(陷)은 '빠지다', 구(懼)는 '두려워하다', 고(固)는 '굳다, 단단하다'라는 의미이다. 전체를 해석하면 '병사들이 극심한 위기에 처하면 두려워하지 않게 되고, 벗어날 곳이 없는 곳에서는 더욱 강인해진다'는 뜻이다.

＊入深則拘, 不得已則鬪(입심즉구, 부득이즉투): 구(拘)는 '잡히다, 구속되다', 부득이(不得已)는 '마지못해 하는 수 없이', 투(鬪)는 '싸우다'라는 의미이다. 전체를 해석하면 '전장 깊숙이 들어가면 전투 상황에 얽매여 부득이하게 싸우지 않을 수 없게 된다'는 뜻이다.

＊是故, 其兵不修而戒, 不求而得(시고, 기병불수이계, 불구이득): 수(修)는 '다스리다, 닦다', 계(戒)는 '경계하다', 구(求)는 '구하다'로 '요구하다'라는 의미이다. 득(得)은 '얻다'로 '알아서 행동한다'는 의미이다. 전체를 해석하면 '따라서 병사들은 지시하지 않아도 스스로 경계하며, 요구하지 않아도 알아서 (장수의 의도대로) 행동한다'는 뜻이다.

＊不約而親, 不令而信(불약이친, 불령이신): 약(約)은 '약속, 초대하다'는 뜻으로 여기에서는 '서로 친해지자고 하는 것'으로 해석한다. 친(親)은 '친하다', 령(令)은 '명령', 신(信)은 '믿다'라는 뜻이다. 전체를 해석하면 '굳이 친해지자고 하지 않아도 친해지고, 별도로 명령하지 않아도 믿을 수 있다'는 뜻이다.

＊禁祥去疑, 至死無所之(금상거의, 지사무소지): 상(祥)은 '길흉의 복'으로 일종의 미신을 뜻한다. 의(疑)는 '의심하다', 소(所)는 '바, 지역, 경우'로 여기에서는 '경우'로 해석한다. 지(之)는 '가다', 무소지(無所之)는 '어떤 경우에도 가지 않는다'로 '전장을 이탈하지 않는다'는 의미이다. 전체를 해석하면 '(전투 결과에 대한) 미신을 금하고 (승리에 대한) 의심을 떨쳐버리게 하면, 죽을 때까지 전장을 이탈하지 않고 싸울 수 있다'는 뜻이다.

＊吾士無餘財, 非惡貨也(오사무여재, 비오화야): 여(餘)는 '남다, 여유가 있다', 재(財)는 '재물', 오사무여재(吾士無餘財)는 '아군 병사들이 재물을 갖지 않은 것'이라는 뜻이나 여기에서는 '우리 병사들이 재물을 취하지 않는 것'으로 해석한다. 오(惡)는 '미워하다'라는 뜻이다. 전체를 해석하면 '우리 병사들이 재물을 취

하지 않는 것은 재물을 싫어해서가 아니다'라는 뜻이다.

＊無餘命, 非惡壽也(무여명, 비오수야): 명(命)은 '목숨', 수(壽)는 '목숨, 장수, 오래살다'라는 의미이다. 전체를 해석하면 '목숨을 아끼지 않는 것은 살기 싫어서가 아니다'라는 뜻이다.

＊令發之日, 士卒坐者涕霑襟, 偃臥者涕交頤(령발지일, 사졸좌자체점금, 언와자체교이): 령(令)은 '명령'으로 여기에서는 '출정 명령'을 의미하고, 발(發)은 '가다, 보내다', 령발(令發)은 '출정명령이 내려지다'라는 뜻이다. 좌(坐)는 '앉다', 체(涕)는 '눈물을 흘리며 울다', 점(霑)는 '젖다, 적시다', 금(襟)은 '옷깃'이라는 뜻으로, 사졸좌자체점금(士卒坐者涕霑襟)은 '앉아 있는 병사들은 하염없이 울어 눈물이 옷깃을 적신다'는 의미이다. 언(偃)은 '쓰러지다, 눕다', 와(臥)는 '엎드리다, 눕다', 이(頤)는 '턱'이라는 뜻으로, 언와자체교이(偃臥者涕交頤)는 '누워 있는 병사들은 눈물이 뺨으로 흐른다'는 뜻이다. 전체를 해석하면 '출정 명령이 떨어지는 날, 앉아 있는 병사들은 (하염없이 울어) 눈물이 옷깃을 적시고, 누워 있는 병사들은 눈물이 뺨으로 흐른다'는 뜻이다.

＊投之無所往者, 諸劌之勇也(투지무소왕자, 제귀지용야): 투(投)는 '병력을 투입하는 것'을 뜻하고, 무소왕(無所往)은 '더 이상 갈 곳이 없는 곳'으로 '벗어날 수 없는 곳'을 의미한다. 제귀(諸劌)는 전제(專諸)와 조귀(曹劌)라는 두 사람의 이름을 언급한 것으로, 전제는 오자서(伍子胥)의 지시로 요(僚)왕을 살해했는데, 그 다음 왕이 손자가 섬긴 합려 왕이다. 조귀는 춘추시대 노(魯)나라 장공(莊公)의 부하로 명성을 날린 장수이다. 전체를 해석하면 '벗어날 수 없는 곳에 병력을 투입하면, 전제나 조귀와 같은 용감성을 발휘하게 된다'는 뜻이다.

내용 해설

앞에서 손자가 결전을 위한 용병으로 적군의 분리 및 분산이 필요성을 언급했다면, 여기에서부터는 아군의 용병에 해당하는 것으로 결전을 위해 요구되는 지휘통솔의 방법을 제시하고 있다. 이 문단에서 손자는 충분한 식량 제공, 정신적·육체적 힘의 축적, 미신의 금지 등을 제시하고 있으나, 말하고자 하는 핵심은 결전의 순간에 병력을 적진 깊숙이 투입하여 극한 상황 속에서 최대한의 전투력을 발휘하도록 해야 한다는 것이다. 그래서 그는 맨 첫 문장에서 "무릇 원정군의 용병 방법으로는 적진 깊이 병력을 들여보내 아군을 하나로 굳게 뭉치게 하고 적군으로 하여금 원정군을 당해내지 못하게 해야 한다"고 언급하고 있다.

결전의 순간에 대비하여 장수가 사전에 조치해야 할 몇 가지가 있다. 첫째는 "곡식을 약탈하여 전군의 식량을 충족하는 것"이다. 야전에서 배불리 먹이는 것은 병사들을 회유하고 전의를 고취하는 데에도 적지 않은 영향을 주었을 것이다. 배고픈 병사들은 불평불만이 클 수밖에 없으며, 장수의 지시에 적극적으로 따르지 않을 것이기 때문이다. 둘째는 정신적·육체적 힘을 비축하는 것이다. "가능하면 병사들을 쉬게 하여 피로하지 않게 하고, 사기를 진작하고 힘을 축적"해야 한다. 결전의 장소에 도착하자마자 피곤한 병사들을 곧바로 전투에 투입하면 제대로 된 전투력을 발휘할 수 없다. 셋째로 병사들로 하여금 "(전투 결과에 대한) 미신을 금하고 (승리에 대한) 의심을 떨쳐버리게" 해야 한다. 점을 치거나 유성이 떨어지는 등의 자연현상을 보고 불길한 징조라는 흉흉한 소문이 도는 것을 방지해야 하며, 아군이 패할 것이라는 우려에서 싸우기도 전에 도망칠 생각부터 하지 않도록 단속해야 한다. 넷째로 적에 대한 기만책을 강구해야 한다. 이는 앞의 〈군형〉편, 〈병세〉편, 그리고 〈허실〉편에서 아군의 군형을 드러내지 않아야 한다는 내용을 함축적으로 제시한 것으로, "병력을 움직여 계책을 꾀함으로써 적으로 하여금 아군의 행동을 예측할 수 없도록 만들어야 한다."

드디어 결전을 수행하게 되면 병사들을 막다른 상황에 몰아넣어 죽기 살기로 싸우도록 해야 한다. 손자는 "벗어날 수 없는 곳에 병력을 투입하면 죽더라도 도망가지 않으며, 죽음을 각오하므로 사력을 다해 싸우지 않을 수 없다"고 했다. 궁지에 몰린 쥐가 고양이에게 덤비는 것과 같이 생사의 위험에 직면한 인간의 심리를 꿰뚫는 말이 아닐 수 없다. 그래서 손자는 "병사들이 극심한 위기에 처하면 두려워하지 않는 법이니, 벗어날 곳이 없는 곳에서는 더욱 강인해지고, 전장 깊숙이 들어가면 전투 상황에 얽매여 부득이하게 싸우지 않을 수 없게 된다"고 했다.

병사들을 막다른 상황에 몰아넣어야 하는 이유는 그래야만 장수와 병사들이 혼연일체가 되어 전투력을 발휘할 수 있기 때문이다. 어쩔 수 없이 싸울 수밖에 없는 상황에서 병사들은 장수가 굳이 지시하지 않더라도 스스로 경계의 수위를 높이고 평소에 훈련한 것 이상으로 결연하게 행동할 것이다. 장수가 따로 명령하지 않더라도 상하가 한마음 한뜻이 되어 마치 한 몸이 움직이는 것처럼 싸울 것이다.

이러한 상황에서 병사들은 사심이 없어져 재물에도 관심이 없고 생명을 부지하는 데에도 관심이 없다. 오직 장수가 의도하는 바대로 싸움에만 전념할 뿐이다. 사실 병사들은 원정을 출발할 때만 하더라도 죽음에 대한 두려움에 가득 차 있었다. 이를 두고 손자는 "출정 명령이 떨어지는 날 앉아 있는 병사들은 하염없이 울어 눈물이 옷깃을 적시고, 누워 있는 병사들은 눈물이 뺨으로 흐르기 마련"이라고 표현했다. 그렇다면 이와 같이 여린 병사들이 결전의 순간에 전장에서 누구도 막을 수 없는 용감성을 발휘할 수 있는 것은 왜인가? 그것은 바로 장수가 이들을 도저히 벗어날 수 없는 막다른 곳에 투입하여 그렇게 싸울 수밖에 없는 여건을 조성하기 때문이다. 이는 손자가 〈구지〉 편에서 수차례 반복하여 강조한 사항이다.

군사사상적 의미

오자의 '필사즉생, 행생즉사' 주장

손자의 군사들은 애국심이 결여되어 있었기 때문에 배수진과 같은 용병, 혹은 궁지에 몰린 쥐와 같이 사력을 다하도록 강요하는 용병이 필요했을 것이다. 이와 관련하여 오자의 '필사즉생(必死則生), 행생즉사(幸生則死)' 주장을 살펴보겠다.

오자는 그의 병서인 『오자병법』에서 다음과 같이 죽음을 각오한 전투의 중요성에 대해 언급했다.

무릇 전장은 산 사람을 시체로 만드는 곳이다. 죽기를 각오한 자는 살고, 요행히 살아남기를 바라는 자는 죽는 이른바 '필사즉생(必死則生), 행생즉사(幸生則死)'의 무대인 것이다. 훌륭한 장수는 싸움에 임하는 태도가 마치 물이 새 침몰하는 배나 불에 타 무너지는 집에 있는 사람처럼 결연하다. 아무리 지모가 뛰어나고 용맹한 적과 맞붙을지라도 이길 수 있는 이유다. 그래서 말하기를 "용병의 가장 큰 병폐는 머뭇거림이고 전군을 재앙으로 몰고 가는 것은 의구심에서 비롯된다"고 하는 것이다.

이러한 언급은 일견 손자의 주장과 흡사하다. 생사가 걸린 전장에서 죽음을 각오하고 싸우는 측과 대충 싸우다 도망하려는 측이 맞붙었을 때 어느 측이 이길 것인지는 말하지 않아도 알 수 있다. 싸우고자 하는 의지가 승부를 가르는 것이다.

장수가 병사들의 전의를 북돋우는 것은 손자의 전쟁에서 특히 중요했을 것이다. 근대 서구의 병사들은 민족주의적 열정으로 무장하고 있었기 때문에 적절한 동기부여로 전의를 이끌어낼 수 있었다. 그러나 손자의 전쟁은 다르다. 병사들은 오늘날의 '국민'이라는 의식이 없었으며 스스로 국가의 주인이라는 의식이 없었다. 따라서 왜 전쟁에 동원되어 싸워야 하는지, 더구나 왜 타국에 와서까지 목숨을 바쳐 싸워야 하는지를 잘 인식하지 못하고 있었을 것이다. 반면에 적군의 병사들은 자국이 침략을 받은 상황에서 부모형제의 생명과 재산을 지킨다는 생각에서 상대적으로 싸우고자 하는 의지가 더 강할 수밖에 없다. 그래서 손자는 장수가 병사들을 아들을 대하듯 사랑해야 하며 결전에 임해서는 이들로 하여금 죽음을 무릅쓰고 싸울 수 있는 여건을 만들어야 한다고 강조한 것이다.

4. 결전을 위한 용병: 막다른 곳에 병력 투입 (2)

故善用兵者, 譬如率然. 率然者, 常山之蛇也. 擊其首, 則尾至. 擊其尾, 則首至. 擊其中, 則首尾俱至.	고선용병자, 비여솔연. 솔연자, 상산지사야. 격기수, 즉미지. 격기미, 즉수지. 격기중, 즉수미구지.
敢問, 兵可使如率然乎. 曰, 可. 夫吳人與越人, 相惡也. 當其同舟 而濟遇風, 其相救也如左右手. 是故, 方馬埋輪, 未足恃也.	감문, 병가사여솔연호. 왈, 가. 부오인여월인, 상오야. 당기동주 이제우풍, 기상구야여좌우수. 시고, 방마매륜, 미족시야.
齊勇若一, 政之道也. 剛柔皆得, 地之理也.	제용약일, 정지도야. 강유개득, 지지리야.
故善用兵者, 携手若使一人, 不得已也.	고선용병자, 휴수약사일인, 부득이야.

자고로 용병을 잘하는 장수는 솔연(率然)에 비유할 수 있다. 솔연이란 상산에 사는 뱀을 말한다. 이 뱀은 머리를 치면 꼬리가 달려들고, 꼬리를 치면 머리가 달려든다. 중간을 치면 머리와 꼬리가 함께 달려든다.

감히 군대를 솔연과 같이 만들 수 있느냐고 묻는다면, 그렇다고 대답할 수 있다. 무릇 오나라 사람과 월나라 사람은 서로 증오하는 사이이다. (그런데도) 두 나라 사람이 같은 배를 타고 강을 건널 때 큰 바람을 만나는 경우를 당하면, 그들이 서로 구하고 돕는 것이 마치 한 사람의 왼손과 오른손이 움직이는 것과 같다. 그래서 말을 묶어두고 수레바퀴를 묻는다고 해서 (병사들이) 이보다 더 (죽기 살기로 싸우리라) 믿을 수 없을 정도이다.

군대가 혼연일체가 되어 일사분란하고 용감하게 싸울 수 있는 것은 바로 (지휘통솔 측면에서의) 군정이 올바르게 행해지기 때문이다. (이러한 가운데 군대를) 때로 강하게 때로 약하게 두루 부릴 수 있는 것은 지리의 이치를 따르기 때문이다.

자고로 용병을 잘하는 장수는 한 사람을 다루듯이 지휘를 하고, 병사들로 하여금 부득이하게 싸울 수밖에 없도록 한다.

* 故善用兵者, 譬如率然(고선용병자, 비여솔연): 비(譬)는 '비유하다', 여(如)는 '~와 같다'는 뜻이다. 전체를 해석하면 '자고로 용병을 잘하는 장수는 솔연(率然)에 비유할 수 있다'는 뜻이다.

* 率然者, 常山之蛇也(솔연자, 상산지사야): 상산(常山)은 중국 산서성에 있는 산 이름이고, 사(蛇)는 '뱀'을 뜻한다. 전체를 해석하면 '솔연이란 상산에 사는 뱀이다'라는 뜻이다.

* 擊其首, 則尾至. 擊其尾, 則首至(격기수, 즉미지. 격기미, 즉수지): 수(首)는 '머리'를 뜻하고, 지(至)는 '미치다, 도래하다'라는 뜻이지만 여기에서는 '달려든다'라는 의미이다. 전체를 해석하면 '이 뱀의 머리를 치면 꼬리가 달려들고, 꼬리를 치면 머리가 달려든다'는 뜻이다.

* 擊其中, 則首尾俱至(격기중, 즉수미구지): 구(俱)는 '함께, 함께하다'라는 뜻이다. 전체를 해석하면 '중간을 치면 머리와 꼬리가 함께 달려든다'는 뜻이다.

* 敢問, 兵可使如率然乎. 曰, 可(감문, 병가사여솔연호. 왈, 가): 사(使)는 '~로 하여금 ~하게 시키다'라는 의미이다. 전체를 해석하면 '감히 군대를 솔연과 같이 만들 수 있느냐고 묻는다면, 그렇다고 대답할 수 있다'는 뜻이다.

* 夫吳人與越人, 相惡也(부오인여월인, 상오야): 오(吳)와 월(越)은 춘추시대의 국가들로 원수지간의 사이였다. 전체를 해석하면 '무릇 오나라 사람과 월나라 사람은 서로 증오하는 사이이다'라는 뜻이다.

* 當其同舟而濟遇風, 其相救也如左右手(당기동주이제우풍, 기상구야여좌우수): 당(當)은 '당하다', 주(舟)는 '배', 동주(同舟)는 '배를 같이 탄다'는 뜻이다. 제(濟)는 '건너다', 우(遇)는 '우연히 만나다', 풍(風)은 '바람'이라는 뜻으로, 당기동주이제우풍(當其同舟而濟遇風)은 '두 나라 사람이 같은 배를 타고 강을 건널 때 큰 바람을 만나는 경우를 당하다'라는 뜻이다. 구(求)는 '구하다', 여좌우수(如左右手)는 '한 사람의 왼손과 오른손이 움직이는 것과 같다'는 뜻이다. 전체를 해석하면 '두 나라 사람이 같은 배를 타고 강을 건널 때 큰 바람을 만나는 경우를 당하면, 그들이 서로 구하고 돕는 것이 마치 한 사람의 왼손과 오른손이 움직이는 것과 같다'는 뜻이다.

* 是故, 方馬埋輪, 未足恃也(시고, 방마매륜, 미족시야): 방(方)은 '묶다', 매(埋)는 '묻다, 메우다', 륜(輪)은 '바퀴, 수레', 시(恃)는 '믿다'라는 뜻이다. 전체를 해석하면 '그래서 말을 묶어두고 수레바퀴를 묻는다고 해서 (병사들이) 이보다 더 (죽

기 살기로 싸우리라) 믿을 수는 없다'는 뜻이다.

  * 齊勇若一, 政之道也(제용약일, 정지도야): 제(齊)는 '가지런하다'는 뜻으로 일사분란한 상태를 말한다. 약(若)은 '~와 같다', 정(政)은 '군정'을 뜻한다. 전체를 해석하면 '군대가 혼연일체가 되어 일사분란하고 용감하게 싸울 수 있는 것은 바로 (지휘통솔 측면에서의) 군정이 올바르게 행해지기 때문이다'라는 뜻이다.

  * 剛柔皆得, 地之理也(강유개득, 지지리야): 강(剛)은 '굳세다', 유(柔)는 '부드럽다', 개(皆)는 '모두, 두루 미치다', 득(得)은 '얻다', 리(理)는 '이치'를 뜻한다. 전체를 해석하면 '때로 강하게 때로 약하게 두루 부릴 수 있는 것은 지리의 이치를 따르기 때문이다'라는 뜻이다.

  * 故善用兵者, 携手若使一人, 不得已也(고선용병자, 휴수약사일인, 부득이야): 휴(携)는 '들다, 이끌다'라는 뜻으로, 휴수(携手)는 '지휘'를 의미한다. 약(若)은 '~와 같이', 사(使)는 '시키다', 사일인(使一人)은 '한 사람을 다루듯이', 부득이(不得已)는 '부득이하게 싸울 수밖에 없도록 한다'는 의미이다. 전체를 해석하면 '자고로 용병을 잘하는 장수는 한 사람을 다루듯이 지휘를 하고, 병사들로 하여금 부득이하게 싸울 수밖에 없도록 한다'는 뜻이다.

내용 해설

이 편의 두 번째 문단에서 손자는 결전을 수행함에 있어서 먼저 적으로 하여금 상호지원이 불가능하도록 부대를 분리하고 분산시켜야 함을 언급했으며, 세 번째 문단에서는 아군의 병사들을 막다른 상황에 몰아넣어 혼신의 힘을 다해 싸울 수 있도록 해야 한다고 강조했다. 여기에서는 아군의 각 부대들이 마치 한 몸처럼 일체가 되어 유기적으로 지원이 가능해야 함을 언급하고 있다.

  손자는 전투 상황에서 각 부대 간의 지원과 협력이 잘 되는 부대를 솔연(率然)이라는 뱀에 비유한다. 솔연이란 상산에 사는 뱀으로, 이 뱀의 "머리를 치면 꼬리가 달려들고, 꼬리를 치면 머리가 달려들며, 중간을 치면 머리와 꼬리가 함께 달려든다." 어느 한 부분이 적에게 공격을 받을 때 다른 부분이 즉각 지원에 나서 같이 싸우는 모습을 예로 든 것이다. 만일 한 부대가 공격을 받을 경우 인접한 부대가 지원해주지 않는다면 공격을 받은 부대는 격파를 당할 것이고, 곧이어 인접한 부대가 공격을 받아 와해될 것이다. 서로 인접한 부대들 간에 지원이 적시에 이루어지지 않으면 머리가 잘리고, 몸통이 잘리며, 나중에는 꼬리도 잘리게 되는 것이다. 앞에서 언급한 레우크트라 전투에서 스파르타군이 테베군에게 각개격파당한 것과 마찬가지이다. 손자는 이러한 상황을 방지하고자 작전을 하는 전후 및 좌우의 부대들 간에 유기적 협력이 중요함을 언급하고 있다.

그렇다면 군대를 솔연과 같이 만들 수 있는가? 손자의 대답은 당연히 그렇다는 것이다. 그러면 어떻게 해야 하는가? 그것은 여기에서 언급하고 있는 바와 같이 첫째로 병사들로 하여금 부득이하게 싸울 수밖에 없도록 막다른 상황에 몰아넣는 것이다. 그러면 병사들은 마치 솔연과 같이 한 몸이 된 것처럼 일사불란하게 ―자신의 안전을 제쳐두고 오직 아군의 승리를 위해― 서로를 도우면서 싸울 수 있다는 것이다. 막다른 상황에 처하면 서로 원수로 여기고 있는 사람들이라도 서로 협력하지 않을 수 없다. 오나라 사람과 월나라 사람이 같은 배를 타고 강을 건널 때 풍랑을 만나게 되면 이들은 비록 원수지간이지만 배가 뒤집히지 않도록 마치 한 사람의 왼손과 오른손이 움직이는 것과 같이 긴밀하게 협력하지 않을 수 없을 것이다. 마찬가지로 각 부대와 병사들로 하여금 혼연일체가 되어 솔연과 같이 싸우도록 하기 위해서는 억지로 말을 묶어두고 수레바퀴를 묻는다고 해서 되는 것이 아니라 이들을 최대한 위기의 상황에 처하도록 해야 가능하다는 것이다.

둘째는 지휘통솔 차원에서 평소에 군정을 올바르게 행하여 병사들이 장수를 신뢰하고 미신 따위에 현혹되지 않도록 하는 것이다. 앞에서 손자가 언급한 바와 같이 결전에 임하여 병사들을 잘 먹이고 충분한 휴식을 취하도록 하며, 사기를 진작시키는 것도 군정이 제대로 이루어져야 가능한 것으로, 그래야만 상하가 일심동체가 되어 결전에 임할 수 있을 것이다.

셋째는 지리의 이치에 따라 올바른 용병술을 구사해야 한다. 장수의 용병술이 잘못되면 병사들이 아무리 위험한 상황에 처하더라도 솔연과 같이 행동할 수 없다. 가령 스파르타군의 각 부대가 인접 부대를 지원하지 못한 것은 결국 스파르타의 용맹성이 부족하거나 군정이 잘못 되어서가 아니라 군 지휘관의 전략에 문제가 있었기 때문으로 볼 수 있다. 따라서 장수는 지형과 적정을 고려하여 때로는 공세를, 때로는 수세를 취해야 하고, 때로는 진격하고 때로는 물러나야 하며, 때로는 불과 같은 용맹성을 발휘하고 때로는 산과 같은 침착함을 유지할 수 있어야 한다.

이와 같은 세 가지 요건을 충족하면 솔연과 같은 부대가 될 수 있다. 다만 앞의 문단과 이 문단, 그리고 다음 문단에서 볼 수 있듯이 손자는 이 가운데 병사들을 막다른 상황에 몰아넣는 것을 가장 중요한 요소로 간주한다. 막다른 상황에서는 모든 병사들이 장수에 주목할 것이기 때문에 마치 한 사람을 부리듯 일사불란한 지휘가 가능할 것이며, 병사들은 장수가 사소한 것까지 지시하지 않더라도 알아서 용감하게 싸울 것이기 때문이다. 이는 손자가 전쟁의 승부를 가르는 결전의 순간을 묘사하고 있기 때문으로 이해할 수 있다.

군사사상적 의미

솔연과 같은 분전: 오늘날에 주는 함의

솔연과 같은 유기적인 전투력을 발휘하기 위해 손자가 가장 강조하고 있는 것은 두 가지로 볼 수 있다. 하나는 병사들로 하여금 장수를 믿고 따르도록 하는 것이고, 다른 하나는 결전의 국면에서 병사들을 최대한 위험한 순간에 몰아넣는 것이다. 그러나 이러한 손자의 주장은 오늘날에도 어느 정도 통용될 여지가 있음에도 불구하고 반드시 그렇지 않을 수 있음을 짚고 넘어갈 필요가 있다.

동서고금을 막론하고 전투에 임하는 병사들은 공포심을 가질 수밖에 없다. 손자는 이미 인간의 본능적 심리를 파악하고 원정을 출발하기 전에 병사들은 하염없이 눈물을 흘리며 두려움에 떨고 있음을 지적한 바 있다. 이러한 병사들의 심리는 서구라고 해서 다를 리 없으며 오늘날이라고 해서 변할 리 없다. 전투에 대한 인간의 두려움은 동서고금의 진리인 셈이다.

그렇다면 문제는 병사들로 하여금 어떻게 두려움을 떨쳐내고 죽음을 무릅쓰고 싸우도록 하는가이다. 이에 대한 손자의 처방은 곧 '상하동욕(上下同欲)'이다. 즉, 장수와 병사들이 한마음 한뜻이 되어 싸우겠다는 의지를 불태울 때 죽음의 공포를 극복하고 최상의 전투력을 발휘할 수 있다는 것이다. 이를 위해 장수는 평소에 병사들을 사랑으로 다스려야 한다. 즉, 병사들이 죽음을 각오할 수 있는 것은 장수의 사랑 때문이고 병사들의 분전은 곧 장수의 사랑에 대한 일종의 보답인 것이다. 이는 당시 제후국들의 흥망이 거듭되는 상황에서 병사들은 국가에 대한 충성심을 갖기 어려웠고, 싸우다가 도망하거나 투항하는 사례가 빈번했기 때문에 장수가 이들을 감동·감화시키는 것이 매우 중요했음을 보여준다.

그러나 손자는 병사들을 완전히 믿지 않는다. 그래서 그는 다음 문단에서 볼 수 있듯이 장수로 하여금 그의 계책을 철저하게 비밀에 부치고 병사들이 성에 오르면 사다리를 치우듯이 하여 이들을 막다른 곳에 몰아넣도록 요구하고 있다. 장수가 지휘통솔에 능하여 평소에 사랑을 베풀고 엄정한 군기를 유지하여 '상하동욕' 또는 '일심동체'를 이루었더라도, 막상 결전의 순간에 임하면 병사들이 사력을 다해 싸울 것으로 보지 않았던 것이다. 그래서 그의 처방은 병사들을 속이고 최후의 순간에 사지로 몰아넣는 것이 되고 만다. 〈구지〉 편에서 손자는 솔연과 같은 부대를 만들기 위해서는 반드시 병사들을 부득이한 상황에 처하도록 해야 함을 무려 다섯 차례나 강조하고 있다.

이와 같은 손자의 주장은 오늘날의 전장에서도 적용될 여지가 있는 것으로 보인다. 병사들이 지휘관을 신뢰할수록, 그리고 막다른 상황에 처할 수록 몸을 사리지 않고 싸우게 될 것임은 상식적으로 판단할 때 너무도 당연한 것이라 하겠다. 그러나 병사들의 분전에 대한 손자의 견해는 다음과 같은 측면에서 오늘날의 상황과 근본적인 차이가 있다.

우선 병사들의 충성의 대상이 엄연히 다르다. 손자의 병사들은 민족주의 의식이 결여되어 있었고 애국심도 크지 않았다. 따라서 이들로 하여금 전의를 갖도록 하기 위해서는 장수가 사랑을 베풀어 장수를 믿고 따르도록 해야 했다. 즉, 이들에게 충성의 대상은 국가가 아닌 장수였던 것이다. 그러나 오늘날의 병사들은 다르다. 이들은 기본적으로 국가의 주인이라는 의식을 가지고 애국심으로 무장되어 있기 때문에 지휘관이 감동·감화시키지 않더라도 언제든 죽음을 각오하고 싸울 수 있다. 즉, 이들이 충성하는 궁극적인 대상은 지휘관이 아니라 국가라는 데 차이가 있다.

이로 인해 오늘날의 병사들은 굳이 위험한 상황에 몰아넣어 분전을 유도할 필요가 없다. 평소의 교육과 훈련을 통해 상하 및 동료들 간의 전우애를 고양시키고 이들이 수행하는 각자의 역할이 국가를 수호하고 부모형제를 지키기 위한 숭고한 임무라는 인식을 갖도록 하면 된다. 지휘관이 병사들을 속이고 이리저리 몰고 다닐 필요도 없고, 성에 오른 후 사다리를 치울 필요도 없다. 오히려 지휘관은 결정적인 시간과 장소에 최대한의 전투력을 집중하기 위해 병사들에게 어떻게 해야 하는지를 알려주어야 한다. 병사들은 비록 작전계획에 대해서는 모를 수 있지만 최소한 어디로 기동하여 결정적인 순간에 어디에서 함성을 지르며 돌격해야 하는지를 알고 전투에 임하게 된다. 결국 손자의 분전은 결전의 상황을 강요함으로써 성립되는 반면, 오늘날의 분전은 그러한 필요성을 인식시킴으로써 가능한 것이다.

5. 결전을 위한 용병: 막다른 곳에 병력 투입 (3)

將軍之事, 靜以幽, 正以治.	장군지사, 정이유, 정이치.
能愚士卒之耳目, 使之無知. 易其事革其謀, 使人無識. 易其居迂其途, 使人不得慮.	능우사졸지이목, 사지무지. 역기사혁기모, 사인무식. 역기거우기도, 사인부득려.
帥與之期, 如登高而去其梯. 帥與之深入諸侯之地, 而發其機, 若驅群羊, 驅而往, 驅而來, 莫知所之. 聚三軍之衆, 投之於險, 此將軍之事也.	수여지기, 여등고이거기제. 수여지심입제후지지, 이발기기. 약구군양, 구이왕, 구이래, 막지소지. 취삼군지중, 투지어험, 차장군지사야.
九地之變, 屈伸之利, 人情之理, 不可不察也.	구지지변, 굴신지리, 인정지리, 불가불찰야.

(전장에서) 장수가 하는 일은 (의도를) 드러내지 않고 은밀하게 해야 하며, (병사들은) 냉혹하게 다스려야 한다.

(우선 은밀함에 있어서는) 병사들의 눈과 귀를 멀게 하여, 이들이 (장수의 의도가 무엇인지) 알 수 없도록 한다. (수시로) 계획을 수정하고 계책을 바꾸어 이를 알 수 없도록 한다. 주둔지를 바꾸고 우회로를 택하여, 병사들이 (장수의 의도를) 헤아릴 수 없도록 한다.

(다음으로 냉혹함에 있어서) 장수는 적과 싸울 때 병사들이 높은 곳이 오르면 사다리를 치워버리듯이 해야 한다. 장수가 병사들과 함께 적진 깊이 들어가 싸우면서 계책을 발휘할 때에는 마치 양떼를 몰아가는 것처럼 (병사들을) 이리로 몰아갔다가 저리로 몰아가 (병사들로 하여금 아군의 기동이) 어디를 향하는지 모르도록 해야 한다. (그럼으로써) 전군의 병력을 모아 위험한 지역에 몰아넣는 것이 (그래서 최대한의 전투력을 발휘하도록 하는 것이) 곧 장수가 해야 할 일이다.

(장수는) 구지(九地)에 따른 지형의 변화, 공세와 수세에 따른 이점, 그리고 심리적 변화의 이치에 대해 신중하게 살피지 않을 수 없다.

＊將軍之事, 靜以幽, 正以治(장군지사, 정이유, 정이치): 사(事)는 '일, 업무', 정(靜)은 '고요하다'로 '드러내지 않다'는 뜻이다. 유(幽)는 '그윽하다, 숨다'로 '은밀

하게 하다'는 뜻이다. 정(正)은 '바르다'이나 '엄정함' 혹은 '냉혹함'으로 해석한다. 치(治)는 '다스리다'라는 뜻이다. 전체를 해석하면, '(전장에서) 장수가 하는 일은 (의도를) 드러내지 않고 은밀하게 해야 하며, (병사들은) 냉혹하게 다스려야 한다'는 뜻이다.

* 能愚士卒之耳目, 使之無知(능우사졸지이목, 사지무지): 우(愚)는 '어리석다', 사(使)는 '시키다'라는 뜻이다. 전체를 해석하면 '병사들의 눈과 귀를 멀게 하여, 이들이 (장수의 의도가 무엇인지) 알 수 없도록 한다'는 뜻이다.

* 易其事革其謀, 使人無識(역기사혁기모, 사인무식): 역(易)은 '바꾸다'라는 뜻이고, 사(事)는 여기에서 '계획'으로 해석한다. 혁(革)은 '고치다', 모(謨)는 '계책', 인(人)은 '적'을 의미한다. 식(識)은 '알다'라는 뜻이다. 전체를 해석하면 '(수시로) 계획을 수정하고 계책을 바꾸어, 이를 알 수 없도록 한다'는 뜻이다.

* 易其居迂其途, 使人不得慮(역기거우기도, 사인부득려): 거(居)는 '있다, 거주하다', 우(迂)는 '돌아가다', 도(途)는 '길, 도로', 득(得)은 '얻다', 려(慮)는 '생각하다'라는 의미이다. 전체를 해석하면 '주둔지를 바꾸고 우회로를 택하여, 병사들이 (장수의 의도를) 헤아릴 수 없도록 한다'는 뜻이다.

* 帥與之期, 如登高而去其梯(수여지기, 여등고이거기제) : 수(帥)는 '장수, 통솔자', 여(與)는 '상대하다, 대처하다'로 '적과 싸우다'는 뜻이다. 기(期)는 '시기', 여(如)는 '~와 같다', 등(登)은 '오르다', 제(梯)는 '사다리'를 뜻한다. 전체를 해석하면 '적과 싸울 때 장수는 병사들이 높은 곳에 오르면 사다리를 치워버리듯이 해야 한다'라는 뜻이다.

* 帥與之深入諸侯之地, 而發其機(수여지심입제후지지, 이발기기): 사(帥)는 '장수', 여(與)는 '~와 함께', 여지(與之)는 '병사를 대동하고', 심(深)은 '깊다', 발(發)은 '쏘다, 가다'라는 의미이고, 기(機)는 '기계' 외에 '기교, 비밀' 등의 뜻도 있는데 여기에서는 '계책'을 의미한다. 전체를 해석하면 '장수가 병사들과 함께 적진 깊이 들어가 싸우면서 계책을 발휘함에 있어서는'이라는 뜻이다.

* 若驅群羊, 驅而往, 驅而來, 莫知所之(약구군양, 구이왕, 구이래, 막지소지): 약(若)은 '마치 ~와 같다', 구(驅)는 '몰다, 달리다', 군(群)은 '무리, 떼', 막(莫)은 '없다'는 뜻이다. 전체를 해석하면 '마치 양떼를 몰아가는 것처럼 (병사들을) 이리로 몰아갔다가 저리로 몰아가 (병사들로 하여금 아군의 기동이) 어디를 향하는지 모르도록 해야 한다'는 뜻이다.

* 聚三軍之衆, 投之於險, 此將軍之事也(취삼군지중, 투지어험, 차장군지사야): 취(聚)는 '모으다', 투(投)는 '투입하다', 지(之)는 지시대명사 '이것'으로 '전군'을 의미한다. 어(於)는 '~에', 험(險)은 '험하다'는 뜻으로 '위험한 지역'을 의미한다. 전체를 해석하면 '전군의 병력을 모아 위험한 지역에 몰아넣는 것이 (그래서 최대한의 전투력을 발휘하도록 하는 것이) 곧 장수가 해야 할 일이다'라는 뜻이다.

* 九地之變, 屈伸之利, 人情之理, 不可不察也(구지지변, 굴신지리, 인정지리, 불가불찰야): 굴(屈)은 '굽다', 신(伸)은 '펴다'라는 뜻이고, 굴신(屈伸)은 '진격과 퇴각' 또는 '공세와 수세'를 의미한다. 이를 두고 '지형에 따른 우회기동 또는 직선기동'으로 해석하기도 하나, 여기에서는 결전을 다루고 있는 만큼 '공세와 수세'로 해석한다. 인정(人情)은 '병사들의 심리와 감정'을 뜻한다. 전체를 해석하면 '(장수는) 구지(九地)에 따른 지형의 변화, 공세와 수세에 따른 이점, 그리고 심리적 변화의 이치에 대해 신중하게 살피지 않을 수 없다'는 뜻이다.

내용 해설

이 문단은 손자가 전장에서의 용병을 언급하는 마지막 부분으로, 장수가 부대를 지휘함에 있어서 취해야 할 은밀성과 냉혹함에 대해 언급하고 있다. 즉, 장수는 자신의 계책을 병사들이 눈치채지 못하도록 철저히 비밀에 붙여야 하며, 이러한 계책을 시행함에 있어서 병사들을 위험한 지역에 몰아넣어 용감성을 발휘하도록 냉혹하게 다스려야 한다는 것이다.

먼저 장수의 계책에 대해서는 아군 병사들이 모르도록 해야 한다. 만일 병사들이 장수의 의도를 알아챌 경우 기밀이 적에게 누설될 수 있을 뿐 아니라, 이를 알아챈 병사들이 전투를 회피하려 할 수 있다. 가령 자신이 속한 부대가 곧 적진 깊숙이 투입되어 위험한 임무를 수행할 것임을 눈치챘다면 병사들은 미리 겁을 먹고 뒤로 빠지려 할 것이다. 따라서 장수는 '병사들의 눈과 귀를 멀게 하여' 자신의 계획을 철저히 비밀에 붙여야 한다. 이를 위해, 장수는 "수시로 계획을 수정하고 계책을 바꾸어야 하며, 주둔지를 바꾸고 우회로를 택하여 병사들이 장수의 의도를 헤아릴 수 없도록 해야 한다." 그리고 전투가 시작되어 장수가 병력을 지휘할 때에는 "마치 양떼를 몰아가는 것처럼 병사들을 이리로 몰아갔다가 저리로 몰아가 병사들로 하여금 아군의 기동이 어디를 향하는지 모르도록 해야 한다."

다음으로 장수는 병사들을 냉혹하게 부려야 한다. 그것은 마치 "적과 싸울 때 병사들이 높은 곳에 오르면 사다리를 치워버리는 것"과 같이 해야 하며, 적의 포위망에 갇힌 듯한 상황으로 내몰아야 한다. 장수는 왜 이렇게 냉혹할 정도로 병사들을 막다른 상황에 처하도록 해야 하는가? 그것은 병사들로 하여금 오직 장수만 믿고 따르도록 해야 하기 때문이다. 또한 병사들로 하여금 삶에 대한 미련을 버리고 죽음을 각오하고 싸우도록 함으로써 최대한의 전투력을 발휘하게 하기 위함이다. 손자는 '이것이 곧 결전에 임하는 장수의 용병'이라고 했다.

마지막으로 손자는 지금까지의 논의를 바탕으로 장수가 용병을 하는데 있어서 지형의 변화, 공수의 이점, 그리고 병사들의 심리적 변화의 이치라는 세 가지 요소를 고려해야 한다고 주장한다. 첫째로 지형의 변화에 대해서는 다양한 지형적 여건에 따라 용병을 달리해야 한다고 강조하고 있는데, 이는 〈구변〉 편에서부터 누차 반복해 설명하고 있다. 둘째로 공수의 이점에 대해서는 피아 상황을 고려하여 공격과 방어가 주는 이점을 활용해야 한다고 주장하고 있는데, 이는 〈군형〉 편, 〈병세〉 편, 그리고 〈허실〉 편에서도 자세히 다룬 바 있다. 그리고 마지막으로 병사들의 심리적 변화의 이치에 대해서는 결정적 전투에서 세를 발휘하기 위해서 장수가 신중히 살펴야 하는 요소로 보고 병사들로 하여금 막다른 상황에 처하도록 해야 한다고 주장한다. 여기에서 손자가 강조하는 바는 병사들의 심리를 잘 이용해야 한다는 것으로 앞에서 살펴본 것처럼 병사들에 대한 불신이 반영된 것으로 볼 수 있다. 즉, 막다른 상황이 아니면 병사들의 분전을 기대하기 어렵다고 본 것이다.

군사사상적 의미

『손자병법』에 제시된 장수의 자질 종합

『손자병법』의 주인공은 다름 아닌 장수이다. 비록 전쟁을 결정하고 전쟁의 방향을 제시하는 것은 군주일 수 있으나, 그 이후로 전쟁을 올바르게 수행하고 승리를 거두며 국가의 안위와 백성의 삶을 보장하는 것은 곧 장수이다. 그래서 손자는 이 병서에서 다양한 각도에서 장수의 자질과 능력에 대해 언급하고 있다. 지금까지 논의된 장수의 자질과 능력을 정리해보면 다음과 같다.

『손자병법』에 제시된 장수의 자질과 능력

구분	상황	요구되는 자질 및 능력
〈시계〉 편	전쟁 승부 판단	지, 신, 인, 용, 엄
〈작전〉 편	원정 출발 직전	속전속결 및 승적이익강
〈모공〉 편	전투 승부 예측	지승유오
〈군형〉 편	군형 편성	병법 5단계(도, 양, 수, 칭, 승)
〈병세〉 편	세 발휘	부대를 돌처럼 둥글게 만들어야 세 발휘 가능 (지휘통제, 통솔, 용병술)
〈행군〉 편	원정 출발 초기	인의 선행, 엄의 후행
〈지형〉 편	이동 종료, 결전 준비	인과 엄의 병행
〈구지〉 편	결전의 단계	절대적으로 엄의 발휘

먼저 손자는 〈시계〉 편에서 장수의 자질을 처음으로 언급했다. 그는 군주가 전쟁을 시작하기 전에 돌아보아야 할 오사(五事) 가운데 한 요소로 '장(將)'을 들고, 장수가 갖추어야 할 자질로 '지(智), 신(信), 인(仁), 용(勇),

엄(嚴)'을 제시했다. 이는 전쟁 이전 단계에서 고려할 요소라는 점에서 장수가 전·평시를 막론하고 기본적으로 갖추어야 할 일반적인 자질로 볼 수 있으며, 실제로 『손자병법』을 읽다 보면 중간중간에 이러한 자질이 언급되고 있음을 발견할 수 있다.

〈작전〉 편에서는 전쟁을 이끌어가는 장수의 능력이 강조된다. 즉, 장수는 전쟁에 임하여 오래 끌지 말고 속전속결해야 하며, 전쟁이 다소 지연될 경우 적의 자원을 약탈하고 전리품을 재활용함으로써 '승적이익강', 즉 전투를 거듭할수록 병력이 보충되고 장비가 늘어남으로써 전투력이 더욱 강해지도록 해야 한다. 이는 원정을 시작하기 전에 반드시 고려해야 할 문제로, 전쟁이 지연됨에 따라 가중될 군수보급의 막대한 재정적 부담과 그로 인한 경제사회적 폐해를 방지하고자 한 것이다. 여기에서 손자는 전쟁에 따르는 군수의 문제를 장수의 용병 능력으로 돌리고 있음을 알 수 있다.

〈모공〉 편에서 손자는 승리할 수 있는 군형을 편성하는 장수의 능력을 제시했다. '선승이후구전', 즉 미리 이겨놓고 싸우기 위해서 장수는 '도(度), 양(量), 수(數), 칭(稱), 승(勝)'이라는 다섯 단계로 이루어진 병법의 원칙을 준수해야 한다. 결전의 장소를 선정한 후 용병술을 구상하고(度), 그에 따르는 병력의 우열을 판단하며(量), 주조공 및 작전 단계별로 투입될 병력을 결정하고(數), 피아 작전수행의 모습을 그려보고(稱), 그리고 승리할 수 있는 군형을 최종적으로 확정짓는 것(勝)이다.

세를 발휘하는 〈병세〉 편에서는 장수의 지휘통제, 지휘통솔, 그리고 용병술을 언급하고 있다. 우선 지휘통제 측면에서 장수는 대병력을 지휘하기를 소병력을 지휘하는 것처럼 하기 위해 부대를 적절히 나누어 편성하고 각종 통제수단을 활용해야 한다. 또한 지휘통솔은 둥근 바위가 천 길 낭떨어지로 굴러가는 것과 같이 압도적 세를 발휘하기 위해 장병들을 사랑으로 대하여 둥근 돌처럼 만든 뒤, 급경사진 상황을 조성하기 위해 병사들을 막다른 곳에 몰아넣는 것을 의미한다. 마지막으로 용병술은 '기와 정'을 발휘하는 것이다. 즉, 정병으로 대치하고 기병으로 승리한다는 '이 정합, 이기승'의 용병술을 구사하는 것을 의미한다.

그리고 〈행군〉 편, 〈지형〉 편, 〈구지〉 편에서는 병사들에 대한 장수의 지휘통솔 방법을 각별하게 다루고 있다. 〈행군〉 편에서 손자는 장수의 지휘통솔 요령으로 '인의 선행과 엄의 후행'을 언급하고 있는데, 이는 〈행군〉 편이 원정을 막 출발하여 적지로 기동해가는 과정에서 장수가 병사들을 사랑으로 대해야 이들의 마음을 얻을 수 있기 때문이다. 〈지형〉 편에서는 '인과 엄의 병행'을 강조하고 있는데, 이는 우직지계의 기동을 마치고 결전의 장소에 도착한 상황에서 장수가 사랑으로만 병사들을 대할 경우 이들이 오만방자해질 수 있음을 경고한 것이다. 마지막으로 손자는 〈구지〉 편에서 병사들을 사지로 몰아넣어야 한다고 하면서 절대적으로 엄을 발휘할 것을 거듭 강조하고 있는데, 이는 결전의 단계에서 마치 둥근 돌이 천 길 아래로 굴러가는 듯한 세를 발휘함으로써 최종적인 승리를 달성하기 위한 지휘통솔이 요구되기 때문이다.

6. 종합 (1): 원정 중 구지의 용병

凡爲客之道, 深則專, 淺則散.

去國越境而師者, 絶地也. 四達者, 衢地也. 入深者, 重地也. 入淺者, 輕地也. 背固前隘者, 圍地也. 無所往者, 死地也.

是故, 散地吾將一其志. 輕地吾將使之屬. 爭地吾將趨其後. 交地吾將謹其守. 衢地吾將固其結. 重地吾將繼其食. 圮地吾將進其途. 圍地吾將塞其闕. 死地吾將示之以不活.

故兵之情, 圍則禦, 不得已則鬪, 過則從.

범위객지도, 심즉전, 천즉산.

거국월경이사자, 절지야. 사달자, 구지야, 입심자, 중지야. 입천자, 경지야. 배고전애자, 위지야. 무소왕자, 사지야.

시고, 산지오장일기지. 경지오장사지속. 쟁지오장추기후. 교지오장근기수. 구지오장고기결. 중지오장계기식. 비지오장진기도. 위지오장색기궐. 사지오장시지이불활.

고병지정, 위즉어, 부득이즉투, 과즉종.

무릇 원정군이라고 하는 것은 적지 깊이 들어가면 응집력이 높아지고 얕게 들어가면 응집력이 떨어진다.

군대가 나라를 떠나 국경을 넘어가는 곳을 절지라 한다. 길이 사통발달한 곳을 구지(衢地)라 한다. 적지에 깊이 들어간 곳을 중지라 한다. 적지에 얕게 들어간 곳을 경지라 한다. 뒤가 높은 고지대로 막히고 앞이 애로지역으로 된 곳을 위지라 한다. 더 이상 나갈 곳이 없는 곳을 사지라 한다.

자고로 산지에서 아군 장수는 병사들의 마음을 하나로 만들어야 한다. 경지에서는 각 부대가 서로 연락을 유지하면서 이동하도록 해야 한다. 쟁지에서는 적의 배후를 노려 기동해야 한다. 교지에서는 수비에 신중을 기해야 한다. 구지에서는 인접국과의 결속을 굳게 해야 한다. 중지에서는 (병참선을 유지하거나 약탈하여) 식량이 끊기지 않도록 해야 한다. 비지에서는 (애로가 있는) 길을 (신속히) 빠져나가야 한다. 위지에서 아군 장수는 빈 곳에 병력을 집중하여 퇴로를 확보해야 한다. 사지에서는 병사들에게 (죽음을 각오하고 싸우게 하기 위해) 더 이상 살 수 없다는 것을 주지시켜야 한다.

자고로 병사들의 심리는 포위를 당하면 맞서고, 부득이한 상황이 되면 싸우며, 큰 위험에 빠지면 순종하게 되어 있다.

＊凡爲客之道, 深則專, 淺則散(범위객지도, 심즉전, 천즉산): 객(客)은 '손님'의 뜻이나 여기에서는 '원정군'을 의미한다. 위(爲)는 '~라 하다'라는 뜻이고, 위객지도(爲客之道)는 '원정군이라고 하는 것'이라는 뜻이다. 심(深)은 '깊다'는 뜻이고, 전(專)은 '오로지'로 '응집하다'는 뜻이다. 천(淺)은 '얕다', 산(散)은 '흩어지다'라는 의미이다. 전체를 해석하면 '무릇 원정군이라고 하는 것은 적지 깊이 들어가면 응집력이 높아지고 얕게 들어가면 응집력이 떨어진다'는 뜻이다.

＊去國越境而師者, 絶地也(거국월경이사자, 절지야): 월(越)은 '건너다, 넘다', 경(境)은 '지경, 장소'로 '국경'을 의미한다. 사(師)는 '군대'를 뜻한다. 전체를 해석하면 '군대가 나라를 떠나 국경을 넘어가는 곳을 절지라 한다'는 뜻이다.

＊四達者, 衢地也(사달자, 구지야): 달(達)은 '통달하다, 길이 엇갈리다', 구(衢)는 '네거리'를 뜻한다. 전체를 해석하면 '길이 사통발달한 곳을 구지라 한다'는 뜻이다.

＊入深者, 重地也(입심자, 중지야): '적지에 깊이 들어간 곳을 중지라 한다'는 뜻이다.

＊入淺者, 輕地也(입천자, 경지야): '적지에 얕게 들어간 곳을 경지라 한다'는 뜻이다.

＊背固前隘者, 圍地也(배고전애자, 위지야): 배(背)는 '등 뒤', 고(固)는 '굳다, 단단하다', 애(隘)는 '좁다, 험하다', 위(圍)는 '둘러싸다'라는 의미이다. 전체를 해석하면 '뒤가 높은 고지대로 막히고 앞이 애로지역으로 된 곳을 위지라 한다'는 뜻이다.

＊無所往者, 死地也(무소왕자, 사지야): '더 이상 나갈 곳이 없는 곳을 사지라 한다'는 뜻이다.

＊是故, 散地吾將一其志(시고, 산지오장일기지): 산지는 '자국 영토에서 싸우는 것', 일(一)은 '하나, 오로지'로 '하나로 하다'는 의미이다. 지(志)는 '의지, 전의'를 뜻한다. 전체를 해석하면 '자고로 산지에서 아군 장수는 병사들의 마음을 하나로 만들어야 한다'는 뜻이다.

＊輕地吾將使之屬(경지오장사지속): 경지는 '적지에 얕게 들어간 곳'으로 병사들의 마음이 동요할 수 있는 지역을 말한다. 지(之)는 '가다', 속(屬)은 '잇다, 연결하다'는 의미이다. 전체를 해석하면 '경지에서 아군 장수는 각 부대가 서로 연락을 유지하면서 이동하도록 해야 한다'는 뜻이다.

＊爭地吾將趨其後(쟁지오장추기후): 쟁지는 '피아 먼저 점령하면 유리한 지역',

추(趨)는 '달리다, 빨리 가다', 후(後)는 '적의 배후'를 의미한다. 전체를 해석하면 '쟁지에서 아군 장수는 적의 배후를 노려 기동해야 한다'는 뜻이다.

* 交地吾將謹其守(교지오장근기수): 근(謹)은 '삼가다, 엄하게 하다, 경계하다'는 뜻이다. 전체를 해석하면 '교지에서 아군 장수는 수비에 신중해야 한다'는 뜻이다.

* 衢地吾將固其結(구지오장고기결): 결(結)은 '맺다'로 '동맹국과의 결속'을 의미한다. 이를 해석하면 '구지에서 아군 장수는 인접국과의 결속을 굳게 해야 한다'는 뜻이다.

* 重地吾將繼其食(중지오장계기식): 계(繼)는 '잇다, 이어나가다', 식(食)은 '양식'을 뜻한다. 전체를 해석하면 '중지에서 아군 장수는 (병참선을 유지하거나 약탈하여) 식량이 끊기지 않도록 해야 한다'는 뜻이다.

* 圮地吾將進其途(비지오장진기도): 비지는 '애로지역으로 기동이 어려운 곳', 진(進)은 '나아가다', 도(途)는 '길, 도로'를 뜻한다. 전체를 해석하면 '비지에서 아군 장수는 (애로가 있는) 길을 (신속히) 빠져나가야 한다'는 뜻이다.

* 圍地吾將塞其闕(위지오장색기궐): 색(塞)은 '집어넣다, 채우다, 막히다', 궐(闕)은 '빈 곳'을 의미한다. 전체를 해석하면 '위지에서 아군 장수는 빈 곳에 병력을 집중하여 퇴로를 확보해야 한다'는 뜻이다.

* 死地吾將示之以不活(사지오장시지이불활): 시(示)는 '보이다', 활(活)은 '살다'라는 뜻이다. 전체를 해석하면 '사지에서 아군 장수는 병사들에게 (죽음을 각오하고 싸우게 하기 위해) 더 이상 살 수 없다는 것을 주지시켜야 한다'는 뜻이다.

* 故兵之情, 圍則禦, 不得已則鬪, 過則從(고병지정, 위즉어, 부득이즉투, 과즉종): 정(情)은 '뜻, 마음'이나 '심리'로 해석한다. 어(禦)는 '막다, 맞서다', 투(鬪)는 '싸우다', 과(過)는 '지나치다, 심하다', 종(從)은 '쫓다, 따르다'라는 뜻이다. 전체를 해석하면 '자고로 병사들의 심리는 포위를 당하면 맞서고, 부득이한 상황이 되면 싸우며, 큰 위험에 빠지면 순종하게 되어 있다'는 뜻이다.

내용 해설

이 문단에서부터 3개의 문단에 걸쳐 손자는 지금까지의 『손자병법』 전편에서 언급한 내용을 종합하고 있다. 총 11개 편을 마무리하고 있는 것이다. 따라서 지금부터의 논의는 앞에서 다룬 내용과 많은 부분이 중복됨을 알 수 있다.

먼저 여기에서 손자는 지형과 관련된 논의를 종합하여 정리하고 있다. 여기에서 그는 먼저 여섯 가지 지형을 언급하고 아홉 가지 지형에 대한 용병을 다루고 있는데, 여섯 가지 지형은 〈구변〉 편에서와 마찬가지로 아마도 대표적인 지형만을 나열한 것으로 보인다. 그런데 손자는 여섯 가지 지형 가운데 '절지'를 언급하고 있다. 그리고 곧바로 다루는 아홉 가지 지형에서는 '절지'를 넣지 않고 있다. 절지란 무엇인가? 절지는 국경선을 넘는 곳으로, 손자는 절지를 적의 영토를 얕게 들어간 '경지'와 동일한 것으로 본 것 같다. 절지와 경지는 엄밀히 따지면 좀 차이가 있지만, 실제로 병력을 운용하는 데 있어서는 동일한 것으로 볼 수 있다. 그래서 손자는 절지를 언급하고 있으나 구지(九地)에는 절지 대신 경지를 넣은 것으로 보인다.

손자는 맨 첫 문장에서 "무릇 원정군이라고 하는 것은 적지 깊이 들어가면 응집력이 높아지지만 얕게 들어가면 응집력이 떨어진다"고 했는데, 이는 이 편의 맨 첫 문단에서의 논의와 연계해볼 수 있다. 즉, 원정군이 적진 깊이 들어가지 않았을 때 응집력이 약한 이유는 첫째로 병사들이 전쟁에 대한 두려움 속에서 고향에 있는 가족을 그리워하고 있기 때문이며, 둘째로 막 원정을 출발하여 장수와의 친밀함이 아직 형성되지 않았고, 셋째로 부대원들 간의 전우애와 융화가 아직 이루어지지 않았기 때문이다. 그러나 적진 깊이 들어가고 시간이 지나면서 장수와 병사들, 그리고 병사들 간의 응집력은 점차 높아질 것이다.

다음으로 손자는 여섯 가지 지형을 언급하고 있다. 절지, 구지, 중지, 경지, 위지, 사지만을 언급한 채 나머지 산지, 쟁지, 교지, 비지에 대해서는 설명을 생략했다. 아마도 이 편의 첫 문단에서 이미 설명했기 때문에 대표적인 지형만을 반복하여 언급한 것으로 보인다. 특히 손자는 이러한 지형을 적 영토를 진입하는 순서에 따라 절지, 경지, 중지 순으로 제시하지 않고 무작위로 들고 있는데, 이는 그가 여섯 가지 지형을 임의로 선별한 것으로 보인다.

그 다음으로 제시되고 있는 아홉 가지 지형에 대한 설명은 앞에서의 설명과 다르지 않다. 산지에서는 적과의 전투가 있을 수 없으므로 정신교육을 통해 병사들의 마음을 하나로 만들어야 한다. 경지는 국경을 넘어 깊게 들어가지 않은 지역이므로 병사들의 이탈을 감시하고 적의 활동에 대비하기 위해 각 부대가 서로 연락을 유지하면서 이동해야 한다. 쟁지에서는 적의 방어가 견고할 것이기 때문에 직접적으로 공격하지 말고 우회하여 적의 배후를 노려야 한다. 교지는 사통팔달한 지역으로 적이 쉽게 접근하고 공략할 수 있으므로 보급로가 차단되지 않도록 수비에 신중을 기해야 한다. 구지(衢地)는 주변국과 접경하고 있는 지역이므로 제후와 외교관계를 체결하여 인적·물적 지원을 얻을 수 있도록 해야 한다. 적의 영토 내로 깊숙이 들어간 중지에서는 보급지원의 어려움을 해소하기 위해 적마을을 약탈하여 식량이 끊기지 않도록 해야 한다. 애로지역으로 이루어진 비지에서는 적의 공격이 예상되므로 신속히 빠져나가야 한다. 삼면이둘러싸인 위지에서는 탈출할 수 있는 빈 곳에 병력을 집중하여 투입함으로써 퇴로를 확보해야 한다. 사지에서는 적의 포위망을 돌파하기 위해 병사들에게 더 이상 살 수 있는 길이 없음을 주지시켜 죽음을 각오하고 싸우도록 해야 한다.

여기에서 흥미로운 점은 손자가 구지에 대해 종합적으로 정리를 하면서도 최종 결론은 병사들의 심리에 대해 언급하고 있다는 것이다. 즉, 그는 "병사들의 심리는 포위를 당하면 맞서고, 부득이한 상황이 되면 싸우며, 큰 위험에 빠지면 순종하게 되어 있다"고 첨언하고 있다. 결전을 맞이하여 병사들의 전투력 발휘가 그만큼 중요함을 강조한 것으로 볼 수 있으나, 전체 논의의 흐름에는 맞지 않아 보인다.

군사사상적 의미

지형별 종합 정리

지금까지 손자는 〈구변〉 편, 〈행군〉 편, 〈지형〉 편, 그리고 〈구지〉 편에서 다양한 유형의 지형을 다루었다. 각 편별로 다룬 지형을 원정군의 상황과 연계하여 정리하면 다음과 같다.

각 편별로 제시된 지형에서의 원정군 상황

편명	지형	원정군 상황
구변	절지, 구지, 비지, 위지, 사지	부대기동 시작 단계로 기동 간 염두에 둘 지형 언급
행군	산악, 하천, 소택지, 평지, 기타 지형	부대기동 과정으로 극복해야 할 지형 언급
지형	통형, 괘형, 지형, 애형, 험형, 원형	결전의 장소에 도착하여 피아 간에 지형이 주는 유불리점 제시
구지	산지, 경지, 쟁지, 교지, 구지, 중지, 비지, 위지, 사지	결전을 수행하는 단계로 아홉 가지 지형을 종합적으로 정리

먼저 〈구변〉 편에서는 '절지, 구지, 비지, 위지, 사지'를 언급하고 있다. 이는 부대기동이 시작되는 단계로 손자는 기동 간 염두에 두어야 할 지형을 몇 가지 선별하여 언급하고 있음을 알 수 있다. 즉, 부대가 적 지역을 기동해가면서 마주하게 될 지형으로 애로지역, 제3국과의 접경지역, 본국을 출발하여 적국과의 국경을 넘는 지역, 적으로부터 포위의 위험이 도사리는 지역, 적군으로부터 완전히 포위되어 퇴로가 막힌 상황을 예로 든 것이다. 여기에서 '절지'는 '구지(九地)', 즉 아홉 가지 유형의 지형에 포함되지 않으나 '경지'와 같은 것으로 보아야 한다.

또한 〈행군〉 편에서는 산악, 하천, 소택지, 평지, 그리고 기타 지형을 들고 있는데, 이는 부대기동 과정에서 적과 조우할 수 있는 일반적인 상황을 가정하여 어디에 진을 쳐야 유리한지를 검토하기 위한 것이다. 다음으로 〈지형〉 편에서는 통형, 괘형, 지형, 애형, 험형, 원형의 여섯 가지 지형을 검토하고 있는데, 이는 이는 원정군이 기동을 마치고 적의 수도에 도착하여 적군과 결전을 치르는 데 고려해야 할 지형을 논한 것이다. 그리고 마지막으로 〈구지〉 편에서는 산지, 경지, 쟁지, 교지, 구지, 중지, 비지, 위지, 사지의 아홉 가지 지형을 논하고 있는데, 이는 본국으로부터 원정에 나서 우직지계의 전략적 기동을 거쳐 결전지에 이르기까지 고려해야 할 지형을 종합적으로 망라한 것으로 볼 수 있다.

7. 종합 (2): 패왕의 군대

是故, 不知諸侯之謀者, 不能豫交.
不知山林險阻沮澤之形者, 不能行軍.
不用鄕導者, 不能得地利.

四五者一不知, 非覇王之兵也.

夫覇王之兵,伐大國, 則其衆不得聚.
威可於敵, 則其交不得合. 是故,
不爭天下之交, 不養天下之權,
信己之私, 威加於敵. 故其城可拔,
其國可墮.

施無法之賞, 縣無政之令, 犯三軍
之衆, 若使一人. 犯之以事, 勿告以言.
犯之以利, 勿告以害.

投之亡地然後存. 陷之死地然後生.
夫衆陷於害, 然後能爲勝敗.

시고, 부지제후지모자, 불능예교.
부지산림험조저택지형자, 불능행군.
불용향도자, 불능득지리.

사오자일부지, 비패왕지병야.

부패왕지병. 벌대국. 즉기중부득취.
위가어적, 즉기교부득합. 시고,
부쟁천하지교, 불양천하지권,
신기지사, 위가어적. 고기성가발,
기국가휴.

시무법지상, 현무정지령, 범삼군지
중, 약사일인. 범지이사, 물고이언.
범지이리, 물고이해.

투지망지연후존. 함지사지연후생.
부중함어해, 연후능위승패.

자고로 주변국 제후의 전략적 의도를 모르는 장수는 미리 외교적 협력을 구할 수 없다. 삼림과 험지, 소택지 등의 지형을 알지 못하는 장수는 군을 움직일 수 없다. 길을 안내하는 향도를 쓰지 않는 장수는 지리의 이점을 제대로 누릴 수 없다.

네 가지 지형과 다섯 가지 지형(즉, 아홉 가지 지형에 따른 용병의 원칙) 가운데 하나라도 알지 못하면 천하의 패권을 다툴 만한 군대라고 할 수 없다.

무릇 패왕의 군대가 대국을 치면 그 대국의 군대는 미처 집결하지도 못한 채 당하게 된다. (패왕의) 위세가 적에게 미치게 되면 적의 외교적 노력은 통하지 않게 된다. 그래서 (패왕은) 천하의 외교를 다투지도 않고 천하의 권력을 도모하지도 않으면서 자국의 사사로운 힘만으로 적에게 위세를 가할 수 있다. 그리하여 적의 성을 빼앗을 수도 있고, 적국을 무너뜨릴 수도 있다.

(전장에서 병사를 부리기 위해서는) 규정에 없는 파격적인 상을 베풀고, 군정에 명시되지 않은 엄격한 명령을 내걸어 전군의 병사들을 움직이는 데

있어서 마치 한 사람을 부리듯이 해야 한다. 병사들을 움직일 때는 말로만 해서는 안 되며 (반드시) 행동으로 보여주어야 한다. (전투 상황 및 승리 가능성과 관련하여) 유리함을 보여줌으로써 병사들을 움직여야지 불리한 상황에 호소하여 움직이려 하면 안 된다.

병사들은 매우 위험한 곳에 몰아넣어야 오히려 살아남을 수 있으며, 죽음의 장소에 빠져야 오히려 생존할 수 있다. 무릇 병사들은 매우 위험한 지경에 빠져야 (분전하여) 승부를 결정짓는 싸움에 임하게 되어 있다.

* 是故, 不知諸侯之謀者, 不能豫交(시고, 부지제후지모자, 불능예교): 모(謀)는 '계획, 계책'이나 여기에서는 '전략적 의도'로 해석한다. 예(豫)는 '미리', 교(交)는 '사귀다'라는 뜻이다. 전체를 해석하면 '그러므로 주변국 제후의 전략적 의도를 모르는 장수는 미리 외교적 협력을 구할 수 없다'는 뜻이다.

* 不知山林險阻沮澤之形者, 不能行軍(부지산림험조저택지형자, 불능행군): 험(險)은 '험하다', 조(阻)는 '험하다, 멀다', 저(沮)는 '막다', 택(澤)은 '못', 저택(沮澤)은 '소택지, 늪지대'를 뜻하고, 행군(行軍)은 단순히 군을 이동시키는 것 외에 군을 운용하는 것을 의미한다. 전체를 해석하면 '삼림과 험지, 소택지 등의 지형을 알지 못하는 장수는 군을 움직일 수 없다'는 뜻이다.

* 不用鄉導者, 不能得地利(불용향도자, 불능득지리): 향도(鄉導)는 '길을 인도하는 사람'을 말한다. 전체를 해석하면 '길을 안내하는 향도를 쓰지 않는 장수는 지리의 이점을 제대로 누릴 수 없다'는 뜻이다.

* 四五者一不知, 非霸王之兵也(사오자일부지, 비패왕지병야): 패(霸)는 '으뜸', 패왕(霸王)은 춘추전국시대의 군주들 가운데 맹주가 되는 군주를 말한다. 전체를 해석하면 '네 가지 및 다섯 가지 가운데 하나라도 알지 못하면 천하의 패권을 다툴 만한 군대라고 할 수 없다'는 뜻이다.

* 夫霸王之兵, 伐大國, 則其衆不得聚(부패왕지병. 벌대국. 즉기중부득취): 벌(伐)은 '치다, 베다'라는 뜻이고, 중(衆)은 '무리'로 대국의 군대를 의미한다. 득(得)은 '~할 수 있다', 부득(不得)은 '~할 수 없다', 취(聚)는 '모으다'라는 뜻이다. 전체를 해석하면 '무릇 패왕의 군대가 대국을 치면 그 대국의 군대는 미처 집결하지도 못한 채 당하게 된다'는 뜻이다.

* 威可於敵, 則其交不得合(위가어적, 즉기교부득합): 위(威)는 '위엄', 어(於)는

'~에게', 합(合)은 '합치다, 부합하다'라는 뜻이다. 전체를 해석하면 '위세가 적에게 미치게 되면 적의 외교적 노력은 통하지 않게 된다'는 뜻이다.

* 是故, 不爭天下之交, 不養天下之權, 信己之私, 威加於敵(시고, 부쟁천하지교, 불양천하지권, 신기지사, 위가어적): 쟁(爭)은 '다투다', 양(養)은 '기르다, 함양하다', 권(權)은 '권력, 권세', 가(加)는 '가하다'라는 뜻이다. 전체를 해석하면 '자고로 천하의 외교를 다투지도 않고 천하의 권력을 도모하지도 않으면서 자국의 사사로운 힘만으로 적에게 위세를 가할 수 있다'는 뜻이다.

* 故其城可拔, 其國可隳(고기성가발, 기국가휴) : 발(拔)은 '공략하다, 쳐서 빼앗다', 휴(隳)는 '무너뜨리다'라는 뜻이다. 전체를 해석하면 '그리하여 적의 성을 빼앗을 수도 있고, 적국을 무너뜨릴 수도 있다'는 뜻이다.

* 施無法之賞, 縣無政之令, 犯三軍之衆, 若使一人(시무법지상, 현무정지령, 범삼군지중, 약사일인): 시(施)는 '베풀다', 현(縣)은 '높이 걸다, 공포하다', 범(犯)은 '움직이다', 약(若)은 '같다', 사(使)는 '~로 하여금'이라는 뜻이다. 전체를 해석하면 '(전장에서 병사를 부리기 위해서는) 규정에 없는 파격적인 상을 베풀고, 군정에 명시되지 않은 엄격한 명령을 내걸어 전군의 병사들을 움직이는 데 있어서 마치 한 사람을 부리듯이 해야 한다'는 뜻이다.

* 犯之以事, 勿告以言(범지이사, 물고이언): 사(事)는 '행하다', 고(告)는 '알리다'라는 의미이다. 전체를 해석하면 '행동으로서 병사들을 움직이되, 말로만 지시해서 움직이려 하면 안 된다'는 것으로 '병사들을 움직일 때는 말로만 해서는 안되며 행동으로 보여주어야 한다'는 뜻이다.

* 犯之以利, 勿告以害(범지이리, 물고이해): '(전투 상황 및 승리 가능성과 관련하여) 유리함을 보여줌으로써 병사들을 움직여야지 불리한 상황에 호소하여 움직이려 하면 안 된다'는 뜻이다.

* 投之亡地然後存. 陷之死地然後生(투지망지연후존. 함지사지연후생): 투(投)는 '투입하다', 망(亡)은 '망하다', 망지(亡地)는 '매우 위험한 곳'을 뜻하고, 연후(然後)는 '그러한 후'라는 뜻이다. 함(陷)은 '빠지다, 몰아넣다'는 의미이다. 전체를 해석하면 '병사들은 매우 위험한 곳에 몰아넣어야 오히려 살아남을 수 있으며, 죽음의 장소에 빠져야 오히려 생존할 수 있다'는 뜻이다.

* 夫衆陷於害, 然後能爲勝敗(부중함어해, 연후능위승패): '무릇 병사들은 매우 위험한 지경에 빠져야 (분전하여) 승부를 결정짓는 싸움에 임하게 되어 있다'는

뜻이다.

내용 해설

여기에서 손자는 패왕의 군대를 들어 승리하는 군대의 모습을 제시하고 있다. 손자는 천하의 패권을 다툴 만한 군대의 요건을 몇 가지로 나누어 들고 있다. 첫째는 전략적 지형, 작전적 지형, 그리고 전술적 지형을 활용해야 한다는 것이고, 둘째는 구지에 따른 용병을 해야 한다는 것이다.

먼저 손자는 첫 문단에서 전략적 지형, 작전적 지형, 그리고 전술적 지형을 언급하고 있다. 주변국 제후의 전략적 의도를 파악하여 미리 외교적 협력을 구하는 것은 전략적 차원, 삼림과 험지, 소택지 등의 지형을 알고 용병에 적용하는 것은 작전적 차원, 그리고 길을 안내하는 향도를 사용하여 지리의 이점을 최대한 활용하는 것은 전술적 차원에서 지형을 활용하는 것이다. 여기에서 손자는 향도를 활용하는 목적을 '지리(地利)'를 얻기 위한 것이라고 했는데, 지(地)는 〈시계〉 편 오사(五事)의 한 요소로 '멀고 가까움, 험준하고 평탄함, 넓고 좁음, 위험함과 안전함'을 말한다. 즉, '지'는 단순히 지형에 관계된 것이 아니라 군대의 '위험함과 안전함'을 포함하는 것으로 적정을 파악하는 것까지 염두에 둔 것으로 보아야 한다. 따라서 향도는 아측에 협조하는 적의 백성으로 그 활용 가치가 길을 안내하는 것뿐만 아니라 적의 배치와 규모, 그리고 동향에 관한 정보를 얻는 데 있다.

다음으로 손자는 구지에 따른 용병의 중요성을 짧지만 강력한 어조로 거듭 강조하고 있다. 그는 '사오자일부지, 비패왕지병야(四五者一不知, 非覇王之兵也)', 즉, "네 가지 요소와 다섯 가지 요소 가운데 하나라도 알지 못하면 천하의 패권을 다툴 만한 군대라고 할 수 없다"고 했다. '사오자(四五者)'에 대한 해석은 분분하다. 다만 『십일가주손자』의 주석자들은 모두 이를 아홉 가지 지형과 연계하여 보고 있는데, 여기에서 손자가 구지의 용병을 재강조하고 있다고 본다면 나름 타당한 해석이라 생각한다. 즉, 네 가지는 이 편의 맨 앞에서 제시된 바와 같이 금지를 의미하는 '무(無)'가 포함된 지형으로 전투가 불필요한 산지(散地則無戰), 행군을 멈추지 않아야 하는 경지(輕地則無止), 공격하지 말아야 하는 쟁지(爭地則無攻), 부대 상호간의 연결이 끊어지지 않도록 하는 교지(交地則無絶)이고, 다섯 가지는 마땅히 해야 하는 당위성을 강조한 것으로 외교관계에 힘써야 하는 구지(衢地則合交), 마을을 약탈해야 하는 중지(重地則掠), 신속하게 통과해야 하는 비지(圮地則行), 계책을 써서 벗어나야 하는 위지(圍地則謀), 그리고 사력을 다해 싸워야 하는 사지(死地則戰)를 말한다.

이러한 요건을 갖추면 아군은 천하무적이 된다. 여기에서 손자가 그리는 패왕의 군대는 사뭇 〈모공〉 편에서 다룬 부전승의 모습을 연상케 한다. 패왕의 군대가 공격하면 적국이 아무리 대국이라 하더라도 적의 군대는 미처 집결하지도 못한 채 제대로 대응할 수가 없다. 아군이 우직지계의 기동을 통해 지형의 장애를 극복하면서 적의 취약한 지역으로 돌아가 결정적으로 승리를 거두기 때문이다. 비록 적이 아군의 원정에 대비하고자 외교적 노력을 통해 주변국의 지원을 얻으려 해도 여의치 않다. 왜냐하면 패왕으로서 아국 군주의 위세가 대단하기 때문에 주변국은 적국의 지원 요청을 받아들이지 않을 것이기 때문이다. 따라서 아국 군주는 별도의 노력을 기울이지 않고서도 주변국의 협력을 얻을 수 있고, 가만히 있어도 천하의 권력을 도모할 수 있으며, 그렇게 되면 적에게 막대한 영향력을 행사할 수 있다. 만일 적이 우리의 요구에 응하지 않거나 굴복하지 않으면 적의 성을 쳐서 빼앗을 수도 있고 심지어는 적국을 무너뜨릴 수도 있다.

만일 적국에 대해 원정을 실시하여 적의 성을 빼앗거나 적국을 붕괴시켜야 할 경우 장수는 올바른 군정과 지휘통솔로 혼연일체가 된 부대를 만들어야 하며, 결정적 순간에 병사들을 위험한 지경에 빠뜨려 최대한의 전투력 발휘가 가능하도록 해야 한다. 그러기 위해 장수는 파격적인 상을 베풀고 군율을 엄격히 해서 전군의 병사들을 마치 한 명의 병사를 부리듯이 해야 한다. 말로 지시하기보다 솔선수범을 통해 행동을 보임으로써 병사들이 따라오도록 해야 한다. 전투를 독려할 때에는 아군이 승리할 수 있는 유리한 점을 보여주며 싸우도록 해야지, 우리가 불리한 상황임을 내세워 분전을 호소하면 안 된다.

다음으로 장수는 병사들을 막다른 상황에 몰아넣어 모든 힘을 다해 싸우도록 해야 한다. 손자가 수차례 강조하고 있듯이 "병사들은 매우 위험한 곳에 몰아넣어야 오히려 살아남을 수 있으며, 죽음의 장소에 빠져야 오히려 생존할 수 있다." 결전에 임하여 병사들이 사력을 다해 싸워야 최종적인 승리를 달성할 수 있다는 것이다.

군사사상적 의미

패왕의 군대: 벌모, 벌교, 벌병

손자가 언급한 패왕의 군대의 모습은 〈모공〉 편에서 제시한 부전승 및 전승(全勝)의 논의와 연계해볼 수 있다. 손자는 〈모공〉 편에서 적과 싸우는 방법으로 벌모(伐謀), 벌교(伐交), 벌병(伐兵), 그리고 공성(攻城)을 제시하고 벌모를 최선의 용병으로, 공성을 최악의 용병으로 간주했다. 여기에서 손자가 그리는 패왕의 군대가 싸워 승리하는 모습은 이러한 용병의 방법을 담고 있다.

우선 손자는 "무릇 패왕의 군대가 대국을 치면 그 대국의 군대는 미처 집결하지도 못한 채 당하게 된다"고 함으로써 싸우지 않고서, 혹은 적을 온전히 둔 채로 승리함을 언급하고 있다. 아군이 적의 계략을 뛰어넘는 뛰어난 계책으로 전격적인 승리를 거두는 것이다. 사전에 외교적 노력을 통해 주변국을 동맹으로 규합하여 적국을 고립시킨 뒤 원정군을 동원하여 우직지계의 기동으로 적의 수도에 진입할 수 있다. 이때 병력을 사용하면 '벌병'이 되지만, 그에 앞서 〈모공〉 편에서 살펴본 구순의 고준 토벌 사례와 같이 적의 책사를 제거하거나 우리 편으로 만들 수 있다면 적은 싸울 생각도 못한 채 항복하지 않을 수 없다. '벌모'를 통해 부전승 혹은 전승을 거두는 것이다.

다음으로 패왕의 군대는 적국의 외교적 노력을 차단할 수 있다. 패왕의 군대는 워낙 막강하기 때문에 주변국은 패왕의 눈치를 보지 않을 수 없다. 따라서 적국은 패왕의 군사적 위협에 대응하기 위해 동맹국을 얻고자 주변국과 외교적으로 교섭하지만 성공할 수 없게 된다. '벌교'를 통해 적국을 고립무원의 상태에 빠뜨리는 것이다. 이렇게 되면 패왕은 천하의 외교를 다투지 않고서도 자국의 군사력만으로 적국에 위세를 가할 수 있다. 필요하다면 언제든 적의 성을 빼앗을 수도 있고, 적국을 무너뜨릴 수도 있다. 적국의 운명은 패왕의 손에 달린 것이다.

손자의 논의는 벌모와 벌교에 의한 부전승에 그치지 않는다. 그는 이 병서에서 주요 논제로 삼고 있는 '벌병'으로 눈을 돌린다. 결국 적이 굴복하지 않을 경우에는 군사행동이 따라야 하는 것이다. 그래서 손자는 원정작전에 나선 패왕의 군대 장수가 어떻게 병사들을 지휘통솔하는지, 그리고 결전의 순간에 어떻게 병사들을 독려해야 하는지에 대해 논의하고 있다. 그는 군정에 있어서 장수가 관심을 두어야 할 몇 가지, 즉 파격적인 포상과 엄격한 명령, 그리고 일사불란한 지휘체제 등을 언급하고 있다. 그리고 결전의 순간에 임박해서는 병사들을 위험한 상황에 빠뜨려 분전을 유도할 것을 재차 강조하고 있다.

이러한 논의를 통해 손자는 지금까지 그가 강조한 전쟁수행 방법을 종합적으로 정리하고 있다. 가장 이상적인 부전승을 추구하는 것으로부터 전쟁이 불가피하다면 단기간에 최소한의 피해를 감수하면서 결정적인 승리를 거두어야 함을 거론한 것이다.

8. 종합 (3): 원정에서의 용병

故爲兵之事, 在於順詳敵之意,
幷力一向, 千里殺將. 是謂,巧能成事.

是故, 政擧之日, 夷關折符, 無通其使.
勵於廊廟之上, 以誅其事.

敵人開闔, 必亟入之. 先其所愛,
微與之期, 踐墨隨敵, 以決戰事.

是故, 始如處女, 敵人開戶, 後如脫兔,
敵不及拒.

고위병지사, 재어순상적지의,
병력일향, 천리살장. 시위, 교능성사.

시고, 정거지일, 이관절부, 무통기사.
려어랑묘지상, 이주기사.

적인개합, 필극입지. 선기소애,
미여지기, 천묵수적, 이결전사.

시고, 시여처녀, 적인개호, 후여탈토,
적불급거.

자고로 용병이라고 하는 것은 병도를 거스르지 않는 것으로, 적의 의도를 주도면밀하게 파악하고, 병력을 모아 한 방향에 집중하여, 천 리 밖의 장수를 죽이는 것이다. 이것이야말로 교묘한 계책으로 일을 성취하는 것이라 하지 않을 수 없다.

따라서 전쟁을 결정하여 군대를 일으킬 때에는 (기밀 누설을 막기 위해) 국경의 관문을 폐쇄하고 외국인의 통행증을 폐기하며 적의 사신을 통과시키지 말아야 한다. 조정의 최고군사회의에서는 계책을 마련하는 데 힘써야 하며, 계책과 관련된 사안이 누설되지 않도록 (누설하는 자는) 죽음으로 다스려야 한다.

적의 방어에 허점이 보이는 곳을 찾아 반드시 그곳으로 신속하게 진격해야 한다. 먼저 (적의 주의를 돌리기 위해) 적이 애지중지하는 곳을 치고, 적과 결전을 수행할 시점을 숨기며, 은밀하게 적지를 (우직지계로) 기동하다가, (적 수도에 도착하여) 결전을 수행한다.

그리고 (결전을 수행할 때) 처음에는 처녀와 같이 (조심스럽게) 행동하다가, 적 군대가 허점을 보이면, 다음에는 달아나는 토끼와 같이 (신속하게 진격) 하여, 적이 이를 방어할 겨를조차 없도록 해야 한다.

＊故爲兵之事, 在於順詳敵之意, 幷力一向, 千里殺將(고위병지사, 재어순상적지의, 병력일향, 천리살장): 어(於)는 '~에', 순(順)은 '도리를 따르다, 거스르지 않다', 상(詳)은 '자세히 보다, 자세히 알다', 병(幷)은 '아우르다, 함께하다'라는 뜻이다.

전체를 해석하면 '자고로 용병이라고 하는 것은 병도를 거스르지 않는 것으로, 적의 의도를 주도면밀하게 파악하고, 병력을 모아 한 방향에 집중하여, 천 리 밖의 장수를 죽이는 것이다'라는 뜻이다.

* 是謂, 巧能成事(시위, 교능성사): 위(謂)는 '이르다', 교(巧)는 '기교, 공교하다', 성사(成事)는 '일을 이루다'라는 뜻이다. 전체를 해석하면 '이것이야말로 교묘한 계책으로 일을 성취하는 것이라 하지 않을 수 없다'는 뜻이다.

* 是故, 政擧之日, 夷關折符, 無通其使(시고, 정거지일, 이관절부, 무통기사): 정(政)은 '정사'로 여기에서는 '전쟁'을 의미한다. 거(擧)는 '들다, 일으키다', 정거(政擧)는 '전쟁을 결정한다'는 의미이다. 이(夷)는 '소멸시키다, 폐허화하다', 관(關)은 '관문', 이관(夷關)은 '국경의 관문을 폐쇄하는 것', 절(折)은 '꺾다', 부(符)는 '(신분 증명용 증거물인) 부신', 사(使)는 '사신'을 뜻한다. 전체를 해석하면 '따라서 전쟁을 결정하여 군대를 일으킬 때에는 (기밀 누설을 막기 위해) 국경의 관문을 폐쇄하고 외국인의 통행증을 폐기하며 적의 사신을 통과시키지 말아야 한다'는 뜻이다.

* 勵於廊廟之上, 以誅其事(려어랑묘지상, 이주기사): 려(勵)는 '힘쓰다, 권장하다', 랑묘(廊廟)는 '조정', 랑묘지상(廊廟之上)은 '조정의 최고군사회의'를 의미한다. 주(誅)는 '죄인을 죽이다, 징벌하다'라는 뜻이다. 전체를 해석하면 '조정의 최고군사회의에서는 (계책을 마련하는 데) 힘써야 하며, 전쟁과 관련된 사안이 누설되지 않도록 죽음으로 다스려야 한다'는 뜻이다.

* 敵人開闔, 必亟入之(적인개합, 필극입지): 개(開)는 '열다'라는 뜻이고, 합(闔)은 '문짝'을 뜻하나 여기에서는 '허점'으로 해석한다. 극(亟)은 '빠르다'라는 의미이다. 전체를 해석하면 '적의 방어에 허점이 보이는 곳을 찾아 반드시 그곳으로 신속하게 진격해야 한다'는 뜻이다.

* 先其所愛, 微與之期, 踐墨隨敵, 以決戰事(선기소애, 미여지기, 천묵수적, 이결전사): 애(愛)는 '사랑하다'라는 뜻으로 여기에서는 적이 애지중지하는 지역을 의미한다. 미(微)는 '숨기다'라는 뜻이고, 여지기(與之期)는 '적과 더불어 싸우는 시기'로 결전의 시점을 의미한다. 천(踐)은 '걷다, 밟다', 묵(墨)은 '검다, 어둡다', 천묵(踐墨)은 '은밀하게 기동하다', 수(隨)는 '좇다', 수적(隨敵)은 '적을 좇다'라는 의미이다. 전체를 해석하면 '먼저 (적의 주의를 돌리기 위해) 적이 애지중지하는 곳을 치고, 적과 결전을 수행할 시점을 숨기며, 은밀하게 적지를 (우직지계로)

기동하다가, (적 수도에 도착하여) 결전을 수행한다'는 뜻이다.

* 是故, 始如處女, 敵人開戶, 後如脫兎, 敵不及拒(시고, 시여처녀, 적인개호, 후여탈토, 적불급거): 시(始)는 '처음', 개(開)는 '열다', 호(戶)는 '출입구', 탈(脫)은 '벗다', 토(兎)는 '토끼', 급(及)은 '미치다, 이르다', 거(拒)는 '막다, 방어하다'라는 뜻이다. 전체를 해석하면 '그리고 (결전을 수행할 때) 처음에는 처녀와 같이 (조심스럽게) 행동하다가, 적 군대가 허점을 보이면, 다음에는 달아나는 토끼와 같이 (신속하게 진격) 하여, 적이 이를 방어할 겨를조차 없도록 해야 한다'는 뜻이다.

내용 해설

여기에서 손자는 원정에서의 용병을 종합적으로 다루며 〈구지〉 편을 마무리하고 있다. 손자는 원정을 결정한 후 기밀을 유지하고 적정을 파악하고 적의 취약한 지점을 찾아 우직지계의 기동을 실시하여 결전의 장소에 도착한 다음 적의 허점을 겨냥하여 전격적으로 공격을 가하는 과정을 함축적으로 그리고 있다.

먼저 손자는 용병이 병도를 거스르지 않아야 한다고 했다. 지금까지 11개의 편에서 손자는 많은 용병의 방법을 언급했지만, 그것의 요체는 바로 "적의 의도를 주도면밀하게 파악하고, 병력을 모아 한 방향에 집중하여, 천 리 밖의 장수를 죽이는 것"이다. 즉, 적의 방어계획과 부대의 배치를 파악하고 마치 물이 높은 곳을 피하고 낮은 곳으로 흘러가듯이 적의 강한 부분을 회피하고 적의 약한 부분으로 돌아가 결정적 타격을 가하는 것이다. 여기에서 '적의 장수를 죽인다'는 것은 적의 군대를 파괴한다는 의미로 볼 수 있다.

이러한 용병이 성공을 거두기 위해서는 철저한 기밀 유지가 전제되어야 한다. 만일 아군의 의도와 기동 방향이 노출될 경우 적은 아군의 기동을 저지하기 위해 병력을 재배치할 것이며, 그렇게 되면 아군의 전력은 적의 중심부에 도착하기도 전에 소진될 것이기 때문이다. 따라서 손자는 "전쟁을 결정하여 군대를 일으키는 날에는 기밀 누설을 막기 위해 국경의 관문을 폐쇄하고 외국인의 통행증을 폐기하며 적의 사신을 통과시키지 말아야 한다"고 했다. 또한 "조정의 최고군사회의에서는 계책을 마련하는 데 힘써야 하며, 전쟁과 관련된 사안이 누설되지 않도록 하되 누설한 자에 대해서는 죽음으로 다스려야 한다"고 했다. 이는 〈용간〉 편에서 아군의 첩자에 대한 정보가 누설되면 관련된 자를 모두 죽여야 한다는 주장과도 일맥상통한다. 일체의 정보가 새어나가서는 안 된다는 의미이다. 적과의 전쟁이 결정된 이상 아국 내에서 이루어지는 동원의 시점과 규모, 군대를 지휘할 장수, 집결 및 부대이동 상황, 장수의 계책 등에 관한 정보가 밖으로 유출되지 않도록 철저하게 통제해야 한다는 것이다.

다음으로 손자는 원정군의 우직지계 기동에 대해 설명하고 있다. 〈군쟁〉 편에서 다룬 것처럼 원정군은 결전을 치르게 될 적의 수도로 진격함에 있어서 적의 방어가 강한 지역을 피해 허술한 지역으로 우회하여 기동해야 한다. 이러한 기동은 거리는 멀지라도 적의 저항이 약한 지역을 통과하기 때문에 오히려 신속하게 도착할 수 있다. 천 리를 가더라도 피곤하지 않으며 전투력을 온전히 하면서 도착할 수 있다. 그래서 손자는 여기에서 또다시 "적의 방어가 강한 지역을 회피하여 적의 방어에 허점이 보이는 곳을 찾아 반드시 그곳으로 신속하게 진격해야 한다"고 강조하고 있다. 이 과정에서 원정군은 수시로 적이 중요하게 여기는 지역을 쳐서 적의 주의를 돌리고 적의 군사력을 분산시켜야 한다. 또한 은밀하게 기동함으로써 아군이 어디로 이동해서 언제 결전을 수행할지 모르도록 해야 한다.

마지막으로 손자는 결전을 수행하는 방법을 처녀와 토끼에 비유하여 묘사하고 있다. 이는 원정군이 결전의 단계에서 세를 발휘하는 모습을 표현한 것으로 〈병세〉 편과 〈허실〉 편에서 살펴본 내용을 되새겨볼 수 있다. 이는 '피실격허', 즉 적의 강한 부분을 피하고 약한 부분을 치라는 것에 다름 아니다. 처음에 처녀와 같이 조신하게 행동하는 것은 아군의 군형을 드러내지 않고 적의 군형에 내재된 허점을 파악하거나 조성하는 것을 의미하며, 달아나는 토끼와 같이 신속하게 적의 허점을 치는 것은 적이 방어할 겨를조차 주지 않는 가운데 결정적인 성과를 거두는 것을 말한다.

군사사상적 의미

『손자병법』에서의 결전: 전승 대 파승

손자의 결정적 전투는 전승(全勝)을 지향하는가, 아니면 파승(破勝)을 추구하는가? 어차피 전쟁의 승부가 양국의 주력 간의 대규모 전투로 이어진 이상 부전승이나 전승(全勝)은 불가능하다. 적의 저항이 심할 경우 상당한 규모의 사상자가 발생하는 것은 불가피해 보인다. 이와 관련하여 클라우제비츠와 리델 하트의 입장을 참고하여 손자의 결정적 전투가 갖는 의미를 되새겨보고자 한다.

클라우제비츠는 결단코 파승을 추구한다. 그에 의하면 전쟁에서 피를 흘리지 않고 승리하는 것은 불가능하며 전쟁은 반드시 유혈의 전투를 동반한다. 그래서 그는 중심을 단연코 적의 군대로 보고 전쟁에서 적 군사력을 파괴하는 것이 가장 우선적인 목표가 되어야 한다고 했다. 적 군사력의 파괴는 적 영토 점령을 가능하게 하며, 그럼으로써 비로소 적의 의지를 꺾고 평화협상을 체결하도록 강요할 수 있기 때문이다. 즉, 클라우제비츠는 전쟁에서 승리하고 이를 통해 정치적 목적을 달성하기 위해서는 반드시 적 군사력의 섬멸이 이루어져야 한다고 주장하고 있으며, 이는 그가 전승(全勝)보다 파승을 추구하고 있음을 보여준다.

반면 리델 하트의 결정적 전투는 다르다. 그의 간접접근전략은 최소한의 전투에 의한 승리를 지향한다. 가급적 피아 간의 파괴를 최소화한다는 점에서 손자가 〈모공〉 편에서 말한 전승(全勝)을 추구하는 것으로 볼 수 있다. 리델 하트에 의하면, 전략의 목적은 결전이 가장 유리한 상황 하에서 이루어지도록 하는 것이며, 그 상황이 유리할수록 그에 반비례하여 전투는 줄어든다고 했다. 그래서 그는 결정적인 전투를 실시하기 이전에 기만과 기습을 통해 적을 교란시키고 나아가 물리적·심리적 마비를 일으켜 저항력을 최소화한 후 약화된 적을 공략해야 한다고 했다. 교란된 적은 스스로 와해되거나 전투 과정에서 쉽게 분열될 것이므로 결전의 과정에서 전투가 벌어질 수 있으나 그러한 전투는 실제로 '전투'의 모습을 보이지 않을 것이라는 것이 리델 하트의 주장이다.

그렇다면 손자의 입장은 무엇인가? 전략적으로 본다면 리델 하트에 가깝지만 전술적으로 본다면 클라우제비츠에 가깝다고 할 수 있다. 즉, 손자의 우직지계에 의한 기동은 적의 저항력이 가장 약한 지역으로 돌아가 적을 공략한다는 점에서 리델 하트의 간접접근전략과 궤를 같이한다. 그러나 막상 결전을 추구하는 단계에서는 적의 취약한 지점에 최대한의 병력을 집중하여 육중한 암석이 천 길 낭떠러지를 떨어지는 듯한 세를 발휘해야 한다. 그리고 이를 위해서는 병사들이 사다리를 오른 뒤 그 사다리를 치워버리도록 하는 것처럼 막다른 상황에서 최대한의 전투력을 발휘할 것을 요구한다. 이 과정에서 만일 적이 굴복하지 않는다면 적의 병력은 물론, 적의 수도에 대한 최대한의 파괴가 불가피하다. 비록 손자는 전승(全勝)을 지향하고 있지만, 결전의 순간에 있어서는 엄청난 규모의 살상을 야기하는 파승을 각오하고 있음을 알 수 있다.

이렇게 볼 때, 손자의 군사사상을 부전승이나 전승으로 이해하는 것은 옳지 않다. 부전승이나 전승은 손자뿐 아니라 클라우제비츠를 비롯한 모든 전략가들에게도 지향하고픈 이상적인 용병의 모습이 아닐 수 없다. 그러나 이는 하나의 이상일 뿐 현실에서는 도저히 얻을 수 없는 그야말로 사치에 불과할 수 있다. 패왕의 군대라면 모르지만 일반적인 국가의 경우에는 그림의 떡일 수밖에 없는 것이다. 손자의 경우에도 〈모공〉 편에서 부전승과 전승을 최선의 용병으로 간주했지만, 실제로 그가 논의하는 전쟁은 '부전승'이 아니라 '확실한 승리'를 추구하는 것으로 결전의 단계에서 적의 주력을 섬멸 또는 와해시키는 파승을 지향하고 있다. 즉, 손자의 전쟁이 추구하는 것은 '확실한 승리'이지 '부전승'이 아니다. 결국 손자의 부전승이나 전승은 '확실한 승리'보다 우선하여 고려될 수 없는 것이다.

제12편

화공(火攻)

〈화공(火攻)〉 편은 손자가 결전을 논하는 마지막 편이다. 손자는 앞의 〈지형〉 편과 〈구지〉 편에서 결전의 수행 방법을 논의한 데 이어, 여기에서는 그 연장선상에서 당시 중요한 공격 전술이었던 화공의 방법에 대해 논의하고 있다. '화공'이란 말 그대로 '불로 적을 공격하는 것'이다. 다만, 손자는 화공을 그 자체로 주요한 공격 방법이라기보다는 기동부대의 공격을 도와주는 보조적 수단으로 인식하고 있다. 즉, 화공은 그 자체로 결정적 성과를 가져오기보다는 공격에 유리한 여건을 조성하는 역할을 할 따름이다.

손자가 〈화공〉 편에서 논의하는 바는 첫째로 화공의 종류와 시기, 둘째로 화공의 시행 방법, 그리고 셋째로 전쟁에 대한 신중함으로 구성되어 있다. 마지막에서 논의하고 있는 '전쟁에 대한 신중함'은 화공의 내용과는 관련이 없는 것으로, 손자는 화공까지 사용하여 결전에서 승리를 거두더라도 이것이 정치적 목적 달성으로 연결되지 못한다면 애초에 원정을 하지 않은 것만 못하다는 점을 강조하고 있다. 군사적 승리보다도 정치적 승리의 중요성을 지적한 것이다. 이러한 측면에서 〈화공〉 편은 원정을 결심한 〈시계〉 편부터 여기까지 모두 12편에 걸친 논의를 전개하면서 마지막으로 전쟁과 정치적 목적을 연결함으로써 '화룡점정(畵龍點睛)'을 이루고 것이라 할 수 있다.

1. 화공의 종류와 시기

孫子曰. 凡火攻有五. 一曰火人,
二曰火積, 三曰火輜, 四曰火庫,
五曰火隊.

行火必有因, 煙火必素具.

發火有時, 起火有日. 時者, 天之燥也.
日者, 月在箕壁翼軫也. 凡此四宿者,
風起之日也.

손자왈. 범화공유오. 일왈화인,
이왈화적, 삼왈화치, 사왈화고,
오왈화대.

행화필유인, 연화필소구.

발화유시, 기화유일. 시자, 천지조야.
일자, 월재기벽익진야. 범차사숙자,
풍기지일야.

손자가 말하기를 무릇 불로 공격하는 화공에는 다섯 가지가 있다. 첫째는 불로 사람을 공격하는 화인(火人), 둘째는 불로 적의 군수품을 공격하는 화적(火積), 셋째는 불로 적의 보급용 수레를 공격하는 화치(火輜), 넷째는 불로 적의 창고를 공격하는 화고(火庫), 다섯째는 불로 적의 군대를 공격하는 화대(火隊)이다.

불이 나는 것은 그것을 붙이는 것이 있어야 하는 바, 불을 지르기 위해서는 (불을 붙이기 위한) 재료와 도구가 필요하다.

불을 놓으려면 적당한 시기를 고려해야 하고, 불이 잘 타오르도록 하기 위해서는 적당한 날을 택해야 한다. 그러한 시기는 바로 날씨가 건조한 때이다. 그러한 날은 바로 (달이) 기, 벽, 익, 진의 별자리에 있는 날이다. 무릇 (한 달 중에 달이) 이 4개의 별자리에 머무르는 날에는 바람이 잘 일어난다.

＊孫子曰. 凡火攻有五(손자왈, 범화공유오): '손자가 말하기를 무릇 불로 공격하는 화공에는 다섯 가지가 있다'는 뜻이다.

＊一曰火人, 二曰火積, 三曰火輜, 四曰火庫, 五曰火隊(일왈화인, 이왈화적, 삼왈화치, 사왈화고, 오왈화대): 적(積)은 '쌓다'로 '군수품'을 의미한다. 치(輜)는 '수레'로 '보급수레'를 의미한다. 고(庫)는 '곳간'으로 '창고'를 의미한다. 대(隊)는 '무리'로 '부대'를 의미한다. 전체를 해석하면 '첫째는 불로 사람을 공격하는 화인, 둘째는 불로 적의 군수품을 공격하는 화적, 셋째는 불로 적의 보급용 수레를 공격하는 화치, 넷째는 불로 적의 창고를 공격하는 화고, 다섯째는 불로 적의 군대

를 공격하는 화대이다'라는 뜻이다.

  ＊行火必有因, 煙火必素具(행화필유인, 연화필소구): 행(行)은 '행하다', 행화(行火)는 '불이 나는 것', 인(因)은 '인하다, 원인을 이루는 근본', 연(煙)은 '연기', 연화(煙火)는 '연기와 불'로서 '불을 피우는 것'을 의미한다. 소(素)는 '원료, 감'으로 '재료'를 의미한다. 구(具)는 '갖추다, 설비'로 '도구'를 의미한다. 전체를 해석하면 '불이 나는 것은 그것을 붙이는 것이 있어야 하는 바, 불을 지르기 위해서는 (불을 붙이기 위한) 재료와 도구가 필요하다'는 뜻이다.

  ＊發火有時, 起火有日(발화유시, 기화유일): 발(發)은 '쏘다', 발화(發火)는 '불을 놓다', 기(起)은 '일어나다', 기화(起火)는 '불이 잘 타오르다'라는 의미이다. 전체를 해석하면 '불을 놓으려면 적당한 시기를 고려해야 하고, 불이 잘 타오르도록 하기 위해서는 적당한 날을 택해야 한다'는 뜻이다.

  ＊時者, 天之燥也(시자, 천지조야): 조(燥)는 '마르다'라는 뜻이다. 전체를 해석하면 '그러한 시기는 바로 날씨가 건조한 때이다'라는 뜻이다.

  ＊日者, 月在箕壁翼軫也(일자, 월재기벽익진야): 월(月)은 '달', 기(箕), 벽(壁), 익(翼), 진(軫)은 중국에서 달의 공전주기가 27.32일이라는 것에 착안하여 적도대(赤道帶)를 28개 구역으로 나눈 별자리 가운데 4개로서, 바람이 잘 부는 달의 별자리 위치를 의미한다. 전체를 해석하면 '그러한 날은 바로 (달이) 기, 벽, 익, 진의 별자리에 있는 날이다'라는 뜻이다.

  ＊凡此四宿者, 風起之日也(범차사숙자, 풍기지일야): 숙(宿)은 '묵다, 머무르다'라는 뜻이다. 전체를 해석하면 '무릇 (한 달 중에 달이) 이 4개의 별자리에 머무르는 날에는 바람이 잘 일어난다'는 뜻이다.

내용 해설

적진을 불로 공격하는 '화공(火攻)'은 왠지 구시대의 전투 방식이라는 생각이 든다. 그러나 알고 보면 손자의 '화공'은 오늘날의 화력 운용 개념과 유사하다. 상대 국가를 공격할 때 기동부대의 피해를 줄이기 위해서는 사전에 적의 병력과 화력, 그리고 지휘통제시설에 대한 화력을 집중하여 적의 물리적 저항능력을 약화시켜야 한다. 미국은 걸프전을 수행하면서 처음 38일 동안 공군 및 해군의 화력을 동원하여 이라크의 레이더망과 통신시설, 군사기지 사령부 등 심장부를 공격하여 초토화시킨 후 지상부대를 투입했기 때문에 단 100시간 만에 지상작전을 완료하고 전쟁에서 승리할 수 있었다. 즉, 화공은 손자가 말한 대로 공격작전을 용이하게 하는 매우 유용한 수단인 것이다.

손자는 먼저 화공의 종류를 다섯 가지로 제시하고 있다. 첫째는 화인(火人)으로, 사람을 불로 공격하는 것이다. 그렇다면 화공의 대상인 사람은 누구를 의미하는가? 이를 병력으로 간주할 수도 있으나 뒤에 별도로 적 부대를 공격하는 화대(火隊)를 언급하고 있음을 볼 때 병력으로 볼 수는 없다. 그렇다면 화인은 적의 장수를 겨냥한 것으로 보아야 한다. 즉, 적 장수의 막사나 적 장수가 위치한 망루, 또는 참모들이 모여 있는 지역을 공격하여 적의 지휘부 또는 적의 지휘통제체제를 와해시키는 것을 말한다.

둘째는 화적(火積)으로, 적의 군수품을 공격하는 것이다. 적의 성 또는 적의 진지에 야적된 식량이나 병기, 보급물자를 겨냥하여 화공을 가하는 것이다. 그럼으로써 적진에 혼란을 조성하고 적이 당장 전투를 수행하는 데 필요한 식량 및 물자를 제거할 수 있다.

셋째는 화치(火輜)로, 적의 보급용 수레를 공격하는 것이다. 적의 후방지역으로부터 전장으로 보급물자를 싣고 운반하는 수레를 불로 공격함으로써 군수보급을 방해하는 것이다. 이 경우 적의 보급지원을 차단함으로써 적이 지속적으로 전투를 수행할 수 없도록 할 수 있으며, 적으로 하여금 보급로 안전을 위해 일부 병력을 전환하도록 강요할 수 있다.

넷째는 화고(火庫)로, 적의 창고를 공격하는 것이다. 후방지역에 위치한 적의 식량창고, 병기창고, 보급창고를 불로 공격하는 것이다. 적의 전쟁지속능력을 보다 근본적으로 약화시킬 수 있는 방법이다. 이 경우에는 적의 창고가 적 영토의 깊숙한 지역에 위치하고 있기 때문에 내통하고 있는 간첩을 활용하거나 일부 정예병력을 투입하여 화공을 가할 수 있을 것이다.

다섯째는 화대(火隊)로, 적의 군대를 공격하는 것이다. 적벽대전과 같이 적의 배가 묶인 상태에서, 혹은 살라미스 해전(Battle of Salamis)과 같이 적의 대함대가 좁은 해협에 갇혀 움직일 수 없게 되었을 때 화공을 가하여 결정적 승리를 거둘 수 있다. 혹은 갈대숲이나 수풀이 우거진 지역에 적이 진을 치고 있을 때 화공을 가하여 적의 방어 배치를 무너뜨릴 수 있다.

이와 같이 화공을 가하기 위해서는 사전에 불을 지를 수 있는 재료와 도구를 준비해야 한다. 이러한 재료로는 송진, 동물기름, 숯, 건초, 옷감 등을 보편적으로 사용했을 것이며, 역사적으로 입증되지는 않았지만 지상으로 스며나온 석유도 사용했을 것으로 추정해볼 수 있다. 그리고 이러한 재료에 발화를 하기 위해 부싯돌이나 횃불 등을 구비해야 했을 것이다.

손자는 화공에 적합한 시기를 고려하여 불을 놓을 것을 요구한다. 불이 잘 타오르도록 하기 위해서는 날씨가 건조해야 하며 화공에 유리한 방향으로 바람이 불어야 한다. 그는 바람이 잘 일어나는 날로 달이 기(箕), 벽(壁), 익(翼), 진(軫)의 별자리에 있는 날을 지목하고 있다. 이는 '지천지지'의 '천'에 해당하는 요소로 손자가 요구하는 장수는 천문학적 식견까지 갖추어야 한다는 점에서 손자의 시대에도 오늘날 못지않은 장수 양성 교육이 이루어지고 있었음을 유추해볼 수 있다.

▣ 고대 중국의 천문학과 손자의 천기 이용 ▣

중국에서는 달의 공전주기가 27.32일이라는 것을 고려하여 적도대(赤道帶)를 28개 구역으로 나누어 각각의 구역을 성수(星宿) 또는 수(宿)라 했다. 28수는 편의상 7개씩 묶어서 4개의 7사(舍)로 구분하여 동, 서, 남, 북을 상징하도록 했다. 동방의 7사는 각(角), 항(亢), 저(氐), 방(房), 심(心), 미(尾), 기(箕)이고, 서방은 규(奎), 루(婁), 위(胃), 묘(昴), 필(畢), 자(觜), 삼(參)이며, 남방은 정(井), 귀(鬼), 유(柳), 성(星), 장(張), 익(翼), 진(軫)이고, 북방은 두(斗), 우(牛), 여(女), 허(虛), 위(危), 실(室), 벽(壁)이다. 이 가운데 바람이 잘 이는 시기는 '기, 벽, 익, 진'의 별자리에 달이 떠 있을 때이다.

군사사상적 의미

손자의 '화공'과 오늘날 화력 운용의 비교

춘추시대의 '화공'은 오늘날 화력을 운용하는 개념과 매우 유사하다. 우선 적 장수와 지휘통제시설을 공격하는 '화인'은 오늘날 적의 지휘부 및 지휘통제체제를 공격하는 것과 같다. 적의 성 또는 야지에 적재된 적의 군수품을 공격하는 '화적'은 오늘날 적의 보급부대를 공격하는 것으로 볼 수 있다. 적의 보급용 수레를 공격하는 것은 오늘날 후방으로부터 보급되는 수송부대를 공격하는 것과 같다. 적의 영토 깊숙이 위치한 적의 식량, 병기, 보급창고를 불로 공격하는 것은 오늘날 적국의 산업 및 군수시설을 타격하는 것과 유사하다. 그리고 적의 부대를 불로 공격하는 것은 오늘날 적 부대를 화력으로 타격하는 것과 같다.

손자의 화공	현대의 화력 운용
화인(火人)	적의 지휘부 또는 지휘통제체제
화적(火積)	적 보급부대
화치(火輜)	적 보급수송부대
화고(火庫)	적 산업 및 군수시설
화대(火隊)	적 부대(전후방)

그렇다면 손자의 화공 방법 다섯 가지에는 우선순위가 있는가? 아마도 그렇다고 볼 수 있을 것 같다. 손자가 가장 먼저 '화인'을 언급한 것은 적 장수를 직접 겨냥하거나 적 장수가 위치한 망루 등을 불로 공격함으로써 적의 지휘통제체제를 혼란시키는 것이 가장 효과적이라는 것을 의미한다. 또한 적의 군수보급 물자에 대한 공격으로 '화적', '화치', 그리고 '화고'는 상대적으로 적의 경계가 허술하면서도 적이 방비하지 않을 수 없는 대상을 불로 공격함으로써 적의 주의를 돌리고 병력을 분산시키는 효

과를 거둘 수 있을 것이다. 마지막으로 '화대'를 언급한 것은 아마도 적의 부대를 불로 공격하기가 용이하지 않았음을 고려한 것 같다. 화공은 주로 적의 막사나 물자를 태우기 위한 것이지 병력을 살상하는 효과를 거두려는 것은 아니었을 것이기 때문이다. 즉, 손자의 다섯 가지 화공 방법은 어느 정도 공격의 우선순위를 염두에 두고 기술한 것으로 볼 수 있다.

다만, 오늘날 화력전 또는 화력마비의 개념이 등장하면서 화력공격의 대상은 좀 더 구체화되었다. 여러 가지 이론이 있지만 여기에서는 워든 (John A. Warden III)의 '5원 이론(five ring theory)'을 중심으로 손자의 화공과 비교해보도록 하겠다. 워든은 생명 및 조직의 5대 핵심 구성 요소를 다음과 같은 표로 제시했다.

워든의 5원 이론

5개 요소	국가	손자의 화공
지휘부	정부: 통신, 보안	화인
핵심 체계	에너지(전기, 원유, 식량), 화폐 등	–
하부 구조	도로, 항만, 공항, 공장	(화적, 화치, 화고)
국민	국민	–
군대	군대, 경찰, 소방	화대

여기에서 5개 요소는 중요도의 순서로 나열된 것이다. 동심원을 그린다면 지휘부가 가장 안쪽에 위치한 원에, 군대가 가장 밖에 위치한 원에 표시될 수 있다. 즉, 워든에 의하면 5원 체제에서 제1원을 구성하는 지휘부가 제5원을 구성하는 군대보다 중요하다. 전쟁의 목적은 상대의 의지를 아측이 원하는 대로 굴복시키는 것이므로 지휘부가 여러 중심 가운데 가장 핵심이 되는 중심이다. 제5원인 군대는 지휘부, 핵심 체계, 하부 구조, 국민을 보호하는 역할을 수행한다. 따라서 워든에 의하면 전쟁을 신속히

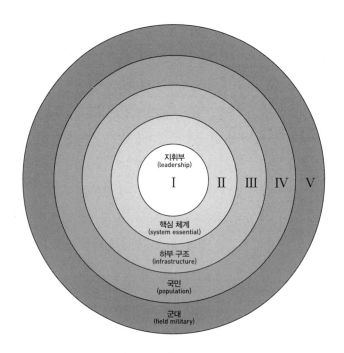

지휘부
(leadership)

I II III IV V

핵심 체계
(system essential)

하부 구조
(infrastructure)

국민
(population)

군대
(field military)

워든의 5원 체계 도식

종료하기 위해서는 지휘부를 파괴하는 것이 군대를 파괴하는 것보다 훨씬 효율적이다.

이렇게 볼 때 손자의 화공은 현대의 화력 운용과 매우 유사하지만, 오늘날 핵심 체계, 하부 구조, 그리고 국민에 대한 타격 개념은 포함하지 않고 있음을 알 수 있다. 그것은 워든의 경우 화력 운용을 '전쟁'이라는 포괄적인 관점에서 접근하고 있는 반면, 손자는 화공의 용도를 '전투' 또는 '전장'이라는 비교적 협소한 관점에서 보고 있기 때문으로 볼 수 있다.

손자의 '화공'과 두에의 '전략폭격': 적의 의지 겨냥

손자의 시대에 화공은 매우 유용한 공격 방법이었을 것이다. 당시 막사나 방어시설, 보급품 등은 천이나 가죽, 그리고 나무 재질로 되어 있어 일단 불이 붙으면 삽시간에 확산되고 진압하기 어려웠을 것이다. 그러나 화공은 그 자체로 적의 전투력을 약화시키기보다는 적으로 하여금 심리적으로 혼란을 야기하고 지휘통제를 어렵게 하며 불을 끄는 데 인력을 투입하도록 하여 병력 분산의 효과를 노린 것이었다. 이러한 점에서 손자의 '화공'은 적의 물리적 파괴보다는 심리적 교란, 나아가 전투의지를 약화시키는 데 주안을 둔 것으로 볼 수 있다.

이와 관련하여 제1차 세계대전 직후 이탈리아 장군 줄리오 두에(Guilio Douhet)가 제시한 '전략폭격' 이론은 대규모 폭격을 통해 적의 전쟁의지를 약화시키고 쉽게 승리할 수 있다는 것으로 손자의 '화공'과 일맥상통한 면이 있다. 1921년 두에는 그의 항공전략사상을 담은 『제공권(The Command of the Air)』를 출간하여 이러한 주장을 내놓았다. 그의 항공전략사상은 제1차 세계대전의 참혹한 결과에 대한 회의감에서 비롯된 것이었다. 즉, 제1차 세계대전 당시에는 화력이 발전하고 방어가 공격보다 우세하게 됨에 따라 지상전에서는 더 이상 공격다운 공격이 이루어지지 못하고 전선이 교착되었으며, 그 결과 서로 상대방을 살육하는 소모적인 전쟁이 장기간 진행되었다. 전쟁이 끝난 후 전략가들은 이와 같은 전쟁의 참상이 재연되는 것을 방지하기 위해 전략에 대한 새로운 사고와 접근방법을 모색하고 있었다.

이러한 상황에서 두에는 새롭게 등장한 혁신적 병기인 항공기를 이용하여 미래의 전쟁을 효율적으로 수행할 수 있다고 보고 그의 사상의 핵심인 전략폭격 이론을 내놓았다. 그의 이론은 다음과 같은 몇 가지 기본 가정에 근거하고 있다. 첫째, 장차 전쟁은 제1차 세계대전과 마찬가지로 총력전 양상을 유지할 것이며, 이러한 총력전에서는 전투원과 비전투원을 구분하는 것이 무의미하다. 따라서 일반 시민에 대한 폭격은 도덕적으로나 인도적으로 문제가 되지 않으며, 이들에 대한 무자비한 폭격은 전쟁의 정당한 수단으로 간주할 수 있다. 둘째, 교착된 전선을 돌파하기 위한 육군의 공격은 더 이상 성공할 수 없다. 총력전 시대에 대규모 동원을 통해 양측이 전선을 따라 빽빽이 늘어선 전쟁에서 지상전으로는 결정적인 성과를 거둘 수 없다. 이는 이미 제1차 세계대전을 통해 명확히 입증된 사실이다. 셋째, 항공기 공격으로 적 국민의 전의를 약화시킬 수 있다. 적 도시에 대해 전략폭격을 가할 경우 단시일 내에 그들의 사회질서를 완전히 붕괴시킬 수 있으며, 적 시민들을 곤경에 처하게 하고 전의를 상실하게 할 수 있다.

이러한 가정들을 기초로 두에는 항공력을 운용하는 데 다음과 같은 항공이론을 제기했다. 첫째, 항공력을 운용하기 위해서는 제공권을 완전히 장악해야 한다. 제공권 사상은 두에 이론의 핵심을 이루는데, 그는 미래 전쟁에서는 하늘을 지배하지 않고는 승리할 수 없다고 보았다. 이때 지상군은 공군이 적 영토 내에서 공격하는 동안 반드시 방어에 주력할 수 있도록 배치되어야 한다. 즉, 지상부대는 적의 전진을 저지하여 적이 우리 국가의 통신망, 산업시설, 공군기지, 그리고 병참선을 공격하지 못하도록 방어하는 역할을 담당해야 한다는 것이다.

둘째, 제공권을 장악한 다음 공군은 적의 전방에 배치된 군사력이 아닌 주요 산업시설과 인구밀집지역을 공격해야 한다. 일단 제공권이 확보되면 공군은 방해받지 않고 적 영토 전역을 자유자재로 이동하면서 타격할 수 있다. 이때 병력, 기차, 해군기지, 선박, 병기고, 항구, 유류저장소, 철도역, 차고, 인구중심지, 교량, 도로, 교차로 등을 타격할 수 있다. 그러나 중요한 것은 적의 전쟁수행 능력을 파괴하고 적 국민의 전쟁수행 의지를 붕괴시키는 것이며, 이를 위해서는 인구밀집지역과 산업시설을 겨냥해 고성능 폭탄과 소이탄, 그리고 화학탄을 투하해 폭격을 가함으로써 민간인의 공포심을 유발하고 그들의 사기를 꺾어야 한다. 두에는 이 같은 전략폭격이 물리적 효과보다 심리적 효과를 가져올 것으로 믿었는데, 이는 폭격을 통해 유발된 공포가 주민들로 하여금 자국 정부에 전쟁을 종식하도록 압력을 넣을 것이라는 주장으로 이어졌다.

그럼에도 불구하고 두에의 이론 가운데 일부는 역사적 검증 과정에서 만족스런 결과를 보여주지 못했다. 우선 무차별적인 공중폭격으로 적 국민의 사기가 급속히 저하될 것이라는 두에의 가정은 맞지 않았다. 제2차 세계대전에서 런던과 베를린에 대한 양측의 대도시 공습이 시민들 사이에 공포감을 불러일으킨 것은 사실이다. 그러나 시간이 지나면서 시민들은 심리적 공황상태를 무난히 극복했을 뿐만 아니라 오히려 상대 국가에 대한 전쟁의지를 더 불태우는 역효과를 낳았다. 무자비한 나치의 통치 하에 있던 독일 국민들도 연합국 공군의 공습으로 재산과 거주지가 완전히 파괴되는 상황에서 어려움과 고통을 감내하며 전쟁에 동참했다. 즉, 전략폭격은 초기에 상대 국민들의 사기를 급속히 붕괴시키는 효과를 가져오는 것처럼 보였지만, 국민들은 이를 극복하고 다시 전쟁의지를 강화하는 모습을 보임으로써 두에의 '항공력에 의한 전쟁 종결' 주장은 빗나가고 말았다.

두에의 전략폭격 이론의 적실성 여부를 떠나 그가 적국 지도자 및 국민들의 의지를 겨냥하여 화력을 운용했다는 점은 손자가 화공을 통해 적을 교란시키려 했던 점과 유사한 것으로 평가할 수 있다. 다만 손자가 전투 수준에서 화공을 모색했다면, 두에는 전쟁 수준에서 대규모 공중폭격을 구상했다는 점에서 다르다. 즉, 전장에서 적 병사들의 전의를 겨냥하느냐, 전쟁에서 적 국민의 의지를 겨냥하느냐의 차이가 있다. 다만 적의 의지를 약화시키는 것은 두에의 전쟁에서뿐 아니라 손자의 전투에서도 쉽지 않을 수 있다. 손자가 다음 문단에서 '이화좌공자, 명(以火佐攻者, 明)'이라고 하여 화공을 주요 수단이 아닌 '보조수단'으로 간주한 것은 아마도 화공이 기후에 영향을 받는 요인임을 고려한 것도 있겠으나, 궁극적으로 화공만으로 적의 의지를 굴복시키는 데에는 한계가 있음을 인식했기 때문이 아닌가 생각해볼 수 있다.

2. 화공의 방법

凡火攻必因五火之變而應之. 火發
於內, 則早應之於外. 火發兵靜者,
待而勿攻, 極其火力, 可從而從之,
不可從而止. 火可發於外, 無待於內,
以時發之. 火發上風, 無攻下風.
晝風久, 夜風止.

凡軍必知五火之變, 以數守之.

故以火佐攻者, 明. 以水佐攻者, 强.
水可以絶, 不可以奪.

범화공필인오화지변이응지. 화발
어내, 즉조응지어외, 화발병정자,
대이물공, 극기화력, 가종이종지,
불가종이지. 화가발어외, 무대어내,
이시발지. 화발상풍, 무공하풍.
주풍구, 야풍지.

범군필지오화지변, 이수수지.

고이화좌공자, 명. 이수좌공자, 강.
수가이절, 불가이탈.

무릇 화공은 다음 다섯 가지의 상황 변화에 따라 다르게 대처해야 한다. (첫째로) 불이 적진 내부에서 일어나면 서둘러 밖에서 대응해야 한다. (둘째로) 적진에 불이 났는데도 적군이 (소란하지 않고) 조용하면 상황을 지켜보며 공격하지 말고 기다려야 한다. (셋째로) 불길이 최고조에 달하면 (상황을 판단하여) 진격할 수 있으면 진격하되 그렇지 않으면 진격을 중지해야 한다. (넷째로) 적진 밖에서 불을 지를 수 있으면 적진 내에서 발화하기를 기다리지 말고 불이 잘 붙는 시기를 틈타 불을 놓아야 한다. (다섯째로) 불은 바람이 적 방향으로 불 때 질러야 하며, 아군 방향으로 불 때 화공을 해서는 안 된다. 주간에는 바람이 많이 불고, 야간에는 바람이 잦아든다.

무릇 군대는 화공의 다섯 가지 방법을 알고, (바람의 이치를) 헤아려 (시기를) 기다려야 한다.

자고로 화공으로 공격을 보완하는 장수는 통찰력이 있다고 할 수 있다. (이에 비해) 수공으로 공격을 보완하는 장수는 (단지) 강하다고 할 수 있다. (왜냐하면) 수공으로는 적의 진출을 차단할 수 있지만 화공처럼 (적의 병기와 물자를) 없앨 수는 없기 때문이다.

* 凡火攻必因五火之變而應之(범화공필인오화지변이응지): 인(因)은 '따르다, 의거하다', 오화지변(五火之變)은 '불의 다섯 가지 변화', 응(應)은 '응하다'라는 뜻이다. 전체를 해석하면 '무릇 화공은 다음 다섯 가지의 상황 변화에 따라 다르게 대처해야 한다'는 뜻이다.

＊火發於內, 則早應之於外(화발어내, 즉조응지어외): 어(於)는 '~에서'라는 뜻이고, 내(內)는 '안'이라는 뜻으로 '적진 내부'를 의미한다. 조(早)는 '이르다, 일찍'이라는 뜻이다. 전체를 해석하면 '불이 적진 내부에서 일어나면 서둘러 밖에서 대응해야 한다'는 뜻이다.

＊火發兵靜者, 待而勿攻(화발이기병정자, 대이물공): 정(靜)은 '고요하다', 대(待)는 '기다리다, 대비하다', 물(勿)은 '~말라'는 뜻이다. 전체를 해석하면 '불이 났는데도 적군이 (소란하지 않고) 조용하면 상황을 지켜보며 공격하지 말고 기다려야 한다'는 뜻이다.

＊極其火力, 可從而從之, 不可從而止(극기화력, 가종이종지, 불가종이지): 극(極)은 '다하다, 한계', 종(從)은 '쫓다, 나아가다'라는 뜻이다. 전체를 해석하면 '불길이 최고조에 달하면 (상황을 판단하여) 진격할 수 있으면 진격하되 그렇지 않으면 진격을 중지해야 한다'는 뜻이다.

＊火可發於外, 無待於內, 以時發之(화가발어외, 무대어내, 이시발지): '적진 밖에서 불을 지를 수 있으면 적진 내에서 발화하기를 기다리지 말고 불이 잘 붙는 시기를 틈타 불을 놓아야 한다'는 뜻이다.

＊火發上風, 無攻下風(화발상풍, 무공하풍): 상풍(上風)은 '위를 향하는 바람'으로 적 방향으로 부는 바람을 뜻한다. 하풍은 상풍과 반대로 아군 방향으로 부는 바람을 뜻한다. 전체를 해석하면 '불은 적 방향으로 바람이 불 때 질러야 하며, 아군 방향으로 바람이 불 때 화공을 해서는 안 된다'는 뜻이다.

＊晝風久, 夜風止(주풍구, 야풍지): '주간에는 바람이 많이 불고, 야간에는 바람이 잦아든다'는 뜻이다.

＊凡軍必知五火之變, 以數守之(범군필지오화지변, 이수수지): 수(數)는 '세다, 계산하다'로 '헤아린다'는 의미이다. 수(守)는 '지키다, 기다리다'라는 뜻이다. 전체를 해석하면 '무릇 군대는 화공의 다섯 가지 방법을 알고, (바람의 이치를) 헤아려 (시기를) 기다려야 한다'는 뜻이다.

＊故以火佐攻者, 明(고이화좌공자, 명): 좌(佐)는 '돕다', 명(明)은 '밝다, 알다, 통찰력이 있다'는 뜻이다. 전체를 해석하면 '자고로 화공으로 공격을 보완하는 장수는 통찰력이 있다고 할 수 있다'는 뜻이다.

＊以水佐攻者, 强(이수좌공자, 강): 강(强)은 '굳세다, 강하다'라는 뜻이다. 전체를 해석하면 '(이에 비해) 수공으로 공격을 보완하는 장수는 (단지) 강하다고 할

수 있다'는 뜻이다.

  * 水可以絶, 不可以奪(수가이절, 불가이탈): 절(絶)은 '끊다, 가로막다', 탈(奪)은
'빼앗다, 없어지다'로 여기에서는 '없애다'라는 의미이다. 전체를 해석하면 '(왜
냐하면) 수공으로는 적의 진출을 차단할 수 있지만 화공처럼 (적의 병기와 물자
를) 없앨 수는 없기 때문이다'라는 뜻이다.

내용 해설

여기에서 손자는 다양한 상황별로 화공을 실시하는 방법에 대해 논의하
고 있다. 그러나 그는 여기에서의 논의가 앞에서 언급한 다섯 가지 화공
의 유형, 즉 화인, 화적, 화치, 화고, 그리고 화대 가운데 어떠한 공격인지
에 대해 언급하지 않고 있다. 다만, 논의의 내용을 볼 때 결전의 단계에서
방어하고 있는 적진을 대상으로 한 것으로 화인, 화적, 또는 화대의 상황
인 것으로 유추해볼 수 있다. 아울러 손자는 외부에서 불로 공격하는 상
황뿐 아니라 적진 내부에 불을 놓은 상황을 다 같이 고려하면서 적을 어
떻게 공략해야 하는지를 논의하고 있다.

  첫째는 "불이 적진 내부에서 일어나면 서둘러 밖에서 대응해야 한다."
적진에서 불이 난다면 이는 우연이나 실수에 의한 발화라기보다는 내부
의 공모자나 사전에 침투한 아군에 의해 발생한 것으로 볼 수 있다. 이 경
우 적은 불을 진압하기 위해 우왕좌왕할 것이고 순간적으로 방어태세에
공백이 발생할 것이다. 그러면 이 틈을 이용하여 아군은 즉각 밖에서 공
격을 가할 수 있다. 여기에서 손자는 '조응(早應)', 즉 서둘러 대응한다고
했는데, 이것이 화공을 가하는 것인지 병력을 투입하는 것인지 분명하지
않다. 다만, 다음 구절에서 '공격' 여부를 따지고 있음을 고려할 때 병력을
투입하여 본격적으로 공격에 나서는 것을 의미하는 것으로 보인다.

  둘째로 "적진에 불이 났는데도 적군이 소란하지 않고 조용하면 상황을
지켜보며 공격하지 말고 기다려야 한다." 이 구절을 놓고 일부 학자들은

적의 계략일 가능성이 있으니 상황을 지켜보아야 한다는 것으로 해석하고 했는데, 이는 바람직하지 않다. 왜냐하면 적이 일부러 방화를 할 가능성은 매우 낮기 때문이다. 이보다는 첫 번째 상황의 연장선상에서 내부의 공모자 혹은 침투한 아군에 의해 내부에서 화공이 이루어졌으나 그 불길이 아직 미미하거나 불길을 진압하여 적이 혼란에 빠지지 않은 것으로 보아야 한다. 이 경우 적은 아직 질서를 유지하고 있기 때문에 불이 났다고 해서 섣불리 공격에 나서서는 안 된다.

셋째로 "불길이 최고조에 달하면 상황을 판단하여 진격할 수 있으면 진격하되 그렇지 않으면 진격을 중지해야 한다." 불길이 걷잡을 수 없이 확산되어 적이 혼란에 빠진다면 아군이 본격적으로 공격을 가할 좋은 기회가 될 수 있지만, 자칫 거센 불길 속에 뛰어들 경우 아군의 피해도 감수해야 하므로 자제할 필요가 있다는 것이다. 화공 자체만으로 적을 와해시킬 수 있으므로 좀 더 상황을 지켜봐야 하는 것이다.

넷째로 "적진 밖에서 불을 지를 수 있으면 적진 내에서 발화하기를 기다리지 말고 불이 잘 붙는 시기를 틈타 불을 놓아야 한다." 앞의 세 가지 상황은 모두 적진 내에서 발화된 경우이다. 즉, 손자의 화공은 외부에서의 화공보다도 내부에서의 발화를 우선적으로 고려하고 있음을 알 수 있다. 적의 진영 주변에 발화가 용이한 갈대숲이나 건조한 초목이 무성하다면 화공이 가능하다. 불화살이나 불덩어리를 적진 내에 투척하여 불을 놓을 수도 있다. 이때에는 발화에 유리한 기후 조건을 고려해야 한다. 자칫 화공을 준비한 아군의 노력을 헛되게 할 수 있기 때문이다.

다섯째로 "불은 바람이 적 방향으로 불 때 질러야 하며, 아군 방향으로 불 때 화공을 해서는 안 된다." 이는 화공을 하는 데 기본적인 고려 요소가 아닐 수 없다. 바람이 아군 쪽으로 불어오는데 불을 놓는 어리석은 장수는 없을 것이다. 이와 관련하여 손자는 "주간에는 바람이 많이 불고, 야간에는 바람이 잦아든다"고 했다. 오늘날 기상학을 바탕으로 정확히 말하자면 오후 시간에 바람이 많고 늦은 밤에 바람이 잦아든다고 해야 한다. 그럼에도 이러한 언급은 대기의 순환 현상을 과학적으로 정확히 짚은 것으로, 앞에서 언급한 것처럼 달이 기, 벽, 익, 진의 별자리에 있는 날과 시간을 고려하여 바람의 정도를 예측하고 화공을 실시해야 한다는 주장과 함께 손자가 자연현상의 이치와 기후 조건, 그리고 천기를 꿰뚫고 있음을 보여준다.

이와 같이 장수는 화공을 실시하는 데 있어서 다섯 가지의 방법을 숙지해야 하며, 적진 내부의 상황과 바람의 이치를 헤아려 화공 및 공격의 시기를 판단할 줄 알아야 한다. 이때 화공은 수공보다 훨씬 유용하다. "왜냐하면 수공으로는 적의 진출을 차단할 수 있지만 화공처럼 적의 병기와 물자를 없앨 수는 없기 때문이다." 그래서 손자는 "수공으로 공격을 보완하는 장수는 단지 강하다고 할 수 있지만, 화공으로 공격을 보완하는 장수는 통찰력이 있다"고 언급했다.

군사사상적 의미

화공과 수공에 대한 손자의 입장

손자는 '화공'을 별도의 편으로 떼어 논의하고 있는데, 그 내용은 비록 많지 않지만 그가 화공의 중요성을 인식하고 있음을 보여주고 있다. 그러나 한 가지 짚고 넘어가야 할 것은 손자가 화공을 만능으로 보지는 않고 있다는 사실이다. 그것은 그가 이 문단에서 '이화좌공자, 명(以火佐攻者, 明)'이라고 하여 화공은 어디까지나 공격을 보완하는 수준에 머물고 있다고 한 데서 알 수 있다. 즉, 화공은 공격을 돕는 보조적 방책일 뿐 그 자체로 결정적 승리를 달성할 수 있는 것은 아니다. 최종적 승리는 〈병세〉 편과 〈허실〉 편에서 강조하고 있듯이 적의 취약한 부분에 병력을 집중하여 세를 발휘하고 결정적 성과를 거둠으로써 가능한 것이다. 이 과정에서 화공은 있을 수도 있고 없을 수도 있다. 다만 화공은 적을 물리적으로나 심리적으로 혼란에 빠뜨림으로써 허점을 조성하여 아군이 세를 발휘하는 데 유리한 여건을 조성할 수 있다는 것이다.

다만 손자는 여기에서 수공(水攻)에 대해서도 언급하고 있다. 그리고 그는 수공에 비해 화공이 더욱 효과적임을 밝히고 있다. 손자가 보는 화공과 수공의 차이는 다음 표에서 보는 바와 같다. 우선 시행 조건 측면에서 화공은 기후 조건이 중요한 반면, 수공은 기후보다는 지형 조건이 요구된다. 즉, 화공은 건조한 기후와 바람이 필요하다면, 수공은 물이 흐르는 하천이나 강이 있어야 가능하다. 공격의 목적을 볼 때 화공은 적을 파괴하고 혼란시키기 위해 시행되지만, 수공은 물길을 이용하여 단지 적의 진출이나 퇴각을 저지하는 데 사용될 수 있다. 물론, 을지문덕이나 강감찬 장군의 사례와 같이 적이 하천을 도하할 때 수공을 가한다면 적을 혼란시키는 효과를 기대할 수 있으나, 손자는 그러한 효과가 미약하다고 본 것 같다. 마지막으로 공격의 결과 면에서 화공은 적의 진지를 파괴하고 심리적 혼란을 조성하는 등 결정적인 반면, 수공은 단지 적의 기동을 저지하는 데 그침으로써 제한적인 것으로 본다.

화공과 수공의 비교

구분	화공	수공
시행 조건	기후 조건(건조, 바람)	지형 조건(물길)
공격의 목적	적 파괴 및 혼란 조성	적 기동 차단
공격의 결과	결정적	제한적

주풍과 야풍의 차이

정오부터 해가 지기 전까지 낮 시간에는 뜨거운 지표에서 상승하는 공기로 가장 활발한 대기 순환이 이루어지기 때문에 가장 강한 바람이 분다. 바람이 부는 데에는 지표의 가열, 대류, 그리고 대기의 안정성 여부 등 다양한 요인이 복합적으로 작용한다. 하루가 시작되고 태양이 떠오를 때 상층의 대기는 비교적 안정된다. 그런데 지표가 가열되면 지표상의 공기가 열기포의 형태로 상승하여 상층의 기류를 타고 흐르다가 식으면 다시 지표면으로 침강하게 된다. 이것이 대기의 순환이다. 이때 공기가 아래로 침강하면서 상대적으로 더 강한 상층의 바람을 끌어들이게 되는데, 이렇게 형성된 바람이 지표에 도달하면 지표의 평균 풍속을 증가시키고 강한 돌풍을 일으킬 수 있다. 이러한 공기의 순환은 지표면 가열이 쉽게 일어나는 맑은 날 오후에 가장 크게 발생하기 때문에 '낮에 부는 바람이 하루 중 가장 큰 바람'이라고 할 수 있다.

반대로 밤에는 태양에너지를 잃게 되므로 대기의 흐름은 조용해진다. 해가 지면 태양으로부터 받는 에너지의 양이 급격히 줄어들어 지표면과 상공의 기온이 낮아지기 시작한다. 특히 대기보다 지표면의 온도가 빨리 떨어져 뜨거운 공기는 상승하고 차가운 공기는 하강하는 대기 순환의 원리에 따라 지표와 상공의 공기 순환이 최소화되고 대기 또한 안정된다. 이에 따라 바람의 발생이 줄어들어 바람이 잦아들게 된다.

손자가 낮에는 바람이 많이 불고 밤에는 바람이 잠잠해진다고 했는데, 이러한 언급이 과학적인 근거에 의한 것인지 단순히 경험적 요소에 의한 것인지 알 수 없다. 다만 손자는 오늘날의 기상학에 버금가는 이론적 식견을 보유한 병법가임이 분명하며, 그가 〈시계〉편에서 제시한 '천(天)'의 요소는 단순히 눈에 보이는 자연현상을 언급한 것이 아니라 철저하게 과학적인 배경지식을 바탕으로 하고 있음을 알 수 있다.

주풍과 야풍의 전장 적용

원정군의 입장에서 주풍(晝風)과 야풍(夜風)은 좀 다른 측면에서도 중요한 의미를 가질 수 있다. 비록 손자에 의하면 밤에는 바람이 잦아들지만 바람이 완전히 멈추는 것은 아니다. 따라서 적을 공격해야 하는 원정군의 입장에서 주풍과 야풍의 의미를 좀 더 확대해볼 수 있다.

산악지역에서는 산봉우리를 중심으로 햇빛을 많이 받는 경사면이 가열되어 공기가 경사면을 따라 상승한다. 이 과정에서 발생한 바람을 계곡풍이라 한다. 야간에는 반대로 경사면의 복사 냉각 차이로 인해 산정에서 바람이 불어 내리는데 이를 산악풍이라 한다. 즉, 낮에는 낮은 평지에서 높은 산쪽으로 바람이 불어가고, 밤에는 높은 산에서 낮은 평지로 바람이 부는 것이다.

그런데 원정군의 입장에서 보면 적은 통상적으로 높은 지대에 성을 쌓고 방어를 하기 마련이다. 따라서 원정을 하는 군대는 낮은 지대에서 높은 지대로 공격을 해야 한다. 이때 바람은 주간에는 계곡풍과 같이 아군이 위치한 낮은 지역에서 적의 진지가 있는 높은 쪽으로 불어가지만, 야간에는 산악풍과 같이 아군 쪽으로 불어온다. 그렇다면 원정군의 화공은 결국 주간에만 가능하다는 결론에 도달할 수 있다. 이는 공교롭게도 화공은 바람이 많이 부는 주간에 가능하다고 보는 손자의 견해와 일맥상통한 것으로 볼 수 있다.

3. 군주와 장수의 신중함 요구

夫戰勝攻取, 而不修其功者, 凶. 命曰, 費留.	부전승공취, 이불수기공자, 흉. 명왈, 비류.
故曰, 明主慮之, 良將修之.	고왈, 명주려지, 량장수지.
非利不動, 非得不用, 非危不戰. 主不可以怒而興師, 將不可以慍而致戰. 合於利而動, 不合於利而止.	비리부동, 비득불용, 비위부전. 주불가이노이흥사, 장불가이온이치전. 합어리이동, 불합어리이지.
怒可以復喜, 慍可以復悅. 亡國不可以復存, 死者不可以復生. 故曰, 明主愼之, 良將警之. 此安國全軍之道也.	노가이복희, 온가이복열. 망국불가이복존, 사자불가이복생. 고왈, 명주신지, 량장경지. 차안국전군지도야.

무릇 전쟁에서 승리하고 적의 성을 탈취하더라도 그러한 군사적 성과를 정치적 목적 달성으로 연계하지 못한다면 이는 재앙적 결과를 가져올 뿐이다. 이를 이르러 비류(費留), 즉 국가재정과 군사력을 소모하고도 아직도 치러야 할 비용이 더 남아 있다고 할 수 있다.

따라서 현명한 군주는 이 문제를 사려 깊게 생각해야 하고, 유능한 장수는 정치적 목적 달성에 힘써야 한다.

(원정 이전에 승산을 계산하여) 유리하지 않다고 판단되면 군대를 동원하지 말고, 승산이 없다고 판단되면 군대를 운용하지 않아야 하며, 국가가 위태롭지 않다면 전쟁을 해서는 안 된다. 군주는 화가 난다고 해서 군대를 일으켜서는 안 되며, 장수는 노엽다고 해서 싸움에 돌입해서는 안 된다. (치밀하게 승산을 계산하여) 유리하다고 판단되면 군대를 움직이되, 유리하지 않다고 판단되면 싸우지 말아야 한다.

노여움은 (시간이 지나면) 다시 즐거운 마음으로 될 수 있고, 성냄은 다시 기쁜 마음이 될 수 있다. (그러나) 한 번 망한 국가는 다시 존재할 수 없고, 죽은 자는 다시 살아날 수 없다. 따라서 현명한 군주라면 (전쟁에) 신중해야 하고, 훌륭한 장수라면 (경솔한 전투를) 경계해야 한다. 이것이 국가의 안위를 도모하고 군대를 온전하게 보전하는 길이다.

* 夫戰勝攻取, 而不修其功者, 凶(부전승공취, 이불수기공자, 흉): 공취(攻取)는 '적의 진지 따위를 공격하여 빼앗는 것'을 뜻하며, 수(修)는 '닦다, 다듬다, 세우다', 공(功)은 '공로, 업적'으로 '군사적 성과'를 의미한다. 수기공(修其功)은 '성과를 잘 세우다'는 뜻으로 '군사적 성과를 정치적 목적 달성으로 연계하는 것'을 의미한다. 흉(凶)은 '흉하다, 재앙'을 뜻한다. 전체를 해석하면 '무릇 전쟁에서 승리하고 적의 성을 탈취하더라도 그러한 군사적 성과를 정치적 목적 달성으로 연계하지 못한다면 이는 재앙적 결과를 가져올 뿐이다'라는 뜻이다.

* 命曰, 費留(명왈, 비류): 명(命)은 '이름 붙이다'라는 뜻이고, 비(費)는 '비용, 소모하다', 류(留)는 '머무르다'라는 의미이다. 전체를 해석하면 '이를 이르러 비류(費留), 즉 국가재정과 군사력을 소모하고도 아직도 치러야 할 비용이 더 남아 있다고 할 수 있다'는 뜻이다.

* 故曰, 明主慮之, 良將修之(고왈, 명주려지, 량장수지): 려(慮)는 '생각하다'는 뜻이다. 전체를 해석하면 '따라서 현명한 군주는 이 문제를 사려 깊게 생각해야 하고, 유능한 장수는 정치적 목적 달성에 힘써야 한다'는 뜻이다.

* 非利不動, 非得不用, 非危不戰(비리부동, 비득불용, 비위부전): 리(利)는 '이익'을 뜻하나 여기에서는 '유리하다'는 의미이다. 득(得)은 '얻다'는 뜻이나 여기에서는 '승산이 있다'는 의미이다. 위(危)는 '위태롭다'는 뜻이다. 전체를 해석하면 '(원정 이전에 승산을 계산하여) 유리하지 않다고 판단되면 군대를 동원하지 말고, 승산이 없다고 판단되면 군대를 운용하지 않아야 하며, 국가가 위태롭지 않다면 전쟁을 해서는 안 된다'는 뜻이다.

* 主不可以怒而興師, 將不可以慍而致戰(주불가이노이흥사, 장불가이온이치전): 노(怒)는 '성내다, 화내다', 흥(興)은 '일으키다', 사(師)는 '군대', 온(慍)은 '성내다, 노여움', 치(致)는 '이르다, 도착하다'라는 뜻이다. 전체를 해석하면 '군주는 화가 난다고 해서 군대를 일으켜서는 안 되며, 장수는 노엽다고 해서 싸움에 돌입해서는 안 된다'는 뜻이다.

* 合於利而動, 不合於利而止(합어리이동, 불합어리이지): 합(合)은 '맞다, 부합하다', 어(於)는 '~에'라는 뜻이다. 전체를 해석하면 '(치밀하게 승산을 계산하여) 유리하다고 판단되면 군대를 움직이되, 유리하지 않다고 판단되면 싸우지 말아야 한다'는 뜻이다.

* 怒可以復喜, 慍可以復悅(노가이복희, 온가이복열): 희(喜)는 '기쁘다, 즐겁다',

열(悅)은 '기쁘다'라는 뜻이다. 전체를 해석하면 '노여움은 (시간이 지나면) 다시 즐거운 마음으로 될 수 있고, 성냄은 다시 기쁜 마음이 될 수 있다'는 뜻이다.

* 亡國不可以復存, 死者不可以復生(망국불가이복존, 사자불가이복생): '한 번 망한 국가는 다시 존재할 수 없고, 죽은 자는 다시 살아날 수 없다'는 뜻이다.

* 故曰, 明主愼之, 良將警之(고왈, 명주신지, 량장경지): 신(愼)은 '삼가다', 경(警)은 '경계하다'라는 뜻이다. 전체를 해석하면 '따라서 현명한 군주라면 (전쟁에) 신중하고, 훌륭한 장수라면 (경솔한 전투를) 경계해야 한다'는 뜻이다.

* 此安國全軍之道也(차안국전군지도야): '이것이 국가의 안위를 도모하고 군대를 온전하게 보전하는 길이다'라는 뜻이다.

내용 해설

여기에서 손자는 원점으로 돌아가 군주와 장수가 견지해야 할 전쟁에 대한 신중한 태도에 대해 언급하고 있다. '화공'에 대해 논하다가 왜 갑자기 군주와 장수에 대한 논의인가? 그것은 화공의 방법까지 동원하여 각고의 노력 끝에 결정적인 승리를 거두더라도 그러한 승리가 아무런 의미를 갖지 못할 수도 있음을 경고하기 위한 것이다. 즉, 원정을 단행하여 군사적으로 승리를 거두더라도 애초에 설정했던 정치적 목적을 달성하지 못한다면 전쟁을 아예 시작하지도 말았어야 함을 지적하고 있는 것이다. 손자가 강조하는 바는 두 가지이다. 첫째는 군사적 승리를 반드시 정치적 목적 달성으로 연결시켜야 한다는 것이고, 둘째는 군주와 장수는 전쟁과 전투를 결정함에 있어 신중함을 기해야 한다는 것이다.

첫째로 손자는 군사적 승리가 반드시 정치적 목적 달성에 기여해야 한다고 본다. 비록 "전쟁에서 승리하고 적의 성을 탈취했다 하더라도 그러한 군사적 성과를 정치적 목적 달성으로 연계하지 못한다면 이는 재앙적 결과를 가져올 뿐이다." 원정의 목적은 적 제후의 항복을 받고 적국을 합병하는 데 있다. 그런데 아군이 군사적으로 승리를 거두었다 하더라도 적 군주가 일부 군사력을 이끌고 도망하여 지속적으로 저항을 하고 점령한 지역의 백성들이 아국 군주의 통치를 거부하여 봉기를 일으킨다면 비록 전쟁에서는 승리를 거두었지만 원하는 전쟁의 목적은 달성한 것으로 볼 수 없다. 손자는 이를 '비류(費留)', 즉 막대한 "국가재정과 군사력을 소모하고도 아직도 치러야할 비용이 더 남아 있는 것"이라고 했다. 따라서 그는 군주와 장수는 어렵게 얻은 군사적 승리를 어떻게 정치적 목적 달성으로 연계시킬 것인지에 대해 사려 깊게 생각해야 한다고 주장했다.

둘째로 손자는 군주의 전쟁 결정과 장수의 전투수행에 있어서 신중한 접근을 요구하고 있다. 그는 '비리부동, 비득불용, 비위부전(非利不動, 非得不用, 非危不戰)', 즉 원정 이전에 승산을 계산해본 후 "유리하지 않다고 판단되면 군대를 동원하지 말고, 승산이 없다고 판단되면 군대를 운용하지 않아야 하며, 국가가 위태롭지 않다면 전쟁을 해서는 안 된다"고 했다. 즉, 전쟁은 군주가 분하다고 해서 감정적으로 일으키는 것이 아니다. 전쟁을 시작하기 전에 치밀하게 승산을 계산하여 유리하다고 판단될 경우에만 군대를 움직여야 한다. 장수도 마찬가지로 화가 난다고 싸움에 돌입해서는 안 되며, 유리하다고 판단될 경우에만 전투에 임해야 한다.

그렇다면 왜 군주는 전쟁의 결정에 신중해야 하며 왜 장수는 싸움을 함부로 하면 안 되는가? 그것은 군주의 "노여움은 시간이 지나면 다시 즐거운 마음으로 될 수 있지만, 한 번 망한 국가는 다시 존재할 수 없기 때문"이다. 또한 "장수의 성냄은 다시 기쁜 마음이 될 수 있지만, 전투에서 죽은 자는 다시 살아날 수 없기 때문"이다. 그래서 손자는 "현명한 군주라면 전쟁에 신중해야 하고, 우수한 장수라면 경솔한 전투를 경계해야 한다"고 했다. 결국, 국가의 안위를 도모하고 군대를 온전하게 보전하기 위해서는 군주와 장수의 신중함이 요구된다고 할 수 있다.

군사사상적 의미

정치적 목적 달성과 전쟁의 종결

〈화공〉편이 이 병서에서 〈지형〉편과 〈구지〉편에 이어 결정적인 전투를 논하는 마지막 편이라면, 손자는 〈화공〉편의 맨 마지막 부분에서 전쟁에 관한 두 가지 근본적인 문제를 제기하고 있다. 하나는 정치적 목적 달성에 관한 것이고, 다른 하나는 전쟁의 신중함에 관한 것이다. 이 둘은 적을 불로 공격하는 것과는 전혀 상관이 없지만 『손자병법』에서의 용병, 특히 결전에서의 용병에 대한 논의를 마무리하는 시점에서 전쟁의 종결 문제를 다루는 것은 매우 적절하다 하겠다.

그렇다면 손자의 원정에서 정치적 목적을 달성하고 전쟁을 종결한다는 것은 무엇을 의미하는가? 비록 손자는 이에 대해 직접적인 언급을 하지는 않았지만, 아마도 세 가지 승리를 충족해야 한다고 할 수 있다. 첫째는 군사적 승리이다. 적의 군주를 굴복시키기 위해서는 적 군대의 주력을 와해시켜 더 이상 저항할 수 없도록 해야 한다. 즉, 결전에서의 승리를 통해 적 군대의 무장을 완전히 해제해야 한다. 둘째는 정치적 승리이다. 이는 군사적 승리의 결과로 얻어지는 것으로 적 군주가 굴복하여 왕위를 포기하고 물러나거나, 혹은 아국 군주에게 충성하면서 일부 지역을 위임받아 다스리는 데 합의해야 한다. 만일 적 군주가 굴복하지 않고 산속으로 도망가서 저항하거나 주변 제후국과 연합하여 재기를 노릴 경우 원정은 완전히 끝난 것으로 볼 수 없다. 셋째는 사회적 승리이다. 이는 합병한 적 국가에 대한 완전한 통치력을 행사할 수 있게 되는 것을 의미한다. 이를 위해서는 적 백성의 민심이 적 군주에게 등을 돌리고 아국 군주에게 돌아서야 한다. 만일 적 백성이 저항하여 곳곳에서 민란이 발생한다면 원정은 다시 수포로 돌아갈 수 있다. 이는 비단 전쟁을 수행하는 과정에서는 물론, 전쟁을 시작하기 전부터 군주와 장수가 적국 백성의 민심을 사전에 파악하여 신중히 고려하지 않을 수 없는 이유이다.

원정이란 군사작전을 통해 적국을 멸하고 자국에 합병하는 것으로, 한 국가가 추구할 수 있는 가장 적극적인 정치적 목적으로 간주할 수 있다. 그렇다면 손자의 전쟁을 근대 서구에서의 팽창주의나 제국주의적 관념으로 이해할 수 있는가? 그렇지 않다. 앞에서도 이미 짚어보았듯이 여기에서 언급된 '비리부동, 비득불용, 비위부전(非利不動, 非得不用, 非危不戰)' 주장은 손자의 전쟁이 제국주의적 팽창과는 거리가 있음을 말해준다. 이를 입증하기 위해서는 '비리부동, 비득불용, 비위부전'에 대한 정확한 해석이 필요하다. '비위부동'은 국가가 위태롭지 않으면 전쟁을 하지 말아야 한다는 것으로 손자의 전쟁이 방어적인 것임을 명확히 말해준다. 적국으로부터 위협을 받을 경우에 한해 전쟁을 할 수 있다는 것이다. 그렇다면 '비리부동, 비득불용'은 어떻게 해석해야 하는가? 만일 '리'와 '득'을 '이익'과 '이득'으로 해석하면 손자는 국가이익을 취하기 위해 공세적으로 전쟁을 할 수 있다는 의미가 된다. 그러나 이 문장의 앞뒤 문맥을 보면 리는 '이익'이 아니라 피아 역량의 계산을 통해 나온 '유리함'을 의미한다. 득도 마찬가지로 '이득'이 아니라 '계산하여 값을 얻다' 또는 '승산이 있다'는 의미로 해석해야 한다. 즉, 피아 역량을 계산한 결과가 만족할 만하다면 전쟁을 해도 좋다는 의미이다.

즉, 손자의 전쟁은 국가이익을 위해 무분별하게 군사력을 동원하는 것이 아니라 주변국의 위협을 부득불 제거해야 할 때, 그것도 승산이 충분할 때 나설 수 있다는 것이다. 특히 손자의 전쟁은 비록 원정으로서 적국을 합병하는 것이지만 합병 후에는 상대국 백성을 다스리는 것이지 서구와 같이 적국을 점령한 후 식민통치나 경제적 착취를 추구하는 전쟁이 아니었음을 고려할 때 손자의 원정을 서구의 팽창주의나 제국주의적 관념으로 이해하는 것은 적절치 못하다.

제13편

용간(用間)

用間

〈용간(用間)〉 편은 앞에서 살펴본 12개의 편과 달리 '첩자 운용'이라는 독자적인 주제를 다루고 있다. 그러나 〈용간〉 편은 『손자병법』 전편에서 요구되는 정보의 문제를 다루고 있다는 점에서 손자가 논하는 전쟁과 용병의 근간을 이룬다고 할 수 있으며, 따라서 앞의 12개 편과 모두 긴밀하게 연계되어 있다.

'용간'이란 '첩자를 운용하는 것'을 말한다. 용간은 전쟁에 착수하기 이전부터 전쟁을 수행하고 전쟁을 종결하기까지 적국의 요소요소에 첩자를 운용하여 정세를 파악하는 것으로 오늘날 전략정보 및 전술정보를 수집하는 활동에 해당한다. 손자는 첩자의 활용이 용병의 요체일 뿐 아니라 국가가 흥기하는 데에도 반드시 필요한 요소로 간주하고 있다.

〈용간〉 편의 주요 내용은 첫째로 적정 파악의 중요성, 둘째로 첩자의 종류, 셋째로 첩자를 운용하는 방법, 넷째로 반간의 역할과 중요성, 그리고 다섯째로 용간은 용병의 요체라는 것이다.

1. 승리의 비결: 적정의 파악

孫子曰. 凡興師十萬, 出征千里,
百姓之費, 公家之奉, 日費千金.
內外騷動, 怠於道路, 不得操事者,
七十萬家.

相守數年, 以爭一日之勝, 而愛爵
祿百金, 不知敵之情者, 不仁之至也,
非人之將也, 非主之佐也, 非勝之
主也.

故明君賢將, 所以動而勝人. 成功
出於衆者, 先知也.

先知者, 不可取於鬼神, 不可象於事,
不可驗於度, 必取於人, 知敵之情
者也.

손자왈. 범흥사십만, 출정천리,
백성지비, 공가지봉, 일비천금.
내외소동, 태어도로, 부득조사자,
칠십만가.

상수수년, 이쟁일일지승, 이애작
록백금, 부지적지정자, 불인지지야,
비인지장야, 비주지좌야, 비승지
주야.

고명군현장, 소이동이승인. 성공
출어중자, 선지야.

선지자, 불가취어귀신, 불가상어사,
불가험어도, 필취어인, 지적지정
자야.

손자가 말하기를 무릇 십만에 이르는 대군을 일으켜 천 리의 먼 거리에 원정을 나서면 백성의 재산과 조정의 재정이 매일 천금이나 소모된다. (원정을 하면) 내외적으로 혼란스럽고, (군수품 수송에 동원된 백성들이) 도로 곳곳에 지쳐 있으며, 생업에 종사하지 못하는 백성이 칠십만 호에 이른다.

(이러한 상황에서) 아군과 적군은 수년 동안 서로 대치하다가, 하루 동안의 전투를 치름으로써 승부를 결정짓게 되는 바, 관리에 녹봉으로 지급하는 (얼마 안 되는) 백금을 아까워하여 (첩자를 활용하지 않아) 적정을 제대로 파악하지 못하는 장수는 지극히 어질지 못한 자로서, 병사들의 장수라 할 수 없고, 군주의 보좌역이라 할 수 없으며, 승리의 주역이 될 수 없다.

자고로 현명한 군주와 어진 장수가 군대를 움직이면 항상 적에게 승리하고 다른 사람들보다 뛰어난 공적을 쌓는 것은 (첩자를 운용하여) 사전에 적정을 파악하기 때문이다.

사전에 (적정을) 파악한다는 것은, 귀신을 불러 알 수 있는 것도 아니고, 일상적인 일을 가지고 유추하여 알 수 있는 것도 아니며, 경험을 통해 짐작할 수 있는 것도 아닌 만큼, 반드시 사람을 취하여 적정을 파악해야 한다.

＊孫子曰. 凡興師十萬, 出征千里, 百姓之費, 公家之奉, 日費千金(손자왈. 범흥사십만, 출정천리, 백성지비, 공가지봉, 일비천금): 흥(興)은 '일으키다', 사(師)는 '군대', 정(征)은 '치다, 가다', 출정(出征)은 '군사를 보내 정벌함'을 뜻하고, 비(費)는 '비용', 공가(公家)는 '제후국의 조정'을 의미한다. 봉(奉)은 '바치다, 생활하다'로 '재정적 부담'을 의미한다. 전체를 해석하면 '손자가 말하기를 무릇 십만에 이르는 대군을 일으켜 천 리의 먼 거리에 원정을 나서면 백성의 재산과 조정의 재정이 매일 천금이나 소모된다'는 뜻이다.

＊內外騷動, 怠於道路, 不得操事者, 七十萬家(내외소동, 태어도로, 부득조사자, 칠십만가): 소(騷)는 '떠들다, 근심하다', 소동(騷動)은 '혼란스러움', 태(怠)는 '게으르다', 조(操)는 '잡다, 부리다', 조사(操事)는 '일을 잡다'는 것으로 '생업에 종사하다'는 의미이다. 전체를 해석하면 '(원정을 하면) 내외적으로 혼란스럽고, (군수품 수송에 동원된 백성들이) 도로 곳곳에 지쳐 있으며, 생업에 종사하지 못하는 백성이 칠십만 호에 이른다'는 뜻이다.

＊相守數年, 以爭一日之勝(상수수년, 이쟁일일지승): 수(守)는 '지키다, 접근하다, 가까이하다'로 여기에서는 '대치하다'는 의미이다. 전체를 해석하면 '(이러한 상황에서) 아군과 적군은 수년 동안 서로 대치하다가, 하루 동안의 전투를 치름으로써 승부를 결정짓게 된다'는 뜻이다.

＊而愛爵祿百金, 不知敵之情者, 不仁之至也, 非人之將也, 非主之佐也, 非勝之主也(이애작록백금, 부지적지정자, 불인지지야, 비인지장야, 비주지좌야, 비승지주야): 이(而)는 접속사로서 '그런데' 정도의 의미이다. 애(愛)는 '아끼다', 작(爵)은 '작위', 록(祿)은 '녹봉'이라는 뜻으로, 이애작록백금(而愛爵祿百金)은 '그런데 관리에 녹봉으로 주는 (얼마 안 되는) 백금을 아까워하여'라는 의미이다. 정(情)은 '상황, 정황', 부지적지정자(不知敵之情者)은 '적정을 알지 못하는 장수는'이라는 뜻이다. 인(仁)은 '어질다', 불인(不仁)은 '어질지 못함', 지(至)는 '극치', 인지장(人之將)은 '병사들이 따르는 장수', 주지좌(主之佐)는 '군주의 보좌역', 승지주(勝之主)는 '승리의 주역'을 의미한다. 전체를 해석하면 '그런데 관리에 녹봉으로 지급하는 (얼마 안 되는) 백금을 아까워하여 (첩자를 활용하지 않아) 적정을 제대로 파악하지 못하는 장수는 지극히 어질지 못한 자로서, 병사들의 장수라 할 수 없고, 군주의 보좌역이라 할 수 없으며, 승리의 주역이 될 수 없다'는 뜻이다.

＊故明君賢將, 所以動而勝人, 成功出於衆者, 先知也(고명군현장, 소이동이승

인, 성공출어중자, 선지야): 현(賢)은 '어질다', 소이(所以)는 '~한 까닭', 출(出)은 '나다, 내다', 어(於)는 '~보다', 중(衆)은 '일반인'이라는 뜻이다. 전체를 해석하면 '자고로 현명한 군주와 어진 장수가 군대를 움직이면 항상 적에게 승리하고 다른 사람들보다 공적이 뛰어난 것은 (첩자를 운용하여) 사전에 적정을 파악하고 있기 때문이다'라는 뜻이다.

  * 先知者, 不可取於鬼神, 不可象於事, 不可驗於度, 必取於人, 知敵之情者也 (선지자, 불가취어귀신, 불가상어사, 불가험어도, 필취어인, 지적지정자야): 어(於)는 '~를', 귀신(鬼神)은 '귀신', 상(象)은 '형상', 상어사(象於事)는 '드러난 사건을 가지고 판단한다'는 의미이다. 험(驗)은 '경험, 증거', 도(度)는 '거듭되는 횟수', 험어도(驗於度)는 '거듭된 경험으로 판단한다'는 의미이다. 취어인(取於人)은 '사람을 취한다'는 것으로 '첩자를 운용함'을 의미한다. 전체를 해석하면 '사전에 (적정을) 파악한다는 것은, 귀신을 불러 알 수 있는 것도 아니고, 일상적인 일을 가지고 유추하여 알 수 있는 것도 아니며, 경험을 통해 짐작할 수 있는 것도 아닌 만큼, 반드시 사람을 취하여 적정을 파악해야 한다'는 뜻이다.

내용 해설

전쟁에서 적에 대한 정보를 획득하는 것은 매우 중요하다. 군주는 전쟁을 결정하기 위해 피아 우열을 계산하고 승리 가능성을 판단해야 하는데, 이를 위해서는 반드시 적에 대한 정보가 확보되어야 한다. 전쟁을 결심하고 나서도 가급적 싸우지 않고 적을 굴복시키기 위해서는 적의 의도와 계략을 알아야 하고, 적국을 외교적으로 고립시키려면 주변국 군주들이 원하는 것을 파악하여 회유해야 한다. 또한 원정이 시작되어 아군이 적지에서 우직지계의 기동을 거쳐 적 수도에서 결전을 치르기까지 매 임무를 성공적으로 완수하기 위해서는 적 군대의 배치와 움직임, 적 장수의 의도, 지형에 대한 정보, 그리고 적의 내부 사정에 대한 정보가 있어야 한다. 군주가 전쟁을 결심하는 것으로부터 장수가 원정작전을 완수하기까지 적에 대한 정보가 없이는 한 걸음도 나아갈 수 없는 것이다.

전쟁이 국가의 생사와 존망에 관계된 대사임을 고려할 때 이러한 정보의 중요성은 더할 나위가 없게 된다. 손자는 이미 〈작전〉 편에서 전쟁이 국가경제 및 민생에 미치는 폐해에 대해 적나라하게 설명한 바 있다. 여기에서도 그는 "무릇 십만에 이르는 대군을 일으켜 천 리의 먼 거리에 원정을 나서면 백성의 재산과 조정의 재정이 하루에 천금이나 소모"될 뿐아니라, 이로 인해 조정 안팎으로 혼란스럽고 전쟁에 동원된 백성들의 삶이 피폐해질 수밖에 없다고 언급하고 있다. "생업에 종사하지 못하는 백성이 칠십만 호에 이른다"고 한 것은 고대 중국에 민호(民戶) 제도가 있어서 8호를 1정(井)으로 묶고 1개 호에서 병사 1명을 내면 나머지 7개 호에서 노역을 제공하도록 했으므로 10만의 병사를 동원하게 되면 70만 호가 부역을 담당했음을 의미한다. 이러한 전쟁은 지연되어 장기전에 돌입해서는 안 되며, 패배로 끝나는 것은 더더욱 바람직하지 않다. 전쟁은 필히 승리해야 하며 승리하는 데 긴요한 정보는 어떠한 비용을 치르더라도 반드시 획득해야 한다.

그래서 손자는 군주와 장수가 정보를 수집하는 데 돈을 아껴서는 안 된다고 강조하고 있다. 원정은 수년 동안 지속되다가 마지막 단계에 이르러단 하루의 결전을 통해 전쟁의 승패가 결정될 수 있다. 따라서 정보를 획득하는 활동은 오랜 기간에 걸쳐 지속적으로 이루어져야 하며, 최종적으로는 결전의 순간을 향해 그러한 노력이 모아져야 한다. 결국, 현명한 군주와 어진 장수가 항상 적에게 승리하고 더 많은 공적을 쌓는 것은 이러한 정보활동을 통해 적정을 훤히 들여다보고 있기 때문이다. 따라서 군주와 장수가 돈을 아까워하여 정보를 획득하는 데 소홀해서는 안 된다. 정보의 가치보다 돈을 우선시하는 것은 전쟁이라는 국가의 대사를 망치는 어리석은 행위이며, 적정을 제대로 파악하지 못하고 병사들을 위험에 빠뜨리는 무모한 결과를 가져올 수 있다.

그러면 어떻게 적정을 파악할 수 있는가? 그것은 귀신에게 물어볼 수 있는 것도 아니고, 겉으로 드러나는 현상만을 가지고 유추하여 알 수 있는 것도 아니다. 그렇다고 경험으로 짐작할 수 있는 것도 아니다. 손자에 의하면 적정을 파악하는 가장 좋은 방법은 바로 첩자를 운용하는 것이다.

군사사상적 의미

『손자병법』 전편에서 요구되는 정보의 필요성

『손자병법』 전체를 놓고 볼 때 정보의 활용성은 매우 크다. 그것이 바로 손자가 '용간'의 문제를 별도의 편으로 두어 논의하고 있는 이유이기도 하다. 춘추시대 정보의 획득 방법으로는 크게 사람을 첩자로 운용하는 '용간'과 실시간으로 적정을 감시하는 '전장 관찰'을 들 수 있다. 각 편별로 유추해볼 수 있는 정보의 요구는 다음과 같다.

먼저 〈시계〉 편에서 손자는 오사(五事)와 일곱 가지 요소의 비교에 대해 언급하고 있는데, 이 가운데 일곱 가지 요소를 비교하는 일은 적에 관한 정보 없이는 도저히 불가능하다. 여기에서 필요한 정보는 적의 군주, 장수, 법령, 군사력, 그리고 훈련 및 상벌의 이행 등에 관한 것으로 고급정보에 해당하는 만큼 반드시 첩자를 운용하여 획득하지 않을 수 없을 것이다.

〈모공〉 편에서는 '지승유오'에 대해 언급하고 있는 바, 이는 승리를 예측하기 위해 장수가 알아야 할 다섯 가지 요소로 전투 여부 결정, 우열에 따른 용병, 상하 일체화, 철저한 준비, 그리고 군주의 불간섭이다. 이 가운데 적과 싸울 것인지를 결정하는 것과 피아 우열에 따라 용병술을 구상하는 것은 반드시 적의 의도와 군사력, 그리고 배치를 파악한 후에야 가능한 것이다. 아군의 철저한 준비도 마찬가지로 적의 대비 상태를 면밀히 파악해야 가능할 것이다. 이를 위해서는 반드시 전장 관찰과 함께 적진 내에 첩자를 운용하여 관련 정보를 입수해야 할 것이다.

〈군형〉 편에서는 적의 진영을 헤아려 병법의 다섯 단계인 도, 양, 수, 칭, 승의 절차에 따라 적이 이기지 못할 군형을 편성해야 함을 다루고 있다.

편명	주요 내용	비고
시계	오사(五事)와 일곱 가지 요소 비교	첩자 활용
모공	지승유오	첩자 활용 / 전장 관찰
군형	병법의 다섯 단계로 승리의 군형 편성	
병세	적에게 유리함 보여주고 실시간 적정 파악	전장 관찰(역정보)
허실	적의 강점과 약점 파악	
군쟁	주변국 군주의 의도, 지형, 향도 활용 등	첩자 활용 / 전장 관찰
구변	지형과 적정을 고려한 용병의 변화	전장 관찰
행군	기동 과정에서 적 징후 파악 요령 33가지	
지형	적군의 상태를 파악, 승리의 용병 구상	첩자 활용 / 전장 관찰
구지	아홉 가지 지형에 따른 용병 제시	
화공	화공 위한 정보 획득 및 공모자 섭외	

장수가 결전의 장소에 도착하여 용병술을 구상하고 병력을 배분하며 적과의 전투수행 과정을 그려보고 군형을 편성하기까지에는 적 장수의 의도와 진영에 관한 소상한 정보가 필요한데, 이때도 마찬가지로 전장 관찰과 함께 첩자를 운용하지 않을 수 없을 것이다.

〈병세〉 편에서는 '기병'으로 아군의 불리함을 드러내고 적에게 유리함을 보여줌으로써 적을 움직여 허점이 드러나도록 해야 한다. 이 과정에서 장수는 실시간으로 적의 의도와 움직임을 파악하고 허점이 발견되면 즉각 아군의 주력을 집중해야 한다. 이는 현장에서 시시각각 변화하는 상황에 따라 이루어져야 하기 때문에 첩자에 의존할 필요는 없으며 장수가 전장을 관찰하면서 직접 정보를 얻고 판단해야 할 것이다. 이 과정에서 아군의 정보를 허위로 적에게 알리는 역정보 활동이 이루어지게 될 것이다.

〈허실〉 편에서는 결전의 순간에 세를 발휘하기 위해 적의 강점과 약점을 파악하고 조성하며, 적의 취약한 지점을 공략하는 것이 핵심이다. 손자는 결정적 국면에서 장수는 책지, 작지, 형지, 각지를 이행함으로써 사전에 제승지형(制勝之形), 즉 승리할 수 있는 태세를 구축할 수 있다고 보았다. 이는 전장에서 아군의 용병술을 기만하고 적의 움직임을 파악하는 것으로 첩자의 활용보다는 전장 관찰로서 가능할 것이다. 이 과정에서 거짓 정보를 적에게 알리는 역정보 활동이 이루어지게 될 것이다.

〈군쟁〉 편에서는 우직지계의 기동 과정에서 주변국 군주의 의도, 지형, 향도 활용 등을 언급하고 있는데, 이에 대한 다양한 정보가 요구된다. 적의 움직임에 대한 정보도 필요하다. 그래야 기동 과정에서 바람과 같이 빠르게 이동하거나 숲과 같이 조용히 주둔할 것을 결정할 수 있기 때문이다. 결국 〈군쟁〉 편에서는 외교 정보, 지형 정보, 주민 정보, 전술 정보에 이르기까지 다양한 수준의 정보가 필요하며, 따라서 첩자 활용 및 전장 감시가 광범위하게 요구된다 하겠다. 다만, 〈군쟁〉 편은 우직지계의 기동 과정에서 달려드는 적을 물리치는 상황이므로 적진 내에 첩자를 심어놓는 것은 불필요하며, 첩자 운용은 단지 주변국 군주를 회유하거나 향도를 얻기 위한 활동 등으로 제한될 것이다.

〈구변〉 편에서는 다양한 지형과 적정을 고려하여 용병의 변화를 꾀하는 것이 핵심이다. 이 과정에서 가지 말아야 할 길과 치지 말아야 할 적, 그리고 공격하지 말아야 할 성을 식별하기 위해서는 지형에 대한 정보뿐 아니라 적정에 대한 정보도 필요하다. 다만, 〈구변〉 편도 우직지계의 기동 과정에 있으므로 달려드는 적군 내부에 간첩을 심기는 어려우며, 정보 획득은 주로 전장 관찰에 의해 이루어지게 될 것이다.

〈행군〉 편에서는 적 징후를 파악할 수 있는 33가지의 요령이 제시되어 있다. 이는 마찬가지로 우직지계의 기동 과정에서 조우하는 적의 내부 사정을 파악하기 위한 것으로 주로 자연현상과 적정을 관찰하고 헤아려 정보를 얻을 수 있다.

〈지형〉 편에서는 결전의 장소에 도착한 원정군이 적과 어떻게 대적할 것인지를 고민하는 단계로 여섯 가지 지형에 따른 용병 방법, 패하는 군대의 여섯 가지 유형, 그리고 지피지기와 지천지지를 언급하고 있다. 이는 결국 적정, 천시, 지형에 대한 정보를 요구하는 것으로 첩자 운용과 전장 관찰이 동시에 이루어져야 한다. 적 주력과의 결전을 앞둔 상황에서 적 장수의 계책과 전 상황에 대한 정확하고도 은밀한 정보가 필요하기 때문이다.

〈구지〉 편에서는 아홉 가지 지형에 따른 용병의 방법을 논의하고 있으므로 기본적으로 첩자 운용 및 전장 관찰이 모두 망라되어야 할 것이다. 예를 들어, 구지(衢地)에서 인접 제후국의 의도를 파악하기 위해서는 첩자를 운용하는 것이 요구되고, 비지(圮地)나 위지(圍地) 등의 지형 정보를 얻기 위해서는 전장 관찰이 이루어져야 할 것이다.

마지막으로 〈화공〉 편에서는 적 진지에 대해 화공을 시행하기 위해 필요한 내부 정보를 획득해야 하며 내부에서 불을 놓을 수 있는 공모자를 얻어야 한다. 또한 불이 난 상태를 헤아려 용병을 구상하고, 기후 조건이 맞으면 외부에서 화공을 가해야 한다. 이렇게 볼 때 〈화공〉 편에서 요구되는 정보는 적정, 기상, 전장 상황에 대한 것으로 적진에 첩자를 운용하고 전장 관찰을 병행함으로써 필요한 정보를 얻어야 할 것이다.

이렇게 볼 때 손자의 정보활동, 특히 첩자의 운용은 전쟁을 결심하는 시점부터 원정을 출발하여 우직지계의 기동 과정, 그리고 결전의 단계에 이르기까지 매 작전의 성공에 필수적인 요소가 아닐 수 없다.

2. 첩자의 종류

故用間有五. 有鄕間, 有內間, 有反間, 有死間, 有生間. 五間俱起, 莫知其道, 是謂神紀, 人君之寶也.

鄕間者, 因其鄕人而用之. 內間者, 因其官人而用之. 反間者, 因其敵間而用之. 死間者, 爲誑事於外, 令吾間知之, 而傳於敵間也. 生間者, 反報也.

고용간유오. 유향간, 유내간, 유반간, 유사간, 유생간. 오간구기, 막지기도, 시위신기, 인군지보야.

향간자, 인기향인이용지. 내간자, 인기관인이용지. 반간자, 인기적간이용지. 사간자, 위광사어외, 령오간지지, 이전어적간야. 생간자, 반보야.

자고로 첩자를 사용하는 방법에는 다섯 가지가 있다. 이는 바로 향간, 내간, 반간, 사간, 그리고 생간이다. 이 다섯 가지의 첩자를 동시에 운용하되 적이 그 움직임을 알아채지 못하도록 하면, 이는 신의 경지와도 같고, 백성과 군주의 보배라 할 수 있다.

향간이란 적국의 주민을 첩자로 쓰는 것이다. 내간이란 적의 관리를 첩자로 쓰는 것이다. 반간이란 적의 첩자를 역으로 이용하는 것이다. 사간이란 외부에 거짓 정보를 흘리는 것으로, 아측의 첩자에 거짓정보를 알려준다음, 적의 첩자에 이를 전하도록 하는 것이다. 생간은 돌아와 보고하도록하는 것이다.

* 故用間有五. 有鄕間, 有內間, 有反間, 有死間, 有生間(고용간유오. 유향간, 유내간, 유반간, 유사간, 유생간): 간(間)은 '첩자'를 의미한다. 전체를 해석하면 '자고로 첩자를 사용하는 방법에는 다섯 가지가 있다. 이는 바로 향간, 내간, 반간, 사간, 그리고 생간이다'라는 뜻이다.

* 五間俱起, 莫知其道, 是謂神紀, 人君之寶也(오간구기, 막지기도, 시위신기, 인군지보야): 구(俱)는 '함께'라는 뜻이고, 기(起)는 '일어나다, 기용하다'로 '활용하다'는 뜻이다. 막(莫)은 '없다, 말다', 위(謂)는 '이르다, 일컫다', 기(紀)는 '법칙, 규칙', 신기(神紀)는 '신의 경지'이라는 뜻이다. 보(寶)는 '보배'를 뜻한다. 전체를 해석하면 '이 다섯 가지의 첩자를 동시에 운용하되 적이 그 움직임을 알아채지 못하도록 하면, 이는 신의 경지와도 같고, 백성과 군주의 보배라 할 수 있다'는 뜻이다.

＊郷間者, 因其郷人而用之(향간자, 인기향인이용지): 향(鄕)은 '시골, 고향'을 뜻한다. 전체를 해석하면 '향간이란 적국의 주민을 첩자로 쓰는 것이다'라는 뜻이다.

＊內間者, 因其官人而用之(내간자, 인기관인이용지): '내간이란 적의 관리를 첩자로 쓰는 것이다'라는 뜻이다.

＊反間者, 因其敵間而用之(반간자, 인기적간이용지): '반간이란 적의 첩자를 역으로 이용하는 것이다'라는 뜻이다.

＊死間者, 爲誑事於外, 令吾間知之, 而傳於敵間也(사간자, 위광사어외, 령오간지지, 이전어적간야): 광(誑)은 '속이다, 기만하다'라는 뜻이다. 전체를 해석하면 '사간이란 외부에 거짓정보를 흘리는 것으로, 아측의 첩자에 거짓정보를 알려 준 다음, 적의 첩자에 이를 전하도록 하는 것이다'라는 뜻이다.

＊生間者, 反報也(생간자, 반보야): 반(反)은 '돌아가다', 보(報)는 '알리다'라는 뜻이다. 전체를 해석하면 '생간은 돌아와 보고하도록 하는 것이다'라는 뜻이다.

내용 해설

여기에서 손자는 첩자의 종류로 다섯 가지를 제시하고 있다. 이는 바로 향간(鄕間), 내간(內間), 반간(反間), 사간(死間), 그리고 생간(生間)이다. 이처럼 다양한 첩자들을 운용하면서 적이 눈치채지 못하도록 한다면 적은 '부처님 손바닥 안에서 놀아나는 것'과 같다. 신의 경지에서와 같이 적을 마음대로 조종할 수 있게 되는 것이다. 결국 첩자는 전쟁에서 승리를 확실히 하는 요소로서 군주와 백성에게는 보배와 같은 존재라 하지 않을 수 없다.

손자가 제시한 첩자의 종류에는 다섯 가지가 있다. 첫째로 향간(鄕間)이란 적국의 주민을 첩자로 쓰는 것이다. 적국 내부의 일반인을 회유하여 첩자로 부리는 것이다. 향간은 고급정보를 제공하기 어렵지만 적 주민들 사이에 묻혀 잘 드러나지 않는다는 특성이 있다.

둘째로 내간(內間)이란 적의 관리를 첩자로 쓰는 것이다. 조정이나 관청에 소속된 관리들 가운데 불만을 가진 사람들을 포섭하여 부릴 수 있다.

적의 군주나 장수와 직접 접촉할 수 있는 만큼 전략적 가치가 있는 정보를 획득할 수 있다.

셋째로 반간(反間)이란 적의 첩자를 역으로 이용하는 것이다. 즉, 적이 아측에 보낸 적의 첩자를 재물로 회유한 뒤, 짐짓 적에게는 발각되지 않은 것처럼 계속 활동하도록 하면서 거짓정보를 적에게 흘려보내고 적의 정보를 지속적으로 획득할 수 있다.

넷째로 사간(死間)이란 외부에 거짓정보를 흘리는 것으로, 아측의 첩자에게 거짓정보를 알려준 다음, 적의 첩자에게 이를 전하도록 하는 것이다. 즉, 아군의 첩자도 모르도록 하는 가운데 잘못된 정보를 적에게 알려주어 적을 감쪽같이 속이는 것으로, 이 경우 진상이 드러나면 아군 첩자는 죽음을 면하기 어렵다. 한 번 이용하고 버린다는 의미에서 사간이라 한다.

다섯째로 생간(生間)은 돌아와 보고하도록 하는 것이다. 아국 첩자를 적국에 보내 내부 사정을 정탐하도록 한 뒤 귀국하여 정보를 보고하게 하는 것이다. 생간은 적국의 사람들로부터 의혹을 받지 않도록 행동하는 가운데 가치 있는 정보를 획득해야 하는 만큼 기지가 뛰어나야 한다.

군사사상적 의미

정보와 기만의 역설

손자의 전쟁은 정보를 기반으로 한다. 정보가 틀리거나 적시에 제공되지 않는다면 손자의 전쟁은 성공할 수 없다. 즉, 손자의 전쟁은 올바른 정보를 언제든 입수할 수 있고 활용할 수 있다는 것을 전제로 하고 있다. 이러한 정보는 천시, 지형, 적정, 아군 등에 관한 것으로 손자가 '지피지기, 지천지지'라는 용어를 사용한 것은 정보에 대한 그의 자신감을 반영하고 있다고 해도 과언이 아니다.

손자의 정보는 궁극적으로 적을 속이기 위해 필요하다. '이정합, 이기승'의 주장과 마찬가지로 아군은 적이 X라는 전략을 추구한다는 정보를 입수하게 되면 겉으로 X라는 전략으로 맞서는 척하다가 결정적으로 Y라는 전략으로 승리를 거두어야 한다. 그러나 '정확한 정보 획득 → 적 기만 달성'이라는 손자의 논리는 역설적인 결과를 낳을 수 있다. 아군이 기만을 사용하는 것처럼 적도 똑같이 기만술을 동원한다면 아군이 입수한 정보는 정확하지 않을 수 있다. 그리고 그 결과는 아군이 적을 기만하는 데 실패하고 전쟁에서 패배하는 것으로 나타나게 된다. 현실적으로 정보라는 것은 우리가 독점할 수 있는 것이 아니다. 아국이 적국에 첩자를 심어놓듯 적도 마찬가지로 아국에 첩자를 심어놓을 수 있다. 아군이 적군의 상황을 파악하듯이 적도 마찬가지로 아군의 상황을 파악할 수 있다. 아군이 올바른 정보를 획득했다 하더라도 적도 아군에 대한 정보를 획득한다면 전쟁수행 결과에 대해서는 누구도 장담할 수 없다. 아쉽게도 손자는 이 문제에 대해 언급하지 않고 있다.

다만 여기에서 정보에 대한 손자의 논의는 절대적 우세가 아닌 상대적 우세를 얘기하고 있는 것으로 보인다. 즉, 아군이 적의 눈과 귀를 가려놓고 싸우는 것이 아니라 서로 눈과 귀를 열고 있지만 아군이 적보다 더 핵심적인 정보를 획득할 수 있는 능력을 가져야 한다는 것이다. 그리고 그러한 능력은 결국 군주와 장수의 능력으로 귀결된다. 즉, 〈시계〉 편에서 적국과 비교한 일곱 가지 요소 가운데 아국의 군주와 장수가 상대국 군주와 장수보다 현명하고 유능하기 때문에 전쟁을 시작할 수 있었음을 고려할 때, 아국의 군주와 장수는 첩자를 부리고 정보를 입수하는 데 적보다 더 뛰어날 수밖에 없다. 특히 다음 문단에서 손자가 강조하듯이 첩자를 부리기 위해서는 군주와 장수의 비범한 지혜와 어질고 의로운 성품, 그리고 세심하고 교묘한 성격이 요구되는데, 이러한 측면에서 아국 군주와 장수가 적의 군주와 장수보다 유능하다면 정보의 우세를 달성할 수 있다.

3. 첩자의 운용 방법

故三軍之事, 莫親於間, 賞莫厚於間, 事莫密於間.	고삼군지사, 막친어간, 상막후어간, 사막밀어간.
非聖智, 不能用間. 非仁義, 不能使間. 非微妙, 不能得間之實.	비성지, 불능용간. 비인의, 불능사간. 비미묘, 불능득간지실.
微哉, 微哉. 無所不用間也.	미재, 미재. 무소불용간야.
間事未發而先聞者, 間與所告者, 皆死.	간사미발이선문자, 간여소고자, 개사.

자고로 군사 문제를 다루면서 첩자보다 더 가까이해야 할 사람은 없고, 첩자보다 더 후하게 상을 내려야 할 사람은 없으며, 첩자보다 더 은밀하게 일을 처리해야 할 사람은 없다.

비범한 지혜가 없이는 첩자를 운용할 수 없다. 어질고 의롭지 않으면 첩자를 부릴 수 없다. 세심하고 교묘하지 않으면 첩자로부터 쓸모 있는 정보를 얻을 수 없다.

미묘하고 미묘하다. 어디든지 첩자가 사용되지 않는 곳은 없다.

정보 공작을 시작하기도 전에 (기밀이 누설되어 그에 관한) 소문이 떠돌 경우, 첩자와 함께 이를 누설한 자를 모두 죽여야 한다.

* 故三軍之事, 莫親於間, 賞莫厚於間, 事莫密於間(고삼군지사, 막친어간, 상막후어간, 사막밀어간): 막(莫)은 '없다', 친(親)은 '가까이하다', 어(於)는 '~보다', 상(賞)은 '상을 주다', 후(厚)는 '후하다, 두텁다', 밀(密)은 '조용하다, 고요하다'라는 뜻이다. 전체를 해석하면 '자고로 전군의 일 중에서 첩자보다 더 가까이해야 할 사람은 없고, 첩자보다 더 후하게 상을 내려야 할 사람은 없으며, 첩자보다 더 은밀하게 일을 처리해야 할 사람은 없다'는 뜻이다.

* 非聖智, 不能用間(비성지, 불능용간): 성(聖)은 '성인', 지(智)는 '지혜', 성지(聖智)는 '성인의 지혜'로 '비범한 지혜'를 뜻한다. 전체를 해석하면 '비범한 지혜가

없이는 첩자를 사용할 수 없다'는 뜻이다.

* 非仁義, 不能使間(비인의, 불능사간): 인의(仁義)는 '어짊과 의로움', 사(使)는 '부리다'라는 뜻이다. 전체를 해석하면 '어질고 의롭지 않으면 첩자를 부릴 수 없다'는 뜻이다.

* 非微妙, 不能得間之實(비미묘, 불능득간지실): 미묘(微妙)는 '세심하고 교묘한'이라는 뜻이다. 전체를 해석하면 '세심하고 교묘하지 않으면 첩자로부터 쓸모 있는 정보를 얻을 수 없다'는 뜻이다.

* 微哉, 微哉. 無所不用間也(미재, 미재. 무소불용간야): 미(微)는 '미묘하다'라는 뜻이고, 재(哉)는 어조사이다. 전체를 해석하면 '미묘하고 미묘하다. 어디든지 첩자가 사용되지 않는 곳은 없다'는 뜻이다.

* 間事未發而先聞者, 間與所告者, 皆死(간사미발이선문자, 간여소고자, 개사): 간사(間事)는 '첩자와 관련한 일'로 '정보 공작'을 의미한다. 발(發)은 '가다, 떠나다'라는 뜻이고, 문(聞)은 '듣다'로 '소문이 떠돈다'는 의미이다. 여(與)는 '~와 함께'라는 뜻이고, 소(所)는 뒤의 동사를 명사로 만드는 역할을 하므로 소고(所告)는 '고발'이라는 뜻이다. 소고자(所告者)는 '고발자', 개(皆)는 '모두'를 뜻한다. 전체를 해석하면 '정보 공작을 시작하기도 전에 (기밀이 누설되어 그에 관한) 소문이 떠돌 경우, 첩자와 함께 이를 누설한 자를 모두 죽여야 한다'는 뜻이다.

내용 해설

손자는 먼저 군주와 장수가 첩자를 운용하면서 취해야 할 기본적인 자세에 대해 언급하고 있다. 그는 "첩자보다 더 가까이해야 할 사람은 없고, 첩자보다 더 후하게 상을 내려야 할 사람은 없으며, 첩자보다 더 은밀하게 일을 처리해야 할 사람은 없다"고 했다. 여기에서 첫째로 군주와 장수가 첩자를 수하에 두고 친히 부려야 하는 것은 아래 사람에게 위임할 경우 정보가 왜곡되거나 비밀이 새어나갈 수 있기 때문이다. 둘째로 후한 상을 내려야 하는 것은 그만큼 가치 있고 위험한 임무를 수행하고 있기 때문에 그에 대한 보상이 충분히 이루어져야 한다는 것이다. 셋째로 은밀하게 해야 하는 것은 아측의 첩자가 위험해질 수 있음은 물론, 자칫 반간이 되어 역으로 우리의 정보가 적에게 누설될 수 있기 때문이다.

다음으로 손자는 첩자를 부릴 수 있는 군주와 장수의 자질에 대해 언급하고 있다. 그는 "비범한 지혜가 없이는 첩자를 운용할 수 없으며, 어질고 의롭지 않으면 첩자를 부릴 수 없다"고 했다. 또한 "세심하고 교묘하지 않으면 첩자로부터 쓸모 있는 정보를 얻을 수 없다"고 했다. 즉, 손자는 첩자를 운용하는 사람이 지녀야 할 품성으로 비범한 지혜, 어질고 의로움, 세심하고 교묘함을 들고 있다. 이러한 자질이 무엇을 의미하는지에 대해서는 구체적으로 제시하지 않았지만 대략 다음과 같이 유추해볼 수 있다.

첫째로 비범한 지혜란 군주와 장수가 어떠한 정보를 얻을 것인가를 결정하고 첩자에게 요구하는 능력이다. 정보란 닥치는 대로 중구난방으로 얻는 것이 아니다. 전쟁을 앞둔 상황이라면 적 군주의 성향이나 적 군사력 수준과 같이 필요한 정보를 구체적으로 요구해야 실제로 쓸모 있는 정보를 얻을 수 있다. 즉, 비범한 지혜란 현재의 전략 상황을 판단하고 그에 따라 요구되는 정보의 우선순위를 설정할 수 있는 능력을 말한다.

둘째로 어질고 의로움은 첩자에게 관대한 혜택을 제공하는 것 외에, 첩자를 인간적으로 감화시키고 첩자로 하여금 그의 간첩 행위가 비열한 것이 아니라 정의롭고 정당하다는 것을 인식시키는 것을 의미한다. 결국 첩자도 사람이다. 자신을 첩자로 부리는 사람과의 인간적 교감과 자신의 일에 대한 자부심이 있어야 어떠한 위험을 무릅쓰고서라도 적국의 정보를 획득하는 데 온 힘을 다할 것이다.

셋째로 세심하고 교묘함이란 가치 있는 정보를 식별할 수 있는 사리분별력이다. 첩자는 자신의 안전을 도모하고자 정확한 정보를 파악하지 못한 채 추측성 정보를 제공할 수도 있다. 그리고 잘못된 정보를 정확한 정보로 인식하여 그대로 전달할 수도 있다. 따라서 첩자를 부리는 군주와 장수는 그 정보에 대한 확인을 위해 첩자에게 추가 정보를 요구하거나, 그 정보를 다른 첩자의 정보와 비교하여 그 정보의 가치를 제대로 판단할 수 있어야 한다. 결국 제공된 정보의 가치를 판단하고 수용할 것인지의 여부를 결정하는 것은 군주와 장수의 몫이라 할 수 있다.

손자는 이와 같은 첩자의 운용을 두고 "미묘하고 미묘하다"고 했다. 왜 미묘한가? 그것은 "어디든지 첩자가 사용되지 않는 곳은 없다"는 표현에서 알 수 있듯이 겉으로는 첩자가 침투할 여지가 없어 보이지만 곳곳에 잠입하여 활동하고 있기 때문이며, 겉으로는 보이지 않지만 아군의 첩자들이 적의 비밀정보를 캐내고 있기 때문이다. 적 군주의 통치가 잘 이루어지고 있다 하더라도, 적 장수의 지휘통솔력이 아무리 뛰어나다 하더라도 허점은 있기 마련이다. 현명한 군주가 통치를 하더라도 불만을 가진 세력이 존재하기 마련이며, 훌륭한 장수가 부대를 지휘하더라도 충성심이 약한 참모가 있을 수 있다. 따라서 조정 내의 불만세력, 군대 내의 이반세력, 그리고 매수가 가능한 사람을 포섭하여 아군의 첩자로 심어놓을 수 있다. 심지어 적이 아국에 보낸 첩자라 하더라도 돈으로 매수하여 반간으로 역이용할 수 있다. 결국, 침투가 불가능한 것 같지만 적국 내의 모든 곳에서 보이지 않게 첩자들을 운용하여 적의 기밀을 입수하고 적정을 훤히 들여다보고 있으니 그야말로 미묘하다고 하지 않을 수 없는 것이다.

첩자를 운용하는 문제는 최고의 비밀로 유지되어야 한다. 아측의 정보활동이 적에게 노출될 경우 침투한 첩자들이 위험해지는 것은 물론, 일부가 적을 위해 활동하는 반간이 되면 아군의 정보활동은 모두 망치게 될 것이다. 따라서 손자는 만일 "정보 공작을 시작하기도 전에 기밀이 누설되어 그에 관한 소문이 떠돌 경우, 첩자와 함께 이를 알게 된 자를 모두 죽여야 한다"고 했다.

군사사상적 의미
손자의 전쟁과 오늘날 전쟁에서의 인간 정보
손자가 살았던 시대의 전쟁에서 첩자를 운용하는 것은 상대적으로 용이

했을 것으로 추정된다. 당시 전쟁은 같은 민족으로 이루어진 제후국들 간의 내전이라는 성격이 강했고, 백성들은 그 충성의 대상이 모호했다. 공자를 비롯하여 손자, 오자, 그리고 뒤에서 언급되는 이윤(伊尹)과 태공망(太公望) 등 명망 있는 인사들이 한 국가에 머무르지 않고 여러 제후국을 전전하며 다른 군주를 섬겼던 당시의 상황이 이를 말해준다. 오자의 경우 위나라 사람이었으나 처음에는 노나라 목공, 다음으로 위나라 문후, 그리고 그 후에는 초나라 도왕을 위해 봉직한 바 있다. 이와 같이 당시 국가와 민족이라는 개념이 모호했던 시대적 상황을 고려할 때 불만을 가진 적국의 고위 관료나 장수, 지방관리, 그리고 백성 등을 포섭하여 정보원으로 활용하기는 비교적 수월했던 것으로 보인다.

그러나 오늘날 국가들 간의 전쟁에서는 첩자를 운용하기가 그리 쉽지 않다. 정부를 구성하는 고위 관료들은 물론, 군의 지도자, 그리고 국민들이 갖고 있는 민족의식과 애국심이 뚜렷하기 때문이다. 비록 적에게 약점을 잡힌 고위 관료라면 마지못해 일부 기밀을 적에게 넘길 수는 있겠지만, 그렇다고 적에게 전폭적으로 협조하려 하지는 않을 것이다. 국가 간에는 인종적 차이와 언어의 한계도 작용한다. 외형적으로 다르게 생긴 사람이 직접 상대국가에 잠입하여 어줍지 않은 언어를 구사하며 정보활동을 하기에는 많은 제약이 따르기 때문이다. 물론, 오늘날에도 모든 국가들은 정보기관을 두고 다양한 네트워크를 구성하여 인간 정보를 수집하고 있지만, 손자 시대의 첩자 운용에는 비할 바가 되지 못할 것이다.

4. 반간: 첩자 운용의 근간

凡軍之所欲擊, 城之所欲攻, 人之
所欲殺, 必先知, 其守將, 左右, 謁者,
門者, 舍人之姓名, 令吾間必索知之.

必索敵間之來間我者, 因而利之,
導而舍之.

故反間, 可得而用也. 因是而知之,
故鄕間, 內間可得而使也. 因是而
知之, 故死間爲誑事, 可使告敵.
因是而知之, 故生間可使如期.

五間之事, 主必知之, 知之必在於
反間, 故反間, 不可不厚也.

범군지소욕격, 성지소욕공, 인지
소욕살, 필선지, 기수장, 좌우, 알자,
문자, 사인지성명, 령오간필색지지.

필색적간지래간아자, 인이리지,
도이사지.

고반간, 가득이용야. 인시이지지,
고향간, 내간가득이용야. 인시이
지지, 고사간위광사, 가사고적.
인시이지지고, 생간가사여기.

오간지사, 주필지지, 지지필재어
반간, 고반간, 불가불후야.

무릇 아군이 치고자 하는 적의 군대, 공격하고자 하는 적의 성, 죽이고자
하는 적의 주요 인사가 있다면, 반드시 이와 관련된 적의 장수, 주변의 참
모, 부관, 경호원, 관리의 이름을 먼저 파악해야 하며, 아측의 첩자로 하여
금 이들에 대한 정보를 샅샅이 알아내도록 해야 한다.

적의 첩자로 이측에 와서 첩자행위를 하는 자를 반드시 색출하고 틈나는
대로 이익을 제공하여 전향시킨 뒤 (적이 눈치채지 못하도록) 태연하게 활
동하게 해야 한다.

그리하여 반간을 얻게 되면 유용하게 활용할 수 있다. 반간을 통해 적의
사정을 알게 되면 이를 토대로 향간과 내간을 얻어 부릴 수 있다. 반간을
통해 적의 사정을 알게 되면 이를 토대로 사간으로 하여금 허위정보를 적
에게 알릴 수 있다. 반간을 통해 적의 사정을 알 수 있으면 생간으로 하여
금 약속된 기일에 맞춰 돌아와 보고하게 할 수 있다.

다섯 가지 첩자의 운용에 대해 군주는 반드시 꿰뚫고 있어야 하되, 적을
아는 것은 반드시 반간에게 달려 있으니 반간을 후하게 대우하지 않을 수
없다.

* 凡軍之所欲擊, 城之所欲攻, 人之所欲殺, 必先知, 其守將, 左右, 謁者, 門者, 舍人之姓名, 令吾間必索知之(범군지소욕격, 성지소욕공, 인지소욕살, 필선지, 기수장, 좌우, 알자, 문자, 사인지성명, 령오간필색지지): 여기에서 소(所)는 '~하는 바'라는 뜻이다. 군지소욕격(軍之所欲擊)은 '적의 군대 가운데 치고자 하는 바'라는 뜻으로 정확하게 해석하면 '아군이 치고자 하는 적의 군대'라는 뜻이다. 수(守)는 '직무, 직책', 수장(守將)은 '담당 장수'를 의미한다. 좌우(左右)는 장수 주위의 참모를 뜻한다. 알(謁)은 '아뢰다, 고하다', 알자(謁者)는 '손님을 주인에게 안내하는 사람'으로 군에서는 '부관'을 의미한다. 문자(門者)는 '문지기'로서 '경호원'을 의미한다. 사인(舍人)은 '관청 내 사람'으로 '관리'를 의미한다. '색(索)은 '찾다', 색지(索知)는 '샅샅이 알아내다'는 뜻이다. 전체를 해석하면 '무릇 아군이 치고자 하는 적의 군대, 공격하고자 하는 적의 성, 죽이고자 하는 적의 주요 인사가 있다면, 반드시 이와 관련된 적의 장수, 주위의 참모, 부관, 경호원, 관리의 이름을 먼저 파악해야 하며, 아측의 첩자로 하여금 이들에 대한 정보를 샅샅이 알아내도록 해야 한다'는 뜻이다.

* 必索敵間之來間我者, 因而利之, 導而舍之(필색적간지래간아자, 인이리지, 도이사지): 적간(敵間)은 '적의 첩자', 지(之)는 '~이', 간아자(間我者)는 '아측에서 첩자행위를 하는 자', 필색적간지래간아자(必索敵間之來間我者)는 '적의 첩자로 아측에 와서 첩자행위를 하는 자를 반드시 색출하다'라는 뜻이다. 인(因)은 '연유, 틈타다', 인이리지(因而利之)는 '틈나는 대로 이익을 제공함으로써'라는 뜻이고, 도(導)는 '이끌다, 인도하다'로 '꾀다, 설득하다'는 뜻이다. 사(舍)는 '머무르다'로 '(적이 눈치채지 못하도록) 태연하게 활동하게 하는 것'을 의미한다. 전체를 해석하면 '적의 첩자로 아측에 와서 첩자행위를 하는 자를 반드시 색출하고 틈나는 대로 이익을 제공하여 전향시킨 뒤 (적이 눈치채지 못하도록) 태연하게 활동하게 해야 한다'는 뜻이다.

* 故反間可得而用也(고반간가득이용야): '그리하여 반간을 얻게 되면 유용하게 활용할 수 있다'는 뜻이다.

* 因是而知之, 故鄕間, 內間可得而使也(인시이지지고향간, 내간, 가득이용야): 시(是)는 '이것'이라는 뜻으로 반간을 의미한다. 전체를 해석하면 '반간을 통해 적의 사정을 알게 되면 향간과 내간을 얻어 이들을 부릴 수 있다'는 뜻이다.

* 因是而知之, 故死間爲誑事, 可使告敵(인시이지지, 고사간, 위광사, 가사고적):

'반간을 통해 적의 사정을 알게 되면 사간으로 하여금 허위정보를 적에게 알릴 수 있다'는 뜻이다.

* 因是而知之, 故生間可使如期(인시이지지고, 고생간가사여기): 여(如)는 '같다, 따르다', 기(期)는 '약속에 따라 만나다, 기약이라는 뜻으로, 여기(如期)는 '기일에 맞춰 돌아오다'라는 의미이다. 전체를 해석하면 '반간을 통해 적의 사정을 알게 되면 생간으로 하여금 약속된 기일에 맞춰 돌아와 보고하게 할 수 있다'는 뜻이다.

* 五間之事, 主必知之(오간지사, 주필지지): '다섯 가지 첩자의 운용에 대해 군주는 반드시 꿰뚫고 있어야 한다'는 뜻이다.

* 知之必在於反間, 故反間不可不厚也(지지필재어반간, 고반간불가불후야): '적을 아는 것은 반드시 반간에게 달려 있으니, 반간을 후하게 대우하지 않을 수 없다'는 뜻이다.

내용 해설

여기에서 손자는 정보수집의 목적과 대상, 그리고 어떻게 정보를 캐야 하는지에 대해 설명하고 있다. 우선 정보를 수집하는 목적은 다양하다. 적의 군대를 공격하거나 적의 성을 공략할 수 있고, 또는 적의 주요 인사를 회유하거나 암살할 수도 있다. 이때 정보수집 대상은 적의 장수, 주변의 참모, 부관, 경호원, 관리 등이 될 것이며, 이들의 이름을 먼저 파악한 뒤 첩자를 통해 이들에 대한 정보를 샅샅이 알아내야 한다.

첩자를 운용하여 적의 정보를 수집하는 데 있어서 가장 중요한 것은 반간을 얻는 것이다. 반간이란 적의 첩자로 아측에 와서 첩자행위를 하는 자이다. 아측에서는 반드시 국내에서 활동하는 반간을 색출하고 이들에게 아낌없는 이익을 제공하여 아국 군주 및 장수에 충성하도록 전향시켜야 한다. 그리고 적이 눈치채지 못하도록 이들이 국내에서 태연하게 활동하는 것처럼 보이도록 해야 한다. 일종의 이중간첩을 운용하는 것이다.

반간은 아측의 첩보활동에 매우 유용하게 활용될 수 있다. 반간을 통해 적 주민의 성향과 적 조정 내 관리들의 성향을 파악할 수 있으므로 적국 내에서 향간과 내간을 만들어 부릴 수 있다. 반간을 통해 적 내부의 정보 활동 관련 인물과 접촉할 수 있으므로 사간으로 하여금 허위정보를 적에게 알릴 수 있다. 또한 반간을 통해 적의 내부 사정을 알 수 있으므로 생간으로 하여금 신속하게 정보를 입수하고 약속된 기일에 맞춰 돌아와 보고하게 할 수 있다. 비록 첩자의 종류에는 향간, 내간, 사간, 생간, 반간이 있지만, 모든 첩보활동의 근간은 반간임을 알 수 있다. 따라서 군주와 장수는 무엇보다도 반간의 확보에 힘써야 하며, 누구보다도 반간을 후하게 대우해야 한다고 손자는 강조하고 있다.

군사사상적 의미

반간의 유용성과 한계

첩자를 운용하는 데 반간은 매우 유용하게 활용될 수 있다. 반간은 적 내부의 사정을 꿰뚫고 있고 적 조정 인사들의 성향을 잘 알고 있으므로 향간과 내간을 얻는 데 도움을 줄 수 있다. 아측의 사간이 적측에 허위정보를 전달할 수 있는 적절한 경로를 알려줄 수도 있다. 또한 아측의 생간이 잠입하여 접촉하고 정보를 획득할 수 있는 대상을 선정해줄 수 있다. 사실상 반간은 다양한 첩자를 심고 운용하는 출발점이자 정보를 획득하는 체계의 구심점 역할을 하는 것이다. 따라서 손자는 다른 무엇보다도 반간을 더 중시해야 하며, 파격적인 특혜를 부여해야 한다고 보았다.

그러나 반간은 이중간첩으로서 부리기가 쉽지 않을 수 있다. 아국에서 포섭했다고 하지만 적과 지속적으로 접촉하고 있기 때문에 양쪽에 다리를 걸치면서 적국에 다시 충성할 수도 있다. 비록 아국에 전향했다 하더라도 부모형제가 고국에 인질로 잡혀 있는 상황에서 완전한 협조는 어려울 수 있다. 이에 따라 반간이 실제로 어느 편을 들고 있는지 판단하기 어려울 수 있다. 이러한 경우에는 수시로 반간의 충성심을 시험해봄으로써 그가 진정으로 아국을 위해 활동하고 있는지를 점검해야 할 것이다. 결국 반간을 운용하기 위해서는 군주나 장수가 비범한 지혜(聖智), 어질고 의로운 성품(仁義), 그리고 세심하고 교묘한 통찰력(微妙)을 구비하지 않으면 안 된다.

반간의 사례: 영국의 이중스파이 '가르보'

스페인의 후안 푸홀 가르시아(Juan Pujol Garcia)는 '가르보(Garbo)'라는 암호명을 가진 영국의 이중첩자였다. '가르보'는 영국 정보부가 당시 세계 최고의 미녀 배우 그레타 가르보(Greta Garbo)보다 더 훌륭한 연기를 하라는 의미에서 그에게 부여한 암호명이다.

가르보는 1939년 스페인 내전이 종식된 후 독재자 프란시스코 프랑코 (Francisco Franco)를 증오한 나머지 프랑코 정권을 돕던 독일이 제2차 세계대전에서 패하면 프랑코도 몰락하고 스페인에 자유가 올 것으로 생각했다. 그는 1941년 영국 대사관을 찾아가 자신을 스파이로 기용해주면 독일에 대한 첩보활동에 나서겠다고 제안했으나 거절당했다. 이에 그는 독일로 가서 독일군 정보부인 아프베어(Abwehr)에 들어가 영국의 정보를 캐내는 스파이로 활동하기 시작했다. 그는 가짜 외교여권으로는 영국에 잠입할 수 없었기 때문에 포르투갈 리스본에서 영국군에 관한 보고서를 만들어 올렸고, 독일군은 그의 보고서를 높게 평가하여 안정적으로 스파이 활동을 할 수 있게 되었다. 종전 직전에는 독일로부터 스파이 활동의 공로를 인정받아 철십자 훈장을 받기도 했다.

스페인 주재 영국 대사관에서는 가르보의 가치를 다시 판단하여 가르보를 이중간첩으로 기용했다. 그리고 그로 하여금 런던에서 독일 스파이로 활동하도록 허용하면서 독일에 대해 역정보를 흘리고자 했다. 영국은 1944년 전반기에만 약 500여 건의 허위첩보를 그에게 주어 독일에 보고하도록 했고, 실제로 그의 보고가 제대로 이루어지는지 확인하기 위해 독일군 전문의 암호를 가로채 해독했다.

가르보의 진가는 1944년 노르망디 상륙작전에서 발휘되었다. 당시 독일 수뇌부는 연합군이 도버 해협을 건너 프랑스 해안으로 반격할 것을 예상하고 해안가에 강력한 방어망을 구축했다. 이때 독일군은 연합군의 상륙지점을 노르망디(Normandie) 해안으로 판단했으나, 가르보는 독일군 정보부에 노르망디 해안은 거짓정보이며 기만전술이라고 보고했다. 이에 독일군 최고사령관 요들(Alfred Jodl) 장군은 히틀러의 재가를 받아 전차부대를 포함한 독일군 제15군단을 다른 상륙지점인 파드칼레(Pas-de-Calais)로 집중하여 배치했다. 이로 인해 연합군은 독일군의 최소 병력이 배치된 노르망디에 성공적으로 상륙할 수 있었다.

이는 비록 손자가 말한 것처럼 반간을 이용하여 향간 및 내간을 획득하고 운용한 것은 아니지만, 이중스파이를 통해 적에게 역정보를 흘리고 상륙작전이 이루어질 지점을 기만할 수 있었던 사례이다. 적이 철석같이 믿고 있는 스파이를 역이용할 경우 적을 완벽하게 속이고 전쟁의 승패를 가를 수 있는 결정적인 효과를 거둘 수 있는 것이다.

5. 용간은 용병의 요체

昔殷之興也, 伊摯在夏. 周之興也, 呂牙在殷.	석은지흥야, 이지재하. 주지흥야, 여아재은.
故惟明君賢將, 能以上智爲間者, 必成大功.	고유명군현장, 능이상지 위간자, 필성대공.
此兵之要, 三軍之所恃而動也.	차병지요, 삼군지소시이동야.

옛날에 은나라가 흥기할 수 있었던 것은 이지(伊摯)가 하나라에 있었기 때문이다. 주나라가 흥기할 수 있었던 것은 여아(呂牙)가 은나라에 있었기 때문이다.

자고로 오직 명석한 군주와 현명한 장수만이 뛰어난 지혜로써 첩자를 부릴 수 있고 반드시 대업을 이룰 수 있다.

용간은 용병의 요체가 되는 것으로, 전군은 첩자가 제공하는 정보에 의지하여 움직인다.

* 昔殷之興也, 伊摯在夏(석은지흥야, 이지재하): 석(昔)은 '옛날'이라는 뜻이다. 은(殷)은 중국 고대의 왕조로 기원전 17세기부터 기원전 11세기까지 유지되었다. 흥(興)은 '흥하다, 일어나다'라는 뜻이고, 이지(伊摯)는 은나라의 개국공신이었던 이윤(伊尹)을 말한다. 전체를 해석하면 '옛날에 은나라가 흥기할 수 있었던 것은 이지가 하나라에 있었기 때문이다'라는 뜻이다.

* 周之興也, 呂牙在殷(주지흥야, 여아재은): 여아(呂牙)는 주나라의 개국공신인 여상(呂尙)을 말한다. 전체를 해석하면 '주나라가 흥기할 수 있었던 것은 여아가 은나라에 있었기 때문이다'라는 뜻이다.

* 故惟明君賢將, 能以上智爲間者, 必成大功(고명군현장, 능이상지 위간자, 필성대공): 유(惟)는 '오직', 상지(上智)는 '뛰어난 지혜'를 뜻한다. 전체를 해석하면 '자고로 오직 명석한 군주와 현명한 장수만이 뛰어난 지혜로써 첩자를 부릴 수 있고 반드시 대업을 이룰 수 있다'는 뜻이다.

* 此兵之要, 三軍之所恃而動也(차병지요, 삼군지소시이동야): 시(恃)는 '믿다'라

는 뜻이다. 전체를 해석하면 '용간은 용병의 요체가 되는 것으로, 전군은 첩자가 제공하는 정보에 의지하여 움직인다'는 뜻이다.

내용 해설

손자는 역사적 사례를 들어 첩자 운용의 중요성을 거듭 강조하고 있다. 하나는 은(殷)나라의 이지(伊摯)의 사례로 "옛날에 은나라가 흥기할 수 있었던 것은 이지가 하나라에 있었기 때문"이라는 것이다. 다른 하나는 주(周)나라 여아(呂牙)의 사례로 "주나라가 흥기할 수 있었던 것은 여아가 은나라에 있었기 때문"이라고 했다. 사실 이 두 사람을 엄밀하게 첩자로 보기는 어렵다. 전향한 적국의 현인으로 보는 것이 맞다. 그러나 손자는 이들이 과거에 적국에 몸담은 적이 있기 때문에 사정에 밝고 각각 은나라 탕왕(湯王)과 주나라 무왕(武王)에게 하나라와 은나라를 무너뜨릴 정보와 계책을 제공했다는 점에서 첩자의 예로 든 것 같다.

여기에서 손자는 두 가지 관점을 제시하고 있다. 하나는 유능한 첩자를 구하는 문제이다. 첩자는 아무나 시킬 수 없다. 첩자는 정치적·전략적 식견이 뛰어나야 하고 지혜롭게 권모술수를 구사할 줄 아는 사람이어야 한다. 무엇보다도 적국의 군주를 혐오하고 아국 군주의 통치 이념과 가치를 따르는 사람이라면 믿고 맡길 수 있다. 탕왕과 무왕은 이들이 기존 맹주들에 대한 환멸과 적대감을 갖고 있었던 인물들이었기 때문에 신뢰하여 대업을 맡길 수 있었다. 그러나 이지나 여아와 같은 유능한 첩자는 구하기 쉽지 않다. 어쩌면 유능한 첩자는 구한다고 해서 구할 수 있는 것이 아니라 현명한 군주에게 스스로 찾아오는 것일 수도 있다.

둘째로 유능한 첩자를 부리는 문제이다. 이는 부리는 사람의 자질과 능력을 요구한다. 어쩌면 이지와 여아가 적극적으로 나서 첩보활동을 하고 정치적 공작에 나설 수 있었던 것은 이들을 운용하는 군주의 역량으로 인해 가능한 것이었다. 즉, 이들은 새로운 세상을 건설하고자 했던 은나라의 탕왕이나 주나라의 문왕(文王)·무왕의 통치이념을 믿고 따랐기 때문에 그처럼 위험한 임무를 맡을 수 있었다. 결국 유능한 첩자를 부리기 위해서는 군주가 명석하고 현명해야 한다.

마지막으로 손자는 '용간이 용병의 요체'임을 강조하며 이야기를 마무리하고 있다. 전쟁의 결정으로부터 부대의 이동, 그리고 적 수도로의 진군과 결전의 수행에 이르기까지 군대를 움직이는 것은 전적으로 첩자를 통해 얻은 정보에 의존하지 않을 수 없다. 군주와 장수가 '지피(知彼)', 즉 적을 알기 위해 다양한 수단으로 적정을 파악할 수 있지만 첩자를 운용하는 것보다 확실하고 유용한 방법은 없다는 것이다.

군사사상적 의미

첩자 운용의 조건: 군주의 도(道)

우리는 〈시계〉 편에서 오사(五事) 가운데 하나인 '도(道)'에 대해 살펴보았다. "도(道)란 백성들로 하여금 군주와 한마음 한뜻이 되게 하여 군주와 생사를 같이하고 전쟁에 임하여 위험을 두려워하지 않게 하는 것"이다. 이렇게 하기 위해서 군주는 올바른 정치를 펴야 한다. 군주가 인의를 행하고 덕을 베푸는 왕도(王道)정치를 실현한다면 백성들은 군주를 믿고 따를 것이기 때문이다.

군주의 도(道)는 유능한 첩자를 얻고 부리는 데 결정적인 요소가 되기도 한다. 자국을 등진 첩자는 결국 자국의 통치자에 대한 배신감에서 적국에 협조하기 때문이다. 이지는 패도에 빠진 하나라를 정벌하고 백성을 구하는 일을 자신의 책임으로 여겨 탕왕에 충성했다. 여아는 은나라의 주왕(紂王)이 정치를 어지럽게 하자 주나라의 문왕을 만나 정사에 참여하고 무왕과 함께 은나라를 무너뜨렸다. 이들이 첩자로서 활동을 했는지에 대해서는 의문이지만 고국에 대한 정세와 정보를 제공하고 원정을 위한 계책을 수립하는 데 기여한 것은 사실이다. 결국 유능한 첩자를 획득하고

운용하기 위해서는 왕도정치를 펴는 현명한 군주의 도(道)가 전제되어야
하는 것이다.

손무의 생애

孫武

손무(孫武)는 자(字)를 장경(長卿)이라 하며, 존칭으로 손자(孫子) 또는 손무자(孫武子)로 불린다. 손무는 춘추시대 말기인 대략 기원전 535년에 제(齊)나라 러안(樂安), 오늘날 산둥성(山東省) 후이민현(惠民縣)에서 태어난 것으로 추정되며, 오(吳)나라로 망명하여 오왕 합려(闔閭: 기원전 514~기원전 496)와 합려의 아들 부차(夫差: 기원전 495-기원전 473)의 장수로 활약하다가 기원전 480년쯤 세상을 떠난 것으로 알려져 있다.

손무의 조상은 하난성(河南省)과 안후이성(安徽省) 일대에 자리 잡은 진(陳)나라 왕족으로, 본성은 손(孫) 씨가 아니라 규(嬀) 씨였다. 기원전 672년 진나라에서 왕위계승을 둘러싼 정변이 일어났을 때, 이에 휘말린 규완(嬀完)은 제나라로 망명한 후 성을 전(田) 씨로 바꾸어 전완(田完)으로 행세하며 제나라의 유력한 가문으로 올라섰다. 그리고 전완의 5대손인 전서(田書)가 제나라의 적국인 거(莒)나라 정벌에 큰 공을 세우자 제나라 경공(景公)은 그에게 손 씨 성을 하사했는데, 이때부터 전서는 손서(孫書)로 개명했고 그의 아들도 손빙(孫馮)으로 이름을 바꾸었다. 이 손빙이 바로 손무의 아버지이다.

이처럼 손무는 선조들이 모두 군사에 정통했기 때문에 어려서부터 군사적 기풍 속에서 자랄 수 있었다. 장수의 가문에서 태어난 자식들이 전쟁에 대해 관심을 갖고 병서를 가까이하는 것은 당연지사라 할 수 있다. 당시의 사회 환경도 손무의 군사 연구에 많은 영향을 주었다. 제나라는 역사적으로 대군사가인 강태공(姜太公)의 봉지(封地)였으며, 그 후에는 대정치가이자 군사가인 관중(管仲)의 활동 무대였던 만큼 풍부한 군사적 유산이 전해오고 있었다. 특히 제나라 환공(桓公)이 패권을 잡은 이후 제나라는 중국의 정치·외교·경제·문화·군사적 활동의 중심지로서 천하의 호걸들이 모여 드는 곳이 되었다. 그 덕분에 손무는 청년 시절에 이미 병법에 관한 해박한 식견을 갖춘 병법가로 성장할 수 있었다.

그러나 손무가 장년이 되던 시기에 제나라는 정치가 극도로 혼란하여 정변이 그칠 날이 없었다. 제나라에 내란이 일어나 전(田) 씨 가문이 축출되자, 전 씨의 지파인 손무의 가문은 생존에 위협을 느껴 오(吳)나라로 망명했다. 당시 오나라는 동쪽으로 황해에 접하고 남방에는 월(越)나라, 서쪽으로는 강대한 초(楚)나라와 국경을 맞대고 있었다. 또한 장강 북방으로는 초나라의 속국인 서(徐), 종오(鍾吾) 두 나라, 그리고 북쪽으로는 제(齊), 진(晉) 등 강력한 제후국들과 접하고 있었다. 이러한 상황에서 진나라는 초나라를 견제할 목적으로 초나라의 힘에 눌려 복속당한 오나라 군주 수몽(壽夢)을 부추겨 초나라에 반기를 들게 했다. 그 결과 오나라와 초나라 간에는 국경 충돌이 끊임없이 일어나고 양국은 기회가 있을 때마다 서로를 침공하게 되었다.

손무는 오나라로 망명한 후 도성 교외에 은거하며 농사를 짓고 병법 연구와 저술에 몰두했다. 때마침 오왕 합려는 초나라를 굴복시키기 위해 군사지휘권을 맡길 장수를 물색하고 있었다. 손무의 재능을 알고 있던 오자서(伍子胥)는 적극 추천했으나 오왕은 그가 농사짓는 일개 망명객에 지나지 않는 데다 병법에 대해 알고 있다 해도 실전 경험이 없음을 꺼려 받아들이지 않았다. 오자서는 마침내 손무가 저술을 막 끝낸 병서 13편을 합려에게 바쳤고, 병서를 처음부터 끝까지 읽고 크게 감명을 받은 합려는 손무를 왕궁으로 초청했다.

손무를 대면한 자리에서 오왕 합려는 그를 시험하게 되는데, 사마천(司馬遷)의 『사기(史記)』는 이 장면을 다음과 같이 기록하고 있다.

손자, 즉 손무(孫武)는 제나라 사람인데, 병법으로 오(吳)나라 왕 합려(闔廬)를 만나게 되었다. 합려가 말했다.

"그대가 쓴 13편을 내가 모두 읽어보았소. 작게나마 군대를 한번 지휘해 보일 수 있겠소?"

손자가 대답했다.

"가능합니다."

합려가 말했다.

"부녀자로도 시험해볼 수 있겠소?"

손자가 답했다.

"가능합니다."

이 제의를 받아들인 합려는 궁중의 미녀 180명을 불러들였다. 손자는 그들을 두 부대로 나누어 왕이 총애하는 후궁 2명을 각 편의 대장으로 삼고는 모든 이에게 창을 들게 하고 물었다.

"여러분은 자신들의 가슴, 왼손, 오른손, 등을 알고 있는가?"

부녀자들이 말했다.

"그것들을 알고 있습니다."

손자가 말했다.

"'앞으로!' 하면 가슴 쪽을 바라보고, '좌로!' 하면 왼손 쪽을 바라보며, '우로!' 하면 오른손 쪽을 바라보고, '뒤로!' 하면 등 쪽을 보도록 하라."

부녀자들은 말했다.

"알겠습니다."

약속이 공포된 뒤 손자는 즉시 부월(鉄鉞: 옛날 군법으로 사람을 죽일 때 쓰는 도끼)을 마련해놓고 여러 차례 명령을 내렸다. 그런데 북을 쳐 오른쪽으로 행진하도록 했으나, 부녀자들은 큰 소리로 웃기만 했다. 손자가 말했다.

"약속이 분명하지 않고 명령에 숙달되지 않은 것은 장수의 죄이다."

그러고는 다시 여러 차례 명령을 되풀이하고 북을 쳐 왼쪽으로 행진하도록 했지만, 부녀자들은 다시 큰 소리로 웃기만 했다. 손자는 말했다.

"약속이 분명하지 않고 명령에 숙달되지 않은 것은 장수의 죄이지만, 약속이 이미 분명해졌는데도 법에 따르지 않는 것은 사졸들의 죄이다."

그러고는 좌우 대장의 목을 베려고 했다. 오나라 왕은 누대 위에서 지켜보고 있다가 자신이 총애하는 희첩들의 목을 베려는 것을 보고는 몹시 놀라 급히 사신을 보내 명을 내려 말했다.

"과인이 이미 장군이 용병에 뛰어나다는 것을 알았소. 과인은 이 두 희첩이 없으면 음식을 먹어도 단맛을 모르니 바라건대 목을 베지 말아주시오."

손자가 말했다.

"신은 이미 명을 받아 장수가 되었습니다. 장수가 군에 있을 때에는 군주의 명이라도 받들지 않는 경우가 있습니다."

손자는 결국 대장 두 사람의 목을 베어 모두에게 보여주었다. 그러고는 그들 다음으로 왕의 총애를 받는 후궁을 대장으로 삼고 다시 북을 쳤다. 부녀자들은 모두 왼쪽으로, 오른쪽으로, 앞으로, 뒤로, 꿇어앉기, 일어서기 등을 자로 잰 듯 먹줄을 긋듯 정확하게 하며 아무런 불평도 하지 않았다. 손자는 전령을 보내 오나라 왕에게 말했다.

"군대는 이미 잘 갖추어졌으니, 왕께서는 시험 삼아 내려오셔서 보십시오. 왕께서 그들을 쓰고자 하신다면 물불을 가리지 않고 뛰어들 것입니다."

오나라 왕은 말했다.

"장군은 그만 관사로 돌아가 쉬도록 하시오. 과인은 내려가 보고 싶지 않소."

손자가 말했다.

"왕께서는 한갓 이론만 좋아하실 뿐 그것을 실제로 사용할 수 없습니다."

그러자 합려는 손자가 용병술에 능통한 것을 알고는 마침내 그를 장군으로 삼았다. 그 뒤 오나라가 초나라를 무찔러 영(郢)으로 진입하고, 북쪽으로 제나라와 진나라를 위협하여 제후들 사이에서 이름을 떨친 것은 손자가 그와 힘을 함께했기 때문이다.

예상치 않게 총애하던 궁녀 둘을 잃은 오왕 합려는 크게 노하여 손무를 원망했음이 분명하다. 그럼에도 불구하고 그는 손무의 군 통솔력을 인정하고 그를 장군으로 임명하여 오나라 전군의 훈련을 맡겼다. 그 이후로 오나라 군대는 손무의 엄격한 지휘 아래 급속도로 기율이 엄정해지고 최고의 전투력을 갖춘 강병으로 거듭나게 되었다. 『사기』는 오나라가 초나라를 점령하는 과정에서 보인 손무의 활약을 다음과 같이 기록하고 있다.

합려는 왕이 된 지 3년째 되던 해에 군사를 일으켜 오자서, 백비(伯嚭)와 함께 초나라를 쳐서 땅을 빼앗고 예전에 초나라에 투항한 두 장군을 사로잡았다. 합려는 초나라의 수도 영(郢)까지 쳐들어가려고 했으나 장군 손무가 말했다.

"백성이 지쳐 있어 안 됩니다. 잠시 기다리십시오."

합려는 즉시 돌아왔다.

합려 4년에 오나라는 초나라를 공격하여 육(六)과 잠(灊) 땅을 차지했다. 5년에는 월나라를 공격하여 승리했다. 6년에는 초나라 소왕(昭王)이 공자 낭와(囊瓦)에게 병사를 이끌고 가서 오나라를 공격하게 했다. 오나라는 오자서에게 이를 맞아 싸우도록 하여 초나라 군사를 예장(豫章)에서 크게 무찌르고 초나라의 거소까지 빼앗았다.

합려 9년에 오나라 왕은 오자서와 손무에게 물었다.

"앞서 그대들은 초나라의 수도 영을 칠 때가 아니라고 했는데 지금은 과연 어떻소?"

두 사람은 대답했다.

"초나라 장군 낭와(囊瓦)는 탐욕스러워 속국인 당(唐)나라와 채(蔡)나라가 그에게 원한을 품고 있습니다. 왕께서 초나라를 치고자 한다면 반드시 먼저 당나라와 채나라를 끌어들여야 가능합니다."

합려는 이 말을 듣고 군사를 모두 동원하여 당, 채 두 나라와 함께 힘을 합쳐 초나라를 공격하여 초나라와 한수(漢水)를 사이에 두고 진을 쳤다. 오나라 왕의 동생 부개(夫概)는 병사를 이끌고 따라가기를 원했으나 왕이 들어주지 않자, 자기가 거느리고 있던 병사 5,000명을 이끌고 초나라 장군 자상(子常)을 공격했다. 자상은 싸움에서 패하여 달아나 정(鄭)나라로 도망쳤다. 그리하여 오나라는 승기를 잡고 다섯 번 접전한 끝에 마침내 영에 이르렀다. 기묘일(己卯日)에 초나라 소왕이 달아났고, 그 다음날인 경진일(庚辰日)에 오나라 왕이 영으로 들어갔다.

초나라와의 전쟁에서 승리한 이후 약소국의 군주였던 오왕 합려는 이후 중국 대륙에 명성을 떨치고 강대한 제후들과 대등한 지위로 격상되었다. 그러나 10년 후인 기원전 492년 오왕 합려는 월나라를 정벌하는 도중 입은 부상으로 세상을 떠나고, 그 아들 부차가 왕위를 이어받았다. 오나라는 부차의 재위 전기에 손무와 오자서의 보좌로 남방의 월나라를 복속시키고, 북쪽으로는 제나라와 진나라 양대 강국을 위협했으며, 기원전 482년 황지(黃池) 전투에서 진나라와 패권을 다투었다. 오나라의 권력이 절정에 이른 것이다.

이후 손무는 모든 영예와 관직을 떠나 산림에 은거하고, 오로지 군사학 연구와 병서 저술에만 전념하다가 세상을 떠난 것으로 알려져 있다. 그가 어디서 생을 마감하고 어디에 묻혔는지에 대해서는 알 수 없지만, 역사적 사실을 근거로 쓴 역사소설인 『동주열국지(東周列國志)』에는 다음과 같이 씌어 있다.

… 합려가 초나라를 공략하고 전승의 공을 논할 때 손무를 최고로 쳤다. 손무는 관직에 있기를 희망하지 않고 고사하면서 산으로 돌아가기를 청했다. 그러자 왕은 오자서를 보내 손자가 머무르도록 설득하게 했다. 오자서가 손무를 찾아가자 손무는 조용히 말하기를 "선생은 천도를 아시오? 더위가 가면 추위가 오기 마련이며 봄이 돌아온 것 같지만 곧 가을이 옵니다. 왕은 지금 그 강성함만 믿고 네 방면의 국경에 걱정할 것이 없음을 믿고 있으니 반드시 교만하고 과시하는 마음을 갖게 될 것이오. 자고로 공을 이루고 은퇴하지 않으면 반드시 후환이 있을 것이오. 나는 오직

나만 안전하고자 하는 것이 아니니 선생도 안전을 고려하기를 권하오."
그러자 오자서는 그럴리 없다고 했다. 손무는 말이 끝나자 홀연히 떠났
다. 왕은 여러 수레에 실은 하얀 가죽을 하사했는데 손무는 길을 떠나면
서 백성들 가운데 가난한 사람들에게 모두 나눠주어버렸다. 그 후로는
그가 어디에서 삶을 마쳤는지 알 수 없다.

손무가 〈시계〉 편에서 언급한 천(天)이라는 요소 가운데 '음양(陰陽)', 즉
모든 만물은 변화한다는 자연의 이치를 깨닫고 있었음을 알 수 있는 대목
이다. 실제로 『사기』에는 오자서가 오왕 부차에게 미움을 사 부차로부터
칼을 받고 자결했다고 기록되어 있다. 그는 죽으면서 "내 무덤 위에 반드
시 가래나무를 심도록 하라. 가래나무가 자라거든 훗날 오나라 왕의 관을
짤 때 재목으로 사용하라. 내 두 눈알을 파내 오나라 수도의 동문에 내걸
도록 하라. 오나라가 멸망하는 모습을 두 눈으로 똑똑히 볼 것이다"라고
말했다. 아마도 오자서는 손무의 권고를 따르지 않아 비참한 최후를 맞게
된 것을 뼈저리게 후회했음이 분명하다.

당시 손무가 저술한 병법 관련 글은 모두 92편이고, 이외에 지도(圖)가
9권이 있었던 것으로 알려져 있으나 대부분 전해지지 않고 있다. 다만, 그
가 장수로 등용되기 전 오자서를 통해 오왕 합려에게 바친 바로 그 13편
이 오늘날 『손자병법』으로 전해지고 있다.

●찾아보기

손자
병법

군사전략 관점에서 본 손자의 군사사상

개정판 1쇄 발행 2023년 9월 15일
개정판 2쇄 발행 2024년 8월 19일

지은이 박창희
펴낸이 김세영

펴낸곳 도서출판 플래닛미디어
주소 04044 서울시 마포구 양화로6길 9-14 102호
전화 02-3143-3366
팩스 02-3143-3360
블로그 http://blog.naver.com/planetmedia7
이메일 webmaster@planetmedia.co.kr
출판등록 2005년 9월 12일 제313-2005-000197호

ISBN 979-11-87822-78-3 03390